TURING 图灵程序设计丛书

30日でできる! OS自作入門

30天 自制
操作系统

【日】川合秀实 著　　　周自恒 李黎明 曾祥江 张文旭 译

人民邮电出版社
POSTS & TELECOM PRESS

图书在版编目（CIP）数据

30天自制操作系统 ／（日）川合秀实著；周自恒等
译． -- 北京：人民邮电出版社，2012.8
（图灵程序设计丛书）
ISBN 978-7-115-28796-0

Ⅰ．①3… Ⅱ．①川… ②周… Ⅲ．①操作系统 Ⅳ.①TP316

中国版本图书馆CIP数据核字(2012)第147654号

内 容 提 要

这是一本兼具趣味性、实用性与学习性的操作系统图书。作者从计算机的构造、汇编语言、C 语言开
始解说，让读者在实践中掌握算法。在这本书的指导下，从零编写所有代码，30 天后就可以制作出一个具
有窗口系统的 32 位多任务操作系统。

本书适合操作系统爱好者和程序设计人员阅读。

◆ 著　　　　[日]川合秀实
　　译　　　　周自恒　李黎明　曾祥江　张文旭
　　责任编辑　傅志红
　　执行编辑　乐　馨　张　靖

◆ 人民邮电出版社出版发行　　　北京市丰台区成寿寺路11号
　　邮编　100164　电子邮件　315@ptpress.com.cn
　　网址　http://www.ptpress.com.cn
　　三河市君旺印务有限公司印刷

◆ 开本：800×1000　1/16
　　印张：45　　　　　　　　　　2012 年 8 月第 1 版
　　字数：1063千字　　　　　　2024 年11月河北第 42 次印刷
　　著作权合同登记号　图字：01-2011-6036号

定价：129.80元（附光盘）
读者服务热线：(010)84084456-6009　印装质量热线：(010)81055316
反盗版热线：(010)81055315
广告经营许可证：京东市监广登字 20170147 号

译 者 序

《30天自制操作系统》中文版终于和国内读者见面了。标题一出，有人说"XX天"这种标题真不靠谱，不过，作者取这个标题，并非随随便便之举。打个比方，"30天学会核物理"看起来"假大空"，如果改成"30天自制微型反应堆"呢？虽然可能还是太难了，但至少你知道30天之后一定能做出一个反应堆来（即便简陋）。这本书正是属于后者：不管多简单，它都是一个真正意义上的操作系统，更何况它还真不简单，40KB便实现了图形界面、多任务等高级功能。只要跟着作者的脚步，你也能做到。即便只是抄抄代码，也必定有所收获。

这本书的定位是零基础的读者，作者甚至找了中学生来试读，语言通俗易懂，轻松幽默。作为译者，我很喜欢这样的风格，因为可以把很多好玩的流行词汇代入进去，不会破坏原书的意境，还能让大家看起来更有意思。从技术角度来看，这本书并没有过多地解释技术细节。作者认为，自制操作系统最终的目的还是为了好玩。因此，想从这本书系统学习计算机原理、汇编语言、C语言等知识是不现实的，但你一定能够获得另一种完全不同的体验。

这本书的一大特色是"从失败中学习"，每次我们为这个操作系统实现一些功能，一开始总会有一些漏洞和缺陷，甚至根本不能工作。这些漏洞都是刻意安排的。作者花了很大篇幅来引导读者去寻找并发现这些漏洞，并从中学习如何让系统变得更加完善。这种思路非常有趣，也符合实际开发过程，先苦后甜乃是成就感和幸福感的源泉。市面上的技术类书籍，很少有这种"试错"的过程，因为这需要精心的安排，而且占用大量的篇幅。这正是这本书的与众不同之处，也是我认为值得向大家推荐它的主要理由。

如果你是一位高手，可能会觉得这本书的内容并不是那么系统和有条理，甚至觉得做出来的操作系统在很多方面的处理都很简陋，算不上一个实用的系统。连作者自己都说："这本书无论在哪个方面都只有半瓶醋。"不过，作者是在带领大家从零开始编写一个系统，而并不是以一个现成的内核（如Linux、FreeBSD）为基础——后者才是目前自制系统的主流方式。然而，只有从零开始，才能真正了解系统底层是如何运作的，对于在其他内核上构筑系统也大有裨益。另外，千万别忘了读一读最后那个叫做"这也能叫自制操作系统？太坑爹了！"的专栏，作者早就预料到了读者的各种吐槽，看过之后，你可能就会理解作者的良苦用心了。

这本书讲到了"日文显示"，在翻译上相当纠结。由于操作系统都是底层代码，牵一发而动全身，为了不改动原书的结构和代码，中文版在原汁原味保留原书文字的基础上，补充了一些中文显示的相关内容，以体现两者在实现上的异同。好在基本上只要替换字库和编码方式，就可以实现中文显示，甚至比日文还简单些。这部分补充内容是我自己写的，但我自知才疏学浅，不敢班门弄斧，如有错误或疏漏，欢迎各位高手随时拍砖。此外，关于光盘中代码的注释，由于量大繁杂，恕无法翻译成中文（书中代码注释已翻译），非常抱歉。如果发现注释为乱码，请用UltraEdit等编辑器以Shift-JIS编码打开，就可以看到正常的日文了。

最后，在这里衷心感谢其他三位译者，以及图灵公司各位编辑的共同努力，使得这本书能够最终问世，希望所有对编写操作系统有兴趣的读者都能从中获益。

周自恒

2012年9月于上海

前　言

　　"好想编写一个操作系统呀！"笔者的朋友曾说这是所有程序员都曾经怀揣的一个梦想。说"所有的程序员"可能有点夸张了，不过作为程序员的梦想，它至少也应该能排进前十名吧。

　　也许很多人觉得编写操作系统是个天方夜谭，这一定是操作系统业界的一个阴谋（笑）。他们故意让大家相信编写操作系统是一件非常困难的事情，这样就可以高价兜售自己开发的操作系统，而且操作系统的作者还会被顶礼膜拜。那么实际情况又怎么样呢？和别的程序相比，其实编写操作系统并没有那么难，至少笔者的感觉是这样。

　　在各位读者之中，也许有人曾经挑战过操作系统的编写，但因为太难而放弃了。拥有这样经历的人也许不会认同笔者的观点。其实你错了，你的失败并不是因为编写操作系统太难，而是因为没有人告诉你那其实是一件很简单的事而已。

　　不仅是编写操作系统，任何事都是一样的。如果讲解的人认为它很难，那就不可能把它讲述得通俗易懂，即便是同样的内容，也会讲得无比复杂。这样的讲解，肯定是很难懂的。

　　那么，你想不想和笔者一起再挑战一次呢？如果你曾经梦想过编写自己的操作系统，一定会觉得乐在其中的。

　　可能有人会说，这本书足足有700多页，怎么会"有趣"和"简单"呢？唔，这么一说笔者也觉得挺心虚的，不过其实也只是长了那么一点点啦。平均下来的话，每天只有大约23页的内容，你看，也没有那么长吧？

　　这本书的文风非常轻松，也许你不知不觉中就会读得很快。但是这样的话可能印象不会很深，最好还是能静下心来慢慢地读。书中所展示的程序代码和文字的说明同样重要，因此也希望大家仔细阅读。只要注意这些，理解本书的内容就应该没有问题了。

　　在本书中，我们使用C语言和汇编语言来编写操作系统，不过不必担心，你可以在阅读本书的同时来逐步学习关于这些编程语言的知识。本书在这方面写得非常仔细，如果能有人通过本书终于把C语言中的指针给搞懂了，那笔者的目的也就达到了。即便是从这样的水平开始，30天后你也能够编写出一个很棒的操作系统，请大家拭目以待吧！

目　　录

第0天

着手开发之前

1 前言

现在，挑选自己喜欢的配件来组装一台世界上独一无二的、个性化的PC（个人电脑）对我们来说已不再困难。不仅如此，只要使用合适的编译器[1]，我们就可以自己编写游戏、制作自己的工具软件；使用网页制作工具，我们还可以轻而易举地制作主页；如果看过名著《CPU制作法》[2]的话，就连自制CPU也不在话下。

然而，在"自制领域"里至今还有一个无人涉足的课题——自己制作操作系统（OS）[3]，它看起来太难以至于初学者不敢轻易挑战。电脑组装也好，游戏、工具软件制作也好，主页也好，CPU也好，这些都已经成为初学者能够尝试的项目，而唯独操作系统被冷落在一边，实在有些遗憾。"既然还没有这样的书，那我就来写一本。"这就是笔者撰写本书的初衷。

也许是因为面向初学者的书太少的缘故吧，一说起操作系统，大家就会觉着那东西复杂得不得了，简直是高深莫测。特别是像Windows和Linux这些操作系统，庞大得一张光盘都快装不下了，要是一个人凭着兴趣来开发的话，不知道需要历经多么漫长的过程才能完成。笔者也认为，像这么复杂的操作系统，单凭一个人来做，一辈子都做不出来。

---

① 英文为compiler，指能够将源代码编译成机器码的软件。

②《CPU制作法》，渡波郁著，每日Communications出版公司，ISBN 4-8399-0986-5。

③ Operating System的缩写，汉语译作"操作系统"。Windows、Linux、MacOS、MS-DOS等软件的总称。

　　不过大家也不必担心太多。笔者就成功地开发过一个小型操作系统，其大小还不到80KB[①]。麻雀虽小，五脏俱全，这个操作系统的功能还是很完整的。有人也许会怀疑："这么小的操作系统，是不是只有命令行窗口[②]啊？要不就是没有多任务[③]？"不，这些功能都有。

　　怎么样，只有80KB的操作系统，大家不觉得稍作努力就可以开发出来吗？即使是初学者，恐怕也会觉得这不是件难事吧？没错，我们用一个月的时间就能写出自己的操作系统！所以大家不用想得太难，我们轻轻松松地一起来写写看吧。

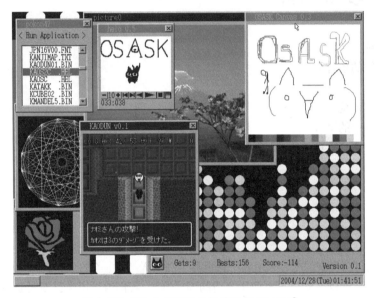

以本书作者为主角开发的操作系统OSASK[④]

　　大家一听到编译后的文件大小为80KB可能会觉得它作为程序来讲已经很小了，不过曾经编过程序的人可以查一查自己编的程序（.exe文件）的大小，这样就能体会到80KB到底是难是易了。

----

① kilobyte，程序及数据大小的度量单位，1字节（byte）的1024倍。一张软盘的容量是1440KB。顺便提一下，1024KB等于1MB（兆字节）。1字节是8个比特，正好能记录8位0和1的信息。B到底是指字节（byte），还是指比特（bit），有时容易混淆。这里根据一般的规则，用大写B表示字节，小写b表示比特。

② console，通过键盘输入命令的一种方式，基本上只用文字进行计算机操作，是MS-DOS等老式操作系统的主流操作方式。

③ 在操作系统的世界里，运行中的程序叫做"任务"，而同时执行多个任务的方式就被称为"多任务"（multitask）。

④ 笔者与他人一起合作开发的操作系统（趁机宣传一下）。虽然只有小小的78KB，不过为了做它也花了好几年的时间。而这次能在短时间内开发完成操作系统，是因为我们较好地总结了开发操作系统所必要的知识。也就是说，如果笔者在年轻时可以看到现在这本书的话，可能在短时间内就能开发出OSASK了，所以笔者很羡慕大家呀。

没编过程序的人也可以下载一个看上去不是很复杂的自由软件,看看它的可执行文件有多大。Windows 2000的计算器程序大约是90KB,大家也可以根据这个想象一下。

本书对于不打算自己写操作系统,甚至连想都没想过这个问题的人来说也会大有裨益。举个例子,读本自己组装PC的书就能知道PC是由哪些组件构成的,PC的性能是由哪些部分决定的;读本如何编写游戏的书,就能明白游戏是怎样运行的;同理,读了本书,了解了操作系统的开发过程,就能掌握操作系统的原理。所以说,对操作系统有兴趣的人,哪怕并不想自己做一个出来,也可以看看这本书。

阅读本书几乎不需要相关储备知识,这一点稍后还会详述。不管是用什么编程语言,只要是曾经写过简单的程序,对编程有一些感觉,就已经足够了(即使没有任何编程经验,应该也能看懂),因为这本书主要就是面向初学者的。书中虽然有很多C语言程序,但实际上并没有用到很高深的C语言知识,所以就算是曾经因为C语言太难而中途放弃的人也不用担心看不懂。当然,如果具备相关知识的话,理解起来会相对容易一些,不过即使没有相关知识也没关系,书中的说明都很仔细,大家可以放心。

本书以IBM PC/AT兼容机(也就是所谓的Windows个人电脑)为对象进行说明。至于其他机型[①],比如Macintosh(苹果机)或者PC-9821等,虽然本书也参考了其中某些部分,但基本上无法开发出在这些机型上运行的操作系统,这一点还请见谅。严格地说,不是所有能称为AT兼容机的机型都可以开发我们这个操作系统,我们对机器的配置要求是CPU高于386(因为我们要开发32位操作系统)。换句话说,只要是能运行Windows 95以上操作系统的机器就没有问题,况且现在市面上(包括二手市场)恐怕都很难找到Windows 95以下的机器了,所以我们现在用的机型一般都没问题。

另外,大家也不用担心内存容量和硬盘剩余空间,我们需要使用的空间并不大。只要满足以上条件,就算机器又老又慢,也能用来开发我们的操作系统。

2　何谓操作系统

说老实话,其实笔者也不是很清楚。估计有人会说:"连这个都不懂,还写什么书?"不好意思······笔者见过很多种操作系统,有的功能非常多,而有的功能特别少。在比较了各种操作系统之后,笔者还是没有找到它们功能的共同点,无法下定义。结果就是,软件作者坚持说自己做的就是操作系统,而周围的人也不深究,就那样默认了,以至于什么软件都可以算是操作系统。笔者现在就是这么认为的。

既然就操作系统而言各有各的说法,那笔者也可以反过来利用这一点,一开始就根据自己的需要来定义操作系统,然后开发出一个满足自己定义条件的软件就可以了。这当然也算是开发操

---

① 本书所讲的操作系统内容仅用Macintosh是开发不了的,并且开发出的操作系统也不能直接在Macintosh上运行。但是在PC上开发的操作系统,可以通过模拟器在Macintosh上运行。

作系统了。哪怕做一个MS-DOS那样的，在一片漆黑的画面上显示出白字，输入个命令就能执行的操作系统也可以，这对笔者来说很简单。

但这样肯定会让一些读者大失所望。现在初学者也都见多识广，一提到操作系统，大家就会联想到Windows、Linux之类的庞然大物，所以肯定期待自制操作系统至少能任意显示窗口、实现鼠标光标控制、同时运行几个应用程序，等等。所以为了满足读者的期待，我们这次就来开发一个具有上述功能的操作系统。

3　开发操作系统的各种方法

开发操作系统的方法也是各种各样的。

笔者认为，最好的方法就是从既存操作系统中找一个跟自己想做的操作系统最接近的，然后在此基础上加以改造。这个方法是最节省时间的。

但本书却故意舍近求远，一切从零开始，完完全全是自己从头做起，这是因为笔者想向各位读者介绍从头到尾开发操作系统的全过程。如果我们找一个现成的操作系统，然后在此基础上删删改改的话，那这本书就不能涉及操作系统全盘的知识了，这样肯定无法让读者朋友满意。不过由于是全部从零做起，所以篇幅长些，还请读者朋友们耐下心来慢慢看。

要开发操作系统，首先遇到的问题就是使用什么编程语言，这次我们想以C语言为主。"啊，C语言啊？"笔者仿佛已经听到大家抱怨的声音了（苦笑）。"这都什么年代了，用C语言多土啊"、"用C++多好呀"、"还是Java好"、"不，我就喜欢Delphi"、"我还是觉得Visual Basic最好"……大家个人喜好习惯各不相同。这种心情笔者都能理解，但为了讲解时能简单一些，笔者还是想用C语言，请大家见谅。C语言功能虽不多，但用起来方便，所以用来开发操作系统刚好合适。要是用其他语言的话，仅讲解语言本身就要花很长时间，大家恐怕就没兴趣看下去了。

在这里先向大家传授一个从零开始开发操作系统的诀窍，那就是不要一开始就一心想着要开发操作系统，先做一个有点操作系统样子的东西就行了。如果我们一上来就要开发一个完整的操作系统的话，要做的东西太多，想想脑袋都大了，到时恐怕连着手的勇气也没有了。笔者就是因为这个，几年间遇到了很多挫折。所以在这本书里，我们不去大张旗鼓地想着要开发一个操作系统，而是编写几个像操作系统的演示程序[1]就行了。其实在开发演示程序的过程中大家就会逐步发现，演示程序不再是简单的演示程序，而是越来越像一个操作系统了。

4　无知则无畏

当我们打算开发操作系统时，总会有人从旁边跳出来，罗列出一大堆专业术语，问这问那，像内核怎么做啦，外壳怎么做啦，是不是单片啦，是不是微内核啦，等等。虽然有时候提这些问

---

[1] 演示程序的英文是demonstration。指不是为了使用，而是为了演示给人看的软件。

题也是有益的，但一上来就问这些，当然会让人无从回答。

要想给他们一个满意答复，让他们不再从旁指手画脚的话，还真得多学习，拿出点像模像样的见解才行。但我们是初学者，没有必要去学那些麻烦的东西，费时费力且不说，当我们知道现有操作系统在各方面都考虑得如此周密的时候，就会发现自己的想法太过简单而备受打击没了干劲。如果被前人的成果吓倒，只用这些现有的技术来做些拼拼凑凑的工作，岂不是太没意思了。

所以我们这次不去学习那些复杂的东西，直接着手开发。就算知道一大堆专业术语、专业理论，又有什么意思呢？还不如动手去做，就算做出来的东西再简单，起码也是自己的成果。而且自己先实际操作一次，通过实践找到其中的问题，再来看看是不是已经有了这些问题的解决方案，这样下来更能深刻地理解那些复杂理论。不管怎么说，反正目前我们也无法回答那些五花八门的问题，倒不如直接告诉在一旁指手画脚的人们：我们就是想用自己的方法做自己喜欢的事情，如果要讨论高深的问题，就另请高明吧。

■■■■■

其实反过来看，什么都不知道有时倒是好事。正是因为什么都不知道，我们才可能会认真地去做那些专家们嗤之以鼻的没意义的“傻事”。也许我们大多时候做的都没什么意义，但有时也可能会发掘出专家们千虑一失的问题呢。专家们在很多方面往往会先入为主，甚至根本不去尝试就断定这也不行那也不行，要么就浅尝辄止。因此能够挑战这些问题的，就只有我们这种什么都不知道的门外汉。任何人都能通过学习成为专家，但是一旦成为专家，就再也找不回门外汉的挑战精神了。所以从零开始，在没有各种条条框框限制的情况下，能做到什么程度就做到什么程度，碰壁以后再回头来学习相关知识，也为时未晚。

实际上笔者也正是这样一路磕磕绊绊地走过来，才有了今天。笔者没去过教授编程的学校，也几乎没学什么复杂的理论就开始开发操作系统了。但也正是因为这样，笔者做出的操作系统与其他的操作系统大不相同，非常有个性，所以得到了专家们的一致好评，而且现在还能有机会写这本书，向初学者介绍经验。总地说来，笔者从着手开发直到现在，每天都是乐在其中的。

正是像笔者这样自己摸着石头过河，一路磕磕绊绊走过来的人，讲出的东西才简单易懂。不过在讲解过程中会涉及失败的经验，以及如何重新修正最终取得成功，所以已经懂了的人看着可能会着急。不好意思，如果碰到这种情况请忍耐一下吧。

读了这部分内容或许有人会觉得“是不是什么都不学习才是最好的啊”，其实那倒不是。比如工作上需要编写某些程序，或者一年之内要完成某些任务，这时没有时间去故意绕远路，所以为了避免不必要的失败，当然是先学习再着手开发比较好。但这次我们是因为自己的兴趣而学习操作系统的开发的，既然是兴趣，那就是按自己喜欢的方式慢慢来，这样就挺好的。

5 如何开发操作系统

操作系统（OS）一般打开电源开关就会自动执行。这是怎么实现的呢？一般在Windows上开发的可执行文件（ ~ .exe），都要在操作系统启动以后，双击一下才能运行。我们这次想要做的可不是这种可执行程序，而是希望能够做到把含有操作系统的CD-ROM或软盘插入电脑，或者将操作系统装入硬盘后，只要打开电源开关就能自动运行。

为了开发这样的操作系统，我们准备按照如下的步骤来进行。

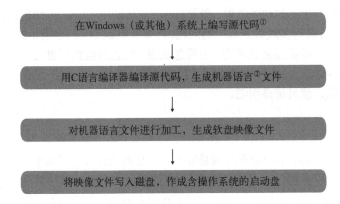

也就是说，所谓开发操作系统，就是想办法制作一张"含有操作系统的，能够自动启动的磁盘"。

这里出现的"映像文件"一词，简单地说就是软盘的备份数据。我们想要把特定的内容写入磁盘可不是拿块磁铁来在磁盘上晃晃就可以的。所以我们要先做出备份数据，然后将这些备份数据写入磁盘，这样才能做出符合我们要求的磁盘。

软盘的总容量是1440KB，所以作为备份数据的映像文件也恰好是1440KB。一旦我们掌握了制作磁盘映像的方法，就可以按自己的想法制作任意内容的磁盘了。

这里希望大家注意的是，开发操作系统时需要利用Windows等其他的操作系统。这是因为我们要使用文本编辑器或者C编译器，就必须使用操作系统。既然是这样，那么世界上第一个操作系统又是怎么做出来的呢？在开发世界上第一个操作系统时，当然还没有任何现成的操作系统可供利用，因此那时候人们不得不对照着CPU的命令代码表，自己将0和1排列起来，然后再把这些数据写入磁盘（估计那个时候还没有磁盘，用的是其他存储设备）。这是一项非常艰巨的工作。所以恐怕最初的操作系统功能非常有限，做好之后人们再利用它来开发一个稍微像点样的操作系统，然后再用这个来开发更实用的操作系统……操作系统应该就是这样一步一步发展过来的。

---

① source program，为了生成机器码所写的程序代码。可通过编译器编译成机器语言。
② CPU能够直接理解的语言，由二进制的0和1构成。其实源代码也是由 0和1构成的（后述）。

由于这次大部分初学者都是Windows用户，所以决定使用Windows这个现成的操作系统，Windows95/98/Me/2000/XP中任意一个版本都可以。肯定也有人会说还是Linux好用，所以笔者也总结了一下Linux上的做法，具体内容写在了帮助与支持[①]里，有需要的人请一定看一看。

另外，如果C编译器和映像文件制作工具等不一样的话，开发过程中就会产生一些细微的差别，这很难一一解释，所以笔者就直接把所有的工具都放到附带光盘里了。这些几乎都是笔者所发布的免费软件，它们大都是笔者为了开发后面的OSASK操作系统而根据需要自己编写的。这些工具的源代码也是公开的。除此之外，我们还会用到其他一些免费软件，所有这些软件的功能我们会在使用的时候详细介绍。

6 操作系统开发中的困难

现在市面上众多的C编译器都是以开发Windows或Linux上的应用程序为前提而设计的，几乎从来没有人想过要用它们来开发其他的软件，比如自己的操作系统。笔者所提供的编译器，也是以Windows版的gcc[②]为基础稍加改造而做成的，与gcc几乎没什么不同。或许也有为开发操作系统而设计的C编译器，不过就算有，恐怕也只有开发操作系统的公司才会买，所以当然会很贵。这次我们用不了这么高价的软件。

因为这些原因，我们只能靠开发应用程序用的C编译器想方设法编写出一个操作系统来。这实际上是在硬来，所以当中就会有很多不方便的地方。

就比如说printf("hello\n");吧，这个函数总是出现在C语言教科书的第一章，但我们现在就连它也无法使用。为什么呢？因为printf这个函数是以操作系统提供的功能为前提编写的，而我们最开始的操作系统可是什么功能都没有。因此，如果我们硬要执行这个函数的话，CPU会发生一般保护性异常[③]，直接罢工。刚开始的时候不仅是printf，几乎所有的函数都无法使用。

关于这次开发语言的选择，如果非要说出个所以然的话，其实也是因为C语言还算是很少依赖操作系统功能的语言，基本上只要不用函数就可以了。如果用C++的话，像new/delete这种基本而重要的运算符都不能用了，另外对于类的做法也会有很多要求，这样就无法发挥C++语言的优势了。当然，为了使用这些函数去开发操作系统，只要我们想办法，还是能够克服种种困难的。但是如果做到这个份上，我们不禁会想，到底是在用C++做操作系统呢，

---

① http://hrb.osask.jp。

② GNU项目组开发的免费C编译器，GNU C Compiler的简称。有时也指GNU开发的各种编译器的集合（ GNU Compiler Collection ）。

③ 电脑的CPU非常优秀，如果接到无视OS保护的指令或不可能执行的指令时，首先会保存当前状态，中断正在执行的程序，然后调用事先设定的函数。这种机制称为异常保护功能，比如除法异常、未定义指令异常、栈异常等。不能归类到任何异常类型中去的异常事态被称为一般保护异常。这种异常保护功能或许会让老Windows用户想起那噩梦般的蓝屏画面，但是如果经历过操作系统开发以后，大家就会觉得这种机制实在是太有用了。

还是在为了C++而做操作系统呢。对别的语言而言这个问题会更加突出，所以这次还是决定使用C语言，希望大家予以理解。

顺便插一句，在开发操作系统时不会受到限制的语言大概就只有汇编语言[1]了。还是汇编语言最厉害[2]（笑）。但是如果本书仅用汇编来编写操作系统的话，恐怕没几个人会看，所以就算是做事管前不顾后的笔者也不得不想想后果。

另外，在开发操作系统时，需要用到CPU上的许多控制操作系统的寄存器[3]。一般的C编译器都是用于开发应用程序的，所以根本没有任何操作这些寄存器的命令。另外，C编译器还具有非常优秀的自动优化功能，但有时候这反而会给我们带来麻烦。

归根到底，为了克服以上这些困难，有些没法用C语言来编写的部分，我们就只好用汇编语言来写了。这个时候，我们就必须要知道C编译器到底是怎样把程序编译成机器语言的。如果不能够与C编译器保持一致的话，就不能将汇编语言编写的部分与C语言编写的部分很好地衔接起来。这可是在编写普通的C语言程序时所体会不到哦！不过相比之下，今后的麻烦可比这种好处多得多啊（苦笑）。

同样，如果用C++来编写操作系统，也必须知道C++是如何把程序编译成机器语言的。当然，C++比C功能更多更强，编译规则也更复杂，所以解释起来也更麻烦，我们选用C语言也有这一层理由。总之，如果不理解自己所使用的语言是如何进行编译的，就没法用这种语言来编写操作系统。

书店里有不少C语言、C++的书，当然也还有Delphi、Java等其他各种编程语言的书，但这么多书里没有一本提到过"这些源代码编译过后生成的机器语言到底是什么样的"。不仅如此，虽然我们是在通过程序向CPU发指令的，但连CPU的基本结构都没有人肯给我们讲一讲。作为一个研究操作系统的人，真觉得心里不是滋味。为了弥补这一空缺，我们这本书就从这些基础讲起（但也仅限于此次开发操作系统所必备的基础知识）。

我们具备了这样的知识以后，说不定还会改变对程序设计的看法。以前也许只想着怎么写出漂亮的源代码来，以后也许就会更注重编译出来的是怎样的机器语言。源代码写得再漂亮，如果不能编译成自己希望的机器语言，不能正常运行的话，也是毫无意义的。反过来说，即便源代码写得难看点儿，即便只有特定的C编译器才能编译，但只要能够得到自己想要的机器语言就没有问题了。虽然不至于说"只要编译出了想要的机器语言，源代码就成了一张废纸"，但从某种意

---

[1] Assembler，与机器语言最接近的一种编程语言。过去掌握这种语言的人会备受尊敬，而现在这种人恐怕要被当作怪人了，真是可悲啊。原本汇编语言的正式名称应该是Assembly语言，而Assembler一般指的是编译程序。不过像笔者这样的老程序员，往往不对这两个词进行区分，统称为Assembler。

[2] 读到这里，大家可能还不理解为什么这么说，越往后看就越能慢慢体会到了。

[3] Register，有些类似机器语言中的变量。对CPU而言，内存是外部存储装置，在CPU内核之中，存储装置只有寄存器。全部寄存器的容量加起来也不到1KB。

义上说还真就是这样。

对于开发操作系统的人而言，源程序无非是用来得到机器语言的"手段"，而不是目的。浪费太多时间在手段上就是本末倒置了。

对了，还有一点或许会有人担心，所以在这里事先说明一下：虽然操作系统是用C语言和汇编语言编写的，但并不是用C++编写的应用程序就无法在这个操作系统上运行。编写应用程序所用的语言，与开发操作系统所使用的语言是没有任何关系的，大家大可不必担心。

7　学习本书时的注意事项（重要！）

本书从第1章开始，写的是每一天实际开发的内容，虽然一共分成了30天，但这些都是根据笔者现在的能力和讲解的长度来大概切分的，并不是说读者也必须得一天完成一章。每个人觉得难的地方各不相同，有时学习一章可能要花上一星期的时间，也有时可能一天就能学会三章的内容。

当然，学习过程中可能会遇到看不太懂的章节，这种时候不要停下来，先接着往下读上个一两章也许会突然明白过来。如果往后看还是不明白的话，就先确认一下自己已经理解到哪一部分了，然后回过头来再从不懂的地方重新看就是了。千万别着急，看第二遍时，没准就会豁然开朗了。

如果已经弄清了哪里没理解，而且没理解的部分看了很多遍还是不明白的话，大家可以参阅我们的帮助与支持页面[①]，或许"问题与解答"（Q&A）页里会有解说。

■■■■■

本书对C语言的指针和结构体的说明与其他书籍有很大区别。这是因为本书先讲CPU的基本结构，然后讲汇编，最后再讲C语言，而其他的书都不讲这些基础知识，刚一提到指针，马上就转到变量地址如何如何了。所以就算大家"觉得"已经明白了那些书里讲的指针，也不要把本书的指针部分跳过去，相信这次大家能真正地理解指针。当然，如果真的已经弄明白了的话，大概看看就可以了。

■■■■■

从现在开始我们来一点一点地开发操作系统，我们会将每个阶段的进展情况总结出来，这些中间成果都刻在附带光盘里了，只要简单地复制一下就能马上运行。关于这些程序，有些需要注意的地方，我们在这里简单说明一下。

比如最初出现的程序是"helloos0"，下一个出现的程序是"helloos1"。 即使我们以helloos0

---

① http://hrb.osask.jp。

为基础，把书中讲解的内容一个不漏地全部做上一遍，也不能保证肯定可以得到后面的helloos1。书中可能偶尔有讲解得很完整的地方，但其实大多部分都讲得不够明确，这主要是因为笔者觉得这些地方不讲那么仔细大家肯定也能明白。

笔者说这些主要就是想要告诉大家，不仅要看书里的内容，更要好好看程序。有时候书上写得很含糊，读起来晦涩难懂，但一看程序马上就明白了。本书的主角不是正文内容，而是附录中的程序。正文仅仅是介绍程序是如何做出来的。

所以说从这个意义上讲，与其说这是"一本附带光盘的书"，倒不如说这是"一张附带一本大厚书的光盘"（笑）。

■■■■■

关于程序还有一点要说明的——这里收录的程序的版权全部归笔者所有。可是，读了这本书后打算开发自己的操作系统的话，可能有不少地方要仿照着附带程序来做；也有人可能想把程序的前期部分全盘照搬过来用；还有人可能想接着本书最后的部分继续开发自己的操作系统。

这是一本关于操作系统的教材，如果大家有上面这些想法却不能自由使用附录程序的话，这教材也就没什么意义了，所以大家可以随意使用这些程序，也不用事先提出任何申请。尽管大家最后做出来的操作系统中可能会包含笔者编写的程序，不过也不用在版权声明中署上笔者的名字。大家可以把它当作自己独立开发的操作系统，也可以卖了它去赚钱。就算大家靠这个系统成了亿万富翁，笔者也不会要分毫的分成，大家大可放心[①]。

而且这不只是买了本书的人才能享受的特权，从图书馆或朋友那儿借书看的人，甚至在书店里站着只看不买的人，也都享有以上权利。当然，大家要是买了这本书，对笔者、对出版社都是一个帮助。（笑）

在引用本书程序时，只有一点需要注意，那就是大家开发的操作系统的名字。因为它已经不是笔者所开发的操作系统了，所以请适当地改个名字，以免让人误解，仅此一点请务必留意。不管程序的内部是多么相像，它都是大家自己负责发布的另外一个不同的操作系统。给它起个响亮的名字吧。

以上声明仅适用于书中的程序，以及附带光盘中收录的用作操作系统教材的程序。本书正文和附带光盘中的其他工具软件不在此列。复制或修改都受到著作权法的保护。请在法律允许范围内使用这些内容。与光盘中的工具软件相关的许可权会放在本书最后一章予以说明。

---

① 在版权署名时，如果有人执意要署上笔者的名字，笔者也不反对。另外，要是大家一不小心发了大财，一定要给笔者分红的话，笔者当然也会心存感激地接受下来（笑）。

8 各章内容摘要

估计看过目录大家就能大概了解各章内容了，但因为目录里项目太多，所以在这里概括总结一下。如果有人想要保留一份神秘感，想边看边猜"后面的内容会是什么"，那么可以跳过本节不读（笑）。这一部分可以说是全书的灯塔，当大家在阅读本书的过程中感觉有什么不放心的时候，就回过头来重新看看本节内容吧。

第一周（第1天 ～ 第7天）

一开始首先要考虑怎么来写一个"只要一通电就能运行的程序"。这部分用C语言写起来有些困难，所以主要还是用汇编语言来写。

这步完成之后，下一步就要写一个从磁盘读取操作系统的程序。这时即便打开电脑电源，它也不会自动地将操作系统全部都读进来，它只能读取磁盘上最开始的512字节的内容，所以我们要编写剩余部分的载入程序。这个程序也要用汇编语言编写。

一旦完成了这一步，以后的程序就可以用C语言来编写了。我们就尽快使用C语言来学习开发显示画面的程序。同时，我们也能慢慢熟悉C语言语法。这个时候我们好像在做自己想做的事，但事实上我们还没有自由操纵C语言。

接下来，为了实现"移动鼠标"这一雄心，我们要对CPU进行细致的设定，并掌握中断处理程序的写法。从全书总体看来，这一部分是水平相当高的部分，笔者也觉得放在这里有些不妥，但从本书条理上讲，这些内容必须放在这里，所以只好请大家忍耐一下了。在这里，CPU的规格以及电脑复杂的规格都会给我们带来各种各样的麻烦。而且开发语言既有C语言，又有汇编语言，这又给我们造成了更大的混乱。这个时候我们一点儿也不会觉得这是在做自己想做的事，怎么看都像是在"受人摆布"。

渡过这个痛苦的时期，第一周就该结束了。

第二周（第8天 ～ 第14天）

一周的苦战还是很有意义的，回头一看，我们就会发现自己还是斩获颇丰的。这时我们已经基本掌握了C语言的语法，连汇编语言的水平也能达到本书的要求了。

所以现在我们就可以着手开发像样的操作系统了。但是这一次我们又要为算法头痛了。即使掌握了编程语言的语法，如果不懂得好的算法的话，也还是不能开发出来自己想要的操作系统。所以这一周我们就边学习算法边慢慢地开发操作系统。不过到了这一阶段，我们就能感觉到基本上不会再受技术问题限制了。

第三周（第15天 ～ 第21天）

现在我们的技术已经相当厉害了，可以随心所欲地开发自己的操作系统了。首先是要支持多任务，然后是开发命令行窗口，之后就可以着手开发应用程序了。到本周结束时，就算还不够完备，我们也能拿出一个可以称之为操作系统的软件了。

第四周（第22天 ～ 第28天）

在这个阶段，我们可以尽情地给操作系统增加各种各样的功能，同时还可以开发出大量像模像样的应用程序来。这个阶段我们已经能做得很好了，这可能也是我们最高兴的时期。这部分要讲解的内容很少，笔者也不用再煞费苦心地去写那些文字说明了，可以把精力都集中在编程上（笑）。对了，说起文字才想起来，正好在这个时期可以让我们的操作系统显示文字了。

免费赠送两天（第29天 ～ 第30天）

剩下的两天用来润色加工。这两天我们来做一些之前没来得及做，但做起来既简单又有趣的内容。

▪▪▪▪▪

以上就是从第1天到第30天的内容摘要，越到后面介绍越短，这也说明最开始的内容是最复杂的。那么，就让我们做好准备，开始第一天的学习吧。啊，大家不用紧张，放松！放松！

第1天

从计算机结构到汇编程序入门

☐ 先动手操作
☐ 究竟做了些什么
☐ 初次体验汇编程序
☐ 加工润色

1 先动手操作

与其啰啰嗦嗦地写上一大堆，还不如实际动手开发来得轻松，我们这就开始吧。而且我们一上来就完全抛开前面的说明，既不用C语言，也不用汇编程序，而是采用一个迥然不同的工具来进行开发（笑）。

■■■■■

有一种工具软件名为"二进制编辑器"（Binary Editor）[1]，是一种能够直接对二进制数进行编辑的软件。我们现在要用它来编辑出下图这样的文件。

也许有人会说"这样的工具我从来没有见过呀"，没关系，下面我们来详细地介绍一下。

首先打开下面这个网页：

http://www.vcraft.jp/soft/bz.html[2]

---

[1] 原文直译为"二进制编辑器"（Binary Editor），在中国"二进制编辑器"、"十六进制编辑器"这两种说法都有，这里尊重原著保留了"二进制编辑器"的说法。——译者注

[2] 如果此网页连接不上，也可用google等检索工具来搜索一下，从别处下载Bz1621.lzh。

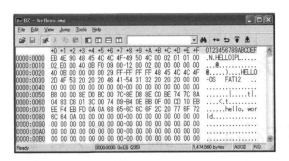

用BZ打开helloos.img时的画面

点击"在此下载"（Download）的链接，下载文件Bz1621.lzh（在此非常感谢c.mos公司无偿公开这么好的软件）。当你读到本书的时候，也许会有新的版本发布，所以文件名可能会有所不同。接下来，安装下载下来的文件，然后双击启动Bz.exe程序。如果不能正常启动的话，可以参考上面网页的"★注意★"一项，按照上面的安装指导进行操作。

顺利启动的话屏幕上会出现如下画面。

BZ起动时的画面

好，让我们赶紧来输入吧，只要从键盘上直接输入EB4E904845……就可以了，简单吧。其中字符之间的空格是这个软件在显示时为方便阅读自动插入的，不用自己从键盘上输入。另外，右边的.N.HELLOIPL……部分，也不用从键盘输入，这是软件自动显示的。可能版本或者显示模式不一样的时候，右侧显示的内容会与下面的截图有所不同。不过不用往心里去，这些内容完全是锦上添花的东西，即使不一样也没事。

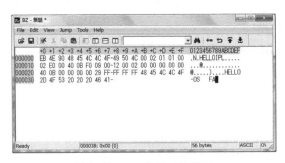

输入到000037位置时的画面

从000090开始后面全都是00，一直输入到最后168000这个地址。如果一直按着键盘上的"0"不放手的话，画面上的0就会不停地增加，但因为个数相当多，也还是挺花时间的。如果家里有只猫的话，倒是可以考虑请它来帮忙按住这个键（日本的谚语：想让猫来搭把手，形容人手不足，连猫爪子都想借用一下），或者也可以干脆就用透明胶把这个键粘上。

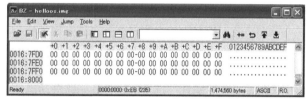

168000附近的画面

因为一下子输入到最后实在是挺花时间的，大家也许想保存一下中间结果，这时可以从菜单上选择"文件"（File）→"另存为"（Save As），画面上就会弹出保存文件的对话框。我们可以随便取个名字进行保存，笔者推荐使用"helloos.img"。当想要打开保存过的文件时，首先要启动Bz.exe，从菜单上选择"文件"（File）→"打开"（Open），然后选择目标文件，这样原来保存的内容就能显示出来了。可是这个时候不管我们怎么努力按键盘，它都一点反应也没有。这是怎么回事？难道必须要一次性输入到最后吗？这个大家不必担心，其实只要从菜单里选择"编辑"（Edit）→"只读"（Read Only）就可以进入编辑状态啦。好了，我们继续输入。

如果家里的猫自由散漫惯了，不肯帮忙，而大家又不想用透明胶粘键盘这种土方法的话，不妨这样：用鼠标选择一部分0，然后从菜单选择"编辑"（Edit）→"复制"（Copy）。简简单单复制粘贴几次就可以大功告成了，这工具还真方便呀。

哦，对了，差点忘记一件重要的事——在地址0001F0和001400附近还有些地方不全是00，要像下图那样把它们也改过来，然后整体检查一下，确认没有输入错误。

0001F0附近

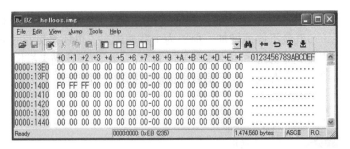

001400附近

下面，我们把输入的内容保存下来就完成了软盘映像文件的制作，这时查看一下文件属性，应该能看到文件大小正好是1474560字节（=1440×1024字节）。然后我们将这个文件写入软盘（具体后述），并用它来启动电脑。如下所示，画面上会显示出"hello, world"这个字符串。目前的程序虽然简单，但毕竟一打开电脑它就能够自动启动，还能在屏幕上显示出一句话来，已经小小成功了哦。不过，我们现在还没有结束这个程序的方法，所以想要结束的时候，只能把软盘取出来后切断电脑电源，或者重新启动。

至于最关键的往磁盘上写映像文件的方法，笔者已经预先准备好了一个程序。在介绍它的使用方法之前，我们先把笔者准备的工具全都安装进来吧，这样后面讲解起来比较省事。下面我们就来看怎么安装这些工具。

───

打开附带光盘，里面有一个名为tolset[①]的文件夹，把这个文件夹复制到硬盘的任意一个位置上。现在里面的东西还不多，只有3MB左右，不过以后我们自己开发的软件也都要放到这个文件夹里，所以往后它会越来越大，因此硬盘上最好留出100MB左右的剩余空间。工具安装到此结束，我们既不用修改注册表，也不用设定路径参数，就这么简单。而且以后不管什么时候，都可以把这整个文件夹移动到任何其他地方。用这些工具，我们不仅可以开发操作系统，还可以开发简单的Windows应用程序或OSASK应用程序等。

---

① tool set的缩写，"工具套件"的意思。

接下来我们打开刚才安装的tolset文件夹，在文件夹的名字上单击鼠标右键，从弹出的菜单上选择"新建"（New）→ "文件夹"（Folder）。画面上会显示出缺省的文件夹名"新建文件夹"（New Folder），我们要把它改为"helloos0"，并把前面保存的映像文件helloos.img复制到这个文件夹里。另外，刚才安装的tolset文件夹下有个名为z_new_w的子文件夹，其中有!cons_9x.bat和!cons_nt.bat这两个文件，要把它们也复制粘贴到helloos0文件夹里。

接着，在文件夹helloos0里单击鼠标右键，从弹出的菜单中选择"新建"（New）→ "文本文件"（Text Document），并将文件命名为"run.bat"，回车后屏幕上会显示"如果改变文件扩展名，可能会导致文件不可用。确实要更改吗?"的对话框，我们选择"是"，创建run.bat文件。然后在run.bat文件名上单击鼠标右键，在弹出的菜单上选择"编辑"（Edit），输入下面内容并保存。

run.bat

```
copy helloos.img ..\z_tools\qemu\fdimage0.bin
..\z_tools\make.exe -C ../z_tools/qemu
```

然后按照同样的步骤，创建install.bat，并将下列内容输入进去。

install.bat

```
..\z_tools\imgtol.com w a: helloos.img
```

其实以上步骤创建的所有文件都已经给事先给大家准备好了，就放在附带光盘中名为projects\01_day\helloos0的子文件夹里。所以大家只要把光盘上的helloos0复制下来，粘帖到硬盘的tolset文件夹里，所有的准备工作就瞬间完成了。

▪▪▪▪▪

好了，现在我们就来把这个有点像操作系统的软件安装到软盘上吧。随便从附近的小店里买片新软盘来，在Windows下格式化一下（格式化方法：把软盘插入磁盘驱动器后打开"我的电脑"，在"3.5吋软盘"（3.5inches Floppy）A:上单击鼠标右键，再选择"格式化"（Format）即可）。对了，这个时候不要选择"快速格式化"选项。然后用鼠标左键双击helloos0文件夹里的!cons_nt.bat文件（Windows95/98/Me的用户需要双击!cons_9x.bat），屏幕上就会出现一个命令行窗口（console）。我们先仔细确认一下软盘是否已经插好，然后在命令行窗口上输入"install"并回车，这样安装操作就开始了。稍候片刻，等安装程序执行完毕，我们的操作系统启动盘也就做好了。完成安装之后，也可以关闭刚才的命令行窗口了。

现在我们就用这张操作系统启动软盘来启动一下电脑试试吧，肯定跟刚才一样，会显示出"hello, world"的字样来。

在这里要提醒大家几点：一是软盘虽然不要求必须用全新的，但如果太旧的话，在读写过程中容易出问题，所以最好还是不要用太旧的软盘。另外，就算是新盘，如果太便宜的话有时也用不了，若是发现有问题，就需要再去买一张。最后一点，一旦格式化或者往软盘内安装操作系统，就会把里面原有的东西全部覆盖掉，所以大家千万不要用存有重要文件的软盘来尝试哦。

∎∎∎∎∎

看到这里，大家可能会有各种问题："这些我都明白，可是既要专门去买张软盘，又要重启电脑，实在太麻烦了，难道就没有什么更简单的方法吗？"、"我家的电脑根本就没有软驱呀"、"我的电脑没有什么重启按钮，也没有关电源的开关，一旦启动了这个奇怪的操作系统，就没法终止啦"。其实这些问题笔者已经考虑到了，所以特意准备了一个模拟器。我们有了这个模拟器，不用软盘，也不用终止Windows，就可以确认所开发的操作系统启动以后的动作，很方便呢。

使用模拟器的方法也非常简单，我们只需要在用!cons_nt.bat（或者是!cons_9x.bat）打开的命令行窗口中输入"run"指令就可以了。然后一个名叫QEMU的非常优秀的免费PC模拟器就会自动运行。QEMU不是笔者开发的，它是由国外的一些天才们开发出来的。感谢他们！

"我按照你说的一步一步地做了一遍，可是不行呀！怎么回事呢？"会遇到这种情况的人肯定是个非常认真的人，可能真的完全按照上面步骤用二进制编辑器自己做了一个helloos.img文件出来。出现这种问题，肯定是因为文件中有输入错误的地方，虽然笔者不知道具体错在哪儿，不过建议最好检查一下000000到000090，以及0001F0前后的数据。如果还是不行的话，那就干脆用附带光盘中笔者做的helloos.img好了。

可能有些人嫌麻烦，懒得自己输入，上来就直接使用光盘里的helloos.img文件，这当然也没什么不可以；但笔者认为这种体验（一点一点地输入，再千辛万苦地纠错，最终功夫不负有心人取得成功）本身更难能可贵，建议大家最好还是亲自尝试一下。

∎∎∎∎∎

就这样，我们没有去改造现成的操作系统，而是从零开始开发了一个，并让它运转了起来（当然，如果别人承认这是个操作系统的话）。这太了不起了！大家完全可以在朋友们面前炫耀一番了。仅学习了几个小时开发的一个初学者，就能从零开始做出一个操作系统，这本书不错吧（笑）？这次我们考虑到从键盘直接输入比较麻烦，所以就只让它显示了一条消息；如果能再多输入一些内容的话，那仅用这种方法就可以开发任意一个操作系统（当然最大只能到1440KB）。现在唯一的问题是，我们还不知道之前输入的那些"EB 4E 90 48 45⋯⋯"到底是什么意思（而这也正是我们所面临的最大问题）。今天剩下的时间，以及以后的29天时间里，我们都会讲解这个问题。

2 究竟做了些什么

为什么用这种方法就能开发出操作系统来呢？现在搞清楚这个问题，会对我们今后的理解很有帮助，所以在这里要稍做说明。

首先我们要了解电脑的结构。电脑的处理中心是CPU，即"central process unit"的缩写，翻译成中文就是"中央处理单元"，顾名思义，它就是处理中心。如果我们把别的元件当作中心来使用的话，那它就叫做CPU了，所以无论什么时候CPU都总是处理中心。不过这个CPU除了与别的电路进行电信号交换以外什么都不会，而且对于电信号，它也只能理解开（ON）和关（OFF）这两种状态，真是个没用的人呀（虽然它不是人吧，大家领会精神）。

CPU

我们平时会用电脑写文章、听音乐、修照片以及做其他各种各样的事情，我们用电脑所做的这些，其实本质上都不过是在与CPU交换电信号而已，而且电信号只有开（ON）和关（OFF）这两种状态。再说直白一点，CPU根本无法理解文章的内容，更不会鉴赏音乐、照片，它只会机械地进行电信号的转换。CPU有计算指令，所以它能够进行整数的加减乘除运算，也可以处理负数、计算小数以及10的100次方这样庞大的数值，它甚至能够处理我们初中才学到的平方根和高中才学到的对数、三角函数，而且所有这些计算仅通过一条指令就能简单实现。虽然CPU功能如此强大，但它其实根本不理解数的概念。CPU就是个集成电路板，它只是忠实地执行电信号给它的指令，输出相应的电信号。

这些概念可能不太容易理解，还是让我们来看个的具体例子吧。比如说，让我们用1来表示开（ON），用0来表示关（OFF），这样比较容易理解。我们可以用32×16=512个开（ON）和关（OFF）的集合（＝电信号的集合），来显示出下面这个不甚好看的人头像。

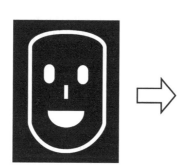

我们也可以用0000 0000 0000 0000 0000 0100 1010 0010这32个电信号的集合来表示1186这个整数。（注：用二进制表示1186的话，就是100 1010 0010）。我们还可以用0100 1011 0100 1111 0100 1111 0100 0010这32个电信号的集合来表示"BOOK"这个单词（注：这实际上就是电脑内部保存这个单词时的电信号集合）。

CPU能看见的就只有这些开（ON）和关（OFF）的电信号。换句话说，假如我们给CPU发送这么一串电信号：

0000 0100 0011 1000 0000 1110 0001 0000

这信号可能是一幅画的部分数据，可能是个二进制整数，可能是一段音乐旋律，可能是文章中的一段文字，也可能是保存了的游戏的一部分数据，或者是程序中的一行代码，不管它是什么，CPU都一窍不通。CPU不懂这些，也不在乎这些，它只是默默地、任劳任怨地按照程序的指令进行相应的处理。

■■■■■

看到这里，或许有人会认为是先有了这么多要做的事情，所以人类才发明了CPU，而实际上并不是这样。最早人们发明CPU只是为了处理电信号，那个时候没有人能想到它后来会成为这么有用的机器。不过后来人们发现，一旦把电信号的开（ON）/关（OFF）与数字0和1对应起来，就能将二进制数转换为电信号，同时电信号也可以转换回二进制数。所以，虽然CPU依然只能处理电信号，但它从此摇身一变，成了神奇的二进制数计算机。

因为我们可以把十进制数转换成二进制数，也能把二进制数还原成十进制数，所以人们又发明了普通的计算机。后来，我们发现只要给每个文字都编上号（即文字编码），就可以建立一个文字与数字的对应关系，从而就可以把文字也转换成电信号，让CPU来处理文章（比如进行文字输入或者字词检索等）。依此类推，人们接着又找到了将图像、音乐等等转换成电信号的方法，使CPU的应用范围越来越广。不过CPU还是一如既往，只能处理电信号。

而且我们能用CPU来处理的并不仅仅只有数据，我们还可以用电信号向CPU发出指令。其实我们所编写的程序最终都要转换成所谓的机器语言，这些机器语言就是以电信号的形式发送给CPU的。这些机器语言不过就是一连串的指令代码，实际上也就是一串0和1的组合而已。

软盘的原理也有异曲同工之妙，简单说来，就是把二进制的0和1转换为磁极的N极和S极而已，所以我们只用0和1就可以写出映像文件来。不仅是映像文件，计算机所能处理的各种文件最终都是用0和1写成的。因此可以说，不能仅用0和1来表达的内容，都不能以电信号的形式传递给CPU，所以这种内容是计算机所无法处理的。

■■■■■

而"二进制编辑器"就是用来编辑二进制数的，我们可以很方便地用它来输入二进制数，并保存成文件。所以它就是我们的秘密武器，也就是说只要有了二进制编辑器，随便什么文件我们都能做出来。（厉害吧！）如果大家在商店里看到一个软件，很想要而又不想花那么多钱的话，那就干脆就回家用二进制编辑器自己做一个算啦！用这个方法我们完全可以自己制作出一个与店里商品一模一样的东西来。看上一个500万像素的数码相机，但是太贵了买不起？那有什么关系？我们只要有二进制编辑器在手，就可以制作出毫不逊色于相机拍摄效果的图像，而且想做几张就可以做几张。要是C编译器太贵了买不起，也不用郁闷。即使没有C编译器，我们也可以用二进制编辑器做出一个与编译器生成文件完全一样的执行文件，而且就连C编译器本身都可以用二进制编辑器做出来。

　　有了这么强大的工具，制作操作系统就是小菜一碟。道理就是这么简单，所以我们这次不费吹灰之力就做了个操作系统出来也是理所当然的。或许有人会想"就为了讲这么个小事，有必要长篇大论写这么多吗？"其实不然，如果我们对CPU的基础有了彻底的理解，以后的内容就好懂多了。

■■■■■

　　"喂，且慢，我明白了二进制编辑器就是编辑二进制数的软件，可是在你让我输入你的helloos.img的时候，除了0和1以外，不是还让我输入了很多别的东西吗？你看，第一个不就是E吗？这哪里是什么二进制数？分明是个英文字母嘛！"……噢，不好意思，这说得一点错都没有。

　　虽然二进制数与电信号有很好的一一对应关系，但它有一个缺点，那就是位数实在太多了，举个例子来说，如果我们把1234写成二进制数，就成了10011010010，居然长达11位。而写成十进制数，只用4位就够了。因为这样也太浪费纸张了，所以计算机业界普遍使用十六进制数。十进制数的1234写成十六进制数，就是4D2，只用3位就够了。

　　那为什么非要用十六进制数呢，用十进制数不是也挺好的吗？实际上，我们可以非常简便地把二进制数写成十六进制数。

二进制数和十六进制数对照表

0000 – 0	0100 – 4	1000 – 8	1100 – C
0001 – 1	0101 – 5	1001 – 9	1101 – D
0010 – 2	0110 – 6	1010 – A	1110 – E
0011 – 3	0111 – 7	1011 – B	1111 – F

　　有了这个对照表，我们就能轻松进行二进制与十六进制之间的转换了。将二进制转换为十六进制时，只要从二进制数的最后一位开始，4位4位地替换过来就行了。如：

```
100 1101 0010 → 4D2
```

　　反之，把十六进制数的4D2转换为二进制数的100 1101 0010也很简单，只要用上面的对照表反过来变换一下就行了。而十进制数变换起来就没这么简单了。同理，八进制数是把3位一组的二进制数作为一个八进制位来变换的，这种计数法在计算机业界也偶有使用。

因此我们在输入EB的时候，实际上是在输入11101011，所以它其实是个十六进制编辑器，但笔者习惯称它为二进制编辑器，希望大家不要见怪。

■■■■■

虽然笔者对二进制编辑器如此地赞不绝口，但用它也解决不了什么实际问题。因为这就相当于"只要有了笔和纸，什么优秀的小说都能写出来"一样。笔和纸不过就是笔和纸而已，实际上对创作优秀的小说也帮不上多大的忙。所以大家在写程序时，用的都是文本编辑器和编译器，没有谁只用二进制编辑器来做程序的。大家照相用的也都是数码照相机，没有谁只用二进制编辑器来做图像文件。因此，我们用二进制编辑器进行的开发就到此为止，接下来我们要调转方向，开始用编程语言来继续我们的开发工作。不过有了这次的经验，我们就知道了如果今后遇到什么特殊情况还可以使用二进制编辑器，它是非常有用的。而且后面章节中我们偶尔也会用到它。

3 初次体验汇编程序

好，现在就让我们马上来写一个汇编程序，用它来生成一个跟刚才完全一样的helloos.img吧。我们这次使用的汇编语言编译器是笔者自己开发的，名为"nask"，其中的很多语法都模仿了自由软件里享有盛名的汇编器"NASM"，不过在"NASM"的基础之上又提高了自动优化能力。

超长的源代码

```
DB    0xeb, 0x4e, 0x90, 0x48, 0x45, 0x4c, 0x4c, 0x4f
DB    0x49, 0x50, 0x4c, 0x00, 0x02, 0x01, 0x01, 0x00
DB    0x02, 0xe0, 0x00, 0x40, 0x0b, 0xf0, 0x09, 0x00
DB    0x12, 0x00, 0x02, 0x00, 0x00, 0x00, 0x00, 0x00
DB    0x40, 0x0b, 0x00, 0x00, 0x00, 0x00, 0x29, 0xff
(为节省纸张，这里省略中间的18万4314行)
DB    0x00, 0x00, 0x00, 0x00, 0x00, 0x00, 0x00, 0x00
```

我们使用复制粘帖的方法，就可以写出这样一个超长的源代码来，将其命名为"helloos.nas"，并保存在helloos0中。仔细看一下就能发现这个文件内容与我们用二进制编辑器输入的内容是一模一样的。

接着，我们用"!cons_nt.bat"或是"!cons_9x.bat"（我们在前面已经说过，要根据Windows的版本决定用哪一个。以后每次都这样解释一遍的话比较麻烦，所以我们就将它简写为!cons好了）打开一个命令行窗口（console），输入以下指令（提示符部分不用输入）：

提示符[①]>..\z_tools\nask.exe helloos.nas helloos.img

---

① prompt，出现在命令行窗口中，提示用户进行输入的信息。

这样我们就得到了映像文件helloos.img。

好，我们的第一个汇编语言程序就这样做成了！……不过这么写程序也太麻烦了，要做个18万行的程序，不但浪费时间，还浪费硬盘空间。与其这样还不如用二进制编辑器呢，不用输入"0x"、","什么的，还能轻松一点。

■■■■■

其实要解决这个问题并不难，如果我们不只使用DB指令，而把RESB指令也用上的话，就可以一下将helloos.nas缩短了，而且还能保证输出的内容不变，具体我们来看下面。

正常长度的源程序

```
DB    0xeb, 0x4e, 0x90, 0x48, 0x45, 0x4c, 0x4c, 0x4f
DB    0x49, 0x50, 0x4c, 0x00, 0x02, 0x01, 0x01, 0x00
DB    0x02, 0xe0, 0x00, 0x40, 0x0b, 0xf0, 0x09, 0x00
DB    0x12, 0x00, 0x02, 0x00, 0x00, 0x00, 0x00, 0x00
DB    0x40, 0x0b, 0x00, 0x00, 0x00, 0x00, 0x29, 0xff
DB    0xff, 0xff, 0xff, 0x48, 0x45, 0x4c, 0x4c, 0x4f
DB    0x2d, 0x4f, 0x53, 0x20, 0x20, 0x20, 0x46, 0x41
DB    0x54, 0x31, 0x32, 0x20, 0x20, 0x20, 0x00, 0x00
RESB  16
DB    0xb8, 0x00, 0x00, 0x8e, 0xd0, 0xbc, 0x00, 0x7c
DB    0x8e, 0xd8, 0x8e, 0xc0, 0xbe, 0x74, 0x7c, 0x8a
DB    0x04, 0x83, 0xc6, 0x01, 0x3c, 0x00, 0x74, 0x09
DB    0xb4, 0x0e, 0xbb, 0x0f, 0x00, 0xcd, 0x10, 0xeb
DB    0xee, 0xf4, 0xeb, 0xfd, 0x0a, 0x0a, 0x68, 0x65
DB    0x6c, 0x6c, 0x6f, 0x2c, 0x20, 0x77, 0x6f, 0x72
DB    0x6c, 0x64, 0x0a, 0x00, 0x00, 0x00, 0x00, 0x00
RESB  368
DB    0x00, 0x00, 0x00, 0x00, 0x00, 0x00, 0x55, 0xaa
DB    0xf0, 0xff, 0xff, 0x00, 0x00, 0x00, 0x00, 0x00
RESB  4600
DB    0xf0, 0xff, 0xff, 0x00, 0x00, 0x00, 0x00, 0x00
RESB  1469432
```

我们自己动手输入这段源程序比较麻烦，所以笔者把它放在附带光盘的projects\01_day\helloos1目录下了。大家只要把helloos1文件夹复制粘帖到tolset文件夹里就可以了。之前的helloos0文件夹以后就不用了，我们可以把它删除，也可以放在那里留作纪念。顺便说一下，笔者将helloos0文件夹名改为了helloos1，删掉了其中没用的文件，新建并编辑了需要用到的文件，这样就做出了新的helloos1文件夹。操作系统就是这样一点一点地成长起来的。

每次进行汇编编译的时候，我们都要输入刚才的指令，这太麻烦了，所以笔者就做了一个批处理文件[①]asm.bat。有了这个批处理文件，我们只要在用"!cons"打开的命令行窗口里输入"asm"，

---

① batch file，基本上只是将命令行窗口里输入的命令写入文本文件。虽然还有功能更强的处理，但本书中我们用不到。所谓批处理就是批量处理，即一次处理一连串的命令。

就可以生成helloos.img文件。在用"asm"作成img文件后，再执行"run"指令，就可以得到与刚才一样的结果。

▆▆▆▆▆

DB指令是"define byte"的缩写，也就是往文件里直接写入1个字节的指令。笔者喜欢用大写字母来写汇编指令，但小写的"db"也是一样的。

在汇编语言的世界里，这个指令是程序员的杀手锏，也就是说只要有了DB指令，我们就可以用它做出任何数据（甚至是程序）。所以可以说，没有用汇编语言做不出来的文件。文本文件也好，图像文件也好，只要能叫上名的文件，我们都能用汇编语言写出来。而其他的语言（比如C语言）就没有这么万能。

RESB指令是"reserve byte"的略写，如果想要从现在的地址开始空出10个字节来，就可以写成RESB 10，意思是我们预约了这10个字节（大家可以想象成在对号入座的火车里，预订了10个连号座位的情形）。而且nask不仅仅是把指定的地址空出来，它还会在空出来的地址上自动填入0x00，所以我们这次用这个指令就可以输出很多的0x00，省得我们自己去写18万行程序了，真是帮了个大忙。

这里还要说一下，数字的前面加上0x，就成了十六进制数，不加0x，就是十进制数。这一点跟C语言是一样的。

4 加工润色

刚才我们把程序变成了短短的22行，这成果令人欣喜。不过还有一点不足就是很难看出这些程序是干什么的，所以我们下面就来稍微改写一下，让别人也能看懂。改写后的源文件增加到了48行，它位于附带光盘的projects\01_day\helloos2目录下，大家可以直接把helloos2文件夹复制到tolset里。现在helloos1也可以删掉了（每个文件夹都是独立的，用完之后就可以删除，以后不再赘述。当然放在那里留作纪念也是可以的）。

现在的程序有50行，也占不了多少地方，所以我们将它写在下面了。

有模有样的源代码

```
; hello-os
; TAB=4

; 以下这段是标准FAT12格式软盘专用的代码

	DB		0xeb, 0x4e, 0x90
	DB		"HELLOIPL"		; 启动区的名称可以是任意的字符串（8字节）
	DW		512				; 每个扇区（sector）的大小（必须为512字节）
	DB		1				; 簇（cluster）的大小（必须为1个扇区）
```

```
        DW      1              ; FAT的起始位置 (一般从第一个扇区开始)
        DB      2              ; FAT的个数 (必须为2)
        DW      224            ; 根目录的大小 (一般设成224项)
        DW      2880           ; 该磁盘的大小 (必须是2880扇区)
        DB      0xf0           ; 磁盘的种类 (必须是0xf0)
        DW      9              ; FAT的长度 (必须是9扇区)
        DW      18             ; 1个磁道 (track) 有几个扇区 (必须是18)
        DW      2              ; 磁头数 (必须是2)
        DD      0              ; 不使用分区, 必须是0
        DD      2880           ; 重写一次磁盘大小
        DB      0,0,0x29       ; 意义不明, 固定
        DD      0xffffffff     ; (可能是) 卷标号码
        DB      "HELLO-OS   "  ; 磁盘的名称 (11字节)
        DB      "FAT12   "     ; 磁盘格式名称 (8字节)
        RESB    18             ; 先空出18字节

; 程序主体
        DB      0xb8, 0x00, 0x00, 0x8e, 0xd0, 0xbc, 0x00, 0x7c
        DB      0x8e, 0xd8, 0x8e, 0xc0, 0xbe, 0x74, 0x7c, 0x8a
        DB      0x04, 0x83, 0xc6, 0x01, 0x3c, 0x00, 0x74, 0x09
        DB      0xb4, 0x0e, 0xbb, 0x0f, 0x00, 0xcd, 0x10, 0xeb
        DB      0xee, 0xf4, 0xeb, 0xfd

; 信息显示部分

        DB      0x0a, 0x0a     ; 2个换行
        DB      "hello, world"
        DB      0x0a           ; 换行
        DB      0

        RESB    0x1fe-$        ; 填写0x00,直到 0x001fe
        DB      0x55, 0xaa

; 以下是启动区以外部分的输出

        DB    0xf0, 0xff, 0xff, 0x00, 0x00, 0x00, 0x00, 0x00
        RESB  4600
        DB    0xf0, 0xff, 0xff, 0x00, 0x00, 0x00, 0x00, 0x00
        RESB  1469432
```

■■■■■

　　这里有几点新内容，我们逐一来看一下。首先是"；"命令，这是个注释命令，相当于C语言或是C++中的"//"。正是因为有它，我们才可以在源代码里加入很多注释。

　　其次是DB指令的新用法。我们居然可以直接用它写字符串。在写字符串的时候，汇编语言会自动地查找字符串中每一个字符所对应的编码，然后把它们一个字节一个字节地排列起来。这个功能非常方便，也就是说，当我们想要变更输出信息的时候，就再也不用自己去查字符编码表了。

再有就是DW指令和DD指令，它们分别是"define word"和"define double-word"的缩写，是DB指令的"堂兄弟"。word的本意是"单词"，但在计算机汇编语言的世界里，word指的是"16位"的意思，也就是2个字节。"double-word"是"32位"的意思，也就是4个字节。

对了，差点忘记说RESB 0x1fe-$了。这个美元符号的意思如果不讲，恐怕谁也搞不明白，它是一个变量，可以告诉我们这一行现在的字节数（如果严格来说，有时候它还会有别的意思，关于这一点我们明天再讲）。在这个程序里，我们已经在前面输出了132字节，所以这里的$就是132。因此nask先用0x1fe减去132，得出378这一结果，然后连续输出378个字节的0x00。

那这里我们为什么不直接写378，而非要用$呢？这是因为如果将显示信息从"hello, world"变成"this is a pen."的话，中间要输出0x00的字节数也会随之变化。换句话说，我们必须保证软盘的第510字节（即第0x1fe字节）开始的地方是55 AA。如果在程序里使用美元符号（$）的话，汇编语言会自动计算需要输出多少个00，我们也就可以很轻松地改写输出信息了。

■■■■■

既然可以毫不费力地改写显示的信息，就一定要好好发挥这一功能，让我们的操作系统显示出自己喜欢的一句话，让它成为一个只属于我们自己的、世界上独一无二的操作系统。不过遗憾的是现在它还不能显示汉字。当然大家也可以尝试一下，但由于这个程序还没有显示汉字的功能，所以显示出来的都是乱码，因此大家先将就一下，用英语或拼音吧。

■■■■■

最后再给大家解释一下程序中出现的几个专门术语。时间不早了，我们今天就到这吧。其他的留待明天再说。

TAB=4…………有的文本编辑器可以调整TAB键的宽度。请使用这种编辑器的人将TAB键的宽度设定成4，这样源程序更容易读。可能有人说，我这里只能用记事本（notepad），TAB键宽度固定为8，想调都没法调。没关系，明天笔者来推荐一个好用的文本编辑器。

FAT12格式…（FAT12 Format）用Windows或MS-DOS格式化出来的软盘就是这种格式。我们的helloos也采用了这种格式，其中容纳了我们开发的操作系统。这个格式兼容性好，在Windows上也能用，而且剩余的磁盘空间还可以用来保存自己喜欢的文件。

启动区…………（boot sector）软盘第一个的扇区称为启动区。那么什么是扇区呢？计算机读写软盘的时候，并不是一个字节一个字节地读写的，而是以512字节为一个单位进行读写。因此，软盘的512字节就称为一个扇区。一张软盘的空间共有1440KB，也就是1474560字节，除以512得2880，这也就是说一张软盘共有2880个扇区。那为什么第一个扇区称为启动区呢？那是因为计算机首先从最初一个扇区开始读软盘，然后去检查这个扇区最后2个字节的内容。

如果这最后2个字节不是0x55 AA，计算机会认为这张盘上没有所需的启动程序，就会报一个不能启动的错误。（也许有人会问为什么一定是0x55 AA呢？那是当初的设计者随便定的，笔者也没法解释）。如果计算机确认了第一个扇区的最后两个字节正好是0x55 AA，那它就认为这个扇区的开头是启动程序，并开始执行这个程序。

IPL…………… initial program loader的缩写。启动程序加载器。启动区只有区区512字节，实际的操作系统不像hello-os这么小，根本装不进去。所以几乎所有的操作系统，都是把加载操作系统本身的程序放在启动区里的。有鉴于此，有时也将启动区称为IPL。但hello-os没有加载程序的功能，所以HELLOIPL这个名字不太顺理成章。如果有人正义感特别强，觉得"这是撒谎造假，万万不能容忍！"，那也可以改成其他的名字。但是必须起一个8字节的名字，如果名字长度不到8字节的话，需要在最后补上空格。

启动…………（boot）boot这个词本是长靴（boots）的单数形式。它与计算机的启动有什么关系呢？一般应该将启动称为start的。实际上，boot这个词是bootstrap的缩写，原指靴子上附带的便于拿取的靴带。但自从有了《吹牛大王历险记》（德国）这个故事以后，bootstrap这个词就有了"自力更生完成任务"这种意思（大家如果对详情感兴趣，可以在Google上查找，也可以在帮助和支持网页http://hrb.osask.jp上提问）。而且，磁盘上明明装有操作系统，还要说读入操作系统的程序（即IPL）也放在磁盘里，这就像打开宝物箱的钥匙就在宝物箱里一样，是一种矛盾的说法。这种矛盾的操作系统自动启动机制，被称为bootstrap方式。boot这个说法就来源于此。如果是笔者来命名的话，肯定不会用bootstrap这么奇怪的名字，笔者大概会叫它"多级火箭式"吧。

第2天

汇编语言学习与Makefile入门

❏ 介绍文本编辑器
❏ 继续开发
❏ 先制作启动区
❏ Makefile入门

1 介绍文本编辑器

　　笔者要向大家推荐一个文本编辑器TeraPad①，大家可以从网上下载，这是一款免费软件（在此感谢寺尾进先生的慷慨奉献！）。

---

　　① 这个编辑器是日文版的，译者推荐一个可编辑中文的文本编辑器Notepad++，大家可以从网上下载，这也是个免费软件。下载以后解压缩，大家可以在解压后的文件夹里找到"Notepad++"，然后双击鼠标左键就可以安装软件了。

　　大家下载的时候，可能版本会升级，所以文件名也许会略有不同。它的使用方法与记事本（notepad）基本上是一样的。它有很多选项，大家可以根据自己的喜好进行相应的设置。这里介绍几个非常有用的设置。

　　设置中文模式方法：

　　从菜单选择"Encoding" → "Character set" → "Chinese" → "GB2312（Simplified）"

　　大家可以按照如下步骤设置Tab键所对应的字符数。从菜单选择"Settings" → "Preference"，会弹出一个对话框，选择"Language Menu/Tab Settings"，就会显示出语言和TAB键的设置窗口。在TAB键设置的下半部可以看到TAB键的宽度设置，默认值是4。如果要用空格代替TAB，则勾选"Replace by space"前面的选择框就可以了。

　　其他还有显示文章行号，显示换行符、文件结束符等很多设置。笔者没有设置显示这些符号，因为这样画面看起来比较整洁。不过人各有所好，大家可以试一下各种设置，选择一组自己喜欢的。设置完成后，请按"OK"按钮关闭对话框。——译者注

　　笔者虽然从昨天开始介绍了很多免费软件，但并没有强制大家使用的意思，如果大家已经有了自己喜欢的二进制编辑器或者文本编辑器的话，那就还用它们吧。即便使用不同的软件，开发出来的程序也是一样的，所以笔者没有特意把这些免费软件放在光盘里。大家不用太在意笔者推荐的软件，尽管用自己喜欢的就是了。

2　继续开发

　　昨天我们还没有详细地讲解helloos.nas中的注释部分，其中要掌握程序核心之前的内容和启动区以外的内容，需要具备软盘方面的一些具体知识，而这在以后我们还会讲到，所以这两部分暂时先保留。

　　这样一来，尚未讲解清楚的就只有程序核心部分了，那么我们下面就把它改写成更简单易懂的形式吧。先把projects/02_day中的helloos3复制到tolset中，然后打开其中的helloos.nas文件。这个文件太长了，我们节选一部分来讲解。

---

helloos.nas节选

```
; hello-os
; TAB=4

        ORG     0x7c00          ; 指明程序的装载地址

; 以下的记述用于标准FAT12格式的软盘

        JMP     entry
        DB      0x90

--- （中略） ---

; 程序核心

entry:
        MOV     AX,0            ; 初始化寄存器
        MOV     SS,AX
        MOV     SP,0x7c00
        MOV     DS,AX
        MOV     ES,AX

        MOV     SI,msg
putloop:
        MOV     AL,[SI]
        ADD     SI,1            ; 给SI加1
        CMP     AL,0

        JE      fin
        MOV     AH,0x0e         ; 显示一个文字
        MOV     BX,15           ; 指定字符颜色
        INT     0x10            ; 调用显卡BIOS
```

```
        JMP     putloop
fin:
        HLT                     ; 让CPU停止，等待指令
        JMP     fin             ; 无限循环

msg:
        DB      0x0a, 0x0a      ; 换行2次
        DB      "hello, world"
        DB      0x0a            ; 换行
        DB      0
```

这段程序里有很多新指令，我们从上到下依次来看看。

■■■■■

首先是ORG指令。这个指令会告诉nask，在开始执行的时候，把这些机器语言指令装载到内存中的哪个地址。如果没有它，有几个指令就不能被正确地翻译和执行。另外，有了这条指令的话，美元符（$）的含义也随之变化，它不再是指输出文件的第几个字节，而是代表将要读入的内存地址。

ORG指令来源于英文"origin"，意思是"源头、起点"。它会告诉nask，程序要从指定的这个地址开始，也就是要把程序装载到内存中的指定地址。这里指定的地址是0x7c00，至于指定它的原因我们会在后文（本节末尾）详述。

下一个是JMP指令，它相当于C语言的goto语句，来源于英文的jump，意思是"跳转"。简单吧！

再下面是"entry:"，这是标签的声明，用于指定JMP指令的跳转目的地等。这与C语言很像。entry这个词是"入口"的意思。

■■■■■

然后我们来看看MOV指令。MOV指令应该是最常用的指令了，即便在这段程序里，MOV指令的使用次数也仅次于DB指令。这个指令的功能非常简单，即赋值。虽然简单，但笔者认为，只要完全掌握了MOV指令，也就理解了汇编语言的一大半。所以，我们在这里详细地讲解一下这个指令。

"MOV AX,0"，相当于"AX=0;"这样一个赋值语句。同样，"MOV SS,AX"就相当于"SS=AX;"。或许有人会问："这个AX和SS是什么东西？"这个问题我们待会儿再回答。

MOV命令源自英文"move"，意思是"移动"。"赋值"与"移动"虽然有些相似，但毕竟还是不同的。一般说来，如果我们把一个东西移走了，它原来所占用的位置就会空出来。但是，在执行了"MOV SS,AX"语句之后，AX并没有变"空"，还保留着原来的值不变。所以这实际上是"赋值"，而不是"移动"。如果用"COPY"指令来打比方，理解起来就简单多了。至于为什

么成了MOV指令，笔者也搞不明白。

■■■■■

现在来说说AX和SS。CPU里有一种名为寄存器的存储电路，在机器语言中就相当于变量的功能。具有代表性的寄存器有以下8个。各个寄存器本来都是有名字的，但现在知道这些名字的机会已经不多了，所以在这里顺便介绍一下。

AX——accumulator，累加寄存器

CX——counter，计数寄存器

DX——data，数据寄存器

BX——base，基址寄存器

SP——stack pointer，栈指针寄存器

BP——base pointer，基址指针寄存器

SI——source index，源变址寄存器

DI——destination index，目的变址寄存器

这些寄存器全都是16位寄存器，因此可以存储16位的二进制数。虽然它们都有上面这种正式名称，但在平常使用的时候，人们往往用简单的英文字母来代替，称它们为"AX寄存器"、"SI寄存器"等。

其实寄存器的全名还是很能说明它本来的意义的。比如在这8个寄存器中，不管使用哪一个，差不多都能进行同样的计算，但如果都用AX来进行各种运算的话，程序就可以写得很简洁。

"ADD CX,0x1234"编译成81 C1 34 12，是一个4字节的命令。

而 "ADD AX,0x1234"编译成05 34 12，是一个3字节的命令。

从上面例子可以看出，这里所说的"程序可以写得简洁"是指"用机器语言写程序"的情况，从汇编语言的源代码上是看不到这些区别的。如果我们不懂机器语言，就会有很多地方难以理解。

再说说别的寄存器，CX是为方便计数而设计的，BX则适合作为计算内存地址的基点。其他的寄存器也各有优点。

关于AX、CX、DX、BX这几个寄存器名字的由来，虽然我们找不到缩写为X的单词，但这个X表示扩展（extend）的意思。之所以说扩展是因为在这之前CPU的寄存器都是8位的，而现在一下变成了16位，扩展了一倍，所以发明者在原来寄存器的名字后面加了个X，意思是说"扩张了一倍，了不起吧！"。大家可能注意到了这几个寄存器的排列顺序，它并不遵循名称的字母顺序。没错，其实这是按照机器语言中寄存器的编号顺序排列的，可不是笔者随手瞎写的哦。

这8个寄存器全部合起来也才只有16个字节。换句话说，就算我们把这8个寄存器都用上，CPU也只能存储区区16个字节。

另一方面，CPU中还有8个8位寄存器。

AL——累加寄存器低位（accumulator low）

CL——计数寄存器低位（counter low）

DL——数据寄存器低位（data low）

BL——基址寄存器低位（base low）

AH——累加寄存器高位（accumulator high）

CH——计数寄存器高位（counter high）

DH——数据寄存器高位（data high）

BH——基址寄存器高位（base high）

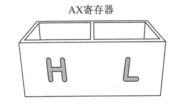

AX寄存器

AX内放入E21F

名字看起来有点像，其实这是有原因的：AX寄存器共有16位，其中0位到7位的低8位称为AL，而8位到15位的高8位称为AH。所以，如果以为"再加上这8个8位寄存器，CPU就又可以多保存8个字节了"就大错特错了，CPU还是那个CPU，依然只能存储区区16个字节。CPU的存储能力实在是太有限了。

那BP、SP、SI、DI怎么没分为"L"和"H"呢？能这么想，就说明大家已经做到举一反三了，但可惜的是这几个寄存器不能分为"L"和"H"。如果无论如何都要分别取高位或低位数据的话，就必须先用"MOV，AX，SI"将SI的值赋到AX中去，然后再用AL、AH来取值。这貌似是英特尔（Intel）的设计人员的思维模式。

"喂，我家的电脑是32位的，可不是16位。这样就能以32位为单位来处理数据了吧？那32位的寄存器在哪儿呀？"大家可能会有这样的疑问，下面笔者就来回答这个问题。

EAX, ECX, EDX, EBX, ESP, EBP, ESI, EDI

这些就是32位寄存器。这次的程序虽然没有用到它们，但如果想用也是完全可以使用的。在16位寄存器的名字前面加上一个E就是32位寄存器的名字了。这个字母E其实还是来源于"Extend"（扩展）这个词。在当时主流为16位的时代里，能扩展到32位算是个飞跃了。虽说EAX是个32位寄存器，但其实跟前面一样，它有一部分是与AX共用的，32位中的低16位就是AX，而高16位既没有名字，也没有寄存器编号。也就是说，虽然我们可以把EAX作为2个16位寄存器来用，但只有低16位用起来方便；如果我们要用高16位的话，就需要使用移位命令，把高16位移到低16位后才能用。

这么说来，就是32位的CPU也只能存储区区32字节，存储能力还真是小得可怜。

有的读者用的电脑可能是64位的，但我们这次不使用64位模式，所以这里也就不再赘述了。

关于寄存器本来笔者就想介绍到这儿，但是突然想起来，还有一个段寄存器（segment register），所以在这里一并给大家介绍一下吧。这些段寄存器都是16位寄存器。

ES——附加段寄存器（extra segment）
CS——代码段寄存器（code segment）
SS——栈段寄存器（stack segment）
DS——数据段寄存器（data segment）
FS——没有名称（segment part 2）
GS——没有名称（segment part 3）

关于段寄存器的具体内容，我们保留到明天再详细讲解。现在，我们暂时先在这些寄存器里放上0就可以了。

好，到这里寄存器已经讲得差不多了。

■■■■■

那么接下来我们继续看程序，下一个看不懂的语句应该是"MOV SI,msg"吧。MOV是赋值，意思是SI=msg，而msg是下面将会出现的标号。"把标号赋值给寄存器？这到底是怎么回事？"为了理解这个谜团，我们先回到JMP指令。

前面我们已经看到了"JMP entry"这个指令，其实把它写成"JMP 0x7c50"也完全没有问题。本来JMP指令的基本形式就是跳转到指定的内存地址，因此这个指令就是让CPU去执行内存地址0x7c50的程序。

之所以可以用"JMP entry"来代替"JMP 0x7c50"，是因为entry就是0x7c50。在汇编语言中，所有标号都仅仅是单纯的数字。每个标号对应的数字，是由汇编语言编译器根据ORG指令计算出来的。编译器计算出的"标号的地方对应的内存地址"就是那个标号的值。

　　所以，如果我们在这个程序中写了"MOV AX,entry"，那它就会把0x7c50代入到AX寄存器里，我们代入到AX寄存器中的就是这个简单的数字。大家可不要以为写在"entry"下面的程序也都被储存了，这是不可能的。

　　那么"MOV SI,msg"会怎么样呢？由于在这里msg的地址是0x7c74，所以这个指令就是把0x7c74代入到SI寄存器中去。

■■■■■

　　下面我们来看"MOV AL,[SI]"。如果这个命令是"MOV AL,SI"的话，不用多说大家也都能明白它的意思，可这里用方括号把SI括了起来。如果在汇编语言中出现这个方括号，寄存器所代表的意思就完全不一样了。

　　这个记号代表"内存"。如果大家自己组装过电脑，就知道所谓"内存"，指的是256MB或512MB的那个零件。

内存

　　到现在为止，内存这个词我们已经使用了很多次了，可一直都还没有正式讲解过，那内存到底是什么呢？简单地用一句话来概括，它就是一个超大规模的存储单元"住宅区"。用"住宅区"来比喻内存再合适不过了，它能充分体现出存储单元紧密、整齐地排列在一起的样子。英语中memory是"记忆"的意思，这里我们把它译成"内存"。

　　通过对寄存器的讲解，现在大家都知道了CPU的存储能力很差，如果我们想让CPU处理大量信息，就必须给它另外准备一套用于存储的电路。因为即便是32位的CPU，把所有普通的寄存器都加在一起，最多也只能存储32个字节的数据。就算把段寄存器也全部用上，也才只有44字节。这么小的存储空间，就连启动电脑所必需的启动区数据都放不下。

　　现在大家已经知道了存储单元的必要性，那么我们下面就讲内存。内存并不在CPU的内部，而是在CPU的外面。所以对于CPU来说，内存实际上是外部存储器。这点很重要，就是说CPU要通过自己的一部分管脚（引线）向内存发送电信号，告诉内存说："喂，把5678号地址的数据通过我的管脚传过来（严格说来，CPU和内存之间还有称为芯片（chipset）的控制单元）!"CPU向内存读写数据时，就是这样进行信息交换的。

　　CPU与内存之间的电信号交换，并不仅仅是为了存取数据。因为从根本上讲，程序本身也是保存在内存里的。程序一般都大于44字节，不可能保存在寄存器中，所以规定程序必须放在内存里。CPU在执行机器语言时，必须从内存一个命令一个命令地读取程序，顺序执行。

内存虽然如此重要，但它的位置却离CPU相当远。就算是只有10厘米左右的距离吧，可这与CPU中的半导体相比已经非常遥远了。所以，当CPU向内存请求数据或者输出数据的时候，内存需要花很长时间才能够完整无误地实现CPU的要求（CPU运行速度极快，所以即使在10厘米这么短的距离内传送电信号，所花的时间都不容忽视）。所以，虽然内存比寄存器的存储能力大很多个数量级，但使用内存时速度很慢。CPU访问内存的速度比访问寄存器慢很多倍，记住这一点，我们才能开发出执行速度快的程序来。

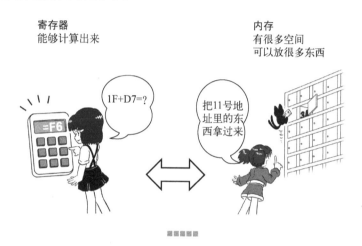

基础知识我们讲完了，下面再回到汇编语言。MOV指令的数据传送源和传送目的地不仅可以是寄存器或常数，也可以是内存地址。这个时候，我们就使用方括号（[ ]）来表示内存地址。另外，BYTE、WORD、DWORD等英文词也都是汇编语言的保留字，下面举个例子吧。

    MOV BYTE [678],123

这个指令是要用内存的"678"号地址来保存"123"这个数值。虽然指令里有数字，看起来像那么回事，但实际上内存和CPU一样，根本就没有什么数值的概念。所谓的"678"，不过就是一大串开（ON）或者关（OFF）的电信号而已。当内存收到这一串信号时，电路中的某8个存储单元就会响应，这8个存储单元会记住代表"123"的开（ON）或关（OFF）的电信号。为什么是8位呢？这是因为指令里指定了"BYTE"。同样，我们还可以写成：

    MOV WORD [678],123

在这种情况下，内存地址中的678号和旁边的679号都会做出反应，一共是16位。这时，123被解释成一个16位的数值，也就是0000000001111011，低位的01111011保存在678号，高位的00000000保存在旁边的679号。

像这样在汇编语言里指定内存地址时，要用下面这种方式来写：

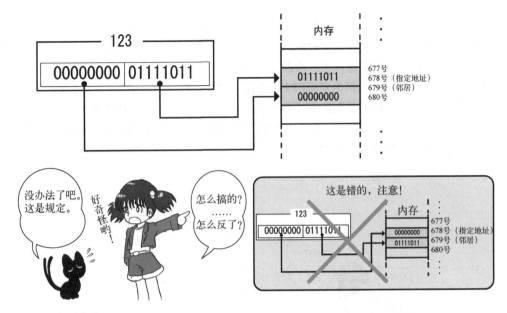

数据大小 [地址]

这是一个固定的组合。如果我们指定"数据大小"为BYTE，那么使用的存储单元就只是地址所指定的字节。如果我们指定"数据大小"为WORD，则相邻的一个字节也会成为这个指令的操作对象。如果指定为DWORD，则与WORD相邻的两个字节，也都成为这个指令的操作对象（共4个字节）。这里所说的相邻，指的是地址增加方向的相邻。

至于内存地址的指定方法，我们不仅可以使用常数，还可以用寄存器。比如"BYTE [SI]"、"WORD [BX]"等等。如果SI中保存的是987的话，"BYTE [SI]"就会被解释成"BYTE [987]"，即指定地址为987的内存。

虽然我们可以用寄存器来指定内存地址，但可作此用途的寄存器非常有限，只有BX、BP、SI、DI这几个。剩下的AX、CX、DX、SP不能用来指定内存地址，这是因为CPU没有处理这种指令的电路，或者说没有表示这种处理的机器语言。没有对应的机器语言当然也就不能进行这样的处理了，如果有意见的话，就写邮件找英特尔的大叔们吧（笑）。笔者没有勇气找英特尔的大叔们抱怨，所以想把DX内存里的内容赋值给AL的时候，就会这样写：

```
MOV BX, DX
MOV AL, BYTE [BX]
```

━━━━━

根据以上说明我们知道可以用下面这个指令将SI地址的1字节内容读入到AL。

```
MOV AL, BYTE [SI]
```

可是MOV指令有一个规则①，那就是源数据和目的数据必须位数相同。也就是说，能向AL里代入的就只有BYTE，这样一来就可以省略BYTE，即可以写成：

```
MOV AL, [SI]
```

哦，这样就与程序中的写法一样了。现在总算把这个指令解释清楚了，所以这个指令的意思就是"把SI地址的1个字节的内容读入AL中"。

━━━━━

ADD是加法指令。若以C语言的形式改写"ADD SI,1"的话，就是SI=SI+1。"add"的英文原语意为"加"。

CMP是比较指令。或许有人想，比较指令是干什么的呢？简单说来，它是if语句的一部分。譬如C语言会有这种语句：

```
if(a==3){ 处理; }
```

即对a和3进行比较，将其翻译成机器语言时，必须先写"CMP a,3"，告诉CPU比较的对象，然后下一步再写"如果二者相等，需要做什么"。

这里是"CMP AL,0"，意思就是将AL中的值与0进行比较。这个指令源自英文中的compare，意为"比较"。

JE是条件跳转指令中之一。所谓条件跳转指令，就是根据比较的结果决定跳转或不跳转。就JE指令而言，如果比较结果相等，则跳转到指定的地址；而如果比较结果不等，则不跳转，继续执行下一条指令。因此，

```
CMP AL, 0
JE fin
```

这两条指令，就相当于：

```
if (AL == 0) { goto fin; }
```

这条指令源自于英文"jump if equal"，意思是如果相等就跳转。顺便说一句，fin是个标号，它表示"结束"（finish）的意思，笔者经常使用。

━━━━━

INT是软件中断指令。如果现在就讲中断机制的话，肯定会让人头昏脑胀的，所以我们暂时先把它看作一个函数调用吧。这个指令源自英文"interrupt"，是"中途打断"的意思。

————————

①如果违反这一规则，比如写"MOV AX,CL"的话，汇编语言就找不到相对应的机器语言，编译时会出错。

电脑里有个名为BIOS的程序，出厂时就组装在电脑主板上的ROM①单元里。电脑厂家在BIOS中预先写入了操作系统开发人员经常会用到的一些程序，非常方便。BIOS是英文"basic input output system"的缩写，直译过来就是"基本输入输出系统（程序）"。

最近的BIOS功能非常多，甚至包括了电脑的设定画面，不过它的本质正如其名，就是为操作系统开发人员准备的各种函数的集合。而INT就是用来调用这些函数的指令。INT的后面是个数字，使用不同的数字可以调用不同的函数。这次我们调用的是0x10（即16）号函数，它的功能是控制显卡。

虽然制造厂家给我们准备好了BIOS，但其用法鲜为人知。不过这些很容易查到，笔者就做了一个关于BIOS的网页，下面给大家介绍一下。

http://community.osdev.info/? (AT)BIOS

比如我们现在想要显示文字，先假设一次只显示一个字，那么具体怎么做才能知道这个功能的使用方法呢？

首先，既然是要显示文字，就应该看跟显卡有关的函数。这么看来，INT 0x10好像有点关系，于是在上面网页上搜索，然后就能找到以下内容（网页的原文为日语）。

显示一个字符

- AH=0x0e;
- AL=character code;
- BH=0;
- BL=color code;
- 返回值：无
- 注：beep、退格（back space）、CR、LF都会被当做控制字符处理

所以，如果大家按照这里所写的步骤，往寄存器里代入各种值，再调用INT 0x10，就能顺利地在屏幕上显示一个字符出来②。

━━━━━

最后一个新出现的指令是HLT。这个指令很少用，会让它在第2天的内容里就登台亮相的，估计全世界就只有笔者了。不过由于笔者对它的偏好，就让笔者在这里多说两句吧（笑）。

HLT是让CPU停止动作的指令，不过并不是彻底地停止（如果要彻底停止CPU的动作，只能切断电源），而是让CPU进入待机状态。只要外部发生变化，比如按下键盘，或是移动鼠标，CPU

---

① 只读存储器，不能写入，切断电源以后内容不会消失。ROM是"read only memory"的缩写。
② 因为这里的BL中放入了彩色字符码，所以一旦这里变更，显示的字符的颜色也应该变化。但笔者试了试，颜色并没有变。尚不清楚为什么只能显示白色，只能推测现在这个画面模式下，不能简单地指定字符颜色。

就会醒过来，继续执行程序。说到这，请大家再仔细看看这个程序，我们会发现其实不管有没有HLT指令，JMP fin都是无限循环，不写HLT指令也可以。所以很少有人一开始就向初学者介绍HLT指令，因为这样只会让话变得很长。

然而笔者讨厌让CPU毫无意义地空转。如果没有HLT指令，CPU就会不停地全力去执行JMP指令，这会使CPU的负荷达到100%，非常费电。这多浪费呀。我们仅仅加上一个HLT指令，就能让CPU基本处于睡眠状态，可以省很多电。什么都不干，还要耗费那么多电，这就是浪费。即便是初学者，最好也要一开始就养成待机时使用HLT指令的习惯。或者说，恰恰应该在初学阶段，就养成这样的好习惯。这样既节能环保，又节约电费，或许还能延长电脑的使用寿命呢。

对了，HLT指令源自英文"halt"，意思是"停止"。

说了这么多，终于把这个程序从头到尾都讲完了。总结一下就是这样的：

用C语言改写后的helloos.nas程序节选

```
entry:
    AX = 0;
    SS = AX;
    SP = 0x7c00;
    DS = AX;
    ES = AX;
    SI = msg;
putloop:
    AL = BYTE [SI];
    SI = SI + 1;
    if (AL == 0) { goto fin; }
    AH = 0x0e;
    BX = 15;
    INT 0x10;
    goto putloop;
fin:
    HLT;
    goto fin;
```

就是有了这个程序，我们才能够把msg里写的数据，一个字符一个字符地显示出来，并且数据变成0以后，HLT指令就会让程序进入无限循环。"hello, world"就是这样显示出来的。

对了，我们还没有说ORG的0x7c00是怎么回事呢。ORG指令本身刚才已经讲过，就不再重复了，但这个0x7c00又是从哪儿冒出来的呢？换成1234是不是就不行啊？嗯，还真是不行，我们要是把它换成1234的话，程序马上就不动了。

大家所用的电脑里配置的，大概都是64MB，甚至512MB这样非常大的内存。那是不是这些内存我们想怎么用就能怎么用呢？也不是这样的。比如说，内存的0号地址，也就是最开始的部分，是BIOS程序用来实现各种不同功能的地方，如果我们随便使用的话，就会与BIOS发生冲突，结果不只是BIOS会出错，而且我们的程序也肯定会问题百出。另外，在内存的0xf0000号地址附近，还存放着BIOS程序本身，那里我们也不能使用。

内存里还有其他不少地方也是不能用的，所以我们作为操作系统开发者，不得不注意这一点。在我们作为一般用户使用Windows或Linux时，不用想这些麻烦事，因为操作系统已经都处理好了，而现在，我们成了操作系统开发者，就需要为用户来考虑这些问题了。只用语言文字来讲解内存哪个部分不能用的话，不够清楚直观，所以还是要画张地图。正好这里就有一张内存分布图，让我们一起来看看。

http://community.osdev.info/?(AT)memorymap

虽然称之为地图，可实际上根本就不像地图，网页的作者也太会偷工减料了吧。话说这个网页的作者，其实就是笔者本人，不好意思啦。大家要是仔细看的话，会发现其中很多东西都是不知所云（都是笔者不好，真是对不起），不过在"软件用途分类"这里，有一句话可是非常重要的，一定不能漏掉。

0x00007c00-0x00007dff ：启动区内容的装载地址

程序中ORG指令的值就是这个数字。而且正是因为我们使用的是这个同样的数字，所以程序才能正常运行。

看到这，大家可能会问："为什么是0x7c00呢？0x7000不是更简单、好记吗？"其实笔者也是这么想的，不过没办法，当初规定的就是0x7c00。做出这个规定的应该是IBM的大叔们，不过估计他们现在都成爷爷了。

一旦有了规定，人们就会以此为前提开发各种操作系统，因此以后就算有人说"现在地址变成0x7000-0x71ff了，请大家跟着改一下"，也只是空口号，不可能实现。因为硬要这么做的话，那现有的操作系统就必须全部加以改造才能在这台新电脑上运行，这样的电脑兼容性不好，根本就卖不出去。

今后也许大家还会提出很多疑问："为什么是这样呢？"这些都是当年IBM和英特尔的大叔们规定的。如果非要深究的话，我们倒是也能找到一些当时时代背景下的原因，不过要把这些都说清楚的话，这本书恐怕还要再加厚一倍，所以关于这些问题我们就不过多解释了。

3　先制作启动区

考虑到以后的开发，我们不要一下子就用nask来做整个磁盘映像，而是先只用它来制作512

字节的启动区，剩下的部分我们用磁盘映像管理工具来做，这样以后用起来就方便了。

如此一来，我们就有了projects/02_day的helloos4这个文件夹。

首先我们把heloos.nas的后半部分截掉了，这是因为启动区只需要最初的512字节。现在这个程序就仅仅是用来制作启动区的，所以我们把文件名也改为ipl.nas。

然后我们来改造asm.bat，将输出的文件名改成ipl.bin。另外，也顺便输出列表文件ipl.lst。这是一个文本文件，可以用来简单地确认每个指令是怎样翻译成机器语言的。到目前为止我们都没有输出过这个文件，那是因为1440KB的列表文件实在太大了，而这次只需要输出512字节，所以没什么问题。

另外我们还增加了一个makeimg.bat。它是以ipl.bin为基础，制作磁盘映像文件helloos.img的批处理文件。它利用笔者自己开发的磁盘映像管理工具edimg.exe，先读入一个空白的磁盘映像文件，然后在开头写入ipl.bin的内容，最后将结果输出为名为helloos.img的磁盘映像文件。详情请参考makeimg.bat的内容。

这样，从编译到测试的步骤就变得非常简单了，我们只要双击!cons，然后在命令行窗口中按顺序输入asm→makeimg→run这3个命令就完成了。

4　Makefile 入门

到helloos4为止，做出来的程序与笔者最初开发时所写的源程序是完全一样的。在开发的过程中，笔者使用了一个名为Makefile的东西，在这里给大家介绍一下。

Makefile就像是一个非常聪明的批处理文件。

■■■■■

Makefile的写法相当简单。首先生成一个不带扩展名的文件Makefile，然后再用文本编辑器写入以下内容。

```
#文件生成规则

ipl.bin : ipl.nas Makefile
    ../z_tools/nask.exe ipl.nas ipl.bin ipl.lst

helloos.img : ipl.bin Makefile
    ../z_tools/edimg.exe   imgin:../z_tools/fdimg0at.tek \
        wbinimg src:ipl.bin len:512 from:0 to:0   imgout:helloos.img
```

#号表示注释。下一行"ipl.bin : ipl.nas Makefile"的意思是，如果想要制作文件ipl.bin，就先检查一下ipl.nas和Makefile这两个文件是否都准备好了。如果这两个文件都有了，Make工具就

会自动执行Makefile的下一行。

至于helloos.img，Makefile的写法也是完全一样的。其中的"\"是续行符号，表示这一行太长写不下，跳转到下一行继续写。

我们需要调用make.exe来让这个Makefile发挥作用。为了能更方便地从命令行窗口运行这个工具，我们来做个make.bat。make.bat就放在tolset的z_new_w文件夹中，可以直接把它复制过来用。

■■■■■

做好以上这些准备后，用!cons打开一个命令行窗口（console），然后输入"make -r ipl.bin"。这样make.exe就会启动了，它首先读取Makefile文件，寻找制作ipl.bin的方法。因为ipl.bin的做法就写在Makefile里，make.exe找到了这一行就去执行其中的命令，顺利生成ipl.bin。然后我们再输入"make -r helloos.img"看看，果然它还是会启动make.exe，并按照Makefile指定的方法来执行。

到此为止好像也没什么特别的，我们再尝试一下把helloos.img和ipl.bin都删除后，再输入"make -r helloos.img"命令。make首先很听话地试图生成helloos.img，但它会发现所需要的ipl.bin还不存在。于是就去Makefile里寻找ipl.bin的生成方法，找到后先生成ipl.bin，在确认ipl.bin顺利生成以后，就回来继续生成helloos.img。它很聪明吧。

下面，我们不删除文件，再输入命令"make -r helloos.img"执行一次的话，就会发现，仅仅输出一行"'helloos.img'已是最新版本（'helloos.img' is up to date）"的信息，什么命令都不执行。也就是说，make知道helloos.img已经存在，没必要特意重新再做一次了。它越来越聪明了吧。

让我们再考验考验make.exe。我们来编辑ipl.nas中的输出信息，把它改成"How are you?"并保存起来。而ipl.bin和helloos.img保持刚才的样子不删除，在这种情况下我们再来执行一次"make -r helloos.img"。本以为这次它会说没必要再生成一次呢，结果我们发现，make.exe又从ipl.bin开始重新生成输出文件。这也就是说，make.exe不仅仅判断输入文件是否存在，还会判断文件的更新日期，并据此来决定是否需要重新生成输出文件，真是太厉害了。

■■■■■

现在大家知道了Makefile比批处理文件高明，但每次都输入"make -r helloos.img"的话也很麻烦，其实有个可以省事的窍门。当然，可以将"make -r helloos.img"这个命令写成makeimg.bat，但这么做还是离不开批处理文件，所以我们换个别的方法，在Makefile里增加如下内容。

```
#命令
img :
    ../z_tools/make.exe -r helloos.img
```

修改之后，我们只要输入"make img"，就能达到与"make -r helloos.img"一样的效果。这样就省事多了。makeimg.bat已经没用了，把它删掉。另外顺便把下面内容也一并加进去吧。

```
asm :
    ../z_tools/make.exe -r ipl.bin

run :
    ../z_tools/make.exe img
    copy helloos.img ..\z_tools\qemu\fdimage0.bin
    ../z_tools/make.exe -C ../z_tools/qemu

install :
    ../z_tools/make.exe img
    ../z_tools/imgtol.com w a: helloos.img
```

　　这样一来，"run.bat"、"install.bat"也都用不着了。不但用不着，现在还更方便了呢。比如只要输入"make run"，它会首先执行"make img"，然后再启动模拟器。

　　到目前为止，我们为了节约时间，避免每次都从汇编语言的编译开始重新生成已有的输出文件，特意把批处理文件分成了几个小块。而现在有了Makefile，它会自动跳过没有必要的命令，这样不管任何时候，我们都可以放心地去执行"make img"了。而且就算直接"make run"也可以顺利运行。"make install"也是一样，只要把磁盘装到驱动器里，这个命令就会自动作出判断，如果已经有了最新的helloos.img就直接安装，没有的话就先自动生成新的helloos.img，然后安装。

■■■■■

　　笔者把以上这些都总结在projects/02_day下的helloos5文件夹里了，顺便又另外添加了几个命令。一个命令是"make clean"，它可以删除掉最终成果（这里是helloos.img）以外的所有中间生成文件，把硬盘整理干净；还有一个命令是"make src_only"，它可以把源程序以外的文件全都删除干净。另外，笔者还增加了make命令的默认动作，当执行不带参数的make时，就相当于执行"make img"命令（默认动作写在Makefile的最前头）。

　　功能增加了这么多，而文件数量却减少到5个，看上去清爽多了吧。像源文件这种真的必不可少的文件，多几个倒也没什么不好，但像批处理文件这种可有可无的东西太多，堆在那里乱糟糟的就会让人很不舒服。

　　这样整理一下，我们以后的开发工作就会更加轻松愉快了。

■■■■■

　　啊，有一点忘了告诉大家，这个make.exe是GNU项目组的人开发的，公开供大家免费使用的一款软件。gcc的作者也是这个GNU项目组。真是太感谢了！

　　按照现在的速度真的能在一个月后开发出一个操作系统吗？笔者也有点担心。不过应该没问题，虽说现在的进展比当初的计划稍慢一些，不过刚开始的时候说明肯定会多一些，等到后面用

C语言来开发的时候，速度就能上来了。嗯，就是这样⋯⋯笔者满怀希望地自言自语中（苦笑）。那么我们明天见！

COLUMN-1 数据也能"执行"吗？机器语言也能"显示"吗？

在helloos5中，如果我们把最开始的JMP entry 写成JMP msg，到底会怎样呢？ ⋯⋯

首先，可不可以这么写呢？完全可以！nask不会报错，别的汇编语言也不会报错。在汇编语言里，标号归根到底不过就是一个表示内存地址的数字而已，至于JMP跳转的地方是机器语言还是字符编码，汇编语言中不考虑这些问题。

那么如果执行这个程序，CPU会怎么样呢？首先最初的命令是0A 0A，意思是"OR CL,[BP+SI]"，也就是把CL寄存器的内容和BP+SI内存地址的内容做逻辑或（OR）运算（过几天会出现这个命令），结果放入CL寄存器。接着的命令是68 65 6C，也就是PUSH 0x6c65的意思（过几天这个命令也会出现），它将0x6c65储存进栈。⋯⋯就这样，CPU执行的命令很混乱，但CPU只能按照电信号的指令来进行处理，所以即使不明其意，也会一板一眼地照单执行。

结果，要么画面上出现怪异的字符，要么软盘或硬盘上的数据突然被覆盖。虽然电脑并没有坏掉（因为CPU还在全速执行指令），但看上去却像坏了一样。所以大家一定不要尝试这样做。

不过人无完人，搞不好通宵写了一夜程序，稀里糊涂之下就将本应写entry的地方，错写成了msg，这也不是不可能发生。要是因为这而丢失了重要文件，可就损失惨重了，所以CPU具有预防这种事故的功能。但是这种功能只有在操作系统做了各种相应设置后才会起作用（几天后也会讲到）。所以，在开发操作系统的阶段，我们还不能指望这种保护功能。从某种程度上来说，我们操作系统开发者一直都是在提心吊胆地做开发。

那么反过来会怎样呢？也就是假设要把机器语言当作文字来显示，会出现什么结果呢？程序里有一句是"MOV SI,msg"，我们把它写成"MOV SI,entry"看看。首先画面上会显示一个编码是B8的字符（估计是个表情符号或者别的什么符号），下一个字符碰巧是00，所以显示就到此结束了。这种情况不会出现恶劣的后果，大家试一试也无妨。

通过以上的尝试，最终证明，不管是CPU还是内存，它们根本就不关心所处理的电信号到底代表什么意思。这么一来，说不定我们拿数码相机拍一幅风景照，把它作为磁盘映像文件保存到磁盘里，就能成为世界上最优秀的操作系统！这看似荒谬的情况也是有可能发生的。但从常识来看，这样做成的东西肯定会故障百出。反之，我们把做出的可执行文件作为一幅画来看，也没准能成为世界上最高水准的艺术品。不过可以想象的是，要么文件格式有错，要么显示出来的图是乱七八糟的。

第 3 天

进入32位模式并导入C语言

1　制作真正的 IPL

　　到昨天为止我们讲到的启动区，虽然也称为IPL（Initial Program Loader，启动程序装载器），但它实质上并没有装载任何程序。而从今天起，我们要真的用它来装载程序了。

　　把我们的操作系统叫作hello-os很不给劲，干脆改个名字吧。我们就叫它"纸娃娃操作系统"。所谓纸娃娃，意思就是说那是用纸糊起来的，虚有其表，不是真娃娃，就像拍电影时用的岩石等道具，其实都是中间空空的冒牌货。也就是说我们现在要开发的操作系统，只是看上去像操作系统，而其实是个没有内容的纸娃娃，所以大家不用想得太困难，轻轻松松来做就好了。

　　虽然今后我们要一直称它为"纸娃娃操作系统"，而且在相当长的一段时间里也只是把它当作一种演示程序，但到最后我们肯定能开发出一个像模像样的操作系统，这一点请大家放心。

　　稍微扯远点，其实仔细想一想，这种虚有其表的"纸娃娃"又何止是操作系统呢。就说CPU吧，其实它根本就不懂什么"数"的概念，只是我们设计了一个电路，只要同时传给它电信号0011和0110，它就能输出结果为1001的电信号，而这种电路我们就称之为加法电路。只有人才会把这个结果解读为3+6=9，CPU只是处理这些电信号。换句话说，虽然CPU根本就不懂什么数字，但却能给出正确的计算结果，这就是笔者所谓的"纸娃娃"。

　　开发过游戏程序的人就会明白，比如我们和计算机下象棋的时候，可能会觉得计算机水平很高，但实际上计算机对象棋规则一窍不通，仅仅是在执行一个程序而已。就算计算机走出了一着妙棋，也根本不是因为它下手毫不留情啊，或者聪明啊，或者求胜心切什么的，这些都是表象，其实它只是按部就班地执行程序而已。也就是说它本身没有内涵，只有一个唬人的外壳，所以才叫"纸娃娃"。"纸娃娃"太厉害了！……操作系统就算是虚有其表、虚张声势又怎样？没什么不好的，这样就可以了！

■■■■■

那么我们先从简单的程序开始吧。因为磁盘最初的 512 字节是启动区，所以要装载下一个 512 字节的内容。我们来修改一下程序。改好的程序就是 projects/03_day 下的 harib00a[①]，像以前一样，我们把它复制到 tolset 里来。

这次添加的内容大致如下。

本次添加的部分

```
        MOV     AX,0x0820
        MOV     ES,AX
        MOV     CH,0            ; 柱面0
        MOV     DH,0            ; 磁头0
        MOV     CL,2            ; 扇区2

        MOV     AH,0x02         ; AH=0x02 : 读盘
        MOV     AL,1            ; 1个扇区
        MOV     BX,0
        MOV     DL,0x00         ; A驱动器
        INT     0x13            ; 调用磁盘BIOS
        JC      error
```

新出现的指令只有 JC。真好，讲起来也轻松了。所谓 JC，是"jump if carry"的缩写，意思是如果进位标志（carry flag）是 1 的话，就跳转。这里突然冒出来"进位标志"这么个新词，不过大家不用担心，很快就会明白的。

■■■■■

至于"INT 0x13"这个指令，我们虽然知道这是要调用 BIOS 的 0x13 号函数，但还不明白它到底是干什么用的，那就来查一下吧。当然还是来看下面这个（AT）BIOS 网页，

http://community.osdev.info/?(AT)BIOS

我们可以找到如下的内容：

❑ 磁盘读、写，扇区校验（verify），以及寻道（seek）
　　AH=0x02;（读盘）
　　AH=0x03;（写盘）

---

① harib 是日语中 haribote（纸娃娃）的前面几个字母。——译者注

AH=0x04;（校验）

AH=0x0c;（寻道）

AL=处理对象的扇区数;（只能同时处理连续的扇区）

CH=柱面号 &0xff;

CL=扇区号（0-5位）|（柱面号&0x300）>>2;

DH=磁头号;

DL=驱动器号;

ES:BX=缓冲地址;（校验及寻道时不使用)

返回值：

FLACS.CF==0：没有错误，AH==0

FLAGS.CF==1：有错误，错误号码存入AH内（与重置（reset）功能一样）

我们这次用的是AH=0x02，哦，原来是"读盘"的意思。

■■■■■

返回值那一栏里的FLAGS.CF又是什么意思呢？这就是我们刚才讲到的进位标志。也就是说，调用这个函数之后，如果没有错，进位标志就是0；如果有错，进位标志就是1。这样我们就能明白刚才为什么要用JC指令了。

进位标志是一个只能存储1位信息的寄存器，除此之外，CPU还有其他几个只有1位的寄存器。像这种1位寄存器我们称之为标志。标志在英文中为flag，是旗帜的意思。标志之所以叫flag是因为它的开和关就像升旗降旗的状态一样。

所谓进位标志，本来是用来表示有没有进位（carry）的，但在CPU的标志中，它是最简单易用的，所以在其他地方也经常用到。这次就是用来报告BIOS函数调用是否有错的。

其他几个寄存器我们也来依次看一下吧。CH、CL、DH、DL分别是柱面号、扇区号、磁头号、驱动器号，一定不要搞错。在上面的程序中，柱面号是0，磁头号是0，扇区号是2，磁盘号是0。

■■■■■

在有多个软盘驱动器的时候，用磁盘驱动器号来指定从哪个驱动器的软盘上读取数据。现在的电脑，基本都只有1个软盘驱动器，而以前一般都是2个。既然现在只有一个，那不用多想，指定0号就行了。

知道了从哪个软盘驱动器读取数据之后，我们接着看从那个软盘的什么地方来读取数据。

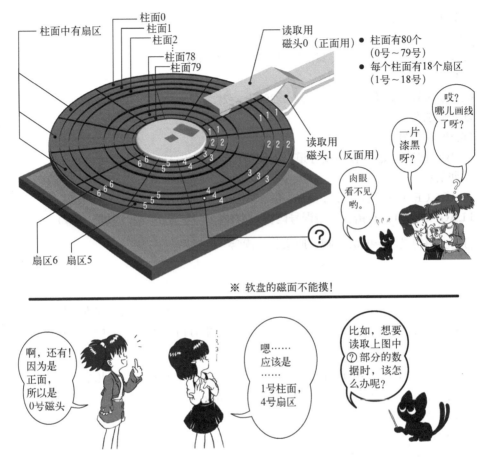

※ 软盘的磁面不能摸！

　　如果手头有不用的软盘，希望大家能把它拆开看看。拆开后可以看到，中间有一个8厘米的黑色圆盘，那是一层薄薄的磁性胶片。从外向内，一圈一圈圆环状的区域，分别称为柱面0，柱面1，……，柱面79。一共有80个柱面。这并不是说工厂就是这样一圈一圈地生产软盘的，只是我们将它作为一个数据存储媒体，是这样组织它的数据存储方式的。柱面在英文中是cylinder，原意是圆筒。磁盘的柱面，尽管高度非常低，但我们可以把它看成是一个套一个的同心圆筒，它正是因此得名的。

　　下面讲一下磁头。磁头是个针状的磁性设备，既可以从软盘正面接触磁盘，也可以从软盘背面接触磁盘。与光盘不同，软盘磁盘是两面都能记录数据的。因此我们有正面和反面两个磁头，分别是磁头0号和磁头1号。

　　最后我们看一下扇区。指定了柱面和磁头后，在磁盘的这个圆环上，还能记录很多位信息，按照整个圆环为单位读写的话，实在有点多，所以我们又把这个圆环均等地分成了几份。软盘分为18份，每一份称为一个扇区。一个圆环有18个扇区，分别称为扇区1、扇区2、……扇区18。扇区在英文中是sector，意思是指领域、扇形。

综上所述，1张软盘有80个柱面，2个磁头，18个扇区，且一个扇区有512字节。所以，一张软盘的容量是：

80×2×18×512 = 1 474 560 Byte = 1 440KB

含有IPL的启动区，位于C0-H0-S1（柱面0，磁头0，扇区1的缩写），下一个扇区是C0-H0-S2。这次我们想要装载的就是这个扇区。

■■■■■

剩下的大家还不明白的就是缓冲区地址了吧。这是个内存地址，表明我们要把从软盘上读出的数据装载到内存的哪个位置。一般说来，如果能用一个寄存器来表示内存地址的话，当然会很方便，但一个BX只能表示0 ~ 0xffff的值，也就是只有0 ~ 65535，最大才64K。大家的电脑起码也都有64M内存，或者更多，只用一个寄存器来表示内存地址的话，就只能用64K的内存，这太可惜了。

于是为了解决这个问题，就增加了一个叫EBX的寄存器，这样就能处理4G内存了。这是CPU能处理的最大内存量，没有任何问题。但EBX的导入是很久以后的事情，在设计BIOS的时代，CPU甚至还没有32位寄存器，所以当时只好设计了一个起辅助作用的段寄存器（segment register）。在指定内存地址的时候，可以使用这个段寄存器。

我们使用段寄存器时，以ES:BX这种方式来表示地址，写成"MOV AL,[ES:BX]"，它代表ES×16+BX的内存地址。我们可以把它理解成先用ES寄存器指定一个大致的地址，然后再用BX来指定其中一个具体地址。

这样如果在ES里代入0xffff，在BX里也代入0xffff，就是1 114 095字节，也就是说可以指定1M以内的内存地址了。虽然这也还是远远不到64M，但当时英特尔公司的大叔们，好像觉得这就足够了。在最初设计BIOS的时代，这种配置已经很能满足当时的需要了，所以我们现在也还是要遵从这一规则。因此，大家就先忍耐一下这1MB内存的限制吧。

这次，我们指定了ES=0x0820，BX=0，所以软盘的数据将被装载到内存中0x8200到0x83ff的地方。可能有人会想，怎么也不弄个整点的数，比如0x8000什么的，那多好。但0x8000 ~ 0x81ff这512字节是留给启动区的，要将启动区的内容读到那里，所以就这样吧。

那为什么使用0x8000以后的内存呢？这倒也没什么特别的理由，只是因为从内存分布图上看，这一块领域没人使用，于是笔者就决定将我们的"纸娃娃操作系统"装载到这一区域。0x7c00 ~ 0x7dff用于启动区，0x7e00以后直到0x9fbff为止的区域都没有特别的用途，操作系统可以随便使用。

■■■■■

到目前为止我们开发的程序完全没有考虑段寄存器，但事实上，不管我们要指定内存的什么地址，都必须同时指定段寄存器，这是规定。一般如果省略的话就会把 "DS:" 作为默认的段寄存器。

以前我们用的 "MOV CX,[1234]"，其实是 "MOV CX,[DS:1234]" 的意思。"MOV AL,[SI]"，也就是 "MOV AL,[DS:SI]" 的意思。在汇编语言中，如果每回都这样写就太麻烦了，所以可以省略默认的段寄存器DS。

因为有这样的规则，所以DS必须预先指定为0，否则地址的值就要加上这个数的16倍，就会读写到其他的地方，引起混乱。

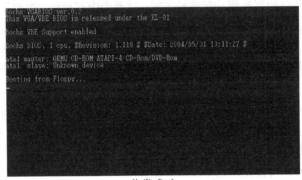

非常成功

好，我们来执行这个程序看看吧。如果程序有什么错，它就会显示错误信息。但估计不会出什么问题吧。没错的话，它就什么都不做（笑）。所以，如果屏幕上不显示任何错误信息的话，我们就成功了。

哎呀，有件事差点忘了，Makefile中可以使用简单的变量，于是笔者用变量改写了这次的Makefile。怎么样，是不是比之前稍微容易理解一些？

2 试错

软盘这东西很不可靠，有时会发生不能读数据的状况，这时候重新再读一次就行了。所以即使出那么一、两次错，也不要轻易放弃，应该让它再试几次。当然如果让它一直重试下去的话，要是磁盘真的坏了，程序就会陷入死循环，所以我们决定重试5次，再不行的话就真正放弃。改良后的程序就是projects/03_day下的harib00b。

本次添加的部分

```
;读磁盘

        MOV     AX,0x0820
        MOV     ES,AX
        MOV     CH,0            ; 柱面0
```

```
        MOV     DH,0            ; 磁头0
        MOV     CL,2            ; 扇区2

        MOV     SI,0            ; 记录失败次数的寄存器
retry:
        MOV     AH,0x02        ; AH=0x02 : 读入磁盘
        MOV     AL,1           ; 1个扇区
        MOV     BX,0
        MOV     DL,0x00        ; A驱动器
        INT     0x13           ; 调用磁盘BIOS
        JNC     fin            ; 没出错的话跳转到fin
        ADD     SI,1           ; 往SI加1
        CMP     SI,5           ; 比较SI与5
        JAE     error          ; SI >= 5时，跳转到error
        MOV     AH,0x00
        MOV     DL,0x00        ; A驱动器
        INT     0x13           ; 重置驱动器
        JMP     retry
```

还是从新出现的指令开始讲吧。JNC是另一个条件跳转指令，是"Jump if not carry"的缩写。也就是说进位标志是0的话就跳转。JAE也是条件跳转，是"Jump if above or equal"的缩写，意思是大于或等于时跳转。

现在说说出错时的处理。重新读盘之前，我们做了以下的处理，AH=0x00，DL=0x00，INT 0x13。通过前面介绍的（AT）BIOS的网页我们知道，这是"系统复位"。它的功能是复位软盘状态，再读一次。剩下的内容都很简单，只要读一读程序就能懂。

嗯，今天进展不错，继续努力吧。

3 读到 18 扇区

我们趁着现在这劲头，再往后多读几个扇区吧。下面来看看projects/03_day下的harib00c。

本次添加的部分

```
;读磁盘

        MOV     AX,0x0820
        MOV     ES,AX
        MOV     CH,0           ; 柱面0
        MOV     DH,0           ; 磁头0
        MOV     CL,2           ; 扇区2
readloop:
        MOV     SI,0           ; 记录失败次数的寄存器
retry:
        MOV     AH,0x02        ; AH=0x02 :读入磁盘
        MOV     AL,1           ; 1个扇区
        MOV     BX,0
        MOV     DL,0x00        ; A驱动器
        INT     0x13           ; 调用磁盘BIOS
```

```
        JNC     next            ; 没出错时跳转到next
        ADD     SI,1            ; 往SI加1
        CMP     SI,5            ; 比较SI与5
        JAE     error           ; SI >= 5时，跳转到error
        MOV     AH,0x00
        MOV     DL,0x00         ; A驱动器
        INT     0x13            ; 重置驱动器
        JMP     retry
next:
        MOV     AX,ES           ; 把内存地址后移0x200
        ADD     AX,0x0020①
        MOV     ES,AX           ; 因为没有ADD ES,0x020指令，所以这里稍微绕个弯
        ADD     CL,1            ; 往CL里加1
        CMP     CL,18           ; 比较CL与18
        JBE     readloop        ; 如果CL <= 18 跳转至readloop
```

新出现的指令是JBE。这也是个条件跳转指令，是"jump if below or equal"的缩写，意思是小于等于则跳转。

程序做的事情很简单，只要读一读程序大家马上会明白。要读下一个扇区，只需给CL加1，给ES加上0x20就行了。CL是扇区号，ES指定读入地址。0x20是十六进制下512除以16的结果，如果写成"ADD AX,512/16"或许更好懂。（笔者在写的时候，直接在头脑中换算成了0x20，当然写成512/16也一样。）可能有人会说：往BX里加上512不是更简单吗？说来也是。不过这次我们想练习一下往ES里做加法的方法，所以这段程序就留在这儿吧。

可能有人会想，这里为什么要用循环呢？这个问题很好。的确，这里不是非要用循环才行，在调用读盘函数的INT 0x13的地方，只要将AL的值设置成17就行了。这样，程序一下子就能将扇区2~18共17个扇区的数据完整地读进来。之所以将这部分做成循环是因为笔者注意到了磁盘BIOS读盘函数说明的"补充说明"部分。这个部分内容摘要如下：

□ 指定处理的扇区数，范围在0x01~0xff（指定0x02以上的数值时，要特别注意能够连续处理多个扇区的条件。如果是FD的话，似乎不能跨越多个磁道，也不能超过64KB的界限。）

这些内容看起来很复杂。因为很难一两句话说清楚，这里暂不详细解释，就结果而言，这些注意事项目前跟我们还没有关系，就是写成AL=17结果也是完全一样的。但这样的方式在下一次的程序中，就会成为问题，因此为了能够循序渐进，这里特意用循环来一个扇区一个扇区地读盘。

虽然显示的画面没什么变化，但我们已经把磁盘上C0-H0-S2到C0-H0-S18的512×17=8 704字节的内容，装载到了内存的0x8200~0xa3ff处。

4 读入 10 个柱面

趁热打铁，我们继续学习下面的内容。C0-H0-S18扇区的下一扇区，是磁盘反面的C0-H1-S1，

---

① 通过AX将ES加上0x0020，相当于将地址后移0x200。参见P49说明。——译者注

这次也从0xa400读入吧。按顺序读到C0-H1-S18后，接着读下一个柱面C1-H0-S1。我们保持这个势头，一直读到C9-H1-S18好了。现在我们就来看一看projects/03_day下的harib00d内容。

本次添加的部分

```
;读磁盘

        MOV     AX,0x0820
        MOV     ES,AX
        MOV     CH,0            ; 柱面0
        MOV     DH,0            ; 磁头0
        MOV     CL,2            ; 扇区2
readloop:
        MOV     SI,0            ; 记录失败次数的寄存器
retry:
        MOV     AH,0x02         ; AH=0x02 : 读入磁盘
        MOV     AL,1            ; 1个扇区
        MOV     BX,0
        MOV     DL,0x00         ; A驱动器
        INT     0x13            ; 调用磁盘BIOS
        JNC     next            ; 没出错时跳转到next
        ADD     SI,1            ; SI加1
        CMP     SI,5            ; 比较SI与5
        JAE     error           ; SI >= 5时，跳转到error
        MOV     AH,0x00
        MOV     DL,0x00         ; A驱动器
        INT     0x13            ; 重置驱动器
        JMP     retry

next:
        MOV     AX,ES           ; 把内存地址后移0x200
        ADD     AX,0x0020
        MOV     ES,AX           ; 因为没有ADD ES,0x020指令，所以这里稍微绕个弯
        ADD     CL,1            ; CL加1
        CMP     CL,18           ; 比较CL与18
        JBE     readloop        ; 如果CL <= 18，则跳转至readloop
        MOV     CL,1
        ADD     DH,1
        CMP     DH,2
        JB      readloop        ; 如果DH < 2，则跳转到readloop
        MOV     DH,0
        ADD     CH,1
        CMP     CH,CYLS
        JB      readloop        ; 如果CH < CYLS，则跳转到readloop
```

首先还是说说新出现的指令JB。这也是条件跳转指令，是"jump if below"的缩写。翻译过来就是："如果小于的话，就跳转。"还有一个新指令，就是在程序开头使用的EQU指令。这相当于C语言的#define命令，用来声明常数。"CYLS EQU 10"意思是"CYLS = 10"。EQU是"equal"的缩写。只将它定义成常数是因为以后我们可能修改这个数字。现在我们先随意定义成10个柱面，以后再对它进行调整（CYLS代表cylinders）。

现在启动区程序已经写得差不多了。如果算上系统加载时自动装载的启动扇区，那现在我们已经能够把软盘最初的10 × 2 × 18 × 512 = 184 320 byte=180KB内容完整无误地装载到内存里了。如果运行"make install"，把程序安装到磁盘上，然后用它来启动电脑的话，我们会发现装载过程还是挺花时间的。这证明我们的程序运行正常。画面显示依然没什么变化，但这个程序已经用从软盘读取的数据填满了内存0x08200 ~ 0x34fff的地方。

5 着手开发操作系统

总算写到这个题目了，这代表我们终于完成了启动区的制作。

下面，我们先来编写一个非常短小的程序，就只让它HLT。

最简单的操作系统？

```
fin:
    HLT
    JMP fin
```

将以上内容保存为haribote.nas，用nask编译，输出成haribote.sys。到这里没什么难的。

接下来，将这个文件保存到磁盘映像haribote.img里。可能有人不明白什么叫保存到映像里，其实就是像下面这样操作：

❑ 使用make install指令，将磁盘映像文件写入磁盘。

❑ 在Windows里打开那个磁盘，把haribote.sys保存到磁盘上。

❑ 使用工具将磁盘备份为磁盘映像。

大家仔细看，以上操作以磁盘映像文件开始，最终也是以磁盘映像文件结束。我们再来想像一下，如果不用借助磁盘和Windows就可以得到磁盘映像和文件，那多方便啊。这就是"保存到磁盘映像里"的意思。

能够完成这些工作的工具其实有很多，我们曾经使用过的edimg.exe就是其中之一。所以，这次还用这个工具。

那做这个工作究竟有什么意义呢？我们先做做看，然后再说明。……笔者对程序作了修改，得到了projects/03_day下的harib00e。当然对Makefile也相应做了改动。

▪▪▪▪▪

接下来用"make img"指令来做个映像文件。执行完命令，映像文件也就做成了。然后我们用二进制编辑器打开刚做成的映像文件"haribote.img"，看一看"haribote.sys"文件在磁盘中是什么样的。

最先注意到的地方是0x002600附近，磁盘的这个位置好像保存着文件名。

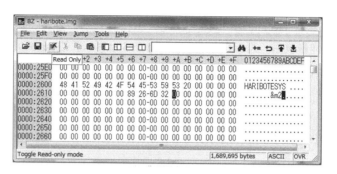

0x002600附近的样子

再往下看，找到0x004200那里，可以看到"F4 EB FD"。

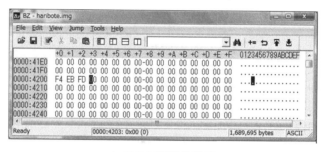

0x004200附近的样子

这是什么呢？这就是haribote.sys的内容。因为我们用二进制编辑器看haribote.sys，它恰好也就是这三个字节。好久没用的二进制编辑器这次又大显身手了。

以上内容可以总结为：一般向一个空软盘保存文件时，

(1) 文件名会写在0x002600以后的地方；

(2) 文件的内容会写在0x004200以后的地方。

这就是我们一直想知道的东西。

了解了这一点，下面要做的事就简单了。我们将操作系统本身的内容写到名为haribote.sys文件中，再把它保存到磁盘映像里，然后我们从启动区执行这个haribote.sys就行了。接下来我们就来做这件事。

6　从启动区执行操作系统

那么，要怎样才能执行磁盘映像上位于0x004200号地址的程序呢？现在的程序是从启动区开始，把磁盘上的内容装载到内存0x8000号地址，所以磁盘0x4200处的内容就应该位于内存0x8000+0x4200=0xc200号地址。

邮

电

这样的话，我们就往haribote.nas里加上ORG 0xc200，然后在ipl.nas处理的最后加上JMP 0xc200这个指令。这样修改后，得到的就是"projects/03_day"下的harib00f。

赶紧运行"make run"，目前什么都没发生。那么程序到底有没有执行haribote.sys呢？大家可能会有点担心。所以，下面我们让haribote.sys跳出来表现一下。

7 确认操作系统的执行情况

怎么让它表现呢？如果还只是输出一条信息的话就太没意思了。考虑到将来我们肯定要做成Windows那样的画面，所以这次就来切换一下画面模式。我们这次做成的文件，就是projects/03_day下的harib00g。

本次的haribote.nas

```
; haribote-os
; TAB=4

        ORG     0xc200              ; 这个程序将要被装载到内存的什么地方呢?

        MOV     AL,0x13             ; VGA显卡, 320x200x8位彩色
        MOV     AH,0x00
        INT     0x10
fin:
        HLT
        JMP     fin
```

设定AH=0x00后，调用显卡BIOS的函数，这样就可以切换显示模式了。我们还可以在支持网页（AT）BIOS里看看。

设置显卡模式（video mode）

❑ AH=0x00;
❑ AL=模式:（省略了一些不重要的画面模式）
　　0x03：16色字符模式，80 × 25
　　0x12：VGA 图形模式，640 × 480 × 4位彩色模式，独特的4面存储模式
　　0x13：VGA 图形模式，320 × 200 × 8位彩色模式，调色板模式
　　0x6a：扩展VGA 图形模式，800 × 600 × 4位彩色模式，独特的4面存储模式
　　（有的显卡不支持这个模式）
❑ 返回值：无

参照以上说明，我们暂且选择0x13画面模式，因为8位彩色模式可以使用256种颜色，这一点看来不错。

如果画面模式切换正常，画面应该会变为一片漆黑。也就是说，因为可以看到画面的变化，所以能判断程序是否运行正常。由于变成了图形模式，因此光标会消失。

另外，这次还顺便修改了其他一些地方。首先将ipl.nas的文件名变成了ipl10.nas。这是为了提醒大家这个程序只能读入10个柱面。另外，想要把磁盘装载内容的结束地址告诉给haribote.sys，所以我们在"JMP 0xc200"之前，加入了一行命令，将CYLS的值写到内存地址0x0ff0中。这样启动区程序就算完成了。

成功地出现全黑画面

赶紧"make run"看看。

哦哦，画面一片漆黑。运行顺利！真是太好了！

有一点要先说明一下，现在我们把启动区里与haribote.sys没有关系的前后部分也读了进来，所以启动时很慢。可能会有人觉得这样做很浪费时间，但对于我们的纸娃娃操作系统来说，装载启动区这些部分，以后会起大作用的，所以暂时先忍耐一下吧。

8　32位模式前期准备

今天还有些时间，再往下讲一点吧。

现在，汇编语言的开发告一段落，我们要开始以C语言为主进行开发了，这是我们当前的目标。

笔者准备的C编译器，只能生成32位模式的机器语言。如果一定要生成16位模式机器语言，虽然也不是做不到，但是很费事，还没什么好处，所以就用32位模式吧。

所谓32位模式，指的是CPU的模式。CPU有16位和32位两种模式。如果以16位模式启动的话，用AX和CX等16位寄存器会非常方便，但反过来，像EAX和ECX等32位的寄存器，使用起来就很麻烦。另外，16位模式和32位模式中，机器语言的命令代码不一样。同样的机器语言，解释的方法也不一样，所以16位模式的机器语言在32位模式下不能运行，反之亦然。

32位模式下可以使用的内存容量远远大于1MB。另外，CPU的自我保护功能（识别出可疑的机器语言并进行屏蔽，以免破坏系统）在16位下不能用，但32位下能用。既然有这么多优点，当然要使用32位模式了。

可是，如果用32位模式就不能调用BIOS功能了。这是因为BIOS是用16位机器语言写的。如果我们有什么事情想用BIOS来做，那就全部都放在开头先做，因为一旦进入32位模式就不能调用BIOS函数了。（当然，也有从32位返回到16位的方法，但是非常费工夫，所以本书不予赘述。）

再回头说说要使用BIOS做的事情。画面模式的设定已经做完了，接下来还想从BIOS得到键盘状态。所谓键盘状态，是指NumLock是ON还是OFF等这些状态。

所以，我们这次只修改了haribote.nas。修改后的程序就是projects/03_day下的harib00h。

本次的haribote.nas

```
; haribote-os
; TAB=4

; 有关BOOT_INFO
CYLS    EQU     0x0ff0          ; 设定启动区
LEDS    EQU     0x0ff1
VMODE   EQU     0x0ff2          ; 关于颜色数目的信息。颜色的位数。
SCRNX   EQU     0x0ff4          ; 分辨率的X (screen x)
SCRNY   EQU     0x0ff6          ; 分辨率的Y (screen y)
VRAM    EQU     0x0ff8          ; 图像缓冲区的开始地址

        ORG     0xc200          ; 这个程序将要被装载到内存的什么地方呢？
        MOV     AL,0x13         ; VGA 显卡，320x200x8位彩色
        MOV     AH,0x00
        INT     0x10
        MOV     BYTE [VMODE],8  ; 记录画面模式
        MOV     WORD [SCRNX],320
        MOV     WORD [SCRNY],200
        MOV     DWORD [VRAM],0x000a0000

;用BIOS取得键盘上各种LED指示灯的状态
        MOV     AH,0x02
        INT     0x16            ; keyboard BIOS
        MOV     [LEDS],AL

fin:
        HLT
        JMP     fin
```

看一下程序就能明白，设置画面模式之后，还把画面模式的信息保存在了内存里。这是因为，以后我们可能要支持各种不同的画面模式，这就需要把现在的设置信息保存起来以备后用。我们暂且将启动时的信息称为BOOT_INFO。INFO是英文information（信息）的缩写。

■■■■■■

[VRAM]里保存的是0xa0000。在电脑的世界里，VRAM指的是显卡内存（video RAM），也就是用来显示画面的内存。这一块内存当然可以像一般的内存一样存储数据，但VRAM的功能不仅限于此，它的各个地址都对应着画面上的像素，可以利用这一机制在画面上绘制出五彩缤纷的图案。

其实VRAM分布在内存分布图上好几个不同的地方。这是因为，不同画面模式的像素数也不一样。当画面模式为○×时使用这个VRAM；而画面模式为◇△时可能使用那个VRAM，像这样，不同画面模式可以使用的内存也不一样。所以我们就预先把要使用的VRAM地址保存在BOOT_INFO里以备后用。

这次VRAM的值是0xa0000。这个值又是从哪儿得来的呢？还是来看看我们每次都参考的（AT）BIOS支持网页。在INT 0x10的说明的最后写着，这种画面模式下"VRAM是0xa0000 ~ 0xaffff的64KB"。

另外，我们还把画面的像素数、颜色数，以及从BIOS取得的键盘信息都保存了起来。保存位置是在内存0x0ff0附近。从内存分布图上看，这一块并没被使用，所以应该没问题。

9　开始导入 C 语言

终于准备就绪，现在我们直接切换到32位模式，然后运行用C语言写的程序。这就是projects/03_day下的harib00i。

程序里添加和修改了很多内容。首先是haribote.sys，它的前半部分是用汇编语言编写的，而后半部分则是用C语言编写的。所以以前的文件名haribote.nas也随之改成了asmhead.nas。并且，为了调用C语言写的程序，添加了100行左右的汇编代码。

虽然笔者也很想现在就讲这100行新添的程序，但是很抱歉，还是先跳过这部分吧。等我们再往后多学一点，再回过头来仔细讲解这段程序。其实笔者曾多次对这一部分进行说明，但每次都写得很长很复杂，恐怕大家很难理解。等到后面，大家掌握的内容多了，这一部分再理解起来也就轻松了，所以暂时先不做说明了。

下面讲C语言部分。文件名是bootpack.c。为什么要起这样的名字呢？因为以后为了启动操作系统，还要写各种其他的处理，我们想要把这些处理打成一个包（pack），所以就起了这么一个名字。最重要的核心内容非常非常短，如下所示：

本次的bootpack.c

```
void HariMain(void)
{

fin:
    /*这里想写上HLT，但C语言中不能用HLT!*/
    goto fin;

}
```

这个程序第一行的意思是：现在要写函数了，函数名字叫HariMain，而且不带参数（void），不返回任何值。"{}"括起来的部分就是函数的处理内容。

C语言中所说的函数是指一块程序，在某种程度上可以看作数学中的函数一般，即从变量x

取得值，将处理结果送给y。而上面情况下，既不从变量取得值，也不返回任何值，不太像数学中的函数，但在C语言中这也是函数。

goto指令是新出现的，相当于汇编语言中的JMP，实际上也是被编译成JMP指令。

由"/*"和"*/"括起来的部分是注释，正如这里所写的那样，C语言中不能使用HLT，也没有相当于DB的命令，所以不能用DB来放一句HLT语句。这让喜欢HTL语句的笔者感觉很是可惜。

■■■■■

那么，这个bootpack.c是怎样变成机器语言的呢？如果不能变成机器语言，就是说得再多也没有意义。这个步骤很长，让我们看一看。

- ❑ 首先，使用cc1.exe从bootpack.c生成bootpack.gas。
- ❑ 第二步，使用gas2nask.exe从bootpack.gas生成bootpack.nas。
- ❑ 第三步，使用nask.exe从bootpack.nas生成bootpack.obj。
- ❑ 第四步，使用obi2bim.exe从bootpack.obj生成bootpack.bim。
- ❑ 最后，使用bim2hrb.exe从bootpack.bim生成bootpack.hrb。
- ❑ 这样就做成了机器语言，再使用copy指令将asmhead.bin与bootpack.hrb单纯结合到起来，就成了haribote.sys。

来来去去搞出了这么多种类的文件，那么下面就简单介绍一下吧。

cc1是C编译器，可以将C语言程序编译成汇编语言源程序。但这个C编译器是笔者从名为gcc的编译器改造而来，而gcc又是以gas汇编语言为基础，输出的是gas用的源程序。它不能翻译成nask。

所以我们需要把gas变换成nask能翻译的语法，这就是gas2nask。解释一下这个名字。英语中的"从A到B"说成"from A to B"，省略一下，就是"A to B"。这里把"to"写成"2"，世界上开发工具的人有时会这么写（这是英语中的谐音，2与to同音）。所以，gas2nask的意思就是"把gas文件转换成nask文件的程序"。

一旦转换成nas文件，它可就是我们的掌中之物了，只要用nask翻译一下，就能变成机器语言了。实际上也正是那样，首先用nask制作obj文件。obj文件又称目标文件，源自英文的"object"，也就是目标的意思。程序是用C语言写的，而我们的目标是机器语言，所以这就是"目标文件"这一名称的由来。

可能会有人想，既然已经做成了机器语言，那只要把它写进映像文件里就万事大吉了。但很遗憾，这还不行，事实上这也正是使用C语言的不便之处。目标文件是一种特殊的机器语言文件，必须与其他文件链接（link）后才能变成真正可以执行的机器语言。链接是什么意思呢？实际上C语言的作者已经认识到，C语言有它的局限性，不可能只用C语言来编写所有的程序，所以其中有一部分必须用汇编来写，然后链接到C语言写的程序上。

现在为止，都只有一个源程序，由它来直接生成机器语言文件，这好像是理所当然的，完全不用考虑什么目标文件的链接。但是这个问题以后要考虑了。下面我们来讲一下用汇编语言做目标文件的方法。

所以，为了将目标文件与别的目标文件相链接，除了机器语言之外，其中还有一部分是用来交换信息的。单个的目标文件还不是独立的机器语言，其中还有一部分是没完成的。为了能做成完整的机器语言文件，必须将必要的目标文件全部链接上。完成这项工作的，就是obj2bim。bim是笔者设计的一种文件格式，意思是"binary image"，它是一个二进制映像文件。

　　映像文件到底是什么呢？这么说来，磁盘映像也是一种映像文件。按笔者的理解，所谓映像文件即不是文件本来的状态，而是一种代替形式。英文里面说到image file，一般是指图像文件，首先要有一个真实的东西，而它的图像则是临摹仿造出来的，虽然跟它很像，但毕竟不是真的，只是以不同的形式展示出原物的映像。不是常有人这么讲吗，"嗯，搞不懂你在说什么。能不能说得再形象一点儿？"，也就是说 "如果直接说明起来太困难的话，可以找个相似的东西来类比一下。"所谓类比，"不是本来的状态，而是一种代替的形式"。……映像文件大致也就是这个意思。

所以，实际上bim文件也"不是本来的状态，而是一种代替的形式"，也还不是完成品。这只是将各个部分全部都链接在一起，做成了一个完整的机器语言文件，而为了能实际使用，我们还需要针对每一个不同操作系统的要求进行必要的加工，比如说加上识别用的文件头，或者压缩等。这次因为要做成适合 "纸娃娃操作系统"要求的形式，所以笔者为此专门写了一个程序bim2hrb.exe，这个程序留到后面来介绍。

■■■■■

可能有人会想："我在Windows和Linux上做了很多次C程序了，既没用过那么多工具，也没那么多的中间文件就搞定了，这次是怎么回事呢？"说到底，这是因为那些编译器已经很成熟了。

但是，如果我们的编译器能够直接生成可执行文件，那再想把它用于别的用途可就难了。其实在编译器内部也要做同样的事，只是在外面看不见这些过程而已。这次提供的编译器，是以能适应各种不同操作系统为前提而设计的，所以对内部没有任何隐藏，是特意像这样多生成一些中间文件的。

这样做的好处是仅靠这个编译器，就可以制作Windows、Linux以及OSASK用的可执行文件，当然，还有我们的 "纸娃娃操作系统"的可执行文件。

根据以上内容，对Makefile也做了很大改动。如果大家想知道编译时指定了什么样的选项，可以看一看Makefile。

■■■■■

啊，忘了一件大事。函数名HariMain非常重要，程序就是从以HariMain命名的函数开始运行的，所以这个函数名不能更改。

执行这个函数，结果出现黑屏。这表示运行正常。

10 实现 HLT（harib00j）

虽然夜已经深了，但笔者现在还不能说"今天就到此结束"。不让计算机处于HALT（HLT）状态心里就不舒服。我们做出的程序这么耗电，不把这个问题解决掉怎么能睡得着呢（笑）。我们来努力尝试一下吧。

首先写了下面这个程序，naskfunc.nas。

---

naskfunc.nas

```
; naskfunc
; TAB=4

[FORMAT "WCOFF"]                ; 制作目标文件的模式
[BITS 32]                       ; 制作32位模式用的机械语言

;制作目标文件的信息

[FILE "naskfunc.nas"]           ; 源文件名信息

        GLOBAL① _io_hlt         ; 程序中包含的函数名

;以下是实际的函数

[SECTION .text]        ; 目标文件中写了这些之后再写程序

_io_hlt:     ; void io_hlt(void);
        HLT
        RET
```

也就是说，是用汇编语言写了一个函数。函数名叫io_hlt。虽然只叫hlt也行，但在CPU的指令之中，HLT指令也属于I/O指令，所以就起了这么一个名字。顺便说一句，MOV属于转送指令，ADD属于演算指令。

用汇编写的函数，之后还要与bootpack.obj链接，所以也需要编译成目标文件。因此将输出格式设定为WCOFF模式。另外，还要设定成32位机器语言模式。

在nask目标文件的模式下，必须设定文件名信息，然后再写明下面程序的函数名。注意要在函数名的前面加上"_"，否则就不能很好地与C语言函数链接。需要链接的函数名，都要用GLOBAL指令声明。

下面写一个实际的函数。写起来很简单，先写一个与用GLOBAL声明的函数名相同的标号（label），从此处开始写代码就可以了。这次新出现的RET指令，相当于C语言的return，意思就是

---

① 原意是"全球性的"。在计算机行业中指全局性的（变量，函数等）。其反义词是LOCAL（局部的）。

"函数的处理到此结束，返回吧"，简洁明了。

在C语言里使用这个函数的方法非常简单。我们来看看bootpack.c。

本次的bootpack.c

```
/*告诉C编译器，有一个函数在别的文件里*/

void io_hlt(void);

/*是函数声明却不用{ }，而用;，这表示的意思是：函数是在别的文件中，你自己找一下吧! */

void HariMain(void)
{
fin:
    io_hlt(); /*执行naskfunc.nas里的_io_hlt*/
    goto fin;

}
```

源程序里的注释写得很到位，请仔细阅读一下。

好了，源程序增加了，Makefile也进行了添加，那么赶紧运行"make run"看看吧。结果虽然还是黑屏，但程序运行肯定是正常的。太好了，这就放心了。大家明天见！

3

第4天

C语言与画面显示的练习

1 用 C 语言实现内存写入（harib01a）

昨天我们成功地让画面显示黑屏了，但只做到这一步没什么意思，还是往画面上画点儿什么东西比较有趣。想要画东西的话，只要往VRAM里写点什么就可以了。但是在C语言中又没有直接写入指定内存地址的语句[①]。嗯，真是不方便。所以，我们干脆就创建一个有这种功能的函数。下面就来修改一下naskfunc.nas。

naskfunc.nas里添加的部分

```
_write_mem8:     ; void write_mem8(int addr, int data);
        MOV      ECX,[ESP+4]     ; [ESP + 4]中存放的是地址，将其读入ECX
        MOV      AL,[ESP+8]      ; [ESP + 8]中存放的是数据，将其读入AL
        MOV      [ECX],AL
        RET
```

这个函数类似于C语言中的 "write_mem8（0x1234,0x56）;" 语句，动作上相当于 "MOV BYTE[0x1234],0x56"。顺便说一下，addr是address的缩写，在这里用它来表示地址。

━━━━━

在C语言中如果用到了write_mem8函数，就会跳转到_write_mem8。此时参数指定的数字就

---

① "怎么会？分明有啊！" 如果你有这样的疑问，那么作为本书的读者，你已经知道得相当多了。

存放在内存里，分别是：

第一个数字的存放地址：[ESP + 4]
第二个数字的存放地址：[ESP + 8]
第三个数字的存放地址：[ESP + 12]
第四个数字的存放地址：[ESP + 16]
（以下略）

我们想取得用参数指定的数字0x1234或0x56的内容，就用MOV指令读入寄存器。因为CPU已经是32位模式，所以我们积极使用32位寄存器。16位寄存器也不是不能用，但如果用了的话，不只机器语言的字节数会增加，而且执行速度也会变慢，没什么好处。

在指定内存地址的地方，如果使用16位寄存器指定[CX]或[SP]之类的就会出错，但使用32位寄存器，连[ECX]、[ESP]等都OK，基本上没有不能使用的寄存器。真方便。另外，在指定地址时，不光可以指定寄存器，还可以使用往寄存器加一个常数，或者减一个常数的方式。另外说一下，在16位模式下，也能使用这种方式指定，但那时候没有什么地方用得上，所以没有使用。

如果与C语言联合使用的话，有的寄存器能自由使用，有的寄存器不能自由使用，能自由使用的只有EAX、ECX、EDX这3个。至于其他寄存器，只能使用其值，而不能改变其值。因为这些寄存器在C语言编译后生成的机器语言中，用于记忆非常重要的值。因此这次我们只用EAX和ECX。

■■■■■

这次还给naskfunc.nas增加了一行，那就是INSTRSET指令。它是用来告诉nask"这个程序是给486用的哦"，nask见了这一行之后就知道"哦，那见了EAX这个词，就解释成寄存器名"。如果什么都不指定，它就会认为那是为8086这种非常古老的、而且只有16位寄存器的CPU而写的程序，见了EAX这个词，会误解成标签（Label），或是常数。8086那时候写的程序中，曾偶尔使用EAX来做标签，当时也没想到这个单词后来会成为寄存器名而不能再随便使用。

上面虽然写着486用，但并不是说会出现仅能在486中执行的机器语言，这只是单纯的词语解释的问题。所以486用的模式下，如果只使用16位寄存器，也能成为在8086中亦可执行的机器语言。"纸娃娃操作系统"也支持386，所以虽然这里指定的是486，但并不是386中就不能用。可能会有人问，这里的386，486都是什么意思啊？我们来简单介绍一下电脑的CPU（英特尔系列）家谱。

8086→80186→286→386→486→Pentium→PentiumPro→PentiumII→PentiumIII→Pentium4→…

从上面的家谱来看，386已经是非常古老的CPU了。到286为止CPU是16位，而386以后CPU是32位。

■■■■■

现在，汇编这部分已经准备好了，下面来修改C语言吧。这次我们导入了变量。

本次的bootpack.c内容

```
void io_hlt(void);
void write_mem8(int addr, int data);

void HariMain(void)
{
    int i; /*变量声明：i是一个32位整数*/

    for (i = 0xa0000; i <= 0xaffff; i++) {
        write_mem8(i, 15); /* MOV BYTE [i],15 */
    }

    for (;;) {
        io_hlt();
    }
}
```

for 语句是初次登场它是循环语句，会循环执行花括号（{}）括起来的部分。圆括号（()）中写的是循环执行的条件。共有3个条件，各个条件之间以分号（;）隔开，最初一个条件是初始值。所以上文第一个for语句中，把0xa0000赋值给i。任何for语句的初始值设定语句总是要执行，这是C语言的规定。

下一个部分"i <= 0xaffff"是循环条件。for语句会判断是否满足这个条件，如果不满足，就跳出"{}"括起来的循环体部分。另外，这个部分在第一次执行时就要判断，所以，有时候循环体部分有可能一次都得不到执行。不过这次的for语句中，最初的i值是0xa0000，满足条件，所以循环体部分能够被执行。

最后一个部分是"i++"，这是"i＝i+1"的省略形式，也就是i的值增加1。这个语句在循环体执行完以后肯定要执行一次，然后判断循环条件。

只看文字说明不易于理解，我们写成代码形式来辅助说明。

for (A ; B ; C){D; } 与以下程序等价

```
    A;
label:
    if (B) {
        D;
        C;
        goto label;
    }
```

for语句的3个条件，全都可以省略。这种情况下，不做任何初值设定，循环条件永远成立，"{}"内的循环体部分执行完以后，不做任何处理。也就是单纯的无限循环。我们在"io_hlt();"处使用了这种循环。

下一步是运行"make run"还是"make install"呢？两个都可以，但不管执行哪个，画面都不是黑屏，而是白屏。哦?这是怎么回事呢？因为VRAM全部都写入了15，意思是全部像素的颜色都是第15种颜色，而第15种颜色碰巧是纯白，所以画面就成了白色。还是画面上有点什么变化才好。

太好了，成功了！但看不出来······

最初做成的时候，还挺高兴的，但在写这本书的时候，才发觉这是一次失败。纯白的截图放到书里还是一片白，什么都看不出来。

2　条纹图案（harib01b）

所以，为了在印成书后能看出效果，我们就显示成有条纹的图案吧。修改也很简单，只要稍微改动一下bootpack.c就可以了。

```
for (i = 0xa0000; i <= 0xaffff; i++) {
    write_mem8(i, i & 0x0f);
}
```

哪儿变了呢？是write_mem8那里。地址部分虽然和之前一样，但写入的值由15变成了 i & 0x0f。

在这里&是"与"运算，是数学中没有的一种运算。很久以前，CPU就不仅能处理数值数据，还能处理图形数据。在处理图形数据的时候，加减乘除这种数学上的计算功能几乎没什么用。因为所处理的数据虽然是二进制数，但它们并不是作为数字来使用的，重点是0和1的排列方式，对于图形来说，这种排列方式本身更重要。

那么对于图形数据应该进行什么样的运算呢？可以将某些特定的位变为1，某些特定的位变为0，或者是反转[①]特定的位等，做这样的运算。

━━━━━

① 反转指让0变为1、1变为0的操作，形象地来说就好比照片的底片一样。

先来看看让特定位变成1的功能。这可以通过"或"（OR）运算来实现。

```
0100 OR 0010 → 0110
1010 OR 0010 → 1010
```

计算"A OR B"的时候，每一位分别计算，对于某一位，A和B的该位只要有一个是1，"或"运算的结果，该位就是1。否则（A和B的该位都是0）结果就是0。也就是说，如果某个图像数据放在变量i里，让i与0010进行或运算，1所在的那一位（从右往左第2位）就一定会变为1。对于其他的位则没有任何影响。如果i的该位（从右往左第2位）原本就是1，则i不变。

下面说说让特定位变成0的功能。这可以通过"与"（AND）运算来实现。

```
0100 AND 1101 → 0100
1010 AND 1101 → 1000
```

计算"A AND B"的时候，也是每一位分别计算，对于某一位，A和B的该位都是1的时候，"与"运算的结果，该位才是1，否则结果就是0。也就是说，如果某个图像数据放在变量i里，让i与1101进行"与"运算，则0所在的那一位（从右往左第2位）就一定会变为0。如果i的该位（从右往左第2位）原本就是0，则i不变。跟"或"运算不同，"与"运算中不想改变的部分要设为1，想改为0的部分要设为0（也就是说，一个是i与0010进行"或"运算，一个是i与1101进行"与"运算）。这一点需要我们注意。

最后我们来看让特定位反转的功能。这可以通过"异或"（XOR）运算来实现。

```
0100 XOR 0010 → 0110
1010 XOR 0010 → 1000
```

计算"A XOR B"的时候，同样也是每一位分别计算，对于某一位，A和B该位的值如果不相同，"异或"运算的结果，该位是1，否则就是0。也就是说，如果某个图像数据放在变量i里，让i与0010进行"异或"运算，就可以对该位进行反转，而别的位不受影响。如果i与所有位都是1（即0xffffffff）的数进行"异或"，则全部位都反转。

■■■■■

这次我们用的是"与"（AND）运算。将地址值与0x0f进行"与"运算会怎么样呢？低4位原封保留，而高4位全部都变成0。所以，写入的值是：

```
00 01 02 03 04 05 06 07 08 09 0A 0B 0C 0D 0E 0F 00 01 02 03 04 05 06 …
```

就像这样，每隔16个像素，色号就反复一次。会出现什么效果呢？运行一下"make run"就知道了。

出现了下面这种条纹图案。

印成书之后也能看得很清楚，成功啦！

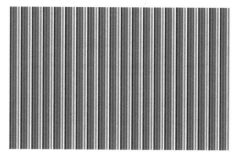

执行后的结果

3　挑战指针（harib01c）

前面说过"C语言中没有直接写入指定内存地址的语句"，实际上这不是C语言的缺陷，因为有替代这种命令的语句。一般大多数程序员主要使用那种替代语句，像这次这样，做一个函数write_mem8的，也就只有笔者了。如果有替代方案的话，大家肯定想用一下，笔者也想试试看。

```
write_mem3(i, i & 0x0f);
```

替代以上语句的是：

```
*i = i & 0x0f;
```

两个语句有点像，但又不尽相同。不管那么多了，先换成后面一种写法看看吧。好了，改完了，用"make run"命令运行一下。唉？奇怪，怎么会出错呢？

```
invalid type argument of `unary *'
```

类型错误？

‒‒‒‒‒

没错，就是类型错误。这种写法，从本质上讲没问题，但这样就是无法顺利运行。我们从编译器的角度稍微想想就能明白为什么会出错了。回想一下，如果写以下汇编语句，会发生什么情况呢？

```
MOV [ 0x1234], 0x56
```

是的，会出错。这是因为指定内存时，不知道到底是BYTE，还是WORD，还是DWORD。只有在另一方也是寄存器的时候才能省略，其他情况都不能省略。

其实C编译器也面临着同样的问题。这次，我们费劲写了一条C语句，它的编译结果相当于下面的汇编语句所生成的机器语言，

```
MOV [i], (i & 0x0f)
```

但却不知道[i]到底是BYTE，还是WORD，还是DWORD。刚才就是出现了这种错误。

那怎么才能告诉计算机这是BYTE呢？

char *p;   /*，变量p是用于内存地址的专用变量*/

声明一个上面这样变量p，p里放入与i相同的值，然后执行以下语句。

*p = i & 0x0f;

这样，C编译器就会认为"p 是地址专用变量，而且是用于存放字符（char）的，所以就是BYTE."。顺便解释一下类似语句：

char *p;   /*用于BYTE类地址*/
short *p;   /*用于WORD类地址*/
int *p;   /*用于DWORD类地址*/

这次我们是一个字节一个字节地写入，所以使用了char。

> 既然说到这里，那我们再介绍点相关知识，"char i;"是类似AL的1字节变量，"short i;"是类似AX的2字节变量，"int i;"是类似EAX的4字节变量。

> 而不管是"char *p"，还是"short *p"，还是"int *p"，变量p都是4字节。这是因为p是用于记录地址的变量。在汇编语言中，地址也像ECX一样，用4字节的寄存器来指定，所以也是4字节。

▬▬▬▬▬

这样准备工作就OK了。再用"make run"运行一遍以下内容。

```
void HariMain(void)
{
    int i; /*变量声明。变量i是32位整数*/
    char *p; /*变量p，用于BYTE型地址*/

    for (i = 0xa0000; i <= 0xaffff; i++) {
        p = i; /*代入地址*/
        *p = i & 0x0f;

        /*这可以替代write_mem8(i, i & 0x0f);*/
    }

    for (;;) {
        io_hlt();
    }
}
```

哇，居然不使用write_mem8就能显示出条纹图案，真是太好了。

嗯？且慢！仔细看看画面，发现有一行警告。

warning: assignment makes pointer from integer without a cast

这个警告的意思是说，"赋值语句没有经过类型转换，由整数生成了指针"。其中有两个单词的意思不太明白。类型转换是什么？指针又是什么？

　　类型转换是改变数值类型的命令。一般不必每次都注意类型转换，但像这次的语句中，如果不明确进行类型转换，C编译器就会每次都发出警告："喂，是不是写错了？"顺便说一下，cast在英文中的原意是压入模具，让材料成为某种特定的形状。

　　指针是表示内存地址的数值。C语言中不用"内存地址"这个词，而是用"指针"。在C语言中，普通数值和表示内存地址的数值被认为是两种不同的东西，虽然笔者也觉得它们没什么不同，但也只能接受这种设计思想了。基于这种设计思想，如果将普通整数值赋给内存地址变量，就会有警告。为了避免这种情况的发生，可以这样写：

```
p = (char *) i;
```

　　这就对i进行了类型转换，使之成为表示内存地址的整数。（其实这样转换以后，数值一点都没变，但对于C编译器来说，类型的不同有着很大的差别。）以后再进行这样的赋值时，就不会出现这种讨厌的警告了。于是我们这样修改一下。

　　再运行一次"make run"吧。好了，不再出现那种烦人的警告了。write_mem8已经没用了，所以可以将它从naskfunc.nas中删除。

　　这样的写法虽然有点绕圈子了，但我们实现了只用C语言写入内存的功能。

COLUMN-2　　**只要使用类型转换，就可以不用指针之类的方法吗？**

　　好不容易介绍完了类型转换，我们来看一个应用实例吧。如果定义：

```
p = (char *) i;
```

　　那么将上式代入下面语句中。

```
*p = i & 0x0f;
```

　　这样就能得到下式：

```
*((char *) i) = i & 0x0f;
```

　　这个语句执行起来毫无问题。虽然读起来不是很容易理解，但这样可以不特意声明 p 变量，所以笔者偶尔还是会使用的。

　　有没有觉得这种写法与"BYTE[i] = i & 0x0f;"有些相像吗？在特别喜欢汇编语言的笔者看来，会有这种感觉呢。（笑）

COLUMN-3 还是不能理解指针

能有这种想法，说明你很诚实。那好，我们再尽量详细地讲解一下。

如果你曾经使用过 C 语言，并且听说过"指针"这个词，那么刚才的说明肯定让你觉得混乱，摸不着头脑。倒是那些从未接触过 C 语言的人更能理解一些。

这里，特别重要的一点是，必须想点办法让 C 语言完成以下功能：

```
MOV BYTE [i], (i & 0x0f)
```

也就是，向内存的第 i 号地址写入 i & 0x0f 的计算结果。而程序只是偶然地写成了：

```
int i;
char *p;

p = (char *) i;
*p = i & 0x0f;
```

必须要先理解以上程序。这可能与你所知道的指针的使用方法完全不同，不过暂时先不要想这个。总之上面 4 行，是 MOV 语句的替代物，这一点是最重要的。

从没听说过 C 语言指针的人，仅仅会想"哦，原来 C 语言中是这么写的，没那么复杂么。"的确如此，没什么不懂的嘛。

■■■■■

下面再稍微深入说明一下。我们常见的两个语句是：

```
p = (char *) i;
*p = i & 0x0f;
```

这两个语句有什么区别呢？这是不懂汇编的人常有的疑问。将以上语句按汇编的习惯写一下吧。假设 p 相当于 ECX，那么写出来就是：

```
MOV ECX, i
MOV BYTE [ECX], (i & 0x0f)
```

它们的区别很清楚，即一个是给 ECX 寄存器赋值，一个给 ECX 号内存地址赋值。这完全是两回事。存储它们的半导体也不一样，一个在 CPU 里，一个在内存芯片里。在 C 语言中，虽然 p 与 *p 只有一字之差，但意思上的差别却如此之大。

如果执行顺序调过来会怎么样呢？也就是像这样：

```
*p = i & 0x0f;
p = (char *) i;
```

不是很熟悉指针的人可能认为这样也行。但是，这相当于：

```
MOV BYTE [ECX], (i & 0x0f)
MOV ECX, i
```

如果这么做，第一个 MOV 的时候，ECX 的值不确定，是个随机数，这会导致 i & 0x0f 的结果写入内存的某个不可知的地址中。这样的后果很严重。

■■■■■

另一个比较常见的疑问，是关于声明的。在 C 语言中，如果不声明变量就不能使用。所谓声明，就是类似"int i;"这种语句。有了这句话，变量 i 就可以使用了（与此不同的是汇编语言中，EAX，DL 等，不声明也可以自由使用）。在 C 语言中，声明了 10 个变量，就可以用 10 个变量，这是理所当然的事。

既然如此，那为什么只声明了"char *p;"却不仅能使用 p，还可以使用*p 呢？这让人搞不懂……确实，这个程序中，给 p 和*p 赋值了。看上去，能够使用的变量数比实际声明的变量数要多。

遇到这种情况时，我们先回到汇编语言中看看。

```
MOV ECX, i
MOV BYTE [ECX], (i & 0x0f)
```

看着这个程序，就不会再有人认为其中有 2 个变量了。其中只有一个 ECX。而且，同样是"MOV AL，[ECX]"，ECX 是 123 的时候，和 ECX 是 124 的时候，放入 AL 的值也是不同的（只要这两处地址存放的不是同样的值）。这是因为地址不同，代表的内存区域不同。就好比不同的住址，住的人也不一样。

所以，同样是*p，因为 p 值的不同，记录的值也不同。

```
*p = 3;
p = p + 3;
i  = *p;
```

也就是说如果执行以上片段，i 不一定是 3，因为地址已经变了。

费了半天劲，其实笔者想说的就是，*p 并不是什么变量。确实，我们可以给*p 赋值，也可以引用*p 的值，这看起来就像变量一样。但即便如此，*p 也不是一个变量，变量只有 p。所谓*p，就相当于汇编中 BYTE [p]这种语句的代替。

如果你还执拗地说*p 是一个变量，那照这种逻辑，变量可远不止 2 个，还有很多很多。因为只要给 p 赋上不同的值，*p 就代表完全不同区域的内存内容。

■■■■■

下一个问题也是关于声明的："char *p;"声明的是*p，还是 p 呢？

这也是一个常见的问题。先给出结论吧，声明的是 p。"既然如此，那为什么不写成 char* p;呢？"有这种想法，说明你这方面的直觉很好。笔者也认为这样写对于初学者来说更简单易懂。事实上，在 C 语言中写成"char* p;"也可以，既不出错，也不出警告，运行也没问题。

但这种写法有点小问题。如果写成"char* p,q;"，我们看上去会觉得 p 和 q 都表示地址的变量，但 C 编译器却不那样认为，q 会被看作是一般的 1 字节的变量。也就是被解释成"char *p,q"。为了避免这样的误解，一般的程序员不写成"char* p;"，所以笔者也按照这个习惯编写程序。另外，如果想要声明两个地址变量，就写成"char *q,*p;"。

■■■■■

今天的专栏写得好长呀，我们来整理总结一下吧。首先，本书中出现的"char *p;"不必看作指针，这是最重要的决窍。p 不是指针，而是地址变量。不要使用"p 是指针"这种模棱两可的说法，"p 是地址变量"这种说法比较好。

将地址值赋给地址变量是理所当然的。并且，既然地址代表的是内存的地址，可以让该地址存放自己想放的任何值。虽然也可以将地址变量说成是指针，但笔者听到指针这个说法也很茫然，所以除了跟别人讨论时以外，笔者也不说指针什么的。

C 语言中地址变量的声明，以及给内存地址赋值的，写法不是很习惯，但终究这只是写法的不同，思考问题的方法与汇编语言差不多。在 C 语言开发人员看来，"C 语言的*p 比汇编语言 BYTE [p]，更短小精悍"，确实，简洁是一个长处，但就是因为简洁，才让初学者不好理解。

C 语言的很多初学者都在学习指针时受挫，以至于会想"如果没有指针就好了"。而事实上，没有指针的语言也确实是存在的。但这种语言很不好用，因为没有指针就无法往指定内存的地址存入数据，那怎么往 VRAM 上绘制图像呢？这种语言只能让写操作系统变得更加困难。

笔者也认为，C 语言指针的语法很难理解，所以希望能改善。但它像汇编语言一样，能直接访问地址，这一点非常好。所以希望大家能这样想："不是要废除指针，而是把指针改善得更直观易懂。"

4 指针的应用（1）（harib01d）

绘制条纹图案的部分，也可以写成以下这样：

```
p = (char *) 0xa0000; /*给地址变量赋值*/

for (i = 0; i <= 0xffff; i++) {
    *(p + i) = i & 0x0f;
}
```

本质上讲，所做的事跟之前一样。这里只是想说明，C 语言还能用这种方法书写。

5 指针的应用（2）（harib01e）

C 语言中，*（p＋i）还可以改写成 p[i] 这种形式，所以以上片段也可以写成这样：

```
p = (char *) 0xa0000; /*将地址赋值进去*/

for (i = 0; i <= 0xffff; i++) {
    p[i] = i & 0x0f;
}
```

其实要做的事还是没有什么变化，这里想要告诉大家各种写法，今后可以根据自己的喜好区别使用。

COLUMN-4 p[i]是数组吗？

写得不好的 C 语言教科书里，往往会说 p[i]是数组 p 的第 i 个元素。这虽然也不算错，但终究有些敷衍。如果读者不懂汇编语言，这种敷衍的说法是最省事的。

p[i]与*(p+i)意思完全相同。要是嫌后者太长太麻烦，或者是为了看起来好看就会使用这种写法。在这个例子里，*(p+i)是 6 个字符，而 p[i]只有 4 个字符。区别只有这一点，所以大家可以根据喜好使用。p[i]不过一个看起来像数列的使用了地址变量的省略写法而已。

反过来说，也可以将 p[0]写成*p，写成指针的形式反倒是节省了 2 个字符。总之，根据情况，按自己喜欢的方式写就行了。

不是说改变一下写法，地址变量就变成数组了。大家不要被那些劣质的教科书骗了。编译器生成的机器语言也完全一样。这比什么都更能证明，意思没有变化，只是写法不同。

说个题外话，加法运算可以交换顺序，所以将*(p + i)写成*(i + p)也是可以的。同理，将 p[i]写成 i[p]也是可以的（可能你会不相信，但这样写既不会出错，也能正常运行）。a[2]也可以写成 2[a]（这当然是真的）。难道还能说这是名为 2 的数组的第 a 个元素吗？当然不能。所以，p[i]也好，i[p]也好，仅仅是一种省略写法，本质上讲，与数组没有关系。

6 色号设定（harib01f）

好了，到现在为止我们的话题都是以 C 语言为中心的，但我们的目的不是为了掌握 C 语言，而是为了制作操作系统，操作系统中是不需要条纹图案之类的。我们继续来做操作系统吧。

可能大家马上就想描绘一个操作系统模样的画面，但在此之前要先做一件事，那就是处理颜色问题。这次使用的是320×200的8位颜色模式，色号使用8位（二进制）数，也就是只能使用0～255的数。我想熟悉电脑颜色的人都会知道，这是非常少的。一般说起指定颜色，都是用#ffffff一类的数。这就是RGB（红绿蓝）方式，用6位十六进制数，也就是24位（二进制）来指定颜色。8位数完全不够。那么，该怎么指定#ffffff方式的颜色呢？

这个8位彩色模式，是由程序员随意指定0～255的数字所对应的颜色的。比如说25号颜色对应#ffffff，26号颜色对应#123456等。这种方式就叫做调色板（palette）。

如果像现在这样，程序员不做任何设定，0号颜色就是#000000，15号颜色就是#ffffff。其他号码的颜色，笔者也不是很清楚，所以可以按照自己的喜好来设定并使用。

笔者通过制作OSAKA知道：要想描绘一个操作系统模样的画面，只要有以下这16种颜色就足够了。所以这次我们也使用这16种颜色，并给它们编上号码0-15。

#000000:黑	#00ffff:浅亮蓝	#000084:暗蓝
#ff0000:亮红	#ffffff:白	#840084:暗紫
#00ff00:亮绿	#c6c6c6:亮灰	#008484:浅暗蓝
#ffff00:亮黄	#840000:暗红	#848484:暗灰
#0000ff:亮蓝	#008400:暗绿	
#ff00ff:亮紫	#848400:暗黄	

所以我们要给bootpack.c添加很多代码。

▄▄▄▄▄

本次的bootpack.c

```c
void io_hlt(void);
void io_cli(void);
void io_out8(int port, int data);
int io_load_eflags(void);
void io_store_eflags(int eflags);

/*就算写在同一个源文件里，如果想在定义前使用，还是必须事先声明一下。*/

void init_palette(void);
void set_palette(int start, int end, unsigned char *rgb);

void HariMain(void)
{
    int i; /* 声明变量。变量i是32位整数型 */
    char *p; /* 变量p是BYTE [...]用的地址 */

    init_palette(); /* 设定调色板 */

    p = (char *) 0xa0000; /* 指定地址 */

    for (i = 0; i <= 0xffff; i++) {
        p[i] = i & 0x0f;
    }

    for (;;) {
        io_hlt();
    }
}

void init_palette(void)
{
    static unsigned char table_rgb[16 * 3] = {
        0x00, 0x00, 0x00,    /*  0:黑 */
```

```
        0xff, 0x00, 0x00,   /*  1:亮红 */
        0x00, 0xff, 0x00,   /*  2:亮绿 */
        0xff, 0xff, 0x00,   /*  3:亮黄 */
        0x00, 0x00, 0xff,   /*  4:亮蓝 */
        0xff, 0x00, 0xff,   /*  5:亮紫 */
        0x00, 0xff, 0xff,   /*  6:浅亮蓝 */
        0xff, 0xff, 0xff,   /*  7:白 */
        0xc6, 0xc6, 0xc6,   /*  8:亮灰 */
        0x84, 0x00, 0x00,   /*  9:暗红 */
        0x00, 0x84, 0x00,   /* 10:暗绿 */
        0x84, 0x84, 0x00,   /* 11:暗黄 */
        0x00, 0x00, 0x84,   /* 12:暗青 */
        0x84, 0x00, 0x84,   /* 13:暗紫 */
        0x00, 0x84, 0x84,   /* 14:浅暗蓝 */
        0x84, 0x84, 0x84    /* 15:暗灰 */
    };
    set_palette(0, 15, table_rgb);
    return;

    /* C语言中的static char语句只能用于数据，相当于汇编中的DB指令 */
}

void set_palette(int start, int end, unsigned char *rgb)
{
    int i, eflags;
    eflags = io_load_eflags();  /* 记录中断许可标志的值*/
    io_cli();                   /* 将中断许可标志置为0，禁止中断 */
    io_out8(0x03c8, start);
    for (i = start; i <= end; i++) {
        io_out8(0x03c9, rgb[0] / 4);
        io_out8(0x03c9, rgb[1] / 4);
        io_out8(0x03c9, rgb[2] / 4);
        rgb += 3;
    }
    io_store_eflags(eflags);    /* 复原中断许可标志 */
    return;
}
```

程序的头部罗列了很多的外部函数名，这些函数必须在naskfunc.nas中写。这有点麻烦，但也没办法。先跳过这一部分，我们来看看主函数HariMain。函数里只是增加了一行调用调色板置置的函数，变更并不是太大。我们接着往下看。

······

函数init_palette开头一段以static开始的语句，虽然很长，但结果无非就是声明了一个常数table_rgb。它太长了，有些晦涩难懂，所以我们来简化一下。

```
void init_palette(void)
{
    table_rgb的声明;
    set_palette(0, 15, table_rgb);
```

```
    return;
}
```

简而言之，就是这些内容。除了声明之外没什么难点，所以我们仅仅解说声明部分。

```
char a[3];
```

C语言中，如果这样写，那么a就成为了常数，以汇编的语言来讲就是标志符。标志符的值当然就意味着地址。并且还准备了"RESB 3"。总结一下，上面的叙述就相当于汇编里的这个语句：

```
a:
    RESB 3
```

nask中RESB的内容能够保证是0，但C语言中不能保证所以里面说不定含有某种垃圾数据。

━━━━━

另外，在这个声明的后面加上"= { … }"，还可以写上数据的初始值。比如：

```
char a[3]= { 1,2,3 };
```

这与下面的内容基本等价。

```
char a[3];
a[0] = 1;
a[1] = 2;
a[2] = 3;
```

这里，a是表示最初地址的数字，也就是说它被认为是指针。

那么这次，应该代入的值共有16×3=48个。笔者不希望大家做如此多的赋值语句。每次赋值都至少要消耗3个字节，这样算下来光这些赋值语句就要花费将近150字节，这太不值了。

其实写成下面这样一般的DB形式，不就挺好吗。

```
table_rgb:
    DB 0x00, 0x00, 0x00, 0xff, 0x00, 0x00, 0x00, 0xff, 0x00, …
```

只要48字节就够了。所以说，就像在汇编语言中用DB指令代替RESB指令那样，在C语言中也有类似的指示方法，那就是在声明时加上static。这次我们也加上它。

下面来看unsigned。它的意思是：这里所处理的数据是BYTE（char）型，但它是没有符号（sign）的数（0或者正整数）。

char型的变量有3种模式，分别是signed型、unsigned型和未指定型。signed型用于处理−128 ~ 127的整数。它虽然也能处理负数，扩大了处理范围，很方便，但能够处理的最大值却减小了一半。unsigned型能够处理0 ~ 255的整数。未指定型是指没有特别指定时，可由编译器决定是unsigned还是signed。

在这个程序里，多次出现了0xff这个数值，也就是255，我们想用它来表示最大亮度，如果它被误解成负数（0xff会被误解成-1）就麻烦了。虽然我们不清楚亮度比0还弱会是什么概念，但无论如何不能产生这种误解。所以我们决定将这个数设定为unsigned。顺便提一句，int和short也分signed和unsigned。······好了，关于init_palette的说明就到此为止。

下面要讲的是C语言说明部分最后的函数set_palette。这个函数虽然很短，干的事儿可不少。首先让我们仔细看看以下精简之后的记述吧。

```
void set_palette(int start, int end, unsigned char *rgb)
{
    int i;
    io_out8(0x03c8, start);
    for (i = start; i <= end; i++) {
        io_out8(0x03c9, rgb[0] / 4);
        io_out8(0x03c9, rgb[1] / 4);
        io_out8(0x03c9, rgb[2] / 4);
        rgb += 3;
    }
    return;
}
```

程序被如此精简后还可以正确运行。其实可以在一开始就介绍这个程序，但由于想给大家介绍精简之前的正确方法，所以才写了那么长。这个先放一边，我们来说说精简的程序吧。

这个程序所做的事情，仅仅是多次调用io_out8。函数io_out8是干什么的呢？以后在naskfunc.nas中还要详细说明，现在大家只要知道它是往指定装置里传送数据的函数就行了。

我们前面已经说过，CPU的管脚与内存相连。如果仅仅是与内存相连，CPU就只能完成计算和存储的功能。但实际上，CPU还要对键盘的输入有响应，要通过网卡从网络取得信息，通过声卡发送音乐数据，向软盘写入信息等。这些都是设备（device），它们当然也都要连接到CPU上。

既然CPU与设备相连，那么就有向这些设备发送电信号，或者从这些设备取得信息的指令。向设备发送电信号的是OUT指令；从设备取得电气信号的是IN指令。正如为了区别不同的内存要使用内存地址一样，在OUT指令和IN指令中，为了区别不同的设备，也要使用设备号码。设备号码在英文中称为port（端口）。port原意为"港口"，这里形象地将CPU与各个设备交换电信号的行为比作了船舶的出港和进港。

所以，我们执行OUT指令时，出港信号就要挥泪告别CPU了。这就好像它在说："妈妈，我要走了。我在显卡中，会很好的，不用担心。"我想不用说大家也会感觉得到，在C语言中，没有与IN或OUT指令相当的语句，所以我们只好拿汇编语言来做了。唉，汇编真是关键时刻显身手的语言呀。

■■■■■

如果我们读一读程序的话，就会发现突然蹦出了0x03c8、0x03c9之类的设备号码，这些设备号码到底是如何获得的呢？随意写几个数字行不行呢？这些号码当然不是能随便乱写的。否则，别的什么设备胡乱动作一下，会带来很严重的问题。所以事先必须仔细调查。笔者的参考网页如下：

http://community.osdev.info/?VGA

网页的叙述太长了，不好意思（注：这一页也是笔者写的）。网页正中间那里，有一个项目，叫做"video DA converter"，其中有以下记述。

- ❑ 调色板的访问步骤。
- ❑ 首先在一连串的访问中屏蔽中断（比如CLI）。
- ❑ 将想要设定的调色板号码写入0x03c8，紧接着，按R，G，B的顺序写入0x03c9。如果还想继续设定下一个调色板，则省略调色板号码，再按照RGB的顺序写入0x03c9就行了。
- ❑ 如果想要读出当前调色板的状态，首先要将调色板的号码写入0x03c7，再从0x03c9读取3次。读出的顺序就是R，G，B。如果要继续读出下一个调色板，同样也是省略调色板号码的设定，按RGB的顺序读出。
- ❑ 如果最初执行了CLI，那么最后要执行STI。

我们的程序在很大程度上参考了以上内容。

■■■■■

到这里，该说明的部分都说明得差不多了。总结一下就是：

```
void set_palette(int start, int end, unsigned char *rgb)
{
    int i, eflags;
    eflags = io_load_eflags();  /* 记录中断许可标志的值 */
    io_cli();                    /* 将许可标志置为0，禁止中断 */
    已经说明的部分
    io_store_eflags(eflags);    /* 恢复许可标志的值 */
    return;
}
```

在"调色板的访问步骤"的记述中，还写着CLI、STI什么的。下面来看看它们可以做些什么。

首先是CLI和STI。所谓CLI，是将中断标志（interrupt flag）置为0的指令（clear interrupt flag）。STI是要将这个中断标志置为1的指令（set interrupt flag）。而标志，是指像以前曾出现过的进位标志一样的各种标志，也就是说在CPU中有多种多样的标志。更改中断标志有什么好处呢？正如其名所示，它与CPU的中断处理有关系。当CPU遇到中断请求时，是立即处理中断请求（中断标志为1），还是忽略中断请求（中断标志为0），就由这个中断标志位来设定。

那到底什么是中断呢？大家可能会有这种疑问，可如果现在来讲这个问题的话，就与我们"描绘一个操作系统模样的画面"这个主题渐行渐远了，所以等以后有机会再讲吧。

■■■■■

下面再来介绍一下EFLAGS这一特别的寄存器。这是由名为FLAGS的16位寄存器扩展而来的32位寄存器。FLAGS是存储进位标志和中断标志等标志的寄存器。进位标志可以通过JC或JNC等跳转指令来简单地判断到底是0还是1。但对于中断标志，没有类似的JI或JNI命令，所以只能读入EFLAGS，再检查第9位是0还是1。顺便说一下，进位标志是EFLAGS的第0位。

※1　IOPL将第13，第12位这两位放在一起处理

空白位没有特殊意义（或许留给将来的CPU用？）

set_palette中想要做的事情是在设定调色板之前首先执行CLI，但处理结束以后一定要恢复中断标志，因此需要记住最开始的中断标志是什么。所以我们制作了一个函数io_load_eflags，读取最初的eflags值。处理结束以后，可以先看看eflags的内容，再决定是否执行STI，但仔细想一想，也没必要搞得那么复杂，干脆将eflags的值代入EFLAGS，中断标志位就恢复为原来的值了。函数io_store_eflags就是完成这个处理的。

估计不说大家也知道了，CLI也好，STI也好，EFLAGS的读取也好，EFLAGS的写入也好，都不能用C语言来完成。所以我们就努力一下，用汇编语言来写吧。

■■■■■

我们已经解释了bootpack.c程序，那么现在就来说说naskfunc.nas。

```
; naskfunc
; TAB=4

[FORMAT "WCOFF"]            ; 制作目标文件的模式
[INSTRSET "i486p"]          ; 使用到486为止的指令
[BITS 32]                   ; 制作32位模式用的机器语言
[FILE "naskfunc.nas"]       ; 源程序文件名

        GLOBAL  _io_hlt, _io_cli, _io_sti, io_stihlt
        GLOBAL  _io_in8, _io_in16, _io_in32
        GLOBAL  _io_out8, _io_out16, _io_out32
        GLOBAL  _io_load_eflags, _io_store_eflags

[SECTION .text]

_io_hlt:    ; void io_hlt(void);
```

```
        HLT
        RET
_io_cli:      ; void io_cli(void);
        CLI
        RET

_io_sti:      ; void io_sti(void);
        STI
        RET

_io_stihlt:   ; void io_stihlt(void);
        STI
        HLT
        RET

_io_in8:      ; int io_in8(int port);
        MOV     EDX,[ESP+4]     ; port
        MOV     EAX,0
        IN      AL,DX
        RET

_io_in16:     ; int io_in16(int port);

        MOV     EDX,[ESP+4]     ; port
        MOV     EAX,0
        IN      AX,DX
        RET

_io_in32:     ; int io_in32(int port);
        MOV     EDX,[ESP+4]     ; port
        IN      EAX,DX
        RET

_io_out8:     ; void io_out8(int port, int data);
        MOV     EDX,[ESP+4]     ; port
        MOV     AL,[ESP+8]      ; data
        OUT     DX,AL
        RET

_io_out16:    ; void io_out16(int port, int data);
        MOV     EDX,[ESP+4]     ; port
        MOV     EAX,[ESP+8]     ; data
        OUT     DX,AX
        RET

_io_out32:    ; void io_out32(int port, int data);
        MOV     EDX,[ESP+4]     ; port
        MOV     EAX,[ESP+8]     ; data
        OUT     DX,EAX
        RET

_io_load_eflags:    ; int io_load_eflags(void);
        PUSHFD          ; 指 PUSH EFLAGS
        POP     EAX
        RET

_io_store_eflags:   ; void io_store_eflags(int eflags);
        MOV     EAX,[ESP+4]
```

```
PUSH    EAX
POPFD       ; 指 POP EFLAGS
RET
```

到现在为止的说明，想必大家都已经懂了，尚且需要说明的只有与EFLAGS相关的部分了。如果有"MOV EAX,EFLAGS"之类的指令就简单了，但CPU没有这种指令。能够用来读写EFLAGS的，只有PUSHFD和POPFD指令。

■■■■■

PUSHFD是"push flags double-word"的缩写，意思是将标志位的值按双字长压入栈。其实它所做的，无非就是"PUSH EFLAGS"。POPFD是"pop flags double-word"的缩写，意思是按双字长将标志位从栈弹出。它所做的，就是"POP EFLAGS"。

栈是数据结构的一种，大家暂时只要理解到这个程度就够了。往栈登录数据的动作称为push（推），请想象一下往烤箱里放面包的情景。从栈里取出数据的动作称为pop（弹出）。

也就是说，"PUSHFD POP EAX"，是指首先将EFLAGS压入栈，再将弹出的值代入EAX。所以说它代替了"MOV EAX,EFLAGS"。另一方面，PUSH EAX POPFD正与此相反，它相当于"MOV EFLAGS,EAX"。

■■■■■

最后要讲的是io_load_eflags。它对我们而言，是第一个有返回值的函数的例子，但根据C语言的规约，执行RET语句时，EAX中的值就被看作是函数的返回值，所以这样就可以。

另外，虽然还有几个函数是不必要的，但因为将来会用到，所以这里就顺便做了。虽然不知道什么时候用，用于什么目的，但通过到目前为止的讲解也能明白其中的意义。

好了，讲解完了以后执行一下吧。运行"make run"。条纹的图案没有变化，但颜色变了！成功了！

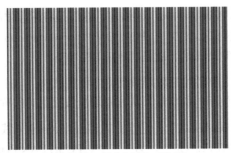

仔细看看，颜色可不一样哟！

7 绘制矩形（harib01g）

颜色备齐了，下面我们来画"画"吧。首先从VRAM与画面上的"点"的关系开始说起。在当前画面模式中，画面上有320×200（=64 000）个像素。假设左上点的坐标是（0,0），右下点的坐标是（319,199），那么像素坐标（x,y）对应的VRAM地址应按下式计算。

```
0xa0000 + x + y * 320
```

其他画面模式也基本相同，只是0xa0000这个起始地址和y的系数320有些不同。

根据上式计算像素的地址，往该地址的内存里存放某种颜色的号码，那么画面上该像素的位置就出现相应的颜色。这样就画出了一个点。继续增加x的值，循环以上操作，就能画一条长长的水平直线。再向下循环这条直线，就能够画很多的直线，组成一个有填充色的长方形。

根据这种思路，我们制作了函数boxfill8。源程序就是bootpack.c。并且在程序HariMain中，我们不再画条纹图案，而是使用这个函数3次，画3个矩形。也不知能不能正常运行，我们来"make run"看看。哦，好像成功了。

本次的bootpack.c节选

```
#define COL8_000000    0
#define COL8_FF0000    1
#define COL8_00FF00    2
#define COL8_FFFF00    3
```

```
#define COL8_0000FF     4
#define COL8_FF00FF     5
#define COL8_00FFFF     6
#define COL8_FFFFFF     7
#define COL8_C6C6C6     8
#define COL8_840000     9
#define COL8_008400     10
#define COL8_848400     11
#define COL8_000084     12
#define COL8_840084     13
#define COL8_008484     14
#define COL8_848484     15

void HariMain(void)
{
    char *p; /* p变量的地址 */

    init_palette(); /* 设置调色板 */

    p = (char *) 0xa0000; /* 将地址赋值进去 */

    boxfill8(p, 320, COL8_FF0000,  20,  20, 120, 120);
    boxfill8(p, 320, COL8_00FF00,  70,  50, 170, 150);
    boxfill8(p, 320, COL8_0000FF, 120,  80, 220, 180);

    for (;;) {
        io_hlt();
    }
}

void boxfill8(unsigned char *vram, int xsize, unsigned char c, int x0, int y0, int x1, int y1)
{
    int x, y;
    for (y = y0; y <= y1; y++) {
        for (x = x0; x <= x1; x++)
            vram[y * xsize + x] = c;
    }
    return;
}
```

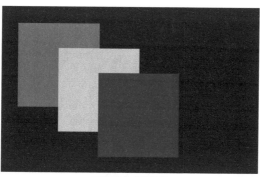

画了3个矩形哦

这次新出现了#define声明方式，它用来表示常数声明。要记住哪种色号对应哪种颜色实在太麻烦了，所以为了便于理解，做了以上声明。

8　今天的成果（harib01h）

　　我们已经努力到现在了，再加最后一把劲儿。这次我们只修改HariMain程序。让我们看看执行结果会是什么样呢？

本次的HariMain

```
void HariMain(void)
{
    char *vram;
    int xsize, ysize;

    init_palette();
    vram = (char *) 0xa0000;
    xsize = 320;
    ysize = 200;
    boxfill8(vram, xsize, COL8_008484,  0,          0,          xsize - 1, ysize - 29);
    boxfill8(vram, xsize, COL8_C6C6C6,  0,          ysize - 28, xsize - 1, ysize - 28);
    boxfill8(vram, xsize, COL8_FFFFFF,  0,          ysize - 27, xsize - 1, ysize - 27);
    boxfill8(vram, xsize, COL8_C6C6C6,  0,          ysize - 26, xsize - 1, ysize -  1);

    boxfill8(vram, xsize, COL8_FFFFFF,  3,          ysize - 24, 59,        ysize - 24);
    boxfill8(vram, xsize, COL8_FFFFFF,  2,          ysize - 24, 2,         ysize -  4);
    boxfill8(vram, xsize, COL8_848484,  3,          ysize -  4, 59,        ysize -  4);
    boxfill8(vram, xsize, COL8_848484,  59,         ysize - 23, 59,        ysize -  5);
    boxfill8(vram, xsize, COL8_000000,  2,          ysize -  3, 59,        ysize -  3);
    boxfill8(vram, xsize, COL8_000000,  60,         ysize - 24, 60,        ysize -  3);

    boxfill8(vram, xsize, COL8_848484, xsize - 47, ysize - 24, xsize - 4, ysize - 24);
    boxfill8(vram, xsize, COL8_848484, xsize - 47, ysize - 23, xsize - 47, ysize - 4);
    boxfill8(vram, xsize, COL8_FFFFFF, xsize - 47, ysize -  3, xsize - 4, ysize - 3);
    boxfill8(vram, xsize, COL8_FFFFFF, xsize -  3, ysize - 24, xsize - 3, ysize - 3);

    for (;;) {
        io_hlt();
    }
}
```

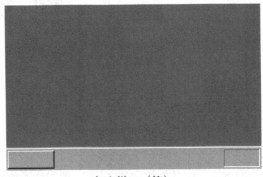

怎么样？（笑）

　　任务条（task bar）有点大了，这是因为像素数太少的缘故吧。但很有进步，已经有点操作系统的样子了。总算到了这一步。从什么都不会开始，到现在只用了四天。嗯，干得不错嘛。现在的haribote.sys是1216字节，大概是1.2KB吧。虽然这个操作系统很小，但已经有这么多功能了。好，今天先到此为止，明天再见啦。

4

第5天

结构体、文字显示与GDT/IDT初始化

- □ 接收启动信息（harib02a）
- □ 试用结构体（harib02b）
- □ 试用箭头记号（harib02c）
- □ 显示字符（harib02d）
- □ 增加字体（harib02e）
- □ 显示字符串（harib02f）
- □ 显示变量值（harib02g）

- □ 显示鼠标指针（harib02h）
- □ GDT与IDT的初始化（harib02i）

1 接收启动信息（harib02a）

我们今天从哪儿开始讲呢？现在"纸娃娃操作系统"的外观已经有了很大的进步，所以下面做些内部工作吧。

到昨天为止，在bootpack.c里的，都是将0xa0000呀，320、200等数字直接写入程序，而本来这些值应该从asmhead.nas先前保存下来的值中取。如果不这样做的话，当画面模式改变时，系统就不能正确运行。

所以我们就试着用指针来取得这些值。顺便说一下，binfo是bootinfo的缩写，scrn是screen（画面）的缩写。

本次的HariMain节选

```
void HariMain(void)
{
    char *vram;
    int xsize, ysize;
    short *binfo_scrnx, *binfo_scrny;
    int *binfo_vram;

    init_palette();
    binfo_scrnx = (short *) 0x0ff4;
    binfo_scrny = (short *) 0x0ff6;
    binfo_vram = (int *) 0x0ff8;
```

```
xsize = *binfo_scrnx;
ysize = *binfo_scrny;
vram = (char *) *binfo_vram;
```

这里出现的0x0ff4之类的地址到底是从哪里来的呢？其实这些地址仅仅是为了与asmhead.nas保持一致才出现的。

另外，我们把显示画面背景的部分独立出来，单独做成一个函数init_screen。独立的功能做成独立的函数，这样程序读起来要容易一些。

好了，做完了。执行一下吧。……嗯，暂时好像没什么问题。只是没什么意思，因为画面显示内容没有变化。

2 试用结构体（harib02b）

上面的方法倒也不能说不好，只是代码的行数多了些，不太令人满意。而如果采用之前的COLUMN-2里（第4章）的写法：

xsize = *((short *) 0x0ff4);

程序长度是变短了，但这样的写法看起来就像是使用了什么特殊技巧。我们还是尝试一下更普通的写法吧。

本次的HariMain节选
```
struct BOOTINFO {
    char cyls, leds, vmode, reserve;
    short scrnx, scrny;
    char *vram;
};

void HariMain(void)
{
    char *vram;
    int xsize, ysize;
    struct BOOTINFO *binfo;

    init_palette();
    binfo = (struct BOOTINFO *) 0x0ff0;
    xsize = (*binfo).scrnx;
    ysize = (*binfo).scrny;
    vram = (*binfo).vram;
```

我们写成了上面这种形式。struct是新语句。这里第一次出现结构体，或许有人不太理解，如果不明白的话请一定看看后面的专栏。

最开始的struct命令只是把一串变量声明集中起来，统一叫做"struct BOOTINFO"。最初是1字节的变量cyls，接着是1字节的变量leds，照此下去，最后是vram。这一串变量一共是12字节。

有了这样的声明，以后"struct BOOTINFO"就可以作为一个新的变量类型，用于各种场合，可以像int、char那样的变量类型一样使用。

这里的*binfo就是这种类型的变量，为了表示其中的scrnx，使用了（*binfo）.scrnx这种写法。如果不加括号直接写成*binfo.scrnx，虽然更容易懂，但编译器会误解成*（binfo.scrnx），出现错误。所以，括号虽然不太好看，但不能省略。

COLUMN-5　结构体的简单说明

5.2 节①里的这种结构体的使用方法，比较特殊。我们先看一个普通的例子。

普通的结构体使用方法

```
void HariMain(void)
{
    struct BOOTINFO abc;

    abc.scrnx = 320;
    abc.scrny = 200;
    abc.vram  = 0xa0000;
     （以下略）
}
```

先定义一个新结构体变量 abc，然后再给这个结构体变量的各个元素赋值。结构体的好处是，可以像下面这样将各种东西都一股脑儿地传递过来。

func(abc);

如果没有结构体，就只能将各个参数一个一个地传递过来了。

func(scrnx, scrny, vram, ...);

所以很多时候会将有某种意义的数据都归纳到一个结构体里，这样就方便多了。但如果归纳方法搞错了，反而带来更多麻烦。

为了让程序能一看就懂，要这样写结构体的内部变量：在结构体变量名的后面加一个点（.），然后再写内部变量名，这是规则。

■■■■■

下一步是使用指针。这是 5.2 节中的使用方法。声明方法如下：

变量类型名　*指针变量名;（回想一下char *p;）

而这次的变量类型是 struct BOOTINFO，变量名是 binfo，所以写成如下形式：

struct BOOTINFO *binfo;

---

① 第5天的第2小节。——译者注

这里的 binfo 表示指针变量。地址用 4 个字节来表示，所以 binfo 是 4 字节变量。

因为是指针变量，所以应该首先给指针赋值，否则就不知道要往哪里读写了。可以写成下面这样：

binfo = (struct BOOTINFO *)0x0ff0;

本来想写 "binfo =0x0ff0;" 的，但由于总出警告，很讨厌，所以我们就进行了类型转换。

设定了指针地址以后，这 12 个字节的结构体用起来就没问题了。这样我们可以不再直接使用内存地址，而是使用 *binfo 来表示这个内存地址上 12 字节的结构体。这与 "char *p;" 中的 *p 表示 p 地址的 1 字节是同样道理。

前面说过，想要表示结构体 abc 中的 scrnx 时，就用 abc.scrnx。与此类似，这里用 (*binfo).scrnx 来表示。需要括号的理由在 5.2 节中已经写了。因此语句写作：

xsize = (*binfo).scrnx;

3　试用箭头记号（harib02c）

事实上，在C语言里常常会用到类似于（*binfo）.scrnx的表现手法，因此出现了一种不使用括号的省略表现方式，即binfo→scrnx，我们称之为箭头标记方式。前面也讲到过，a[i]是*（a+i）的省略表现形式所以可以说C语言中关于指针的省略表现形式很充实，很丰富。

使用箭头，可以将 "xsize = (*binfo).scrnx;" 写成 "xsize = binfo–>scrnx;"，简单又方便。不过我们还想更简洁些，即连变量xsize都不用，而是直接以binfo–>scrnx来代替xsize。

本次的HariMain节选

```
void HariMain(void)
{
    struct BOOTINFO *binfo = (struct BOOTINFO *) 0x0ff0;

    init_palette();
    init_screen(binfo->vram, binfo->scrnx, binfo->scrny);
```

哦，看上去真清爽。我们运行一下 "make run"，运行正常。

这次我们想了很多方法，但这些都只是C语言写法的问题，编译成机器语言以后，几乎没有差别。既然没有差别，笔者认为写得清晰一些没什么坏处，所以决定今后积极使用这种写法。讨厌在写法上花工夫的人不使用结构体也没关系，再退一步，还可以不用指针，继续使用write_mem8什么的也没问题。可以根据自己的理解程度和习惯，选择自己喜欢的方式。

4　显示字符（harib02d）

内部的处理差不多了，我们还是将重点放回到外部显示上来吧。到昨天为止，我们算是画出了一幅稍微像样的画，今天就来在画面上写字。以前我们显示字符主要靠调用BIOS函数，但这次是32位模式，不能再依赖BIOS了，只能自力更生。

那么怎么显示字符呢？字符可以用8×16的长方形像素点阵来表示。想象一个下图左边的数据，然后按下图右边所示的方法置换成0和1，这个方法好像不错。然后根据这些数据在画面上打上点就肯定能显示出字符了。8 "位" 是一个字节，而1个字符是16个字节。

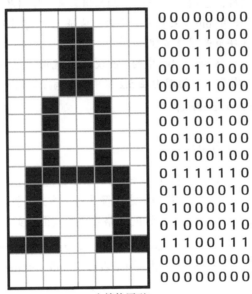

00000000
00011000
00011000
00011000
00011000
00100100
00100100
00100100
00100100
01111110
01000010
01000010
01000010
11100111
00000000
00000000

字符的原形？

大家可能会有各种想法，比如 "我觉得8×16的字太小了，想显示得更大一些"、"还是小点儿的字好" 等。不过刚开始我们就先这样吧，一上来要求太多的话，就没有办法往前进展了。

▬▬▬▬▬

像这种描画文字形状的数据称为字体(font)数据，那这种字体数据是怎样写到程序里的呢？有一种临时方案：

```
static char font_A[16] = {
    0x00, 0x18, 0x18, 0x18, 0x18, 0x24, 0x24, 0x24,
    0x24, 0x7e, 0x42, 0x42, 0x42, 0xe7, 0x00, 0x00
};
```

其实这仅仅是将刚才的0和1的排列，重写成十六进制数而已。C语言无法用二进制数记录数据，只能写成十六进制或八进制。嗯，读起来真费劲呀。嫌字体不好看，想手动修正一下，都不知道到底需要修改哪儿。但是暂时就先这样吧，以后再考虑这个问题。

数据齐备之后，只要描画到画面上就可以了。用for语句将画8个像素的程序循环16遍，就可以显示出一个字符了。于是我们制作了下面这个函数。

```
void putfont8(char *vram, int xsize, int x, int y, char c, char *font)
{
    int i;
    char d; /* data */
    for (i = 0; i < 16; i++) {
        d = font[i];
        if ((d & 0x80) != 0) { vram[(y + i) * xsize + x + 0] = c; }
        if ((d & 0x40) != 0) { vram[(y + i) * xsize + x + 1] = c; }
        if ((d & 0x20) != 0) { vram[(y + i) * xsize + x + 2] = c; }
        if ((d & 0x10) != 0) { vram[(y + i) * xsize + x + 3] = c; }
        if ((d & 0x08) != 0) { vram[(y + i) * xsize + x + 4] = c; }
        if ((d & 0x04) != 0) { vram[(y + i) * xsize + x + 5] = c; }
        if ((d & 0x02) != 0) { vram[(y + i) * xsize + x + 6] = c; }
        if ((d & 0x01) != 0) { vram[(y + i) * xsize + x + 7] = c; }
    }
    return;
}
```

　　if语句是第一次登场，我们来介绍一下。if语句先检查 "()" 内的条件式，当条件成立时，就执行 "{}" 内的语句，条件不成立时，什么都不做。

　　&是以前曾出现过的AND（"与"）运算符。0x80也就是二进制数10000000，它与d进行 "与" 运算的结果如果是0，就说明d的最左边一位是0。反之，如果结果不是0，则d的最左边一位就是1。"!=" 是不等于的意思，在其他语言中，有时写作 "<>"。

　　虽然这样也能显示出 "A" 来，但还是把程序稍微整理一下比较好，因为现在的程序又长运行速度又慢。

```
void putfont8(char *vram, int xsize, int x, int y, char c, char *font)
{
    int i;
    char *p, d /* data */;
    for (i = 0; i < 16; i++) {
        p = vram + (y + i) * xsize + x;
        d = font[i];
        if ((d & 0x80) != 0) { p[0] = c; }
        if ((d & 0x40) != 0) { p[1] = c; }
        if ((d & 0x20) != 0) { p[2] = c; }
        if ((d & 0x10) != 0) { p[3] = c; }
        if ((d & 0x08) != 0) { p[4] = c; }
        if ((d & 0x04) != 0) { p[5] = c; }
        if ((d & 0x02) != 0) { p[6] = c; }
        if ((d & 0x01) != 0) { p[7] = c; }
    }
    return;
}
```

这样就好多了，我们就用这段程序吧。

下面将这段程序嵌入到bootpack.c中进行整理。大家仔细看看，如果顺利的话，能显示出字符"A"。紧张激动的时刻到了，运行"make run"。哦，"A"显示出来了！

显示出来了，真高兴

5　增加字体（harib02e）

虽然字符"A"显示出来了，但这段程序只能显示"A"而不能显示别的字符。所以我们需要很多别的字体来显示其他字符。英文字母就有26个，分别有大写和小写，还有10个数字，再加上各种符号肯定超过30个了。啊，还有很多，太麻烦了，所以我们决定沿用OSASK的字体数据。当然，我们暂时还不考虑显示汉字什么的。这些复杂的东西，留待以后再做。现在我们集中精力解决字母显示的问题。

另外，这里沿用的OSASK的字体，其作者不是笔者，而是平木敬太郎先生和圣人（Kiyoto）先生。事先已经从他们那里得到了使用许可权，所以可以自由使用这种字体。

我们这次就将hankaku.txt这个文本文件加入到我们的源程序大家庭中来。这个文件的内容如下：

hankaku.txt的内容

```
char 0x41
........
...**...
...**...
...**...
...**...
..*..*..
..*..*..
..*..*..
.******.
.*....*.
.*....*.
.*....*.
***..***
........
........
```

这比十六进制数和只有0和1的二进制数都容易看一些。

．．．．．

当然，这既不是C语言，也不是汇编语言，所以需要专用的编译器。新做一个编译器很麻烦，所以我们还是使用在制作OSASK时曾经用过的工具（makefont.exe）。说是编译器，其实有点言过其实了，只不过是将上面这样的文本文件（256个字符的字体文件）读进来，然后输出成16×256=4096字节的文件而已。

编译后生成hankaku.bin文件，但仅有这个文件还不能与bootpack.obj连接，因为它不是目标（obj）文件。所以，还要加上连接所必需的接口信息，将它变成目标文件。这项工作由bin2obj.exe来完成。它的功能是将所给的文件自动转换成目标程序，就像将源程序转换成汇编那样。也就是说，好像将下面这两行程序编译成了汇编：

_hankanku：

　　DB 各种数据（共4096字节）

当然，如果大家不喜欢现在这种字体的话，可以随便修改hankaku.txt。本书的中心任务是自制操作系统，所以字体就由大家自己制作了。

各种工具的使用方法，请参阅Makefile的内容。因为不是很难，这里就不再说明了。

如果在C语言中使用这种字体数据，只需要写上以下语句就可以了。

extern char hankaku[4096];

像这种在源程序以外准备的数据，都需要加上extern属性。这样，C编译器就能够知道它是外部数据，并在编译时做出相应调整。

．．．．．

OSASK的字体数据，依照一般的ASCII字符编码，含有256个字符。A的字符编码是0x41，所以A的字体数据，放在自"hankaku＋0x41＊16"开始的16字节里。C语言中A的字符编码可以用'A'来表示，正好可以用它来代替0x41，所以也可以写成"hankaku＋'A'＊16"。

我们使用以上字体数据，向bootpack.c里添加了很多内容，请大家浏览一下。如果顺利的话，会显示出"ABC 123"。下面就来"make run"一下吧。很好，运行正常。

本次的HariMain的内容

```
void HariMain(void)
{
    struct BOOTINFO *binfo = (struct BOOTINFO *) 0x0ff0;
    extern char hankaku[4096];

    init_palette();
```

```
init_screen(binfo->vram, binfo->scrnx, binfo->scrny);
putfont8(binfo->vram, binfo->scrnx,  8, 8, COL8_FFFFFF, hankaku + 'A' * 16);
putfont8(binfo->vram, binfo->scrnx, 16, 8, COL8_FFFFFF, hankaku + 'B' * 16);
putfont8(binfo->vram, binfo->scrnx, 24, 8, COL8_FFFFFF, hankaku + 'C' * 16);
putfont8(binfo->vram, binfo->scrnx, 40, 8, COL8_FFFFFF, hankaku + '1' * 16);
putfont8(binfo->vram, binfo->scrnx, 48, 8, COL8_FFFFFF, hankaku + '2' * 16);
putfont8(binfo->vram, binfo->scrnx, 56, 8, COL8_FFFFFF, hankaku + '3' * 16);

for (;;) {
    io_hlt();
}
}
```

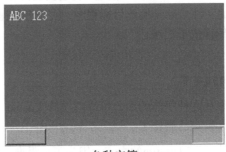

各种字符

6 显示字符串（harib02f）

仅仅显示6个字符，就要写这么多代码，实在不太好看。

```
putfont8(binfo->vram, binfo->scrnx,  8, 8, COL8_FFFFFF, hankaku + 'A' * 16);
putfont8(binfo->vram, binfo->scrnx, 16, 8, COL8_FFFFFF, hankaku + 'B' * 16);
putfont8(binfo->vram, binfo->scrnx, 24, 8, COL8_FFFFFF, hankaku + 'C' * 16);
putfont8(binfo->vram, binfo->scrnx, 40, 8, COL8_FFFFFF, hankaku + '1' * 16);
putfont8(binfo->vram, binfo->scrnx, 48, 8, COL8_FFFFFF, hankaku + '2' * 16);
putfont8(binfo->vram, binfo->scrnx, 56, 8, COL8_FFFFFF, hankaku + '3' * 16);
```

所以笔者打算制作一个函数，用来显示字符串。既然已经学到了目前这一步，做这样一个函数也没什么难的。嗯，开始动手吧……好，做完了。

```
void putfonts8_asc(char *vram, int xsize, int x, int y, char c, unsigned char *s)
{
    extern char hankaku[4096];
    for (; *s != 0x00; s++) {
        putfont8(vram, xsize, x, y, c, hankaku + *s * 16);
        x += 8;
    }
    return;
}
```

C语言中，字符串都是以0x00结尾的，所以可以这么写。函数名带着asc，是为了提醒笔者字符编码使用了ASCII。

这里还要再说明一点，所谓字符串是指按顺序排列在内存里，末尾加上0x00而组成的字符编码。所以s是指字符串前头的地址，而使用*s就可以读取字符编码。这样，仅利用下面这短短的一行代码就能够达到目的了。

```
putfonts8_asc(binfo->vram, binfo->scrnx,  8, 8, COL8_FFFFFF, "ABC 123");
```

试试看吧。······顺利运行了。

我们再稍微加工一下，······好，完成了。

整理后的HariMain

```
void HariMain(void)
{
    struct BOOTINFO *binfo = (struct BOOTINFO *) 0x0ff0;

    init_palette();
    init_screen(binfo->vram, binfo->scrnx, binfo->scrny);
    putfonts8_asc(binfo->vram, binfo->scrnx,  8,  8, COL8_FFFFFF, "ABC 123");
    putfonts8_asc(binfo->vram, binfo->scrnx, 31, 31, COL8_000000, "Haribote OS.");
    putfonts8_asc(binfo->vram, binfo->scrnx, 30, 30, COL8_FFFFFF, "Haribote OS.");

    for (;;) {
        io_hlt();
    }
}
```

显示出任意字符串

7　显示变量值（harib02g）

现在可以显示字符串了，那么这一节我们就来显示变量的值。能不能显示变量值，对于操作系统的开发影响很大。这是因为程序运行与想象中不一致时，将可疑变量的值显示出来是最好的方法。

习惯了在Windows中开发程序的人，如果想看到变量的值，用调试器[1]（debugger）很容

---

① 指调试程序中的错误（bug）时所用的工具，英文是debugger。另外，调试（动词）是debug。

易就能看到，但是在开发操作系统过程中可就没那么容易了。就像用Windows的调试器不能对Linux的程序进行调试一样，Windows的调试器也不能对我们的"纸娃娃操作系统"的程序进行调试，更不要说对操作系统本身进行调试了。如果在"纸娃娃操作系统"中也要使用调试器的话，那只有自己做一个调试器了（也可以移植）。在做出调试器之前，只能通过显示变量值来查看确认问题的地方。

闲话就说这么多，让我们回到正题。那怎么样显示变量的值呢？可以使用sprintf函数。它是printf函数的同类，与printf函数的功能很相近。在开始的时候，我们曾提到过，自制操作系统中不能随便使用printf函数，但sprintf可以使用。因为sprintf不是按指定格式输出，只是将输出内容作为字符串写在内存中。

这个sprintf函数，是本次使用的名为GO的C编译器附带的函数。它在制作者的精心设计之下能够不使用操作系统的任何功能。或许有人会认为，什么呀，那样的话，怎么不做个printf函数呢？这是因为输出字符串的方法，各种操作系统都不一样，不管如何精心设计，都不可避免地要使用操作系统的功能。而sprintf不同，它只对内存进行操作，所以可以应用于所有操作系统。

▪▪▪▪▪

我们这就来试试这个函数吧。要在C语言中使用sprintf函数，就必须在源程序的开头写上#include <stdio.h>，我们也写上这句话。这样以后就可以随便使用sprintf函数了。接下来在HariMain中使用sprintf函数。

```
sprintf(s, "scrnx = %d", binfo->scrnx);
putfonts8_asc(binfo->vram, binfo->scrnx, 16, 64, COL8_FFFFFF, s);
```

sprintf函数的使用方法是：sprintf（地址，格式，值，值，值，……）。这里的地址指定所生成字符串的存放地址。格式基本上只是单纯的字符串，如果有%d这类记号，就置换成后面的值的内容。除了%d，还有%s，%x等符号，它们用于指定数值以什么方式变换为字符串。%d将数值作为十进制数转化为字符串，%x将数值作为十六进制数转化为字符串。

关于格式的详细说明

%d	单纯的十进制数
%5d	5位十进制数。如果是123，则在前面加上两个空格，变成" 123"，强制达到5位
%05d	5位十进制数。如果是123，则在前面加上0，变成"00123"，强制达到5位
%x	单纯的十六进制数。字母部分使用小写abcdef
%X	单纯的十六进制数。字母部分使用大写ABCDEF
%5x	5位十六进制数。如果是456（十进制），则在前面加上两个空格，变成" 1c8"，强制达到5位。还有%5X的形式
%05x	5位十六进制数。如果是456（十进制），则在前面加上两个0，变成"001c8"，强制达到5位。还有%05X的形式

我们来运行一下看看。……运行正常。

　　说点题外话。因为这本书是在笔者吭哧吭哧写完之后大家才看到的，所以虽然讲到"能显示变量的值了"，"以后调试就容易了"，恐怕大家也很难体会到其中的艰辛。但是，笔者是真刀真枪地编程，在此过程中犯了很多的错（大多都是低级错误）。以前，因为不能显示变量的值，所以发现运行异常的时候，只能拼命读代码，想象变量的值来修改程序，非常辛苦。但从今以后可以显示变量的值就轻松多了。

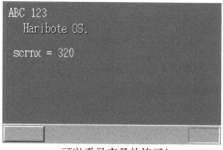

可以看见变量的值了！

　　话说，在分辨率是320×200的屏幕上，8×16的字体可是很大哟（笑）。

8　显示鼠标指针（harib02h）

　　估计后面的开发速度会更快，那就赶紧趁着这势头再描画一下鼠标指针吧。思路跟显示字符差不多，程序并不是很难。

　　首先，将鼠标指针的大小定为16×16。这个定下来之后，下面就简单了。先准备16×16=256字节的内存，然后往里面写入鼠标指针的数据。我们把这个程序写在init_mouse_cursor8里。

```
void init_mouse_cursor8(char *mouse, char bc)
/* 准备鼠标指针 (16×16)  */
{
    static char cursor[16][16] = {
        "**************..",
        "*OOOOOOOOOO*...",
        "*OOOOOOOOO*....",
        "*OOOOOOOOO*.....",
        "*OOOOOOOO*......",
        "*OOOOOOO*.......",
        "*OOOOOOO*.......",
        "*OOOOOOOO*.......",
        "*OOOO**OOO*.....",
        "*OOO*..*OOO*....",
        "*OO*....*OOO*...",
        "*O*......*OOO*..",
        "**........*OOO*.",
        "*..........*OOO*",
        "...........*OO*",
        "............***"
    };
    int x, y;

    for (y = 0; y < 16; y++) {
```

```
    for (x = 0; x < 16; x++) {
        if (cursor[y][x] == '*') {
            mouse[y * 16 + x] = COL8_000000;
        }
        if (cursor[y][x] == 'O') {
            mouse[y * 16 + x] = COL8_FFFFFF;
        }
        if (cursor[y][x] == '.') {
            mouse[y * 16 + x] = bc;
        }
    }
    }
    return;
}
```

变量bc是指back-color，也就是背景色。

要将背景色显示出来，还需要作成下面这个函数。其实很简单，只要将buf中的数据复制到vram中去就可以了。

```
void putblock8_8(char *vram, int vxsize, int pxsize,
    int pysize, int px0, int py0, char *buf, int bxsize)
{
    int x, y;
    for (y = 0; y < pysize; y++) {
        for (x = 0; x < pxsize; x++) {
            vram[(py0 + y) * vxsize + (px0 + x)] = buf[y * bxsize + x];
        }
    }
    return;
}
```

里面的变量有很多，其中vram和vxsize是关于VRAM的信息。他们的值分别是0xa0000和320。pxsize和pysize是想要显示的图形（picture）的大小，鼠标指针的大小是16×16，所以这两个值都是16。px0和py0指定图形在画面上的显示位置。最后的buf和bxsize分别指定图形的存放地址和每一行含有的像素数。bxsize和pxsize大体相同，但也有时候想放入不同的值，所以还是要分别指定这两个值。

接下来，只要使用以下两个函数就行了。

```
init_mouse_cursor8(mcursor, COL8_008484);
putblock8_8(binfo->vram, binfo->scrnx, 16, 16, mx, my, mcursor, 16);
```

也不知能不能正常运行，试试看。……好，能运行！

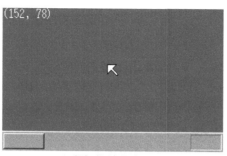

鼠标指针出来了

9　GDT 与 IDT 的初始化（harib02i）

鼠标指针显示出来了，我们想做的第一件事就是去移动它，但鼠标指针却一动不动。那是当然，因为我们还没有做出这个功能。……嗯，无论如何想让它动起来。

要怎么样才能让它动呢？……（思考中）……有办法了！首先要将GDT和IDT初始化。不过在此之前，必须说明一下什么是GDT和IDT。

GDT也好，IDT也好，它们都是与CPU有关的设定。为了让操作系统能够使用32位模式，需要对CPU做各种设定。不过，asmhead.nas里写的程序有点偷工减料，只是随意进行了一些设定。如果这样原封不动的话，就无法做出使用鼠标指针所需的设定，所以我们要好好重新设置一下。

那为什么要在asmhead.nas里偷工减料呢？最开始就规规矩矩地设定好不行吗？……嗯，这个问题一下子就戳到痛处了。这里因为笔者希望尽可能地不用汇编语言，而用C语言来写，这样大家更容易理解。所以，asmhead.nas里尽可能少写，只做了运行bootpack.c所必需的一些设定。这次为了使用这个文件，必须再进行设定。如果大家有足够能力用汇编语言编写程序，就不用模仿笔者了，从一开始规规矩矩地做好设定更好。

从现在开始，学习内容的难度要增加不小。以后要讲分段呀，中断什么的，都很难懂，很多程序员都是在这些地方受挫的。从难度上考虑，应该在20天以后讲而不是第5天。但如果现在不讲，几乎所有的装置都不能控制，做起来也没什么意思。笔者不想让大家做没有意思的操作系统。

所以请大家坚持着读下去，先懂个大概，然后再回过头来仔细咀嚼。在一天半以后，内容的难度会回到以前的水平，所以这段时间大家就打起精神加油吧！

■■■■■

先来讲一下分段[①]。回想一下仅用汇编语言编程时，有一个指令叫做ORG。如果不用ORG指

---

① 英文是segmentation。

令明确声明程序要读入的内存地址，就不能写出正确的程序来。如果写着ORG 0x1234，但程序却没读入内存的0x1234号，可就不好办了。

发生这种情况是非常麻烦的。最近的操作系统能同时运行多个程序，这一点也不稀奇。这种时候，如果内存的使用范围重叠了怎么办？这可是一件大事。必须让某个程序放弃执行，同时报出一个"因为内存地址冲突，不能执行"的错误信息。但是，这种错误大家见过吗？没有。所以，肯定有某种方法能解决这个问题。这个方法就是分段。

所谓分段，打个比方说，就是按照自己喜欢的方式，将合计4GB①的内存分成很多块（block），每一块的起始地址都看作0来处理。这很方便，有了这个功能，任何程序都可以先写上一句ORG 0。像这样分割出来的块，就称为段（segment）。顺便说一句，如果不用分段而用分页②（paging），也能解决问题。不过我们目前还不讨论分页，可以暂时不考虑它。

需要注意的一点是，我们用16位的时候曾经讲解过的段寄存器。这里的分段，使用的就是这个段寄存器。但是16位的时候，如果计算地址，只要将地址乘以16就可以了。但现在已经是32位了，不能再这么用了。如果写成"MOV AL,[DS:EBX]"，CPU会往EBX里加上某个值来计算地址，这个值不是DS的16倍，而是DS所表示的段的起始地址。即使省略段寄存器（segment register）的地址，也会自动认为是指定了DS。这个规则不管是16位模式还是32位模式，都是一样的。

■■■■■

按这种分段方法，为了表示一个段，需要有以下信息。

❑ 段的大小是多少
❑ 段的起始地址在哪里
❑ 段的管理属性（禁止写入，禁止执行，系统专用等）

CPU用8个字节（=64位）的数据来表示这些信息。但是，用于指定段的寄存器只有16位。或许有人会猜想在32位模式下，段寄存器会扩展到64位，但事实上段寄存器仍然是16位。

那该怎么办才好呢？可以模仿图像调色板的做法。也就是说，先有一个段号③，存放在段寄存器里。然后预先设定好段号与段的对应关系。

调色板中，色号可以使用0~255的数。段号可以用0~8191的数。因为段寄存器是16位，所以本来应该能够处理0~65535范围的数，但由于CPU设计上的原因，段寄存器的低3位不能使用。因此能够使用的段号只有13位，能够处理的就只有位于0~8191的区域了。

---

① GB（Giga Byte，吉字节），指1024MB，可不是Game Boy的省略哟（笑）。
② 英文是paging。"分段"的基本思想是将4GB的内存分割；而分页的思想是有多少个任务就要分多少页，还要对内存进行排序。不过解说到这个程度，大家估计都不懂。以后有机会再详细说明。
③ 英文是segment selector，也有译作"段选择符"的。

段号怎么设定呢？这是对于CPU的设定，不需要像调色板那样使用io_out（由于不是外部设备，当然没必要）。但因为能够使用0~8191的范围，即可以定义8192个段，所以设定这么多段就需要8192×8=65 536字节（64KB）。大家可能会想，CPU没那么大存储能力，不可能存储那么多数据，是不是要写入到内存中去呀。不错，正是这样。这64KB（实际上也可以比这少）的数据就称为GDT。

GDT是"global（segment）descriptor table"的缩写，意思是全局段号记录表。将这些数据整齐地排列在内存的某个地方，然后将内存的起始地址和有效设定个数放在CPU内被称作GDTR[①]的特殊寄存器中，设定就完成了。

■■■■■

另外，IDT是"interrupt descriptor table"的缩写，直译过来就是"中断记录表"。当CPU遇到外部状况变化，或者是内部偶然发生某些错误时，会临时切换过去处理这种突发事件。这就是中断功能。

我们拿电脑的键盘来举个例子。以CPU的速度来看，键盘特别慢，只是偶尔动一动。就算是重复按同一个键，一秒钟也很难输入50个字符。而CPU在1/50秒的时间内，能执行200万条指令（CPU主频100MHz时）。CPU每执行200万条指令，查询一次键盘的状况就已经足够了。如果查询得太慢，用户输入一个字符时电脑就会半天没反应。

要是设备只有键盘，用"查询"这种处理方法还好。但事实上还有鼠标、软驱、硬盘、光驱、网卡、声卡等很多需要定期查看状态的设备。其中，网卡还需要CPU快速响应。响应不及时的话，数据就可能接受失败，而不得不再传送一次。如果因为害怕处理不及时而靠查询的方法轮流查看各个设备状态的话，CPU就会穷于应付，不能完成正常的处理。

正是为解决以上问题，才有了中断机制。各个设备有变化时就产生中断，中断发生后，CPU暂时停止正在处理的任务，并做好接下来能够继续处理的准备，转而执行中断程序。中断程序执行完以后，再调用事先设定好的函数，返回处理中的任务。正是得益于中断机制，CPU可以不用一直查询键盘，鼠标，网卡等设备的状态，将精力集中在处理任务上。

讲了这么长，其实总结来说就是：要使用鼠标，就必须要使用中断。所以，我们必须设定IDT。IDT记录了0 ~ 255的中断号码与调用函数的对应关系，比如说发生了123号中断，就调用○×函数，其设定方法与GDT很相似（或许是因为使用同样的方法能简化CPU的电路）。

如果段的设定还没顺利完成就设定IDT的话，会比较麻烦，所以必须先进行GDT的设定。

---

① global (segment) descriptor table register的缩写。

虽然说明很长，但程序并没那么长。

本次的*bootpack.c节选

```
struct SEGMENT_DESCRIPTOR{
short limit_low, base_low;
    char base_mid, access_right;
    char limit_high, base_high;
};

struct GATE_DESCRIPTOR {
    short offset_low, selector;

    char dw_count, access_right;
    short offset_high;
};

void init_gdtidt(void)
```

```
{
    struct SEGMENT_DESCRIPTOR *gdt = (struct SEGMENT_DESCRIPTOR *) 0x00270000;
    struct GATE_DESCRIPTOR    *idt = (struct GATE_DESCRIPTOR    *) 0x0026f800;
    int i;

    /* GDT的初始化 */
    for (i = 0; i < 8192; i++) {
        set_segmdesc(gdt + i, 0, 0, 0);
    }
    set_segmdesc(gdt + 1, 0xffffffff, 0x00000000, 0x4092);
    set_segmdesc(gdt + 2, 0x0007ffff, 0x00280000, 0x409a);
    load_gdtr(0xffff, 0x00270000);

    /* IDT的初始化 */
    for (i = 0; i < 256; i++) {
        set_gatedesc(idt + i, 0, 0, 0);
    }
    load_idtr(0x7ff, 0x0026f800);

    return;
}

void set_segmdesc(struct SEGMENT_DESCRIPTOR *sd, unsigned int limit, int base, int ar)
{
    if (limit > 0xfffff) {
        ar |= 0x8000; /* G_bit = 1 */
        limit /= 0x1000;
    }
    sd->limit_low    = limit & 0xffff;
    sd->base_low     = base & 0xffff;
    sd->base_mid     = (base >> 16) & 0xff;
    sd->access_right = ar & 0xff;
    sd->limit_high   = ((limit >> 16) & 0x0f) | ((ar >> 8) & 0xf0);
    sd->base_high    = (base >> 24) & 0xff;
    return;
}

void set_gatedesc(struct GATE_DESCRIPTOR *gd, int offset, int selector, int ar)
{
    gd->offset_low   = offset & 0xffff;
    gd->selector     = selector;
    gd->dw_count     = (ar >> 8) & 0xff;
    gd->access_right = ar & 0xff;
    gd->offset_high  = (offset >> 16) & 0xffff;
    return;
}
```

SEGMENT_DESCRIPTOR中存放GDT的8字节的内容，它无非是以CPU的资料为基础，写成了结构体的形式。同样，GATE_DESCRIPTOR中存放IDT的8字节的内容，也是以CPU的资料为基础的。

变量gdt被赋值0x00270000，就是说要将0x270000～0x27ffff设为GDT。至于为什么用这个地址，其实那只是笔者随便作出的决定，并没有特殊的意义。从内存分布图可以看出这一块地方并没有被使用。

变量idt也是一样，IDT被设为了0x26f800 ~ 0x26ffff。顺便说一下，0x280000 ~ 0x2fffff已经有了bootpack.h。"哎？什么时候？我可没听说过这事哦！"大家可能会有这样的疑问，其实是后面要讲到的"asmhead.nas"帮我们做了这样的处理。

现在继续往下说明。

```
for (i = 0; i < 8192; i++) {
    set_segmdesc(gdt + i, 0, 0, 0);
}
```

请注意一下以上几行代码。gdt是0x270000，i从0开始，每次加1，直到8 191。这样一来，好像gdt+i最大也只能是0x271fff。但事实上并不是那样。C语言中进行指针的加法运算时，内部还隐含着乘法运算。变量gdt已经声明为指针，指向SEGMENT_DESCRIPTOR这样一个8字节的结构体，所以往gdt里加1，结果却是地址增加了8。

因此这个for语句就完成了对所有8192个段的设定，将它们的上限（limit, 指段的字节数 –1）、基址（base）、访问权限都设为0。

再往下还有这样的语句：

```
set_segmdesc(gdt + 1, 0xffffffff, 0x00000000, 0x4092);
set_segmdesc(gdt + 2, 0x0007ffff, 0x00280000, 0x409a);
```

以上语句是对段号为1和2的两个段进行的设定。段号为1的段，上限值为0xffffffff即大小正好是4GB），地址是0，它表示的是CPU所能管理的全部内存本身。段的属性设为0x4092，它的含义我们留待明天再说。下面来看看段号为2的段，它的大小是512KB，地址是0x280000。这正好是为bootpack.hrb而准备的。用这个段，就可以执行bootpack.hrb。因为bootpack.hrb是以ORG 0为前提翻译成的机器语言。

下一个语句是：

```
load_gdtr(0xffff, 0x00270000);
```

这是因为依照常规，C语言里不能给GDTR赋值，所以要借助汇编语言的力量，仅此而已。

再往下都是关于IDT的记述，因为跟前面一样，所以应该没什么问题。

在set_segmdesc和set_gatedesc中，使用了新的运算符，下面来介绍一下。首先看看语句"ar |= 0x8000;"，它是"ar = ar |0x8000;"的省略表现形式。同样还有"limit /= 0x1000;"，它是"limit = limit/0x1000;"的省略表现形式。"|"是前面已经出现的或（OR）运算符。"/"是除法运算符。

"＞＞"是右移位运算符。比如计算00101100＞＞3，就得到00000101。移位时，舍弃右边溢出的位，而左边不足的3位，要补3个0。

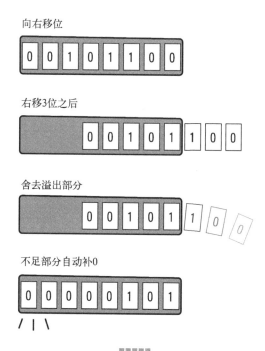

　　今天到这里就差不多了，访问权属性及IDT的详细说明就留到明天吧。总之，使用本程序的操作系统是做成了。能不能正常运行啊？赶紧试一试吧。"make run"······还好，能运行。这次只是简单地做了初期设定，所以即使运行成功了，画面上也什么都不显示。

　　现在haribote.sys变成多少字节了呢？哦，光字体就有4KB，增加了不少，到7632字节了。今天就先到这里吧，大家明天见。

第 6 天

分割编译与中断处理

- ❑ 分割源文件（harib03a）
- ❑ 整理Makefile（harib03b）
- ❑ 整理头文件（harib03c）
- ❑ 意犹未尽
- ❑ 初始化PIC（harib03d）
- ❑ 中断处理程序的制作（harib03e）

1 分割源文件（harib03a）

　　本来想接着详细讲解一下昨天剩下的程序，但一上来就说这些，有点乏味，所以还是先做点准备活动吧。不经意地看一下bootpack.c，发现它竟然已长达近300行，是太长了点。所以我们决定把它分割为几部分。

　　将源文件分割为几部分的利弊，大致如下。

优点

(1) 按照处理内容进行分类，如果分得好的话，将来进行修改时，容易找到地方。

(2) 如果Makefile写得好，只需要编译修改过的文件，就可以提高make的速度。

(3) 单个源文件都不长。多个小文件比一个大文件好处理。

(4) 看起来很酷（笑）。

缺点

(5) 源文件数量增加。

(6) 分类分得不好的话，修改时不容易找到地方。

■■■■■

我们先将源文件按下图分割一下看看。

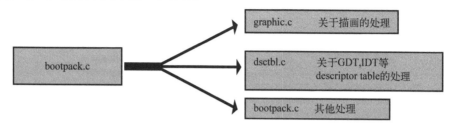

分割并不是很难，但有一点很关键。比如如果graphic.c也想使用naskfunc.nas的函数，就必须要写上"void io_out8（int port,int data）;"这种函数声明。虽然这都已经写在bootpack.c里了，但编译器在编译graphic.c时，根本不知道有bootpack.c存在。

这样整理一下看起来就清爽多了。对应源文件的分割，我们还要修改Makefile，流程如下：

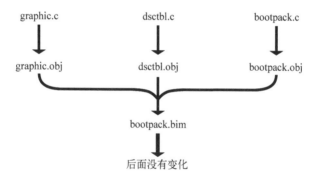

理解了这个流程，Makefile也就很容易看懂了。

现在再来"make run"。运行起来一点问题也没有，分割成功了。

2　整理 Makefile（harib03b）

分割虽然成功了，但现在Makefile又有点长了，足足有113行。虽说出现这种情况是情有可原，但是，像这样：

```
bootpack.gas : bootpack.c Makefile
    $(CC1) -o bootpack.gas bootpack.c

graphic.gas : graphic.c Makefile
    $(CC1) -o graphic.gas graphic.c

dsctbl.gas : dsctbl.c Makefile
    $(CC1) -o dsctbl.gas dsctbl.c
```

或者像这样：

```
bootpack.nas : bootpack.gas Makefile
    $(GAS2NASK) bootpack.gas bootpack.nas

graphic.nas : graphic.gas Makefile
    $(GAS2NASK) graphic.gas graphic.nas

dsctbl.nas : dsctbl.gas Makefile
    $(GAS2NASK) dsctbl.gas dsctbl.nas
```

它们做的都是同样的事。为什么要写这么多同样的东西呢？每次增加新的源文件，都要像这样增加这么多雷同的编译规则，看着都烦。

■■■■■

其实有一个技巧可以将它们归纳起来，这就是利用一般规则。我们可以把上面6个独立的文件生成规则，归纳成以下两个一般规则。

```
%.gas : %.c Makefile
    $(CC1) -o $*.gas $*.c

%.nas : %.gas Makefile
    $(GAS2NASK) $*.gas $*.nas
```

哦，这玩意儿好！真方便。

make.exe会首先寻找普通的生成规则，如果没找到，就尝试用一般规则。所以，即使一般规则和普通生成规则有冲突，也不会有问题。这时候，普通生成规则的优先级更高。比如虽然某个文件的扩展名也是.c，但是想用单独的规则来编译它，这也没问题。真聪明呀。

所以，Makefile中可以用一般规则的地方我们都换成了一般规则。这样程序就精简成了92行。减了21行呢，感觉太棒了。

我们来确认一下，运行"make run"。很好，完全能正常运行。

3　整理头文件（harib03c）

Makefile变短了，真让人高兴。我们继续把源文件也整理一下。现在的文件大小如下。

graphic.c ················ 187行
dsctbl.c ················ 67行
bootpack.c ··············· 81行
合计 ················ 335行

这比分割前的280行多了不少。主要原因在于各个源文件都要重复声明"vold io_out8（int port, int data）;"等，虽然说这也是迫不得已，但还是不甘心。所以，我们在这儿再下点工夫。

■■■■■

首先将重复部分全部去掉，把他们归纳起来，放到名为bootpack.h的文件里。虽然扩展名变了，但它也是C语言的文件。已经有一个文件名叫bootpack.c了，我们根据一般的做法，将文件命名为bootpack.h。因为是第一次接触到.h文件，所以我们截取bootpack.h内容靠前的一段放在下面。

bootpack.h的内容

```
/* asmhead.nas */
struct BOOTINFO { /* 0x0ff0-0x0fff */
    char cyls; /* 启动区读硬盘读到何处为止 */
    char leds; /* 启动时键盘LED的状态 */
    char vmode; /* 显卡模式为多少位彩色 */
    char reserve;
    short scrnx, scrny; /* 画面分辨率 */
    char *vram;
};
#define ADR_BOOTINFO    0x00000ff0

/* naskfunc.nas */
void io_hlt(void);
void io_cli(void);
void io_out8(int port, int data);
int io_load_eflags(void);
void io_store_eflags(int eflags);
void load_gdtr(int limit, int addr);
void load_idtr(int limit, int addr);

/* graphic.c */
void init_palette(void);
void set_palette(int start, int end, unsigned char *rgb);
void boxfill8(unsigned char *vram, int xsize, unsigned char c, int x0, int y0, int x1, int y1);
void init_screen8(char *vram, int x, int y);
    (以下略)
```

这个文件里不仅仅罗列出了函数的定义，还在注释中写明了函数的定义在哪一个源文件里。想要看一看或者修改函数定义时，只要看一下文件bootpack.h就能知道该函数定义本身在哪个源文件里。这就像目录一样，很方便。

在编译graphic.c的时候，我们要让编译器去读这个头文件，做法是在graphic.c的前面加上如下一行：

```
#include "bootpack.h"
```

编译器见到了这一行，就将该行替换成所指定文件的内容，然后进行编译。所以，写在"bootpack.h"里的所有内容，也都间接地写到了"graphic.c"中。同样道理，在"dsctbl.c"和

"bootpack.c"的前面也都加上一行"#include "bootpack.h""。

■■■■■

像这样，仅由函数声明和#define等组成的文件，我们称之为头文件。头文件英文为header，顾名思义，是指放在程序头部的文件。为什么要放在头部呢？因为像"void io_out8（int port,int data）;"这种声明必须在一开始就让编译器知道。

前面曾经提到，要使用spintf函数，必须在程序的前面写上#include <stdio.h>语句。这正是因为stdio.h中含有对sprintf函数的声明。虽然括住文件名的记号有引号和尖括号的区别，但那也只是文件所处位置的不同而已。双引号（""）表示该头文件与源文件位于同一个文件夹里，而尖括号（<>）则表示该头文件位于编译器所提供的文件夹里。

这次用了很多#define语句，把用到的地址都只写在了bootpack.h文件里。之所以这么做是因为，如果以后想要变更地址的话，只修改bootpack.h一个文件就行了。

好了，我们运行一下每次必做的"make run"确认一下。挺好挺好，运行结果没有问题。现在再来确认一下源文件的长度。

bootpack.h ················ 69行
graphic.c ··············· 156行
dsctbl.c ················ 51行
bootpack.c ·············· 25行
合计 ····················· 301行

整体共缩短了34行[1]，真是太好了。

4 意犹未尽

好了，现在来详细讲一下昨天遗留下来的问题。首先来说明一下naskfunc.nas的_load_gdtr。

```
_load_gdtr:        ; void load_gdtr(int limit, int addr);
      MOV     AX,[ESP+4]      ; limit
      MOV     [ESP+6],AX
      LGDT    [ESP+6]
      RET
```

这个函数用来将指定的段上限（limit）和地址值赋值给名为GDTR的48位寄存器。这是一个很特别的48位寄存器，并不能用我们常用的MOV指令来赋值。给它赋值的时候，唯一的方法就是指定一个内存地址，从指定的地址读取6个字节（也就是48位），然后赋值给GDTR寄存器。完

---

① 分割前是280行，这样算来结果还增加了21行，不过因为我们进行了分割，所以无法避免这种情况。而我们分割的目的也不是为了缩短源文件，所以总的来说还是比较满意的。（可在6.1节确认分割的目的）

成这一任务的指令，就是LGDT。

该寄存器的低16位[①]（即内存的最初2个字节）是段上限，它等于"GDT的有效字节数 – 1"。今后我们还会偶尔用到上限这个词，意思都是表示量的大小，一般为"字节数 – 1"。剩下的高32位（即剩余的4个字节），代表GDT的开始地址。

在最初执行这个函数的时候，DWORD[ESP + 4]里存放的是段上限，DWORD[ESP+8]里存放的是地址。具体到实际的数值，就是0x0000ffff和0x00270000。把它们按字节写出来的话，就成了[FF FF 00 00 00 00 27 00]（要注意低位放在内存地址小的字节里[②]）。为了执行LGDT，笔者希望把它们排列成[FF FF 00 00 27 00]的样子，所以就先用"MOV AX,[ESP + 4]"读取最初的0xffff，然后再写到[ESP + 6]里。这样，结果就成了[FF FF FF FF 00 00 27 00]，如果从[ESP + 6]开始读6字节的话，正好是我们想要的结果。

■■■■■

naskfunc.nas的_load_idtr设置IDTR的值，因为IDTR与GDTR结构体基本上是一样的，程序也非常相似。

最后再补充说明一下dsctbl.c里的set_segmdesc函数。这个有些难度，我们仅介绍一些与本书相关的内容。

本次的dsctbl.c节选

```
struct SEGMENT_DESCRIPTOR {
    short limit_low, base_low;
    char base_mid, access_right;
    char limit_high, base_high;
};

void set_segmdesc(struct SEGMENT_DESCRIPTOR *sd, unsigned int limit, int base, int ar)
{
    if (limit > 0xfffff) {
        ar |= 0x8000; /* G_bit = 1 */
        limit /= 0x1000;
    }
    sd->limit_low    = limit & 0xffff;
    sd->base_low     = base & 0xffff;
    sd->base_mid     = (base >> 16) & 0xff;
    sd->access_right = ar & 0xff;
    sd->limit_high   = ((limit >> 16) & 0x0f) | ((ar >> 8) & 0xf0);
    sd->base_high    = (base >> 24) & 0xff;
    return;
}
```

说到底，这个函数是按照CPU的规格要求，将段的信息归结成8个字节写入内存的。这8个字节里到底填入了什么内容呢？昨天已经讲到，有以下3点：

[①] 对于一个多位数字组成的数，靠近右边的位称为低位。反之，靠近左边的位称为高位。

[②] 请大家回想一下2.2节。

> ❏ 段的大小
> ❏ 段的起始地址
> ❏ 段的管理属性（禁止写入，禁止执行，系统专用等）

为了写入这些信息，我们准备了struct SEGMENT_DESCRIPTOR这样一个结构体。下面我们就来说明这个结构体。

■■■■■

首先看一下段的地址。地址当然是用32位来表示。这个地址在CPU世界的语言里，被称为段的基址。所以这里使用了base这样一个变量名。在这个结构体里base又分为low（2字节），mid（1字节），high（1字节）3段，合起来刚好是32位。所以，这里只要按顺序分别填入相应的数值就行了。虽然有点难懂，但原理很简单。程序中使用了移位运算符和AND运算符往各个字节里填入相应的数值。

为什么要分为3段呢？主要是为了与80286时代的程序兼容。有了这样的规格，80286用的操作系统，也可以不用修改就在386以后的CPU上运行了。

■■■■■

下面再说一下段上限。它表示一个段有多少个字节。可是这里有一个问题，段上限最大是4GB，也就是一个32位的数值，如果直接放进去，这个数值本身就要占用4个字节，再加上基址（base），一共就要8个字节，这就把整个结构体占满了。这样一来，就没有地方保存段的管理属性信息了，这可不行。

因此段上限只能使用20位。这样一来，段上限最大也只能指定到1MB为止。明明有4GB，却只能用其中的1MB，有种又回到了16位时代的错觉，太可悲了。在这里英特尔的叔叔们又想了一个办法，他们在段的属性里设了一个标志位，叫做Gbit。这个标志位是1的时候，limit的单位不解释成字节（byte），而解释成页（page）。页是什么呢？在电脑的CPU里，1页是指4KB。

这样一来，4KB × 1M = 4GB，所以可以指定4GB的段。总算能放心了。顺便说一句，G bit的 "G"，是 "granularity" 的缩写，是指单位的大小。

这20位的段上限分别写到limit_low和limit_high里。看起来它们好像是总共有3字节，即24位，但实际上我们接着要把段属性写入limit_high的高4位里，所以最后段上限还是只有20，好复杂呀。

■■■■■

最后再来讲一下12位的段属性。段属性又称为 "段的访问权属性"，在程序中用变量名access_right或ar来表示。因为12位段属性中的高4位放在limit_high的高4位里，所以程序里有意把ar当作如下的16位构成来处理：

xxxx0000xxxxxxxx（其中x是0或1）

ar的高4位被称为"扩展访问权"。为什么这么说呢？因为这高4位的访问属性在80286的时代还不存在，到386以后才可以使用。这4位是由"GD00"构成的，其中G是指刚才所说的G bit，D是指段的模式，1是指32位模式，0是指16位模式。这里出现的16位模式主要只用于运行80286的程序，不能用于调用BIOS。所以，除了运行80286程序以外，通常都使用D=1的模式。

■■■■■

ar的低8位从80286时代就已经有了，如果要详细说明的话，够我们说一天的了，所以这里只是简单地介绍一下。

00000000（0x00）：未使用的记录表（`descriptor table`）。
10010010（0x92）：系统专用，可读写的段。不可执行。
10011010（0x9a）：系统专用，可执行的段。可读不可写。
11110010（0xf2）：应用程序用，可读写的段。不可执行。
11111010（0xfa）：应用程序用，可执行的段。可读不可写。

"系统专用"，"应用程序用"什么的，听着让人摸不着头脑。都是些什么东西呀？在32位模式下，CPU有系统模式（也称为"ring0"[①]）和应用模式（也称为"ring3"）之分。操作系统等"管理用"的程序，和应用程序等"被管理"的程序，运行时的模式是不同的。

比如，如果在应用模式下试图执行LGDT等指令的话，CPU则对该指令不予执行，并马上告诉操作系统说"那个应用程序居然想要执行LGDT，有问题！"。另外，当应用程序想要使用系统专用的段时，CPU也会中断执行，并马上向操作系统报告"那个应用程序想要盗取系统信息。也有可能不仅要盗取信息，还要写点东西来破坏系统呢。"

"想要盗取系统信息这一点我明白，但要阻止LGDT的执行这一点，我还是不懂。"可能有人会有这种疑问。当然要阻止啦。因为如果允许应用程序执行LGDT，那应用程序就会根据自己的需要，偷偷准备GDT，然后重新设定LGDT来让它执行自己准备的GDT。这可就麻烦了。有了这个漏洞，操作系统再怎么防守还是会防不胜防。

CPU到底是处于系统模式还是应用模式，取决于执行中的应用程序是位于访问权为0x9a的段，还是位于访问权为0xfa的段。

5　初始化 PIC（harib03d）

那好，现在欠债（指昨天没讲完的部分）也还清了，就继续往后讲吧。我们接着昨天继续做鼠标指针的移动。为达到这个目的必须使用中断，而要使用中断，则必须将GDT和IDT正确无误

---

① 除此之外，还有ring1和ring2，这些中间阶段，由device driver（设备驱动器）等使用。ring原意是轮子或环，有时用它来表示阶段，故得此名。

地初始化。

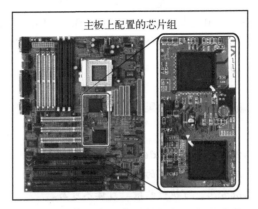

主板上配置的芯片组

那就赶紧使用中断吧······但是，还有一件该做的事没做——还没有初始化PIC。那么我们现在就来做。

所谓PIC是"programmable interrupt controller"的缩写，意思是"可编程中断控制器"。PIC与中断的关系可是很密切的哟。它到底是什么呢？在设计上，CPU单独只能处理一个中断，这不够用，所以IBM的大叔们在设计电脑时，就在主板上增设了几个辅助芯片。现如今它们已经被集成在一个芯片组里了。

PIC是将8个中断信号①集合成一个中断信号的装置。PIC监视着输入管脚的8个中断信号，只要有一个中断信号进来，就将唯一的输出管脚信号变成ON，并通知给CPU。IBM的大叔们想要通过增加PIC来处理更多的中断信号，他们认为电脑会有8个以上的外部设备，所以就把中断信号设计成了15个，并为此增设了2个PIC。

那它们的线路是如何连接的呢？如下页图所示。

与CPU直接相连的PIC称为主PIC（master PIC），与主PIC相连的PIC称为从PIC（slave PIC）。主PIC负责处理第0到第7号中断信号，从PIC负责处理第8到第15号中断信号。master意为主人，slave意为奴隶，笔者搞不清楚这两个词的由来，但现在结果是不论从PIC如何地拼命努力，如果主PIC不通知给CPU，从PIC的意思也就不能传达给CPU。或许是从这种关系上考虑，而把它们一个称为主人，一个称为奴隶。

另外，从PIC通过第2号IRQ与主PIC相连。主板上的配线就是这样，无法用软件来改变。

---

① 英文是interrupt request，缩写为IRQ。

※从 PIC必须通过IRQ2来连接

为什么是第2号IRQ呢？事实上笔者也搞不清楚。是不是因为第0号和第1号已经被占用了，而第2号现在还空着，所以就用它了呢。嗯······如果有人想进一步了解这个问题，请一定打电话问问IBM的大叔们。

■■■■■

有人可能会纳闷儿，怎么突然讲起硬件来了？这是因为，如果不懂得这部分的硬件结构，就无法顺利设定PIC。

int.c的主要组成部分

```
void init_pic(void)
/* PIC的初始化 */
{
    io_out8(PIC0_IMR,  0xff  ); /* 禁止所有中断 */
    io_out8(PIC1_IMR,  0xff  ); /* 禁止所有中断 */

    io_out8(PIC0_ICW1, 0x11  ); /* 边沿触发模式 (edge trigger mode)  */
    io_out8(PIC0_ICW2, 0x20  ); /* IRQ0-7由INT20-27接收 */
    io_out8(PIC0_ICW3, 1 << 2); /* PIC1由IRQ2连接 */
    io_out8(PIC0_ICW4, 0x01  ); /* 无缓冲区模式 */

    io_out8(PIC1_ICW1, 0x11  ); /* 边沿触发模式 (edge trigger mode)  */
    io_out8(PIC1_ICW2, 0x28  ); /* IRQ8-15由INT28-2f接收 */
    io_out8(PIC1_ICW3, 2     ); /* PIC1由IRQ2连接 */
    io_out8(PIC1_ICW4, 0x01  ); /* 无缓冲区模式 */

    io_out8(PIC0_IMR,  0xfb  ); /* 11111011 PIC1以外全部禁止 */
    io_out8(PIC1_IMR,  0xff  ); /* 11111111 禁止所有中断 */

    return;
}
```

以上是PIC的初始化程序。从CPU的角度来看，PIC是外部设备，CPU使用OUT指令进行操作。程序中的PIC0和PIC1，分别指主PIC和从PIC。PIC内部有很多寄存器，用端口号码对彼此进行区别，以决定是写入哪一个寄存器。

具体的端口号码写在bootpack.h里，请参考这个程序。但是，端口号相同的东西有很多，可能会让人觉得混乱。不过笔者并没有搞错，写的是正确的。因为PIC有些很细微的规则，比如写入ICW1之后，紧跟着一定要写入ICW2等，所以即使端口号相同，也能够很好地区别开来。

■■■■■

现在简单介绍一下PIC的寄存器。首先，它们都是8位寄存器。IMR是"interrupt mask register"的缩写，意思是"中断屏蔽寄存器"。8位分别对应8路IRQ信号。如果某一位的值是1，则该位所对应的IRQ信号被屏蔽，PIC就忽视该路信号。这主要是因为，正在对中断设定进行更改时，如果再接受别的中断会引起混乱，为了防止这种情况的发生，就必须屏蔽中断。还有，如果某个IRQ没有连接任何设备的话，静电干扰等也可能会引起反应，导致操作系统混乱，所以也要屏蔽掉这类干扰。

ICW是"initial control word"的缩写，意为"初始化控制数据"。因为这里写着word，所以我们会想，"是不是16位"？不过，只有在电脑的CPU里，word这个词才是16位的意思，在别的设备上，有时指8位，有时也会指32位。PIC不是仅为电脑的CPU而设计的控制芯片，其他种类的CPU也能使用，所以这里word的意思也并不是我们觉得理所当然的16位。

ICW有4个，分别编号为1~4，共有4个字节的数据。ICW1和ICW4与PIC主板配线方式、中断信号的电气特性等有关，所以就不详细说明了。电脑上设定的是上述程序所示的固定值，不会设定其他的值。如果故意改成别的什么值的话，早期的电脑说不定会烧断保险丝，或者器件冒烟[1]；最近的电脑，对这种设定起反应的电路本身被省略了，所以不会有任何反应。

ICW3是有关主–从连接的设定，对主PIC而言，第几号IRQ与从PIC相连，是用8位来设定的。如果把这些位全部设为1，那么主PIC就能驱动8个从PIC（那样的话，最大就可能有64个IRQ），但我们所用的电脑并不是这样的，所以就设定成00000100。另外，对从PIC来说，该从PIC与主PIC的第几号相连，用3位来设定。因为硬件上已经不可能更改了，如果软件上设定不一致的话，只会发生错误，所以只能维持现有设定不变。

■■■■■

因此不同的操作系统可以进行独特设定的就只有ICW2了。这个ICW2，决定了IRQ以哪一号中断通知CPU。"哎？怎么有这种事？刚才不是说中断信号的管脚只有1根吗？"嗯，话是那么说，但PIC还有个挺有意思的小窍门，利用它就可以由PIC来设定中断号了。

①电路上，+5V与GND（地）短路时，就会发生保险丝熔断、器件冒烟的现象。这可不是吓唬你，而是真的会发生。

大家可能会对此有兴趣，所以再详细介绍一下。中断发生以后，如果CPU可以受理这个中断，CPU就会命令PIC发送2个字节的数据。这2个字节是怎么传送的呢？CPU与PIC用IN或OUT进行数据传送时，有数据信号线连在一起。PIC就是利用这个信号线发送这2个字节数据的。送过来的数据是"0xcd 0x??"这两个字节。由于电路设计的原因，这两个字节的数据在CPU看来，与从内存读进来的程序是完全一样的，所以CPU就把送过来的"0xcd 0x??"作为机器语言执行。这恰恰就是把数据当作程序来执行的情况。这里的0xcd就是调用BIOS时使用的那个INT指令。我们在程序里写的"INT 0x10"，最后就被编译成了"0xcd 0x10"。所以，CPU上了PIC的当，按照PIC所希望的中断号执行了INT指令。

这次是以INT 0x20~0x2f接收中断信号IRQ0~15而设定的。这里大家可能又会有疑问了。"直接用INT 0x00~0x0f就不行吗？这样与IRQ的号码不就一样了吗？为什么非要加上0x20？"不要着急，先等笔者说完再问嘛。是这样的，INT 0x00~0x1f不能用于IRQ，仅此而已。

之所以不能用，是因为应用程序想要对操作系统干坏事的时候，CPU内部会自动产生INT 0x00~0x1f，如果IRQ与这些号码重复了，CPU就分不清它到底是IRQ，还是CPU的系统保护通知。

这样，我们就理解了这个程序，把它保存为int.c。今后要进行中断处理的还有很多，所以我们就给它另起了一个名字。从bootpack.c的HariMain调用init_pic。

我们来运行一下"make run"。因为这只是内部设定，所以画面上没有什么变化，虽然觉得不过瘾没有特别大的成就感，但看起来可以正常运行。

6　中断处理程序的制作（harib03e）[①]

今天的内容所剩不多了，大家再加一把劲。鼠标是IRQ12，键盘是IRQ1，所以我们编写了用于INT 0x2c和INT 0x21的中断处理程序（handler），即中断发生时所要调用的程序。

int.c的节选

```
void inthandler21(int *esp)
/* 来自PS/2键盘的中断 */
{
    struct BOOTINFO *binfo = (struct BOOTINFO *) ADR_BOOTINFO;
    boxfill8(binfo->vram, binfo->scrnx, COL8_000000, 0, 0, 32 * 8 - 1, 15);
    putfonts8_asc(binfo->vram, binfo->scrnx, 0, 0, COL8_FFFFFF, "INT 21 (IRQ-1) : PS/2 keyboard");
    for (;;) {
        io_hlt();
    }
}
```

① 重印时的补充说明：本文中只讲到了IRQ1和IRQ12的中断处理程序。事实上附属光盘中还有IRQ7的中断处理程序。要它干什么呢？因为对于一部分机种而言，随着PIC的初始化，会产生一次IRQ7中断，如果不对该中断处理程序执行STI（设置中断标志位，见第4章），操作系统的启动会失败。关于inthandler27的处理内容，大家读一读7.1节会更容易理解。

正如大家所见，这个函数只是显示一条信息，然后保持在待机状态。鼠标的程序也几乎完全一样，只是显示的信息不同而已。"只写鼠标程序不就行了吗，怎么键盘也写了呢？"，因为键盘与鼠标的处理方法很相像，所以顺便写了一下。inthandler21接收了esp指针的值，但函数中并没有用。在这里暂时不用esp，不必在意。

■■■■■

如果这样就能运行，那就太好了，可惜还不行。中断处理完成之后，不能执行"return;"（=RET指令），而是必须执行IRETD指令，真不好办。而且，这个指令还不能用C语言写[1]。所以，还得借助汇编语言的力量修改naskfunc.nas。

本次的naskfunc.nas节选

```
        EXTERN  _inthandler21, _inthandler2c

_asm_inthandler21:
        PUSH    ES
        PUSH    DS
        PUSHAD
        MOV     EAX,ESP
        PUSH    EAX
        MOV     AX,SS
        MOV     DS,AX
        MOV     ES,AX
        CALL    _inthandler21
        POP     EAX
        POPAD
        POP     DS
        POP     ES
        IRETD
```

我们只解释键盘程序，因为鼠标程序和它是一样的。最后的IRETD刚才已经讲过了。最开头的EXTERN指令，在调用（CALL）的地方再进行说明。这样一来，问题就只剩下PUSH和POP了。

■■■■■

继续往下说明之前，我们要先好好解释一下栈（stack）的概念。

写程序的时候，经常会有这种需求——虽然不用永久记忆，但需要暂时记住某些东西以备后用。这种目的的记忆被称为缓冲区（buffer）。突然一下子接收到大量信息时，先把它们都保存在缓冲区里，然后再慢慢处理，缓冲区一词正是来源于这层意思。根据整理记忆内容的方式，缓冲区分为很多种类。

最简单明了的方式，就是将信息从上面逐渐加入进来，需要时再从下面一个个取出。

---

[1] 对于我们今天这个程序来说，在中断处理程序中无限循环，IRETD指令得不到执行，所以怎么都行。之所以说"不能用C语言来写"，是为了今后。

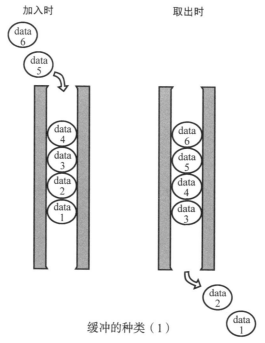

缓冲的种类（1）

最先加入的信息也最先取出，所以这种缓冲区是"先进先出"（first in, first out），简称FIFO。这应该是最普通的方式了。有的书中也会称之为"后进后出"（last in, last out），即LILO。叫法虽然不同，但实质上是同样的东西。

下面要介绍的一种方式，有点类似于往桌上放书，也就是信息逐渐从上面加入进来，而取出时也从最上面开始。

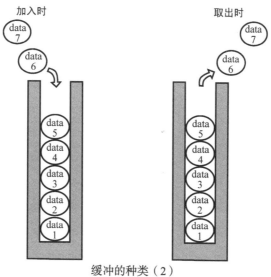

缓冲的种类（2）

最先加入的信息最后取出，所以这种缓冲区是"先进后出"（first in, last out），简称FILO。有的书上也称之为"后进先出"（last in, first out），即LIFO。

■■■■■

这里要说明的栈，正是FILO型的缓冲区。PUSH将数据压入栈顶，POP将数据从栈顶取出。PUSH EAX这个指令，相当于：

```
ADD ESP,-4
MOV [SS:ESP],EAX
```

也就是说，ESP的值减去4，以所得结果作为地址值，将寄存器中的值保存到该地址所对应内存里。反过来，POP EAX指令相当于：

```
MOV EAX,[SS:ESP]
ADD ESP,4
```

CPU并不懂栈的机制，它只是执行了实现栈功能的指令而已。所以，即使是PUSH太多，或者POP太多这种没有意义的操作，基本上CPU也都会遵照执行。

所以，如果写了以下程序，

```
PUSH EAX
PUSH ECX
PUSH EDX
各种处理
POP  EDX
POP  ECX
POP  EAX
```

在"各种处理"那里，即使把EAX，ECX，EDX改了，最后也还会恢复回原来的值……其实ES、DS这些寄存器，也就是靠PUSH和POP等操作而变回原来的值的。

■■■■■

还有一个不怎么常见的指令PUSHAD，它相当于：

```
PUSH EAX
PUSH ECX
PUSH EDX
PUSH EBX
PUSH ESP
PUSH EBP
PUSH ESI
PUSH EDI
```

反过来，POPAD指令相当于按以上相反的顺序，把它们全都POP出来。

=====

结果，这个函数只是将寄存器的值保存到栈里，然后将DS和ES调整到与SS相等，再调用_inthandler21，返回以后，将所有寄存器的值再返回到原来的值，然后执行IRETD。内容就这些。如此小心翼翼地保存寄存器的值，其原因在于，中断处理发生在函数处理的途中，通过IRETD从中断处理返回以后，如果寄存器的值乱了，函数就无法正常处理下去了，所以一定要想尽办法让寄存器的值返回到中断处理前的状态。

关于在DS和ES中放入SS值的部分，因为C语言自以为是地认为"DS也好，ES也好，SS也好，它们都是指同一个段"，所以如果不按照它的想法设定的话，函数inthandler21就不能顺利执行。所以，虽然麻烦了一点，但还是要这样做。

这么说来，CALL也是一个新出现的指令，它是调用函数的指令。这次要调用一个没有定义在naskfunc.nas中的函数，所以我们最初用一个EXTERN指令来通知nask："马上要使用这个名字的标号了，它在别的源文件里，可不要搞错了"。

=====

好了，这样_asm_inthandler21的讲解就没有问题了吧。下面要说明的，就是要将这个函数注册到IDT中去这一点。我们在dsctbl.c的init_gdtidt里加入以下语句。

```
/* IDT的设定 */
set_gatedesc(idt + 0x21, (int) asm_inthandler21, 2 * 8, AR_INTGATE32);
set_gatedesc(idt + 0x2c, (int) asm_inthandler2c, 2 * 8, AR_INTGATE32);
```

asm_inthandler21注册在idt的第0x21号。这样，如果发生中断了，CPU就会自动调用asm_inthandler21。这里的2 * 8表示的是asm_inthandler21属于哪一个段，即段号是2，乘以8是因为低3位有着别的意思，这里低3位必须是0。

所以，"2 * 8"也可以写成"2<<3"，当然，写成16也可以。

不过，号码为2的段，究竟是什么样的段呢？

```
set_segmdesc(gdt + 2, LIMIT_BOTPAK, ADR_BOTPAK, AR_CODE32_ER);
```

程序中有以上语句，说明这个段正好涵盖了整个bootpack.hrb。

最后的AR_INTGATE32将IDT的属性，设定为0x008e。它表示这是用于中断处理的有效设定。

=====

还有就是对bootpack.c的HariMain的补充。"io_sti();"仅仅是执行STI指令，它是CLI的逆指令。就是说，执行STI指令后，IF（interrupt flag，中断许可标志位）变为1，CPU接受来自外部设备的中断（参考4.6节）。CPU的中断信号只有一根，所以IF也只有一个，不像PIC那样有8位。

在HariMain的最后，修改了PIC的IMR，以便接受来自键盘和鼠标的中断。这样程序就完成了。只要按下键盘上某个键，或动一动鼠标，中断信号就会传到CPU，然后CPU执行中断处理程序，输出信息。

■■■■■

那好，我们运行一下试试看。"make run"……然后按下键盘上的"A"……哦！显示了一行信息。

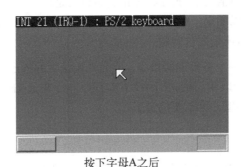

按下字母A之后

让我们先退出程序，再运行一次"make run"吧。这次我们随便转转鼠标。但怎么让鼠标转起来呢？首先我们在QEMU画面的某个地方单击一下，这样就把鼠标与QEMU绑定在一起了，鼠标事件都会由QEMU接受并处理。然后我们上下左右移动鼠标，就会产生中断。哎？怎么没反应呢？

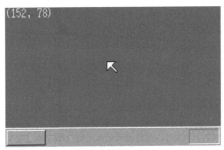

哎？明明动了鼠标嘛！？

在这个状态下，我们不能对Windows进行操作，所以只好按下Ctr键再按Alt键，先把鼠标从QEMU中解放出来。然后点击"×"，关闭QEMU窗口。

虽然今天的结果还不能让人满意，但天色已经很晚了，就先到此为止吧。原因嘛，让我们来思考一夜。但不论怎么说，键盘的中断设定已经成功了，至于鼠标的问题，肯定也能很快找到原因的。我们明天再继续吧。

第7天

FIFO与鼠标控制

- ❏ 获取按键编码（harib04a）
- ❏ 加快中断处理（harib04b）
- ❏ 制作FIFO缓冲区（harib04c）
- ❏ 改善FIFO缓冲区（harib04d）
- ❏ 整理FIFO缓冲区（harib04e）
- ❏ 总算讲到鼠标了（harib04f）
- ❏ 从鼠标接收数据（harib04g）

1　获取按键编码（harib04a）

今天我们继续加油吧。鼠标不动的原因已经大体弄清楚了，主要是由于设定不到位。但是，在解决鼠标问题之前，还是先利用键盘多练练手，这样更易于鼠标问题的理解。

现在，只要在键盘上按一个键，就会在屏幕上显示出信息，其他的我们什么都做不了。我们将程序改善一下，让程序在按下一个键后不结束，而是把所按键的编码在画面上显示出来，这样就可以切实完成中断处理程序了。

我们要修改的，是int.c程序中的inthandler21函数，具体如下：

int.c节选

```
#define PORT_KEYDAT        0x0060

void inthandler21(int *esp)
{
    struct BOOTINFO *binfo = (struct BOOTINFO *) ADR_BOOTINFO;
    unsigned char data, s[4];
    io_out8(PIC0_OCW2, 0x61);    /* 通知PIC"IRQ-01已经受理完毕" */
    data = io_in8(PORT_KEYDAT);

    sprintf(s, "%02X", data);
    boxfill8(binfo->vram, binfo->scrnx, COL8_008484, 0, 16, 15, 31);
    putfonts8_asc(binfo->vram, binfo->scrnx, 0, 16, COL8_FFFFFF, s);
```

```
    return;
}
```

■■■■■

首先请把目光转移到 "io_out8(PIC0_OCW2, 0x61);" 这句话上。这句话用来通知PIC "已经知道发生了IRQ1中断哦"。如果是IRQ3，则写成0x63。也就是说，将 "0x60+IRQ号码" 输出给OCW2就可以。执行这句话之后，PIC继续时刻监视IRQ1中断是否发生。反过来，如果忘记了执行这句话，PIC就不再监视IRQ1中断，不管下次由键盘输入什么信息，系统都感知不到了。详情可参阅以下网页：

http://community.osdev.info/?(PIC) 8259A

相关内容在最下面的 "致偷懒者"（ものぐさなあなたのために）附近。

必须重启对于中断的监视

下面我们应该注意，从编号为0x0060的设备输入的8位信息是按键编码。编号为0x0060的设备就是键盘。为什么是0x0060呀？要想搞懂这个问题，还是得问IBM的大叔们这都是他们定的，笔者也不太清楚原因。不过这个号码是从下面这个网页查到的。

http://community.osdev.info/?(AT) keyboard

■■■■■

程序所完成的，是将接收到的按键编码显示在画面上，然后结束中断处理。这里没什么难点……那好，我们运行一下"make run"。然后按下"A"键，哦，按键编码乖乖地显示出来了！

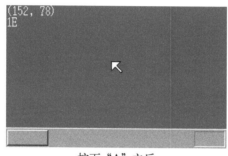

按下"A"之后

大家可以做各种尝试，比如按下"B"键，按下回车键等。键按下去之后，随即就会显示出一个数字（十六进制）来，键松开之后也会显示出一个数字。所以，计算机不光知道什么时候按下了键，还知道什么时候把键松开了。这种特性最适合于开发游戏了。不错不错，心满意足。

2　加快中断处理（harib04b）

程序做出来了，大家心情肯定很好，但其实这个程序里有一个问题，那就是字符显示的内容被放在了中断处理程序中。

所谓中断处理，基本上就是打断CPU本来的工作，加塞要求进行处理，所以必须完成得干净利索。而且中断处理进行期间，不再接受别的中断。所以如果处理键盘的中断速度太慢，就会出现鼠标的运动不连贯、不能从网上接收数据等情况，这都是我们不希望看到的。

另一方面，字符显示是要花大块时间来进行的处理。仅仅画一个字符，就要执行8×16=128次if语句，来判定是否要往VRAM里描画该像素。如果判定为描画该像素，还要执行内存写入指令。而且为确定具体往内存的哪个地方写，还要做很多地址计算。这些事情，在我们看来，或许只是一瞬间的事，但在计算机看来，可不是这样。

谁也不知道其他中断会在哪个瞬间到来。事实上，很可能在键盘输入的同时，就有数据正在从网上下载，而PIC正在等待键盘中断处理的结束。

■■■■■

那该如何是好呢？结论很简单，就是先将按键的编码接收下来，保存到变量里，然后由HariMain偶尔去查看这个变量。如果发现有了数据，就把它显示出来。我们就这样试试吧。

int.c节选

```
struct KEYBUF {
    unsigned char data, flag;
};

#define PORT_KEYDAT     0x0060

struct KEYBUF keybuf;

void inthandler21(int *esp)
{
    unsigned char data;
    io_out8(PIC0_OCW2, 0x61);     /* 通知PIC IRQ-01已经受理完毕 */
    data = io_in8(PORT_KEYDAT);
    if (keybuf.flag == 0) {
        keybuf.data = data;
        keybuf.flag = 1;
    }
    return;
}
```

我们先完成了上面的程序。考虑到键盘输入时需要缓冲区，我们定义了一个构造体，命名为keybuf。其中的flag变量用于表示这个缓冲区是否为空。如果flag是0，表示缓冲区为空；如果flag是1，就表示缓冲区中存有数据。那么，如果缓冲区中存有数据，而这时又来了一个中断，那该怎么办呢？这没办法，我们暂时不做任何处理，权且把这个数据扔掉。

■■■■■

下面让我们看看bootpack.c的HariMain函数吧。我们对最后的io_halt里的无限循环进行了如下修改。

bootpack.c中HariMain函数的节选

```
    for (;;) {
        io_cli();
        if (keybuf.flag == 0) {
            io_stihlt();
        } else {
            i = keybuf.data;
            keybuf.flag = 0;
            io_sti();
            sprintf(s, "%02X", i);
            boxfill8(binfo->vram, binfo->scrnx, COL8_008484, 0, 16, 15, 31);
```

```
        putfonts8_asc(binfo->vram, binfo->scrnx, 0, 16, COL8_FFFFFF, s);
    }
}
```

　　开始先用io_cli指令屏蔽中断。为什么这时要屏蔽中断呢？因为在执行其后的处理时，如果有中断进来，那可就乱套了。我们先将中断屏蔽掉，去看一看keybuf.flag的值是什么。

　　如果flag的值是0，就说明键还没有被按下，keybuf.data里没有值保存进来。在keybuf.data里有值被保存进来之前，我们无事可做，所以干脆就去执行io_hlt。但是，由于已经执行io_cli屏蔽了中断，如果就这样去执行HLT指令的话，即使有什么键被按下，程序也不会有任何反应。所以STI和HLT两个指令都要执行，而执行这两个指令的函数就是io_stihlt[1]。执行HLT指令以后，如果收到了PIC的通知，CPU就会被唤醒。这样，CPU首先会去执行中断处理程序。中断处理程序执行完以后，又回到for语句的开头，再执行io_cli函数。

　　继续往后读程序，我们能找到else语句。它一定要跟在if语句后面，意思是说只有在if语句中的条件不满足时，才能执行else后面花括号中的语句。如果通过中断处理函数在keybuf.data里存入了按键编码，else语句就会被执行。先将这个键码（keybuf.data）值保存到变量i里，然后将flag置为0表示把键码值清为空，最后再通过io_sti语句开放中断。虽然如果在keybuf操作当中有中断进来会造成混乱，但现在keybuf.data的值已经保存完毕，再开放中断也就没关系了。最后，就可以在中断已经开放的情形下，优哉游哉地显示字符了。

　　回过头来看一看，可以发现，其实在屏蔽中断期间所做的处理非常少，中断处理程序本身做的事情也非常少，而这正是我们所期待的。真棒！如果我们坚持这么做，不但中断很少会被遗漏，而且最后完成的操作系统也会非常利索。

▪▪▪▪▪

　　我们赶紧来测试一下吧。运行"make run"。哦，像以前一样，能够顺利执行……但是，发生了一点儿小问题。请按下键盘的右Ctrl键看看。不管是按下，还是松开，屏幕上显示的都是"E0"。哎？我们再试试harib04a，看看情况如何。结果按下去时显示"1D"，松开时显示"9D"。怎么回事？与harib04a结果不一样就意味着哪儿出了问题。

　　通过查资料[2]得知，当按下右Ctrl键时，会产生两个字节的键码值"E0 1D"，而松开这个键之后，会产生两个字节的键码值"E0 9D"。在一次产生两个字节键码值的情况下，因为键盘内部电路一次只能发送一个字节，所以一次按键就会产生两次中断，第一次中断时发送E0，第二次中断时发送1D。

---

　　① 可能有人会认为，不做这个函数，而是用"io_sti();io_hlt();"不也行吗？但是，实际上这样写有点问题。如果io_sti()之后产生了中断，keybuf里就会存入数据，这时候让CPU进入HLT状态，keybuf里存入的数据就不会被觉察到。根据CPU的规范，机器语言的STI指令之后，如果紧跟着HLT指令，那么就暂不受理这两条指令之间的中断，而要等到HLT指令之后才受理，所以使用io_stihlt函数就能克服这一问题。

　　② http://community.osdev.info/?(AT)keyboard

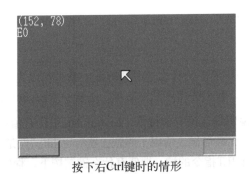

按下右Ctrl键时的情形

在harib04a中，以上两次中断所发送的值都能收到，瞬间显示E0之后，紧接着又显示1D或是9D。而在harib04b中，HariMain函数在收到E0之前，又收到前一次按键产生的1D或者9D，而这个字节被舍弃了。

■■■■■

这么一说，可能有人会觉得还是以前的harib04a更好。但是在harib04a中，键盘控制器（设备号码0x0060）是在"想去厕所，快要忍不住了"（=屏蔽中断的状态）的情况下，等待着程序的处理，才勉强得到这样看起来还不错的结果。但这对于硬件来讲，实在有点太勉为其难了。在harib04b程序中，硬件没有负担，不会憋得肚子疼，只是笔者这里写的程序还是不够好，好不容易接收到的数据，没能很好地利用起来。

所以，我们来修改一下程序，让它再聪明点儿。

3 制作 FIFO 缓冲区（harib04c）

问题到底出在哪儿呢？在于笔者所创建的缓冲区，它只能存储一个字节。如果做一个能够存储多字节的缓冲区，那么它就不会马上存满，这个问题也就解决了。

最简单的解决方案是像下面这样增加变量。

```
struct KEYBUF {
    unsigned char data1, data2, data3, data4, ...
};
```

但这样一来，程序就变长了，所以将它写成下面这样：

```
struct KEYBUF {
    unsigned char data[4];
};
```

当我们使用这些缓冲区的时候，可以写成data[0]、data[1]等。至于创建得是否正常，那就是后话了。

说起缓冲，我们在讲栈的时候，曾讲过FIFO、FILO等，这次我们需要的是FIFO型。为什么呢？如果输入的是ABC，输出的时候，却把顺序搞反了，写成CBA，那可就麻烦了。所以需要按照输入数据的顺序输出数据。

根据这种思路，我们制作了以下程序：

int.c节选

```
struct KEYBUF {
    unsigned char data[32];
    int next;
};

void inthandler21(int *esp)
{
    unsigned char data;
    io_out8(PIC0_OCW2, 0x61);    /* 通知PIC IRQ-01已经受理完毕 */
    data = io_in8(PORT_KEYDAT);
    if (keybuf.next < 32) {
        keybuf.data[keybuf.next] = data;
        keybuf.next++;
    }
    return;
}
```

keybuf.next的起始点是"0"，所以最初存储的数据是keybuf.data[0]。下一个数据是keybuf.data[1]，接着是[2]，依此类推，一共有32个存储位置。

下一个存储位置用变量next来管理。next，就是"下一个"的意思。这样就可以记住32个数据，而不会溢出。但是为了保险起见，next的值变成32之后，就舍去不要了。

■■■■■

取得数据的程序如下所示。

```
for (;;) {
    io_cli();
    if (keybuf.next == 0) {
        io_stihlt();
    } else {
        i = keybuf.data[0];
        keybuf.next--;
        for (j = 0; j < keybuf.next; j++) {
            keybuf.data[j] = keybuf.data[j + 1];
        }
        io_sti();
        sprintf(s, "%02X", i);
        boxfill8(binfo->vram, binfo->scrnx, COL8_008484, 0, 16, 15, 31);
        putfonts8_asc(binfo->vram, binfo->scrnx, 0, 16, COL8_FFFFFF, s);
```

```
        }
    }
```

如果next不是0，则说明至少有一个数据。最开始的一个数据肯定是放在data[0]中的，将这个数存入到变量i中去。这样，数就减少了一个，所以将next减去1。

接下来的for语句，我们用下图来说明它所完成的工作。

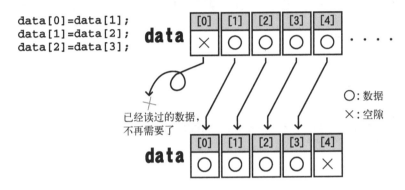

像上面这样，数据的存放位置全部都向前移送了一个位置。如果不移送的话，下一次就不能从data[0]读入数据了。

▬▬▬▬▬

那好，我们赶紧测试一下，看看能不能正常运行。"make run"，按下右Ctrl键，哦，运行正常！

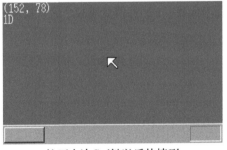

按下右边Ctrl键以后的情形

虽然现在想说这个程序已经OK了，但实际上还是有问题。还有些地方还不尽如人意。inthandler21可以了，完全没有问题。有问题的是HariMain。说得具体一点，是从data[0]取得数据后有关数据移送的处理不能让人满意。

像这种移送数据的处理，一般说来也就不超过3个，基本上没有什么问题。但运气不好的时候，我们可能需要移送多达32个数据。虽然这远比显示字符所需的128个像素要少，但要是有办法避免这种操作的话，当然是最好不过了。

数据移送处理本身并没有什么不好，只是在禁止中断的期间里做数据移送处理有问题。但如果在数据移送处理前就允许中断的话，会搞乱要处理的数据，这当然不行。那该怎么办才好呢？接下来的harib04d章节就要讲述这个问题了。

4　改善 FIFO 缓冲区（harib04d）

能不能开发一个不需要数据移送操作的FIFO型缓冲区呢？答案是可以的。因为我们有个技巧可以用。

这个技巧的基本思路是，不仅要维护下一个要写入数据的位置，还要维护下一个要读出数据的位置。这就好像数据读出位置在追着数据写入位置跑一样。这样做就不需要数据移送操作了。数据读出位置追上数据写入位置的时候，就相当于缓冲区为空，没有数据。这种方式很好嘛！

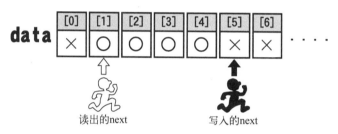

但是这样的缓冲区使用了一段时间以后，下一个数据写入位置会变成31，而这时下一个数据读出位置可能已经是29或30什么的了。当下一个写入位置变成32的时候，就走到死胡同了。因为下面没地方可以写入数据了。

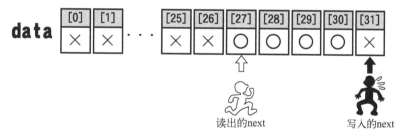

如果当下一个数据写入位置到达缓冲区终点时，数据读出位置也恰好到达缓冲区的终点，也就是说缓冲区正好变空，那还好说。我们只要将下一个数据写入位置和下一个数据读出位置都再置为0就行了，就像转回去从头再来一样。

但是总还是会有数据读出位置没有追上数据写入位置的情况。这时，又不得不进行数据移送操作。原来每次都要进行数据移送，而现在不用每次都做，当然值得高兴，但问题是这样一来，用户会说："有时候操作系统的反应不好。这系统不行啊。" 嗯，我们还是想尽可能避免所有的数据移送操作。

　　如果将缓冲区扩展到256字节，的确可以减少移位操作的次数，但是不能从根本上解决问题。

■■■■■

　　仔细想来，当下一个数据写入位置到达缓冲区最末尾时，缓冲区开头部分应该已经变空了（如果还没有变空，说明数据读出跟不上数据写入，只能把部分数据扔掉了）。因此如果下一个数据写入位置到了32以后，就强制性地将它设置为0。这样一来，下一个数据写入位置就跑到了下一个数据读出位置的后面，让人觉得怪怪的。但这无关紧要，没什么问题。

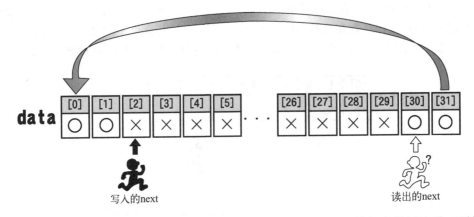

　　对下一个数据读出位置也做同样的处理，一旦到了32以后，就把它设置为从0开始继续读取数据。这样32字节的缓冲区就能一圈一圈地不停循环，长久使用。数据移送操作一次都不需要。打个比方，这就好像打开一张世界地图，一直向右走的话，会在环绕地球一周后，又从左边出来。这样一来，这个缓冲区虽然只有32字节，可只要不溢出的话，它就能够持续使用下去。

■■■■■

　　如果不是很理解以上说明的话，可以看看程序，一看就能会明白。

bootpack.h节选

```
struct KEYBUF {
    unsigned char data[32];
    int next_r, next_w, len;
};
```

　　变量len是指缓冲区能记录多少字节的数据。

int.c节选

```
void inthandler21(int *esp)
{
    unsigned char data;
```

```
io_out8(PIC0_OCW2, 0x61);    /* 通知 IRQ-01已经受理完毕 */
data = io_in8(PORT_KEYDAT);
if (keybuf.len < 32) {
    keybuf.data[keybuf.next_w] = data;
    keybuf.len++;
    keybuf.next_w++;
    if (keybuf.next_w == 32) {
        keybuf.next_w = 0;
    }
}
return;
}
```

以上无非是将我们的说明写成了程序而已，并没什么难点。倒不如这样说，正是因为看了以上程序，大家才能搞清楚笔者想要说什么。读出数据的程序如下：

```
for (;;) {
    io_cli();
    if (keybuf.len == 0) {
        io_stihlt();
    } else {
        i = keybuf.data[keybuf.next_r];
        keybuf.len--;
        keybuf.next_r++;
        if (keybuf.next_r == 32) {
            keybuf.next_r = 0;
        }
        io_sti();
        sprintf(s, "%02X", i);
        boxfill8(binfo->vram, binfo->scrnx, COL8_008484, 0, 16, 15, 31);
        putfonts8_asc(binfo->vram, binfo->scrnx, 0, 16, COL8_FFFFFF, s);
    }
}
```

看吧，没有任何数据移送操作。这个缓冲区可以记录大量数据，执行速度又快，真是太棒啦。我们测试一下，运行"make run"，当然能正常运行。耶!

5 整理 FIFO 缓冲区（harib04e）

本来正说着键盘中断的话题，中间却插进来一大段关于FIFO缓冲区基本结构的介绍，不过既然这样，我们就来整理一下，让它具有一些通用性，在别的地方也能发挥作用。所谓"别的地方"，是指什么地方呢？当然是鼠标啦。鼠标只要稍微动一动，就会连续发送3个字节的数据。……事实上这次我们之所以先做键盘的程序，就是想拿键盘来练习一下FIFO和中断。因为如果一上来就做鼠标程序，数据来得太多，又要取出来进行处理，会让人手忙脚乱，不知所措。

首先我们将结构做成以下这样。

```
struct FIFO8 {
    unsigned char *buf;
    int p, q, size, free, flags;
};
```

如果我们将缓冲区大小固定为32字节的话，以后改起来就不方便了，所以把它定义成可变的，几个字节都行。缓冲区的总字节数保存在变量size里。变量free用于保存缓冲区里没有数据的字节数。缓冲区的地址当然也必须保存下来，我们把它保存在变量buf里。p代表下一个数据写入地址（next_w），q代表下一个数据读出地址（next_r）。

fifo.c的fifo8_init函数

```
void fifo8_init(struct FIFO8 *fifo, int size, unsigned char *buf)
/* 初始化FIFO缓冲区 */
{
    fifo->size = size;
    fifo->buf = buf;
    fifo->free = size; /* 缓冲区的大小 */
    fifo->flags = 0;
    fifo->p = 0; /* 下一个数据写入位置 */
    fifo->q = 0; /* 下一个数据读出位置 */
    return;
}
```

fifo8_init是结构的初始化函数，用来设定各种初始值，也就是设定FIFO8结构的地址以及与结构有关的各种参数。更具体的说明就不用了吧。

fifo.c的fifo8_put函数

```
#define FLAGS_OVERRUN      0x0001

int fifo8_put(struct FIFO8 *fifo, unsigned char data)
/* 向FIFO传送数据并保存 */
{
    if (fifo->free == 0) {
        /* 空余没有了，溢出 */
        fifo->flags |= FLAGS_OVERRUN;
        return -1;
    }
    fifo->buf[fifo->p] = data;
    fifo->p++;
    if (fifo->p == fifo->size) {
        fifo->p = 0;
    }
    fifo->free--;
    return 0;
}
```

fifo8_put是往FIFO缓冲区存储1字节信息的函数。以前如果溢出了，就什么也不做。但这次，笔者想："如果能够事后确认是否发生了溢出，不是更好吗？"所以就用flags这一变量来记录是否溢出。至于其他内容，只是写法上稍有变化而已。

　　啊，要说这里出现的新东西，可能就是return语句后面跟着数字的写法了吧。如果有人调用以上函数，写出类似于"i = fifo8_put（fifo, data）;"这种语句时，我们就可以通过这种方式指定赋给i的值。为了能够简单明了地确认到底有没有发生溢出，笔者将它设定为–1或0，分别表示有溢出和没有溢出这两种情况。

fifo.c的fifo8_get函数

```
int fifo8_get(struct FIFO8 *fifo)
/* 从FIFO取得一个数据 */
{
    int data;
    if (fifo->free == fifo->size) {
        /* 如果缓冲区为空，则返回 -1 */
        return -1;
    }
    data = fifo->buf[fifo->q];
    fifo->q++;
    if (fifo->q == fifo->size) {
        fifo->q = 0;
    }
    fifo->free++;
    return data;
}
```

　　fifo8_get是从FIFO缓冲区取出1字节的函数。这个应该不用再讲了吧。

fifo.c的fifo8_status函数

```
int fifo8_status(struct FIFO8 *fifo)
/* 报告一下到底积攒了多少数据 */
{
    return fifo->size - fifo->free;
}
```

　　这是附赠的函数fifo8_status，它能够用来调查缓冲的状态。status的意思是"状态"。

　　笔者把以上这几个函数总结后写在了程序fifo.c里。

■■■■■

　　使用以上函数写成了下面的程序段。

int.c节选

```
struct FIFO8 keyfifo;

void inthandler21(int *esp)
{
```

```
    unsigned char data;
    io_out8(PIC0_OCW2, 0x61);      /* 通知PIC，说IRQ-01的受理已经完成 */
    data = io_in8(PORT_KEYDAT);
    fifo8_put(&keyfifo, data);
    return;
}
```

这段程序看起来非常清晰，12行变成了5行。在fifo8_put的参数里，有一个"&"符号，这可不是AND运算符，而是取地址运算符，用它可以取得结构体变量的地址值。变量名的前面加上&，就成了取地址运算符。这稍微有点复杂。fifo8_put接收的第一个参数是内存地址，与之匹配，这里调用时传递的第一个参数也要是内存地址。

MariMain函数内容如下所示：

```
char s[40], mcursor[256], keybuf[32];

fifo8_init(&keyfifo, 32, keybuf);

for (;;) {
    io_cli();
    if (fifo8_status(&keyfifo) == 0) {
        io_stihlt();
    } else {
        i = fifo8_get(&keyfifo);
        io_sti();
        sprintf(s, "%02X", i);
        boxfill8(binfo->vram, binfo->scrnx, COL8_008484, 0, 16, 15, 31);
        putfonts8_asc(binfo->vram, binfo->scrnx, 0, 16, COL8_FFFFFF, s);
    }
}
```

这段程序简洁而清晰。for语句的内容被精简掉了5行呀。当然，程序运行肯定也没问题。不信的话，可以用"make run"测试一下（当然，信的话更要试试啦）。看，运行正常！

6 总算讲到鼠标了（harib04f）

现在到了让大家期待已久的讲解鼠标的时间了。首先说一说，为什么虽然我们的电脑连着有鼠标，却一直不能用的原因。

从计算机不算短暂的历史来看，鼠标这种装置属于新兴一族。早期的计算机一般都不配置鼠标。一个很明显的证据就是，现在我们要讲的分配给鼠标的中断号码，是IRQ12，这已经是一个很大的数字了。与键盘的IRQ1比起来，那可差了好多代了。

所以，当鼠标刚刚作为计算机的一个外部设备开始使用的时候，几乎所有的操作系统都不支持它。在这种情况下，如果只是稍微动一动鼠标就产生中断的话，那在使用那些操作系统的时候，就只好先把鼠标拔掉了。IBM的大叔们认为，这对于使用计算机的人来说是很不方便的。所以，虽然在主板上做了鼠标用的电路，但只要不执行激活鼠标的指令，就不产生鼠标的中断信号(1)。

所谓不产生中断信号，也就是说，即使从鼠标传来了数据，CPU也不会接收。这样的话，鼠标也就没必要送数据了，否则倒会引起电路的混乱。所以，处于初期状态的鼠标，不管是滑动操作也好，点击操作也好，都没有反应(2)。

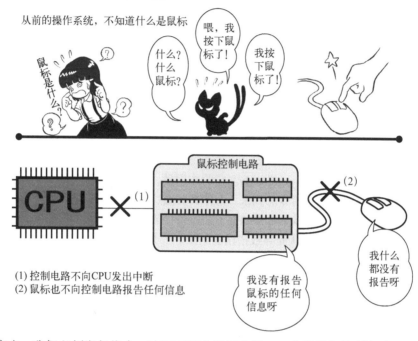

(1) 控制电路不向CPU发出中断
(2) 鼠标也不向控制电路报告任何信息

总而言之，我们必须发行指令，让下面两个装置有效，一个是鼠标控制电路，一个是鼠标本身。通过上面的说明，大家应该已经明白了，要先让鼠标控制电路有效。如果先让鼠标有效了，那时控制电路还没准备好数据就来了，可就麻烦了，因为控制电路还处理不了。

■■■■■

现在来说说控制电路的设定。事实上，鼠标控制电路包含在键盘控制电路里，如果键盘控制电路的初始化正常完成，鼠标电路控制器的激活也就完成了。

bootpack.c节选

```
#define PORT_KEYDAT            0x0060
#define PORT_KEYSTA            0x0064
#define PORT_KEYCMD            0x0064
#define KEYSTA_SEND_NOTREADY   0x02
#define KEYCMD_WRITE_MODE      0x60
#define KBC_MODE               0x47

void wait_KBC_sendready(void)
{
```

```
    /* 等待键盘控制电路准备完毕 */
    for (;;) {
        if ((io_in8(PORT_KEYSTA) & KEYSTA_SEND_NOTREADY) == 0) {
            break;
        }
    }
    return;
}

void init_keyboard(void)
{
    /* 初始化键盘控制电路 */
    wait_KBC_sendready();
    io_out8(PORT_KEYCMD, KEYCMD_WRITE_MODE);
    wait_KBC_sendready();
    io_out8(PORT_KEYDAT, KBC_MODE);
    return;
}
```

　　首先我们来看函数wait_KBC_sendready。它的作用是，让键盘控制电路（keyboard controller, KBC）做好准备动作，等待控制指令的到来。为什么要做这个工作呢？是因为虽然CPU的电路很快，但键盘控制电路却没有那么快。如果CPU不顾设备接收数据的能力，只是一个劲儿地发指令的话，有些指令会得不到执行，从而导致错误的结果。如果键盘控制电路可以接受CPU指令了，CPU从设备号码0x0064处所读取的数据的倒数第二位（从低位开始数的第二位）应该是0。在确认到这一位是0之前，程序一直通过for语句循环查询。

　　break语句是从for循环中强制退出的语句。退出以后，只有return语句在那里等待执行，所以，把这里的break语句换写成return语句，结果一样。

　　下面看函数init_keyboard。它所要完成的工作很简单，也就是一边确认可否往键盘控制电路传送信息，一边发送模式设定指令，指令中包含着要设定为何种模式。模式设定的指令是0x60，利用鼠标模式的模式号码是0x47，当然这些数值必须通过调查才能知道。我们可以从老地方[1]得到这些数据。

　　这样，如果在HariMain函数调用init_keyboard函数，鼠标控制电路的准备就完成了。

■■■■■

　　现在，我们开始发送激活鼠标的指令。所谓发送鼠标激活指令，归根到底还是要向键盘控制器发送指令。

bootpack.c节选

```
#define KEYCMD_SENDTO_MOUSE     0xd4
#define MOUSECMD_ENABLE         0xf4
```

---

　　[1] http://community.osdev.info/?ifno(AT)keyboard

```
void enable_mouse(void)
{
    /* 激活鼠标 */
    wait_KBC_sendready();
    io_out8(PORT_KEYCMD, KEYCMD_SENDTO_MOUSE);
    wait_KBC_sendready();
    io_out8(PORT_KEYDAT, MOUSECMD_ENABLE);
    return; /* 顺利的话,键盘控制其会返送回ACK(0xfa)*/
}
```

这个函数与init_keyboard函数非常相似。不同点仅在于写入的数据不同。如果往键盘控制电路发送指令0xd4，下一个数据就会自动发送给鼠标。我们根据这一特性来发送激活鼠标的指令。

另一方面，一直等着机会露脸的鼠标先生，收到激活指令以后，马上就给CPU发送答复信息："OK，从现在开始就要不停地发送鼠标信息了，拜托了。"这个答复信息就是0xfa。

因为这个数据马上就跟着来了，即使我们保持鼠标完全不动，也一定会产生一个鼠标中断。

■■■■■

所以，我们将enable_mouse也做成了从HariMain中调用的形式。好，我们马上测试一下。运行"make run"。

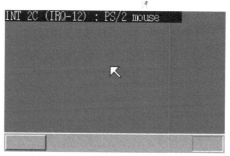

鼠标中断终于来了

鼠标中断终于出来了。这可是很了不起的进步哟。

7 从鼠标接受数据（harib04g）

既然中断已经来了，现在就让我们取出中断数据吧。前面已经说过，鼠标和键盘的原理几乎相同，所以程序也就非常相似。

int.c节选

```
struct FIFO8 mousefifo;

void inthandler2c(int *esp)
```

```
/* 来自PS/2鼠标的中断 */
{
    unsigned char data;
    io_out8(PIC1_OCW2, 0x64);    /* 通知PIC1 IRQ-12的受理已经完成 */
    io_out8(PIC0_OCW2, 0x62);    /* 通知PIC0 IRQ-02的受理已经完成 */
    data = io_in8(PORT_KEYDAT);
    fifo8_put(&mousefifo, data);
    return;
}
```

不同之处只有送给PIC的中断受理通知。IRQ-12是从PIC的第4号（从PIC相当于IRQ-08～IRQ-15），首先要通知IRQ-12受理已完成，然后再通知主PIC。这是因为主/从PIC的协调不能够自动完成，如果程序不教给主PIC该怎么做，它就会忽视从PIC的下一个中断请求。从PIC连接到主PIC的第2号上，这么做OK。

■■■■■

下面的鼠标数据取得方法，居然与键盘完全相同。这不是笔者的失误，而是事实。也许是因为键盘控制电路中含有鼠标控制电路，才造成了这种结果。至于传到这个设备的数据，究竟是来自键盘还是鼠标，要靠中断号码来区分。

取得数据的程序如下所示：

bootpack.c节选

```
    fifo8_init(&mousefifo, 128, mousebuf);

    for (;;) {
        io_cli();
        if (fifo8_status(&keyfifo) + fifo8_status(&mousefifo) == 0) {
            io_stihlt();
        } else {
            if (fifo8_status(&keyfifo) != 0) {
                i = fifo8_get(&keyfifo);
                io_sti();
                sprintf(s, "%02X", i);
                boxfill8(binfo->vram, binfo->scrnx, COL8_008484,  0, 16, 15, 31);
                putfonts8_asc(binfo->vram, binfo->scrnx, 0, 16, COL8_FFFFFF, s);
            } else if (fifo8_status(&mousefifo) != 0) {
                i = fifo8_get(&mousefifo);
                io_sti();
                sprintf(s, "%02X", i);
                boxfill8(binfo->vram, binfo->scrnx, COL8_008484, 32, 16, 47, 31);
                putfonts8_asc(binfo->vram, binfo->scrnx, 32, 16, COL8_FFFFFF, s);
            }
        }
    }
```

因为鼠标往往会比键盘更快地送出大量数据，所以我们将它的FIFO缓冲区增加到了128字节。这样，就算是一下子来了很多数据，也不会溢出。

取得数据的程序中，如果键盘和鼠标的FIFO缓冲区都为空了，就执行HLT。如果不是两者都空，就先检查keyinfo，如果有数据，就取出一个显示出来。如果keyinfo是空，就再去检查mouseinfo，如果有数据，就取出一个显示出来。很简单吧。

到底能不能执行呢？好紧张呀。我们来测试一下。运行"make run"。

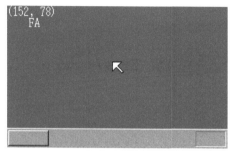

启动刚完成时

就像上面那样，最初只显示鼠标发送过来的数据，且内容的确是FA。

随便滚动鼠标一下，就会像下面这样显示出各种各样的数据来。

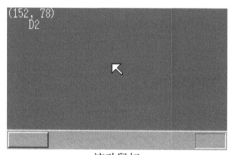

滚动鼠标

如果按下键盘，当然会像以前一样，正常响应。

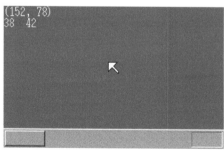

按下键盘之后

看，运行得很正常很不错呀。

好了，今天我们做的事已经不少了，就先到这吧。明天我们来解读鼠标数据，让鼠标指针在屏幕上动起来。真期待呀。啊，今天就不要再往下读了哦。先睡觉，明天再继续，好吧？

第 8 天

鼠标控制与32位模式切换

1 鼠标解读（1）（harib05a）

好，现在我们已经能从鼠标取得数据了。紧接着的问题是要解读这些数据，调查鼠标是怎么移动的，然后结合鼠标的动作，让鼠标指针相应地动起来。这说起来简单，但做起来呢……事实上编起程序来，也很简单。（笑）

我们要先来对bootpack.c的HariMain函数进行一些修改。

这次HariMain的修改部分

```
unsigned char mouse_dbuf[3], mouse_phase;

enable_mouse();
mouse_phase = 0; /* 进入到等待鼠标的0xfa的状态 */

for (;;) {
    io_cli();
    if (fifo8_status(&keyfifo) + fifo8_status(&mousefifo) == 0) {
        io_stihlt();
    } else {
        if (fifo8_status(&keyfifo) != 0) {
            i = fifo8_get(&keyfifo);
            io_sti();

            sprintf(s, "%02X", i);
            boxfill8(binfo->vram, binfo->scrnx, COL8_008484,  0, 16, 15, 31);
```

```
            putfonts8_asc(binfo->vram, binfo->scrnx, 0, 16, COL8_FFFFFF, s);
        } else if (fifo8_status(&mousefifo) != 0) {
            i = fifo8_get(&mousefifo);
            io_sti();
            if (mouse_phase == 0) {
                /* 等待鼠标的0xfa的状态 */
                if (i == 0xfa) {
                    mouse_phase = 1;
                }
            } else if (mouse_phase == 1) {
                /* 等待鼠标的第一字节 */
                mouse_dbuf[0] = i;
                mouse_phase = 2;
            } else if (mouse_phase == 2) {
                /* 等待鼠标的第二字节 */
                mouse_dbuf[1] = i;
                mouse_phase = 3;
            } else if (mouse_phase == 3) {
                /* 等待鼠标的第三字节 */
                mouse_dbuf[2] = i;
                mouse_phase = 1;
                /* 鼠标的3个字节都齐了，显示出来 */
                sprintf(s, "%02X %02X %02X", mouse_dbuf[0], mouse_dbuf[1], mouse_dbuf[2]);
                boxfill8(binfo->vram, binfo->scrnx, COL8_008484, 32, 16, 32 + 8 * 8 - 1, 31);
                putfonts8_asc(binfo->vram, binfo->scrnx, 32, 16, COL8_FFFFFF, s);
            }
        }
    }
}
```

　　这段程序要做什么事情呢？首先要把最初读到的0xfa舍弃掉。之后，每次从鼠标那里送过来的数据都应该是3个字节一组的，所以每当数据累积到3个字节，就把它显示在屏幕上。

　　变量mouse_phase用来记住接收鼠标数据的工作进展到了什么阶段（phase）。接收到的数据放在mouse_dbuf[0~2]内。

　　其他地方没有什么难点。不过为了让大家看得更清楚，还是在这里写一下。

```
if (mouse_phase == 0) {
    各种处理;
} else if (mouse_phase == 1) {
    各种处理;
} else if (mouse_phase == 2) {
    各种处理;
} else if (mouse_phase == 3) {
    各种处理;
}
```

　　对于不同的mouse_phase值，相应地做各种不同的处理。

■■■■■

我们赶紧运行一下试试看吧。"make run"，然后点击鼠标或者是滚动鼠标，可以看到各种反应。

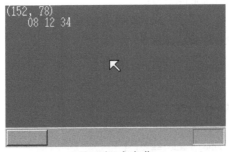

显示出3个字节

屏幕上会出现类似于"08 12 34"之类的3字节数字。如果移动鼠标，这个"08"部分（也就是mouse_dbuf[0]）的"0"那一位，会在0~3的范围内变化。另外，如果只是移动鼠标，08部分的"8"那一位，不会有任何变化，只有当点击鼠标的时候它才会变化。不仅左击有反应，右击和点击中间滚轮时都会有反应。不管怎样点击鼠标，这个值会在8~F之间变化。

上述"12"部分（mouse_dbuf[1]）与鼠标的左右移动有关系，"34"部分（mouse_dbuf[2]）则与鼠标的上下移动有关系。

趁着这个机会，请大家仔细观察一下数字与鼠标动作的关系。我们要利用这些知识去解读这3个字节的数据。

2　稍事整理（harib05b）

HariMain有点乱，我们来整理一下。

修改后的bootpack.c节选

```c
struct MOUSE_DEC {
    unsigned char buf[3], phase;
};

void enable_mouse(struct MOUSE_DEC *mdec);
int mouse_decode(struct MOUSE_DEC *mdec, unsigned char dat);

void HariMain(void)
{
    （中略）
    struct MOUSE_DEC mdec;
    （中略）

    enable_mouse(&mdec);

    for (;;) {
```

```
        io_cli();
        if (fifo8_status(&keyfifo) + fifo8_status(&mousefifo) == 0) {
            io_stihlt();
        } else {
            if (fifo8_status(&keyfifo) != 0) {
                i = fifo8_get(&keyfifo);
                io_sti();
                sprintf(s, "%02X", i);
                boxfill8(binfo->vram, binfo->scrnx, COL8_008484, 0, 16, 15, 31);
                putfonts8_asc(binfo->vram, binfo->scrnx, 0, 16, COL8_FFFFFF, s);
            } else if (fifo8_status(&mousefifo) != 0) {
                i = fifo8_get(&mousefifo);
                io_sti();
                if (mouse_decode(&mdec, i) != 0) {
                    /* 3字节都凑齐了，所以把它们显示出来*/
                    sprintf(s, "%02X %02X %02X", mdec.buf[0], mdec.buf[1], mdec.buf[2]);
                    boxfill8(binfo->vram, binfo->scrnx, COL8_008484, 32, 16, 32 + 8 * 8 - 1, 31);
                    putfonts8_asc(binfo->vram, binfo->scrnx, 32, 16, COL8_FFFFFF, s);
                }
            }
        }
    }
}

void enable_mouse(struct MOUSE_DEC *mdec)
{
    /* 鼠标有效 */
    wait_KBC_sendready();
    io_out8(PORT_KEYCMD, KEYCMD_SENDTO_MOUSE);
    wait_KBC_sendready();
    io_out8(PORT_KEYDAT, MOUSECMD_ENABLE);
    /* 顺利的话，ACK(0xfa)会被送过来 */
    mdec->phase = 0; /* 等待0xfa的阶段 */
    return;
}

int mouse_decode(struct MOUSE_DEC *mdec, unsigned char dat)
{
    if (mdec->phase == 0) {
        /* 等待鼠标的0xfa的阶段 */
        if (dat == 0xfa) {
            mdec->phase = 1;
        }
        return 0;
    }
    if (mdec->phase == 1) {
        /* 等待鼠标第一字节的阶段 */
        mdec->buf[0] = dat;
        mdec->phase = 2;
        return 0;
    }
    if (mdec->phase == 2) {
        /* 等待鼠标第二字节的阶段 */
        mdec->buf[1] = dat;
```

```
        mdec->phase = 3;
        return 0;
    }
    if (mdec->phase == 3) {
        /* 等待鼠标第二字节的阶段 */
        mdec->buf[2] = dat;
        mdec->phase = 1;
        return 1;
    }
    return -1; /* 应该不可能到这里来 */
}
```

上面几乎没有任何新东西。我们创建了一个结构体MOUSE_DEC。DEC是decode的缩写。我们创建这个结构体，是想把解读鼠标所需的变量都归总到一块儿。

在函数enable_mouse的最后，笔者附加了将phase归零的处理。之所以要舍去读到的0xfa，是因为鼠标已经激活了。因此我们进行归零处理也不错。

我们将鼠标的解读从函数HariMain的接收信息处理中剥离出来，放到了mouse_decode函数里，Harimain又回到了清晰的状态。3个字节凑齐后，mouse_decode函数执行"return 1;"，把这些数据显示出来。

测试一下，运行"make run"，没有问题，能正常运行。太好了！

3　鼠标解读（2）（harib05c）

程序已经很清晰了，我们继续解读程序。首先对mouse_decode函数略加修改。

bootpack.c 节选

```
struct MOUSE_DEC {
    unsigned char buf[3], phase;
    int x, y, btn;
};

int mouse_decode(struct MOUSE_DEC *mdec, unsigned char dat)
{
    if (mdec->phase == 0) {
        /* 等待鼠标的0xfa的阶段 */
        if (dat == 0xfa) {
            mdec->phase = 1;
        }
        return 0;
    }
    if (mdec->phase == 1) {
        /* 等待鼠标第一字节的阶段 */
        if ((dat & 0xc8) == 0x08) {
            /* 如果第一字节正确 */
            mdec->buf[0] = dat;
            mdec->phase = 2;
```

```
        }
        return 0;
    }
    if (mdec->phase == 2) {
        /* 等待鼠标第二字节的阶段 */
        mdec->buf[1] = dat;
        mdec->phase = 3;
        return 0;
    }
    if (mdec->phase == 3) {
        /* 等待鼠标第三字节的阶段 */
        mdec->buf[2] = dat;
        mdec->phase = 1;
        mdec->btn = mdec->buf[0] & 0x07;
        mdec->x = mdec->buf[1];
        mdec->y = mdec->buf[2];
        if ((mdec->buf[0] & 0x10) != 0) {
            mdec->x |= 0xffffff00;
        }
        if ((mdec->buf[0] & 0x20) != 0) {
            mdec->y |= 0xffffff00;
        }
        mdec->y = - mdec->y; /* 鼠标的y方向与画面符号相反 */
        return 1;
    }
    return -1; /* 应该不会到这儿来 */
}
```

■■■■■

结构体里增加的几个变量用于存放解读结果。这几个变量是x、y和btn，分别用于存放移动信息和鼠标按键状态。

另外，笔者还修改了if（mdec->phase==1）语句。这个if语句，用于判断第一字节对移动有反应的部分是否在0～3的范围内；同时还要判断第一字节对点击有反应的部分是否在8～F的范围内。如果这个字节的数据不在以上范围内，它就会被舍去。

虽说基本上不这么做也行，但鼠标连线偶尔也会有接触不良、即将断线的可能，这时就会产生不该有的数据丢失，这样一来数据会错开一个字节。数据一旦错位，就不能顺利解读，那问题可就大了。而如果添加上对第一字节的检查，就算出了问题，鼠标也只是动作上略有失误，很快就能纠正过来，所以笔者加上了这项检查。

■■■■■

最后的if（mdec->phase==3）部分，是解读处理的核心。鼠标键的状态，放在buf[0]的低3位，我们只取出这3位。十六进制的0x07相当于二进制的0000 0111，因此通过与运算（＆），可以很顺利地取出低3位的值。

x和y，基本上是直接使用buf[1]和buf[2]，但是需要使用第一字节中对鼠标移动有反应的几位（参考第一节的叙述）信息，将x和y的第8位及第8位以后全部都设成1，或全部都保留为0。这样就能正确地解读x和y。

在解读处理的最后，对y的符号进行了取反的操作。这是因为，鼠标与屏幕的y方向正好相反，为了配合画面方向，就对y符号进行了取反操作。

■■■■■

这样，鼠标数据的解读就完成了。现在我们来修改一下显示部分。

HariMain 节选

```
} else if (fifo8_status(&mousefifo) != 0) {
    i = fifo8_get(&mousefifo);
    io_sti();
    if (mouse_decode(&mdec, i) != 0) {
        /* 数据的3字节都齐了，显示出来 */

        sprintf(s, "[lcr %4d %4d]", mdec.x, mdec.y);
        if ((mdec.btn & 0x01) != 0) {
            s[1] = 'L';
        }
        if ((mdec.btn & 0x02) != 0) {
            s[3] = 'R';
        }
        if ((mdec.btn & 0x04) != 0) {
            s[2] = 'C';
        }
        boxfill8(binfo->vram, binfo->scrnx, COL8_008484, 32, 16, 32 + 15 * 8 - 1, 31);
        putfonts8_asc(binfo->vram, binfo->scrnx, 32, 16, COL8_FFFFFF, s);
    }
}
```

虽然程序中会检查mdec.btn的值，用3个if语句将s的值置换成相应的字符串，不过这一部分，暂时先不要管了。这样，程序就变成以下这样。

```
sprintf(s, "[lcr %4d %4d]", mdec.x, mdec.y);
boxfill8(binfo->vram, binfo->scrnx, COL8_008484, 32, 16, 32 + 15 * 8 - 1, 31);
putfonts8_asc(binfo->vram, binfo->scrnx, 32, 16, COL8_FFFFFF, s);
```

这与以前的程序很相似，仅仅用来显示字符串。现在加上刚才的if语句：

```
if ((mdec.btn & 0x01) != 0) {
    s[1] = 'L';
}
```

这行程序的意思是，如果mdec.btn的最低位是1，就把s的第2个字符（注：第1个字符是s[0]）换成'L'。这就是将小写字符置换成大写字符。其他的if语句也都这样理解吧。

■■■■■

执行一下看看。

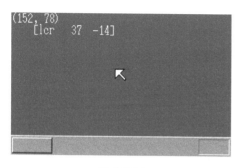

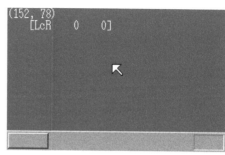

移动鼠标　　　　　　　　　　　　　点击鼠标

反应都很正常，心情大好。

4　移动鼠标指针（harib05d）

鼠标的解读部分已经完成了，我们再改一改图形显示部分，让鼠标指针在屏幕上动起来。

HariMain 节选

```
    } else if (fifo8_status(&mousefifo) != 0) {
        i = fifo8_get(&mousefifo);
        io_sti();
        if (mouse_decode(&mdec, i) != 0) {
            /* 数据的3个字节都齐了，显示出来  */
            sprintf(s, "[lcr %4d %4d]", mdec.x, mdec.y);
            if ((mdec.btn & 0x01) != 0) {
                s[1] = 'L';
            }
            if ((mdec.btn & 0x02) != 0) {
                s[3] = 'R';
            }
            if ((mdec.btn & 0x04) != 0) {
                s[2] = 'C';
            }
            boxfill8(binfo->vram, binfo->scrnx, COL8_008484, 32, 16, 32 + 15 * 8 - 1, 31);
            putfonts8_asc(binfo->vram, binfo->scrnx, 32, 16, COL8_FFFFFF, s);
            /* 鼠标指针的移动 */
            boxfill8(binfo->vram, binfo->scrnx, COL8_008484, mx, my, mx + 15, my + 15); /* 隐藏鼠标 */
            mx += mdec.x;
            my += mdec.y;
            if (mx < 0) {
                mx = 0;
            }
            if (my < 0) {
```

8

```
        my = 0;
    }
    if (mx > binfo->scrnx - 16) {
        mx = binfo->scrnx - 16;
    }
    if (my > binfo->scrny - 16) {
        my = binfo->scrny - 16;
    }
    sprintf(s, "(%3d, %3d)", mx, my);
    boxfill8(binfo->vram, binfo->scrnx, COL8_008484, 0, 0, 79, 15);   /* 隐藏坐标  */
    putfonts8_asc(binfo->vram, binfo->scrnx, 0, 0, COL8_FFFFFF, s);   /* 显示坐标 */
    putblock8_8(binfo->vram, binfo->scrnx, 16, 16, mx, my, mcursor, 16);  /* 描画鼠标 */
    }
}
```

这次修改的程序，到 /* 鼠标指针的移动 */ 之前为止，与以前相同，不再解释大家应该也明白。

■■■■■

至于其以后的部分，则是先隐藏掉鼠标指针，然后在鼠标指针的坐标上，加上解读得到的位移量。"mx += mdec.x;" 是 "mx = mx + mdec.x;" 的省略形式。因为不能让鼠标指针跑到屏幕外面去，所以进行了调整，调整后重新显示鼠标坐标，鼠标指针也会重新描画。

好了，我们来测试一下，运行 "make run"。然后晃一晃鼠标，结果如下：

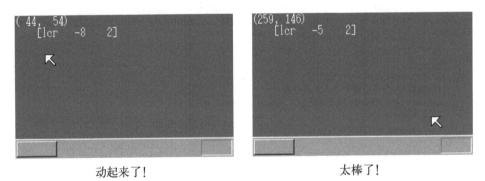

动起来了！   太棒了！

鼠标指针总算动起来了！经过长期的艰苦奋战，终于胜利了。为了让鼠标指针能动起来，我们从第 5 天的下午就开始准备，到第 8 天下午才完成。

但也正是因为经过这番苦战，我们既完成了 GDT/IDT/PIC 的初始化，又学会了自由使用栈和 FIFO 缓冲区，还学会了处理键盘中断。接下来就会轻松很多。

心里实在很高兴，于是多动了几下鼠标。嗯？

只要鼠标一接触到装饰在屏幕下部的任务栏，就会变成下页图那样。这是因为我们没有考虑到叠加处理，所以画面就出问题了。这个话题留到以后再说，今天剩下的时间，笔者想解说一下 asmhead.nas。

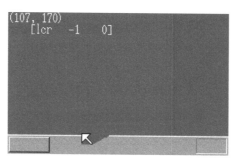

啊，糟糕！

5　通往 32 位模式之路

我们一直都没有说明asmhead.nas中的如同谜一样的大约100行程序。等笔者回过神儿来，已经到了可以说明的时候了。现在就是个好机会，我们来具体看看。

在没有说明的这段程序中，最开始做的事情如下：

---
asmhead.nas节选

```
;  PIC关闭一切中断
;    根据AT兼容机的规格，如果要初始化PIC，
;    必须在CLI之前进行，否则有时会挂起。
;    随后进行PIC的初始化。

        MOV     AL,0xff
        OUT     0x21,AL
        NOP                         ; 如果连续执行OUT指令，有些机种会无法正常运行
        OUT     0xa1,AL

        CLI                         ; 禁止CPU级别的中断
```

这段程序等同于以下内容的C程序。

```
io_out(PIC0_IMR, 0xff); /* 禁止主PIC的全部中断 */
io_out(PIC1_IMR, 0xff); /* 禁止从PIC的全部中断 */
io_cli(); /* 禁止CPU级别的中断*/
```

如果当CPU进行模式转换时进来了中断信号，那可就麻烦了。而且，后来还要进行PIC的初始化，初始化时也不允许有中断发生。所以，我们要把中断全部屏蔽掉。

顺便说一下，NOP指令什么都不做，它只是让CPU休息一个时钟长的时间。

■■■■■

再往下看，会看到以下部分。

asmhead.nas节选（续）

```
; 为了让CPU能够访问1MB以上的内存空间，设定A20GATE

        CALL    waitkbdout
        MOV     AL,0xd1
        OUT     0x64,AL
        CALL    waitkbdout
        MOV     AL,0xdf          ; enable A20
        OUT     0x60,AL
        CALL    waitkbdout
```

这里的waitkbdout，等同于wait_KBC_sendready（以后还会详细说明）。这段程序在C语言里的写法大致如下：

```
#define KEYCMD_WRITE_OUTPORT     0xd1
#define KBC_OUTPORT_A20G_ENABLE 0xdf

    /* A20GATE的设定 */
    wait_KBC_sendready();
    io_out8(PORT_KEYCMD, KEYCMD_WRITE_OUTPORT);
    wait_KBC_sendready();
    io_out8(PORT_KEYDAT, KBC_OUTPORT_A20G_ENABLE);
    wait_KBC_sendready(); /* 这句话是为了等待完成执行指令 */
```

程序的基本结构与init_keyboard完全相同，功能仅仅是往键盘控制电路发送指令。

这里发送的指令，是指令键盘控制电路的附属端口输出0xdf。这个附属端口，连接着主板上的很多地方，通过这个端口发送不同的指令，就可以实现各种各样的控制功能。

这次输出0xdf所要完成的功能，是让A20GATE信号线变成ON的状态。这条信号线的作用是什么呢？它能使内存的1MB以上的部分变成可使用状态。最初出现电脑的时候，CPU只有16位模式，所以内存最大也只有1MB。后来CPU变聪明了，可以使用很大的内存了。但为了兼容旧版的操作系统，在执行激活指令之前，电路被限制为只能使用1MB内存。和鼠标的情况很类似哟。A20GATE信号线正是用来使这个电路停止从而让所有内存都可以使用的东西。

最后还有一点，"wait_KBC_sendready();"是多余的。在此之后，虽然不会往键盘送命令，但仍然要等到下一个命令能够送来为止。这是为了等待A20GATE的处理切实完成。

■■■■■

我们再往下看。

asmhead.nas节选 (续)

```
; 切换到保护模式

[INSTRSET "i486p"]                 ; "想要使用486指令"的叙述
```

```
        LGDT    [GDTR0]              ; 设定临时GDT
        MOV     EAX,CR0
        AND     EAX,0x7fffffff       ; 设bit31为0（为了禁止分页）
        OR      EAX,0x00000001       ; 设bit0为1（为了切换到保护模式）
        MOV     CR0,EAX
        JMP     pipelineflush

pipelineflush:
        MOV     AX,1*8               ; 可读写的段 32bit
        MOV     DS,AX
        MOV     ES,AX
        MOV     FS,AX
        MOV     GS,AX
        MOV     SS,AX
```

INSTRSET指令，是为了能够使用386以后的LGDT，EAX，CR0等关键字。

LGDT指令，不管三七二十一，把随意准备的GDT给读进来。对于这个暂定的GDT，我们以后还要重新设置。然后将CR0这一特殊的32位寄存器的值代入EAX，并将最高位置为0，最低位置为1，再将这个值返回给CR0寄存器。这样就完成了模式转换，进入到不用颁的保护模式。CR0，也就是control register 0，是一个非常重要的寄存器，只有操作系统才能操作它。

保护模式[1]与先前的16位模式不同，段寄存器的解释不是16倍，而是能够使用GDT。这里的"保护"，来自英文的"protect"。在这种模式下，应用程序既不能随便改变段的设定，又不能使用操作系统专用的段。操作系统受到CPU的保护，所以称为保护模式。

在保护模式中，有带保护的16位模式，和带保护的32位模式两种。我们要使用的，是带保护的32位模式。

讲解CPU的书上会写到，通过代入CR0而切换到保护模式时，要马上执行JMP指令。所以我们也执行这一指令。为什么要执行JMP指令呢？因为变成保护模式后，机器语言的解释要发生变化。CPU为了加快指令的执行速度而使用了管道（pipeline）这一机制，就是说，前一条指令还在执行的时候，就开始解释下一条甚至是再下一条指令。因为模式变了，就要重新解释一遍，所以加入了JMP指令。

而且在程序中，进入保护模式以后，段寄存器的意思也变了（不再是乘以16后再加算的意思了），除了CS以外所有段寄存器的值都从0x0000变成了0x0008。CS保持原状是因为如果CS也变了，会造成混乱，所以只有CS要放到后面再处理。0x0008，相当于"gdt + 1"的段。

■■■■■

我们再往下读程序。

---

[1] 本来的说法应该是"protected virtual address mode"，翻译过来就是"受保护的虚拟内存地址模式"。与此相对，从前的16位模式称为"real mode"，它是"real address mode"的省略形式，翻译过来就是"实际地址模式"。这些术语中的"virtual"，"real"的区别在于计算内存地址时，是使用段寄存器的值直接指定地址值的一部分呢，还是通过GDT使用段寄存器的值指定并非实际存在的地址号码。

asmhead.nas节选（续）

```
; bootpack的转送

        MOV     ESI,bootpack      ; 转送源
        MOV     EDI,BOTPAK        ; 转送目的地
        MOV     ECX,512*1024/4
        CALL    memcpy

; 磁盘数据最终转送到它本来的位置去

; 首先从启动扇区开始

        MOV     ESI,0x7c00        ; 转送源
        MOV     EDI,DSKCAC        ; 转送目的地
        MOV     ECX,512/4
        CALL    memcpy

; 所有剩下的

        MOV     ESI,DSKCAC0+512   ; 转送源
        MOV     EDI,DSKCAC+512    ; 转送目的地
        MOV     ECX,0
        MOV     CL,BYTE [CYLS]
        IMUL    ECX,512*18*2/4    ; 从柱面数变换为字节数/4
        SUB     ECX,512/4         ; 减去 IPL
        CALL    memcpy
```

简单来说，这部分程序只是在调用memcpy函数。为了让大家掌握这段程序的大意，我们将这段程序写成了C语言形式。虽然写法本身可能不很正确，但有助于大家抓住程序的中心思想。

```
memcpy(bootpack,     BOTPAK,     512*1024/4);
memcpy(0x7c00,       DSKCAC,     512/4      );
memcpy(DSKCAC0+512, DSKCAC+512, cyls * 512*18*2/4 - 512/4);
```

函数memcpy是复制内存的函数，语法如下：

memcpy(转送源地址，转送目的地址，转送数据的大小）；

转送数据大小是以双字为单位的，所以数据大小用字节数除以4来指定。在上面3个memcpy语句中，我们先来看看中间一句。

memcpy(0x7c00, DSKCAC, 512/4）；

DSKCAC是0x00100000，所以上面这句话的意思就是从0x7c00复制512字节到0x00100000。这正好是将启动扇区复制到1MB以后的内存去的意思。下一个memcpy语句：

memcpy(DSKCAC0+512, DSKCAC+512, cyls * 512*18*2/4-512/4）；

它的意思就是将始于0x00008200的磁盘内容，复制到0x00100200那里。

上文中"转送数据大小"的计算有点复杂，因为它是以柱面数来计算的，所以需要减去启动区的那一部分长度。这样始于0x00100000的内存部分，就与磁盘的内容相吻合了。顺便说一下，IMUL[1]是乘法运算，SUB[2]是减法运算。它们与ADD（加法）运算同属一类。

现在我们还没说明的函数就只有有程序开始处的memcpy了。bootpack是asmhead.nas的最后一个标签。haribote.sys是通过asmhead.bin和bootpack.hrb连接起来而生成的（可以通过Makefile确认），所以asmhead结束的地方，紧接着串连着bootpack.hrb最前面的部分。

```
memcpy(bootpack, BOTPAK, 512*1024/4);
```
    → 从bootpack的地址开始的512KB内容复制到0x00280000号地址去。

这就是将bootpack.hrb复制到0x00280000号地址的处理。为什么是512KB呢？这是我们酌情考虑而决定的。内存多一些不会产生什么问题，所以这个长度要比bootpack.hrb的长度大出很多。

■■■■■

后面还剩50行程序，我们继续往下看。

asmhead.nas节选（续）

```
; 必须由asmhead来完成的工作，至此全部完毕
;     以后就交由bootpack来完成

; bootpack的启动

        MOV     EBX,BOTPAK
        MOV     ECX,[EBX+16]
        ADD     ECX,3           ; ECX += 3;
        SHR     ECX,2           ; ECX /= 4;
        JZ      skip            ; 没有要转送的东西时
        MOV     ESI,[EBX+20]    ; 转送源
        ADD     ESI,EBX
        MOV     EDI,[EBX+12]    ; 转送目的地
        CALL    memcpy
skip:
        MOV     ESP,[EBX+12]    ; 栈初始值
        JMP     DWORD 2*8:0x0000001b
```

结果我们仍然只是在做memcpy。它对bootpack.hrb的header（头部内容）进行解析，将执行所必需的数据传送过去。EBX里代入的是BOTPAK，所以值如下：

[EBX + 16]......bootpack.hrb之后的第16号地址。值是0x11a8

[EBX + 20]......bootpack.hrb之后的第20号地址。值是0x10c8

---

① IMUL，来自英文"integer multipule"（整数乘法）。

② SUB，来自英文"substract"（减法）。

[EBX + 12]......bootpack.hrb之后的第12号地址。值是0x00310000

上面这些值，是我们通过二进制编辑器，打开harib05d的bootpack.hrb后确认的。这些值因harib的版本不同而有所变化。

SHR指令是向右移位指令，相当于 "ECX >>=2;"，与除以4有着相同的效果。因为二进制的数右移1位，值就变成了1/2；左移1位，值就变成了2倍。这可能不太容易理解。还是拿我们熟悉的十进制来思考一下吧。十进制的时候，向右移动1位，值就变成了1/10（比如120 → 12）；向左移动1位，值就变成了10倍（比如3 → 30）。二进制也是一样。所以，向右移动2位，正好与除以4有着同样的效果。

JZ是条件跳转指令，来自英文jump if zero，根据前一个计算结果是否为0来决定是否跳转。在这里，根据SHR的结果，如果ECX变成了0，就跳转到skip那里去。在harib05d里，ECX没有变成0，所以不跳转。

而最终这个memcpy到底用来做什么事情呢？它会将bootpack.hrb第0x10c8字节开始的0x11a8字节复制到0x00310000号地址去。大家可能不明白为什么要做这种处理，但这个问题，必须要等到 "纸娃娃系统" 的应用程序讲完之后才能讲清楚，所以大家现在不懂也没关系，我们以后还会说明的。

最后将0x310000代入到ESP里，然后用一个特别的JMP指令，将2 * 8代入到CS里，同时移动到0x1b号地址。这里的0x1b号地址是指第2个段的0x1b号地址。第2个段的基地址是0x280000，所以实际上是从0x28001b开始执行的。这也就是bootpack.hrb的0x1b号地址。

这样就开始执行bootpack.hrb了。

■■■■■

下面要讲的内容可能有点偏离主题，但笔者还是想介绍一下 "纸娃娃系统" 的内存分布图。

```
0x00000000 - 0x000fffff ：虽然在启动中会多次使用，但之后就变空。（1MB）
0x00100000 - 0x00267fff ：用于保存软盘的内容。（1440KB）
0x00268000 - 0x0026f7ff ：空（30KB）
0x0026f800 - 0x0026ffff ：IDT （2KB）
0x00270000 - 0x0027ffff ：GDT （64KB）
0x00280000 - 0x002fffff ：bootpack.hrb（512KB）
0x00300000 - 0x003fffff ：栈及其他（1MB）
0x00400000 -           ：空
```

这个内存分布图当然是笔者所做出来的。为什么要做成这呢？其实也没有什么特别的理由，觉得这样还行，跟着感觉走就决定了。另外，虽然没有明写，但在最初的1MB范围内，还有BIOS，VRAM等内容，也就是说并不是1MB全都空着。

从软盘读出来的东西，之所以要复制到0x00100000号以后的地址，就是因为我们意识中有这个内存分布图。同样，前几天，之所以能够确定正式版的GDT和IDT的地址，也是因为这个内存分布图。

如果一开始就制作内存分布图，那么做起操作系统来就会顺利多了。

■■■■■

关于内存分布图就讲这么多，还是让我们回到asmhead.nas的说明上来吧。

asmhead.nas节选（续）

```
waitkbdout:
        IN      AL,0x64
        AND     AL,0x02
        IN      AL,0x60         ; 空读（为了清空数据接收缓冲区中的垃圾数据）
        JNZ     waitkbdout      ; AND的结果如果不是0，就跳到waitkbdout
        RET
```

这就是waitkbdout所完成的处理。基本上，如前面所说的那样，它与wait_KBC_sendready相同，但也添加了部分处理，就是从0x60号设备进行IN的处理。也就是说，如果控制器里有键盘代码，或者是已经累积了鼠标数据，就顺便把它们读取出来。

JNZ与JZ相反，意思是"jump if not zero"。

■■■■■

只剩下一点点内容了，下面是memcpy程序。

asmhead.nas节选（续）

```
memcpy:
        MOV     EAX,[ESI]
        ADD     ESI,4
        MOV     [EDI],EAX
        ADD     EDI,4
        SUB     ECX,1
        JNZ     memcpy          ; 减法运算的结果如果不是0，就跳转到memcpy
        RET
```

这是复制内存的程序。不用笔者解释，大家也能明白。

■■■■■

最后是剩下来的全部内容。

asmhead.nas节选（续）

```
        ALIGNB   16
GDT0:
        RESB     8                    ; NULL selector
        DW       0xffff,0x0000,0x9200,0x00cf ; 可以读写的段 (segment) 32bit
        DW       0xffff,0x0000,0x9a28,0x0047 ; 可以执行的段 (segment) 32bit (bootpack用)

        DW       0
GDTR0:
        DW       8*3-1
        DD       GDT0

        ALIGNB   16
bootpack:
```

ALIGNB指令的意思是，一直添加DB0，直到时机合适的时候为止。什么是"时机合适"呢？大家可能有点不明白。ALIGNB 16的情况下，地址能被16整除的时候，就称为"时机合适"。如果最初的地址能被16整除，则ALIGNB指令不作任何处理。

如果标签GDT0的地址不是8的整数倍，向段寄存器复制的MOV指令就会慢一些。所以我们插入了ALIGNB指令。但是如果这样，"ALIGNB 8"就够了，用"ALIGNB 16"有点过头了。最后的"bootpack:"之前，也是"时机合适"的状态，所以笔者就适当加了一句"ALIGNB 16"。

GDT0也是一种特定的GDT。0号是空区域（null sector），不能够在那里定义段。1号和2号分别由下式设定。

```
    set_segmdesc(gdt + 1, 0xffffffff,   0x00000000, AR_DATA32_RW);
    set_segmdesc(gdt + 2, LIMIT_BOTPAK, ADR_BOTPAK, AR_CODE32_ER);
```

我们用纸笔事先计算了一下，然后用DW排列了出来。

GDTR0是LGDT指令，意思是通知GDT0说"有了GDT哟"。在GDT0里，写入了16位的段上限，和32位的段起始地址。

■■■■■

到此为止，关于asmhead.nas的说明就结束了。就是说，最初状态时，GDT在asmhead.nas里，并不在0x00270000~0x0027ffff的范围里。IDT连设定都没设定，所以仍处于中断禁止的状态。应当趁着硬件上积累过多数据而产生误动作之前，尽快开放中断，接收数据。

因此，在bootpack.c的HariMain里，应该在进行调色板（palette）的初始化以及画面的准备之前，先赶紧重新创建GDT和IDT，初始化PIC，并执行"io_sti();"。

bootpack.c节选

```
void HariMain(void)
{
    struct BOOTINFO *binfo = (struct BOOTINFO *) ADR_BOOTINFO;
    char s[40], mcursor[256], keybuf[32], mousebuf[128];
    int mx, my, i;
    struct MOUSE_DEC mdec;

    init_gdtidt();
    init_pic();
    io_sti(); /* IDT/PIC的初始化已经完成，于是开放CPU的中断 */
    fifo8_init(&keyfifo, 32, keybuf);
    fifo8_init(&mousefifo, 128, mousebuf);
    io_out8(PIC0_IMR, 0xf9); /* 开放PIC1和键盘中断(11111001) */
    io_out8(PIC1_IMR, 0xef); /* 开放鼠标中断(11101111)   */

    init_keyboard();

    init_palette();
    init_screen8(binfo->vram, binfo->scrnx, binfo->scrny);
```

■■■■■

夜已经深了，今天就到此为止。在考虑明天要做什么的同时，笔者也决定要睡觉了。晚安！

8

第 9 天

内存管理

1 整理源文件（harib06a）

现在我们还残留一个问题，就是鼠标指针的叠加处理不太顺利。不过如果一味进行鼠标处理的话，大家可能很容易腻烦，所以我们今天干点儿别的。鼠标指针的叠加处理问题迟早会解决的，大家不用担心，暂时先忘掉这个事情吧。

那么，今天做什么呢？我们今天就做内存管理吧。好不容易变成了32位模式，终于可以使用电脑的全部内存了，大家肯定也想用一用试试吧。

刚想改造bootpack.c，却发现为了解决鼠标处理问题而大加修改程序导致程序变大了很多，足足有182行。嗯，程序太长了，怎么看都不舒服，所以笔者决定将程序整理一下。

本次的程序整理表

函 数 名	移 动 前	移 动 后
wait_KBC_sendready	bootpack.c	keyboard.c
init_keyboard	bootpack.c	keyboard.c
enable_mouse	bootpack.c	mouse.c
mouse_decode	bootpack.c	mouse.c
inthandler21	init.c	keyboard.c
inthandler2c	init.c	mouse.c

要做的事情很简单，仅仅是把函数写到不同的地方而已。此时，如果不知道哪个函数写在什么地方，可就麻烦了，所以在bootpack.h里还要加上函数声明，在Makefile的"OBJS_BOOTPACK="那里，要将keyboard.obj和mouse.obj也补进去。

我们顺便确认一下运行情况。"make run"，不错不错，还能像以前那样运行。这样bootpack.c就减到了86行。真清爽！

2　内存容量检查（1）（harib06b）

现在我们要进行内存管理了。首先必须要做的事情，是搞清楚内存究竟有多大，范围是到哪里。如果连这一点都搞不清楚的话，内存管理就无从谈起。

在最初启动时，BIOS肯定要检查内存容量，所以只要我们问一问BIOS，就能知道内存容量有多大。但问题是，如果那样做的话，一方面asmhead.nas会变长，另一方面，BIOS版本不同，BIOS函数的调用方法也不相同，麻烦事太多了。所以，笔者想与其如此，不如自己去检查内存。

■■■■■

下面介绍一下做法。

首先，暂时让486以后的CPU的高速缓存（cache）功能无效。回忆一下最初讲的CPU与内存的关系吧。我们说过，内存与CPU的距离地与CPU内部元件要远得多，因此在寄存器内部MOV，要比从寄存器MOV到内存快得多。但另一方面，有一个问题，CPU的记忆力太差了，即使知道内存的速度不行，还不得不频繁使用内存。

考虑到这个问题，英特尔的大叔们在CPU里也加进了一点存储器，它被称为高速缓冲存储器（cache memory）。cache这个词原是指储存粮食弹药等物资的仓库。但是能够跟得上CPU速度的高速存储器价格特别高，一个芯片就有一个CPU那么贵。如果128MB内存全部都用这种高价存储器，预算上肯定受不了。高速缓存，容量只有这个数值的千分之一，也就是128KB左右。高级CPU，也许能有1MB高速缓存，但即便这样，也不过就是128MB的百分之一。

为了有效使用如此稀有的高速缓存，英特尔的大叔们决定，每次访问内存，都要将所访问的地址和内容存入到高速缓存里。也就是存放成这样：18号地址的值是54。如果下次再要用18号地址的内容，CPU就不再读内存了，而是使用高速缓存的信息，马上就能回答出18号地址的内容是54。

往内存里写入数据时也一样，首先更新高速缓存的信息，然后再写入内存。如果先写入内存的话，在等待写入完成的期间，CPU处于空闲状态，这样就会影响速度。所以，先更新缓存，缓存控制电路配合内存的速度，然后再慢慢发送内存写入命令。

观察机器语言的流程会发现，9成以上的时间耗费在循环上。所谓循环，是指程序在同一个地方来回打转。所以，那个地方的内存要一遍又一遍读进来。从第2圈循环开始，那个地方的内存信息已经保存到缓存里了，就不需要执行费时的读取内存操作了，机器语言的执行速度因而得以大幅提高。

另外，就算是变量，也会有像"for(i = 0; i < 100; i++){}"这样，i频繁地被引用，被赋值的情况，最初是0，紧接着是1，下一个就是2。也就是说，要往内存的同一个地址，一次又一次写入不同的值。缓存控制电路观察会这一特性，在写入值不断变化的时候，试图不写入缓慢的内存，而是尽量在缓存内处理。循环处理完成，最终i的值变成100以后，才发送内存写入命令。这样，就省略了99次内存写入命令，CPU几乎不用等就能连续执行机器语言。

386的CPU没有缓存，486的缓存只有8-16KB，但两者的性能就差了6倍以上[①]。286进化到386时，性能可没提高这么多。386进化到486时，除了缓存之外还有别的改善，不能光靠缓存来解释这么大的性能差异，但这个性能差异，居然比16位改良到32位所带来的性能差异还要大，笔者认为这主要应该归功于缓存。

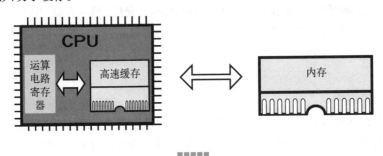

内存检查时，要往内存里随便写入一个值，然后马上读取，来检查读取的值与写入的值是否相等。如果内存连接正常，则写入的值能够记在内存里。如果没连接上，则读出的值肯定是乱七八糟的。方法很简单。但是，如果CPU里加上了缓存会怎么样呢？写入和读出的不是内存，而是缓存。结果，所有的内存都"正常"，检查处理不能完成。

所以，只有在内存检查时才将缓存设为OFF。具体来说，就是先查查CPU是不是在486以上，如果是，就将缓存设为OFF。按照这一思路，我们创建了以下函数memtest。

本次的bootpack.c节选

```
#define EFLAGS_AC_BIT          0x00040000
#define CR0_CACHE_DISABLE      0x60000000

unsigned int memtest(unsigned int start, unsigned int end)
{
    char flg486 = 0;
    unsigned int eflg, cr0, i;
```

---

① 这里用来比较的是386DX-33MHz与486DX4-100MHz（据ICOMP1.0）。

```
/* 确认CPU是386还是486以上的 */
eflg = io_load_eflags();
eflg |= EFLAGS_AC_BIT; /* AC-bit = 1 */
io_store_eflags(eflg);
eflg = io_load_eflags();
if ((eflg & EFLAGS_AC_BIT) != 0) { /* 如果是386，即使设定AC=1，AC的值还会自动回到0 */
    flg486 = 1;
}
eflg &= ~EFLAGS_AC_BIT; /* AC-bit = 0 */
io_store_eflags(eflg);

if (flg486 != 0) {
    cr0 = load_cr0();
    cr0 |= CR0_CACHE_DISABLE; /* 禁止缓存 */
    store_cr0(cr0);
}

i = memtest_sub(start, end);

if (flg486 != 0) {
    cr0 = load_cr0();
    cr0 &= ~CR0_CACHE_DISABLE; /* 允许缓存 */
    store_cr0(cr0);
}

return i;
}
```

最初对EFLAGS进行的处理，是检查CPU是486以上还是386。如果是486以上，EFLAGS寄存器的第18位应该是所谓的AC标志位；如果CPU是386，那么就没有这个标志位，第18位一直是0。这里，我们有意识地把1写入到这一位，然后再读出EFLAGS的值，继而检查AC标志位是否仍为1。最后，将AC标志位重置为0。

将AC标志位重置为0时，用到了AND运算，那里出现了一个运算符"~"，它是取反运算符，就是将所有的位都反转的意思。所以，~EFLAGS_AC_BIT与0xfffbffff一样。

为了禁止缓存，需要对CR0寄存器的某一标志位进行操作。对哪里操作，怎么操作，大家一看程序就能明白。这时，需要用到函数load_cr0和store_cr0，与之前的情况一样，这两个函数不能用C语言写，只能用汇编语言来写，存在naskfunc.nas里。

本次的naskfunc.nas节选

```
_load_cr0:        ; int load_cr0(void);
        MOV       EAX,CR0
        RET

_store_cr0:       ; void store_cr0(int cr0);
        MOV       EAX,[ESP+4]
        MOV       CR0,EAX
        RET
```

■■■■■

另外，memtest_sub函数，是内存检查处理的实现部分。

最开始的memtest_sub

```
unsigned int memtest_sub(unsigned int start, unsigned int end)
{
    unsigned int i, *p, old, pat0 = 0xaa55aa55, pat1 = 0x55aa55aa;
    for (i = start; i <= end; i += 4) {
        p = (unsigned int *) i;
        old = *p;              /* 先记住修改前的值 */
        *p = pat0;             /* 试写 */
        *p ^= 0xffffffff;      /* 反转 */
        if (*p != pat1) {      /* 检查反转结果 */
not_memory:
            *p = old;
            break;
        }
        *p ^= 0xffffffff;      /* 再次反转 */
        if (*p != pat0) {      /* 检查值是否恢复 */
            goto not_memory;
        }
        *p = old;              /* 恢复为修改前的值 */
    }
    return i;
}
```

这个程序所做的是：调查从start地址到end地址的范围内，能够使用的内存的末尾地址。要做的事情很简单。首先如果p不是指针，就不能指定地址去读取内存，所以先执行 "p=i;"。紧接着使用这个p，将原值保存下来（变量old）。接着试写0xaa55aa55，在内存里反转该值，检查结果是否正确[1]。如果正确，就再次反转它，检查一下是否能回复到初始值。最后，使用old变量，将内存的值恢复回去。……如果在某个环节没能恢复成预想的值，那么就在那个环节终止调查，并报告终止时的地址。

关于反转，我们用XOR运算来实现，其运算符是 "^"。"*p ^= 0xffffffff;" 是 "*p = *p^0xffffffff;" 的省略形式。

i的值每次增加4是因为每次要检查4个字节。之所以把变量命名为pat0、pat1是因为这些变量表示测试时所用的几种形式。

■■■■■

笔者试着执行了一下这个程序，发现运行速度特别慢，于是就对memtest_sub做了些改良，不过只修改了最初的部分。

---

[1] 有些机型即便不进行这种检查也不会有问题。但有些机型因为芯片组和主板电路等原因，如果不做这种检查就会直接读出写入的数据，所以要反转一下。

本次的bootpack.c节选

```
unsigned int memtest_sub(unsigned int start, unsigned int end)
{
    unsigned int i, *p, old, pat0 = 0xaa55aa55, pat1 = 0x55aa55aa;
    for (i = start; i <= end; i += 0x1000) {
        p = (unsigned int *) (i + 0xffc);
        old = *p;               /* 先记住修改前的值 */
```

改变的内容只是for语句中i的增值部分以及p的赋值部分。每次只增加4，就要检查全部内存，速度太慢了，所以改成了每次增加0x1000，相当于4KB，这样一来速度就提高了1000倍。p的赋值计算式也变了，这是因为，如果不进行任何改变仍写作"p=i;"的话，程序就会只检查4KB最开头的4个字节。所以要改为"p=i + 0xffc;"，让它只检查末尾的4个字节。

毕竟在系统启动时内存已经被仔细检查过了，所以像这次这样，目的只是确认容量的话，做到如此程度就足够了。甚至可以说每次检查1MB都没什么问题。

■■■■■

那好，下面我们来改造HariMain。添加的程序如下：

本次的bootpack.c节选

```
i = memtest(0x00400000, 0xbfffffff) / (1024 * 1024);
sprintf(s, "memory %dMB", i);
putfonts8_asc(binfo->vram, binfo->scrnx, 0, 32, COL8_FFFFFF, s);
```

暂时先使用以上程序对0x00400000 ~ 0xbfffffff范围的内存进行检查。这个程序最大可以识别3GB范围的内存。0x00400000号以前的内存已经被使用了（参考8.5节的内存分布图），没有内存，程序根本运行不到这里，所以我们没做内存检查。如果以byte或KB为单位来显示结果不容易看明白，所以我们以MB为单位。

也不知道能不能正常运行。如果在QEMU上运行，根据模拟器的设定，内存应该为32MB。运行"make run"。

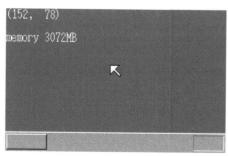

内存容量怎么不对呀？

哎？怎么回事？内存容量怎么不是32MB，而是3072MB？这不就是3GB吗？为什么会失败呢？明明已经将缓冲OFF掉了。

3　内存容量检查（2）（harib06c）

这种做法本身没有问题，笔者在OSASK上确认过，所以看到上述结果很纳闷。这种内存检查方法在很多机型上都能运行，所以笔者非常自信地向大家推荐了它。虽然笔者坚信程序没有问题，可运行结果……

经过多方调查，终于搞清楚了原因。如果我们不用"make run"，而是用"make -r bootpack.nas"来运行的话，就可以确认bootpack.c被编译成了什么样的机器语言。用文本编辑器看一看生成的bootpack.nas会发现，最下边有memtest_sub的编译结果。我们将编译结果列在下面。（为了读起来方便，笔者还添加了注释。）

harib06b中，memtest_sub的编译结果

```
_memtest_sub:
    PUSH    EBP                     ; C编译器的固定语句
    MOV EBP,ESP
    MOV EDX,DWORD [12+EBP]          ; EDX = end;
    MOV EAX,DWORD [8+EBP]           ; EAX = start; /* EAX是i */
    CMP EAX,EDX                     ; if (EAX > EDX) goto L30;
    JA  L30
L36:
L34:
    ADD EAX,4096                    ; EAX += 0x1000;
    CMP EAX,EDX                     ; if (EAX <= EDX) goto L36;
    JBE L36
L30:
    POP EBP                         ; 接收前文中PUSH的EBP
    RET                             ; return;
```

有些细节大家可能不太明白，但是可以跟memtest_sub比较一下。可以发现，以上的编译结果有点不正常。

harib06b中，memtest_sub的内容

```
unsigned int memtest_sub(unsigned int start, unsigned int end)
{
    unsigned int i, *p, old, pat0 = 0xaa55aa55, pat1 = 0x55aa55aa;
    for (i = start; i <= end; i += 0x1000) {
        p = (unsigned int *) (i + 0xffc);
        old = *p;              /* 先记住修改前的值 */
        *p = pat0;             /* 试写 */
        *p ^= 0xffffffff;      /* 反转 */
        if (*p != pat1) {      /* 检查反转结果 */
not_memory:
            *p = old;
            break;
```

```
    }
    *p ^= 0xffffffff;      /* 再次反转 */
    if (*p != pat0) {      /* 检查值是否恢复 */
        goto not_memory;
    }
    *p = old;              /* 恢复为修改前的值 */
    }
    return i;
}
```

大家会发现，编译后没有XOR等指令，而且，好像编译后只剩下了for语句。怪不得显示结果是3GB呢。但是，为什么会这样呢？

■■■■■

笔者开始以为这是C编译器的bug，但仔细查一查，发现并非如此。反倒是编译器太过优秀了。

编译器在编译时，应该是按下面思路考虑问题的。

首先将内存的内容保存到old里，然后写入pat0的值，再反转，最后跟pat1进行比较。这不是肯定相等的吗？if语句不成立，得不到执行，所以把它删掉。怎么？下面还要反转吗？这家伙好像就喜欢反转。这次是不是要比较*p和pat0呀？这不是也肯定相等吗？这些处理不是多余么？为了提高速度，将这部分也删掉吧。这样一来，程序就变成了：

编译器脑中所想的（1）

```
unsigned int memtest_sub(unsigned int start, unsigned int end)
{
    unsigned int i, *p, old, pat0 = 0xaa55aa55, pat1 = 0x55aa55aa;
    for (i = start; i <= end; i += 0x1000) {
        p = (unsigned int *) (i + 0xffc);

        old = *p;              /* 先记住修改前的值*/
        *p = pat0;             /* 试写 */
        *p ^= 0xffffffff;      /* 反转 */
        *p ^= 0xffffffff;      /* 再次反转 */
        *p = old;              /* 恢复为修改前的值 */
    }
    return i;
}
```

反转了两次会变回之前的状态，所以这些处理也可以不要嘛。因此程序就变成了这样：

编译器脑中所想的（2）

```
unsigned int memtest_sub(unsigned int start, unsigned int end)
{
```

```
    unsigned int i, *p, old, pat0 = 0xaa55aa55, pat1 = 0x55aa55aa;
    for (i = start; i <= end; i += 0x1000) {
        p = (unsigned int *) (i + 0xffc);
        old = *p;               /* 先记住修改前的值 */
        *p = pat0;              /* 试写 */
        *p = old;               /* 恢复为修改前的值 */
    }
    return i;
}
```

还有，"*p = pat0;"本来就没有意义嘛。反正要将old的值赋给*p。因此程序就变成了：

编译器脑中所想的（3）

```
unsigned int memtest_sub(unsigned int start, unsigned int end)
{
    unsigned int i, *p, old, pat0 = 0xaa55aa55, pat1 = 0x55aa55aa;
    for (i = start; i <= end; i += 0x1000) {
        p = (unsigned int *) (i + 0xffc);
        old = *p;               /* 先记住修改前的值 */
        *p = old;               /* 恢复为修改前的值 */
    }
    return i;
}
```

这程序是什么嘛？结果，*p里面不是没写进任何内容吗？这有什么意义？

编译器脑中所想的（4）

```
unsigned int memtest_sub(unsigned int start, unsigned int end)
{
    unsigned int i, *p, old, pat0 = 0xaa55aa55, pat1 = 0x55aa55aa;
    for (i = start; i <= end; i += 0x1000) {
        p = (unsigned int *) (i + 0xffc);
    }
    return i;
}
```

这里的地址变量p，虽然计算了地址，却一次也没有用到。这么说来，old、pat0、pat1
也都是用不到的变量。全部都舍弃掉吧。

编译器脑中所想的（5）

```
unsigned int memtest_sub(unsigned int start, unsigned int end)
{
    unsigned int i;
    for (i = start; i <= end; i += 0x1000) { }
    return i;
}
```

好了，这样修改后，速度能提高许多。用户肯定会说："这编译器真好，速度特别快！"

　　根据以上编译器的思路，我们可以看出，它进行了最优化处理。但其实这个工作本来是不需要的。用于应用程序的C编译器，根本想不到会对没有内存的地方进行读写。

　　如果更改编译选项，是可以停止最优化处理的。可是在其他地方，我们还是需要如此考虑周密的最优化处理的，所以不想更改编译选项。那怎样来解决这个问题呢？想来想去，还是觉得很麻烦，于是决定memtest_sub也用汇编来写算了。

　　这次C编译器只是好心干了坏事，但意外的是，它居然会考虑得如此周到、缜密来进行最优化处理……这个编译器真是聪明啊！顺便说一句，这种事偶尔还有的，所以能够看见中途结果很有用。而且懂汇编语言很重要。

■■■■■

　　笔者用汇编语言写的程序列举如下。

本次的naskfunc.nas节选

```
_memtest_sub:      ; unsigned int memtest_sub(unsigned int start, unsigned int end)
        PUSH    EDI                     ;    （由于还要使用EBX, ESI, EDI）
        PUSH    ESI
        PUSH    EBX
        MOV     ESI,0xaa55aa55          ; pat0 = 0xaa55aa55;
        MOV     EDI,0x55aa55aa          ; pat1 = 0x55aa55aa;
        MOV     EAX,[ESP+12+4]          ; i = start;
mts_loop:
        MOV     EBX,EAX
        ADD     EBX,0xffc               ; p = i + 0xffc;
        MOV     EDX,[EBX]               ; old = *p;
        MOV     [EBX],ESI               ; *p = pat0;
        XOR     DWORD [EBX],0xffffffff  ; *p ^= 0xffffffff;
        CMP     EDI,[EBX]               ; if (*p != pat1) goto fin;
        JNE     mts_fin
        XOR     DWORD [EBX],0xffffffff  ; *p ^= 0xffffffff;
        CMP     ESI,[EBX]               ; if (*p != pat0) goto fin;
        JNE     mts_fin
        MOV     [EBX],EDX               ; *p = old;
        ADD     EAX,0x1000              ; i += 0x1000;
        CMP     EAX,[ESP+12+8]          ; if (i <= end) goto mts_loop;
        JBE     mts_loop
        POP     EBX
        POP     ESI
        POP     EDI
        RET
mts_fin:
        MOV     [EBX],EDX               ; *p = old;
        POP     EBX
        POP     ESI
        POP     EDI
        RET
```

笔者好久没写过这么长的汇编程序了。程序里加上了足够的注释，应该很好懂。虽然XOR指令（异或）是第一次出现，不过不用特别解释大家也应该能明白。

那好，我们删除bootpack.c中的memtest_sub函数，运行一下看看。"make run"。结果怎么样呢？

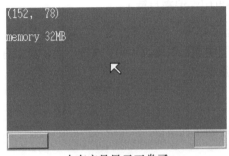

内存容量显示正常了

太好了！现在可以回到内存管理这个正题上来了。

4 挑战内存管理（harib06d）

刚才笔者一个劲儿地说内存管理长，内存管理短的，那到底什么是内存管理呢？为什么要进行内存管理呢？

比如说，假设内存大小是128MB，应用程序A暂时需要100KB，画面控制需要1.2MB……，像这样，操作系统在工作中，有时需要分配一定大小的内存，用完以后又不再需要，这种事会频繁发生。为了应付这些需求，必须恰当管理好哪些内存可以使用（哪些内存空闲），哪些内存不可以使用（正在使用），这就是内存管理。如果不进行管理，系统会变得一塌糊涂，要么不知道哪里可用，要么多个应用程序使用同一地址的内存。

内存管理的基础，一是内存分配，一是内存释放。"现在要启动应用程序B了，需要84KB内存，哪儿空着呢？"如果问内存管理程序这么一个问题，内存管理程序就会给出一个能够自由使用的84KB的内存地址，这就是内存分配。另一方面，"内存使用完了，现在把内存归还给内存管理程序"，这一过程就是内存的释放过程。

■■■■■

先假设有128MB的内存吧。也就是说，有0x08000000个字节。另外我们假设以0x1000个字节（4KB）为单位进行管理。大家会如何管理呢？答案有很多，我们从简单的方法开始介绍。

0x08000000/0x1000 = 0x08000 = 32768，所以首先我们来创建32768字节的区域，可以往其中写入0或者1来标记哪里是空着的，哪里是正在使用的。

```
char a[32768];
for (i = 0; i < 1024; i++) {
    a[i] = 1; /* 一直到4MB为止，标记为正在使用 */
}
for (i = 1024; i < 32768; i++) {
    a[i] = 0; /* 剩下的全部标记为空 */
}
```

比如需要100KB的空间，那么只要从a中找出连续25个标记为0的地方就可以了。

```
j = 0;
再来一次:
for (i = 0; i < 25; i++) {
    if (a[j + i] != 0) {
        j++;
        if (j < 32768 - 25) goto 再来一次;
        "没有可用内存了";
    }
}
"从a[j]到a[j + 24]为止，标记连续为0";
```

如果找到了标记连续为0的地方，暂时将这些地方标记为"正在使用"，然后从j的值计算出对应的地址。这次是以0x1000字节为管理单位的，所以将j放大0x1000倍就行了。

```
for (i = 0; i < 25; i++) {
    a[j + i] = 1;
}
"从 j * 0x1000 开始的100KB空间得到分配";
```

▬▬▬▬▬

如果要释放这部分内存空间，可以像下面这样做。比如，如果遇到这种情况："刚才取得的从0x00123000开始的100KB，已经不用了，现在归还。谢谢你呀。"那该怎么办呢？用地址值除以0x1000，计算出j就可以了。

```
j = 0x00123000 / 0x1000;
for (i = 0; i < 25; i++) {
    a[j + i] = 0;
}
```

很简单吧。以后再有需要内存的时候，这个地方又可以再次被使用了。

▬▬▬▬▬

上面这个方法虽然很好懂，但是有一点问题。如果内存是128MB，管理表只需要32768字节（32KB）；如果内存最大是3GB，管理表是多大呢？0xc0000000 / 0x1000 = 0xc0000 = 786432，也就是说光管理表就需要768KB。当然，虽说768KB不小，但从3GB看来，只不过是0.02%。

事实上，0.02%的比例是与容量没有关系的。用32KB管理128MB时，比例也是0.02%。如果容量是个问题，这个管理表可以不用char来构成，而是使用位（bit）来构成。归根到底，储存的只有0和1，用不了一个字节，一位就够了。这样做，程序会变得复杂些，但是管理表的大小可缩减到原来的1/8。如果是3GB内存，只需要96KB就可以管理整个内存了。这个比例只有0.003%。

我们后面还会讲到，这虽然不是最好的方法，但Windows的软盘管理方法，与这个方法很接近（1.44MB的容量，以512字节为单位分块管理）。

■■■■■

除了这个管理方法之外，还有一种列表管理的方法，是把类似于"从xxx号地址开始的yyy字节的空间是空着的"这种信息都列在表里。

```
struct FREEINFO {    /* 可用状况 */
    unsigned int addr, size;
};

struct MEMMAN {      /* 内存管理 */
    int frees;
    struct FREEINFO free[1000];
};

    struct MEMMAN memman;
    memman.frees = 1; /* 可用状况list中只有1件 */
    memman.free[0].addr = 0x00400000;    /* 从0x00400000号地址开始，有124MB可用 */
    memman.free[0].size = 0x07c00000;
```

大体就是这个样子。之所以有1000个free，是考虑到即使可用内存部分不连续，我们也能写入到这1000个free里。memman是笔者起的名字，代表memory manager。

比如，如果需要100KB的空间，只要查看memman中free的状况，从中找到100MB以上的可用空间就行了。

```
for (i = 0; i < memman.frees; i++) {
    if (memman.free[i].size >= 100 * 1024) {
        "找到可用空间！";
        "从地址memman.free[i].addr开始的100KB空间，可以使用哦！";
    }
}
"没有可用空间";
```

如果找到了可用内存空间，就将这一段信息从"可用内存空间管理表"中删除。这相当于给这一段内存贴上了"正在使用"的标签。

```
memman.free[i].addr += 100 * 1024; /* 可用地址向后推进了100KB */
memman.free[i].size -= 100 * 1024; /* 减去100KB */
```

如果size变成了0，那么这一段可用信息就不再需要了，将这条信息删除，frees减去1就可以了。

释放内存时，增加一条可用信息，frees加1。而且，还要调查一下这段新释放出来的内存，与相邻的可用空间能不能连到一起。如果能连到一起，就把它们归纳为一条。

能够归纳为一条的例子：

free[0]:地址0x00400000号开始，0x00019000字节可用

free[1]:地址0x00419000号开始，0x07be7000字节可用

可以归纳为

free[0]:地址0x00400000号开始，0x07c00000字节可用

如果不将它们归纳为一条，以后系统要求"请给我提供0x07bf0000字节的内存"时，本来有这么多的可用空间，但以先前的查找程序却会找不到。

■■■■■

上述新方法的优点，首先就是占用内存少。memman是8×1000 + 4 = 8004，还不到8KB。与上一种方法的32KB相比，差得可不少。而且，这里的1000是个很充裕的数字。可用空间不可能如此零碎分散（当然，这与内存的使用方法有关）。所以，这个数字或许能降到100。这样的话，只要804字节就能管理128MB的内存了。

如果用这种新方法，就算是管理3GB的内存，也只需要8KB左右就够了。当然，可用内存可能更零碎些，为了安全起见，也可以设定10000条可用区域管理信息。即使这样也只有80KB。

这样新方法，还有其他优点，那就是大块内存的分配和释放都非常迅速。比如我们考虑分配10MB内存的情形。如果按前一种方法，就要写入2560个"内存正在使用"的标记"1"，而释放内存时，要写入2560个"0"。这些都需要花费很长的时间。

另一方面，这种新方法在分配内存时，只要加法运算和减法运算各执行一次就结束了。不管是10MB也好，100MB也好，还是40KB，任何情况都一样。释放内存的时候虽然没那么快，但是与写入2560个"0"相比，速度快得可以用"一瞬间"来形容。

■■■■■

事情总是有两面性的，占用内存少，分配和释放内存速度快，现在看起来全是优点，但是实际上也有缺点，首先是管理程序变复杂了。特别是将可用信息归纳到一起的处理，变得相当复杂。

还有一个缺点是，当可用空间被搞得零零散散，怎么都归纳不到一块儿时，会将1000条可用空间管理信息全部用完。虽然可以认为这几乎不会发生，但也不能保证绝对不能发生。这种情况下，要么做一个更大的MEMMAN，要么就只能割舍掉小块内存。被割舍掉的这部分内存，虽然实际上空着，但是却被误认为正在使用，而再也不能使用。

为了解决这一问题，实际上操作系统想尽了各种办法。有一种办法是，暂时先割舍掉，当memman有空余时，再对使用中的内存进行检查，将割舍掉的那部分内容再捡回来。还有一种方法是，如果可用内存太零碎了，就自动切换到之前那种管理方法。

那么，我们的"纸娃娃系统"（haribote OS）会采用什么办法呢？笔者经过斟酌，采用了这样一种做法，即"割舍掉的东西，只要以后还能找回来，就暂时不去管它。"。如果我们陷在这个问题上不能自拔，花上好几天时间，大家就会厌烦。笔者还是希望大家能开开心心地开发"纸娃娃系统"。而且万一出了问题，到时候我们再回过头来重新修正内存管理程序也可以。

■■■■■

根据这种思路，笔者首先创建了以下程序。

本次的bootpack.c节选

```
#define MEMMAN_FREES        4090      /* 大约是32KB*/

struct FREEINFO {    /* 可用信息 */
    unsigned int addr, size;
};

struct MEMMAN {       /* 内存管理 */
    int frees, maxfrees, lostsize, losts;
    struct FREEINFO free[MEMMAN_FREES];
};

void memman_init(struct MEMMAN *man)
{
    man->frees = 0;          /* 可用信息数目 */
    man->maxfrees = 0;       /* 用于观察可用状况：frees的最大值   */
    man->lostsize = 0;       /* 释放失败的内存的大小总和    */
    man->losts = 0;          /* 释放失败次数 */
    return;
}

unsigned int memman_total(struct MEMMAN *man)
/* 报告空余内存大小的合计 */
{
    unsigned int i, t = 0;
    for (i = 0; i < man->frees; i++) {
        t += man->free[i].size;
    }
    return t;
}
```

```
unsigned int memman_alloc(struct MEMMAN *man, unsigned int size)
/* 分配 */
{
    unsigned int i, a;
    for (i = 0; i < man->frees; i++) {
        if (man->free[i].size >= size) {
            /* 找到了足够大的内存 */
            a = man->free[i].addr;
            man->free[i].addr += size;
            man->free[i].size -= size;
            if (man->free[i].size == 0) {
                /* 如果free[i]变成了0，就减掉一条可用信息 */
                man->frees--;
                for (; i < man->frees; i++) {
                    man->free[i] = man->free[i + 1]; /* 代入结构体 */
                }
            }
            return a;
        }
    }
    return 0; /* 没有可用空间 */
}
```

一开始的struct MEMMAN，只有1000组的话，可能不够。所以，我们创建了4000组，留出不少余量。这样一来，管理空间大约是32KB。其中还有变量maxfrees、lostsize、losts等，这些变量与管理本身没有关系，不用在意它们。如果特别想了解的话，可以看看函数memman_init的注释，里面有介绍。

函数memman_init对memman进行了初始化，设定为空。主要工作，是将frees设为0，而其他的都是附属性设定。这里的init，是initialize（初始化）的缩写。

函数memman_total用来计算可用内存的合计大小并返回。笔者觉得有这个功能应该很方便，所以就创建了这么一个函数。原理很简单，不用解释大家也会明白。total这个英文单词，是"合计"的意思。

最后的memman_alloc函数，功能是分配指定大小的内存。除了free[i].size变为0时的处理以外的部分，在前面已经说过了。alloc是英文allocate（分配）的缩写。在编程中，需要分配内存空间时，常常会使用allocate这个词。

memman_alloc函数中free[i].size等于0的处理，与FIFO缓冲区的处理方法很相似，要进行移位处理。希望大家注意以下写法：

man->free[i].addr = man->free[i+1].addr;

man->free[i].size = man->free[i+1].size;

我们在这里将其归纳为了：

man->free[i] = man->free[i+1];

这种方法被称为结构体赋值，其使用方法如上所示，可以写成简单的形式。

■■■■■

释放内存函数，也就是往memman里追加可用内存信息的函数，稍微有点复杂。

本次的bootpack.c节选

```
int memman_free(struct MEMMAN *man, unsigned int addr, unsigned int size)
/* 释放 */
{
    int i, j;
    /* 为便于归纳内存，将free[]按照addr的顺序排列 */
    /* 所以，先决定应该放在哪里 */
    for (i = 0; i < man->frees; i++) {
        if (man->free[i].addr > addr) {
            break;
        }
    }
    /* free[i - 1].addr < addr < free[i].addr */
    if (i > 0) {
        /* 前面有可用内存 */
        if (man->free[i - 1].addr + man->free[i - 1].size == addr) {

            /* 可以与前面的可用内存归纳到一起 */
            man->free[i - 1].size += size;
            if (i < man->frees) {
                /* 后面也有 */
                if (addr + size == man->free[i].addr) {
                    /* 也可以与后面的可用内存归纳到一起 */
                    man->free[i - 1].size += man->free[i].size;
                    /* man->free[i]删除   */
                    /* free[i]变成0后归纳到前面去 */
                    man->frees--;
                    for (; i < man->frees; i++) {
                        man->free[i] = man->free[i + 1]; /* 结构体赋值 */
                    }
                }
            }
            return 0; /* 成功完成 */
        }
    }
    /* 不能与前面的可用空间归纳到一起 */
    if (i < man->frees) {
        /* 后面还有 */
        if (addr + size == man->free[i].addr) {
            /* 可以与后面的内容归纳到一起 */
            man->free[i].addr = addr;
            man->free[i].size += size;
            return 0; /* 成功完成 */
        }
    }
}
```

```
        /* 既不能与前面归纳到一起, 也不能与后面归纳到一起 */
        if (man->frees < MEMMAN_FREES) {
            /* free[i]之后的, 向后移动, 腾出一点可用空间 */
            for (j = man->frees; j > i; j--) {
                man->free[j] = man->free[j - 1];
            }
            man->frees++;
            if (man->maxfrees < man->frees) {
                man->maxfrees = man->frees; /* 更新最大值 */
            }
            man->free[i].addr = addr;
            man->free[i].size = size;
            return 0; /* 成功完成 */
        }
        /* 不能往后移动 */
        man->losts++;
        man->lostsize += size;
        return -1; /* 失败 */
    }
```

　　程序太长了, 用文字来描述不易于理解, 所以笔者在程序里加了注释。如果理解了以前讲解的原理, 现在只要细细读一读程序, 大家肯定能看懂。

　　另外, 我们前面已经说过, 如果可用信息表满了, 就按照舍去之后带来损失最小的原则进行割舍。但是在这个程序里, 我们并没有对损失程度进行比较, 而是舍去了刚刚进来的可用信息, 这只是为了图个方便。

■■■■■

　　最后, 将这个程序应用于HariMain, 结果就变成了下面这样。写着"（中略）"的部分, 笔者没做修改。

本次的bootpack.c节选

```
#define MEMMAN_ADDR              0x003c0000

void HariMain(void)
{
    （中略）
    unsigned int memtotal;
    struct MEMMAN *memman = (struct MEMMAN *) MEMMAN_ADDR;
    （中略）
    memtotal = memtest(0x00400000, 0xbfffffff);
    memman_init(memman);
    memman_free(memman, 0x00001000, 0x0009e000); /* 0x00001000 - 0x0009efff */
    memman_free(memman, 0x00400000, memtotal - 0x00400000);
    （中略）
    sprintf(s, "memory %dMB   free : %dKB",
            memtotal / (1024 * 1024), memman_total(memman) / 1024);
    putfonts8_asc(binfo->vram, binfo->scrnx, 0, 32, COL8_FFFFFF, s);
```

memman需要32KB，我们暂时决定使用自0x003c0000开始的32KB（0x00300000号地址以后，今后的程序即使有所增加，预计也不会到达0x003c0000，所以我们使用这一数值），然后计算内存总量memtotal，将现在不用的内存以0x1000个字节为单位注册到memman里。最后，显示出合计可用内存容量。在QEMU上执行时，有时会注册成632KB和28MB。632+28672=29304，所以屏幕上会显示出29304KB。

那好，运行一下"make run"看看。哦，运行正常。今天已经很晚了，我们明天继续吧。

能正常显示出29304KB

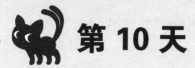

第 10 天

叠加处理

❑ 内存管理（续）（harib07a）
❑ 叠加处理（harib07b）
❑ 提高叠加处理速度（1）（harib07c）
❑ 提高叠加处理速度（2）（harib07d）

1 内存管理（续）（harib07a）

得益于昨天的努力，我们终于可以进行内存管理了。不过仔细一看会注意到，bootpack.c都已经有254行了。笔者感觉这段程序太长了，决定整理一下，分出一部分到memory.c中去。（整理中）……好了，整理完了。现在bootpack.c变成95行了。

为了以后使用起来更加方便，我们还是把这些内存管理函数再整理一下。memman_alloc和memman_free能够以1字节为单位进行内存管理，这种方式虽然不错，但是有一点不足——在反复进行内存分配和内存释放之后，内存中就会出现很多不连续的小段未使用空间，这样就会把man->frees消耗殆尽。

因此，我们要编写一些总是以0x1000字节为单位进行内存分配和释放的函数，它们会把指定的内存大小按0x1000字节为单位向上舍入（roundup），而之所以要以0x1000字节为单位，是因为笔者觉得这个数比较规整。另外，0x1000字节的大小正好是4KB。

本次的*memory.c节选

```
unsigned int memman_alloc_4k(struct MEMMAN *man, unsigned int size)
{
    unsigned int a;
    size = (size + 0xfff) & 0xfffff000;
    a = memman_alloc(man, size);
    return a;
```

```
}

int memman_free_4k(struct MEMMAN *man, unsigned int addr, unsigned int size)
{
    int i;
    size = (size + 0xfff) & 0xfffff000;
    i = memman_free(man, addr, size);
    return i;
}
```

■■■■■

　　下面我们来看看这次增加的部分，这里的关键是向上舍入，可是如果上来就讲向上舍入的话可能不太好懂，所以我们还是先从向下舍入（round down）讲起吧。

　　讲数字问题时，以钱为例大家可能更容易理解，所以我们就用钱来举例说明。比如，把123元以10元为单位进行向下舍入，就是120元；把456元以100元为单位进行向下舍入，就是400元。通过这些例子，你会发现"所谓向下舍入，就是把最后几位数字强制变为0"。

　　所以如果将0x12345678以0x1000为单位进行向下舍入，得到的就应该是0x12345000吧？没错，这就是正确答案。这样一来，用纸笔就可以进行向下舍入运算了。不过，如果我们要写个程序让电脑来做同样的事，那该怎么办才好呢？

　　在二进制下，如果我们想把某位变为0，只要进行"与运算"就可以了，这在4.2节已经介绍过了。而十六进制其实就是把二进制数4位4位地排在一起，所以要想把十六进制的某一位设置为0，同样只进行"与运算"就可以。

　　0x12345678 & 0xfffff000 = 0x12345000

　　因此把变量i中的数字以0x1000为单位进行向下舍入的式子如下：

　　i = i & 0xfffff000;

　　顺便告诉大家一下，以0x10为单位向下舍入的式子是"i = i & 0xfffffff0;"。这样我们就掌握了向下舍入的方法。

■■■■■

　　下面我们来看看向上舍入。如果把123元以10元为单位进行向上舍入，就是130元；把456元以100元为单位进行向上舍入，就是500元。嗯嗯，原来如此，看来先向下舍入，再在它的结果上做个加法运算就可以了。

　　以0x1000为单位对0x12345678进行向上舍入的结果为0x12346000。所以有人可能会问："要是用程序来表达这个过程的话就应该写成这样吧？"

```
i = (i & 0xfffff000) + 0x1000;
```

看起来貌似确实不错，但其实这并不是正确答案。因为如果"i = 0x12345000;"时执行上述命令，结果就变成了"i=0x12346000;"。这当然不对啦。这就相当于，以10元为单位对120元进行向上舍入，结果为130元，但实际上120元向上舍入后应该还是120元。

所以我们要对程序进行改进。具体做法是：先判断最后几位，如果本来就是零则什么也不做，如果不是零就进行下面的运算。

```
if ((i & 0xfff) ! = 0)  { i = (i  & 0xfffff000) + 0x1000;}
```

这样问题就解决了。大功告成。

■■■■■

现在我们可以灵活自由地进行向下舍入和向上舍入了，而实际上向上舍入还有改进的"窍门"，那就是：

```
i  = (i + 0xfff) & 0xfffff000;
```

这是怎么回事呢？实际上这是"加上0xfff后进行向下舍入"的运算。不论最后几位是什么，都可以用这个公式进行向上舍入运算。真的吗？

由于十六进制不易理解，所以我们还是以钱的十进制运算为例来说明吧。如使用这个方法以100元为单位对456元进行向上舍入，就相当于先加上99元再进行向下舍入。456元加上99元是555元，向下舍入后就是500元了。嗯，这方法做出来的答案没错，456元向上舍入的结果确实就是500元。

那么如果对400元进行向上舍入呢？先加上99元，得到499元，再进行向下舍入，结果是400元。看，400元向上舍入的结果还是400元。

这种方法多方便呀，可比if语句什么的好用多了。不过其中的原理是什么呢？其实加上99元就是判断进位，如果最后两位不是00，就要向前进一位，只有当最后两位是00时，才不需要进位。接下来再向下舍入，这样就正好把因为加法运算而改变的后两位设置成00了。看，向上舍入就成功了。

这个技巧并不是笔者想出来的，忘了是从哪本书上看到的。能想到这么做的人真是相当聪明呢。既然有了这么方便的技巧，我们没道理不用，在此笔者大力推荐给大家。而在memman_alloc_4k和memman_free_4k中也大量使用了该技巧。

那么试着"make run"一下吧。可是没有任何反应呀！那当然了，这次做的新函数，还没有被调用呢。

COLUMN-6 十进制数的向下舍入

上面介绍了"与运算"可以应用于二进制数和十六进制数的向下舍入，那么对于我们所熟悉的十进制数的向下舍入，也能使用"与运算"吗？

以0x10为单位对变量i进行向下舍入时，实际上是进行了"i＝i & 0xfffffff0;"处理，可以将它看成"i＝i&(0x100000000 - 0x10);"。同样，以0x100为单位进行向下舍入时，进行的是"i＝i & 0xffffff00;"处理，所以这也可以看成是"i＝i &(0x100000000 - 0x100);"。也就是说，我们好像可以归纳出"i＝i &(0x100000000 - 向下舍入单位);"。

按照以上思路，如果以100为单位对变量i进行向下舍入，就可以按照"i＝i &(0x100000000 - 100);"，即"i＝i & 0xffffff9c;"来处理。但这样做并不成功。假设"i＝123;"，结果是123& 0xffffff9c=24，没有得到我们的预期答案100。

不愿轻易放弃的人可以尝试更多的计算式，不过没有一个能成功，因为不能用"与运算"来进行十进制数的向下舍入处理，"与运算"只能用于二进制数的向下舍入处理。而十六进制数因为是4位4位排在一起的二进制数，所以凑巧成功了。

这倒不是说无法对二进制和十六进制以外的数进行向下舍入处理，只不过是不能使用"与运算"而已。如果允许使用其他方法，一样可以轻松地进行计算。例如"i＝(i / 100)*100;"，只需要先除以100再乘以100就可以了。我们来假设"i=123"，123除以100，结果是1（当整数除以整数时，答案还是整数，所余的数值叫做"余数"），再用1乘以100就得到了我们的预期结果100。再假设"i＝456;"，那么先除以100得到4，再扩大100倍结果就是400，这个答案也是正确的。

我们还可以把计算方法进一步改进一下，写成"i＝i－(i %100);"，意思是用i减去i除以100所得的余数。这种方法只用了除法和减法计算，比既用除法又用乘法要快。

不管采用以上哪种方法，在以2^n（n>0）以外的数为单位进行向下舍入和向上舍入处理时，都必须要使用除法命令，而它恰恰是CPU最不好处理的命令之一，所以计算过程要花费较长的时间（当然，在我们看来是一瞬间就结束了）。而"与"命令是所有CPU命令中速度最快的命令之一，和除法命令相比其执行速度要快10倍到100倍。

由此可见，如果以1000字节或4000字节单位进行内存管理的话，每次分配内存时，都不得不进行繁琐的除法计算。但如果以1024字节或4096字节为单位进行内存管理的话（两者都是在二进制下易于取整的数字。附带说明:0x1000＝4096），在向上舍入的计算中就可以使用"与运算"，这样也能够提高操作系统的运行速度，因此笔者认为这个设计很高明。

2 叠加处理（harib07b）

上一节我们为了转换心情，做了内存管理的探讨，现在还是回过头来，继续解决鼠标的问题吧。从各方面深入思考鼠标的叠加处理确实很有意思，不过考虑到今后我们还面临着窗口的叠加处理问题，所以笔者想做这么一段程序，让它不仅适用于鼠标的叠加处理，也能直接适用于窗口的叠加处理。

■■■■■

其实在画面上进行叠加显示，类似于将绘制了图案的透明图层[①]叠加在一起。

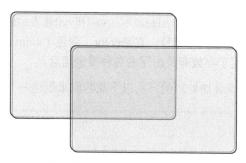

实际上，我们并不是像上面那样仅仅把两张大小相同的图层重叠在一起，而是要从大到小准备很多张图层。

最上面的小图层用来描绘鼠标指针，它下面的几张图层是用来存放窗口的，而最下面的一张图层用来存放桌面壁纸。同时，我们还要通过移动图层的方法实现鼠标指针的移动以及窗口的移动。

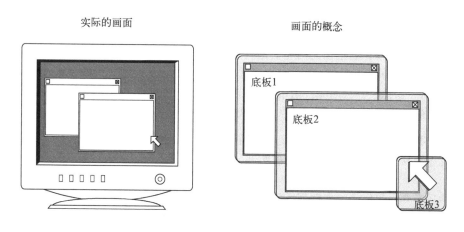

实际的画面　　　　　　　　　　画面的概念

■■■■■

我们想法已经有了，下面就把它们变成程序吧。首先来考虑如何将一个图层的信息编成程序。

[①] 读者朋友如果对图像处理软件中的"层"有所了解，也许脑海中会立刻浮现出这个概念。

```
struct SHEET {
    unsigned char *buf;
    int bxsize, bysize, vx0, vy0, col_inv, height, flags;
};
```

暂时先写成这样就可以了。程序里的sheet这个词，表示"透明图层"的意思。笔者觉得英文里没有和"透明图层"接近的词，就凭感觉选了它。buf是用来记录图层上所描画内容的地址（buffer的略语）。图层的整体大小，用bxsize*bysize表示。vx0和vy0是表示图层在画面上位置的坐标，v是VRAM的略语。col_inv表示透明色色号，它是color（颜色）和invisible（透明）的组合略语。height表示图层高度。Flags用于存放有关图层的各种设定信息。

只有一个图层是不能实现叠加处理的，所以下面我们来创建一个管理多重图层信息的结构。

```
#define MAX_SHEETS      256

struct SHTCTL {
    unsigned char *vram;
    int xsize, ysize, top;
    struct SHEET *sheets[MAX_SHEETS];
    struct SHEET sheets0[MAX_SHEETS];
};
```

我们创建了SHTCTL结构体，其名称来源于sheet control的略语，意思是"图层管理"。MAX_SHEETS是能够管理的最大图层数，这个值设为256应该够用了。

变量vram、xsize、ysize代表VRAM的地址和画面的大小，但如果每次都从BOOTINFO查询的话就太麻烦了，所以在这里预先对它们进行赋值操作。top代表最上面图层的高度。sheets0这个结构体用于存放我们准备的256个图层的信息。而sheets是记忆地址变量的领域，所以相应地也要先准备256份。这是干什么用呢？由于sheets0中的图层顺序混乱，所以我们把它们按照高度进行升序排列，然后将其地址写入sheets中，这样就方便多了。

不知不觉我们已经写了很多了，不过也许个别地方大家还不太明白，与其在这纸上谈兵，不如直接看程序更易于理解。所以前面的说明部分，大家即使不懂也别太在意，先往下看吧。

　　在这里我们稍微说一下结构体吧。内容不难，只是确认大家是不是真正理解了这个概念。struct SHTCTL结构体的内部既有子结构体，又有结构体的指针数组，稍稍有些复杂，不过却是一个不错的例子。

　　我们的这个例子并不是用文字来解说，而是通过图例展示给大家。请大家看看下面这幅图，确认一下是否理解了结构体。

我们提到的图层控制变量中，仅仅sheets0的部分大小就有32×256=8 192，即8KB，如果再加上sheets的话，就超过了9KB。对于空间需要如此大的变量，我们想赶紧使用memman_alloc_4k

来分配内存空间，所以就编写了对内存进行分配和初始化的函数。

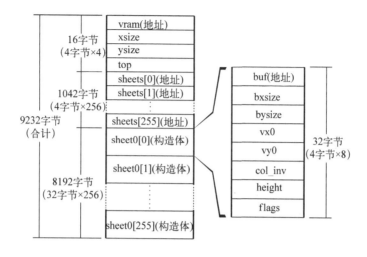

本次的*sheet.c节选

```
struct SHTCTL *shtctl_init(struct MEMMAN *memman, unsigned char *vram, int xsize, int ysize)
{
    struct SHTCTL *ctl;
    int i;
    ctl = (struct SHTCTL *) memman_alloc_4k(memman, sizeof (struct SHTCTL));
    if (ctl == 0) {
        goto err;
    }
    ctl->vram = vram;
    ctl->xsize = xsize;
    ctl->ysize = ysize;
    ctl->top = -1; /*一个SHEET没都有 */
    for (i = 0; i < MAX_SHEETS; i++) {
        ctl->sheets0[i].flags = 0; /* 标记为未使用 */
    }
err:
    return ctl;
}
```

　　这段程序是什么的呢？首先使用memman_alloc_4k来分配用于记忆图层控制变量的内存空间，这时必须指定该变量所占空间的大小，不过我们可以使用sizeof（struct SHTCTL）这种写法，让C编译器自动计算。只要写sizeof（变量型），C编译器就会计算出该变量型所需的字节数。

　　接着，我们给控制变量赋值，给其下的所有图层变量都加上"未使用"标签。做完这一步，这个函数就完成了。

■■■■■

下面我们再做一个函数，用于取得新生成的未使用图层。

本次的*sheet.c节选

```
#define SHEET_USE        1

struct SHEET *sheet_alloc(struct SHTCTL *ctl)
{
    struct SHEET *sht;
    int i;
    for (i = 0; i < MAX_SHEETS; i++) {
        if (ctl->sheets0[i].flags == 0) {
            sht = &ctl->sheets0[i];
            sht->flags = SHEET_USE; /* 标记为正在使用*/
            sht->height = -1; /* 隐藏 */
            return sht;
        }
    }
    return 0;    /* 所有的SHEET都处于正在使用状态*/
}
```

在sheets0[ ]中寻找未使用的图层，如果找到了，就将其标记为"正在使用"，并返回其地址就可以了，这里没有什么难点。高度设为–1，表示图层的高度还没有设置，因而不是显示对象。

程序中出现的&ctl–>sheets0[i]是"ctl–>sheets0[i]的地址"的意思。也就是说，指的是&（ctl–>sheets0[i]），而不是（&ctl）–> sheets0[i]。

■■■■■

本次的*sheet.c节选

```
void sheet_setbuf(struct SHEET *sht, unsigned char *buf, int xsize, int ysize, int col_inv)
{
    sht->buf = buf;
    sht->bxsize = xsize;
    sht->bysize = ysize;
    sht->col_inv = col_inv;
    return;
}
```

这是设定图层的缓冲区大小和透明色的函数，这也没什么难点。

■■■■■

接下来我们写设定底板高度的函数。这稍微有些复杂，所以我们在程序中加入了不少注释。这里的updown就是"上下"的意思。

本次的*sheet.c节选

```
void sheet_updown(struct SHTCTL *ctl, struct SHEET *sht, int height)
{
    int h, old = sht->height; /* 存储设置前的高度信息 */

    /*  如果指定的高度过高或过低，则进行修正 */
    if (height > ctl->top + 1) {
        height = ctl->top + 1;
    }
    if (height < -1) {
        height = -1;
    }
    sht->height = height; /* 设定高度 */

    /* 下面主要是进行sheets[ ]的重新排列 */
    if (old > height) { /* 比以前低 */
        if (height >= 0) {
            /* 把中间的往上提 */
            for (h = old; h > height; h--) {
                ctl->sheets[h] = ctl->sheets[h - 1];
                ctl->sheets[h]->height = h;
            }
            ctl->sheets[height] = sht;
        } else {    /* 隐藏 */
            if (ctl->top > old) {
                /* 把上面的降下来 */
                for (h = old; h < ctl->top; h++) {

                    ctl->sheets[h] = ctl->sheets[h + 1];
                    ctl->sheets[h]->height = h;
                }
            }
            ctl->top--; /* 由于显示中的图层减少了一个，所以最上面的图层高度下降 */
        }
        sheet_refresh(ctl); /* 按新图层的信息重新绘制画面 */
    } else if (old < height) {  /* 比以前高 */
        if (old >= 0) {
            /* 把中间的拉下去 */
            for (h = old; h < height; h++) {
                ctl->sheets[h] = ctl->sheets[h + 1];
                ctl->sheets[h]->height = h;
            }
            ctl->sheets[height] = sht;
        } else {    /* 由隐藏状态转为显示状态 */
            /* 将已在上面的提上来 */
            for (h = ctl->top; h >= height; h--) {
                ctl->sheets[h + 1] = ctl->sheets[h];
                ctl->sheets[h + 1]->height = h + 1;
            }
            ctl->sheets[height] = sht;
            ctl->top++; /* 由于已显示的图层增加了1个，所以最上面的图层高度增加 */
        }
        sheet_refresh(ctl); /* 按新图层信息重新绘制画面 */
```

10

```
    }
    return;
}
```

程序稍稍有些长，不过既然大家能看懂前面的程序，那么这个程序应该也是可以看明白的。每一条语句并不比之前的语句难，只是整个程序变长了而已。最初可能很难看进去，但是如果一直坚持读下去的话，阅读程序的能力就会越来越强。

程序中间有"ctl->sheets[h]->height = h;"这样一句话。两个[->]一起出现估计还是第一次，不过大家应该懂吧。这当然是"(*(*ctl).sheets[h]).height = h;"的意思了。

要是改写为下面这样，就好理解了。

```
struct SHEET *sht2;
sht2 = ctl->sheets[h];
sht2 -> height = h;
```

■■■■■

下面来说说在sheet_updown中使用的sheet_refresh函数。这个函数会从下到上描绘所有的图层。refresh是"刷新"的意思。电视屏幕就是在1秒内完成多帧的描绘才做出动画效果的，这个动作就被称为刷新。而这种对图层的刷新动作，与电视屏幕的动作有些相似，所以我们也给它起名字叫做刷新。

本次的*sheet.c节选

```
void sheet_refresh(struct SHTCTL *ctl)
{
    int h, bx, by, vx, vy;
    unsigned char *buf, c, *vram = ctl->vram;
    struct SHEET *sht;
    for (h = 0; h <= ctl->top; h++) {
        sht = ctl->sheets[h];
        buf = sht->buf;
        for (by = 0; by < sht->bysize; by++) {
            vy = sht->vy0 + by;
            for (bx = 0; bx < sht->bxsize; bx++) {
                vx = sht->vx0 + bx;
                c = buf[by * sht->bxsize + bx];
                if (c != sht->col_inv) {
                    vram[vy * ctl->xsize + vx] = c;
                }
            }
        }
    }
    return;
}
```

对于已设定了高度的所有图层而言，要从下往上，将透明以外的所有像素都复制到VRAM中。由于是从下开始复制，所以最后最上面的内容就留在了画面上。

■■■■■

现在我们来看一下不改变图层高度而只上下左右移动图层的函数——sheet_slide。slide原意是"滑动"，这里指上下左右移动图层。

本次的*sheet.c节选

```
void sheet_slide(struct SHTCTL *ctl, struct SHEET *sht, int vx0, int vy0)
{
    sht->vx0 = vx0;
    sht->vy0 = vy0;
    if (sht->height >= 0) { /* 如果正在显示*/
        sheet_refresh(ctl); /* 按新图层的信息刷新画面 */
    }
    return;
}
```

■■■■■

最后是释放已使用图层的内存的函数sheet_free。这个简单。

本次的*sheet.c节选

```
void sheet_free(struct SHTCTL *ctl, struct SHEET *sht)
{
    if (sht->height >= 0) {
        sheet_updown(ctl, sht, -1); /* 如果处于显示状态，则先设定为隐藏 */
    }
    sht->flags = 0; /* "未使用"标志  */
    return;
}
```

10

■■■■■

下面我们将以上与图层相关的程序汇总到sheet.c中，所以就要改造HariMain函数了。

本次的*bootpack.c节选

```
void HariMain(void)
{
    （中略）
    struct SHTCTL *shtctl;
    struct SHEET *sht_back, *sht_mouse;
    unsigned char *buf_back, buf_mouse[256];
```

（中略）

```
init_palette();
shtctl = shtctl_init(memman, binfo->vram, binfo->scrnx, binfo->scrny);
sht_back  = sheet_alloc(shtctl);
sht_mouse = sheet_alloc(shtctl);
buf_back  = (unsigned char *) memman_alloc_4k(memman, binfo->scrnx * binfo->scrny);
sheet_setbuf(sht_back, buf_back, binfo->scrnx, binfo->scrny, -1); /* 没有透明色 */
sheet_setbuf(sht_mouse, buf_mouse, 16, 16, 99); /* 透明色号99 */
init_screen8(buf_back, binfo->scrnx, binfo->scrny);
init_mouse_cursor8(buf_mouse, 99); /* 背景色号99 */
sheet_slide(shtctl, sht_back, 0, 0);
mx = (binfo->scrnx - 16) / 2; /* 按显示在画面中央来计算坐标 */
my = (binfo->scrny - 28 - 16) / 2;
sheet_slide(shtctl, sht_mouse, mx, my);
sheet_updown(shtctl, sht_back,  0);
sheet_updown(shtctl, sht_mouse, 1);
sprintf(s, "(%3d, %3d)", mx, my);
putfonts8_asc(buf_back, binfo->scrnx, 0, 0, COL8_FFFFFF, s);
sprintf(s, "memory %dMB    free : %dKB",
        memtotal / (1024 * 1024), memman_total(memman) / 1024);
putfonts8_asc(buf_back, binfo->scrnx, 0, 32, COL8_FFFFFF, s);
sheet_refresh(shtctl);

for (;;) {
    io_cli();
    if (fifo8_status(&keyfifo) + fifo8_status(&mousefifo) == 0) {
        io_stihlt();
    } else {
        if (fifo8_status(&keyfifo) != 0) {
            i = fifo8_get(&keyfifo);
            io_sti();
            sprintf(s, "%02X", i);
            boxfill8(buf_back, binfo->scrnx, COL8_008484,  0, 16, 15, 31);
            putfonts8_asc(buf_back, binfo->scrnx, 0, 16, COL8_FFFFFF, s);
            sheet_refresh(shtctl);
        } else if (fifo8_status(&mousefifo) != 0) {
            i = fifo8_get(&mousefifo);
            io_sti();
            if (mouse_decode(&mdec, i) != 0) {
                /* 因为已得到3字节的数据所以显示 */
                sprintf(s, "[lcr %4d %4d]", mdec.x, mdec.y);
                if ((mdec.btn & 0x01) != 0) {
                    s[1] = 'L';
                }
                if ((mdec.btn & 0x02) != 0) {
                    s[3] = 'R';
                }
                if ((mdec.btn & 0x04) != 0) {
                    s[2] = 'C';
                }

                boxfill8(buf_back, binfo->scrnx, COL8_008484, 32, 16, 32 + 15 * 8 - 1, 31);
                putfonts8_asc(buf_back, binfo->scrnx, 32, 16, COL8_FFFFFF, s);
                /* 移动光标 */
                mx += mdec.x;
```

```
        my += mdec.y;
        if (mx < 0) {
            mx = 0;
        }
        if (my < 0) {
            my = 0;
        }
        if (mx > binfo->scrnx - 16) {
            mx = binfo->scrnx - 16;
        }
        if (my > binfo->scrny - 16) {
            my = binfo->scrny - 16;
        }
        sprintf(s, "(%3d, %3d)", mx, my);
        boxfill8(buf_back, binfo->scrnx, COL8_008484, 0, 0, 79, 15); /* 消坐标 */
        putfonts8_asc(buf_back, binfo->scrnx, 0, 0, COL8_FFFFFF, s); /* 写坐标 */
        sheet_slide(shtctl, sht_mouse, mx, my); /* 包含sheet_refresh含sheet_refresh */
        }
    }
    }
}
```

我们准备了2个图层，分别是sht_back和sht_mouse，还准备了2个缓冲区buf_back和buf_mouse，用于在其中描绘图形。以前我们指定为binfo -> vram的部分，现在有很多都改成了buf_back。而且每次修改缓冲区之后都要刷新。这段代码不是很难，只要大家认认真真地读，肯定能理解。

好了，终于可以"make run"了，真是激动人心的一刻！

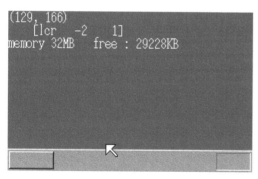

成功啦！

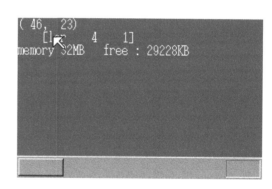

很好很好！

成功地运行啦！真开心！由于使用的内存增加，从而导致剩余内存相对减少，但这也是不可避免的，现在这样就可以了。

不过其实这里面还是有问题。从图片来看确实很完美，可实际操作一下，你恐怕就要喊"吐血啦！"。没错，它太慢了，而且画面还一闪一闪的。动一下鼠标就要郁闷一次，哪个用户想用这样的操作系统呢？所以下面我们就来解决这个问题吧。

10

3 提高叠加处理速度（1）（harib07c）

那么怎样才能提高速度呢？既然其他操作系统都能处理得那么快，就肯定有好的方法。首先，我们从鼠标指针的移动，也就是图层的移动来思考一下。

鼠标指针虽然最多只有16×16=256个像素，可根据harib07b的原理，只要它稍一移动，程序就会对整个画面进行刷新，也就是重新描绘320×200=64 000个像素。而实际上，只重新描绘移动相关的部分，也就是移动前后的部分就可以了，即256×2=512个像素。这只是64 000像素的0.8%而已，所以有望提速很多。现在我们根据这个思路写一下程序。

■■■■■

本次的*sheet.c节选

```
void sheet_refreshsub(struct SHTCTL *ctl, int vx0, int vy0, int vx1, int vy1)
{
    int h, bx, by, vx, vy;
    unsigned char *buf, c, *vram = ctl->vram;
    struct SHEET *sht;
    for (h = 0; h <= ctl->top; h++) {
        sht = ctl->sheets[h];
        buf = sht->buf;
        for (by = 0; by < sht->bysize; by++) {
            vy = sht->vy0 + by;
            for (bx = 0; bx < sht->bxsize; bx++) {
                vx = sht->vx0 + bx;
                if (vx0 <= vx && vx < vx1 && vy0 <= vy && vy < vy1) {
                    c = buf[by * sht->bxsize + bx];
                    if (c != sht->col_inv) {
                        vram[vy * ctl->xsize + vx] = c;
                    }
                }
            }
        }
    }
    return;
}
```

这个函数几乎和sheet_refresh一样，唯一的不同点在于它能使用vx0～ vy1指定刷新的范围，而我们只追加了一个if语句就实现了这个新功能。另外，程序中的&&运算符是我们之前没有见过的，所以在这里详细解释一下。

&&运算符是把多个条件关系式连接起来的运算符。当用它连接的所有条件都满足时，就执行{}中的程序；只要有一个条件不满足，就不执行（如果有else，就执行else后的语句）。另外，还有一个跟它很像的运算符"||"。"||"也是把多个条件关系式连接起来的运算符，不过由它连接的各个条件，只要其中一个满足了，就执行{}中的程序。简而言之，&&就是"而且"，而||是"或者"。

条件 "vx大于等于vx0且小于vx1" 可以用数学式vx0 <= vx < vx1来表达，但在C语言中不能这样写，我们只能写成 vx0 <= vx && vx < vx1。

■■■■■

现在我们使用这个refreshsub函数来提高sheet_slide的运行速度。

本次的*sheet.c节选

```
void sheet_slide(struct SHTCTL *ctl, struct SHEET *sht, int vx0, int vy0)
{
    int old_vx0 = sht->vx0, old_vy0 = sht->vy0;
    sht->vx0 = vx0;
    sht->vy0 = vy0;
    if (sht->height >= 0) { /* 如果正在显示，则按新图层的信息刷新画面 */
        sheet_refreshsub(ctl, old_vx0, old_vy0, old_vx0 + sht->bxsize, old_vy0 + sht->bysize);
        sheet_refreshsub(ctl, vx0, vy0, vx0 + sht->bxsize, vy0 + sht->bysize);
    }
    return;
}
```

这段程序所做的是：首先记住移动前的显示位置，再设定新的显示位置，最后只要重新描绘移动前和移动后的地方就可以了。

■■■■■

估计大家会认为 "这次鼠标的移动就快了吧"，但移动鼠标时，由于要在画面上显示坐标等信息，结果又执行了sheet_refresh程序，所以还是很慢。为了不浪费我们付出的各种努力，下面我们就来解决一下图层内文字显示的问题。

我们所说的在图层上显示文字，实际上并不是改写图层的全部内容。假设我们已经写了20个字，那么8×16×20=2560，也就是仅仅重写2560个像素的内容就应该足够了。但现在每次却要重写64 000个像素的内容，所以速度才那么慢。

这么说来，这里好像也可以使用refreshsub，那么我们就来重新编写函数sheet_refresh吧。

本次的*sheet.c节选

```
void sheet_refresh(struct SHTCTL *ctl, struct SHEET *sht, int bx0, int by0, int bx1, int by1)
{
    if (sht->height >= 0) { /* 如果正在显示，则按新图层的信息刷新画面*/
        sheet_refreshsub(ctl, sht->vx0 + bx0, sht->vy0 + by0, sht->vx0 + bx1, sht->vy0 + by1);
    }
    return;
}
```

所谓指定范围，并不是直接指定画面内的坐标，而是以缓冲区内的坐标来表示。这样一来，HariMain就可以不考虑图层在画面中的位置了。

■■■■■

我们改动了refresh，所以也要相应改造updown。做了改动的只有sheet_refresh（ctl）这部分（有两处），修改后的程序如下：

```
sheet_refreshsub(ctl, sht->vx0, sht->vy0, sht->vx0 + sht->bxsize, sht->vy0 + sht->bysize);
```

最后还要改写HariMain。

本次的*bootpack.c节选

```
void HariMain(void)
{
    （中略）
    sprintf(s, "(%3d, %3d)", mx, my);
    putfonts8_asc(buf_back, binfo->scrnx, 0, 0, COL8_FFFFFF, s);
    sprintf(s, "memory %dMB    free : %dKB",
            memtotal / (1024 * 1024), memman_total(memman) / 1024);
    putfonts8_asc(buf_back, binfo->scrnx, 0, 32, COL8_FFFFFF, s);
    sheet_refresh(shtctl, sht_back, 0, 0, binfo->scrnx, 48); /* 这里！ */

    for (;;) {
        io_cli();
        if (fifo8_status(&keyfifo) + fifo8_status(&mousefifo) == 0) {
            io_stihlt();
        } else {
            if (fifo8_status(&keyfifo) != 0) {
                （中略）
                sheet_refresh(shtctl, sht_back, 0, 16, 16, 32); /* 这里！ */
            } else if (fifo8_status(&mousefifo) != 0) {
                i = fifo8_get(&mousefifo);
                io_sti();
                if (mouse_decode(&mdec, i) != 0) {
                    （中略）
                    boxfill8(buf_back, binfo->scrnx, COL8_008484, 32, 16, 32 + 15 * 8 - 1, 31);
                    putfonts8_asc(buf_back, binfo->scrnx, 32, 16, COL8_FFFFFF, s);
                    sheet_refresh(shtctl, sht_back, 32, 16, 32 + 15 * 8, 32); /* 这里！ */
                    （中略）
                    sprintf(s, "(%3d, %3d)", mx, my);
                    boxfill8(buf_back, binfo->scrnx, COL8_008484, 0, 0, 79, 15); /* 消去坐标 */
                    putfonts8_asc(buf_back, binfo->scrnx, 0, 0, COL8_FFFFFF, s); /* 写出坐标 */
                    sheet_refresh(shtctl, sht_back, 0, 0, 80, 16); /* 这里！ */
                    sheet_slide(shtctl, sht_mouse, mx, my);
                }
            }
        }
    }
}
```

这里我们仅仅改写了sheet_refresh，变更点共有4个。只有每次要往buf_back中写入信息时，才进行sheet_refresh。

这样应该可以顺利运行了。我们赶紧试一试。"make run"。哦，确实比以前快多了。太好了，撒花！不过还是欠缺一些东西⋯⋯

4 提高叠加处理速度（2）（harib07d）

虽然我们想了如此多的办法，但结果还是没有达到我们的期望，真让人郁闷。到底是怎么回事呢？原来还是refreshsub有些问题。

不是太快的refreshsub

```
void sheet_refreshsub(struct SHTCTL *ctl, int vx0, int vy0, int vx1, int vy1)
{
    int h, bx, by, vx, vy;
    unsigned char *buf, c, *vram = ctl->vram;
    struct SHEET *sht;
    for (h = 0; h <= ctl->top; h++) {
        sht = ctl->sheets[h];
        buf = sht->buf;
        for (by = 0; by < sht->bysize; by++) {
            vy = sht->vy0 + by;
            for (bx = 0; bx < sht->bxsize; bx++) {
                vx = sht->vx0 + bx;
                if (vx0 <= vx && vx < vx1 && vy0 <= vy && vy < vy1) {
                    c = buf[by * sht->bxsize + bx];
                    if (c != sht->col_inv) {
                        vram[vy * ctl->xsize + vx] = c;
                    }
                }
            }
        }
    }
    return;
}
```

依照这个程序，即使不写入像素内容，也要多次执行if语句，这一点不太好，如果能改善一下，速度应该会提高不少。

▪▪▪▪▪

按照上面这种写法，即便只刷新图层的一部分，也要对所有图层的全部像素执行if语句，判断"是写入呢，还是不写呢"。而对于刷新范围以外的部分，就算执行if判断语句，最后也不会进行刷新，所以这纯粹就是一种浪费。既然如此，我们最初就应该把for语句的范围限定在刷新范围之内。

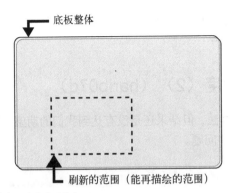

基于以上思路，我们做好了改良版本。

本次的*sheet.c节选

```c
void sheet_refreshsub(struct SHTCTL *ctl, int vx0, int vy0, int vx1, int vy1)
{
    int h, bx, by, vx, vy, bx0, by0, bx1, by1;
    unsigned char *buf, c, *vram = ctl->vram;
    struct SHEET *sht;
    for (h = 0; h <= ctl->top; h++) {
        sht = ctl->sheets[h];
        buf = sht->buf;
        /* 使用vx0~vy1，对bx0~by1进行倒推 */
        bx0 = vx0 - sht->vx0;
        by0 = vy0 - sht->vy0;
        bx1 = vx1 - sht->vx0;
        by1 = vy1 - sht->vy0;
        if (bx0 < 0) { bx0 = 0; } /* 说明(1) */
        if (by0 < 0) { by0 = 0; }
        if (bx1 > sht->bxsize) { bx1 = sht->bxsize; } /* 说明(2) */
        if (by1 > sht->bysize) { by1 = sht->bysize; }
        for (by = by0; by < by1; by++) {
            vy = sht->vy0 + by;
            for (bx = bx0; bx < bx1; bx++) {
                vx = sht->vx0 + bx;
                c = buf[by * sht->bxsize + bx];
                if (c != sht->col_inv) {
                    vram[vy * ctl->xsize + vx] = c;
                }
            }
        }
    }
    return;
}
```

改良的关键在于，bx在for语句中并不是在0到bxsize之间循环，而是在bx0到bx1之间循环（对于by也一样）。而bx0和bx1都是从刷新范围"倒推"求得的。倒推其实就是把公式变形转换了一下，具体如下：

vx = sht->vx0 + bx;   →   bx = vx - sht->vx0;

计算vx0的坐标相当于bx中的哪个位置，然后把它作为bx0。其他的坐标处理方法也一样。

■■■■■

这样算完以后，就该执行以上程序中说明(1)的地方了。这行代码用于处理刷新范围在图层外侧的情况。什么时候会出现这种情况呢？比如在sht_back中写入字符并进行刷新，而且刷新范围的一部分被鼠标覆盖的情况。

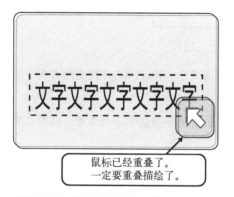

刷新范围与鼠标的图层像这样重叠在一起

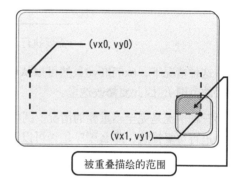

这时候的vx和vy

假设在这种情况下h=1，且想要重复刷新鼠标的图层，那么就变成了下面这样。

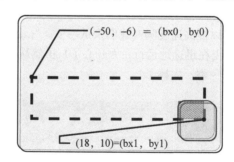

对sheets[1]进行bx0~bx1计算的时候

在这里必须要进行重复描绘的只有与鼠标图层重叠的那一小块范围，而其他部分并没有被要求刷新，所以不能刷新。这样的话，可以把bx0和by0置0。

■■■■■

程序中"说明(2)"部分所做的，是为了应对不同的重叠方式。

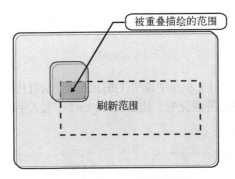

需要执行"说明(2)"部分的情形

在这种情况下，bx0和by0虽然可以从vx0和vy0顺利求取，但bx1和by1就变得太大了（超出了图层的范围），因此要修改这里。

第三种情况是完全不重叠的情况。例如，鼠标的图层往左移动直至不再重叠。此时当然完全不需要进行重复描绘，那么程序是否可以正常运行呢？

利用倒推计算得出的bx0和bx1都是负值，在说明(1)中，仅仅bx0被修正为0，而在说明(2)中bx1没有被修正，还是负的。这样的话，for（bx = bx0;bx < bx1;bx++）这个语句里的循环条件bx < bx1从最开就不成立，所以for语句中的命令得不到循环，这样就完全不会进行重复描绘了，很好。

■■■■■

仅仅改了这些地方，就可以提高速度吗？我们来试一下。"make run"（要等待一会儿）吗？哦，这次感觉很好，操作系统正在迅速地运行，太开心了！虽然从表面上看不出有什么不同，不过这次我们要附上照片，展示一番。太棒了！

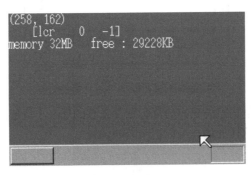

太好了！真开心。

纪念照片也拍完了（笑），在这里我们看一下haribote.sys的大小吧。哦，是11 104字节。除以1024的话，大约是10.8，也就是10.8KB。……我们的系统正在茁壮成长！到这里可以暂时告一段落了，那好，我们今天就到此结束吧。明天见！

第11天

制作窗口

1 鼠标显示问题（harib08a）

大家早上好！我们直接进入主题，先来看看下面这张截图。

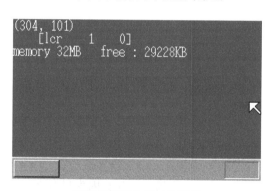

把鼠标移到右侧时的情形

在harib07d中鼠标移动到右侧后就不能再往右移了，大家有没有觉得别扭？没错，在Windows中，鼠标应该可以向右或向下移动到画面之外隐藏起来的，可是我们的操作系统却还不能实现这样的功能，这多少有些遗憾。

这是为什么呢？我们还是先来看一看HariMain吧。

```
    if (mx > binfo->scrnx - 16) {
        mx = binfo->scrnx - 16;
    }
    if (my > binfo->scrny - 16) {
        my = binfo->scrny - 16;
    }
```

之所以出现这种情况，就是因为有上面这段代码。那么我们来修改一下，很简单。

```
    if (mx > binfo->scrnx - 1) {
        mx = binfo->scrnx - 1;
    }
    if (my > binfo->scrny - 1) {
        my = binfo->scrny - 1;
    }
```

现在"make run"一下，然后向右移动鼠标。能不能成功呢？

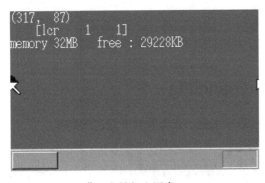

哎？这是怎么回事？

我们遇到了一个麻烦——只要图层一跑到画面的外面去就会出问题。那么我们赶紧进入到下一节，看看怎么解决这个问题吧。

2 实现画面外的支持（harib08b）

怎么才能让图层位于画面以外时也不出问题呢？因为只有sheet_refreshsub函数在做把图层内容写入VRAM的工作，所以我们决定把这个函数做得完美一些，让它不刷新画面以外的部分。

本次的sheet.c节选

```
void sheet_refreshsub(struct SHTCTL *ctl, int vx0, int vy0, int vx1, int vy1)
{
    int h, bx, by, vx, vy, bx0, by0, bx1, by1;
    unsigned char *buf, c, *vram = ctl->vram;
```

```
struct SHEET *sht;
/* 如果refresh的范围超出了画面则修正 */
if (vx0 < 0) { vx0 = 0; }
if (vy0 < 0) { vy0 = 0; }
if (vx1 > ctl->xsize) { vx1 = ctl->xsize; }
if (vy1 > ctl->ysize) { vy1 = ctl->ysize; }
for (h = 0; h <= ctl->top; h++) {
      （中略）
}
return;
}
```

这里不需要特别解释了吧，我们来"make run"。

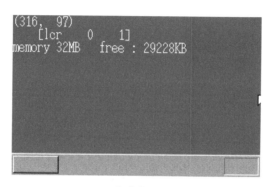

成功啦！

运行成功啦！只稍作修改就解决了问题，太厉害了。

3 shtctl 的指定省略（harib08c）

我们先来看一看bootpack.h。

上次的bootpack.h节选

```
struct SHTCTL *shtctl_init(struct MEMMAN *memman, unsigned char *vram, int xsize, int ysize);
struct SHEET *sheet_alloc(struct SHTCTL *ctl);
void sheet_setbuf(struct SHEET *sht, unsigned char *buf, int xsize, int ysize, int col_inv);
void sheet_updown(struct SHTCTL *ctl, struct SHEET *sht, int height);
void sheet_refresh(struct SHTCTL *ctl, struct SHEET *sht, int bx0, int by0, int bx1, int by1);
void sheet_slide(struct SHTCTL *ctl, struct SHEET *sht, int vx0, int vy0);
void sheet_free(struct SHTCTL *ctl, struct SHEET *sht);
```

其实笔者对sheet_updown函数不太满意，因为仅是上下移动图层，就必须指定ctl，太麻烦。不过这仅仅是个人喜好问题（笑）。

要想改善这个问题，首先我们需要在struct SHEET中加入struct SHTCTL *ctl 。

本次bootpack.h节选

```
struct SHEET {
    unsigned char *buf;
    int bxsize, bysize, vx0, vy0, col_inv, height, flags;
    struct SHTCTL *ctl;
};
```

然后对函数shtctl_init也进行追加，仅追加1行即可。

本次的sheet.c节选

```
struct SHTCTL *shtctl_init(struct MEMMAN *memman, unsigned char *vram, int xsize, int ysize)
{
    struct SHTCTL *ctl;
    int i;
    ctl = (struct SHTCTL *) memman_alloc_4k(memman, sizeof (struct SHTCTL));
    if (ctl == 0) {
        goto err;
    }
    ctl->vram = vram;
    ctl->xsize = xsize;
    ctl->ysize = ysize;
    ctl->top = -1; /* 没有一张SHEET */
    for (i = 0; i < MAX_SHEETS; i++) {
        ctl->sheets0[i].flags = 0; /* 未使用标记 */
        ctl->sheets0[i].ctl = ctl; /* 记录所属*/ /* 这里！ */
    }
err:
    return ctl;
}
```

还有，函数sheet_updown也要修改。

本次的sheet.c节选

```
void sheet_updown(struct SHEET *sht, int height)
{
    struct SHTCTL *ctl = sht->ctl;
    int h, old = sht->height; /* 将设置前的高度记录下来 */
    （中略）
}
```

好了，完成了。这样一来在sheet_updown函数里就可以不指定ctl了。函数变得比之前好用了。

━━━━━

最后，我们将sheet_refresh、sheet_slide、sheet_free这几个函数全部修改一下，让它们都不用指定ctl。

本次的sheet.c节选

```c
void sheet_refresh(struct SHEET *sht, int bx0, int by0, int bx1, int by1)
{
    if (sht->height >= 0) { /* 如果正在显示，则按新图层的信息进行刷新*/
        sheet_refreshsub(sht->ctl, sht->vx0 + bx0, sht->vy0 + by0, sht->vx0 + bx1, sht->vy0 + by1);
    }
    return;
}

void sheet_slide(struct SHEET *sht, int vx0, int vy0)
{
    int old_vx0 = sht->vx0, old_vy0 = sht->vy0;
    sht->vx0 = vx0;
    sht->vy0 = vy0;
    if (sht->height >= 0) { /* 如果正在显示，则按新图层的信息进行刷新 */
        sheet_refreshsub(sht->ctl, old_vx0, old_vy0, old_vx0 + sht->bxsize, old_vy0 +
sht->bysize);
        sheet_refreshsub(sht->ctl, vx0, vy0, vx0 + sht->bxsize, vy0 + sht->bysize);
    }
    return;
}

void sheet_free(struct SHEET *sht)
{
    if (sht->height >= 0) {
        sheet_updown(sht, -1); /* 如果正在显示，则先设置为隐藏 */
    }
    sht->flags = 0; /* 未使用标记 */
    return;
}
```

改好了。这样，所有的函数都更好用了。

■■■■■

由于我们进行了以上这些变更，所以要在bootpack.c的HariMain中，把相应的shtctl也删掉。一共要修改9个地方。

11

```
sheet_slide(shtctl, sht_back, 0, 0);        →  sheet_slide(sht_back, 0, 0);
sheet_slide(shtctl, sht_mouse, mx, my);     →  sheet_slide(sht_mouse, mx, my);
sheet_updown(shtctl, sht_back,  0);         →  sheet_updown(sht_back,  0);
sheet_updown(shtctl, sht_mouse, 1);         →  sheet_updown(sht_mouse, 1);
sheet_refresh(shtctl, sht_back, 0, 0, binfo->scrnx, 48);
    →       sheet_refresh(sht_back, 0, 0, binfo->scrnx, 48);
sheet_refresh(shtctl, sht_back, 0, 16, 16, 32);
    →       sheet_refresh(sht_back, 0, 16, 16, 32);
sheet_refresh(shtctl, sht_back, 32, 16, 32 + 15 * 8, 32);
    →       sheet_refresh(sht_back, 32, 16, 32 + 15 * 8, 32);
sheet_refresh(shtctl, sht_back, 0, 0, 80, 16);
    →       sheet_refresh(sht_back, 0, 0, 80, 16);
```

> sheet_slide(shtctl, sht_mouse, mx, my);　→　sheet_slide(sht_mouse, mx, my);

这样HariMain也稍稍变短了，太好了。

我们来 "make run" 一下看看，不错不错，运行正常。

4　显示窗口（harib08d）

我们现在做出来的图层构架，已经完全可以完成窗口的叠加处理了，所以下面我们就来尝试一下制作窗口吧。

其实方法很简单，就像前面制作背景和鼠标那样，只要先准备一张图层，然后在图层缓冲区内描绘一个貌似窗口的图就可以了。那么我们就来制作一个具有这种功能的函数make_window8吧。

本次的bootpack.c节选

```c
void make_window8(unsigned char *buf, int xsize, int ysize, char *title)
{
    static char closebtn[14][16] = {
        "OOOOOOOOOOOOOOO@",
        "OQQQQQQQQQQQQQ$@",
        "OQQQQQQQQQQQQQ$@",
        "OQQQ@@QQQQ@@QQ$@",
        "OQQQ@@QQ@@QQQ$@",  // 注: 如下识别
        "OQQQQ@@@@QQQQ$@",
        "OQQQQQ@@QQQQQ$@",
        "OQQQQ@@@@QQQQ$@",
        "OQQQ@@QQ@@QQQ$@",
        "OQQQ@@QQQQ@@QQ$@",
        "OQQQQQQQQQQQQQ$@",
        "OQQQQQQQQQQQQQ$@",
        "O$$$$$$$$$$$$$$@",
        "@@@@@@@@@@@@@@@@"
    };
    int x, y;
    char c;
    boxfill8(buf, xsize, COL8_C6C6C6, 0,         0,         xsize - 1, 0         );
    boxfill8(buf, xsize, COL8_FFFFFF, 1,         1,         xsize - 2, 1         );
    boxfill8(buf, xsize, COL8_C6C6C6, 0,         0,         0,         ysize - 1);
    boxfill8(buf, xsize, COL8_FFFFFF, 1,         1,         1,         ysize - 2);
    boxfill8(buf, xsize, COL8_848484, xsize - 2, 1,         xsize - 2, ysize - 2);
    boxfill8(buf, xsize, COL8_000000, xsize - 1, 0,         xsize - 1, ysize - 1);
    boxfill8(buf, xsize, COL8_C6C6C6, 2,         2,         xsize - 3, ysize - 3);
    boxfill8(buf, xsize, COL8_000084, 3,         3,         xsize - 4, 20        );
    boxfill8(buf, xsize, COL8_848484, 1,         ysize - 2, xsize - 2, ysize - 2);
    boxfill8(buf, xsize, COL8_000000, 0,         ysize - 1, xsize - 1, ysize - 1);
    putfonts8_asc(buf, xsize, 24, 4, COL8_FFFFFF, title);
    for (y = 0; y < 14; y++) {
```

```
        for (x = 0; x < 16; x++) {
            c = closebtn[y][x];
            if (c == '@') {
                c = COL8_000000;
            } else if (c == '$') {
                c = COL8_848484;
            } else if (c == 'Q') {
                c = COL8_C6C6C6;
            } else {
                c = COL8_FFFFFF;
            }
            buf[(5 + y) * xsize + (xsize - 21 + x)] = c;
        }
    }
    return;
}
```

正如大家所看到的那样，其实我们只是对graph.c的init_screen8函数稍微进行了改造，而×按钮的功能则是通过修改 init_mouse_cursor8而得到的。

我们在HariMain里也添加了一些内容。因为功能很简单，所以添加的内容不多。

本次的bootpack.c节选

```
void HariMain(void)
{
    （中略）
    struct SHEET *sht_back, *sht_mouse, *sht_win; /* 这里！ */
    unsigned char *buf_back, buf_mouse[256], *buf_win; /* 这里！ */

    （中略）

    init_palette();
    shtctl = shtctl_init(memman, binfo->vram, binfo->scrnx, binfo->scrny);
    sht_back  = sheet_alloc(shtctl);
    sht_mouse = sheet_alloc(shtctl);
    sht_win   = sheet_alloc(shtctl); /* 这里！ */
    buf_back  = (unsigned char *) memman_alloc_4k(memman, binfo->scrnx * binfo->scrny);
    buf_win   = (unsigned char *) memman_alloc_4k(memman, 160 * 68); /* 这里！ */
    sheet_setbuf(sht_back, buf_back, binfo->scrnx, binfo->scrny, -1); /* 没有透明色 */
    sheet_setbuf(sht_mouse, buf_mouse, 16, 16, 99);
    sheet_setbuf(sht_win, buf_win, 160, 68, -1); /* 没有透明色 */ /* 这里！ */
    init_screen8(buf_back, binfo->scrnx, binfo->scrny);
    init_mouse_cursor8(buf_mouse, 99);
    make_window8(buf_win, 160, 68, "window"); /* 这里！ */
    putfonts8_asc(buf_win, 160, 24, 28, COL8_000000, "Welcome to"); /* 这里！ */
    putfonts8_asc(buf_win, 160, 24, 44, COL8_000000, " Haribote-OS!"); /* 这里！ */
    sheet_slide(sht_back, 0, 0);
    mx = (binfo->scrnx - 16) / 2; /* 为使其处于画面的中央位置，计算坐标 */
    my = (binfo->scrny - 28 - 16) / 2;
    sheet_slide(sht_mouse, mx, my);
    sheet_slide(sht_win, 80, 72); /* 这里！ */
```

```
sheet_updown(sht_back,   0);
sheet_updown(sht_win,    1); /* 这里! */
sheet_updown(sht_mouse, 2);
sprintf(s, "(%3d, %3d)", mx, my);
putfonts8_asc(buf_back, binfo->scrnx, 0, 0, COL8_FFFFFF, s);
sprintf(s, "memory %dMB    free : %dKB",
        memtotal / (1024 * 1024), memman_total(memman) / 1024);
putfonts8_asc(buf_back, binfo->scrnx, 0, 32, COL8_FFFFFF, s);
sheet_refresh(sht_back, 0, 0, binfo->scrnx, 48);

（中略）
}
```

窗口里还写了点东西，大家一起来读一下程序，看看写了些什么吧。

■■■■■

下面我们来 "make run"，到底能不能成功呢？

哦! 太帅了!

感觉真有点操作系统的样子了，非常满意!

5 小实验（harib08e）

这一节我们来做一个小实验。HariMain中有设置图层高度的地方，如果像下面这样，把窗口图层放在最上面，光标图层放在其次，会变成什么样呢？

```
sheet_updown(sht_back,   0);
sheet_updown(sht_mouse, 1);
sheet_updown(sht_win,    2);
```

我们还是来 "make run" 试试看吧。

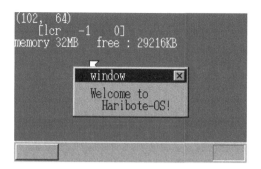

原来会变成这样呀。如果从图层的架构来考虑的话当然会这样了，看来sheet.c运行正常。

6　高速计数器（harib08f）

实验顺利结束了，我们还把图层的高度设置恢复原样，然后再试着做个动作更丰富的窗口。做成什么样呢？我们就做一个能够计数，并将计数结果显示出来的窗口吧。计数器在英语中是counter，所以我们就将窗口的名称改为counter。

我们只改写了10行就得到了下面这个程序。

本次的bootpack.c节选

```
void HariMain(void)
{
    struct BOOTINFO *binfo = (struct BOOTINFO *) ADR_BOOTINFO;
    char s[40], keybuf[32], mousebuf[128];
    int mx, my, i;
    unsigned int memtotal, count = 0; /* 这里! */
    struct MOUSE_DEC mdec;
    struct MEMMAN *memman = (struct MEMMAN *) MEMMAN_ADDR;
    struct SHTCTL *shtctl;
    struct SHEET *sht_back, *sht_mouse, *sht_win;
    unsigned char *buf_back, buf_mouse[256], *buf_win;

    (中略)

    init_palette();
    shtctl = shtctl_init(memman, binfo->vram, binfo->scrnx, binfo->scrny);
    sht_back  = sheet_alloc(shtctl);
    sht_mouse = sheet_alloc(shtctl);
    sht_win   = sheet_alloc(shtctl);
    buf_back  = (unsigned char *) memman_alloc_4k(memman, binfo->scrnx * binfo->scrny);
    buf_win   = (unsigned char *) memman_alloc_4k(memman, 160 * 52); /* 这里! */
    sheet_setbuf(sht_back, buf_back, binfo->scrnx, binfo->scrny, -1); /* 没有透明色 */
    sheet_setbuf(sht_mouse, buf_mouse, 16, 16, 99);
    sheet_setbuf(sht_win, buf_win, 160, 52, -1); /* 没有透明色 */ /* 这里! */
    init_screen8(buf_back, binfo->scrnx, binfo->scrny);
    init_mouse_cursor8(buf_mouse, 99);
    make_window8(buf_win, 160, 52, "counter"); /* 这里! */
    sheet_slide(sht_back, 0, 0);
```

```
mx = (binfo->scrnx - 16) / 2; /* 为使其处于画面中央位置，计算坐标 */
my = (binfo->scrny - 28 - 16) / 2;
sheet_slide(sht_mouse, mx, my);
sheet_slide(sht_win, 80, 72);
sheet_updown(sht_back,  0);
sheet_updown(sht_win,   1);
sheet_updown(sht_mouse, 2);
sprintf(s, "(%3d, %3d)", mx, my);
putfonts8_asc(buf_back, binfo->scrnx, 0, 0, COL8_FFFFFF, s);
sprintf(s, "memory %dMB    free : %dKB",
        memtotal / (1024 * 1024), memman_total(memman) / 1024);
putfonts8_asc(buf_back, binfo->scrnx, 0, 32, COL8_FFFFFF, s);
sheet_refresh(sht_back, 0, 0, binfo->scrnx, 48);

for (;;) {
    count++; /* 从这里开始 */
    sprintf(s, "%010d", count);
    boxfill8(buf_win, 160, COL8_C6C6C6, 40, 28, 119, 43);
    putfonts8_asc(buf_win, 160, 40, 28, COL8_000000, s);

    sheet_refresh(sht_win, 40, 28, 120, 44); /* 到这里结束 */

    io_cli();
    if (fifo8_status(&keyfifo) + fifo8_status(&mousefifo) == 0) {
        io_sti(); /* 不做HLT */
    } else {
        （中略）
    }
}
}
```

这次不再采用HLT，因为与其让CPU有空睡觉（HLT命令），还不如让它在电力许可的范围内去全力计数。正因为这个原因，我们的计数器才被称为高速计数器。

按照惯例，我们来"make run"。

计数啦！

运行成功，动作正常，真顺利呀！可是再仔细一看，怎么总觉得显示的内容在闪烁呢（注：在上面截图中看不出来）？这可不行。

为什么会出现这种现象呢？这是由于在刷新的时候，总是先刷新refresh范围内的背景图层，然后再刷新窗口图层，所以肯定就会闪烁了。可是我们使用Windows的时候就没见过这种闪烁，因此肯定有什么好的解决方法。

于是解决这个问题就成了我们下节内容的主题。

7　消除闪烁（1）（harib08g）

窗口图层刷新是因为窗口的内容有变化，所以要在画面上显示变化后的新内容。基本上来讲，可以认为其他图层的内容没有变化（如果其他图层的内容也变了，那么应该会随后执行该图层的刷新）。

既然如此，图层内容没有变化也进行刷新的话就太浪费了。如果只是窗口变了，那背景就不用刷新了。另外，假如上面有鼠标，但鼠标的图层没有变化，那我们应该刷新吗？必须要刷新。窗口的刷新，可能会覆盖鼠标的一部分显示区域。

综上所述，仅对refresh对象及其以上的图层进行刷新就可以了。那么我们赶紧按照这个思路修改程序吧。

■■■■■

首先修改为我们完成刷新工作的sheet_refreshsub函数。

本次的sheet.c节选

```
void sheet_refreshsub(struct SHTCTL *ctl, int vx0, int vy0, int vx1, int vy1, int h0)
{
    （中略）
    for (h = h0; h <= ctl->top; h++) {
        （中略）
    }
    return;
}
```

我们追加了h0参数，只对在此参数以上的图层进行刷新。然后还要把所有调用了sheet_refreshsub的函数都修改一下。

本次的sheet.c节选

```
void sheet_refresh(struct SHEET *sht, int bx0, int by0, int bx1, int by1)
{
    if (sht->height >= 0) { /* 如果正在显示，则按新图层的信息进行刷新  */
        sheet_refreshsub(sht->ctl, sht->vx0 + bx0, sht->vy0 + by0, sht->vx0 + bx1, sht->vy0 + by1,
            sht->height);
        /* ↑这里!  */
```

```
    }
    return;
}

void sheet_slide(struct SHEET *sht, int vx0, int vy0)
{
    int old_vx0 = sht->vx0, old_vy0 = sht->vy0;
    sht->vx0 = vx0;
    sht->vy0 = vy0;
    if (sht->height >= 0) { /* 如果正在显示，则按新图层的信息进行刷新*/
        sheet_refreshsub(sht->ctl, old_vx0, old_vy0, old_vx0 + sht->bxsize, old_vy0 + sht->bysize,
            0);
        sheet_refreshsub(sht->ctl, vx0, vy0, vx0 + sht->bxsize, vy0 + sht->bysize, sht->height);
        /* ↑这里! */
    }
    return;
}

void sheet_updown(struct SHEET *sht, int height)
{
    (中略)

    /* 以下主要是对sheets[]的重新排列 */

    if (old > height) { /* 比以前低 */
        if (height >= 0) {
            /* 中间的提起 */
            for (h = old; h > height; h--) {
                ctl->sheets[h] = ctl->sheets[h - 1];
                ctl->sheets[h]->height = h;
            }
            ctl->sheets[height] = sht;
/* 这里 */   sheet_refreshsub(ctl, sht->vx0, sht->vy0, sht->vx0 + sht->bxsize, sht->vy0 + sht->bysize,
        height + 1);
        } else {     /* 隐藏 */
            if (ctl->top > old) {
                /* 把上面的降下来 */
                for (h = old; h < ctl->top; h++) {
                    ctl->sheets[h] = ctl->sheets[h + 1];
                    ctl->sheets[h]->height = h;
                }
            }
            ctl->top--; /* 正在显示的图层减少了一个，故最上面的高度也减少 */
/* 这里 */   sheet_refreshsub(ctl, sht->vx0, sht->vy0, sht->vx0 + sht->bxsize, sht->vy0 + sht->bysize,
        0);
        }
    } else if (old < height) {   /* 比以前高 */
        if (old >= 0) {
            /* 中间的图层往下降一层 */
            for (h = old; h < height; h++) {
                ctl->sheets[h] = ctl->sheets[h + 1];
                ctl->sheets[h]->height = h;
            }
            ctl->sheets[height] = sht;
```

```
    } else {      /* 从隐藏状态变为显示状态 */
        /* 把在上面的图层往上提高一层 */
        for (h = ctl->top; h >= height; h--) {
            ctl->sheets[h + 1] = ctl->sheets[h];
            ctl->sheets[h + 1]->height = h + 1;
        }
        ctl->sheets[height] = sht;
        ctl->top++; /* 显示中的图层增加了一个，故最上面的高度也增加 */
    }
    sheet_refreshsub(ctl, sht->vx0, sht->vy0, sht->vx0 + sht->bxsize, sht->vy0 + sht->bysize,
        height);
    /* ↑这里 */
}
return;
}
```

修改的内容很少，我们逐一来看一下。对于sheet_refresh函数，我们按照刚才的思路让它只刷新指定的图层和它上面的图层。

在sheet_slide函数里，图层的移动有时会导致下面的图层露出，所以要从最下面开始刷新。另一方面，在移动目标处，比新移来的图层位置还要低的图层没有什么变化，而且只是隐藏起来了，所以只要刷新移动的图层和它上面的图层就可以了。

在sheet_updown函数里，按照同样的思路，针对个别不需要自下而上全部刷新的部分只进行局部刷新。这样修改以后，闪烁现象应该就会消失了。

◼◼◼◼◼

完成了，我们来"make run"看看。

闪烁现象消失了

不错，性能越来越完善了。哎？等等，怎么稍微一动，鼠标就又出问题了！

鼠标变得一闪一闪的

数字部分的背景闪烁问题是解决了，可是把鼠标放在上面时，鼠标又闪烁起来了（不过，从截图看不出来）。嗯，这可是个问题。

8 消除闪烁（2）（harib08h）

怎么样才能让鼠标不再闪烁呢？闪烁现象是由于一会儿描绘一会儿消除造成的。所以说要想消除闪烁，就要在刷新窗口时避开鼠标所在的地方对VRAM进行写入处理。这好像挺难的，但不管怎样我们还是要努力一下。

而且如果这里做好了，刷新窗口时就不需要重绘鼠标了，这样速度也能相应提高。一想到这里，就充满了克服困难的勇气和动力！

▄▄▄▄▄

这样也不行，那样也不行，左思右想之后我们决定采用下面这种方法。首先，开辟一块内存，大小和VRAM一样，我们先称之为map（地图）吧。至于为什么要叫做地图，我们马上就来讲解。

本次的bootpack.h和sheet.c程序的节选

```
struct SHTCTL {
    unsigned char *vram, *map; /* 这里！ */
    int xsize, ysize, top;
    struct SHEET *sheets[MAX_SHEETS];
    struct SHEET sheets0[MAX_SHEETS];
};

struct SHTCTL *shtctl_init(struct MEMMAN *memman, unsigned char *vram, int xsize, int ysize)
{
    struct SHTCTL *ctl;
    int i;
    ctl = (struct SHTCTL *) memman_alloc_4k(memman, sizeof (struct SHTCTL));
    if (ctl == 0) {
        goto err;
```

```
    }
    /* 从这里开始 */
    ctl->map = (unsigned char *) memman_alloc_4k(memman, xsize * ysize);
    if (ctl->map == 0) {
        memman_free_4k(memman, (int) ctl, sizeof (struct SHTCTL));
        goto err;
    }
    /* 到这里结束 */
    ctl->vram = vram;
    ctl->xsize = xsize;
    ctl->ysize = ysize;
    ctl->top = -1; /* 没有一张SHEET */
    for (i = 0; i < MAX_SHEETS; i++) {
        ctl->sheets0[i].flags = 0; /* 未使用标记 */
        ctl->sheets0[i].ctl = ctl; /* 记录所属 */
    }
err:
    return ctl;
}
```

这块内存用来表示画面上的点是哪个图层的像素，所以它就相当于是图层的地图。

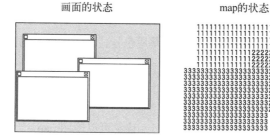

当刷新图层1的时候，如果一边看着这个map一边刷新的话，就不必担心图层1和图层2重叠的部分被覆盖了。

■■■■■

下面我们来写向map中写入1、2等图层号码的函数。

本次的sheet.c节选

```
void sheet_refreshmap(struct SHTCTL *ctl, int vx0, int vy0, int vx1, int vy1, int h0)
{
    int h, bx, by, vx, vy, bx0, by0, bx1, by1;
    unsigned char *buf, sid, *map = ctl->map;
    struct SHEET *sht;
    if (vx0 < 0) { vx0 = 0; }
    if (vy0 < 0) { vy0 = 0; }
    if (vx1 > ctl->xsize) { vx1 = ctl->xsize; }
    if (vy1 > ctl->ysize) { vy1 = ctl->ysize; }
```

```
for (h = h0; h <= ctl->top; h++) {
    sht = ctl->sheets[h];
    sid = sht - ctl->sheets0; /* 将进行了减法计算的地址作为图层号码使用 */
    buf = sht->buf;
    bx0 = vx0 - sht->vx0;
    by0 = vy0 - sht->vy0;
    bx1 = vx1 - sht->vx0;
    by1 = vy1 - sht->vy0;
    if (bx0 < 0) { bx0 = 0; }
    if (by0 < 0) { by0 = 0; }
    if (bx1 > sht->bxsize) { bx1 = sht->bxsize; }
    if (by1 > sht->bysize) { by1 = sht->bysize; }
    for (by = by0; by < by1; by++) {
        vy = sht->vy0 + by;
        for (bx = bx0; bx < bx1; bx++) {
            vx = sht->vx0 + bx;
            if (buf[by * sht->bxsize + bx] != sht->col_inv) {
                map[vy * ctl->xsize + vx] = sid;
            }
        }
    }
}
return;
}
```

这个函数与以前的refreshsub函数基本一样，只是用色号代替了图层号码而已。代表图层号码的变量sid是"sheet ID[①]"的缩写。

▄▄▄▄▄

下面是sheet_refreshsub函数。我们对它进行改写，让它可以使用map。

本次的sheet.c节选

```
void sheet_refreshsub(struct SHTCTL *ctl, int vx0, int vy0, int vx1, int vy1, int h0, int h1)
{
    int h, bx, by, vx, vy, bx0, by0, bx1, by1;
    unsigned char *buf, *vram = ctl->vram, *map = ctl->map, sid;
    struct SHEET *sht;
    /* 如果refresh的范围超出了画面则修正*/
    (中略)
    for (h = h0; h <= h1; h++) {
        sht = ctl->sheets[h];
        buf = sht->buf;

        sid = sht - ctl->sheets0;
        /* 利用vx0~vy1,对bx0~by1进行倒推 */
        (中略)
```

---

① ID是英文identification的缩写，意为"用来表示身份的证件以及某一身份所对应的证件号码或记号等"。

```
        for (by = by0; by < by1; by++) {
            vy = sht->vy0 + by;
            for (bx = bx0; bx < bx1; bx++) {
                vx = sht->vx0 + bx;
                if (map[vy * ctl->xsize + vx] == sid) {
                    vram[vy * ctl->xsize + vx] = buf[by * sht->bxsize + bx];
                }
            }
        }
    }
    return;
}
```

　　今后程序会对照map内容来向VRAM中写入，所以有时没必要从下面开始一直刷新到最上面一层，因此不仅要能指定h0，也要可以指定h1。

■■■■■

　　现在我们来修改调用了sheet_refreshsub的3个函数，先从较短的2个入手吧。

```
void sheet_refresh(struct SHEET *sht, int bx0, int by0, int bx1, int by1)
{
    if (sht->height >= 0) { /* 如果正在显示，则按新图层的信息进行刷新 */
        sheet_refreshsub(sht->ctl, sht->vx0 + bx0, sht->vy0 + by0, sht->vx0 + bx1, sht->vy0 + by1,
            sht->height, sht->height);
    }
    return;
}

void sheet_slide(struct SHEET *sht, int vx0, int vy0)
{
    struct SHTCTL *ctl = sht->ctl;
    int old_vx0 = sht->vx0, old_vy0 = sht->vy0;
    sht->vx0 = vx0;
    sht->vy0 = vy0;
    if (sht->height >= 0) { /* 如果正在显示，则按新图层的信息进行刷新 */
        sheet_refreshmap(ctl, old_vx0, old_vy0, old_vx0 + sht->bxsize, old_vy0 + sht->bysize, 0);
        sheet_refreshmap(ctl, vx0, vy0, vx0 + sht->bxsize, vy0 + sht->bysize, sht->height);
        sheet_refreshsub(ctl, old_vx0, old_vy0, old_vx0 + sht->bxsize, old_vy0 + sht->bysize, 0,
            sht->height - 1);
        sheet_refreshsub(ctl, vx0, vy0, vx0 + sht->bxsize, vy0 + sht->bysize, sht->height,
            sht->height);
    }
    return;
}
```

11

在sheet_refresh函数里，由于图层的上下关系没有改变，所以不需要重新进行refreshmap的处理。实际上，我们有时候要把透明的地方变成不透明的，或者反过来要把不透明的地方变成透明的，遇到这些情况就必须重新编写map了，不过这里的sheet_refresh函数没有考虑这些情况。如果需要实现这样的功能，就要再编写其他的函数。

另外，在sheet_refresh函数里，需要刷新的图层只有一张，所以速度应该比较快。

在sheet_slide函数里，首先重写map，分别对应移动前后的图层，然后调用sheet_refreshsub函数。在移动前的地方，只针对上层图层移走之后而露出的下层图层进行重绘就可以了。在移动目的地处仅重绘了一张移动过去的图层。

■■■■■

最后是sheet_updown函数。

本次的sheet.c节选

```
void sheet_updown(struct SHEET *sht, int height)
{
    (中略)

    /* 下面主要是对sheets[]进行重新排列 */
    if (old > height) { /* 比以前低 */
        if (height >= 0) {
            /* 中间的图层也提高一层 */
            (中略)
            sheet_refreshmap(ctl, sht->vx0, sht->vy0, sht->vx0 + sht->bxsize, sht->vy0 +
                sht->bysize, height + 1);
            sheet_refreshsub(ctl, sht->vx0, sht->vy0, sht->vx0 + sht->bxsize, sht->vy0 +
                sht->bysize, height + 1, old);
        } else {      /* 隐藏 */
            (中略)
            sheet_refreshmap(ctl, sht->vx0, sht->vy0, sht->vx0 + sht->bxsize, sht->vy0 +
                sht->bysize, 0);
            sheet_refreshsub(ctl, sht->vx0, sht->vy0, sht->vx0 + sht->bxsize, sht->vy0 +
                sht->bysize, 0, old - 1);
        }
    } else if (old < height) {   /* 比以前高 */
        (中略)
        sheet_refreshmap(ctl, sht->vx0, sht->vy0, sht->vx0 + sht->bxsize, sht->vy0 + sht->bysize,
            height);
        sheet_refreshsub(ctl, sht->vx0, sht->vy0, sht->vx0 + sht->bxsize, sht->vy0 + sht->bysize,
            height, height);
    }
    return;
}
```

在调用sheet_refreshsub函数之前，先执行sheet_refreshmap来重做map。

■■■■■

通过这些修改，闪烁现象真能消失吗？速度会变快吗？

感觉速度好像稍稍变快了些，而且鼠标不再闪烁了。我们成功了！

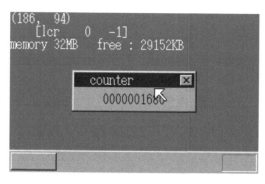

即使这样，鼠标也不闪啦。

哎呀，不知不觉居然都已经这么晚了，今天我们就到这里吧，明天见！

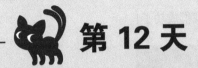

第 12 天

定时器（1）

1 使用定时器（harib09a）

定时器[①]（Timer）对于操作系统非常重要。它在原理上却很简单，只是每隔一段时间（比如0.01秒）就发送一个中断信号给CPU。幸亏有了定时器，CPU才不用辛苦地去计量时间。……如果没有定时器会怎么样呢？让我们想象一下吧。

假如CPU看不到定时器而仍想计量时间的话，就只能牢记每一条指令的执行时间了。比如，往寄存器写入常数的MOV指令是1个时钟周期（Clock）；加法计算的ADD指令原则上是1个时钟周期，但根据条件不同可能是2个时钟周期……等等。CPU不仅要牢记这些内容，然后还要据此调查一下调用这些函数所需的时间，比如，调用这个函数需要150个时钟周期，调用那个函数因参数不同需要106到587个时钟周期等。

而这里的"时钟周期"又不是一个固定值。比如CPU主频是100MHz的话，一个时钟周期是10 纳秒；但主频如果是200MHz，1个时钟周期就是5纳秒。既然CPU有各种主频，那么1个时钟周期的时间也就各不相同。

---

① 英文的Timer在汉语中有"定时器"或"时钟"等多种译法。另外，Clock这个词，也经常译作"时钟"。这两个词，意义上是不同的，如果都译作"时钟"，会引起混乱。本文原文为日文，用到了"Timer"和"Clock"这两个词的音译词。为了区别这两个词，本文中我们将Timer称作"定时器"，Clock称作"时钟周期"或"周期"。

——译者注

这样做可以勉强通过程序对时间进行管理，实现每隔一定时间进行一次某种处理，比如让钟表（程序）的秒针动起来。如果程序中时间计算出错了，那么做出的钟表不是快就是慢，没法使用。

如果没有定时器，还会出现别的麻烦，即不能使用HLT指令。完成这个指令所需的时钟周期，不是个固定值。这样，一旦执行HLT指令，程序就不知道时间了。不能执行HLT指令，就意味着要浪费很多电能。所以只能二选一，要么放弃时间的计量，要么选择浪费电能。左右为难，实在糟糕透顶。

> 打个比方说，如果大家没有手表还想知道时间，那该怎么办呢？当然，不准看太阳，也不准看星星。那就只能根据肚子的饥饿程度，或者烧一壶开水所用的时间等方法来判断了。总之只能是一边干点儿什么，一边计算时间，而且决不能睡觉！一睡觉就没法计时了……嗯，就类似这种情况。

然而实际上，由于有定时器中断，所以不用担心会发生这样的悲剧。程序只需要以自己的步调处理自己的问题就行了。至于到底经过了多长时间，只要在中断处理程序中数一数定时器中断发生的次数就可以了。就算CPU处于HLT状态，也可以通过中断来唤醒。根本就没必要让程序自己去记忆时间。CPU也就可以安心地去睡觉了（HLT）。这样，大家还可以省点电费（笑）。

所以说定时器非常重要。管理定时器是操作系统的重大任务之一，所以在"纸娃娃操作系统"中我们也想使用定时器。

要在电脑中管理定时器，只需对PIT进行设定就可以了。PIT是" Programmable Interval Timer"的缩写，翻译过来就是"可编程的间隔型定时器"。我们可以通过设定PIT，让定时器每隔多少秒就产生一次中断。因为在电脑中PIT连接着IRQ（interrupt request，参考第6章）的0号，所以只要设定了PIT就可以设定IRQ0的中断间隔。……在旧机种上PIT是作为一个独立的芯片安装在主板上的，而现在已经和PIC（programmable interrupt controller，参考第6章）一样被集成到别的芯片里了。

前几天我们学习PIC时曾经非常辛苦，从现在开始，我们又要重温那种感觉了。大家可不要想："怎么又学这个？"刚开始学习PIC时，陌生的东西比较多，学起来很费力。这次就不会那么辛苦了。

首先来看资料，还是到我们每次必去的那个网站。电脑里的定时器用的是8254芯片（或其替代品），那就查一下这个芯片吧。

http://community.osdev.info/?(PIT) 8254

以上内容，如果全部讲解的话太长了。所以这里就不一一详述了，大家来看下面"给怕麻烦的读者"这一部分吧。

❏ IRQ0的中断周期变更:

- AL=0x34:OUT(0x43,AL);
- AL=中断周期的低8位; OUT(0x40,AL);
- AL=中断周期的高8位; OUT(0x40,AL);
- 到这里告一段落。
- 如果指定中断周期为0，会被看作是指定为65536。实际的中断产生的频率是单位时间时钟周期数（即主频）/设定的数值。比如设定值如果是1000，那么中断产生的频率就是1.19318KHz。设定值是10000的话，中断产生频率就是119.318Hz。再比如设定值是11932的话，中断产生的频率大约就是100Hz了，即每10ms发生一次中断。

我们不清楚其中的详细原理，只知道只要执行3次OUT指令设定就完成了。将中断周期设定为11932的话，中断频率好像就是100Hz，也就是说1秒钟会发生100次中断。那么我们就设定成这个值吧。把11932换算成十六进制数就是0x2e9c，下面是我们编写的函数init_pit。

本次的timer.c节选

```
#define PIT_CTRL        0x0043
#define PIT_CNT0        0x0040

void init_pit(void)
{
    io_out8(PIT_CTRL, 0x34);
    io_out8(PIT_CNT0, 0x9c);
    io_out8(PIT_CNT0, 0x2e);
    return;
}
```

本次的bootback.c节选

```
void HariMain(void)
{
    （中略）

    init_gdtidt();
    init_pic();
    io_sti(); /* IDT/PIC的初始化已经结束，所以解除CPU的中断禁止*/
    fifo8_init(&keyfifo, 32, keybuf);
    fifo8_init(&mousefifo, 128, mousebuf);
    init_pit(); /* 这里！ */
    io_out8(PIC0_IMR, 0xf8); /* PIT和PIC1和键盘设置为许可(11111000) */ /* 这里！ */
    io_out8(PIC1_IMR, 0xef); /* 鼠标设置为许可(11101111) */

    （中略）
}
```

这样的话IRQ0就会在1秒钟内发生100次中断了。

下面我们来编写IRQ0发生时所调用的中断处理程序。它几乎和键盘中断处理程序一样，所以就不用再讲了吧。

本次的timer.c节选

```
void inthandler20(int *esp)
{
    io_out8(PIC0_OCW2, 0x60);    /* 把IRQ-00信号接收完了的信息通知给PIC */
    /* 暂时什么也不做 */
    return;
}
```

本次的naskfunc.nas节选

```
_asm_inthandler20:
        PUSH    ES
        PUSH    DS
        PUSHAD
        MOV     EAX,ESP
        PUSH    EAX
        MOV     AX,SS
        MOV     DS,AX
        MOV     ES,AX
        CALL    _inthandler20
        POP     EAX
        POPAD
        POP     DS
        POP     ES
        IRETD
```

为了把这个中断处理程序注册到IDT，init_gdtidt函数中也要加上几行。这也和键盘处理的时候差不多。

本次的dsctbl.c节选

```
void init_gdtidt(void)
{
    （中略）

    /* IDT的设定 */
    set_gatedesc(idt + 0x20, (int) asm_inthandler20, 2 * 8, AR_INTGATE32); /* 这里! */
    set_gatedesc(idt + 0x21, (int) asm_inthandler21, 2 * 8, AR_INTGATE32);
    set_gatedesc(idt + 0x27, (int) asm_inthandler27, 2 * 8, AR_INTGATE32);
    set_gatedesc(idt + 0x2c, (int) asm_inthandler2c, 2 * 8, AR_INTGATE32);

    return;
}
```

■■■■■

到这里准备工作就完成了。也不知能不能正常运行。正常的话，嗯，应该什么都不发生（笑）。下面我们执行"make run"。哦，什么也没发生。太好了！但这样有点不过瘾，还是在中断处理程序中做点什么吧！

2 计量时间（harib09b）

那我们让它干点什么呢？······有了！我们就让它执行下面这段程序吧。

本次的bootback.h节选

```
struct TIMERCTL {
    unsigned int count;
};
```

本次的timer.c节选

```
struct TIMERCTL timerctl;

void init_pit(void)
{
    io_out8(PIT_CTRL, 0x34);
    io_out8(PIT_CNT0, 0x9c);
    io_out8(PIT_CNT0, 0x2e);
    timerctl.count = 0; /* 这里！ */
    return;
}

void inthandler20(int *esp)
{
    io_out8(PIC0_OCW2, 0x60);    /* 把IRQ-00信号接收完了的信息通知给PIC */
    timerctl.count++; /* 这里！ */
    return;
}
```

程序所做的处理是：首先定义了struct TIMERCTL结构体。然后，在结构体内定义了一个计数变量。初始化PIT时，将这个计数变量设置为0。每次发生定时器中断时，计数变量就以1递增。也就是说，即使这个计数变量在HariMain中不进行加算，每1秒钟它也会自动增加100。

■■■■■

为了确认这一点，我们把数值显示出来吧。

本次的bootback.c节选

```
void HariMain(void)
```

```
{
    (中略)

    for (;;) {
        sprintf(s, "%010d", timerctl.count); /* 这里! */
        boxfill8(buf_win, 160, COL8_C6C6C6, 40, 28, 119, 43);
        putfonts8_asc(buf_win, 160, 40, 28, COL8_000000, s);
        sheet_refresh(sht_win, 40, 28, 120, 44);

        (中略)
    }
}
```

　　这样的话，数字应该是以每秒钟100的速度增加。而且不论哪个机种增加速度都是一样的。即使CPU的速度不同，增加速度也应该是一样的。我们先做做看吧。执行"make run"。……哦，正常运行了，还算顺利。

1秒钟增加100

　　利用这个方法，就能知道从启动开始时间过去了多少秒。如果往方便面里倒入开水的同时，我们启动这个程序，就能测量是否到3分钟（=180秒）了。哦，终于向着有实用价值的操作系统迈出了第一步（笑）。顺便说一下，5分钟相当于300秒，所以泡乌冬面时也可以拿它来计时呢!

3　超时功能（harib09c）

　　现在，从启动开始经过了多少秒这一类问题，我们就可以很轻松地判断了。另外，我们还可以计量处理所花费的时间。具体做法是，处理前看一下时间并把它存放到一个变量里，处理结束之后再看一下时间，然后只要用减法算出时间差，就能得到答案了，比如"这个处理耗时13.56秒"等。我们甚至可以据此编制基准测试程序[①]（benchmark program）。

　　这里大家稍稍回想一下，现在已经能够显示出窗口，又能使用鼠标，又能计量时间，还能进行内存管理，已经实现了很多功能。有了这些功能，只要对它们进行各种组合，就能做很多事情。

---

① 指测试电脑性能的程序。比如有新的CPU面世的时候，在杂志等上面会评论说，执行某一基准测试程序，新的CPU比以前的CPU性能提高了多少等。

12

嗯，已经有点操作系统的样子了。

　　我们言归正传，继续说定时器吧。操作系统的定时器经常被用于这样一种情形："喂，操作系统小兄弟，过了10秒钟以后通知我一声，我要干什么什么"。当然，不一定非要是10秒，也可以是1秒或30分钟。我们把这样的功能叫做"超时"（timeout）。下面就来实现这个功能吧。

■■■■■

　　首先往结构体struct TIMERCTL里添加一些代码，以便记录有关超时的信息。

本次的bootback.h节选

```
struct TIMERCTL {
    unsigned int count;
    unsigned int timeout;
    struct FIFO8 *fifo;
    unsigned char data;
};
```

　　以上结构体中的timeout用来记录离超时还有多长时间。一旦这个剩余时间达到0，程序就往FIFO缓冲区里发送数据。定时器就是通过这种方法通知HariMain时间到了。

　　至于为什么要使用FIFO缓冲区，笔者也说不上个所以然，只是觉得这个方法简单，因为使用FIFO缓冲区来通知的话，可以比照键盘和鼠标，利用同样的方法来处理。

■■■■■

　　下面我们来修改函数吧。

本次的timer.c节选

```
void init_pit(void)
{
    io_out8(PIT_CTRL, 0x34);
    io_out8(PIT_CNT0, 0x9c);
    io_out8(PIT_CNT0, 0x2e);
    timerctl.count = 0;
    timerctl.timeout = 0;
    return;
}

void inthandler20(int *esp)
{
    io_out8(PIC0_OCW2, 0x60);    /* 把IRQ-00信号接收结束的信息通知给PIC */
    timerctl.count++;
    if (timerctl.timeout > 0) { /* 如果已经设定了超时 */
        timerctl.timeout--;
        if (timerctl.timeout == 0) {
            fifo8_put(timerctl.fifo, timerctl.data);
```

```
        }
    }
    return;
}

void settimer(unsigned int timeout, struct FIFO8 *fifo, unsigned char data)
{
    int eflags;
    eflags = io_load_eflags();
    io_cli();
    timerctl.timeout = timeout;
    timerctl.fifo = fifo;
    timerctl.data = data;
    io_store_eflags(eflags);
    return;
}
```

希望大家注意的是，我们在inthandler20函数里实现了超时功能。每次发生中断时就把timeout减1，减到0时，就向fifo发送数据。

在settimer函数里，如果设定还没有完全结束IRQ0的中断就进来的话，会引起混乱，所以我们先禁止中断，然后完成设定，最后再把中断状态复原。

━━━━━

这在HariMain中如何实现呢？我们来尝试这样做：

本次的bootback.c节选

```
void HariMain(void)
{
    （中略）

    struct FIFO8 timerfifo;
    char s[40], keybuf[32], mousebuf[128], timerbuf[8];

    （中略）

    fifo8_init(&timerfifo, 8, timerbuf);
    settimer(1000, &timerfifo, 1);

    （中略）

    for (;;) {

        （中略）
        io_cli();
        if (fifo8_status(&keyfifo) + fifo8_status(&mousefifo) + fifo8_status(&timerfifo) == 0) {
            io_sti();
        } else {
            if (fifo8_status(&keyfifo) != 0) {
                （中略）
            } else if (fifo8_status(&mousefifo) != 0) {
```

12

```
    （中略）
    } else if (fifo8_status(&timerfifo) != 0) {
        i = fifo8_get(&timerfifo); /* 首先读入（为了设定起始点）*/
        io_sti();
        putfonts8_asc(buf_back, binfo->scrnx, 0, 64, COL8_FFFFFF, "10[sec]");
        sheet_refresh(sht_back, 0, 64, 56, 80);
    }
    }
}
}
```

程序很简单，我们在其中设定10秒钟以后向timerfifo写入"1"这个数据，而timerfifo接收到数据时，就会在屏幕上显示"10[sec]"。

我们执行一下"make run"，看，显示出来了。太棒了！

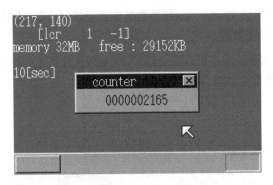

等待10秒钟就会出现上面的画面

4 设定多个定时器（harib09d）

在上一节做的超时功能，超时结束后如果再设定1000的话，那我们就可以让它每10秒显示一次，或是让它一闪一灭地显示。另外，间隔不仅限于10秒，我们还可以设定得更长一些或更短一些。比如设定为0.5秒的间隔可以用于文字输入时的光标闪烁。

开发操作系统时，超时功能非常方便，所以在很多地方都可以使用它。比如可以让电子时钟每隔1秒重新显示一次；演奏音乐时，可以用它计量音符的长短；也可以让它以0.1秒1次的频率来监视没有中断功能的装置[①]；另外，还可以用它实现光标的闪烁功能。

为了简单地实现这些功能，我们要准备很多能够设定超时的定时器。

---

① 像键盘和鼠标等是通过中断告知我们有数据过来的，但是还有些装置，即使状态有变化也不会发生中断。大家可能会想："设计这种装置的人想什么呢！"但生气也于事无补，我们只能定期去查询装置的状态。就算是状态没有变化也得查询，实在是浪费电能。

比起文字说明来，还是直接看程序更易于理解。

■■■■■

首先把struct TIMERCTL修改成下面这样。

本次的bootback.h节选

```
#define MAX_TIMER          500

struct TIMER {
    unsigned int timeout, flags;
    struct FIFO8 *fifo;
    unsigned char data;
};

struct TIMERCTL {
    unsigned int count;
    struct TIMER timer[MAX_TIMER];
};
```

这样超时定时器最多就可以设定为500个了，flags则用于记录各个定时器的状态。

■■■■■

下面，我们把函数也相应地修改一下吧。

本次的timer.c节选

```
#define TIMER_FLAGS_ALLOC       1    /* 已配置状态 */
#define TIMER_FLAGS_USING       2    /* 定时器运行中 */

void init_pit(void)
{
    int i;
    io_out8(PIT_CTRL, 0x34);
    io_out8(PIT_CNT0, 0x9c);
    io_out8(PIT_CNT0, 0x2e);
    timerctl.count = 0;
    for (i = 0; i < MAX_TIMER; i++) {
        timerctl.timer[i].flags = 0; /* 未使用 */
    }
    return;
}

struct TIMER *timer_alloc(void)
{
    int i;
    for (i = 0; i < MAX_TIMER; i++) {
        if (timerctl.timer[i].flags == 0) {
            timerctl.timer[i].flags = TIMER_FLAGS_ALLOC;
            return &timerctl.timer[i];
        }
```

12

```
    }
    return 0; /* 没找到 */
}

void timer_free(struct TIMER *timer)
{
    timer->flags = 0; /* 未使用 */
    return;
}

void timer_init(struct TIMER *timer, struct FIFO8 *fifo, unsigned char data)
{
    timer->fifo = fifo;
    timer->data = data;
    return;
}

void timer_settime(struct TIMER *timer, unsigned int timeout)
{
    timer->timeout = timeout;
    timer->flags = TIMER_FLAGS_USING;
    return;
}

void inthandler20(int *esp)
{
    int i;
    io_out8(PIC0_OCW2, 0x60);    /*  把IRQ-00信号接收结束的信息通知给PIC*/
    timerctl.count++;
    for (i = 0; i < MAX_TIMER; i++) {
        if (timerctl.timer[i].flags == TIMER_FLAGS_USING) {
            timerctl.timer[i].timeout--;
            if (timerctl.timer[i].timeout == 0) {
                timerctl.timer[i].flags = TIMER_FLAGS_ALLOC;
                fifo8_put(timerctl.timer[i].fifo, timerctl.timer[i].data);
            }
        }
    }
    return;
}
```

　　程序稍微有些长，但只要前面的程序大家都明白了，这里应该也没什么困难。

　　最后来看HariMain函数。我们不一定都设定为10秒，也尝试一下设为3秒吧。另外，我们还要编写类似光标闪烁那样的程序。

本次的bootback.c节选

```
void HariMain(void)
{
    (中略)
```

```
struct FIFO8 timerfifo, timerfifo2, timerfifo3;
char s[40], keybuf[32], mousebuf[128], timerbuf[8], timerbuf2[8], timerbuf3[8];
struct TIMER *timer, *timer2, *timer3;
```

（中略）

```
fifo8_init(&timerfifo, 8, timerbuf);
timer = timer_alloc();
timer_init(timer, &timerfifo, 1);
timer_settime(timer, 1000);
fifo8_init(&timerfifo2, 8, timerbuf2);
timer2 = timer_alloc();
timer_init(timer2, &timerfifo2, 1);
timer_settime(timer2, 300);
fifo8_init(&timerfifo3, 8, timerbuf3);
timer3 = timer_alloc();
timer_init(timer3, &timerfifo3, 1);
timer_settime(timer3, 50);
```

（中略）

```
for (;;) {
    （中略）

    io_cli();
    if (fifo8_status(&keyfifo) + fifo8_status(&mousefifo) + fifo8_status(&timerfifo)
            + fifo8_status(&timerfifo2) + fifo8_status(&timerfifo3) == 0) {
        io_sti();
    } else {
        if (fifo8_status(&keyfifo) != 0) {
            （中略）
        } else if (fifo8_status(&mousefifo) != 0) {
            （中略）
        } else if (fifo8_status(&timerfifo) != 0) {
            i = fifo8_get(&timerfifo); /* 首先读入（为了设定起始点） */
            io_sti();
            putfonts8_asc(buf_back, binfo->scrnx, 0, 64, COL8_FFFFFF, "10[sec]");
            sheet_refresh(sht_back, 0, 64, 56, 80);
        } else if (fifo8_status(&timerfifo2) != 0) {
            i = fifo8_get(&timerfifo2); /* 首先读入（为了设定起始点） */
            io_sti();
            putfonts8_asc(buf_back, binfo->scrnx, 0, 80, COL8_FFFFFF, "3[sec]");
            sheet_refresh(sht_back, 0, 80, 48, 96);
        } else if (fifo8_status(&timerfifo3) != 0) { /* 模拟光标 */
            i = fifo8_get(&timerfifo3);
            io_sti();
            if (i != 0) {
                timer_init(timer3, &timerfifo3, 0); /* 然后设置0 */

                boxfill8(buf_back, binfo->scrnx, COL8_FFFFFF, 8, 96, 15, 111);
            } else {
                timer_init(timer3, &timerfifo3, 1); /* 然后设置1 */
                boxfill8(buf_back, binfo->scrnx, COL8_008484, 8, 96, 15, 111);
            }
```

12

```
            timer_settime(timer3, 50);
            sheet_refresh(sht_back, 8, 96, 16, 112);
        }
    }
}
}
```

■■■■■

下面就是期盼已久的"make run"了。我们执行一下，当然会顺利运行了，结果如下图。

都显示出来啦!

5　加快中断处理（1）（harib09e）

现在我们可以自由使用多个定时器了，从数量上说，已经足够了。但仔细看一下大家会发现，inthandler20还有很大问题：中断处理本来应该在很短的时间内完成，可利用inthandler20时却花费了很长时间。这就妨碍了其他中断处理的执行，使得操作系统反应很迟钝。

如果检查inthandler20，能发现每次进行定时器中断处理的时候，都会对所有活动中的定时器进行"timerctl.timer[i].timeout--;"处理。也就是说，CPU要完成从内存中读取变量值，减去1，然后又往内存中写入的操作。本来谁也不会注意到这种细微之处，但由于我们想在中断处理程序中尽可能减少哪怕是一点点工作量，所以才会注意到这里。

问题找到了，那该怎么修改才好呢? 我们看看下面这样行不行。

本次的timer.c节选
```
void inthandler20(int *esp)
{
    int i;
    io_out8(PIC0_OCW2, 0x60);    /* 把IRQ-00信号接收结束的信息通知给PIC  */
    timerctl.count++;
```

```
for (i = 0; i < MAX_TIMER; i++) {
    if (timerctl.timer[i].flags == TIMER_FLAGS_USING) {
        if (timerctl.timer[i].timeout <= timerctl.count) { /* 这里！ */
            timerctl.timer[i].flags = TIMER_FLAGS_ALLOC;
            fifo8_put(timerctl.timer[i].fifo, timerctl.timer[i].data);
        }
    }
}
return;
}
```

我们改变了程序中变量timer[i].timeout的含义。它指的不再是"所剩时间"，而是"予定时刻"了。因为现在的时刻计数到timerctl.count中去了，所以就拿它和timer[i].timeout进行比较，如果相同或是超过了，就通过往FIFO缓冲区里传送数据来通知HariMain。大家现在再看一看，我们一直担心的减法计算没有了。这样一改，程序的速度应该能稍微变快一些了。

下面我们也要相应地修改timer_settime函数。

本次的timer.c节选

```
void timer_settime(struct TIMER *timer, unsigned int timeout)
{
    timer->timeout = timeout + timerctl.count; /* 这里！ */
    timer->flags = TIMER_FLAGS_USING;
    return;
}
```

timer_settime函数中所指定的时间，是"从现在开始多少多少秒以后"的意思，所以用这个时间加上现在的时刻，就可以计算出中断的预定时刻。程序中对这个时刻进行了记录。别的地方就不用改了。

■■■■■

到底这样做行不行呢，我们执行一下"make run"。好哇，进行得很顺利。虽然还没能切身感到速度变快了多少，不过先自我满足一下吧（笑）。

同时也正是因为变成了这种方式，在我们这个纸娃娃操作系统中，启动以后经过42 949 673秒后，count就是0xffffffff了，比这个值再大就不能设定了。这么多秒是几天呢？……嗯，请稍等（用计算器算一下）……大约是497天。也就是大约一年就要重新启动一次操作系统，让count归0。

这里大家可能又会有怨言了"哎呀，还需要重新起动，这样的操作系统真是麻烦"。事实上笔者本人也是这么想的（笑）。怎么办才好呢。嗯，回到上一节的做法，好不好呢？可是回到上一节的做法，速度又有些慢。……既不希望速度慢，又不想重新启动——为了满足这种奢望，我们设计成一年调整一次时刻的程序也许比较好。

12

时刻调整程序

```
int t0 = timerctl.count; /* 所有时刻都要减去这个值 */
io_cli(); /* 在时刻调整时禁止定时器中断 */
timerctl.count -= t0;
for (i = 0; i < MAX_TIMER; i++) {
    if (timerctl.timer[i].flags == TIMER_FLAGS_USING) {
        timerctl.timer[i].timeout -= t0;
    }
}
io_sti();
```

也许以上方法并非最好，但我们不轻言放弃而去想办法解决，这种心境是最重要的。只要努力，我们肯定还能找到别的好办法。

6 加快中断处理（2）（harib09f）

虽然像上面那样做了改进，但笔者还是觉得中断处理程序太慢了，因此我们再来改善一下吧。

改善前的timer.c节选

```
void inthandler20(int *esp)
{
    int i;
    io_out8(PIC0_OCW2, 0x60);     /* 把IRQ-00信号接收结束的信息通知给PIC */
    timerctl.count++;
    for (i = 0; i < MAX_TIMER; i++) {
        if (timerctl.timer[i].flags == TIMER_FLAGS_USING) {
            if (timerctl.timer[i].timeout <= timerctl.count) {
                timerctl.timer[i].flags = TIMER_FLAGS_ALLOC;
                fifo8_put(timerctl.timer[i].fifo, timerctl.timer[i].data);
            }
        }
    }
    return;
}
```

如果看一下 harib09e的inthandler20，大家会发现每次中断都要执行500次（=MAX_TIMER的次数）if语句，很浪费时间。由于1秒钟就要发生100次中断，这个if语句1秒钟就要执行5万次。尽管如此，这两个if语句都为真，而其中的flags值得以更改，或者是fifo8_put函数能够执行的频率，最多也就是每0.5秒1次，即每秒2次左右。其余的49998次if语句都是在做无用功，基本没什么意义。

▬▬▬▬▬▬

我们来变通一下思考方式，如果是人在进行着这样的定时器管理，会怎么做呢？定时器加在一起最多有500个。其中有3秒钟以后超时的，有50秒钟以后超时的，也有0.3秒钟以后超时的，还有一天以后超时的。这种情况下，我们首先会关注哪一个？应该是0.3秒钟以后的那个吧。0.3秒钟的结束后，下次是3秒钟以后的。也就是没必要把500个都看完，只要看到"下一个"的时刻就可以了。因此，我们追加一个变量timerctl.next，让它记住下一个时刻。

本次的bootpack.h节选

```
struct TIMERCTL {
    unsigned int count, next; /* 这里! */
    struct TIMER timer[MAX_TIMER];
};
```

本次的timer.c节选

```
void inthandler20(int *esp)
{
    int i;
    io_out8(PIC0_OCW2, 0x60);    /* 把IRQ-00信号接收结束的信息通知给PIC */
    timerctl.count++;
    if (timerctl.next > timerctl.count) {
        return; /* 还不到下一个时刻，所以结束*/
    }
    timerctl.next = 0xffffffff;
    for (i = 0; i < MAX_TIMER; i++) {
        if (timerctl.timer[i].flags == TIMER_FLAGS_USING) {
            if (timerctl.timer[i].timeout <= timerctl.count) {
                /* 超时 */
                timerctl.timer[i].flags = TIMER_FLAGS_ALLOC;
                fifo8_put(timerctl.timer[i].fifo, timerctl.timer[i].data);
            } else {
                /* 还没有超时 */
                if (timerctl.next > timerctl.timer[i].timeout) {
                    timerctl.next = timerctl.timer[i].timeout;
                }
            }
        }
    }
    return;
}
```

虽然程序变长了，但要做的处理却减少了。在大多数情况下，第一个if语句的return都会执行，中断处理就到此结束了。当到达下一个时刻时，使用之前那种方法检查是否超时。超时的话，就写入到FIFO中；还没超时的话就调查是否将其设定为下一个时刻（未超时时刻中，最小的时刻是下一个时刻）。

如果用这样的方法，就能大大减少没有意义的if语句的执行次数，速度也应该快多了。

由于使用了next，所以其他地方也要修改一下。

本次的timer.c节选

```
void init_pit(void)
{
    int i;
    io_out8(PIT_CTRL, 0x34);
    io_out8(PIT_CNT0, 0x9c);
    io_out8(PIT_CNT0, 0x2e);
    timerctl.count = 0;
    timerctl.next = 0xffffffff; /* 因为最初没有正在运行的定时器 */
    for (i = 0; i < MAX_TIMER; i++) {
        timerctl.timer[i].flags = 0; /* 没有使用 */
    }
    return;
}

void timer_settime(struct TIMER *timer, unsigned int timeout)
{
    timer->timeout = timeout + timerctl.count;
    timer->flags = TIMER_FLAGS_USING;
    if (timerctl.next > timer->timeout) {
        /* 更新下一次的时刻 */
        timerctl.next = timer->timeout;
    }
    return;
}
```

这样就好了。现在我们来确认是否能正常运行。"make run"。……和以前一样，虽然仍不能切身地感受到速度变快了，但还是自我满足一下吧（笑）。

7　加快中断处理（3）（harib09g）

到了harib09f的时候，中断处理程序的平均处理时间已经大大缩短了。这真是太好了。可是，现在有一个问题，那就是到达next时刻和没到next时刻的定时器中断，它们的处理时间差别很大。这样的程序结构不好。因为平常运行一直都很快的程序，会偶尔由于中断处理拖得太长，而搞得像是主程序要停了似的。更确切一点，这样有时会让人觉得"不知为什么，鼠标偶尔会反应迟钝，很卡。"

因此，我们要让到达next时刻的定时器中断的处理时间再缩短一些。嗯，怎么办呢？模仿sheet.c的做法怎么样呢？我们来试试看。

在sheet.c的结构体struct SHTCTL中，除了sheet0[ ]以外，我们还定义了*sheets[ ]。它里面存放的是按某种顺序排好的图层地址。有了这个变量，按顺序描绘图层就简单了。这次我们在Struct TIMERCTL中也定义一个变量，其中存放按某种顺序排好的定时器地址。

本次的bootpack.h节选

```
struct TIMERCTL {
    unsigned int count, next, using;
    struct TIMER *timers[MAX_TIMER];
    struct TIMER timers0[MAX_TIMER];
};
```

变量using相当于struct SHTCTL中的top，它用于记录现在的定时器中有几个处于活动中。

■■■■■

改进后的inthandler20函数如下：

本次的timer.c节选

```
void inthandler20(int *esp)
{
    int i, j;
    io_out8(PIC0_OCW2, 0x60);    /* 把IRQ-00信号接收结束的信息通知给PIC */
    timerctl.count++;
    if (timerctl.next > timerctl.count) {
        return;
    }
    for (i = 0; i < timerctl.using; i++) {
        /* timers的定时器都处于动作中，所以不确认flags */
        if (timerctl.timers[i]->timeout > timerctl.count) {
            break;
        }
        /* 超时*/
        timerctl.timers[i]->flags = TIMER_FLAGS_ALLOC;
        fifo8_put(timerctl.timers[i]->fifo, timerctl.timers[i]->data);
    }
    /* 正好有i个定时器超时了。其余的进行移位。 */
    timerctl.using -= i;
    for (j = 0; j < timerctl.using; j++) {
        timerctl.timers[j] = timerctl.timers[i + j];
    }
    if (timerctl.using > 0) {
        timerctl.next = timerctl.timers[0]->timeout;
    } else {
        timerctl.next = 0xffffffff;
    }
    return;
}
```

这样，即使是在超时的情况下，也不用查找下一个next时刻，或者查找有没有别的定时器超时了，真不错。如果有很多的定时器都处于正在执行的状态，我们会担心定时器因移位而变慢，这放在以后再改进吧（从13.5节开始讨论）。

■■■■■

由于timerctl中的变量名改变了，所以其他地方也要随之修改。

```c
void init_pit(void)
{
    int i;
    io_out8(PIT_CTRL, 0x34);
    io_out8(PIT_CNT0, 0x9c);
    io_out8(PIT_CNT0, 0x2e);
    timerctl.count = 0;
    timerctl.next = 0xffffffff; /* 因为最初没有正在运行的定时器 */

    timerctl.using = 0;
    for (i = 0; i < MAX_TIMER; i++) {
        timerctl.timers0[i].flags = 0; /* 未使用 */
    }
    return;
}

struct TIMER *timer_alloc(void)
{
    int i;
    for (i = 0; i < MAX_TIMER; i++) {
        if (timerctl.timers0[i].flags == 0) {
            timerctl.timers0[i].flags = TIMER_FLAGS_ALLOC;
            return &timerctl.timers0[i];
        }
    }
    return 0; /* 没找到 */
}
```

这两个函数比较简单，只是稍稍修改了一下变量名。

■■■■■

在timer_settime函数中，必须将timer注册到timers中去，而且要注册到正确的位置。如果在注册时发生中断的话可就麻烦了，所以我们要事先关闭中断。

```c
void timer_settime(struct TIMER *timer, unsigned int timeout)
{
    int e, i, j;
    timer->timeout = timeout + timerctl.count;
    timer->flags = TIMER_FLAGS_USING;
    e = io_load_eflags();
    io_cli();
    /* 搜索注册位置 */
    for (i = 0; i < timerctl.using; i++) {
        if (timerctl.timers[i]->timeout >= timer->timeout) {
            break;
```

```
    }
}
/* i号之后全部后移一位 */
for (j = timerctl.using; j > i; j--) {
    timerctl.timers[j] = timerctl.timers[j - 1];
}
timerctl.using++;
/* 插入到空位上 */
timerctl.timers[i] = timer;
timerctl.next = timerctl.timers[0]->timeout;
io_store_eflags(e);
return;
}
```

这样做看来不错。虽然中断处理程序速度已经提高了，但在设定定时器期间，我们关闭了中断，这多少有些令人遗憾。不过就算对此不满意，也不要随便更改哦。

从某种程度上来讲，这也是无法避免的事。如果在设定时，多下点工夫整理一下，到达中断时刻时就能轻松一些了。反之，如果在设定时偷点懒，那么到达中断时刻时就要吃点苦头了。总之，要么提前做好准备，要么临时抱佛脚。究竟哪种做法好呢，要根据情况而定。如果是笔者的话会选择提前准备。也没有什么特殊的理由，只是笔者喜欢这样吧（笑）。

■■■■■

现在我们执行"make run"看看吧。希望它能正常运行。会怎么样呢？貌似很顺利，太好了。

关于定时器我们还有想要修改的地方。不过大家肯定已经很困了，我们还是明天再继续吧。再见！

第 13 天

定时器（2）

- ❏ 简化字符串显示（harib10a）
- ❏ 重新调整FIFO缓冲区（1）（harib10b）
- ❏ 测试性能（harib10c ~ charib10f）
- ❏ 重新调整FIFO缓冲区（2）（harib10g）
- ❏ 加快中断处理（4）（harib10h）
- ❏ 使用"哨兵"简化程序（harib10i）

1 简化字符串显示（harib10a）

昨天我们学习了不少提高定时器处理速度的内容，只是还没有学完。但如果新一章一开始就讲那么难的东西，反而会事倍功半，所以我们还是从简单的地方开始吧。

浏览一下harib09g的bootpack.c，大家会发现它居然有210行之长。这中间多次出现了如下内容：

```
boxfill8(buf_back, binfo->scrnx, COL8_008484,  0, 16, 15, 31);
putfonts8_asc(buf_back, binfo->scrnx, 0, 16, COL8_FFFFFF, s);
sheet_refresh(sht_back, 0, 16, 16, 32);
```

这段程序要完成的是：先涂上背景色，再在上面写字符，最后完成刷新。既然这部分重复出现，我们就把它归纳到一个函数中，这样更方便使用。

```
void putfonts8_asc_sht(struct SHEET *sht, int x, int y, int c, int b, char *s, int l)
{
    boxfill8(sht->buf, sht->bxsize, b, x, y, x + l * 8 - 1, y + 15);
    putfonts8_asc(sht->buf, sht->bxsize, x, y, c, s);
    sheet_refresh(sht, x, y, x + l * 8, y + 16);
    return;
}
```

在此补充说明一下变量的名称。

x, y …… 显示位置的坐标
　c …… 字符颜色（color）
　b …… 背景颜色（back color）
　s …… 字符串（string）
　l …… 字符串长度（length）

利用上面的函数，刚才的3行内容就可以简写成下面的1行了。

```
putfonts8_asc_sht(sht_back, 0, 16, COL8_FFFFFF, COL8_008484, s, 2);
```

太好了！那我们就赶紧改写bootpack.c吧！

■■■■■

如果把修改的内容都列出来，就太长了，意义也不大，所以这次我们省略了。可是一点都不写的话，又有点说不过去，所以简单写个例子吧。

修改前

```
boxfill8(buf_back, binfo->scrnx, COL8_008484, 32, 16, 32 + 15 * 8 - 1, 31);
putfonts8_asc(buf_back, binfo->scrnx, 32, 16, COL8_FFFFFF, s);
sheet_refresh(sht_back, 32, 16, 32 + 15 * 8, 32);
```

修改后

```
putfonts8_asc_sht(sht_back, 32, 16, COL8_FFFFFF, COL8_008484, s, 15);
```

修改后的bootpack.c只有208行，太好了！缩短了2行。

（可不要说"只缩短了2行呀"之类的哦）。运行"make run"确认一下吧。嗯，运行正常！

2　重新调整 FIFO 缓冲区（1）（harib10b）

把目光转向HariMain程序，我们能发现还有其他可以简化的内容。

改写前的HariMain节选

```
if (fifo8_status(&keyfifo) + fifo8_status(&mousefifo) + fifo8_status(&timerfifo)
        + fifo8_status(&timerfifo2) + fifo8_status(&timerfifo3) == 0) {
    io_sti();
} else {
```

13

这都是什么呀，整这么长一个if语句？使用3个定时器的情况下，就需要3个FIFO缓冲区吗？要是100个定时器难道就需要创建100个FIFO缓冲区吗？嗯……

把定时器用的多个FIFO缓冲区都集中成1个不是更好吗？可能会有人担心："如果集中成了1个，会不会分辨不出是哪个定时器超时了？"其实只要在超时的情况下，我们往FIFO内写入不同的数据，就可以正常地分辨出是哪个定时器超时了。

本次的HariMain节选

```
fifo8_init(&timerfifo, 8, timerbuf);
timer = timer_alloc();
timer_init(timer, &timerfifo, 10);
timer_settime(timer, 1000);
timer2 = timer_alloc();
timer_init(timer2, &timerfifo, 3);
timer_settime(timer2, 300);
timer3 = timer_alloc();
timer_init(timer3, &timerfifo, 1);
timer_settime(timer3, 50);
```

我们对if语句也进行相应的修改吧。

本次的HariMain节选

```
for (;;) {
    sprintf(s, "%010d", timerctl.count);
    putfonts8_asc_sht(sht_win, 40, 28, COL8_000000, COL8_C6C6C6, s, 10);

    io_cli();
    if (fifo8_status(&keyfifo) + fifo8_status(&mousefifo) + fifo8_status(&timerfifo) == 0) {
        io_sti();
    } else {
        if (fifo8_status(&keyfifo) != 0) {
            (中略)
        } else if (fifo8_status(&mousefifo) != 0) {
            (中略)
        } else if (fifo8_status(&timerfifo) != 0) {
            i = fifo8_get(&timerfifo); /*超时的是哪个呢？ */
            io_sti();
            if (i == 10) {
                putfonts8_asc_sht(sht_back, 0, 64, COL8_FFFFFF, COL8_008484, "10[sec]", 7);
            } else if (i == 3) {
                putfonts8_asc_sht(sht_back, 0, 80, COL8_FFFFFF, COL8_008484, "3[sec]", 6);
            } else {
                /* 0还是1 */
                if (i != 0) {
                    timer_init(timer3, &timerfifo, 0); /*下面是设定为0 */
                    boxfill8(buf_back, binfo->scrnx, COL8_FFFFFF, 8, 96, 15, 111);
                } else {
                    timer_init(timer3, &timerfifo, 1); /*下面是设定为1*/
                    boxfill8(buf_back, binfo->scrnx, COL8_008484, 8, 96, 15, 111);
                }
```

```
                timer_settime(timer3, 50);
                sheet_refresh(sht_back, 8, 96, 16, 112);
            }
        }
    }
}
```

哦，程序略有精简。bootpack.c变成204行，精简了4行。我们"make run"一下，当然是正常运行了。

3 测试性能（harib10c～harib10f）

从昨天开始，我们就在不断地对定时器进行改善，而且以后还要继续改善，但我们不能总是自我满足呀，我们要亲自感受一下到底改善到什么程度了。所以我们要测试性能。

我们之所以如此专注于定时器的改良，理由很简单，是因为在今后的开发中会经常使用定时器。经常使用的东西当然要做好。同理，我们也努力地改进了图层控制程序。

测试性能的方法很简单：先对HariMain略加修改，恢复变量count，然后完全不显示计数，全力执行"count++;"语句。当到了10秒后超时的时候，再显示这个count值。程序所做的只有这么多。可是需要注意，必须在起动3秒后把count复位为0一次。为什么要这样做呢？我们在后面的专栏里说明。

本次的HariMain节选

```
int mx, my, i, count = 0;

（中略）

for (;;) {
    count++; /* 这里! */

    io_cli();
    if (fifo8_status(&keyfifo) + fifo8_status(&mousefifo) + fifo8_status(&timerfifo) == 0) {
        io_sti();
    } else {
        if (fifo8_status(&keyfifo) != 0) {
            （中略）
        } else if (fifo8_status(&mousefifo) != 0) {
            （中略）
        } else if (fifo8_status(&timerfifo) != 0) {
            i = fifo8_get(&timerfifo); /* 超时的是哪个呢？ */
            io_sti();
            if (i == 10) {
                putfonts8_asc_sht(sht_back, 0, 64, COL8_FFFFFF, COL8_008484, "10[sec]", 7);
                sprintf(s, "%010d", count); /* 这里! */
                putfonts8_asc_sht(sht_win, 40, 28, COL8_000000, COL8_C6C6C6, s, 10); /* 这里! */
            } else if (i == 3) {
```

```
            putfonts8_asc_sht(sht_back, 0, 80, COL8_FFFFFF, COL8_008484, "3[sec]", 6);
            count = 0; /* 开始测定 */
        } else {
            /* 0还是1 */
            if (i != 0) {
                timer_init(timer3, &timerfifo, 0); /* 下面是设定为0 */
                boxfill8(buf_back, binfo->scrnx, COL8_FFFFFF, 8, 96, 15, 111);
            } else {

                timer_init(timer3, &timerfifo, 1); /* 下面是设定为1 */
                boxfill8(buf_back, binfo->scrnx, COL8_008484, 8, 96, 15, 111);
            }
            timer_settime(timer3, 50);
            sheet_refresh(sht_back, 8, 96, 16, 112);
        }
    }
  }
}
```

■■■■■

我们先执行一下这段程序吧。运行"make run"。

在笔者的环境中执行haribl10c

像这样，10秒钟结果就出来了。大家试着运行几次"make run"，会发现每次结果都不同。我们运行了5次。在测试期间的10秒钟内，不要动鼠标也不要按键。如果动鼠标或按键了，程序就不得不进行光标的显示处理，这样会减缓count的增长。

用"make run"运行5次harib10c的结果

```
0002638668
0002639649
0002638944
0002648179
0002637604
```

5次结果是如此发散，是由于使用模拟器而受到了Windows的影响。5次结果中，最大值与最小值的差有10575之大。因此我们在真机上也执行"make install"[①]看看。

用真机执行5次harib10c的结果

```
0074643522
0074643698
0074643532
0074643699
0074643524
```

靠按复位按钮完成多次起动，的确很麻烦，我们只做了5次。得到的数值收敛得很好，最大值和最小值的差只有177。果然还是真机好呀。虽然用了真机，可还是出现了177的误差，其原因在于电脑内部的温度变化，或时钟频率的微妙变化。

■■■■■

下面来看看，如果对harib10c程序利用harib09d时候的timer.c和bootpack.h，结果会怎样呢？赶紧尝试一下吧，当然是在误差较小的真机上做了。我们这时的程序叫作harib10d。

用真机执行5次harib10d的结果

```
0074620088
0074620077
0074619893
0074619902
0074619967
```

像这样记流水账似的罗列一堆数值，谁也看不出个所以然。我们还是计算一下平均值吧。

harib10c:0074643595
harib10d:0074619985

可以看得出来，harib10c比harib10d快了23610个数。这下我们能够确定程序的确有了改进，太好了！昨天的辛苦总算没有白费。

那么harib09e和harib09f的定时器控制又怎么样呢？笔者使用它们分别创建了harib10e和harib10f，而且也在真机上进行了测试，结果总结如下。

harib10d:0074619985(最初的定时器)
harib10e:0074629087(舍弃剩余时间，记忆超时时刻)
harib10f:0074633350(导入next)
harib10c:0074643595(导入timers[ ])

① 在真机上也进行了测试：笔者用的真机是"AMD Duron 800MHz，内存为192MB"的组装机。

大家可以看出，程序每改良一次速度就提高一点。

COLUMN-7 起动 3 秒后，将 count 置为 0 的原因

首先考虑一下这个命令的意思吧。起动3秒后把count复位至0，这与从3秒后开始计数是一样的。画面上要到10秒以后才显示，这样测试的时间就是7秒钟。

事实上，笔者最初并没有加入"count=0;"语句。但那样做的结果是，在真机上测定harib10d时，最高值和最低值的差值竟然达到了150054。这可了不得呀。差值这么大，即使我们比较harib10c和harib10d，也不知道哪个更快。

对于这样的结果，笔者曾茫然不知所措，差一点要放弃性能比较。但后来笔者忽然想起，只要某些条件稍微有些变化，电脑初始化所花费的时间就会有很大变化。这就是为什么我们在起动后3秒钟之内不进行测试的原因。这样做之后，误差急剧减小，终于可以比较结果了，真是太好了。

4 重新调整 FIFO 缓冲区（2）（harib10g）

我们已经可以确定性能真正得到了改善，所以下面把程序恢复到harib10c，沿着13.2节继续思考吧。

既然可以把3个定时器归纳到1个FIFO缓冲区里，那是不是可以把键盘和鼠标都归纳起来，只用1个FIFO缓冲区来管理呢？如果能够这样管理的话，程序就可以写成：

```
if (fifo8_status(&keyfifo) + fifo8_status(&mousefifo) + fifo8_status(&timerfifo) == 0) {
```

冗长的if语句，也可以缩短了。那么或许harib10c中206行的bootpack.c也能简化。

━━━━━

在13.2节中，通过往FIFO内写入不同的数据，我们可以把3个定时器归入1个FIFO缓冲区里。同理，分别将从键盘和鼠标输入的数据也设定为其他值就可以了。那好，我们就这么办。

（写入FIFO的数值　中断类型）

0～ 1⋯⋯⋯⋯⋯⋯⋯光标闪烁用定时器

3⋯⋯⋯⋯⋯⋯⋯3秒定时器

10⋯⋯⋯⋯⋯⋯⋯10秒定时器

256～ 511⋯⋯⋯⋯⋯⋯⋯键盘输入（从键盘控制器读入的值再加上256）

512～ 767⋯⋯⋯鼠标输入（从键盘控制器读入的值再加上512）

这样，1个FIFO缓冲区就可以正常进行处理了。真是太好了！不过现在有一个问题，fifo8_put

函数中的参数是char型，所以不能指定767那样的数值。哎，我们好不容易整理到1个缓存器中了，却又出现这种问题。

■■■■■

所以，我们想将写入FIFO缓冲区中的内容改成能够用int指定的形式。大家可不要担心哦。内容上与FIFO8完全相同。只是将char型变成了int型。

本次的bootpack.h节选

```
struct FIFO32 {
    int *buf;
    int p, q, size, free, flags;
};
```

本次的fifo.c节选

```
void fifo32_init(struct FIFO32 *fifo, int size, int *buf)
/* FIFO缓冲区的初始化*/
{
    fifo->size = size;
    fifo->buf = buf;
    fifo->free = size; /*空*/
    fifo->flags = 0;
    fifo->p = 0; /*写入位置*/
    fifo->q = 0; /*读取位置*/
    return;
}

int fifo32_put(struct FIFO32 *fifo, int data)
/*给FIFO发送数据并储存在FIFO中*/
{
    if (fifo->free == 0) {
        /*没有空余空间，溢出*/
        fifo->flags |= FLAGS_OVERRUN;
        return -1;
    }
    fifo->buf[fifo->p] = data;
    fifo->p++;
    if (fifo->p == fifo->size) {
        fifo->p = 0;
    }
    fifo->free--;
    return 0;
}

int fifo32_get(struct FIFO32 *fifo)
/*从FIFO取得一个数据*/
{
    int data;
    if (fifo->free == fifo->size) {
        /*当缓冲区为空的情况下返回-1*/
```

13

```
            return -1;
        }
        data = fifo->buf[fifo->q];
        fifo->q++;
        if (fifo->q == fifo->size) {
            fifo->q = 0;
        }
        fifo->free++;

        return data;
    }

    int fifo32_status(struct FIFO32 *fifo)
    /*报告已经存储了多少数据*/
    {
        return fifo->size - fifo->free;
    }
```

■■■■■

下面我们就要写键盘和鼠标的相关程序了。我们不使用FIFO8，而是改为使用FIFO32。

本次的keyboard.c节选

```
struct FIFO32 *keyfifo;
int keydata0;

void init_keyboard(struct FIFO32 *fifo, int data0)
{
    /* 将FIFO缓冲区的信息保存到全局变量里 */
    keyfifo = fifo;
    keydata0 = data0;
    /* 键盘控制器的初始化 */
    wait_KBC_sendready();
    io_out8(PORT_KEYCMD, KEYCMD_WRITE_MODE);
    wait_KBC_sendready();
    io_out8(PORT_KEYDAT, KBC_MODE);
    return;
}

void inthandler21(int *esp)
{
    int data;
    io_out8(PIC0_OCW2, 0x61);    /* 把IRQ-01接收信号结束的信息通知给PIC */
    data = io_in8(PORT_KEYDAT);
    fifo32_put(keyfifo, data + keydata0);
    return;
}
```

本次的mouse.c节选

```
struct FIFO32 *mousefifo;
int mousedata0;
```

```
void enable_mouse(struct FIFO32 *fifo, int data0, struct MOUSE_DEC *mdec)
{
    /* 将FIFO缓冲区的信息保存到全局变量里 */
    mousefifo = fifo;
    mousedata0 = data0;
    /* 鼠标有效 */
    wait_KBC_sendready();
    io_out8(PORT_KEYCMD, KEYCMD_SENDTO_MOUSE);
    wait_KBC_sendready();
    io_out8(PORT_KEYDAT, MOUSECMD_ENABLE);
    /* 顺利的话，ACK(0xfa)会被发送*/
    mdec->phase = 0;  /* 等待鼠标的0xfa的阶段*/
    return;
}

void inthandler2c(int *esp)

/* 基于PS/2鼠标的中断  */
{
    int data;
    io_out8(PIC1_OCW2, 0x64);    /* 把IRQ-12接收信号结束的信息通知给PIC1 */
    io_out8(PIC0_OCW2, 0x62);    /* 把IRQ-02接收信号结束的信息通知给PIC0 */
    data = io_in8(PORT_KEYDAT);
    fifo32_put(mousefifo, data + mousedata0);
    return;
}
```

■■■■■

修改定时器结构体，让它也能使用FIFO32。

本次的bootpack.h节选

```
struct TIMER {
    unsigned int timeout, flags;
    struct FIFO32 *fifo;
    int data;
};
```

本次的timer.c节选

```
void timer_init(struct TIMER *timer, struct FIFO32 *fifo, int data)
{
    timer->fifo = fifo;
    timer->data = data;
    return;
}

void inthandler20(int *esp)
{
    int i, j;
    io_out8(PIC0_OCW2, 0x60);    /* 把IRQ-00接收信号结束的信息通知给PIC */
```

13

```
    timerctl.count++;
    if (timerctl.next > timerctl.count) {
        return;
    }
    for (i = 0; i < timerctl.using; i++) {
        /* 因为timers的定时器都处于运行状态，所以不确认flags */
        if (timerctl.timers[i]->timeout > timerctl.count) {
            break;
        }
        /* 超时 */
        timerctl.timers[i]->flags = TIMER_FLAGS_ALLOC;
        fifo32_put(timerctl.timers[i]->fifo, timerctl.timers[i]->data); /* 这里！ */
    }
    /* 正好是i个定时器超时了。移位其余的定时器。 */
    timerctl.using -= i;
    for (j = 0; j < timerctl.using; j++) {
        timerctl.timers[j] = timerctl.timers[i + j];
    }
    if (timerctl.using > 0) {
        timerctl.next = timerctl.timers[0]->timeout;
    } else {
        timerctl.next = 0xffffffff;
    }
    return;
}
```

■■■■■

这样，我们的准备工作就完成了。最后我们来修改bootpack.c。

本次的HariMain节选

```
    struct FIFO32 fifo;
    char s[40];
    int fifobuf[128];
    （中略）
    fifo32_init(&fifo, 128, fifobuf);
    init_keyboard(&fifo, 256);
    enable_mouse(&fifo, 512, &mdec);
    io_out8(PIC0_IMR, 0xf8); /* 设定PIT和PIC1以及键盘为许可(11111000) */
    io_out8(PIC1_IMR, 0xef); /* 设定鼠标为许可(11101111) */

    timer = timer_alloc();
    timer_init(timer, &fifo, 10);
    timer_settime(timer, 1000);
    timer2 = timer_alloc();
    timer_init(timer2, &fifo, 3);
    timer_settime(timer2, 300);
    timer3 = timer_alloc();
    timer_init(timer3, &fifo, 1);
    timer_settime(timer3, 50);

    （中略）
```

```
for (;;) {
    count++;

    io_cli();
    if (fifo32_status(&fifo) == 0) {
        io_sti();
    } else {
        i = fifo32_get(&fifo);
        io_sti();
        if (256 <= i && i <= 511) { /* 键盘数据*/
            sprintf(s, "%02X", i - 256);
            putfonts8_asc_sht(sht_back, 0, 16, COL8_FFFFFF, COL8_008484, s, 2);
        } else if (512 <= i && i <= 767) { /* 鼠标数据*/
            if (mouse_decode(&mdec, i - 512) != 0) {
                /* 已经收集了3字节的数据，所以显示出来 */
                sprintf(s, "[lcr %4d %4d]", mdec.x, mdec.y);
                if ((mdec.btn & 0x01) != 0) {
                    s[1] = 'L';
                }
                if ((mdec.btn & 0x02) != 0) {
                    s[3] = 'R';
                }
                if ((mdec.btn & 0x04) != 0) {
                    s[2] = 'C';
                }
                putfonts8_asc_sht(sht_back, 32, 16, COL8_FFFFFF, COL8_008484, s, 15);
                /* 鼠标指针的移动 */
                mx += mdec.x;
                my += mdec.y;
                if (mx < 0) {
                    mx = 0;
                }
                if (my < 0) {
                    my = 0;
                }
                if (mx > binfo->scrnx - 1) {
                    mx = binfo->scrnx - 1;
                }

                if (my > binfo->scrny - 1) {
                    my = binfo->scrny - 1;
                }
                sprintf(s, "(%3d, %3d)", mx, my);
                putfonts8_asc_sht(sht_back, 0, 0, COL8_FFFFFF, COL8_008484, s, 10);
                sheet_slide(sht_mouse, mx, my);
            }
        } else if (i == 10) { /* 10秒定时器 */
            putfonts8_asc_sht(sht_back, 0, 64, COL8_FFFFFF, COL8_008484, "10[sec]", 7);
            sprintf(s, "%010d", count);
            putfonts8_asc_sht(sht_win, 40, 28, COL8_000000, COL8_C6C6C6, s, 10);
        } else if (i == 3) { /* 3秒定时器 */
            putfonts8_asc_sht(sht_back, 0, 80, COL8_FFFFFF, COL8_008484, "3[sec]", 6);
            count = 0; /* 开始测试 */
```

13

```
    } else if (i == 1) { /* 光标用定时器*/
        timer_init(timer3, &fifo, 0); /* 下面是设定0 */
        boxfill8(buf_back, binfo->scrnx, COL8_FFFFFF, 8, 96, 15, 111);
        timer_settime(timer3, 50);
        sheet_refresh(sht_back, 8, 96, 16, 112);
    } else if (i == 0) { /* 光标用定时器 */
        timer_init(timer3, &fifo, 1); /* 下面是设定1 */
        boxfill8(buf_back, binfo->scrnx, COL8_008484, 8, 96, 15, 111);
        timer_settime(timer3, 50);
        sheet_refresh(sht_back, 8, 96, 16, 112);
    }
  }
}
```

哦，经过修正，bootpack.c简化成了198行，足足减少了8行呀。

■■■■■

下面我们执行 "make run"。能不能顺利地运行呢？运行正常，太好了！

数字也在增加呀？！

嗯，和harib10c相比，结果值好了很多，竟然达到了1.7倍。

在模拟器上进行比较

harib10c:0002638668

harib10g:0004587870

这个结果可靠吗？（或许这个差异是模拟器或Windows造成的）。我们还是在真机上运行 "make install" 看看吧。

在真机上进行比较

harib10c:0074643595

harib10g:0099969263

差距是1.3倍左右。虽然改善幅度没有模拟器上大，但的的确确是改善了。

我们来想想这是为什么吧。定时器处理并没有变快，所以应该还有其他原因。……此次我们改写最多的是HariMain。在HariMain里，执行"count++;"语句和查询FIFO缓冲区中是否有数据这两个操作，是多次交互进行的。这次修改以后，程序只需要看1个FIFO缓冲区就行了，而以前要看3个。也就是说，FIFO缓冲区的查询能够更快完成，从而使得"count++;"语句执行的次数更多。

程序精简了，速度还变快了，太好了。

5　加快中断处理（4）（harib10h）

我们赶紧继续做昨天没有做完的定时器改良工作吧。现在最让我们费心的是inthandler20中最后的移位处理和timer_settime中的移位处理。timer_settime虽然不是中断处理程序，但毕竟是在中断禁止期间进行的，所以必须要迅速完成。如果像现在这样，使用的定时器只有3个，用目前的处理方式还没什么问题。可当我们面对多任务时，很多应用程序同时运行，每个应用程序都使用定时器，此时如果还是使用移位处理的话，就有点浪费时间了。

在FIFO里有一个取代移位处理的方法：读取一个数据以后不是让后面的数据向前靠齐，而是改变下一次的数据读取地址。这是一个很巧妙的方法，但不适用于定时器。因为从timers[ ]中去除超时的中断时，这个方法虽然不错，但问题在于，用timer_settime登录中断时，后面的中断必须后移，在这一点上，以上方法不太好。

因此笔者再介绍一个新方法。

■■■■■

下面，我们在结构体struct TIMER中加入next变量。这是个地址变量，用来存放下一个即将超时的定时器的地址。

本次的bootpack.h节选

```
struct TIMER {
    struct TIMER *next;
    unsigned int timeout, flags;
    struct FIFO32 *fifo;
    int data;
};
```

我们还是用下面的示意图来说明结构体struct TIMER。

next表示下一个即将超时的定时器地址，图示如下。

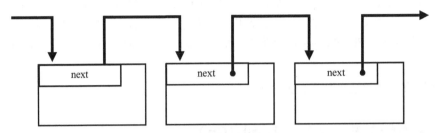

大家也许会想，这样的图有什么用呢？图示的方法有助于理解，所以请大家坚持看下去。

▪▪▪▪▪

那么，试着按照这段内容，修改定时器的中断处理程序吧。

利用next的inthandler20函数

```
void inthandler20(int *esp)
{
    int i;
    struct TIMER *timer;
    io_out8(PIC0_OCW2, 0x60);    /* 把IRQ-00接收信号结束的信息通知给PIC */
    timerctl.count++;
    if (timerctl.next > timerctl.count) {
        return;
    }
    timer = timerctl.timers[0]; /* 首先把最前面的地址赋给timer */
    for (i = 0; i < timerctl.using; i++) {
        /* 因为timers的定时器都处于运行状态，所以不确认flags*/
        if (timer->timeout > timerctl.count) {
            break;
        }
        /* 超时 */
        timer->flags = TIMER_FLAGS_ALLOC;
        fifo32_put(timer->fifo, timer->data);
        timer = timer->next; /* 下一定时器的地址赋给timer */
    }
    timerctl.using -= i;

    /* 新移位 */
    timerctl.timers[0] = timer;

    /* timerctl.next的设定 */
    if (timerctl.using > 0) {
        timerctl.next = timerctl.timers[0]->timeout;
    } else {
        timerctl.next = 0xffffffff;
    }
    return;
}
```

移位部分暂时放一放，大家先看一下超时的处理。和以前不同，对于timers[ ]数组而言，除了timers[0]以外其他完全是没有必要的。这一点是重中之重。

如果不需要超时处理，还认真地去做移位处理就完全没有道理了。所以在移位处理中只改写timers[0]。

■■■■■

下面修改timer_settime函数了。

利用next之后的timer_settime

```
void timer_settime(struct TIMER *timer, unsigned int timeout)
{
    int e;
    struct TIMER *t, *s;
    timer->timeout = timeout + timerctl.count;
    timer->flags = TIMER_FLAGS_USING;
    e = io_load_eflags();
    io_cli();
    timerctl.using++;
    if (timerctl.using == 1) {
        /* 处于运行状态的定时器只有这一个时 */
        timerctl.timers[0] = timer;
        timer->next = 0; /* 没有下一个 */
        timerctl.next = timer->timeout;
        io_store_eflags(e);
        return;
    }
    t = timerctl.timers[0];
    if (timer->timeout <= t->timeout) {
        /* 插入最前面的情况下 */
        timerctl.timers[0] = timer;
        timer->next = t; /* 下面是t */
        timerctl.next = timer->timeout;
        io_store_eflags(e);
        return;
    }
    /* 搜寻插入位置 */
    for (;;) {
        s = t;
        t = t->next;
        if (t == 0) {
            break; /* 最后面*/
        }
        if (timer->timeout <= t->timeout) {
            /* 插入到s和t之间时 */
            s->next = timer; /* s的下一个是timer  */
            timer->next = t; /* timer的下一个是t */
            io_store_eflags(e);
            return;
```

```
        }
    }
    /* 插入最后面的情况下 */
    s->next = timer;
    timer->next = 0;
    io_store_eflags(e);
    return;
}
```

程序还是变长了。变量t是从头开始对timers[ ]进行遍历用的，而s用来保存前一个t值。t是timer 的省略（timer这个变量名已经被使用了），而s是英文字母表中t的前一个字母。

判断一下顺序，如果我们知道了插入的位置（即知道了在s和t中间插入的话），就可以像下图 那样把数据重新连接起来。也就是仅仅改变s –> next和timer –> next的值就可以了。看看下图可能 会更容易理解。

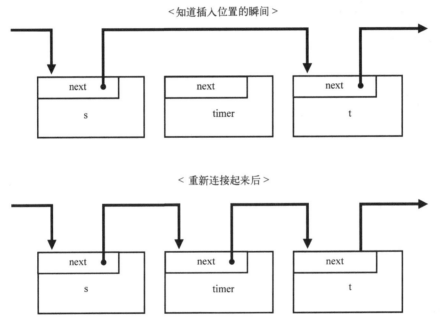

这样就可以不进行移位了。我们成功了！现在就算使用很多定时器，速度也不会变慢了。

这里再说几句题外话。笔者写了后面很多章之后再回过头来读这段程序，才觉得 timer->next和timerctl.next很容易混淆。timer->next是指下一个定时器的地址，而timerctl.next 是指下一个超时的时刻。所以有点后悔，如果当初将它们分别命名为next_timer和next_time 就好理解多了。

笔者没有修改（主要是受到出版时间的限制），大家如果能代笔者修改一下就最好了。 或者大家读这段程序时，先在脑海里自己修改一下，然后再读，也许更有助于理解。

话说到这里，timers[ ]已经不需要了。不过不是全都不要，最前面的timers[0]还是要保留的，它后面的部分都没有用了。因此我们来删掉这些数据。只有1个timers[0]的话，就没必要加[ ]了，所以我们把名字定义为t0好了。

本次的bootpack.h节选

```
struct TIMERCTL {
    unsigned int count, next, using;
    struct TIMER *t0;
    struct TIMER timers0[MAX_TIMER];
};
```

相应地，也要把刚才写的inthandler20和timer_settime中的timers[0]也改写为t0。改写后的程序，没有写在这里，如果想看的话，可以浏览附带光盘中的文档。

好了，这样应该可以顺利运行了吧。应该没问题的，否则就麻烦了。真紧张呀。我们运行"make run"看看。哦，运行成功！

虽然我们还是不知道速度是否变快了，还是很满足（又来了）。但是总感觉数值变差了，难道是错觉？

6 使用"哨兵"简化程序（harib10i）

标题中略显突兀的"哨兵"一词，其实是程序技巧中的专门用语。一般来讲，说到"哨兵"，大家会想到巡逻的士兵。可一旦大家知道了这项技术的内容，肯定会认为这个名字取得太好了。总之笔者认为这是一个很棒的名称。

> 顺便说一下，上一节的技术称为"线性表"（linear list）。可笔者觉得这个名字不太容易理解。其实它就像挖红薯一样，我们拔第一根红薯蔓，就能挖出第一个红薯，再拔这个红薯的蔓，就能挖出下一个红薯来，所以，如果是笔者的话，就会把这种技术命名为"拔红薯式"。

▪▪▪▪▪

harib10h的timer.c程序在去除移位处理后，其中的timer_settime函数还是有些冗长。浓缩的才是精华，我们来想办法简化这个程序。

我们看看程序就会发现，其中有4种可能：

❏ 运行中的定时器只有一个的情况
❏ 插入到最前面的情况
❏ 插入到s和t之间的情况
❏ 插入到最后面的情况

"既然有这么多种情况，当然要加各种条件，程序长了点也没办法"，大家可不能这样轻易放弃。如果是因为有4种可能才使程序变复杂了的话，那我们想办法消除这4种可能性不就行了吗？

我们来看看具体的做法。在进行初始化的时候，将时刻0xffffffff的定时器连到最后一个定时器上。虽然我们偷了点懒没有设定fifo等，但不必担心。反正无论如何都不可能到达这个时刻（在到达之前会修改时刻），所以不可能发生超时问题。它一直处于后面，只是个附带物，是个留下来看家的留守者。这个留守者正是"哨兵"。

加入了哨兵

```
void init_pit(void)
{
    int i;
    struct TIMER *t;
    io_out8(PIT_CTRL, 0x34);
    io_out8(PIT_CNT0, 0x9c);
    io_out8(PIT_CNT0, 0x2e);
    timerctl.count = 0;
    for (i = 0; i < MAX_TIMER; i++) {
        timerctl.timers0[i].flags = 0; /* 没有使用 */
    }
    t = timer_alloc(); /* 取得一个 */
    t->timeout = 0xffffffff;
    t->flags = TIMER_FLAGS_USING;
    t->next = 0; /* 末尾 */
    timerctl.t0 = t; /* 因为现在只有哨兵，所以他就在最前面*/
    timerctl.next = 0xffffffff; /* 因为只有哨兵，所以下一个超时时刻就是哨兵的时刻 */
    timerctl.using = 1;
    return;
}
```

如果使用在12.5节中介绍的一年调整一次时刻的程序，就必须修改程序来保证不改变哨兵的时刻。比如改写成下面这样：

哨兵的时刻调整程序

```
    int t0 = timerctl.count; /* 所有的时刻都要减去这个值 */
    io_cli(); /* 在时刻调整时禁止中断 */
    timerctl.count -= t0;
    for (i = 0; i < MAX_TIMER; i++) {
        if (timerctl.timer[i].flags == TIMER_FLAGS_USING) {
            if (timerctl.timer[i].timeout != 0xffffffff) {
                timerctl.timer[i].timeout -= t0;
            }
        }
    }
    io_sti();
```

■■■■■

由于加入了哨兵，settime的状况就变了。4种情况中有2种情况是绝对不会发生的。（下面的第1种和第4种）

❑ 处于运行中的定时器只有这1个的情况（因为有哨兵，所以最少应该有2个）
❑ 插入最前面的情况
❑ 插入s和t之间的情况
❑ 插入最后的情况（哨兵总是在最后）

所以程序能简化不少，缩短了16行。

精简后的timer_settime

```
void timer_settime(struct TIMER *timer, unsigned int timeout)
{
    int e;
    struct TIMER *t, *s;
    timer->timeout = timeout + timerctl.count;
    timer->flags = TIMER_FLAGS_USING;
    e = io_load_eflags();
    io_cli();
    timerctl.using++;
    t = timerctl.t0;
    if (timer->timeout <= t->timeout) {
        /* 插入最前面的情况 */
        timerctl.t0 = timer;
        timer->next = t; /* 下面是设定t  */
        timerctl.next = timer->timeout;
        io_store_eflags(e);
        return;
    }
    /* 搜寻插入位置 */
    for (;;) {
        s = t;
        t = t->next;
        if (timer->timeout <= t->timeout) {
            /* 插入s和t之间的情况 */
            s->next = timer; /* s下一个是timer */

            timer->next = t; /* timer的下一个是t */
            io_store_eflags(e);
            return;
        }
    }
}
```

13

■■■■■

现在我们终于能简化inthandler20函数了。程序最后的部分。

稍稍精简了的inthandler20

```
void inthandler20(int *esp)
{
    int i;
    struct TIMER *timer;
    io_out8(PIC0_OCW2, 0x60);     /* 把IRQ-00接收信号结束的信息通知给PIC */
    timerctl.count++;
    if (timerctl.next > timerctl.count) {
        return;
    }
    timer = timerctl.t0; /* 首先把最前面的地址赋给timer */
    for (i = 0; i < timerctl.using; i++) {
        /* 因为timers的定时器都处于运行状态，所以不确认flags */
        if (timer->timeout > timerctl.count) {
            break;
        }
        /* 超时 */
        timer->flags = TIMER_FLAGS_ALLOC;
        fifo32_put(timer->fifo, timer->data);
        timer = timer->next; /* 将下一定时器的地址代入timer*/
    }
    timerctl.using -= i;

    /* 新移位 */
    timerctl.t0 = timer;

    /* timerctl.next的设定 */ /* 这里! */
    timerctl.next = timerctl.t0->timeout;
    return;
}
```

▪▪▪▪▪

　　修改到这里以后，using就没什么用处了。……using以前用于对运行中的定时器进行计数。那时还使用数组timers[ ]，using起过非常大的作用，它帮助我们记录timers[ ]已被使用到了哪个位置。另外，在不使用数组timers[ ]后，根据它是否变为0，我们才能决定应该怎样设定next。但是现在有了哨兵，就不会出现using为0的情况了。

　　所以，我们就让using光荣退休吧。再见了，using。感谢你一直帮助我们控制定时器，我们不会忘记你的……这当然是玩笑啦，笔者可没那么聪明能一直记住不再使用的变量。正所谓，"一切都是过眼云烟，什么都是浮云！"。ByeBye，using！（笑）。

　　这样一来，inthandler20就变得更清爽整洁了。

本次的timer.c节选

```
void inthandler20(int *esp)
{
    struct TIMER *timer;
```

```
io_out8(PIC0_OCW2, 0x60);    /* 把IRQ-00接收信号结束的信息通知给PIC */
timerctl.count++;
if (timerctl.next > timerctl.count) {
    return;
}
timer = timerctl.t0; /* 首先把最前面的地址赋给timer*/
for (;;) {
    /* 因为timers的定时器都处于运行状态, 所以不确认flags */
    if (timer->timeout > timerctl.count) {
        break;
    }
    /* 超时 */
    timer->flags = TIMER_FLAGS_ALLOC;
    fifo32_put(timer->fifo, timer->data);
    timer = timer->next; /* 将下一个定时器的地址赋给timer*/
}
timerctl.t0 = timer;
timerctl.next = timer->timeout;
return;
}
```

我们进一步从settime中删除 "timerctl.using++;"，从init_ pit中删除 "timerctl.using=1；"。嗯，很清爽呀。

■■■■■

那么今天的任务到此就结束了。为了确认结果，我们当然要运行 "make run" 了。运行结果很正常。嗯……但是与harib10g比较起来，结果值还是不太理想。怎么回事呢。如果在真机上运行，是不是效果一样呢？

稍稍变慢了？

虽然很想搞清楚原因，不过都已经这个时间了，所以今天就先到这里吧。我们明天再仔细思考。

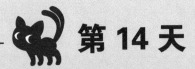

第 14 天

高分辨率及键盘输入

- ❑ 继续测试性能（harib11a ~ harib11c）
- ❑ 提高分辨率（1）（harib11d）
- ❑ 提高分辨率（2）（harib11e）
- ❑ 键盘输入（1）（harib11f）
- ❑ 键盘输入（2）（harib11g）
- ❑ 追记内容（1）（harib11h）
- ❑ 追记内容（2）（harib11i）

1 继续测试性能（harib11a ～ harib11c）

昨天的harib10i程序的执行结果，让笔者很不甘心，所以一早赶紧在真机上运行一下，看看效果。

真机上的运行结果比较

harib10g: 0099969263
harib10i: 0099969264

哦，几乎没什么不同。看来数值变小好像是由于模拟器的原因（Windows的原因？）。程序本身并没有问题，暂时松了一口气。

虽然放心了一些，但终究还是不满意。速度没有变慢，这当然令人欣慰。但我们费了半天劲，做了各种修改之后，与harib10g比较起来，速度却完全没有变快，大家不觉得很不甘心吗？至少笔者很不甘心。

然而当我们仔细思考一下后，会发现harib10h的改进之处在于"消除了移位处理"。也就是说，对于发生很多"移位"的情况，改进应该是有效果的。只有在大量使用定时器的时候，才会发生很多"移位"。如今只使用3个定时器，看不到改进效果也是理所当然的。所以，如果我们特意使用大量定时器，然后进行性能比较，改进效果或许能让人满意（笑）。

既然这样，我们就赶快试一下吧。在timer.c中，最多可以设定500个定时器。设定起动50天后[①]才超时的定时器490个左右，使得50天后，每隔1秒就有一个定时器超时。设定这么多定时器以后，有没有"移位"，就能从数字上看出来。

本次的bootpack.c节选

```
void set490(struct FIFO32 *fifo, int mode)
{
    int i;
    struct TIMER *timer;
    if (mode != 0) {
        for (i = 0; i < 490; i++) {
            timer = timer_alloc();
            timer_init(timer, fifo, 1024 + i);
            timer_settime(timer, 100 * 60 * 60 * 24 * 50 + i * 100);
        }
    }
    return;
}
```

还有，在设定HariMain的timer ~ timer3之前，要先加入"set490（&fifo,1）;"语句。这样就可以追加490个定时器了。

那么，我们在timer.c中作出各种设定，分别运行"make install"，比较它们在真机上运行的结果。另外，还可以将"set490（&fifo,1）;"替换成"set490（&fifo,0）"，或者是什么语句也不加入（即不修改造），然后测定它们在真机上的运行结果。我们分别运行5次，取平均值归纳如下。

真机上运行结果的比较

(1) 追加490个定时器时的值 set490（&fifo, 1）;

harib11a:0096521077······**harib10g** 里加入 **set490** 的时候(有移位)
harib11b:0096522038······**harib10h** 里加入 **set490** 的时候(没有移位、没有哨兵)
harib11c:0096522097······**harib10i** 里加入 **set490** 的时候(没有移位、有哨兵)

(2) 不追加490个定时器时的值 set490（&fifo, 0）;

harib11a:0096522095······**harib10g** 里加入 **set490** 的时候(有移位)
harib11b:0096522038······**harib10h** 里加入 **set490** 的时候(没有移位、没有哨兵)
harib11c:0096522101······**harib10i** 里加入 **set490** 的时候(没有移位、有哨兵)

(3) 参考：不加入set490语句时的值

① 为什么是50天后呢？因为我们并不考虑定时器超时的情况，所以为了不让其超时，先暂时设定为50天。虽然设成1天以后也可以，但如果谁启动后一直开着，任其运行的话，可能会造成超时而导致误操作，所以还是设为50天吧。

harib10g:0099969263······(有移位)
harib10h:0099969184······(没有移位、没有哨兵)
harib10i:0099969264······(没有移位、有哨兵)

让我们好好观察一下这个结果吧。

■■■■■

首先观察一下(1)，也就是追加490个定时器的情况。取消移位则速度变快（差是961）。可以看出，线性表对于性能改善有效果。太好了！而且使用哨兵也有效果，虽然只是一点点，但速度还是变快了（差是59）。使用哨兵不仅精简了程序，也加快了速度，一举两得。

再观察一下(2)也就是不追加490个定时器的情况。没有哨兵时，取消移位反而导致速度变慢（差是57）。而使用哨兵时取消移位，速度就可以追上了（虽然也可以说是"超过"，不过只超了6，所以还是说"相同"吧）。

另一方面，我们比较一下(1)的harib11c和(2)的harib11c。结果值几乎一样。在这个没有移位的方法中，无论使用的定时器的数量是多少，性能都没有变化。至于harib11a，因为定时器的数量差别，性能上的差异会达到1018（计数结果差别是1018）。而harib11b好像也与定时器的数量无关。因此我们取消移位是正确的。

最后我们看一下(3)的结果。由于取消了移位，性能（即计数结果）上有79左右的下降，不过使用了哨兵就能恢复性能。

■■■■■

但是，对于(2)和(3)，处理上虽然完全相同，而结果却相差了345万左右。这个差别实在是太大了，不可思议。······到底怎么回事儿呢？这不是程序内容的问题，而是C编译器的问题。实际上，由于跳转目标地址不同，CPU的JMP指令执行的时钟周期数也不相同。在HariMain中，循环执行"count++；"的for语句虽然最终被编译为JMP指令执行，但如果前面加上"set490（&fifo,0）；"语句，那么以后各个指令的地址也都会相应地错开几个字节，结果造成JMP指令的地址也略有变化。因此执行时间也稍稍延迟，执行结果大约变差了3%。

for语句被编译后的结果

```
for (;;)   {              L2:
  count++;                  count++;
  任意语句；        ->      任意语句；
}                    JMP   L2
        这个L2的地址一旦变化，JMP的执行时间就变化！
```

这一次虽然执行速度慢了，但也有时候，追加命令以后，会变快。如果用nask来编写HariMain，JMP指令的跳转目标的地址可以根据情况自动调整，这个问题就不会发生了。但仅仅是为了达到这个目的（即确认JMP地址能自动调整，以达到自我满足的目的），而用nask来改写HariMain的话，就有些劳师动众了，所以这次我们没做。

再来跟大家说一段插曲吧。最初笔者只创建了程序(1)和(3)。看到(1)的harib11c和(3)的harib10i的结果竟然有着如此巨大的差异，笔者也是出了一身冷汗。笔者之前的预测是，不使用移位而使用哨兵的话，即使定时器的数目再多，执行时间也不应该有什么变化。但结果却出乎意料。为此笔者几乎认定timer.c中有bug，并苦恼了好几个小时（苦笑）。最后，笔者怎么想都觉得timer.c没有问题，于是就去查看bootpack.c编译而成的机械语言（bootpack.lst）。经过比较才想起，原来JMP指令跳转目标的地址不同，执行时间也不相同。因此笔者立即创建了动作与(3)相同而JMP指令的地址不变的程序(2)，并进行了测定。

令人高兴的是，这样做之后，结果正如笔者最初所预想的那样，在"无移位＋哨兵"的情况下，即使定时器的数目变化了，处理速度也不变。真是太好了。之前笔者还老担心是否要改写昨天的内容呢。

COLUMN-8　如此细微的改进有意义吗？

前天和昨天我们对 timer.c 进行了改进，又是使用 timers[ ]，又是使用线性表，还使用了哨兵，花了不少时间。可得到的改善只有一点点。

0096521077 → 0096522097　　在(1)中，harib11a → harib11c

差值只有 1020，这个差值和整体性能相比只有可怜的 0.001%。

有人会注意到 0.001%吗？我们买瓶装饮料的时候，假设商店的货架上，有一瓶比其他的多出一滴，会有人真正考虑那是哪一瓶吗？我们这里谈到的 0.001%，简直就像 2 升的饮料多出来的一滴一样。……再举个更实际的例子，一件工作需要 1 个小时完成，为了早完成 0.9 秒，你愿意下这么大工夫吗？

这类批判性的思考方式基本上也是正确的，也就是说，要想加快整体上的速度，不应该去做这种费力不讨好的事，而应该把精力集中在简单而效果明显的方法上，比如将 FIFO8 改成 FIFO32（效果有 1.3 倍吧）。

但是希望大家回想一下，现在我们不是在加快整体的动作速度，而是一直在努力缩短哪怕是一点点的中断禁止时间。我们真正想实现的是这样的操作系统：一按下按键立即就有反应，一动鼠标立即就有反应，一旦设定了动作的时间点就会在那个时间点动作(没有些许的延迟)。

这里我们讨论的 1020 这个差，恰好就意味着中断禁止时间缩短了。也就是说，系统对中断的反应能力提高了。即使是在不凑巧，很多中断几乎同时发生的情况下，系统也能够更快地对这些中断要求做出反应。要是从这一点来考虑的话，1020 的差异可就不是一个小数了，而是很有意义的成果。

14

2 提高分辨率（1）（harib11d）

从着手"自制操作系统"到现在，不知不觉间已经过去2周了。有的读者朋友读到这里，可能已经花了更长的时间；也有的朋友，经过努力也可能只用了一周左右就读到了这里。

笔者认为，开发一个操作系统需要一些必备知识，像编程语言的知识，相关算法和技巧等。到现在为止，这些知识的介绍就结束了。知道了这些，今后只要灵活运用前几章的学习内容，就可以开发出不错的操作系统了。到现在为止的学习过程觉得怎么样？回过头来想一想，如果大家有什么不明白的内容，也许趁着现在就弄清楚比较好。

那么我们赶快把"纸娃娃操作系统"做得更像一个真正的操作系统吧。大家现在可以接触多任务了。可是按计划，我们是从第15天开始才学习多任务的，所以今天还是暂时不学习多任务吧。

笔者如果想休息了，可以跟大家说"今天就学到这里吧（笑）"，可读者朋友们肯定会觉得"没什么意思呀"，所以还是学点儿别的吧。嗯，学点儿什么呢？好吧，就学提高画面分辨率吧。

从开发操作系统的角度来看，现在这样的320×200的画面也没什么问题，可毕竟还是大画面好。以前，我们特意创建了struct BOOTINFO，就是为了能在以后扩大画面。那时我们没有写成"320"，而是特意写成了"binfo -> xsize"这种很麻烦的方式。这种麻烦辛苦，现在终于得到了回报。

▬▬▬▬▬

高分辨率的利用方法因显卡不同而不同。首先，为了能通过"make run"运行，我们只考虑支持QEMU模拟器的显卡。这个卡顺利运行以后，再去支持其他的显卡。

由于画面切换中我们要使用BIOS，所以就需要改写asmhead.nas的"画面模式设定"部分了。哦，好久没写汇编程序了。

本次的asmhead.nas节选

```
; 设定画面模式

        MOV     BX,0x4101       ; VBE的640x480x8bi彩色
        MOV     AX,0x4f02
        INT     0x10
        MOV     BYTE [VMODE],8  ; 记下画面模式（参考C语言）
        MOV     WORD [SCRNX],640
        MOV     WORD [SCRNY],480
        MOV     DWORD [VRAM],0xe0000000
```

程序的构成几乎没什么变化。但是数值是0x4101或0x4f02，有点儿怪怪的。这些数字是怎样查出来的？笔者估计会有人问这个问题，可与其追问这样的问题，不如先看看画面扩大后的"纸

娃娃操作系统"。所以，我们先运行"make run"。

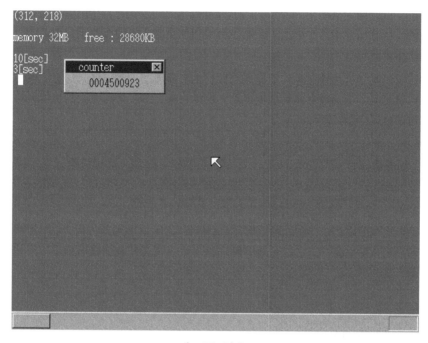

哦，画面宽阔

　　因为大家已经习惯于以前的大文字显示，所以640×480看起来非常宽阔。高分辨率画面，嗯，感觉就是不一样，好像变成了另外一个操作系统。

　　大家肯定想在真机上演示这个程序吧。可这个程序只能在QEMU模拟器上执行。就像刚才说的，这个程序是专门面向QEMU创建的。所以，在真机上执行的时候，电脑还是有可能发生误动作。

■■■■■

　　下面来说明为什么这个程序能够在640×480画面上运行。

　　其实说起来也很简单。给AX赋值0x4f02，给BX赋值画面模式号码，这样就可以切换到高分辨率画面模式了。为什么呢？这个笔者也答不上来，原本就是这样的。这次我们只是正好使用到了这个功能。以前画面是320×200的时候，我们用的是"AH=0；AL=画面模式号码；"。现在切换到新画面时就使用"AX = 0x4f02；"。

　　大家是不是很纳闷："画面模式有新旧之分吗？"是的，实际上是有新旧之分的。就说显卡吧，每当有新显卡面世时，性能就会提高，反过来想，以前的显卡，声音性能差，颜色数又少，分辨率又低。刚开始的时候，电脑规格是以IBM公司为中心决定的，他们也规定了画面模式的相关规格。而且各家显卡公司也都迎合IBM的规格来制作显卡。

可是过了一段时间，其他显卡公司的图像处理技术超越了IBM，在IBM制定规格前，就出现了具有各样画面模式的显卡。这造成了多家显卡公司的竞争，使得在各家公司之间，画面模式的设定方法和使用方法都各不相同。

这样的情况，我们这些普通程序员是难以应付的。显卡的种类太多，我们记不住那么多的设定方法，而且事实上，连参考资料都很难得到。这样一来，本应是高性能的显卡，却只能像老显卡一样，通过BIOS设定为320×200来使用。

有鉴于此，多家显卡公司经过协商，成立了VESA协会（Video Electronics Standards Association，视频电子标准协会）。此后，这个协会制定了虽然不能说完全兼容、但几乎可以通用的设定方法，制作了专用的BIOS。这个追加的BIOS被称作"VESA BIOS extension"（VESA-BIOS扩展，简略为VBE）。利用它，就可以使用显卡的高分辨率功能了。

因此，切换到不使用VBE的画面模式时用"AH＝0；AL＝画面模式号码；"，而切换到使用VBE的画面模式时用"AX＝0x4f02；BX＝画面模式号码；"。而这种必须使用VBE才能利用的画面模式就称作"新"画面模式。

■■■■■

VBE的画面模式号码如下。

```
0x101……640× 480× 8bit 彩色
0x103……800× 600× 8bit 彩色
0x105……1024× 768× 8bit 彩色
0x107……1280× 1024× 8bit 彩色
```

还有其他一些画面模式，因为现在不需要，我们就省略了。另外，在QEMU中不能指定最下面的0x107。实际指定的时候，要像在asmhead.nas中所做的那样，将以上的画面模式号码值加上0x4000，再赋值到BX中去。不这样做就不能顺利运行。

所以，如果想要将画面扩展得特别大的话，请尝试运行以下程序。

```
MOV     BX,0x4105        ; VBE的1024x768x8bit彩色
MOV     AX,0x4f02
INT     0x10
MOV     BYTE [VMODE],8   ; 记下画面模式 (参考C语言)
MOV     WORD [SCRNX],1024
MOV     WORD [SCRNY],768
MOV     DWORD [VRAM],0xe0000000
```

画面会变得特别宽哦。

3　提高分辨率（2）（harib11e）

只能在模拟器上运行的操作系统实在没什么意思，还是想在真机上运行。所以，我们来把前一节的程序改写一下，让它能在真机上运行。

我们不能断定真机上使用的是什么样的显卡。有的公司尚未与VESA进行合作。如果是这种公司的产品，由于不能使用VBE，所以大家只能忍耐一下，使用320×200的画面了。

本次的asmhead.nas节选

```
; 确认VBE是否存在
        MOV     AX,0x9000
        MOV     ES,AX
        MOV     DI,0
        MOV     AX,0x4f00
        INT     0x10
        CMP     AX,0x004f
        JNE     scrn320
```

在这里，我们给ES赋值为0x9000，给DI赋值为0，给AX赋值为0x4f00，再执行"INT 0x10"。如果有VBE的话，AX就会变为0x004f。要是AX没有变为这个值，很遗憾，就只能使用320×200的画面了。

至于为什么要对ES和DI进行赋值，是因为此显卡能利用的VBE信息要写入到内存中以ES:DI开始的512字节中，赋值是为了指定写入地址。

■■■■■

在"纸娃娃操作系统"中，如果VBE的版本不是2.0以上，就不能使用高分辨率。所以我们要先调查一下VBE的版本。

本次的asmhead.nas节选

```
; 检查VBE的版本

        MOV     AX,[ES:DI+4]
        CMP     AX,0x0200
        JB      scrn320                 ; if (AX < 0x0200) goto scrn320
```

程序进行到这里，下一步要通过VBE来查看一下画面模式0x105能不能使用。即使VBE的版本是VBE 2.0，也不能保证所有的画面模式都可以使用。真是麻烦呢。因为如果局限于画面模式0x105，那些想使用其他画面模式的人就要抱怨了。为了调查这种模式能否使用，我们首先这样设定：

```
VBEMODE EQU             0x105
```

14

本次的asmhead.nas节选

```
; 取得画面模式信息

        MOV     CX,VBEMODE
        MOV     AX,0x4f01
        INT     0x10
        CMP     AX,0x004f
        JNE     scrn320
```

在这里我们对AX的值也进行了确认。如果它是0x004f以外的值，就意味着所指定的画面模式不能使用。

此次取得的画面模式信息也被写入内存中从ES:DI开始的256字节中。因为ES和DI都保持刚才的值不变，所以画面模式信息会覆盖VBE版本信息从而导致其消失，但是只要版本能确认，后面就不需要这个信息了，所以大家不必在意。

■■■■■

在画面模式信息中，重要的信息有如下6个。

WORD [ES : DI+0x00] : 模式属性……bit7 不是 1 就不好办 (能加上 0x4000)
WORD [ES : DI+0x12] : X 的分辨率
WORD [ES : DI+0x14] : Y 的分辨率
BYTE [ES : DI+0x19] : 颜色数……必须为 8
BYTE [ES : DI+0x1b] : 颜色的指定方法……必须为 4 (4 是调色板模式)
DWORD [ES : DI+0x28] : VRAM 的地址

在这6项信息当中，我们来确认如下3项：

❑ 颜色数是否为8
❑ 是否为调色板模式
❑ 画面模式号码可否加上0x4000再进行指定

本次的asmhead.nas节选

```
; 画面模式信息的确认
        CMP     BYTE [ES:DI+0x19],8
        JNE     scrn320
        CMP     BYTE [ES:DI+0x1b],4
        JNE     scrn320
        MOV     AX,[ES:DI+0x00]
        AND     AX,0x0080
        JZ      scrn320         ; 模式属性的bit7是0，所以放弃
```

如果这些确认都完成的话，就可以跟大家说了："恭喜。可以使用所指定的VBE画面模式了。那就尽情享受大画面的乐趣吧！"所以我们决定进行画面模式的切换。而一旦我们完成了切换，

就可以将分辨率及VRAM的地址等信息复制到BOOTINFO中了。

本次的asmhead.nas节选

```
;  画面模式的切换

        MOV     BX,VBEMODE+0x4000
        MOV     AX,0x4f02
        INT     0x10
        MOV     BYTE [VMODE],8    ; 记下画面模式（参考C语言）
        MOV     AX,[ES:DI+0x12]
        MOV     [SCRNX],AX
        MOV     AX,[ES:DI+0x14]
        MOV     [SCRNY],AX
        MOV     EAX,[ES:DI+0x28]
        MOV     [VRAM],EAX
        JMP     keystatus
```

最后的JMP指令，用来让程序跳过后面的scrn320，而让其跳转至在BIOS中查询键盘状态的地方。scrn320程序我们紧接着就要写。

■■■■■

那么当出现VBE不存在，版本不够，模式有问题的情况下，我们又该怎么办呢？没办法，我们只能使用迄今为止的320×200画面。

本次的asmhead.nas节选

```
scrn320:
        MOV     AL,0x13           ; VGA图、320x200x8bit彩色
        MOV     AH,0x00
        INT     0x10
        MOV     BYTE [VMODE],8    ; 记下画面模式（参考C语言）
        MOV     WORD [SCRNX],320
        MOV     WORD [SCRNY],200
        MOV     DWORD [VRAM],0x000a0000
```

好，这样就大功告成了。首先要确认在模拟器上能否正常运行。运行"make run"。OK，运转正常。

下面确认在真机上能否正常运行。"make install"一下。完成以后，按下桌面上的开关。哦，顺利运行。

如果想试一试不能顺利运行是什么样，可以设定画面模式为0x107，再在模拟器上执行就可以了。画面还是320×200哦。

14

■■■■■

　　恭喜各位实现了高分辨率，不过在广大读者之中，可能有人还在使用不支持VBE 2.0的显卡，所以今后笔者还是要使用以前的320×200画面截图。而且这样的图片，文字和鼠标指针都显得比较大，容易看。

画面很宽

　　这次我们对于VBE的使用方法做了多方面的介绍，其中笔者参考了下面的网页。

http://community.osdev.info/?VESA

　　大家有兴趣的话也看一下吧。

4　键盘输入（1）（harib11f）

　　对高分辨率的支持我们已经完成了，比预想的要快。所以现在我们通过从键盘输入信息来稍稍放松游戏一下吧。

　　再对 harib11e运行一次"make run"，然后试着按下"A"键。按下"A"键的时候，应该显示"1E"，键弹起的时候应该显示"9E"。

　　下面我们按下"B"键吧。按下的时候显示"30"，弹起的时候显示"B0"。再按下"C"……，这样罗列下去，可就浪费纸张了，所以我们把这些值都归纳到下表里。表里的值是按下键时的数值。在此基础上加上0x80就可以得到键弹起时的数值。

按下键时的数值表

00：没有被分配使用	20：D	40：F6	60：保留
01：ESC	21：F	41：F7	61：保留？
02：主键盘的1	22：G	42：F8	62：保留？
03：主键盘的2	23：H	43：F9	63：保留？
04：主键盘的3	24：J	44：F10	64：保留？
05：主键盘的4	25：K	45：NumLock	65：保留？
06：主键盘的5	26：L	46：ScrollLock	66：保留？
07：主键盘的6	27：;	47：数字键的7	67：保留？
08：主键盘的7	28：:（在英语键盘是' ）	48：数字键的8	68：保留？
09：主键盘的8	29：全角·半角（在英语键盘是`）	49：数字键的9	69：保留？
0A：主键盘的9	2A：左Shift	4A：数字键的-	6A：保留？
0B：主键盘的0	2B：]（在英语键盘是backslash（反斜线））	4B：数字键的4	6B：保留？
0C：主键盘的-	2C：Z	4C：数字键的5	6C：保留？
0D：主键盘的^（在英语键盘是=）	2D：X	4D：数字键的6	6D：保留？
0E：退格键	2E：C	4E：数字键的+	6E：保留？
0F：TAB键	2F：V	4F：数字键的1	6F：保留？
10：Q	30：B	50：数字键的2	70：平假名（日文键盘）
11：W	31：N	51：数字键的3	71：保留？
12：E	32：M	52：数字键的0	72：保留？
13：R	33：,	53：数字键的.	73：_
14：T	34：.	54：SysReq	74：保留？
15：Y	35：/	55：保留？	75：保留？
16：U	36：右Shift	56：保留？	76：保留？
17：I	37：数字键的*	57：F11	77：保留？
18：O	38：左Alt	58：F12	78：保留？
19：P	39：Space	59：保留？	79：变换（日文键盘）
1A：@（在英语键盘是[）	3A：CapsLock	5A：保留？	7A：保留？
1B：[（在英语键盘是]）	3B：F1	5B：保留？	7B：无变换（日文键盘）
1C：主键盘的Enter	3C：F2	5C：保留？	7C：保留？
1D：左Ctrl	3D：F3	5D：保留？	7D：\
1E：A	3E：F4	5E：保留？	7E：保留？
1F：S	3F：F5	5F：保留？	7F：保留？

14

这个表中有写着"保留?"的地方是指，虽然现在按下哪个键都不出现该数值，但将来键盘的键数量一旦增加，那个数值就可以被分配使用了。

大家也许会想"笔者特意把所有的键都按了一遍来调查数值吗？真认真勤快呀。"，嘿嘿，实际上笔者只是把下面网页记载的内容原搬照抄而已（笑）。

http://community.osdev.info/?（AT）keyboard

■■■■■

笔者想利用这个表实现当"A"键被按下的时候就显示"A"。嗯，以前曾经通过计数来测试性能，现在也已经腻了，所以我们来修改bootpack.c。不再是让其计数，而是让其充分HLT（休眠），以便节电。

本次的HariMain节选

```
for (;;) {
    io_cli();
    if (fifo32_status(&fifo) == 0) {
        io_stihlt();
    } else {
        i = fifo32_get(&fifo);
        io_sti();
        if (256 <= i && i <= 511) { /* 键盘数据 */
            sprintf(s, "%02X", i - 256);
            putfonts8_asc_sht(sht_back, 0, 16, COL8_FFFFFF, COL8_008484, s, 2);
            if (i == 0x1e + 256) {
                putfonts8_asc_sht(sht_win, 40, 28, COL8_000000, COL8_C6C6C6, "A", 1);
            }
        } else if (512 <= i && i <= 767) { /* 鼠标数据 */
            （中略）
        } else if (i == 10) { /* 10秒定时器 */
            putfonts8_asc_sht(sht_back, 0, 64, COL8_FFFFFF, COL8_008484, "10[sec]", 7);
        } else if (i == 3) { /* 3秒定时器 */
            putfonts8_asc_sht(sht_back, 0, 80, COL8_FFFFFF, COL8_008484, "3[sec]", 6);
        } else if (i == 1) { /* 光标用定时器 */
            （中略）
        } else if (i == 0) { /* 光标用定时器 */
            （中略）
        }
    }
}
```

虽然在这段程序中没有出现，但我们已经把窗口的名字由"counter"改为了"window"。
"make run"，再按一下"A"键，哦，"A"显示出来了。

"A"显示出来了！

5 键盘输入（2）（harib11g）

到了这一步，我们希望也能输入"B"和"C"等字符。那么，我们来动手写程序。
首先我们创建以下程序：

```
if (256 <= i && i <= 511) { /* 键盘数据 */
    sprintf(s, "%02X", i - 256);
    putfonts8_asc_sht(sht_back, 0, 16, COL8_FFFFFF, COL8_008484, s, 2);
    if (i == 0x1e + 256) {
        putfonts8_asc_sht(sht_win, 40, 28, COL8_000000, COL8_C6C6C6, "A", 1);
    }
    if (i == 0x30 + 256) {
        putfonts8_asc_sht(sht_win, 40, 28, COL8_000000, COL8_C6C6C6, "B", 1);
    }
    if (i == 0x2e + 256) {
        putfonts8_asc_sht(sht_win, 40, 28, COL8_000000, COL8_C6C6C6, "C", 1);
    }
    if (i == 0x20 + 256) {
        putfonts8_asc_sht(sht_win, 40, 28, COL8_000000, COL8_C6C6C6, "D", 1);
    }
    if (i == 0x12 + 256) {
        putfonts8_asc_sht(sht_win, 40, 28, COL8_000000, COL8_C6C6C6, "E", 1);
    }
} else if (512 <= i && i <= 767) { /* 鼠标数据 */
```

如果我们像上面这样写程序，仅仅是字母（26个）和数字（10个），就得写36个if语句。这样做的话，程序可就变长了。这不太好，必须要想出一个好办法。

因此又创建了如下程序。怎么样？

14

本次的HariMain节选

```
static char keytable[0x54] = {
    0,   0,   '1', '2', '3', '4', '5', '6', '7', '8', '9', '0', '-', '^', 0,   0,
    'Q', 'W', 'E', 'R', 'T', 'Y', 'U', 'I', 'O', 'P', '@', '[', 0,   0,   'A', 'S',
    'D', 'F', 'G', 'H', 'J', 'K', 'L', ';', ':', 0,   0,   ']', 'Z', 'X', 'C', 'V',
    'B', 'N', 'M', ',', '.', '/', 0,   '*', 0,   ' ', 0,   0,   0,   0,   0,   0,
    0,   0,   0,   0,   0,   0,   0,   '7', '8', '9', '-', '4', '5', '6', '+', '1',
    '2', '3', '0', '.'
};

if (256 <= i && i <= 511) { /* 键盘数据 */
    sprintf(s, "%02X", i - 256);
    putfonts8_asc_sht(sht_back, 0, 16, COL8_FFFFFF, COL8_008484, s, 2);
    if (i < 256 + 0x54) {
        if (keytable[i - 256] != 0) {
            s[0] = keytable[i - 256];
            s[1] = 0;
            putfonts8_asc_sht(sht_win, 40, 28, COL8_000000, COL8_C6C6C6, s, 1);
        }
    }
} else if (512 <= i && i <= 767) { /* 鼠标数据 */
```

之所以笔者把keytable[ ]设定为static char，是因为希望程序被编译为汇编语言的时候，static char能编译成DB指令。设定调色板的时候也是如此，大家还记得吗？

现在我们来解释这个程序的运行机制。比如说keytable[0x1e]对应的是"A"。而"A"的字符代码是0x41。如果i == 0x1e + 256的话，keytable[i - 256]就是"A"，所以s[0]也就是"A"了。

同理，"B"、"C"、"Z"以及"5"等也应该可以显示了。

····

让我们确认一下吧。运行"make run"。不错，很顺利呀。

按下"G"键

运行"make run"后，按下"@"等键，却显示出"W"。大家也许会想"唉?怎么回事儿?"，这是因为当"@"被按下的时候，HariMain接收到了0x11（请确认左上方的显示内容），这不是HariMain的bug，而是QEMU的问题（我想这可能是因为日语键盘还没有得到充分支持吧）。还有其他几个键，按下以后会显示出奇怪的字符。这些好像都是QEMU的问题。

如果读者还是觉得不放心，可以在真机上确认。运行肯定会很顺利的。

6 追记内容（1）（harib11h）

我们已经进行到了这个阶段，就想稍稍放松一下了。你看，光标也能闪烁了，窗口也有了。

我们先把程序放在一边，来看一看画面的截图吧。

我们都能实现这样的功能了

当这个画面出现的时候，笔者感到一股成功的喜悦。

虽然看起来有了不小的进步，但实际上我们也只是在窗口中添加了一些画，改变了鼠标和字符的显示位置以及颜色而已。如果我们按下退格键（BackSpace键），还可以改写已输入的字符哦。大家试着输入自己喜欢的信息吧。

▪▪▪▪▪

程序如下。笔者只修改了bootpack.c。

本次的HariMain节选

```
int cursor_x, cursor_c;

make_textbox8(sht_win, 8, 28, 144, 16, COL8_FFFFFF);
cursor_x = 8;
cursor_c = COL8_FFFFFF;

（中略）

for (;;) {
    io_cli();
```

14

```
        if (fifo32_status(&fifo) == 0) {
            io_stihlt();
        } else {
            i = fifo32_get(&fifo);
            io_sti();
            if (256 <= i && i <= 511) { /*  键盘数据 */
                sprintf(s, "%02X", i - 256);
                putfonts8_asc_sht(sht_back, 0, 16, COL8_FFFFFF, COL8_008484, s, 2);

                if (i < 0x54 + 256) {
                    if (keytable[i - 256] != 0 && cursor_x < 144) { /* 一般字符 */
                        /* 显示1个字符就前移1次光标 */
                        s[0] = keytable[i - 256];
                        s[1] = 0;
                        putfonts8_asc_sht(sht_win, cursor_x, 28, COL8_000000, COL8_FFFFFF, s, 1);
                        cursor_x += 8;
                    }
                }
                if (i == 256 + 0x0e && cursor_x > 8) { /* 退格键  */
                    /* 用空格键把光标消去后，后移1次光标 */
                    putfonts8_asc_sht(sht_win, cursor_x, 28, COL8_000000, COL8_FFFFFF, " ", 1);
                    cursor_x -= 8;
                }
                /* 光标再显示 */
                boxfill8(sht_win->buf, sht_win->bxsize, cursor_c, cursor_x, 28, cursor_x + 7, 43);
                sheet_refresh(sht_win, cursor_x, 28, cursor_x + 8, 44);
            } else if (512 <= i && i <= 767) { /* 鼠标数据 */
                (中略)
            } else if (i == 10) { /* 10秒定时器 */
                putfonts8_asc_sht(sht_back, 0, 64, COL8_FFFFFF, COL8_008484, "10[sec]", 7);
            } else if (i == 3) { /* 3秒定时器 */
                putfonts8_asc_sht(sht_back, 0, 80, COL8_FFFFFF, COL8_008484, "3[sec]", 6);
            } else if (i <= 1) { /* 光标用定时器 */
                if (i != 0) {
                    timer_init(timer3, &fifo, 0); /* 下面设定0 */
                    cursor_c = COL8_000000;
                } else {
                    timer_init(timer3, &fifo, 1); /* 下面设定1 */
                    cursor_c = COL8_FFFFFF;
                }
                timer_settime(timer3, 50);
                boxfill8(sht_win->buf, sht_win->bxsize, cursor_c, cursor_x, 28, cursor_x + 7, 43);
                sheet_refresh(sht_win, cursor_x, 28, cursor_x + 8, 44);
            }
        }
    }
```

cursor_x是用来记住光标显示位置的变量，输入一个字符后，这个变量就递增"8"。而cursor_c变量则表示现在光标的颜色。它每0.5秒变化一次。

make_textb0x8函数是用来描绘文字输入背景的，内容如下。这个函数没什么特别难的东西，大家大致读一下就可以了。

本次的bootpack.c节选

```
void make_textbox8(struct SHEET *sht, int x0, int y0, int sx, int sy, int c)
{
    int x1 = x0 + sx, y1 = y0 + sy;
    boxfill8(sht->buf, sht->bxsize, COL8_848484, x0 - 2, y0 - 3, x1 + 1, y0 - 3);
    boxfill8(sht->buf, sht->bxsize, COL8_848484, x0 - 3, y0 - 3, x0 - 3, y1 + 1);
    boxfill8(sht->buf, sht->bxsize, COL8_FFFFFF, x0 - 3, y1 + 2, x1 + 1, y1 + 2);
    boxfill8(sht->buf, sht->bxsize, COL8_FFFFFF, x1 + 2, y0 - 3, x1 + 2, y1 + 2);
    boxfill8(sht->buf, sht->bxsize, COL8_000000, x0 - 1, y0 - 2, x1 + 0, y0 - 2);
    boxfill8(sht->buf, sht->bxsize, COL8_000000, x0 - 2, y0 - 2, x0 - 2, y1 + 0);
    boxfill8(sht->buf, sht->bxsize, COL8_C6C6C6, x0 - 2, y1 + 1, x1 + 0, y1 + 1);
    boxfill8(sht->buf, sht->bxsize, COL8_C6C6C6, x1 + 1, y0 - 2, x1 + 1, y1 + 1);
    boxfill8(sht->buf, sht->bxsize, c,           x0 - 1, y0 - 1, x1 + 0, y1 + 0);
    return;
}
```

7　追记内容（2）（harib11i）

像harib11h那样玩儿是最高兴的了。这才是"纸娃娃操作系统"的乐趣所在！那么，我们继续玩点儿别的吧。

大家还记得，为了使鼠标动起来，我们付出了多少辛苦吗？我们付出了辛苦，终于让鼠标动了起来，可鼠标动起来后，却一点儿都没用到。它只是一个装饰物（也许还碍手碍脚的？）。

好不容易让鼠标动起来了，我们看看能用它干些什么吧。做什么好呢？嗯，还是来移动窗口吧。所以下面我们就使用鼠标完成窗口移动吧。

一说到窗口的移动，感觉好像很难。但实际并不难，只要添写4行程序就可以了。

本次的HariMain节选

```
    for (;;) {
        io_cli();
        if (fifo32_status(&fifo) == 0) {
            io_stihlt();
        } else {
            i = fifo32_get(&fifo);
            io_sti();
            if (256 <= i && i <= 511) { /* 键盘数据 */
                （中略）
            } else if (512 <= i && i <= 767) { /* 鼠标数据 * */
                if (mouse_decode(&mdec, i - 512) != 0) {
                    /* 收集了3字节的数据，所以显示出来 */
                    （中略）
                    /* 光标移动 */
                    （中略）
                    sheet_slide(sht_mouse, mx, my);
/* 从这里开始! */      if ((mdec.btn & 0x01) != 0) {
                        /* 按下左键、移动sht_win */
```

14

```
                        sheet_slide(sht_win, mx - 80, my - 8);
/* 到这里结束! */          }
                }
        } else if (i == 10) { /* 10秒定时器 */
            putfonts8_asc_sht(sht_back, 0, 64, COL8_FFFFFF, COL8_008484, "10[sec]", 7);
        } else if (i == 3) { /* 3秒定时器 */
            putfonts8_asc_sht(sht_back, 0, 80, COL8_FFFFFF, COL8_008484, "3[sec]", 6);
        } else if (i <= 1) { /* 光标用定时器 */
            (中略)
        }
    }
}
```

■■■■■

好了，这样就完成了。我们赶紧运行 "make run" 吧。启动之后，请随意在画面上某个地方点击一下，窗口很快就移动到那里了。唰唰的感觉。耶，太好了。

唰唰地移动

当我们一直按着左键来移动鼠标时，可以让窗口四处移动。但在模拟器上，移动可就慢了。运行 "make install"，在真机上一确认，快多了。唰唰的感觉。

即使窗口跑到了画面外，也没有问题。因为我们已经针对鼠标指针提前采取了对策，这就如同图层跑到了画面外面也可以动起来一样。

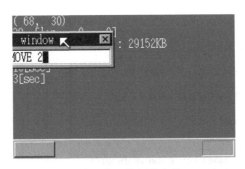

跑到了画面外也没事哟

真棒！能简单地实现这个功能，多亏在制作图层时下的一番苦功。做得不错！先表扬一下几天前的自己吧（笑）。

唉，玩得正高兴，不知不觉就到了今天的结束时间了。明天我们就要挑战，"多任务"了。今天正好是第2周，我们看看haribote.sys的大小吧。23 908字节也就是23KB。到现在为止，仅用23KB就可以完成像操作系统那样的功能了，不错不错。好了，我们明天见吧。

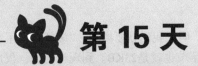

第 15 天

多任务（1）

❑ 挑战任务切换（harib12a）
❑ 任务切换进阶（harib12b）
❑ 做个简单的多任务（1）（harib12c）
❑ 做个简单的多任务（2）（harib12d）
❑ 提高运行速度（harib12e）
❑ 测试运行速度（harib12f）
❑ 多任务进阶（harib12g）

1 挑战任务切换（harib12a）

"话说，多任务到底是啥呢？"我们今天的内容，就从这个问题开始吧。

多任务，在英语中叫做"multitask"，顾名思义就是"多个任务"的意思。简单地说，在Windows等操作系统中，多个应用程序同时运行的状态（也就是同时打开好几个窗口的状态）就叫做多任务。

对于生活在现代社会的各位来说，这种多任务简直是理所当然的事情。比如你会一边用音乐播放软件听音乐一边写邮件，邮件写到一半忽然有点东西要查，便打开Web浏览器上网搜索。这对于大家来说这些都是家常便饭了吧。可如果没有多任务的话会怎么样呢？想写邮件的时候就必须关掉正在播放的音乐，要查东西的时候就必须先保存写到一半的邮件，然后才能打开Web浏览器……光想象一下就会觉得太不方便了。

然而在从前，没有多任务反倒是普遍的情形（那个时候大家不用电脑听音乐，也没有互联网）。在那个年代，电脑一次只能运行一个程序，如果要同时运行多个程序的话，就得买好几台电脑才行。

就在那个时候，诞生了最初的多任务操作系统，大家都觉得太了不起了。从现在开始，我们也要准备给"纸娃娃系统"添加执行多任务的能力了。连这样一个小不点儿操作系统都能够实现多任务，真是让人不由地感叹它生逢其时呀。

■■■■■

稍稍思考一下我们就会发现，多任务这个东西还真是奇妙，它究竟是怎样做到让多个程序同时运行的呢？如果我们的电脑里面装了好多个CPU的话，同时运行多个程序倒也顺理成章，但实际上就算我们只有一个CPU，照样可以实现多任务。

其实说穿了，这些程序根本没有在同时运行，只不过看上去好像是在同时运行一样：程序A运行一会儿，接下来程序B运行一会儿，再接下来轮到程序C，然后再回到程序A⋯⋯如此反复，有点像日本忍者的"分身术"呢（笑）。

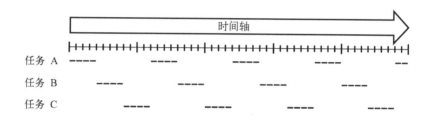

※ 1个CPU通过反复切换来执行3个任务
※ 由于切换速度很快，看上去好像在同时执行3个任务一样

为了让这种分身术看上去更完美，需要让操作系统尽可能快地切换任务。如果10秒才切换一次，那就连人眼都能察觉出来了，同时运行多个程序的戏码也就穿帮了。再有，如果我们给程序C发出一个按键指令，正巧这个瞬间系统切换到了程序A的话，我们就不得不等上20秒，才能重新轮到程序C对按键指令作出反应。这实在是让人抓狂啊（哭）。

在一般的操作系统中，这个切换的动作每0.01～0.03秒就会进行一次。当然，切换的速度越快，让人觉得程序是在同时运行的效果也就越好。不过，CPU进行程序切换（我们称为"任务切换"）这个动作本身就需要消耗一定的时间，这个时间大约为0.0001秒左右，不同的CPU及操作系统所需的时间也有所不同。如果CPU每0.0002秒切换一次任务的话，该CPU处理能力的50%都要被任务切换本身所消耗掉。这意味着，如果同时运行2个程序，每个程序的速度就只有单独运行时的1/4，这样你会觉得开心吗？如果变成这种结果，那还不如干脆别搞多任务呢。

相比之下，即便是每0.001秒切换一次任务，单单在任务切换上面也要消耗CPU处理能力的10%。大概有人会想，10%也没什么大不了的吧？可如果你看看速度快10%的CPU卖多少钱，说不定就会恍然大悟，"对啊，只要优化一下任务切换间隔，就相当于一分钱也不花，便换上了比现在更快的CPU嘛⋯⋯"（笑），你也就明白了浪费10%也是很不值得的。正是因为这个原因，任务切换的间隔最短也得0.01秒左右，这样一来只有1%的处理能力消耗在任务切换上，基本上就可以忽略不计了。

■■■■■

15

关于多任务是什么的问题，已经大致讲得差不多了，接下来我们来看看如何让CPU来处理多任务。

当你向CPU发出任务切换的指令时，CPU会先把寄存器中的值全部写入内存中，这样做是为了当以后切换回这个程序的时候，可以从中断的地方继续运行。接下来，为了运行下一个程序，CPU会把所有寄存器中的值从内存中读取出来（当然，这个读取的地址和刚刚写入的地址一定是不同的，不然就相当于什么都没变嘛），这样就完成了一次切换。我们前面所说的任务切换所需要的时间，正是对内存进行写入和读取操作所消耗的时间。

■■■■■

接下来我们来看看寄存器中的内容是怎样写入内存里去的。下面这个结构叫做"任务状态段"（task status segment），简称TSS。TSS有16位和32位两个版本，这里我们使用32位版。顾名思义，TSS也是内存段的一种，需要在GDT中进行定义后使用。

```
struct TSS32 {
    int backlink, esp0, ss0, esp1, ss1, esp2, ss2, cr3;
    int eip, eflags, eax, ecx, edx, ebx, esp, ebp, esi, edi;
    int es, cs, ss, ds, fs, gs;
    int ldtr, iomap;
};
```

参考上面的结构定义，TSS共包含26个int成员，总计104字节（摘自CPU的技术资料），我特意把它们分成4行来写。从开头的backlink起，到cr3为止的几个成员，保存的不是寄存器的数据，而是与任务设置相关的信息，在执行任务切换的时候这些成员不会被写入（backlink除外，某些情况下是会被写入的）。后面的部分中我们会用到这里的设定，不过现在你完全可以先忽略它。

第2行的成员是32位寄存器，第3行是16位寄存器，应该没必要解释了吧……不对，eip好像到现在还没讲过呢。EIP的全称是"extended instruction pointer"，也就是"扩展指令指针寄存器"的意思。这里的"扩展"代表它是一个32位寄存器，也就是说其对应的16位版本叫做IP，类比一下的话，跟EAX与AX之间的关系是一样的。

EIP是CPU用来记录下一条需要执行的指令位于内存中哪个地址的寄存器，因此它才被称为"指令指针"。如果没有这个寄存器，记性不好的CPU就会忘记自己正在运行哪里的程序，于是程序就没办法正常运行了。每执行一条指令，EIP寄存器中的值就会自动累加，从而保证一直指向下一条指令所在的内存地址。

说点题外话，JMP 指令实际上是一个向 EIP 寄存器赋值的指令。JMP 0x1234 这种写法，CPU 会解释为 MOV EIP,0x1234，并向 EIP 赋值。也就是说，这条指令其实是篡改了 CPU 记忆中下一条该执行的指令的地址，蒙了 CPU 一把。这样一来，CPU 在读取下一条指令时，就会去读取 0x1234 这个地址中的指令。你看，这不就相当于是做了一个跳转吗？

对了，如果你在汇编语言里用MOV EIP,0x1234这种写法是会出错的，还是不要尝试的好。在汇编语言中，应该使用JMP 0x1234来代替MOV EIP,0x1234。

如果在TSS中将EIP寄存器的值记录下来，那么当下次再返回这个任务的时候，CPU就可以明白应该从哪里读取程序来运行了。

按照常识，段寄存器应该是16位的才对，可是在TSS数据结构中却定义成了int（也就是DWORD）类型。我们可以大胆想象一下，说不定英特尔公司的人将来会把段寄存器变成32位的，这样想想也挺有意思的呢（笑）。

第4行的ldtr和iomap也和第1行的成员一样，是有关任务设置的部分，因此在任务切换时不会被CPU写入。也许你会想，那就和第1行一样，暂时先忽略好了——但那可是绝对不行的！如果胡乱赋值的话，任务就无法正常切换了，在这里我们先将ldtr置为0，将iomap置为0x40000000就好了。

■■■■■

关于TSS的话题暂且先告一段落，我们回来继续讲任务切换的方法。要进行任务切换，其实还得用JMP指令。JMP指令分为两种，只改写EIP的称为near模式，同时改写EIP和CS的称为far模式，在此之前我们使用的JMP指令基本上都是near模式的。不记得CS是什么了？CS就是代码段（code segment）寄存器啦。

说起来我们其实用过一次far模式的JMP指令，就在asmhead.nas的"bootpack启动"的最后一句（见8.5节）。

```
JMP     DWORD 2*8:0x0000001b
```

这条指令在向EIP存入0x1b的同时，将CS置为2*8（=16）。像这样在JMP目标地址中带冒号（:）的，就是far模式的JMP指令。

如果一条JMP指令所指定的目标地址段不是可执行的代码，而是TSS的话，CPU就不会执行通常的改写EIP和CS的操作，而是将这条指令理解为任务切换。也就是说，CPU会切换到目标TSS所指定的任务，说白了，就是JMP到一个任务那里去了。

CPU 每次执行带有段地址的指令时，都会去确认一下 GDT 中的设置，以便判断接下来要执行的 JMP 指令到底是普通的 far-JMP，还是任务切换。也就是说，从汇编程序翻译出来的机器语言来看，普通的 far-JMP 和任务切换的 far-JMP，指令本身是没有任何区别的。

■■■■■

好了，枯燥的讲解就到这里，让我们实际做一次任务切换吧。我们准备两个任务：任务A和任务B，尝试从A切换到B。

首先，我们需要创建两个TSS：任务A的TSS和任务B的TSS。

本次的HariMain节选

```
struct TSS32 tss_a, tss_b;
```

向它们的ldtr和iomap分别存入合适的值。

本次的HariMain节选

```
tss_a.ldtr = 0;
tss_a.iomap = 0x40000000;
tss_b.ldtr = 0;
tss_b.iomap = 0x40000000;
```

接着将它们两个在GDT中进行定义。

本次的HariMain节选

```
struct SEGMENT_DESCRIPTOR *gdt = (struct SEGMENT_DESCRIPTOR *) ADR_GDT;

set_segmdesc(gdt + 3, 103, (int) &tss_a, AR_TSS32);
set_segmdesc(gdt + 4, 103, (int) &tss_b, AR_TSS32);
```

将tss_a定义在gdt的3号，段长限制为103字节，tss_b也采用类似的定义。

■■■■■

现在两个TSS都创建好了，该进行实际的切换了。

我们向TR寄存器存入3 * 8这个值，这是因为我们刚才把当前运行的任务定义为GDT的3号。TR寄存器以前没有提到过，它的作用是让CPU记住当前正在运行哪一个任务。当进行任务切换的时候，TR寄存器的值也会自动变化，它的名字也就是"task register"（任务寄存器）的缩写。我们每次给TR寄存器赋值的时候，必须把GDT的编号乘以8，因为英特尔公司就是这样规定的。如果你有意见的话，可以打电话找英特尔的大叔投诉哦（笑）。

给TR寄存器赋值需要使用LTR指令，不过用C语言做不到。唉，各位是不是都已经见怪不怪了啊？啥？你早就料到了？（笑）所以说，正如你所料，我们只能把它写进naskfunc.nas里面。

本次的HariMain节选

```
load_tr(3 * 8);
```

本次的naskfunc.nas节选

```
_load_tr:          ; void load_tr(int tr);
        LTR     [ESP+4]            ; tr
        RET
```

对了，LTR指令的作用只是改变TR寄存器的值，因此执行了LTR指令并不会发生任务切换。

要进行任务切换，我们必须执行far模式的跳转指令，可惜far跳转这事C语言还是无能为力，这种语言还真是不方便啊。没办法，这个函数我们也得在naskfunc.nas里创建。

本次的naskfunc.nas节选

```
_taskswitch4:    ; void taskswitch4(void);
        JMP     4*8:0
        RET
```

也许有人会问，在JMP指令后面写个RET有意义吗？也对，通常情况下确实没意义，因为已经跳转到别的地方了嘛，后面再写什么指令也不会被执行了。不过，用作任务切换的JMP指令却不太一样，在切换任务之后，再返回这个任务的时候，程序会从这条JMP指令之后恢复运行，也就是执行JMP后面的RET，从汇编语言函数返回，继续运行C语言主程序。

另外，如果far-JMP指令是用作任务切换的话，地址段（冒号前面的4*8的部分）要指向TSS这一点比较重要，而偏移量（冒号后面的0的部分）并没有什么实际作用，会被忽略掉，一般来说像这样写0就可以了。

现在我们需要在HariMain的某个地方来调用taskswitch4()，可到底该写在哪里呢？唔，有了，就放在显示"10[sec]"的语句后面好了。也就是说，程序启动10秒以后进行任务切换。

本次的HariMain节选

```
} else if (i == 10) { /* 10秒计时器*/
    putfonts8_asc_sht(sht_back, 0, 64, COL8_FFFFFF, COL8_008484, "10[sec]", 7);
    taskswitch4();  /*这里! */
} else if (i == 3) { /* 3秒计时器  */
```

　　　　　　　■■■■■

大功告成了？不对，我们还没准备好tss_b呢。在任务切换的时候需要读取tss_b的内容，因此我们得在TSS中定义好寄存器的初始值才行。

本次的HariMain节选

```
tss_b.eip = (int) &task_b_main;
tss_b.eflags = 0x00000202; /* IF = 1; */
tss_b.eax = 0;
```

15

```
tss_b.ecx = 0;
tss_b.edx = 0;
tss_b.ebx = 0;
tss_b.esp = task_b_esp;
tss_b.ebp = 0;
tss_b.esi = 0;
tss_b.edi = 0;
tss_b.es = 1 * 8;
tss_b.cs = 2 * 8;
tss_b.ss = 1 * 8;
tss_b.ds = 1 * 8;
tss_b.fs = 1 * 8;
tss_b.gs = 1 * 8;
```

乍看之下，貌似会有很多看不懂的地方吧，我们从后半段对寄存器赋值的地方开始看。这里我们给cs置为GDT的2号，其他寄存器都置为GDT的1号，asmhead.nas的时候也是一样的。也就是说，我们这次使用了和bootpack.c相同的地址段。当然，如果你用别的地址段也没问题，不过这次我们只是想随便做个任务切换的实验而已，这种麻烦的事情还是以后再说吧。

继续看剩下的部分，关于eflags的赋值，如果把STI后的EFLAGS的值通过io_load_eflags赋给变量的话，该变量的值就显示为0x00000202，因此在这里就直接使用了这个值，仅此而已。如果还有看不懂的地方，大概就是eip和esp的部分了吧。

▪▪▪▪▪

在eip中，我们需要定义在切换到这个任务的时候，要从哪里开始运行。在这里我们先把task_b_main这个函数的内存地址赋值给它。

本次的bootpack.c节选

```
void task_b_main(void)
{
    for (;;) { io_hlt(); }
}
```

这个函数只执行了一个HLT，没有任何实际作用，后面我们会对它进行各种改造，现在就先这样吧。

▪▪▪▪▪

task_b_esp是专门为任务B所定义的栈。有人可能会说，直接用任务A的栈不就好了吗？那可不行，如果真这么做的话，栈就会混成一团，程序也无法正常运行。

本次的HariMain节选

```
int task_b_esp;

task_b_esp = memman_alloc_4k(memman, 64 * 1024) + 64 * 1024;
```

总之先写成这个样子了。我们为任务B的栈分配了64KB的内存，并计算出栈底的内存地址。请各位回忆一下向栈PUSH数据（入栈）的动作，ESP中存入的应该栈末尾的地址，而不是栈开头的地址。

■■■■■

好了，我们已经讲解得够多了，现在总算是万事俱备啦，马上"make run"一下吧。这个程序如果运行正常的话应该是什么样子呢？嗯，启动之后的10秒内，还是跟以前一样的，10秒一到便执行任务切换，task_b_main开始运行。因为task_b_main只有一句HLT，所以接下来程序就全部停止了，鼠标和键盘也应该都没有反应了。

唔⋯⋯这样看起来好像很无聊啊，算了，总之我们先来"make run"吧。10秒钟的等待还真是漫长⋯⋯哇！停了停了！

看来我们的首次任务切换获得了圆满成功。

输入到一半就停住了哦！

2　任务切换进阶（harib12b）

刚才我们只是实现了一次性从任务A切换到任务B，现在我们要尝试再切换回任务A。好，那我们就在切换到任务B的5秒后，让它再切换回任务A吧。

这其实很容易，只要稍微改写一下task_b_main就可以了。

本次的bootpack.c节选

```
void task_b_main(void)
{
    struct FIFO32 fifo;
    struct TIMER *timer;
    int i, fifobuf[128];

    fifo32_init(&fifo, 128, fifobuf);
    timer = timer_alloc();
    timer_init(timer, &fifo, 1);
    timer_settime(timer, 500);

    for (;;) {
        io_cli();
        if (fifo32_status(&fifo) == 0) {
            io_stihlt();
        } else {
            i = fifo32_get(&fifo);
            io_sti();
            if (i == 1) { /*超时时间为5秒  */
                taskswitch3(); /*返回任务A */
            }
        }
    }
}
```

你看，这样就搞定了。在这里所使用的变量名，比如fifo、timer等，和HariMain里面是一样的，不过别担心，计算机会把它们当成不同的变量来处理。无论我们对这里的变量如何赋值，都不会影响到HariMain中的对应变量。这并不是因为它们处于不同的任务，而是因为它们名字虽然一样，但实际上根本是不同的变量（之前一直没有机会解释这一点，现在稍微晚了点，不过还是在这里讲一下吧）。

对了，taskswitch3还没有创建，我们需要创建它。

本次的naskfunc.nas节选

```
_taskswitch3:    ; void taskswitch3(void);
        JMP      3*8:0
        RET
```

好了，准备完毕！

▬▬▬▬▬

我们来 "make run" 一下。哇，经过10秒之后光标停止闪烁，鼠标没有反应，键盘也无法输入文字了。然而又过了5秒，光标又重新开始闪烁，刚才键盘没反应的时候打进去的字一口气全都冒了出来，鼠标也又能动了。

这就说明我们已经成功回到了任务A并继续运行了，真顺利呀。

3　做个简单的多任务（1）（harib12c）

接下来，我们要实现更快速的，而且是来回交替的任务切换。这样一来，我们就可以告别光标停住、鼠标卡死、键盘打不了字等情况，从而让两个任务看上去好像在同时运行一样。

在开始动手之前，笔者认为像taskswitch3、taskswitch4这种写法实在不好。假设我们有100个任务，难道就要创建100个任务切换函数不成？这样肯定不行，最好是写成一个函数，比如像taskswitch(3);这样。

为了解决这个问题，我们先创建这样一个函数。

本次的naskfunc.nas节选

```
_farjmp:           ; void farjmp(int eip, int cs);
       JMP     FAR [ESP+4]                ; eip, cs
       RET
```

"JMP FAR"指令的功能是执行far跳转。在JMP FAR指令中，可以指定一个内存地址，CPU会从指定的内存地址中读取4个字节的数据，并将其存入EIP寄存器，再继续读取2个字节的数据，并将其存入CS寄存器。当我们调用这个函数，比如farjmp(eip,cs);，在[ESP+4]这个位置就存放了eip的值，而[ESP+8]则存放了cs的值，这样就可以实现far跳转了。

因此我们需要将调用的部分改写如下：

taskswitch3(); → farjmp(0, 3 * 8);
taskswitch4(); → farjmp(0, 4 * 8);

━━━━━

现在我们来缩短切换的间隔。在任务A和任务B中，分别准备一个timer_ts变量，以便每隔0.02秒执行一次任务切换。这个变量名中的ts就是"task switch"的缩写，代表"任务切换计时器"的意思。

本次的bootpack.c节选

```
void HariMain(void)
{
    （中略）

    timer_ts = timer_alloc();
    timer_init(timer_ts, &fifo, 2);
    timer_settime(timer_ts, 2);

    （中略）

    for (;;) {
        io_cli();
```

15

```
        if (fifo32_status(&fifo) == 0) {
            io_stihlt();
        } else {
            i = fifo32_get(&fifo);
            io_sti();
            if (i == 2) {
                farjmp(0, 4 * 8);
                timer_settime(timer_ts, 2);
            } else if (256 <= i && i <= 511) { /*键盘数据*/
                (中略)
            } else if (512 <= i && i <= 767) { /*鼠标数据*/
                (中略)
            } else if (i == 10) { /* 10秒计时器*/
                putfonts8_asc_sht(sht_back, 0, 64, COL8_FFFFFF, COL8_008484, "10[sec]", 7);
            } else if (i == 3) { /* 3秒计时器*/
                putfonts8_asc_sht(sht_back, 0, 80, COL8_FFFFFF, COL8_008484, "3[sec]", 6);
            } else if (i <= 1) { /*光标用计时器*/
                (中略)
            }
        }
    }
}

void task_b_main(void)
{
    struct FIFO32 fifo;
    struct TIMER *timer_ts;
    int i, fifobuf[128];

    fifo32_init(&fifo, 128, fifobuf);
    timer_ts = timer_alloc();
    timer_init(timer_ts, &fifo, 1);
    timer_settime(timer_ts, 2);

    for (;;) {
        io_cli();
        if (fifo32_status(&fifo) == 0) {
            io_stihlt();
        } else {
            i = fifo32_get(&fifo);
            io_sti();
            if (i == 1) { /*任务切换*/
                farjmp(0, 3 * 8);
                timer_settime(timer_ts, 2);
            }
        }
    }
}
```

上面的代码应该没有什么难点，不过还是稍微解释一下吧。在每个任务中，当从farjmp返回的时候，我们都将计时器重新设定到0.02秒之后，以便让程序在返回0.02秒之后，再次执行任务切换。

■■■■■■

好了，这样做是不是能像我们所设想的那样，让键盘和鼠标持续响应呢？我们来"make run"……不错，键盘打字、鼠标操作、光标闪烁，全都运行正常，完全没有卡住。我们成功了。

不过，我们真的成功了吗？感觉不是很靠谱啊，task_b_main到底有没有运行啊？嗯，下面我们想办法来确认一下。

4　做个简单的多任务（2）(harib12d)

为了确认task_b_main到底有没有运行，我们需要让task_b_main显示点什么东西出来，最好是显示点会动的东西，要不还是让它数数吧……喂喂，是谁在下面叫"又来了啊"？（笑）

本次的bootpack.c节选

```
void task_b_main(void)
{
    struct FIFO32 fifo;
    struct TIMER *timer_ts;
    int i, fifobuf[128], count = 0;
    char s[11];
    struct SHEET *sht_back;

    (中略)

    for (;;) {
        count++;
        sprintf(s, "%10d", count);
        putfonts8_asc_sht(sht_back, 0, 144, COL8_FFFFFF, COL8_008484, s, 10);
        io_cli();
        if (fifo32_status(&fifo) == 0) {
            io_sti();
        } else {
            (中略)
        }
    }
}
```

写到这里，我们遇到了一个问题，那就是sht_back。HariMain知道这个变量的值，但task_b_main可不知道。怎么办呢？怎样才能把这个变量的值从任务A传递给任务B呢？随便找一个内存地址存进去，然后再从那里读出来，这样应该可以吧。好，就用0x0fec这个地址，这个地址是BOOTINFO−4。

本次的HariMain节选

```
*((int *) 0x0fec) = (int) sht_back;
```

15

本次的task_b_main节选

```
sht_back = (struct SHEET *) *((int *) 0x0fec);
```

这里用了很多强制数据类型转换操作，代码比较难读，不过就先这样吧。

▪▪▪▪▪

现在让我们来运行一下。不知道结果如何，心里好紧张啊。"make run"，哇，动了动了！task_b_main和HariMain在同时运行！当然，实际上只是因为切换速度很快，所以造成了在同时运行的假象。无论如何，我们的多任务取得了圆满成功！

多任务成功

（其实我们在harib12c的时候就已经成功实现了多任务，只不过当时还没有加入显示功能，所以无法实际感受到而已。）

5 提高运行速度（harib12e）

刚开始看到harib12d的成果还觉得挺感动的，过段时间头脑冷静下来以后再看的话，发现task_b_main数数的速度即便在真机环境下运行还是非常慢，我们得想办法提高它的运行速度。Harib10i在7秒钟的时间内可以数到0099969264，相比之下，harib12d也太慢了。任务A和任务B交替运行的情况下，性能下降到原来的一半还可以理解，如果比这个还慢的话就让人无法忍受了。

那运行速度为什么会这么慢呢？因为我们的程序每计1个数就在画面上显示一次，但1秒钟之内刷新100次以上的话，人眼根本就分辨不出来，所以我们不需要计1个数就刷新一次，只要每隔0.01秒刷新一次就足够了。

本次的bootpack.c节选

```
void task_b_main(struct SHEET *sht_back)
{
```

```
struct FIFO32 fifo;
struct TIMER *timer_ts, *timer_put;
int i, fifobuf[128], count = 0;
char s[12];

fifo32_init(&fifo, 128, fifobuf);
timer_ts = timer_alloc();
timer_init(timer_ts, &fifo, 2);
timer_settime(timer_ts, 2);
timer_put = timer_alloc();
timer_init(timer_put, &fifo, 1);
timer_settime(timer_put, 1);

for (;;) {
    count++;
    io_cli();
    if (fifo32_status(&fifo) == 0) {
        io_sti();
    } else {
        i = fifo32_get(&fifo);
        io_sti();
        if (i == 1) {
            sprintf(s, "%11d", count);
            putfonts8_asc_sht(sht_back, 0, 144, COL8_FFFFFF, COL8_008484, s, 11);
            timer_settime(timer_put, 1);
        } else if (i == 2) {
            farjmp(0, 3 * 8);
            timer_settime(timer_ts, 2);
        }
    }
}
}
```

基本上就是这个样子。对了，代码开头的sht_back我们改为作为函数的参数来传递了，关于这一点我们以后会讲到，大家不必担心。

另外，上面的代码还把任务切换计时器超时的时候向FIFO写入的值改为了2。其实不改也没什么问题，只不过因为这个计时器定了0.02秒这个数，所以就顺手改成2了。

还有，count数值的显示格式改成了11位数字，因为运行速度变快了的话，说不定数字位数会不够用呢（笑）。

■■■■■

关于将sht_back的值从HariMain传递过来的方法，*((int *) 0x0fec)这样的写法感觉实在是不好看，于是果断废弃了，我们用栈来替代它。

举个例子，load_tr(123);这样的函数调用，如果从汇编语言的角度来考虑的话，参数指定的数值（123）就放在内存中，地址为ESP+4，这是C语言的一个既定机制。

既然有这种机制，那么我们可以反过来利用一下，也就是说，在HariMain里面这样写：

本次的HariMain节选

```
task_b_esp = memman_alloc_4k(memman, 64 * 1024) + 64 * 1024 - 8;

*((int *) (task_b_esp + 4)) = (int) sht_back;
```

这样一来，在任务B启动的时候，[ESP+4]这个地址里面就已经存入了sht_back的值，因此我们就欺骗了task_b_main，让它以为自己所接收到的sht_back是作为一个参数传递过来的。

可能有人不明白为什么我们要把task_b_esp的地址减8，减4不就可以了吗？我们当然不能减4，只要仔细思考一下就能搞清楚这里的奥妙。

假设memman_alloc_4k分配出来的内存地址为0x01234000，由于我们申请分配了64KB的内存空间，那么我们可以自由使用的内存地址就是从0x01234000到0x01243fff为止的这一块。如果在这里我们既不减4也不减8，而是直接加上64 * 1024的话，task_b_esp即为0x01244000。如果我们减去4，task_b_esp即为0x01243ffc，但我们写入sht_back的地址是task_b_esp＋4，算下来就变成了0x01244000，如果把4字节的sht_back值写入这个地址的话，就超出了分配给我们的内存范围（0x01234000～0x01243fff），这样不行。

而如果我们减去8，task_b_esp即为0x01243ff8，写入sht_back的地址是task_b_esp + 4，即0x01243ffc，从这个地址向后写入4字节的sht_back值，则正好在分配出来的内存范围（0x01234000～0x01243fff）内完成操作，这样就不会出问题了。

▪▪▪▪▪

好，我们来运行一下，看看是不是变快了？还有，task_b_main有没有被我们欺骗而顺利接收到sht_back的值呢？如果这一招不成功的话，sht_back的值就会出现异常，画面上也就应该显示不出数字了。"make run"，哇，成功了，而且速度飞快（请注意，右图显示的是程序还没有运行到10秒的状态，这时就已经数到这么大的数字了！）。

即便是模拟器环境下运行速度也已经相当快了

COLUMN-9　千万不能 return ？

在这一节中，task_b_main 已经变得像一个普通函数一样了，但是在这个函数中千万不能使用 return。

return 的功能，说到底其实是返回函数被调用位置的一个 JMP 指令，但这个 task_b_main 并不是由某段程序直接调用的，因此不能使用 return。如果强行 return 的话，就会像"执行数据"一样发生问题，程序无法正常运行。

HariMain 的情况也是一样的，也禁止使用 return。

我们在 15.1 节中讲过，为了记住现在正在执行的指令所在的内存地址，需要使用 EIP 寄存器，那么 return 的时候要返回的地址又记录在哪里呢？对于记性不好的 CPU 来说，肯定会把这个地址保存在某个地方，没错，它就保存在栈中，地址是[ESP]。

因此，我们不仅可以利用[ESP+4]，还可以利用[ESP]来欺骗 CPU，其实只要向[ESP]写入一个合适的值，告诉 CPU 应该返回到哪个地址，task_b_main 中就可以使用 return 了。

6　测试运行速度（harib12f）

我们的程序运行得很快，可是到底有多快呢？我们得想个办法测一下。可能有人会说，别搞这种节外生枝的玩意儿了，赶快继续往下讲吧！嗯，要说也是，这的确是有点不务正业了，不过该玩的时候也要玩一玩嘛！

我们向task_b_main添加了一些代码。

本次的bootpack.c节选

```
void task_b_main(struct SHEET *sht_back)
{
    struct FIFO32 fifo;
    struct TIMER *timer_ts, *timer_put, *timer_1s;
    int i, fifobuf[128], count = 0, count0 = 0;
    char s[12];

    （中略）
    timer_1s = timer_alloc();
    timer_init(timer_1s, &fifo, 100);
    timer_settime(timer_1s, 100);

    for (;;) {

        count++;
        io_cli();
        if (fifo32_status(&fifo) == 0) {
            io_sti();
        } else {
            i = fifo32_get(&fifo);
```

```
    io_sti();
    if (i == 1) {
        (中略)
    } else if (i == 2) {
        (中略)
    } else if (i == 100) {
        sprintf(s, "%11d", count - count0);
        putfonts8_asc_sht(sht_back, 0, 128, COL8_FFFFFF, COL8_008484, s, 11);
        count0 = count;
        timer_settime(timer_1s, 100);
    }
        }
    }
}
```

▬▬▬▬▬

我们来运行一下，先得看看它是不是能正常工作，"make run"。不错，在模拟器环境下运行成功。

上面的数字显示的是速度哦

▬▬▬▬▬

现在我们到真机环境运行一下。哇，好快！果然真机环境就是快，速度已经达到大约4638200①了。

我们把这个速度和harib10i做个对比。harib10i在7秒内计数到0099969264，即速度为每秒14281323，相比之下性能是现在的3倍。咦，怎么会这样？如果是2倍的话还可以理解，3倍就有点过分了。

看到这个结果心里当然会很不爽，我们来找找原因。嗯，每隔0.01秒刷新显示是不是不太好呢？如果显示计数是导致速度慢的原因，那干脆就别显示了吧。我们把开头的timer_settime

---

① 最后两位数字的值经常变动，因此用00代替。

（timer_put, 1）；一句删掉，这样一来由于计时器没有被设定，就不会引起超时中断，也就不会触发显示了。

现在仅显示速度值了

　　那么在真机环境下运行情况如何呢？哇，速度真的快了不少，现在的成绩是6774100，和14281323相比，性能差距为2.1倍，这样已经很令人满意了。大概JMP的地址也会影响计数的速度，另外，如果把速度显示改成每隔5秒刷新一次，任务切换间隔再改成0.03秒的话，估计性能差距可以更加接近理想的2.0倍，不过现在这个阶段我们就不去一一尝试了。

7　多任务进阶（harib12g）

　　到现在为止，我们所做的多任务都是依靠在HariMain和task_b_main中写入负责任务切换的代码来实现的。有人会说，这种多任务方式"不是真正的多任务"（即便如此，应该也不至于被说成是"假的"多任务）。

　　那么真正的多任务又是什么样的呢？真正的多任务，是要做到在程序本身不知道的情况下进行任务切换。既然如此，我们就来为"纸娃娃系统"添加真正的多任务吧。

　　首先我们来创建这样一个函数。

本次的mtask.c节选

```
struct TIMER *mt_timer;
int mt_tr;

void mt_init(void)
{
    mt_timer = timer_alloc();
    /*这里没有必要使用timer_init */
    timer_settime(mt_timer, 2);
    mt_tr = 3 * 8;
    return;
}
```

```
void mt_taskswitch(void)
{
    if (mt_tr == 3 * 8) {
        mt_tr = 4 * 8;
    } else {
        mt_tr = 3 * 8;
    }
    timer_settime(mt_timer, 2);
    farjmp(0, mt_tr);
    return;
}
```

　　mt_init函数的功能是初始化mt_timer和mt_tr的值，并将计时器设置为0.02秒之后，仅此而已。在这里，变量mt_tr实际上代表了TR寄存器，而不需要使用timer_init是因为在发生超时的时候不需要向FIFO缓冲区写入数据。具体内容请继续往下看。

　　接下来，mt_taskswitch函数的功能是按照当前的mt_tr变量的值计算出下一个mt_tr值，将计时器重新设置为0.02秒之后，并进行任务切换，很简单吧。

■■■■■

　　下面我们来改造一下timer.c的inthandler20。

本次的timer.c节选

```
void inthandler20(int *esp)
{
    char ts = 0;
    （中略）
    for (;;) {
        /* timers的计时器全部在工作中，因此不用确认flags */
        if (timer->timeout > timerctl.count) {
            break;
        }
        /*超时*/
        timer->flags = TIMER_FLAGS_ALLOC;
        if (timer != mt_timer) {
            fifo32_put(timer->fifo, timer->data);
        } else {
            ts = 1; /* mt_timer超时*/
        }
        timer = timer->next; /*将下一个计时器的地址赋给timer */
    }
    timerctl.t0 = timer;
    timerctl.next = timer->timeout;
    if (ts != 0) {
        mt_taskswitch();
    }
    return;
}
```

　　在这里，如果产生超时的计时器是mt_timer的话，不向FIFO写入数据，而是将ts置为1。最后判断如果ts的值不为0，就调用mt_taskswitch进行任务切换。

看了上面这段代码，你可能会问，为什么要用ts这个变量呢？在 /* 超时 */ 的地方直接调用mt_taskswitch不就好了吗？也就是下面这样：

出问题的例子

```
void inthandler20(int *esp)
{
    （中略）
    for (;;) {
        /* timers的计时器全部在工作中，因此不用确认flags */
        if (timer->timeout > timerctl.count) {
            break;
        }
        /*超时*/
        timer->flags = TIMER_FLAGS_ALLOC;
        if (timer != mt_timer) {
            fifo32_put(timer->fifo, timer->data);
        } else {
            mt_taskswitch();
        }
        timer = timer->next; /*将下一个计时器的地址赋给timer */
    }
    timerctl.t0 = timer;
    timerctl.next = timer->timeout;
    return;
}
```

为什么不这样写呢？这样写的确可以让代码更简短，但是会出问题。

出问题的原因在于，调用mt_taskswitch进行任务切换的时候，即便中断处理还没完成，IF（中断允许标志）的值也可能会被重设回1（因为任务切换的时候会同时切换EFLAGS）。这样可不行，在中断处理还没完成的时候，可能会产生下一个中断请求，这会导致程序出错。

因此我们需要采用这样的设计——等中断处理全部完成之后，再在必要时调用mt_taskswitch。

■■■■■■

接下来我们只需要将HariMain和task_b_main里面有关任务切换的代码删掉即可。删代码没什么难度，而且HariMain又很长，为了节约纸张我们就省略了，只把task_b_main写在下面吧。

本次的bootpack.c节选

```
void task_b_main(struct SHEET *sht_back)
{
    struct FIFO32 fifo;
    struct TIMER *timer_put, *timer_1s;
```

```
    int i, fifobuf[128], count = 0, count0 = 0;
    char s[12];

    fifo32_init(&fifo, 128, fifobuf);
    timer_put = timer_alloc();
    timer_init(timer_put, &fifo, 1);
    timer_settime(timer_put, 1);
    timer_1s = timer_alloc();
    timer_init(timer_1s, &fifo, 100);
    timer_settime(timer_1s, 100);

    for (;;) {
        count++;
        io_cli();
        if (fifo32_status(&fifo) == 0) {
            io_sti();
        } else {
            i = fifo32_get(&fifo);
            io_sti();
            if (i == 1) {
                sprintf(s, "%11d", count);
                putfonts8_asc_sht(sht_back, 0, 144, COL8_FFFFFF, COL8_008484, s, 11);
                timer_settime(timer_put, 1);
            } else if (i == 100) {
                sprintf(s, "%11d", count - count0);
                putfonts8_asc_sht(sht_back, 0, 128, COL8_FFFFFF, COL8_008484, s, 11);
                count0 = count;
                timer_settime(timer_1s, 100);
            }
        }
    }
}
```

像这样，把有关任务切换的部分全部删掉就可以了。

■■■■■

好，我们来试试看能不能正常工作吧。"make run"，成功了，真开心！不过看上去和之前没什么区别。

和上一节相比，为什么现在的设计可以称为"真正的多任务"呢？因为如果使用这样的设计，即便在程序中不进行任务切换的处理（比如忘记写了，或者因为bug没能正常切换之类的），也一定会正常完成切换。之前那种多任务的话，如果任务B因为发生bug而无法进行切换，那么当切换到任务B以后，其他的任务就再也无法运行了，这样会造成无论是按键盘还是动鼠标都毫无反应的悲剧。

真正的多任务也成功了！

真正的多任务不会发生这样的问题，因此这种方式更好……话虽如此，但其实即便是harib12g，在任务B发生bug的情况下，也有可能出现键盘输入失去响应的问题。例如，明明写了io_cli();却忘记写io_sti();的话，中断就会一直处于禁止状态，即使产生了计时器中断请求，也不会被传递给中断处理程序。这样一来，mt_taskswitch当然也就不会被调用，这意味着任务切换也就不会被执行。

其实CPU已经为大家准备了解决这个问题的方法，因此我们稍后再考虑这个问题吧。

好，我们在真机环境下运行一下，看看速度会不会变慢。咦？速度非但没有变慢，反而变快了？运行结果是6493300，和之前的14281323相比，性能的差距是2.2倍。harib12f的时候还是差3倍来着，这次也太快了吧。我们再把timer_settime(timer_put,1);删掉，看看如果不显示计数只显示速度会怎样？说不定速度会变得更快呢？哇！结果出来了，6890930，居然达到了2.07倍，离理想值2.0倍又近了一步呢。

现在想想看，为什么速度反而会变快呢？我想这是因为在任务切换的时候，我们不再使用FIFO缓冲区的缘故。之前我们向FIFO中写入超时的编号，然后从中读取这个编号来判断是否执行任务切换，相比之下，现在的做法貌似对于CPU来说负担更小些，一定是这个原因吧。

哎呀，不知不觉就已经很晚了。今天就先到这里吧，我们明天继续。

15

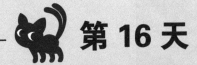

第 16 天

多任务（2）

□ 任务管理自动化（harib13a）
□ 让任务休眠（harib13b）
□ 增加窗口数量（harib13c）
□ 设定任务优先级（1）（harib13d）
□ 设定任务优先级（2）（harib13e）

1 任务管理自动化（harib13a）

大家好！昨天我们已经实践了很多关于多任务的内容，不过今天我们还得继续讲多任务。可能有人会说，"老是讲多任务都听腻了啊！"，但多任务真的非常重要（当然，如果你不想做一个多任务的操作系统，那就不重要啦）。从笔者的角度来说，希望大家能够在充分做好多任务机制的基础上，再利用多任务逐步完善操作系统本身。因此，大家再稍微忍耐一下吧。

在15.7节中，我们已经实现了真正的多任务，不过这样还不够完善，或者说不太好用。如果我们想要运行三个任务的话，就必须改写mt_taskswitch的代码。笔者认为，这样的设计实在太逊了，如果能像当初定时器和窗口背景的做法一样（具体如下），是不是觉得更好呢？

```
task = task_alloc();
task->tss.eip = ○×;
task->tss.esp = △◇;
像上面这样设定各种寄存器的初始值
task_run(task);
```

我们就先以此为目标，对代码进行改造吧。

▪▪▪▪▪

于是我们写了下面这样一段程序，struct TASKCTL是仿照struct SHTCTL写出来的，首先我们来看结构定义。

本次的bootpack.h节选

```
#define MAX_TASKS        1000      /*最大任务数量*/
#define TASK_GDT0        3         /*定义从GDT的几号开始分配给TSS */

struct TSS32 {
    int backlink, esp0, ss0, esp1, ss1, esp2, ss2, cr3;
    int eip, eflags, eax, ecx, edx, ebx, esp, ebp, esi, edi;
    int es, cs, ss, ds, fs, gs;
    int ldtr, iomap;
};

struct TASK {
    int sel, flags; /* sel用来存放GDT的编号*/
    struct TSS32 tss;
};

struct TASKCTL {
    int running; /*正在运行的任务数量*/
    int now; /*这个变量用来记录当前正在运行的是哪个任务*/
    struct TASK *tasks[MAX_TASKS];
    struct TASK tasks0[MAX_TASKS];
};
```

■■■■■

　　下面我们来创建用来对struct TASKCTL及其当中包含的struct TASK进行初始化的函数task_init。由于struct TASKCTL是一个很庞大的结构，因此我们让它从memman_alloc来申请内存空间。这个函数是用来替代mt_init使用的。

　　我们使用sel这个变量来存放GDT编号，sel是"selector"的缩写，意为选择符。因为英特尔的大叔管段地址叫做selector，所以笔者只是照猫画虎而已，也就是代表"应该从GDT里面选择哪个编号"的意思。

本次的mtask.c节选

```
struct TASKCTL *taskctl;
struct TIMER *task_timer;

struct TASK *task_init(struct MEMMAN *memman)
{
    int i;
    struct TASK *task;
    struct SEGMENT_DESCRIPTOR *gdt = (struct SEGMENT_DESCRIPTOR *) ADR_GDT;
    taskctl = (struct TASKCTL *) memman_alloc_4k(memman, sizeof (struct TASKCTL));
    for (i = 0; i < MAX_TASKS; i++) {
        taskctl->tasks0[i].flags = 0;
        taskctl->tasks0[i].sel = (TASK_GDT0 + i) * 8;
        set_segmdesc(gdt + TASK_GDT0 + i, 103, (int) &taskctl->tasks0[i].tss, AR_TSS32);
    }
    task = task_alloc();
```

```
    task->flags = 2; /*活动中标志*/
    taskctl->running = 1;
    taskctl->now = 0;
    taskctl->tasks[0] = task;
    load_tr(task->sel);
    task_timer = timer_alloc();
    timer_settime(task_timer, 2);
    return task;
}
```

调用task_init，会返回一个内存地址，意思是"现在正在运行的这个程序，已经变成一个任务了"。可能大家不是很能理解这个说法，在调用init之后，所有程序的运行都会被当成任务来进行管理，而调用init的这个程序，我们也要让它所属于某个任务，这样一来，通过调用任务的设置函数，就可以对任务进行各种控制，比如说修改优先级等。

■■■■■

下面我们来创建用来初始化一个任务结构的函数。

本次的mtask.c节选

```
struct TASK *task_alloc(void)
{
    int i;
    struct TASK *task;
    for (i = 0; i < MAX_TASKS; i++) {
        if (taskctl->tasks0[i].flags == 0) {
            task = &taskctl->tasks0[i];
            task->flags = 1; /*正在使用的标志*/
            task->tss.eflags = 0x00000202; /* IF = 1; */
            task->tss.eax = 0; /*这里先置为0*/
            task->tss.ecx = 0;
            task->tss.edx = 0;
            task->tss.ebx = 0;
            task->tss.ebp = 0;
            task->tss.esi = 0;
            task->tss.edi = 0;
            task->tss.es = 0;
            task->tss.ds = 0;
            task->tss.fs = 0;
            task->tss.gs = 0;
            task->tss.ldtr = 0;
            task->tss.iomap = 0x40000000;
            return task;
        }
    }
    return 0; /*全部正在使用*/
}
```

关于寄存器的初始值，这里先随便设置了一下。如果不喜欢这个值，可以在bootpack.c里面设置一下。

⬛⬛⬛⬛⬛

接下来是task_run，这个函数非常短，看看这样写如何。

本次的mtask.c节选

```
void task_run(struct TASK *task)
{
    task->flags = 2; /*活动中标志*/
    taskctl->tasks[taskctl->running] = task;
    taskctl->running++;
    return;
}
```

这个函数的作用是，将task添加到tasks的末尾，然后使running加1，仅此而已。

⬛⬛⬛⬛⬛

最后是task_switch，这个函数用来代替mt_taskswitch。

在timer.c中对mt_taskswitch的调用，也相应地修改为调用task_switch。

本次的mtask.c节选

```
void task_switch(void)
{
    timer_settime(task_timer, 2);
    if (taskctl->running >= 2) {
        taskctl->now++;
        if (taskctl->now == taskctl->running) {
            taskctl->now = 0;
        }
        farjmp(0, taskctl->tasks[taskctl->now]->sel);
    }
    return;
}
```

当running为1时，不需要进行任务切换，函数直接结束。当running大于等于2时，先把now加1，然后把now所代表的任务切换成当前任务，最后再将末尾的任务移动到开头。

⬛⬛⬛⬛⬛

现在我们用以上这些结构和函数，将bootpack.c改写一下。

本次的bootpack.c节选

```
void HariMain(void)
{
    (中略)
    struct TASK *task_b;

    (中略)

    task_init(memman);
    task_b = task_alloc();
    task_b->tss.esp = memman_alloc_4k(memman, 64 * 1024) + 64 * 1024 - 8;
    task_b->tss.eip = (int) &task_b_main;
    task_b->tss.es = 1 * 8;
    task_b->tss.cs = 2 * 8;
    task_b->tss.ss = 1 * 8;
    task_b->tss.ds = 1 * 8;
    task_b->tss.fs = 1 * 8;
    task_b->tss.gs = 1 * 8;
    *((int *) (task_b->tss.esp + 4)) = (int) sht_back;
    task_run(task_b);

    (中略)
}
```

行数变少了，不过相应地mtask.c却变长了，好像也不能说是非常好。不过好在，在HariMain中，就再也不用管GDT到底怎样、任务B的tss要分配到GDT的几号等。这些麻烦的事情，全部交给mtask.c来处理了。

当需要增加任务数量的时候，不用再像之前那样修改task_switch了，只要先task_alloc，然后再task_run就行了。

好了，我们来运行一下，"make run"。不错，貌似成功了。

2 让任务休眠（harib13b）

直到harib13a为止，我们所实现的多任务，是为两个任务分配大约相同的运行时间。这也不能说是不好，不过相比之下，任务A明显空闲的时间比较多。没有键盘输入、没有鼠标操作也不会经常出现定时器中断这样的情况，这个时候任务A没什么事做，就只好HLT了。

HLT的时候能省电，也不错嘛！不过当任务B全力以赴拼命干活的时候，任务A却在无所事事，这样好像不太好。笔者觉得，与其让任务A闲着没事干，还不如把这些时间分给繁忙的任务B呢。

那么怎样才能避免任务A浪费时间呢？如果我们不让任务A去HLT，而是把它从taskctl->tasks[]中删掉的话，嗯，这应该是一个不错的主意。如果把任务A从tasks中删掉，只保留任务B，那任务B就可以全力以赴工作了。像这样将一个任务从tasks中删除的操作，用多任务中的术语来说叫做"休眠"（sleep）。

不过这样也有一个问题，当任务A休眠时，即便FIFO有数据过来，也无法响应了，这可不行，当FIFO有数据过来的时候，必须要把任务A唤醒。怎么唤醒呢？其实只要再运行一次task_run就可以了（笑）。

■■■■■■

首先我们创建task_sleep。

本次的mtask.c节选

```
void task_sleep(struct TASK *task)
{
    int i;
    char ts = 0;
    if (task->flags == 2) {        /*如果指定任务处于唤醒状态*/
        if (task == taskctl->tasks[taskctl->now]) {
            ts = 1; /*让自己休眠的话，稍后需要进行任务切换*/
        }
        /*寻找task所在的位置*/
        for (i = 0; i < taskctl->running; i++) {
            if (taskctl->tasks[i] == task) {
                /*在这里*/
                break;
            }
        }
        taskctl->running--;
        if (i < taskctl->now) {
            taskctl->now--; /*需要移动成员，要相应地处理*/
        }
        /*移动成员*/
        for (; i < taskctl->running; i++) {
            taskctl->tasks[i] = taskctl->tasks[i + 1];
        }
        task->flags = 1; /*不工作的状态*/
        if (ts != 0) {
            /*任务切换*/
            if (taskctl->now >= taskctl->running) {
                /*如果now的值出现异常，则进行修正*/
                taskctl->now = 0;
            }
            farjmp(0, taskctl->tasks[taskctl->now]->sel);
        }
    }
    return;
}
```

这次的程序比较长，所以多加了一些注释。类似任务A强行让任务B休眠这样"一个任务让另一个任务休眠"的情形还是很简单的，只要在tasks中搜索该任务，找到后用后面的成员填充过来即可。

问题是类似任务A让任务A休眠这样"自己让自己休眠"的情形，因为是要让当前正在运行

的任务休眠，因此在处理结束之后必须马上切换到下一个任务。只要注意以上两点，task_sleep
的代码还是不难理解的。

■■■■■

接下来是当FIFO中写入数据的时候将任务唤醒的功能。首先，我们要在FIFO的结构定义中，
添加用于记录要唤醒任务的信息的成员。

本次的bootpack.h节选

```
struct FIFO32 {
    int *buf;
    int p, q, size, free, flags;
    struct TASK *task;
};
```

然后我们改写fifo32_init，让它可以在参数中指定一个任务。如果不想使用任务自动唤醒功
能的话，只要将task置为0即可。

本次的fifo.c节选

```
void fifo32_init(struct FIFO32 *fifo, int size, int *buf, struct TASK *task)
/* FIFO缓冲区初始化*/
{
    fifo->size = size;
    fifo->buf = buf;
    fifo->free = size; /*剩余空间*/
    fifo->flags = 0;
    fifo->p = 0; /*写入位置*/
    fifo->q = 0; /*读取位置*/
    fifo->task = task; /*有数据写入时需要唤醒的任务*/    /*这里！ */
    return;
}
```

接着，我们来实现当向FIFO写入数据时，唤醒某个任务的功能。

```
int fifo32_put(struct FIFO32 *fifo, int data)
/*向FIFO写入数据并累积起来*/
{
    if (fifo->free == 0) {
        /*没有剩余空间则溢出*/
        fifo->flags |= FLAGS_OVERRUN;
        return -1;
    }
    fifo->buf[fifo->p] = data;
    fifo->p++;
    if (fifo->p == fifo->size) {
        fifo->p = 0;
```

```
    }
    fifo->free--;
    if (fifo->task != 0) {    /*从这里开始*/
        if (fifo->task->flags != 2) { /*如果任务处于休眠状态*/
            task_run(fifo->task); /*将任务唤醒*/
        }
    }    /*到这里结束*/
    return 0;
}
```

我们追加了5行代码。在这里如果任务已经处于唤醒状态的话，再次对其task_run是不行的（会造成任务重复注册），因此我们需要先确认该任务是否处于休眠状态，然后再将其唤醒。

■■■■■

最后我们来改写HariMain。

本次的bootpack.c节选

```
void HariMain(void)
{
    struct TASK *task_a, *task_b;
    （中略）
    fifo32_init(&fifo, 128, fifobuf, 0);
    （中略）
    task_a = task_init(memman);
    fifo.task = task_a;
    （中略）

    for (;;) {
        io_cli();
        if (fifo32_status(&fifo) == 0) {
            task_sleep(task_a);
            io_sti();
        } else {
            （中略）
        }
    }
}

void task_b_main(struct SHEET *sht_back)
{
    （中略）
    fifo32_init(&fifo, 128, fifobuf, 0);
    （中略）
}
```

最开始的fifo32_init中指定任务的参数，我们用0代替了。因为我们在任务A中应用了休眠，也就需要使用让FIFO来唤醒的功能，不过在这个时间点上多任务的初始化还没有完成，因此无法指定任务，只能先在这里用0代替，也就是禁用自动唤醒功能。

随后，在task_init中会返回自己的构造地址，我们将这个地址存入fifo.task。

这样一来，当FIFO为空的时候，任务A将执行task_sleep来替代之前的HLT。关于io_sti和task_sleep的顺序，需要稍微动点脑筋。如果先STI的话，在进行休眠处理的时候可能会发生中断请求，FIFO里面就会写入数据，这样有可能会发生无法成功唤醒等异常情况。因此，我们需要在禁止中断请求的状态下进行休眠处理，然后在唤醒之后马上执行STI。

task_b_main不需要让FIFO唤醒，因此任务参数指定为0。

■■■■■

那么，这样做是否能成功呢，我们来试试看。"make run"，哇，速度很快。请注意看速度显示的数字。

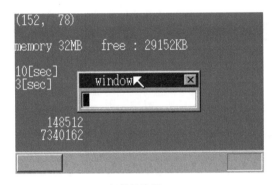

速度变快了?

在真机环境下进行测试，在不操作鼠标和键盘的情况下，速度可以达到13438300，harib12g的成绩是6493300，相比之下速度达到了2倍以上。

大家可能会觉得速度超过2倍这一点有点无法理解，其实这是正常的，因为两者都是以每0.01秒刷新一次count的显示。

❑ 假定harib12g的任务B的处理能力为每秒100。
❑ 其中的10用于显示count，剩下的90用于计算count++;。
❑ 假定harib13b的任务B的处理能力为每秒198。（之所以无法达到200，是因为休眠的任务A并不是完全不需要消耗处理能力）
❑ 用于显示count的还是其中的10，剩下的188用于计算count++;。
❑ 188是90的2倍以上。

······基本上就是这样的原理。

16

如果用鼠标不停移动窗口，再加上用键盘不断打字的话，由于任务A会变得比较忙碌，任务B的速度就会相应下降，大约会降到8700000左右。如果我们能让任务A更忙碌一些的话，最终任务B的速度会下降到6493300，也就是任务A完全不休眠时的值。

■■■■■

和harib10i时的成绩14281323相比，这次的13438300还有6%左右的差距，这应该是每0.01秒刷新一次显示导致的，因此我们把这个去掉之后再来测试一下速度。做法和之前有所不同，采用的是将task_b_main中的两处timer_settime（timer_put, 1）;改成timer_settime（timer_put, 100）;的方法。测试结果为13782000，差距缩小到3%左右了，可以说和没有多任务的状态非常接近了。

其实一开始笔者也是按照之前的方法，把timer_settime（timer_put, 1）;删掉来测试速度的，但测出来的结果居然令人震惊地高达36343300，这相当于14281323的2.5倍。速度比没有多任务的时候还快，这个结果是十分异常的，这是由于JMP指令的跳转目标地址发生变化所致。

因此，为了不让跳转目标地址发生变化，我们只好保留那条语句。本来想把timer_put的中断间隔设置为1000或者10000左右的，不过这样一来指令的长度会发生变化，所以只好设置成100了。

从这个问题来看，用C语言测试速度还是有局限性的。如果要精确比较速度的话，只能在仔细考虑地址问题的前提下，用汇编语言来编写程序来实现了。

3 增加窗口数量（harib13c）

在16.1节中我们已经对任务的新增做了简化，因此接下来我们要为系统增加更多的任务，即形成任务A、任务B0、任务B1和任务B2的格局。

任务B0 ~ B2各自拥有自己的窗口，它们的功能都一样，即进行计数，这有点像在Windows中启动了一个应用程序及其2个副本的感觉。对了，任务A的3秒定时和10秒定时我们已经不需要了，因此将它们删去。

本次的bootpack.c节选

```c
void HariMain(void)
{
    （中略）
    unsigned char *buf_back, buf_mouse[256], *buf_win, *buf_win_b;
    struct SHEET *sht_back, *sht_mouse, *sht_win, *sht_win_b[3];
    struct TASK *task_a, *task_b[3];
    struct TIMER *timer;

    （中略）
```

```
init_palette();
shtctl = shtctl_init(memman, binfo->vram, binfo->scrnx, binfo->scrny);
task_a = task_init(memman);
fifo.task = task_a;

/* sht_back */
sht_back = sheet_alloc(shtctl);
buf_back  = (unsigned char *) memman_alloc_4k(memman, binfo->scrnx * binfo->scrny);
sheet_setbuf(sht_back, buf_back, binfo->scrnx, binfo->scrny, -1); /*无透明色  */
init_screen8(buf_back, binfo->scrnx, binfo->scrny);

/* sht_win_b */
for (i = 0; i < 3; i++) {

    sht_win_b[i] = sheet_alloc(shtctl);
    buf_win_b = (unsigned char *) memman_alloc_4k(memman, 144 * 52);
    sheet_setbuf(sht_win_b[i], buf_win_b, 144, 52, -1); /*无透明色*/
    sprintf(s, "task_b%d", i);
    make_window8(buf_win_b, 144, 52, s, 0);
    task_b[i] = task_alloc();
    task_b[i]->tss.esp = memman_alloc_4k(memman, 64 * 1024) + 64 * 1024 - 8;
    task_b[i]->tss.eip = (int) &task_b_main;
    task_b[i]->tss.es = 1 * 8;
    task_b[i]->tss.cs = 2 * 8;
    task_b[i]->tss.ss = 1 * 8;
    task_b[i]->tss.ds = 1 * 8;
    task_b[i]->tss.fs = 1 * 8;
    task_b[i]->tss.gs = 1 * 8;
    *((int *) (task_b[i]->tss.esp + 4)) = (int) sht_win_b[i];
    task_run(task_b[i]);
}

/* sht_win */
sht_win  = sheet_alloc(shtctl);
buf_win  = (unsigned char *) memman_alloc_4k(memman, 160 * 52);
sheet_setbuf(sht_win, buf_win, 144, 52, -1); /*无透明色*/
make_window8(buf_win, 144, 52, "task_a", 1);
make_textbox8(sht_win, 8, 28, 128, 16, COL8_FFFFFF);
cursor_x = 8;
cursor_c = COL8_FFFFFF;
timer = timer_alloc();
timer_init(timer, &fifo, 1);
timer_settime(timer, 50);

/* sht_mouse */
sht_mouse = sheet_alloc(shtctl);
sheet_setbuf(sht_mouse, buf_mouse, 16, 16, 99);
init_mouse_cursor8(buf_mouse, 99);
mx = (binfo->scrnx - 16) / 2; /*计算坐标使其位于画面中央*/
my = (binfo->scrny - 28 - 16) / 2;

sheet_slide(sht_back, 0, 0);
sheet_slide(sht_win_b[0], 168,  56);
sheet_slide(sht_win_b[1],   8, 116);
```

```
        sheet_slide(sht_win_b[2], 168, 116);
        sheet_slide(sht_win,         8,  56);
        sheet_slide(sht_mouse, mx, my);
        sheet_updown(sht_back,      0);
        sheet_updown(sht_win_b[0], 1);
        sheet_updown(sht_win_b[1], 2);
        sheet_updown(sht_win_b[2], 3);
        sheet_updown(sht_win,       4);
        sheet_updown(sht_mouse,     5);
        sprintf(s, "(%3d, %3d)", mx, my);
        putfonts8_asc_sht(sht_back, 0, 0, COL8_FFFFFF, COL8_008484, s, 10);
        sprintf(s, "memory %dMB    free : %dKB",
                memtotal / (1024 * 1024), memman_total(memman) / 1024);
        putfonts8_asc_sht(sht_back, 0, 32, COL8_FFFFFF, COL8_008484, s, 40);

        for (;;) {
            io_cli();
            if (fifo32_status(&fifo) == 0) {
                task_sleep(task_a);
                io_sti();
            } else {
                i = fifo32_get(&fifo);
                io_sti();
                if (256 <= i && i <= 511) { /*键盘数据*/
                    （中略）

                } else if (512 <= i && i <= 767) { /*光标用定时器*/
                    （中略）
                } else if (i <= 1) { /*光标用定时器*/
                    （中略）
                }
            }
        }
    }
}

void make_window8(unsigned char *buf, int xsize, int ysize, char *title, char act)
{
    （中略）
    char c, tc, tbc;
    if (act != 0) {
        tc = COL8_FFFFFF;
        tbc = COL8_000084;
    } else {
        tc = COL8_C6C6C6;
        tbc = COL8_848484;
    }
    （中略）
    boxfill8(buf, xsize, tbc,          3,   3,          xsize - 4, 20          );
    boxfill8(buf, xsize, COL8_848484, 1,   ysize - 2,  xsize - 2, ysize - 2);
    boxfill8(buf, xsize, COL8_000000, 0,   ysize - 1,  xsize - 1, ysize - 1);
    putfonts8_asc(buf, xsize, 24, 4, tc, title);
    for (y = 0; y < 14; y++) {
        （中略）
    }
```

```
    return;
}

void task_b_main(struct SHEET *sht_win_b)
{
    struct FIFO32 fifo;
    struct TIMER *timer_1s;
    int i, fifobuf[128], count = 0, count0 = 0;
    char s[12];

    fifo32_init(&fifo, 128, fifobuf, 0);
    timer_1s = timer_alloc();
    timer_init(timer_1s, &fifo, 100);
    timer_settime(timer_1s, 100);

    for (;;) {
        count++;
        io_cli();
        if (fifo32_status(&fifo) == 0) {
            io_sti();
        } else {
            i = fifo32_get(&fifo);
            io_sti();
            if (i == 100) {
                sprintf(s, "%11d", count - count0);
                putfonts8_asc_sht(sht_win_b, 24, 28, COL8_000000, COL8_C6C6C6, s, 11);
                count0 = count;
                timer_settime(timer_1s, 100);
            }
        }
    }
}
```

这次的代码相当长，不过我们只是对之前的程序进行了整理，难度并没有提高。不要被代码的长度吓倒，只要静下心来仔细读一读，应该很快就会理解的。

在make_window8中我们增加了一个act变量。当act为1时，颜色不变，当为0时，窗口的标题栏（就是显示窗口名称的地方）会变成灰色。task_b_main中，去掉了每0.01秒显示一次count的部分，只保留每1秒显示速度的功能。

■■■■■

我们来运行一下，"make run"。怎么样，是不是感觉更像操作系统了呢？对了，现在只有任务A的窗口是可以拖动的（因为移动窗口的部分没有改写进去）。

任务B0 ~ B2这3个任务基本上是以同样的速度在运行。在模拟器环境下它们的速度会有所差异，但在真机环境下还是十分接近的，如下：

4684200   4684800   4684800

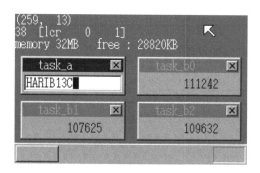

4个任务在同时工作

看来运行非常成功。

4 设定任务优先级（1）（harib13d）

任务B0～B2以同样的速度运行，从公平竞争的角度来说确实不错，不过在某些情况下，我们需要提升或者降低某个应用程序的优先级，因此接下来我们要来实现这样的功能。

在此之前，任务切换间隔都固定为了0.02秒，我们把它修改一下，使得可以为每个任务在0.01秒～0.1秒的范围内设定不同的任务切换间隔，这样一来，我们就能实现最大10倍的优先级差异。

本次的bootpack.h节选

```
struct TASK {
    int sel, flags; /* sel代表GDT编号 */
    int priority;   /*这里! */
    struct TSS32 tss;
};
```

变量名"priority"是"优先级"一词的英文写法。

■■■■■

为了应用上面的新结构，我们需要改写mtask.c。

本次的mtask.c节选

```
struct TASK *task_init(struct MEMMAN *memman)
{
    （中略）
    task = task_alloc();
    task->flags = 2; /*活动中标志*/
    task->priority = 2; /* 0.02秒  */
    taskctl->running = 1;
    taskctl->now = 0;
    taskctl->tasks[0] = task;
```

```
    load_tr(task->sel);
    task_timer = timer_alloc();
    timer_settime(task_timer, task->priority);
    return task;
}
```

对task_init的改写很简单，没有什么需要特别说明的地方。在这里，我们给最开始的任务设定了0.02秒这个标准值。

■■■■■

接下来是用来运行任务的task_run，我们让它可以通过参数来设定优先级。

本次的mtask.c节选

```
void task_run(struct TASK *task, int priority)
{
    if (priority > 0) {
        task->priority = priority;
    }
    if (task->flags != 2) {
        task->flags = 2; /*活动中标志*/
        taskctl->tasks[taskctl->running] = task;
        taskctl->running++;
    }
    return;
}
```

上面的代码中，一开始我们先判断了priority的值，当为0时则表示不改变当前已经设定的优先级。这样的设计主要是为了在唤醒休眠任务的时候使用。

此外，即使该任务正在运行，我们也能使用task_run仅改变任务的优先级。

■■■■■

接着是task_switch，我们要让它在设置定时器的时候，应用priority的值。

本次的mtask.c节选

```
void task_switch(void)
{
    struct TASK *task;
    taskctl->now++;
    if (taskctl->now == taskctl->running) {
        taskctl->now = 0;
    }
    task = taskctl->tasks[taskctl->now];
    timer_settime(task_timer, task->priority);
    if (taskctl->running >= 2) {
        farjmp(0, task->sel);
    }
```

```
        return;
}
```

当只有一个任务的时候，如果执行farjmp(0, task->sel);的话，虽然不会真的切换但确实是发出了任务切换的指令。这时CPU会认为"操作系统怎么会做这种毫无意义的事情呢？这一定是操作系统的bug！"因而拒绝执行该指令，程序运行就会乱套。所以我们需要在farjmp之前，判断任务数量是否在2个以上。

这样一来，对mtask.c的改写就OK了。

■■■■■

现在我们来改写fifo.c。从休眠状态唤醒任务的时候需要调用task_run，我们这次主要就是改写这个地方。说白了，其实我们只是将任务唤醒，并不改变其优先级，因此只要将优先级设置为0就可以了。

本次的fifo.c节选

```
int fifo32_put(struct FIFO32 *fifo, int data)
/*向FIFO写入数据并累积起来*/
{
    （中略）
    fifo->free--;
    if (fifo->task != 0) {
        if (fifo->task->flags != 2) { /*如果任务处于休眠状态*/
            task_run(fifo->task, 0); /*将任务唤醒*/
        }
    }
    return 0;
}
```

■■■■■

最后我们来改写一下HariMain，做一做改变优先级的实验。

本次的bootpack.c节选

```
void HariMain(void)
{
    （中略）

    /* sht_win_b */
    for (i = 0; i < 3; i++) {
        （中略）
        task_run(task_b[i], i + 1);
    }

    （中略）
}
```

好了，大功告成。

■■■■■

我们为任务B0设置为优先级1，任务B1为2，任务B2为3，因此B2应该是最快的，而B0应该是最慢的，其速度的差异应该正好是3倍的关系。马上"make run"一下。

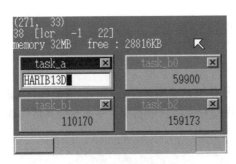

结果是这个样子

而真机环境下的结果如下。

```
1711130        3234785         4663010
(1806134)                      (4758230)
```

加括号的数值代表偶尔会出现的结果，根据每秒轮到该任务执行的次数不同，数值也会有些差异。如果以任务B0为基准来看，任务B1为1.9倍，任务B2为2.7倍。虽然不是完美的整数倍这一点令人有些不爽，不过用C语言写的程序，多多少少会有些误差。总之，这样的结果已经达到我们的目的了。

5 设定任务优先级（2）（harib13e）

如果多把玩一下harib13d，会发现鼠标的移动速度好像有点慢，尤其是拖住窗口快速移动的时候，反应很糟糕。模拟器环境下手已经放开鼠标了可它还在动，即使到了真机环境下也还是觉得有点不利索。

问题的原因在于，其他任务的运行造成任务A运行速度变慢，从而导致了上述情形。要解决这个问题，只要把任务A的优先级调高就可以了，调到最高值10的话，情况应该会有所改善吧。我们在HariMain中将启动任务A的部分改为task_run(task_a, 10);来试试看，果然速度回到从前的样子了。

有人可能会担心，如果把优先级设为10，那其他任务的运行速度不就变慢了吗？不会的。任务A的优先级无论设置得多高，也一点都不会浪费时间，因为当任务A空闲的时候会自动休眠，只要进入休眠状态，即从tasks中删除后，优先级的设置就毫无影响了，其他任务的运行速度也就和之前没什么区别了。

■■■■■

上述例子说明，任务优先级是个很好用的东西。我们不妨把这个例子来总结一下：在操作系统中有一些处理，即使牺牲其他任务的性能也必须要尽快完成，否则会引起用户的不满，就比如这次对鼠标的处理。对于这类任务，我们可以让它在处理结束后马上休眠，而优先级则可以设置得非常高。

这种宁可牺牲其他任务性能也必须要尽快处理的任务可不是只有鼠标一个，比如键盘处理也是一样，网络处理应该也属于这类（如果速度太慢的话可能会丢失数据哦）。播放音乐也是，如果音乐播放任务的优先级太低的话，音乐就会一卡一卡的。

我们当然可以把这些任务的优先级都设置成10，不过真这样做的话，当它们之中的两个以上同时运行的时候，可能还是会出问题。如果拿音乐和鼠标做比较，那应该是音乐更重要吧。因为如果发生"在播放音乐的时候移动窗口，音乐卡住"这种情况，用户肯定会觉得超级不爽的。相比之下，哪怕鼠标的反应稍微慢些，我们也要保证音乐播放的质量。

然而按照现在的设计，当优先级为10的两个任务同时运行时，优先哪个就全凭运气了，任务切换先轮到谁谁就赢了。运气好的那个任务可以消耗很多时间来完成它的工作，而另外一个优先级同样是10的任务就只能等待了。也就是说，如果运气不好，音乐播放就会变得一团糟，而这样的操作系统显然不怎么好用。

■■■■■

因此我们需要设计一种架构，使得即便高优先级的任务同时运行，也能够区分哪个更加优先。

其实也没有架构那么复杂，基本上就是创建了几个struct TASKCTL。个数随意，多少都行，我们在这里先按创建3个来讲解。

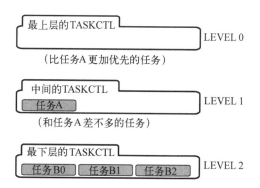

这种架构的工作原理是，最上层的LEVEL 0中只要存在哪怕一个任务，则完全忽略LEVEL 1和LEVEL 2中的任务，只在LEVEL 0的任务中进行任务切换。当LEVEL 0中的任务全部休眠，或

者全部降到下层LEVEL，也就是当LEVEL 0中没有任何任务的时候，接下来开始轮到LEVEL 1中的任务进行任务切换。当LEVEL 0和LEVEL 1中都没有任务时，那就该轮到LEVEL 2出场了。

在这种架构下，只要把音乐播放任务设置在LEVEL 0中，就可以保证获得比鼠标更高的优先级。

■■■■■

实际上，我们不需要创建多个TASKCTL，只要在TASKCTL中创建多个tasks[]即可。

本次的bootpack.h节选

```
#define MAX_TASKS_LV    100
#define MAX_TASKLEVELS  10

struct TASK {
    int sel, flags; /* sel用来存放GDT的编号*/
    int level, priority;
    struct TSS32 tss;
};

struct TASKLEVEL {
    int running; /*正在运行的任务数量*/
    int now; /*这个变量用来记录当前正在运行的是哪个任务*/
    struct TASK *tasks[MAX_TASKS_LV];
};

struct TASKCTL {
    int now_lv; /*现在活动中的LEVEL */
    char lv_change; /*在下次任务切换时是否需要改变LEVEL */
    struct TASKLEVEL level[MAX_TASKLEVELS];
    struct TASK tasks0[MAX_TASKS];
};
```

对于每个LEVEL我们设定最多允许创建100个任务，总共10个LEVEL。至于其余有变更的地方，与其在这里用文字讲解，不如看看在程序中的实际应用更加容易理解。

■■■■■

首先，我们先写几个用于操作struct TASKLEVEL的函数，如果没有这些函数的话，task_run和task_sleep会变得冗长难懂。

其中task_now函数，用来返回现在活动中的struct TASK的内存地址。

本次的mtask.c节选

```
struct TASK *task_now(void)
{
    struct TASKLEVEL *tl = &taskctl->level[taskctl->now_lv];
    return tl->tasks[tl->now];
}
```

这里面包含很多结构，比较繁琐，不过仔细看看应该就能明白。

■■■■■

task_add函数，用来向struct TASKLEVEL中添加一个任务。

本次的mtask.c节选

```
void task_add(struct TASK *task)
{
    struct TASKLEVEL *tl = &taskctl->level[task->level];
    tl->tasks[tl->running] = task;
    tl->running++;
    task->flags = 2; /*活动中*/
    return;
}
```

实际上，这里应该增加if（tl–>running＜MAX_TASKS_LV）等，这可以判断在一个LEVEL中是否错误地添加了100个以上的任务，不过我们把它省略了，不好意思，偷个懒。

■■■■■

task_remove函数，用来从struct TASKLEVEL中删除一个任务。

本次的mtask.c节选

```
void task_remove(struct TASK *task)
{
    int i;
    struct TASKLEVEL *tl = &taskctl->level[task->level];

    /*寻找task所在的位置*/
    for (i = 0; i < tl->running; i++) {
        if (tl->tasks[i] == task) {
            /*在这里  */
            break;
        }
    }

    tl->running--;
    if (i < tl->now) {
        tl->now--; /*需要移动成员，要相应地处理  */
    }
    if (tl->now >= tl->running) {
        /*如果now的值出现异常，则进行修正*/
        tl->now = 0;
    }
    task->flags = 1; /* 休眠中 */

    /* 移动 */
    for (; i < tl->running; i++) {
```

```
        t1->tasks[i] = t1->tasks[i + 1];
    }

    return;
}
```

上面的代码基本上是照搬了task_sleep的内容。

——————

task_switchsub函数，用来在任务切换时决定接下来切换到哪个LEVEL。

本次的mtask.c节选

```
void task_switchsub(void)
{
    int i;
    /*寻找最上层的LEVEL */
    for (i = 0; i < MAX_TASKLEVELS; i++) {
        if (taskctl->level[i].running > 0) {
            break; /*找到了*/
        }
    }
    taskctl->now_lv = i;
    taskctl->lv_change = 0;
    return;
}
```

到目前为止，和struct TASKLEVEL相关的函数已经差不多都写好了，准备工作做到这里，接下来的事情就简单多了。

下面我们来改写其他一些函数，首先是task_init。最开始的任务，我们先将它放在LEVEL 0，也就是最高优先级LEVEL中。这样做在有些情况下可能会有问题，不过后面可以再用task_run重新设置，因此不用担心。

本次的mtask.c节选

```
struct TASK *task_init(struct MEMMAN *memman)
{
    (中略)
    for (i = 0; i < MAX_TASKLEVELS; i++) {
        taskctl->level[i].running = 0;
        taskctl->level[i].now = 0;
    }
    task = task_alloc();
    task->flags = 2;     /*活动中标志*/
    task->priority = 2; /* 0.02秒*/
    task->level = 0;     /*最高LEVEL */
    task_add(task);
    task_switchsub();   /* LEVEL 设置*/
```

16

```
    load_tr(task->sel);
    task_timer = timer_alloc();
    timer_settime(task_timer, task->priority);
    return task;
}
```

开始的时候只有LEVEL 0中有一个任务，因此我们按照这样的方式来进行初始化。

■■■■■

下面是task_run，我们要让它可以在参数中指定LEVEL。

本次的mtask.c节选

```
void task_run(struct TASK *task, int level, int priority)
{
    if (level < 0) {
        level = task->level; /*不改变LEVEL */
    }
    if (priority > 0) {
        task->priority = priority;
    }

    if (task->flags == 2 && task->level != level) { /*改变活动中的LEVEL */
        task_remove(task); /*这里执行之后flag的值会变为1，于是下面的if语句块也会被执行*/
    }
    if (task->flags != 2) {
        /*从休眠状态唤醒的情形*/
        task->level = level;
        task_add(task);
    }

    taskctl->lv_change = 1; /*下次任务切换时检查LEVEL */
    return;
}
```

在此之前，task_run中下一个要切换到的任务是固定不变的，不过现在情况就不同了。例如，如果用task_run启动了一个比现在活动中的任务LEVEL更高的任务，那么在下次任务切换时，就必须无条件地切换到该LEVEL中的该任务去。

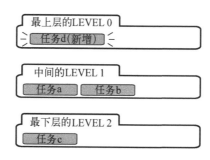

此外，如果当前活动中的任务LEVEL被下调，那么此时就必须将其他LEVEL的任务放在优先的位置（同样以上图来说的话，比如当LEVEL 0的任务被降级到LEVEL 2时，任务切换的目标就需要从LEVEL 0变为LEVEL 1）。

综上所述，我们需要在下次任务切换时先检查LEVEL，因此将lv_change置为1。

■■■■■

接下来是task_sleep，在这里我们可以调用task_remove，因此代码会大大缩短。

本次的mtask.c节选

```
void task_sleep(struct TASK *task)
{
    struct TASK *now_task;
    if (task->flags == 2) {
        /*如果处于活动状态*/
        now_task = task_now();
        task_remove(task); /*执行此语句的话flags将变为1  */
        if (task == now_task) {
            /*如果是让自己休眠，则需要进行任务切换*/
            task_switchsub();
            now_task = task_now(); /*在设定后获取当前任务的值*/
            farjmp(0, now_task->sel);
        }
    }
    return;
}
```

这样看上去清清爽爽。

■■■■■

mtask.c的最后是task_switch，除了当lv_change不为0时的处理以外，其余几乎没有变化。

```
void task_switch(void)
{
    struct TASKLEVEL *tl = &taskctl->level[taskctl->now_lv];
    struct TASK *new_task, *now_task = tl->tasks[tl->now];
    tl->now++;
    if (tl->now == tl->running) {
        tl->now = 0;
    }
    if (taskctl->lv_change != 0) {
        task_switchsub();
        tl = &taskctl->level[taskctl->now_lv];
    }
    new_task = tl->tasks[tl->now];
```

16

```
timer_settime(task_timer, new_task->priority);
if (new_task != now_task) {
    farjmp(0, new_task->sel);
}
return;
}
```

对比前面内容来读的话，应该很容易理解。到此为止，我们对mtask.c的改写就完成了。

■■■■■

fifo.c也需要改写一下，不过和上一节一样，只是将唤醒休眠任务的task_run稍稍修改一下而已。优先级和LEVEL都不需要改变，只要维持原状将任务唤醒即可。

本次的fifo.c节选

```
int fifo32_put(struct FIFO32 *fifo, int data)
/*向FIFO写入数据并累积起来*/
{
    (中略)
    fifo->free--;
    if (fifo->task != 0) {
        if (fifo->task->flags != 2) { /*如果任务处于休眠状态*/
            task_run(fifo->task, -1, 0); /*将任务唤醒*/
        }
    }
    return 0;
}
```

■■■■■

最后我们来改写HariMain，可到底该怎么改呢？我们就暂且将任务A设为LEVEL 1，任务B0 ~ B2设为LEVEL 2吧。这样的话，当任务A忙碌的时候就不会切换到任务B0 ~ B2，鼠标操作的响应应该会有不小的改善。

本次的bootpack.c节选

```
void HariMain(void)
{
    (中略)

    init_palette();
    shtctl = shtctl_init(memman, binfo->vram, binfo->scrnx, binfo->scrny);
    task_a = task_init(memman);
    fifo.task = task_a;
    task_run(task_a, 1, 0); /*这里！ */

    (中略)
```

```
    /* sht_win_b */
    for (i = 0; i < 3; i++) {
        (中略)
        task_run(task_b[i], 2, i + 1); /*这里! */
    }

    (中略)
}
```

■■■■■

　　好，我们来 "make run"。画面看上去和harib13d一模一样，但如果用鼠标不停地拖动窗口的话，就会感到响应速度和之前有很大不同。相对地，拖动窗口时任务B0～B2会变得非常慢，这就代表我们的设计成功了，撒花！

　　多任务的基础部分到这里就算完成了。明天我们还会补充一些代码来完善一下，然后就开始制作一些更有操作系统范儿的东西了。大家晚安！

第17天

命令行窗口

- ☐ 闲置任务（harib14a）
- ☐ 创建命令行窗口（harib14b）
- ☐ 切换输入窗口（harib14c）
- ☐ 实现字符输入（harib14d）
- ☐ 符号的输入（harib14e）
- ☐ 大写字母与小写字母（harib14f）
- ☐ 对各种锁定键的支持（harib14g）

1 闲置任务（harib14a）

今天一开始，请大家先回忆一下任务A的情形。在harib13e中，任务A下面的LEVEL中有任务B0～B2，因此FIFO为空时我们可以让任务A进入休眠状态。那么，如果我们并未启动任务B0～B2的话，任务A又将会如何呢？

首先，如果我们不对任务A进行任何改写，就按照它现在的样子进入休眠状态的话，大家想一想，会发生什么呢？一旦任务A休眠，mtask.c将自动寻找下层LEVEL中的任务，但由于这一次我们没有启动任务B0～B2，因此程序就找不到其他的任务而导致运行出现异常。

如果这样不行，那我们把休眠的部分再改回io_hlt();不就好了吗？这样一来，不但程序运行不会出现异常，还能省电呢，撒花！……话虽如此，但如果一个操作系统要根据下层LEVEL是否存在任务来改写程序的话，大家觉得靠谱吗？笔者认为，即使不改写程序，也能自动在适当的LEVEL运行适当的任务，这样的操作系统才是优秀的操作系统。

因此，一般情况下可以让任务休眠，但当所有LEVEL中都没有任务存在的时候，就需要HTL了。接下来我们就按照这个要求来改写mtask.c。

■■■■■

那么我们从task_sleep开始改起吧。且慢，我们确实可以这样来改，但是改写之后task_sleep

将变得更加复杂，速度也会打折扣（说是会打折扣，其实应该也就是稍微慢一点点而已啦）。其实我们还有更好的方法。

如果"所有LEVEL中都没有任务"就会出问题,那我们只要避免这种情况发生不就可以了吗?这类似于我们写定时器的时候所采用的"卫兵"的思路。

本次的mtask.c节选

```
void task_idle(void)
{
    for (;;) {
        io_hlt();
    }
}
```

我们创建这样一个任务，并把它一直放在最下层LEVEL中，大家觉得如何？"idle"（闲置）就是代表"不工作,空闲"的意思,这个任务的功能只是执行HTL。

这样一来，即便任务A进入休眠状态，系统也会自动切换到上面这个闲置任务，于是便开始执行HTL。当我们移动鼠标，FIFO中有数据写入的时候，任务A就会被唤醒，系统会自动切换到任务A继续工作。

综上所述，我们完全不需要对task_sleep等代码进行任何改动，只需在task_init中将这个闲置任务放在最下层LEVEL中就可以了。

本次的mtask.c节选

```
struct TASK *task_init(struct MEMMAN *memman)
{
    struct TASK *task, *idle;
     （中略）

    idle = task_alloc();
    idle->tss.esp = memman_alloc_4k(memman, 64 * 1024) + 64 * 1024;
    idle->tss.eip = (int) &task_idle;
    idle->tss.es = 1 * 8;
    idle->tss.cs = 2 * 8;
    idle->tss.ss = 1 * 8;
    idle->tss.ds = 1 * 8;
    idle->tss.fs = 1 * 8;
    idle->tss.gs = 1 * 8;
    task_run(idle, MAX_TASKLEVELS - 1, 1);

    return task;
}
```

就是这样，很简单吧。

■■■■■

接着我们来测试一下，将HariMain改成下面这样。

本次的bootpack.c节选

```
void HariMain(void)
{
    (中略)

    /* sht_win_b */
    for (i = 0; i < 3; i++) {
        (中略)
        *((int *) (task_b[i]->tss.esp + 4)) = (int) sht_win_b[i];
        /* task_run(task_b[i], 2, i + 1); */ /*这里! */
    }

    (中略)
}
```

也就是说，我们不让系统运行任务B0 ~ B2，这样就只剩下任务A和task_idle了。当然，这样改只是不启动任务而已，窗口还是会照常显示的。

然后我们来"make run"，画面如下。

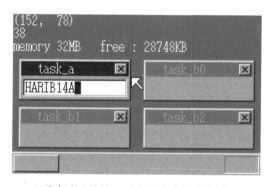

只有任务A的情况下也不会出现异常哦!

2 创建命令行窗口（harib14b）

所谓命令行窗口，就是大家在运行"make run"的时候所使用的那个黑底白字的，在里面输入文件名就可以运行程序的东西。接下来我们就做一个试试看。

"这玩意儿能算是命令行窗口吗？"我们一开始做出来的东西很可能带来这样的疑问，不过没关系，我们会让它逐步发展壮大，最终实现可以启动应用程序的功能。你看，是不是越来越像个操作系统的样子了呢？大家一定迫不及待了吧。

我们并不打算将命令行窗口作为任务A的一部分，而是单独做成一个新的任务。这样一来，就像任务B0～B2一样，我们可以很容易地创建多个命令行窗口。

我们对任务B的程序进行一些修改，并将任务A程序的一部分融合进去，就写成了下面这个样子。计数我们已经玩腻了，所以把计数的代码从任务B中删除。

本次的bootpack.c节选

```
void HariMain(void)
{
    (中略)

    /* sht_cons */
    sht_cons = sheet_alloc(shtctl);
    buf_cons = (unsigned char *) memman_alloc_4k(memman, 256 * 165);
    sheet_setbuf(sht_cons, buf_cons, 256, 165, -1); /*无透明色*/
    make_window8(buf_cons, 256, 165, "console", 0);
    make_textbox8(sht_cons, 8, 28, 240, 128, COL8_000000);
    task_cons = task_alloc();
    task_cons->tss.esp = memman_alloc_4k(memman, 64 * 1024) + 64 * 1024 - 8;
    task_cons->tss.eip = (int) &console_task;
    task_cons->tss.es = 1 * 8;
    task_cons->tss.cs = 2 * 8;
    task_cons->tss.ss = 1 * 8;
    task_cons->tss.ds = 1 * 8;
    task_cons->tss.fs = 1 * 8;
    task_cons->tss.gs = 1 * 8;
    *((int *) (task_cons->tss.esp + 4)) = (int) sht_cons;
    task_run(task_cons, 2, 2); /* level=2, priority=2 */

    (中略)

    sheet_slide(sht_back,  0,  0);
    sheet_slide(sht_cons, 32,  4);
    sheet_slide(sht_win,  64, 56);
    sheet_slide(sht_mouse, mx, my);
    sheet_updown(sht_back,  0);
    sheet_updown(sht_cons,  1);
    sheet_updown(sht_win,   2);
    sheet_updown(sht_mouse, 3);
    (中略)
}

void console_task(struct SHEET *sheet)
{
    struct FIFO32 fifo;
    struct TIMER *timer;
    struct TASK *task = task_now();

    int i, fifobuf[128], cursor_x = 8, cursor_c = COL8_000000;
    fifo32_init(&fifo, 128, fifobuf, task);
```

```
timer = timer_alloc();
timer_init(timer, &fifo, 1);
timer_settime(timer, 50);

for (;;) {
    io_cli();
    if (fifo32_status(&fifo) == 0) {
        task_sleep(task);
        io_sti();
    } else {
        i = fifo32_get(&fifo);
        io_sti();
        if (i <= 1) { /*光标用定时器*/
            if (i != 0) {
                timer_init(timer, &fifo, 0); /*下次置0 */
                cursor_c = COL8_FFFFFF;
            } else {
                timer_init(timer, &fifo, 1); /*下次置1 */
                cursor_c = COL8_000000;
            }
            timer_settime(timer, 50);
            boxfill8(sheet->buf, sheet->bxsize, cursor_c, cursor_x, 28, cursor_x + 7, 43);
            sheet_refresh(sheet, cursor_x, 28, cursor_x + 8, 44);
        }
    }
}
}
```

有一个地方需要解释一下，就是console_task中task＝task_now(); 这里。在console_task中需要执行休眠，因此必须要知道自己本身的TASK结构所在的内存地址。由于HariMain中准备了task_cons，可以像sheet那样从HariMain传入这个地址，但那样也有点过于繁琐了。忽然想到在mtask.c中不是有个task_now函数吗，就用它来获取TASK地址好了。

■■■■■

我们来"make run"，结果如下。

看上去像不像命令行窗口的样子？

作为我们的命令行窗口雏形，看上去还不赖。

3 切换输入窗口（harib14c）

命令行窗口这东西，如果不能在里面输入字符的话就毫无用处了，因此我们得让它能接受字符输入才行。不过现在无论我们输入什么字符，都会跑到任务A的窗口中去，所以为了能够往命令行窗口中输入字符，我们要让系统在按下"Tab"键的时候，将输入窗口切换到命令行窗口上去。

虽说是切换窗口，其实我们只是先将窗口标题栏的颜色改一改而已啦（苦笑）。真正负责输入切换的部分我们下一节再写，改变先从表面工夫开始吧。

━━━━━

要改变窗口标题栏颜色，最好将make_window8中描绘窗口标题栏的代码，和描绘窗口剩余部分的代码区分开来，我们将这个函数改写一下。

本次的bootpack.c节选

```c
void make_window8(unsigned char *buf, int xsize, int ysize, char *title, char act)
{
    boxfill8(buf, xsize, COL8_C6C6C6, 0,         0,         xsize - 1, 0         );
    boxfill8(buf, xsize, COL8_FFFFFF, 1,         1,         xsize - 2, 1         );
    boxfill8(buf, xsize, COL8_C6C6C6, 0,         0,         0,         ysize - 1);
    boxfill8(buf, xsize, COL8_FFFFFF, 1,         1,         1,         ysize - 2);
    boxfill8(buf, xsize, COL8_848484, xsize - 2, 1,         xsize - 2, ysize - 2);
    boxfill8(buf, xsize, COL8_000000, xsize - 1, 0,         xsize - 1, ysize - 1);
    boxfill8(buf, xsize, COL8_C6C6C6, 2,         2,         xsize - 3, ysize - 3);
    boxfill8(buf, xsize, COL8_848484, 1,         ysize - 2, xsize - 2, ysize - 2);
    boxfill8(buf, xsize, COL8_000000, 0,         ysize - 1, xsize - 1, ysize - 1);
    make_wtitle8(buf, xsize, title, act);
    return;
}

void make_wtitle8(unsigned char *buf, int xsize, char *title, char act)
{
    static char closebtn[14][16] = {
        "OOOOOOOOOOOOOOO@",
        "OQQQQQQQQQQQQQ$@",
        "OQQQQQQQQQQQQQ$@",
        "OQQQ@@QQQQ@@QQ$@",
        "OQQQQ@@QQ@@QQQ$@",
        "OQQQQQ@@@@QQQQ$@",
        "OQQQQQQ@@QQQQQ$@",
        "OQQQQQ@@@@QQQQ$@",
        "OQQQQ@@QQ@@QQQ$@",
        "OQQQ@@QQQQ@@QQ$@",
        "OQQQQQQQQQQQQQ$@",
        "OQQQQQQQQQQQQQ$@",
```

```
        "O$$$$$$$$$$$$$$$@",
        "@@@@@@@@@@@@@@@@"
    };
    int x, y;
    char c, tc, tbc;
    if (act != 0) {
        tc = COL8_FFFFFF;
        tbc = COL8_000084;
    } else {

        tc = COL8_C6C6C6;
        tbc = COL8_848484;
    }
    boxfill8(buf, xsize, tbc, 3, 3, xsize - 4, 20);
    putfonts8_asc(buf, xsize, 24, 4, tc, title);
    for (y = 0; y < 14; y++) {
        for (x = 0; x < 16; x++) {
            c = closebtn[y][x];
            if (c == '@') {
                c = COL8_000000;
            } else if (c == '$') {
                c = COL8_848484;
            } else if (c == 'Q') {
                c = COL8_C6C6C6;
            } else {
                c = COL8_FFFFFF;
            }
            buf[(5 + y) * xsize + (xsize - 21 + x)] = c;
        }
    }
    return;
}
```

这样就差不多了，接下来我们来改写HariMain。

本次的bootpack.c节选

```
void HariMain(void)
{
    (中略)
    int key_to = 0; /*这里!  */

    (中略)

    for (;;) {
        io_cli();
        if (fifo32_status(&fifo) == 0) {
            (中略)
        } else {
            i = fifo32_get(&fifo);
            io_sti();
            if (256 <= i && i <= 511) { /*键盘数据 */
                sprintf(s, "%02X", i - 256);
                putfonts8_asc_sht(sht_back, 0, 16, COL8_FFFFFF, COL8_008484, s, 2);
                if (i < 0x54 + 256) {
```

```
                    (中略)
                }
            if (i == 256 + 0x0e && cursor_x > 8) { /*退格键*/
                    (中略)
                }
/*从此开始*/    if (i == 256 + 0x0f) { /* Tab键*/
                if (key_to == 0) {
                    key_to = 1;
                    make_wtitle8(buf_win,  sht_win->bxsize,  "task_a",  0);
                    make_wtitle8(buf_cons, sht_cons->bxsize, "console", 1);
                } else {
                    key_to = 0;
                    make_wtitle8(buf_win,  sht_win->bxsize,  "task_a",  1);
                    make_wtitle8(buf_cons, sht_cons->bxsize, "console", 0);
                }
                sheet_refresh(sht_win,  0, 0, sht_win->bxsize,  21);
                sheet_refresh(sht_cons, 0, 0, sht_cons->bxsize, 21);
/*到此结束*/    }

            /*重新显示光标*/
            boxfill8(sht_win->buf, sht_win->bxsize, cursor_c, cursor_x, 28, cursor_x + 7, 43);
            sheet_refresh(sht_win, cursor_x, 28, cursor_x + 8, 44);
        } else if (512 <= i && i <= 767) { /*鼠标数据*/
            (中略)
        } else if (i <= 1) { /*光标用定时器*/
            (中略)
        }
    }
    }
}
```

这段代码的重点在于key_to这个变量，用于记录键盘输入（key）应该发送到（to）哪里。为0则发送到任务A，为1则发送到命令行窗口任务。

还是一如既往地"make run"，然后按下Tab键试试看。

按下Tab键之后

哇，颜色变了耶！真不错啊。心情好激动，先按个10次Tab键看看。嗒嗒嗒嗒······

然后又很得意地输入了"abc"试试看，果然，结果是这个样子。

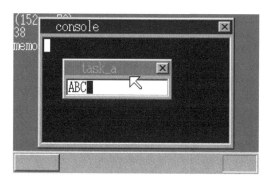

果然还是不行啊！

好，接下来我们就来实现键盘输入啦！

4 实现字符输入（harib14d）

要实现字符的输入，只要在键盘被按下的时候向console_task的FIFO发送数据即可。但要发送数据，必须要知道struct FIFO的内存地址才行。唔，这可怎么办呢？

我们可以让任务A在创建task_cons的时候，顺便将FIFO也准备好。这样一来，任务A就能知道task_cons所使用的FIFO的地址，我们的问题便迎刃而解了。

等等，这样还是太麻烦了，我们还是把struct FIFO放到struct TASK里面去吧。基本上没有什么任务是完全用不到FIFO的，因此我们把它们绑定起来。

本次的bootpack.h节选

```
struct TASK {
    int sel, flags; /* sel代表GDT编号  */
    int level, priority;
    struct FIFO32 fifo; /*这里!  */
    struct TSS32 tss;
};
```

接下来我们来修改一下HariMain，使其判断key_to的值并向task_cons的FIFO发送数据。

本次的bootpack.c节选

```
void HariMain(void)
{
    （中略）

    for (;;) {
```

```
        io_cli();
        if (fifo32_status(&fifo) == 0) {
            task_sleep(task_a);
            io_sti();
        } else {
            i = fifo32_get(&fifo);
            io_sti();
            if (256 <= i && i <= 511) { /*键盘数据*/
                sprintf(s, "%02X", i - 256);
                putfonts8_asc_sht(sht_back, 0, 16, COL8_FFFFFF, COL8_008484, s, 2);
/*从此开始*/    if (i < 0x54 + 256 && keytable[i - 256] != 0) { /*一般字符*/
                    if (key_to == 0) { /*发送给任务A */
                        if (cursor_x < 128) {
                            /*显示一个字符之后将光标后移一位*/
                            s[0] = keytable[i - 256];
                            s[1] = 0;
                            putfonts8_asc_sht(sht_win, cursor_x, 28, COL8_000000, COL8_FFFFFF,
                                s, 1);
                            cursor_x += 8;

                        }
                    } else {     /*发送给命令行窗口*/
                        fifo32_put(&task_cons->fifo, keytable[i - 256] + 256);
/*到此结束*/        }
                }
                if (i == 256 + 0x0e) {  /* 退格键 */
/*从此开始*/        if (key_to == 0) {   /*发送给任务A */
                    if (cursor_x > 8) {
                        /*用空白擦除光标后将光标前移一位*/
                        putfonts8_asc_sht(sht_win, cursor_x, 28, COL8_000000, COL8_FFFFFF,
                            " ", 1);
                        cursor_x -= 8;
                    }
                } else {     /*发送给命令行窗口*/
                    fifo32_put(&task_cons->fifo, 8 + 256);
/*到此结束*/        }
                }
                if (i == 256 + 0x0f) { /* Tab键*/
                    (中略)
                }
                /*重新显示光标*/
                boxfill8(sht_win->buf, sht_win->bxsize, cursor_c, cursor_x, 28, cursor_x + 7, 43);
                sheet_refresh(sht_win, cursor_x, 28, cursor_x + 8, 44);
            } else if (512 <= i && i <= 767) { /*鼠标数据*/
                (中略)
            } else if (i <= 1) { /*光标用定时器*/
                (中略)
            }
        }
    }
}
```

　　当key_to不为0时，系统会向命令行窗口任务发送键盘数据，支持一般的字符输入和退格键。由于在命令行窗口中也使用了定时器等，为了不与键盘数据冲突，我们在写入FIFO的时候将键盘数据的值加上256。

在向命令行窗口发送键盘数据的时候，并不是直接发送从键盘接收到的原始数据，而是发送经过keytable[]转换后的值。究其原因，是由于这样做可以省去在命令行窗口任务中将按键编码转换成字符编码的步骤。

对于退格键，我们将它的字符编码定义为8，因为在ASCII码中，编码8就对应着退格键，我们只是和它接轨而已。当然，如果你不想用8也完全没有问题。

▪▪▪▪▪

console_task也需要改写一下，因为我们必须让它能够接收并处理键盘数据。此外，我们还得把&fifo改写成&task->fifo。

本次的bootpack.c节选

```
void console_task(struct SHEET *sheet)
{
    struct TIMER *timer;
    struct TASK *task = task_now();
    int i, fifobuf[128], cursor_x = 16, cursor_c = COL8_000000;
    char s[2];

    fifo32_init(&task->fifo, 128, fifobuf, task);
    timer = timer_alloc();
    timer_init(timer, &task->fifo, 1);
    timer_settime(timer, 50);

    /*显示提示符*/
    putfonts8_asc_sht(sheet, 8, 28, COL8_FFFFFF, COL8_000000, ">", 1);

    for (;;) {
        io_cli();
        if (fifo32_status(&task->fifo) == 0) {
            task_sleep(task);
            io_sti();
        } else {
            i = fifo32_get(&task->fifo);
            io_sti();
            if (i <= 1) { /*光标用定时器*/
                if (i != 0) {
                    timer_init(timer, &task->fifo, 0); /*接下来置0 */
                    cursor_c = COL8_FFFFFF;
                } else {
                    timer_init(timer, &task->fifo, 1); /*接下来置1 */
                    cursor_c = COL8_000000;
                }
                timer_settime(timer, 50);
            }
            if (256 <= i && i <= 511) { /*键盘数据（通过任务A） */
                if (i == 8 + 256) {
```

```
            /*退格键*/
            if (cursor_x > 16) {
                /*用空白擦除光标后将光标前移一位*/
                putfonts8_asc_sht(sheet, cursor_x, 28, COL8_FFFFFF, COL8_000000, " ", 1);
                cursor_x -= 8;
            }
        } else {
            /*一般字符*/
            if (cursor_x < 240) {
                /*显示一个字符之后将光标后移一位  */
                s[0] = i - 256;
                s[1] = 0;
                putfonts8_asc_sht(sheet, cursor_x, 28, COL8_FFFFFF, COL8_000000, s, 1);
                cursor_x += 8;
            }
        }
    }
    /*重新显示光标*/
    boxfill8(sheet->buf, sheet->bxsize, cursor_c, cursor_x, 28, cursor_x + 7, 43);
    sheet_refresh(sheet, cursor_x, 28, cursor_x + 8, 44);
        }
    }
}
```

上面的程序基本是由HariMain照猫画虎而来，唯一的一点区别就是开头显示提示符 ">" 的地方了。退格键的处理上也对可以删除的界限作了调整，以避免退格时擦掉提示符。

■■■■■

我们来运行一下看看，"make run"。

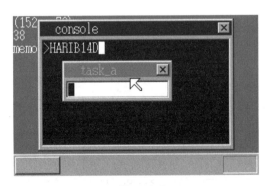

可以输入了哦!

成功了，真是个伟大的胜利。现在我们可以输入英文、数字和符号了，但还无法输入 "!" 和 "%"。好吧，接下来我们来解决这个问题。

5 符号的输入（harib14e）

我们这一节的课题就是要实现"!"和"%"的输入。

为了能够输入"!"和"%"，我们必须要处理Shift键。根据14.4节的按键编码表，Shift键的按键编码如下（觉得看表格看麻烦的话，可以自己"make run"一下，按键的时候屏幕上会显示出按键编码）。

	按 下	抬 起
左Shift	0x2a	0xaa
右Shift	0x36	0xb6

因此，我们准备一个key_shift变量，当左Shift按下时置为1，右Shift按下时置为2，两个都不按时置为0，两个都按下（有人会这么干吗？）的时候就置为3。

当key_shift为0时，我们用keytable0[]将按键编码转换为字符编码，而当key_shift不为0时，则使用keytable1[]进行转换。

■■■■■

将上面的思路用程序写到HariMain中，就是下面这样。

本次的bootpack.c节选

```
void HariMain(void)
{
    （中略）
    static char keytable0[0x80] = {
        0,    0,    '1', '2', '3', '4', '5', '6', '7', '8', '9', '0', '-', '^', 0,    0,
        'Q', 'W', 'E', 'R', 'T', 'Y', 'U', 'I', 'O', 'P', '@', '[', 0,    0,    'A', 'S',
        'D', 'F', 'G', 'H', 'J', 'K', 'L', ';', ':', 0,    0,    ']', 'Z', 'X', 'C', 'V',
        'B', 'N', 'M', ',', '.', '/', 0,    '*', 0,    ' ', 0,    0,    0,    0,    0,    0,
        0,    0,    0,    0,    0,    0,    0,    '7', '8', '9', '-', '4', '5', '6', '+', '1',
        '2', '3', '0', '.', 0,    0,    0,    0,    0,    0,    0,    0,    0,    0,    0,    0,
        0,    0,    0,    0,    0,    0,    0,    0,    0,    0,    0,    0,    0,    0,    0,    0,
        0,    0,    0,    0x5c, 0,    0,    0,    0,    0,    0,    0,    0,    0x5c, 0,    0
    };
    static char keytable1[0x80] = {
        0,    0,    '!', 0x22, '#', '$', '%', '&', 0x27, '(', ')', '~', '=', '~', 0,    0,
        'Q', 'W', 'E', 'R', 'T', 'Y', 'U', 'I', 'O', 'P', '`', '{', 0,    0,    'A', 'S',
        'D', 'F', 'G', 'H', 'J', 'K', 'L', '+', '*', 0,    0,    '}', 'Z', 'X', 'C', 'V',
        'B', 'N', 'M', '<', '>', '?', 0,    '*', 0,    ' ', 0,    0,    0,    0,    0,    0,
        0,    0,    0,    0,    0,    0,    0,    '7', '8', '9', '-', '4', '5', '6', '+', '1',
        '2', '3', '0', '.', 0,    0,    0,    0,    0,    0,    0,    0,    0,    0,    0,    0,
        0,    0,    0,    0,    0,    0,    0,    0,    0,    0,    0,    0,    0,    0,    0,    0,
        0,    0,    0,    '_', 0,    0,    0,    0,    0,    0,    0,    0,    '|', 0,    0
    };
    int key_to = 0, key_shift = 0;
```

（中略）

```
for (;;) {
    io_cli();
    if (fifo32_status(&fifo) == 0) {
        task_sleep(task_a);
        io_sti();
    } else {
        i = fifo32_get(&fifo);
        io_sti();
        if (256 <= i && i <= 511) { /*键盘数据*/
            sprintf(s, "%02X", i - 256);
            putfonts8_asc_sht(sht_back, 0, 16, COL8_FFFFFF, COL8_008484, s, 2);
            if (i < 0x80 + 256) { /*将按键编码转换为字符编码*/
                if (key_shift == 0) {
                    s[0] = keytable0[i - 256];
                } else {
                    s[0] = keytable1[i - 256];
                }
            } else {
                s[0] = 0;
            }
            if (s[0] != 0) { /*一般字符*/
                if (key_to == 0) {   /*发送给任务A */
                    if (cursor_x < 128) {
                        /*显示一个字符之后将光标后移一位*/
                        s[1] = 0;
                        putfonts8_asc_sht(sht_win, cursor_x, 28, COL8_000000, COL8_FFFFFF, s,
                            1);
                        cursor_x += 8;
                    }
                } else {        /*发送给命令行窗口*/
                    fifo32_put(&task_cons->fifo, s[0] + 256);
                }
            }
            if (i == 256 + 0x0e) {  /*退格键*/

                （中略）
            }
            if (i == 256 + 0x0f) {  /* Tab键*/
                （中略）
            }
            if (i == 256 + 0x2a) { /*左Shift ON */
                key_shift |= 1;
            }
            if (i == 256 + 0x36) { /*右Shift ON */
                key_shift |= 2;
            }
            if (i == 256 + 0xaa) { /*左Shift OFF */
                key_shift &= ~1;
            }
            if (i == 256 + 0xb6) { /*右Shift OFF */
                key_shift &= ~2;
```

```
        }
        （中略）
    } else if (512 <= i && i <= 767) { /*鼠标数据*/
        （中略）
    } else if (i <= 1) { /*光标用定时器*/
        （中略）
    }
    }
}
}
```

关于keytable0[]和keytable1[]，考虑到顺便支持"\"和"_"的输入也不错，就让它一直支持到0x80的转换吧。在keytable1[]中，对于英文字母和小键盘的部分没有进行改动。

程序的原理是，先将按键编码转换成字符编码，转换结果存入s[0]。如果遇到无法转换的按键编码，则向s[0]存入0。剩下的部分没有什么难度，只要仔细读读程序应该就可以理解了。

■■■■■

我们来运行一下，结果如下。

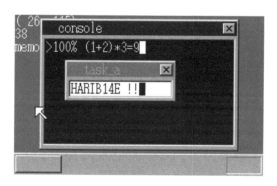

可以输入符号了！

虽然我们只修改了任务A，但在命令行窗口中也可以输入符号了，真不错。不过现在我们输入的英文字母都显示成大写，这个看着实在不舒服，因此我们需要实现小写字母的输入，一起看下一节吧。

6 大写字母与小写字母（harib14f）

要实现区分大写、小写字母的输入，我们必须要同时判断Shift键的状态以及CapsLock的状态。

CapsLock 为 OFF & Shift 键为 OFF → 小写英文字母

CapsLock 为 OFF & Shift 键为 ON → 大写英文字母
CapsLock 为 ON & Shift 键为 OFF → 大写英文字母
CapsLock 为 ON & Shift 键为 ON → 小写英文字母

综上所述，我们可以将需要转换为小写字母的条件总结如下：

❑ 输入的字符为英文字母

❑ "CapsLock为OFF & Shift键为OFF" 或者 "CapsLock为ON & Shift键为ON"

我们已经知道如何获取Shift键的状态，但是CapsLock的状态要如何获取呢？BIOS知道CapsLock的状态，可现在我们处于32位模式，没办法向BIOS查询。不过别担心，在asmhead.nas中，我们已经从BIOS获取到了键盘状态，就保存在binfo->leds中。

binfo->leds 的第 4 位→ ScrollLock 状态
binfo->leds 的第 5 位 → NumLock 状态
binfo->leds 的第 6 位 → CapsLock 状态

只要使用上述数据，我们就可以处理大小写字母的输入了。

━━━━━

在if语句中，除了&&运算符，还有一个||运算符，这个运算符代表"只要其中任意一个条件成立即可"的意思，我们可以用它来改写HariMain，使其能够实现小写字母的输入。

本次的bootpack.c节选

```c
void HariMain(void)
{
    (中略)
    int key_to = 0, key_shift = 0, key_leds = (binfo->leds >> 4) & 7;   /*这里! */

    (中略)

    for (;;) {
        io_cli();
        if (fifo32_status(&fifo) == 0) {
            task_sleep(task_a);
            io_sti();
        } else {
            i = fifo32_get(&fifo);
            io_sti();
            if (256 <= i && i <= 511) { /*键盘数据*/
                sprintf(s, "%02X", i - 256);
                putfonts8_asc_sht(sht_back, 0, 16, COL8_FFFFFF, COL8_008484, s, 2);
                if (i < 0x80 + 256) {   /*将按键编码转换为字符编码*/
                    (中略)
                } else {
                    s[0] = 0;
                }
```

```
/*从此开始*/      if ('A' <= s[0] && s[0] <= 'Z') {    /*当输入字符为英文字母时*/
                    if (((key_leds & 4) == 0 && key_shift == 0) ||
                        ((key_leds & 4) != 0 && key_shift != 0)) {
                        s[0] += 0x20;    /*将大写字母转换为小写字母*/
                    }
/*到此结束*/      }
                  if (s[0] != 0) { /*一般字符*/
                      (中略)
                  }
                  (中略)
            } else if (512 <= i && i <= 767) { /*鼠标数据*/
                (中略)
            } else if (i <= 1) { /*光标用定时器*/
                (中略)
            }
        }
    }
}
```

要获取CapsLock等锁定键的状态，我们只需要第4~6位的数据，剩下的数据对我们没用，所以在key_leds中只从binfo–>leds取出指定的3个比特即可。这里我们还做了4个比特的右移位，这是为了在下一节中能够更加方便地使用这些数据。

我们所使用的ASCII码中，将大写字母的编码加上0x20，就得到相应的小写字母编码。利用这一性质，我们就可以将大写字母转换为小写字母。

■■■■■

我们来运行一下，"make run"，结果如下。

可以输入小写字母了！

呀，这样就变得酷多了吧。啥？不能满足于这点成绩？其实这样挺好的不是吗，一步一个脚印，享受每一次进步，这样才有成就感呀。

我们已经实现了根据CapsLock的状态来切换大小写字母的输入，那大家想不想实现在按下

CapsLock键的时候切换CapsLock的状态呢？一定很想吧？（哈哈，笔者又在自说自话了。）

COLUMN-10 键盘的设计问题？

在 harib14f 中，对于同时按住左右 Shift 键输入字母的情况，我们的程序也做了相应的处理，即同时按下两个 Shift 键，和只按下其中一个 Shift 键效果是一样的。

但当笔者试验了一番之后，却发现了一件很有意思的事情——按下左 Shift + 右 Shift + A 是无法输入的，可是左 Shift + 右 Shift + Z 却可以输入。

一开始笔者还惊慌地想"糟糕！别是 bug 吧！"，但后来看了一下显示出来的按键编码，发现这貌似是键盘本身设计的问题。其实在 Windows 中也会发生同样的现象。

笔者用家里好几台电脑试验了一下，发现无论用哪个键盘，ASDF 这 4 个键，在同时按下两边 Shift 键的情况下都无法输入。不过笔者家里的键盘无一例外都是便宜货，说不定中高级键盘上就不会发生这种问题。大家如果有兴趣的话，也可以用自己的键盘试试看哦。

7 对各种锁定键的支持（harib14g）

好，让我们开始吧。回头再看一遍14.4节中的编码表（不想看表格的同学还是可以自己按键盘看编码哦），我们可以得到：

```
0x3a: CapsLock
0x45: NumLock
0x46: ScrollLock
```

因此当我们接收到上述按键编码时，只要将binfo–>leds中对应的位置改写就可以了。这和key_shift基本上是一样的，很容易实现。

到这里，我们已经实现了锁定键模式的切换，不过现在还是有一个问题，模式是可以切换了，但是键盘上面的指示灯却不会发生变化。这样就可能会发生下述情况：明明CapsLock灯没亮，但在系统中却是处于CapsLock模式。这个问题我们最好想办法解决它。

关于点亮/熄灭键盘上指示灯的方法，在这里有记载。

http://community.osdev.info/?(AT) keyboard

❑ 关于LED的控制

■ 对于NumLock和CapsLock等LED的控制，可采用下面的方法向键盘发送指令和数据。

◆ 读取状态寄存器，等待 bit 1 的值变为 0。

◆ 向数据输出（0060）写入要发送的 1 个字节数据。

◆ 等待键盘返回 1 个字节的信息，这和等待键盘输入所采用的方法相同（用 IRQ 等待或者用轮询状态寄存器 bit 1 的值直到其变为 0 都可以）。

◆ 返回的信息如果为 0xfa，表明 1 个字节的数据已成功发送给键盘。如为 0xfe 则表明发送失败，需要返回第 1 步重新发送。

■ 要控制LED的状态，需要按上述方法执行两次，向键盘发送EDxx数据。其中，xx的bit 0代表ScrollLock，bit 1代表NumLock，bit 2代表CapsLock（0表示熄灭，1表示点亮）。bit 3 ~ 7为保留位，置0即可。

有了这些信息，我们总算看到希望了，于是我们写了以下程序。

本次的bootpack.c节选

```
#define KEYCMD_LED          0xed

void HariMain(void)
{
    （中略）
    struct FIFO32 fifo, keycmd;
    int fifobuf[128], keycmd_buf[32];
    （中略）
    int key_to = 0, key_shift = 0, key_leds = (binfo->leds >> 4) & 7, keycmd_wait = -1;
    （中略）
    fifo32_init(&keycmd, 32, keycmd_buf, 0);
    （中略）

    /*为了避免和键盘当前状态冲突，在一开始先进行设置*/
    fifo32_put(&keycmd, KEYCMD_LED);
    fifo32_put(&keycmd, key_leds);

    for (;;) {
        if (fifo32_status(&keycmd) > 0 && keycmd_wait < 0) {      /*从此开始*/
            /*如果存在向键盘控制器发送的数据，则发送它   */
            keycmd_wait = fifo32_get(&keycmd);
            wait_KBC_sendready();
            io_out8(PORT_KEYDAT, keycmd_wait);
        }    /*到此结束*/
        io_cli();
        if (fifo32_status(&fifo) == 0) {
            task_sleep(task_a);
            io_sti();
        } else {
            i = fifo32_get(&fifo);
            io_sti();
            if (256 <= i && i <= 511) { /* 键盘数据 */
                （中略）
/*从此开始*/     if (i == 256 + 0x3a) { /* CapsLock */
                    key_leds ^= 4;
                    fifo32_put(&keycmd, KEYCMD_LED);
                    fifo32_put(&keycmd, key_leds);
```

```
            }
        if (i == 256 + 0x45) {   /* NumLock */
            key_leds ^= 2;
            fifo32_put(&keycmd, KEYCMD_LED);
            fifo32_put(&keycmd, key_leds);
        }
        if (i == 256 + 0x46) {   /* ScrollLock */
            key_leds ^= 1;
            fifo32_put(&keycmd, KEYCMD_LED);
            fifo32_put(&keycmd, key_leds);
        }
        if (i == 256 + 0xfa) {   /*键盘成功接收到数据*/
            keycmd_wait = -1;
        }
        if (i == 256 + 0xfe) {   /*键盘没有成功接收到数据*/
            wait_KBC_sendready();
            io_out8(PORT_KEYDAT, keycmd_wait);
/*到此结束*/  }
        (中略)
    } else if (512 <= i && i <= 767) { /*鼠标数据*/
        (中略)
    } else if (i <= 1) { /*光标用定时器*/
        (中略)
        }
    }
    }
}
```

程序的工作原理是这样的。首先，我们创建了一个叫keycmd的FIFO缓冲区，它不是用来接收中断请求的，而是用来管理由任务A向键盘控制器发送数据的顺序的。如果有数据要发送到键盘控制器，首先会在这个keycmd中累积起来。

keycmd_wait变量，用来表示向键盘控制器发送数据的状态。当keycmd_wait的值为-1时，表示键盘控制器处于通常状态，可以发送指令；当值不为-1时，表示键盘控制器正在等待发送的数据，这时要发送的数据被保存在keycmd_wait变量中。

在for循环的开头，当keycmd中有数据，且keycmd_wait为-1时，向键盘发送1个字节的数据，在开始发送数据的同时，keycmd_wait变为非-1的值。随后，当从键盘接收到0xfa返回信息时，keycmd_wait恢复为-1，继续发送下一个数据。当从键盘接收到的返回信息为0xfe时，则重新发送刚才的数据。

在for循环前面，我们向键盘控制器设置了指示灯的状态，也许这一段是可有可无的，不过这样可以保证key_leds的值和实际的键盘指示灯状态绝对不会发生冲突的情况，因此保险起见还是设置了。

■■■■■

好了，我们来"make run"。本来想贴一张运行时的截图，不过这里发生变化的不是屏幕画面，而是键盘的指示灯，所以很遗憾，没有办法给大家展示这个令人感动的场面了。

嗯？不管怎么按CapsLock键，在笔者的Windows上都无法点亮指示灯，不过NumLock和ScrollLock却是正常的。哦，按Shift + CapsLock指示灯就亮了，好奇怪啊，我们明明不是这样设计的呢。

由于实在无法理解这一现象，笔者又重新"make run"了harib14f，按下NumLock进行实验，咦？harib14f中也可以点亮NumLock指示灯呢[1]。看起来在这个QEMU模拟器中，键盘的指示灯貌似并不是由模拟器管理，而是由Windows管理的。

于是我们在真机环境下再挑战一下。哇，这次完美了，harib14f无法改变键盘指示灯的状态，而harib14g则可以正常控制键盘指示灯。撒花！

好，今天就到这里吧，明天我们继续来做命令行窗口哦！

---

① harib14f中还尚未实现对指示灯的控制。——译者注

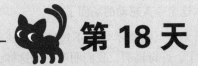

第18天

dir命令

1 控制光标闪烁（1）（harib15a）

我们已经完成了一个很像样的命令行窗口，看起来越来越有操作系统范儿了，真是可喜可贺。今天我们也要卯足干劲继续努力哦。

说起来，如果仔细观察一下Windows的话，就会发现和我们的"纸娃娃系统"有个不同的地方。在Windows中，只有可以接受键盘输入的窗口有光标闪烁，而其他的窗口中是不显示光标的。这样的设计貌似挺不错的，不然所有的窗口光标都闪烁的话眼睛要花掉了，那我们也来照猫画虎试试看吧。

怎样才能模仿出这个效果呢？判断是否按下Tab键的是HariMain，而控制光标闪烁的是HariMain和console_task。

⬛⬛⬛⬛⬛

首先，我们从比较简单的HariMain开始考虑。

本次的bootpack.c节选

```
void HariMain(void)
{
    (中略)
```

18

```
        for (;;) {
            (中略)
            if (fifo32_status(&fifo) == 0) {
                (中略)
            } else {
                (中略)
                if (256 <= i && i <= 511) { /*键盘数据*/
                    (中略)
                    if (i == 256 + 0x0f) {  /* Tab键*/
                        if (key_to == 0) {
                            key_to = 1;
                            make_wtitle8(buf_win,  sht_win->bxsize,  "task_a",  0);
                            make_wtitle8(buf_cons, sht_cons->bxsize, "console", 1);
```
/*从此开始*/
```
                            cursor_c = -1; /* 不显示光标 */
```
/*到此结束*/
```
                            boxfill8(sht_win->buf, sht_win->bxsize, COL8_FFFFFF, cursor_x, 28, cursor_x
                                + 7, 43);
                        } else {
                            key_to = 0;
                            make_wtitle8(buf_win,  sht_win->bxsize,  "task_a",  1);
                            make_wtitle8(buf_cons, sht_cons->bxsize, "console", 0);
```
/*这里! */
```
                            cursor_c = COL8_000000; /*显示光标*/
                        }
                        sheet_refresh(sht_win,  0, 0, sht_win->bxsize,  21);
                        sheet_refresh(sht_cons, 0, 0, sht_cons->bxsize, 21);
                    }
                    (中略)
                    /*重新显示光标*/
```
/*从此开始*/
```
                    if (cursor_c >= 0) {
                        boxfill8(sht_win->buf, sht_win->bxsize, cursor_c, cursor_x, 28, cursor_x + 7, 43);
```
/*到此结束*/
```
                    }
                    sheet_refresh(sht_win, cursor_x, 28, cursor_x + 8, 44);
                } else if (512 <= i && i <= 767) { /*鼠标数据*/
                    (中略)
                } else if (i <= 1) { /*光标用定时器*/
```
/*从此开始*/
```
                    if (i != 0) {
                        timer_init(timer, &fifo, 0); /*下次置0 */
                        if (cursor_c >= 0) {
                            cursor_c = COL8_000000;
                        }
                    } else {
                        timer_init(timer, &fifo, 1); /*下次置1 */
                        if (cursor_c >= 0) {
                            cursor_c = COL8_FFFFFF;
                        }
                    }
                    timer_settime(timer, 50);
                    if (cursor_c >= 0) {
                        boxfill8(sht_win->buf, sht_win->bxsize, cursor_c, cursor_x, 28, cursor_x +
                            7, 43);
                        sheet_refresh(sht_win, cursor_x, 28, cursor_x + 8, 44);
```
/*到此结束*/
```
                }
            }
        }
    }
}
```

我们将按下Tab键时的处理以及光标闪烁的处理改写了一下，当不想显示光标的时候，使cursor_c为负值。

这样一来，任务A的窗口中光标就可以停止闪烁了，成功了！命令行窗口因为还没有改过，所以即便不是处于输入模式，光标也依然会闪烁。

"make run" 一下，结果如下。

任务A的光标不见了哦！

2 控制光标闪烁（2）（harib15b）

接下来我们来实现稍微有点麻烦的命令行窗口中光标闪烁的控制。之所以说稍微有点麻烦，是因为命令行窗口是另外一个任务，无法从HariMain中改变它里面的变量。

那么应该怎样由HariMain（任务A）向console_task（命令行窗口）传递信息，告诉它"不需让光标闪烁"或者"需要让光标闪烁"呢？像传递按键编码一样，我们可以使用FIFO来实现。

我们先将光标开始闪烁定义为2，停止闪烁定义为3。

本次的bootpack.c节选

```
void HariMain(void)
{
    （中略）

    for (;;) {
        （中略）
        if (fifo32_status(&fifo) == 0) {
            （中略）
        } else {
            （中略）
            if (256 <= i && i <= 511) { /*键盘数据*/
                （中略）
                if (i == 256 + 0x0f) { /* Tab键*/
                    if (key_to == 0) {
```

```
                    key_to = 1;
                    make_wtitle8(buf_win,  sht_win->bxsize,  "task_a",  0);
                    make_wtitle8(buf_cons, sht_cons->bxsize, "console", 1);
                    cursor_c = -1; /*不显示光标*/
                    boxfill8(sht_win->buf, sht_win->bxsize, COL8_FFFFFF, cursor_x, 28,
                        cursor_x + 7, 43);
/*这里! */          fifo32_put(&task_cons->fifo, 2); /*命令行窗口光标ON */

                } else {
                    key_to = 0;
                    make_wtitle8(buf_win,  sht_win->bxsize,  "task_a",  1);
                    make_wtitle8(buf_cons, sht_cons->bxsize, "console", 0);
                    cursor_c = COL8_000000; /*显示光标*/
/*这里! */          fifo32_put(&task_cons->fifo, 3); /*命令行窗口光标OFF */
                }
                sheet_refresh(sht_win,  0, 0, sht_win->bxsize,  21);
                sheet_refresh(sht_cons, 0, 0, sht_cons->bxsize, 21);
            }
            （中略）
        } else if (512 <= i && i <= 767) { /*鼠标数据*/
            （中略）
        } else if (i <= 1) { /*光标用定时器*/
            （中略）
            }
        }
    }
}
```

HariMain这样改就差不多了。

▬▬▬▬▬

下面该轮到console_task了。在启动的时候是任务A处于输入状态，因此我们在一开始就将cursor_c置为–1，剩下的部分和任务A大同小异。

本次的bootpack.c节选

```
void console_task(struct SHEET *sheet)
{
    struct TIMER *timer;
    struct TASK *task = task_now();
    int i, fifobuf[128], cursor_x = 16, cursor_c = -1;  /*这里! */
    char s[2];

    （中略）

    for (;;) {
        io_cli();
        if (fifo32_status(&task->fifo) == 0) {
            task_sleep(task);
            io_sti();
        } else {
```

```
                 i = fifo32_get(&task->fifo);
                 io_sti();
                 if (i <= 1) { /*光标用定时器*/
/*从此开始*/      if (i != 0) {
                     timer_init(timer, &task->fifo, 0); /*下次置为0 */
                     if (cursor_c >= 0) {
                         cursor_c = COL8_FFFFFF;
                     }
                 } else {
                     timer_init(timer, &task->fifo, 1); /*下次置为1 */
                     if (cursor_c >= 0) {
                         cursor_c = COL8_000000;
                     }
/*到此结束*/      }
                 timer_settime(timer, 50);
             }

             if (i == 2) {    /*光标ON */     /*从此开始*/
                 cursor_c = COL8_FFFFFF;
             }
             if (i == 3) {    /*光标OFF */
                 boxfill8(sheet->buf, sheet->bxsize, COL8_000000, cursor_x, 28, cursor_x + 7, 43);
                 cursor_c = -1;
             }    /*到此结束*/
             if (256 <= i && i <= 511) { /*键盘数据（通过任务A）*/
                 if (i == 8 + 256) {
                     /*退格键*/
                     if (cursor_x > 16) {
                         /*用空白擦除光标后将光标前移一位  */
                         putfonts8_asc_sht(sheet, cursor_x, 28, COL8_FFFFFF, COL8_000000, " ", 1);
                         cursor_x -= 8;
                     }
                 } else {
                     /*一般字符*/
                     if (cursor_x < 240) {
                         /*显示一个字符之后将光标后移一位  */
                         s[0] = i - 256;
                         s[1] = 0;
                         putfonts8_asc_sht(sheet, cursor_x, 28, COL8_FFFFFF, COL8_000000, s, 1);
                         cursor_x += 8;
                     }
                 }
             }
             /*重新显示光标*/
             if (cursor_c >= 0) {    /*从此开始*/
                 boxfill8(sheet->buf, sheet->bxsize, cursor_c, cursor_x, 28, cursor_x + 7, 43);
             }    /*到此结束*/
             sheet_refresh(sheet, cursor_x, 28, cursor_x + 8, 44);
         }
     }
}
```

还是一如既往来"make run"，不知道能不能成功呢。

命令行窗口的光标也不见了哦!

成功了! 怎么样，是不是变得很酷呢?

3 对回车键的支持（harib15c）

既然大家精神振奋，那就让我们一鼓作气继续前进吧。

现在的命令行窗口里面，按下回车键是完全没有反应的，我们得让它对回车键进行响应才行。具体应该如何响应呢? 暂且只要简单地换个行就好了。实际上，这里应该对输入的字符进行判断，然后执行相应的命令才对，不过一上来就搞这个也太难了点，笔者的讲解会跟不上的，因此我们还是先不管什么命令了，全部直接忽略掉吧。

■■■■■

我们先修改一下HariMain，使其在按下回车键时向命令行窗口发送10+256这个值。之所以用10，是因为用于控制换行的ASCII码就是10，我们在这里照搬一下而已。当然，如果你喜欢用别的值，也是完全没有问题的哦。

本次的bootpack.c节选

```
void HariMain(void)
{
    (中略)

    for (;;) {
        (中略)
        if (fifo32_status(&fifo) == 0) {
            (中略)
        } else {
            (中略)
            if (256 <= i && i <= 511) { /*键盘数据*/
```

```
                      (中略)
/*从此开始*/    if (i == 256 + 0x1c) {   /*回车键*/
                    if (key_to != 0) {   /*发送至命令行窗口*/
                        fifo32_put(&task_cons->fifo, 10 + 256);
                    }
/*到此结束*/    }
                      (中略)
            } else if (512 <= i && i <= 767) { /*鼠标数据*/
                      (中略)
            } else if (i <= 1) { /*光标用定时器*/
                      (中略)
            }
        }
    }
}
```

然后我们还要修改用来接收数据的console_task。之前我们已经有了一个cursor_x变量，按照这个样子再创建一个cursor_y变量，当按下回车键时，将cursor_y加1就可以了。

本次的bootpack.c节选

```
void console_task(struct SHEET *sheet)
{
    struct TIMER *timer;
    struct TASK *task = task_now();
    int i, fifobuf[128], cursor_x = 16, cursor_y = 28, cursor_c = -1;   /*这里! */
    (中略)

    for (;;) {
        io_cli();
        if (fifo32_status(&task->fifo) == 0) {
            (中略)
        } else {
            i = fifo32_get(&task->fifo);
            io_sti();
            (中略)
            if (256 <= i && i <= 511) { /*键盘数据（通过任务A）*/
                if (i == 8 + 256) {
                    /*退格键*/
                    (中略)
/*从此开始*/    } else if (i == 10 + 256) {
                    /*回车键*/
                    if (cursor_y < 28 + 112) {
                        /*用空格将光标擦除*/
                        putfonts8_asc_sht(sheet, cursor_x, cursor_y, COL8_FFFFFF, COL8_000000,
                            " ", 1);
                        cursor_y += 16;
                        /*显示提示符*/
                        putfonts8_asc_sht(sheet, 8, cursor_y, COL8_FFFFFF, COL8_000000, ">", 1);
                        cursor_x = 16;
/*到此结束*/        }
                } else {
```

```
                /*一般字符*/
                (中略)
            }
        }
        /*重新显示光标*/
        if (cursor_c >= 0) {
/*这里！*/        boxfill8(sheet->buf, sheet->bxsize, cursor_c, cursor_x, cursor_y, cursor_x +
                7, cursor_y + 15);
        }
        sheet_refresh(sheet, cursor_x, cursor_y, cursor_x + 8, cursor_y + 16);  /*这里！*/
    }
    }
}
```

好，改成这样差不多了，到底能不能成功呢？我们还是照常"make run"一下。

换行成功了哦！

我们又成功了，耶！

4　对窗口滚动的支持（harib15d）

在harib15c中，到最后一行的时候回车键就不管用了，原因很简单，因为下面没有更多的行了，这可不像个操作系统的样子啊。在别的操作系统中遇到这样的情况会怎样处理呢？窗口应该会向下滚动才对。那么我们来让"纸娃娃系统"也支持窗口滚动吧。

要实现窗口滚动，只要将所有的像素向上移动一行就可以了。元素移动这种操作大家应该已经习惯了吧？移动完成之后，还需要将最下面一行涂黑，否则上面一行的内容就会残留在那里。

本次的bootpack.c节选

```
void console_task(struct SHEET *sheet)
{
    (中略)
    int x, y;
```

（中略）

```
    for (;;) {
        io_cli();
        if (fifo32_status(&task->fifo) == 0) {
            （中略）
        } else {
            （中略）
            if (256 <= i && i <= 511) { /*键盘数据（通过任务A）*/
                if (i == 8 + 256) {
                    /*退格键*/
                    （中略）
                } else if (i == 10 + 256) {
                    /* Enter */
                    /*用空格将光标擦除*/
                    putfonts8_asc_sht(sheet, cursor_x, cursor_y, COL8_FFFFFF, COL8_000000, " ", 1);
/*从此开始*/        if (cursor_y < 28 + 112) {
                        cursor_y += 16; /*换行*/
                    } else {
                        /*滚动*/
                        for (y = 28; y < 28 + 112; y++) {
                            for (x = 8; x < 8 + 240; x++) {
                                sheet->buf[x + y * sheet->bxsize] = sheet->buf[x + (y + 16) *
                                    sheet->bxsize];
                            }
                        }
                        for (y = 28 + 112; y < 28 + 128; y++) {
                            for (x = 8; x < 8 + 240; x++) {
                                sheet->buf[x + y * sheet->bxsize] = COL8_000000;
                            }
                        }
                        sheet_refresh(sheet, 8, 28, 8 + 240, 28 + 128);
                    }
                    /*显示提示符*/
                    putfonts8_asc_sht(sheet, 8, cursor_y, COL8_FFFFFF, COL8_000000, ">", 1);
/*到此为止*/        cursor_x = 16;
                } else {
                    /*一般字符*/
                    （中略）
                }
            }
            （中略）
        }
    }
}
```

■■■■■

貌似完工了，测试一下，"make run"。

噢噢！窗口滚动了哟！

我们又成功了。一切顺利呀，如此顺利到底是好还是不好呢……当然是再好不过啦！

5　mem 命令（harib15e）

之前我们已经成功实现了屏幕滚动，现在该是到了让它执行命令的时候了。不过这值得纪念的第一个命令到底该花落谁家呢？纠结了一番之后，还是决定来做mem命令吧。

mem命令就是memory的缩写，也就是用来显示内存使用情况的命令。画面上虽然已经显示了剩余内存，不过现在被命令行窗口挡住看不见了。因此我们就不让它继续显示了，改成用命令来查询好了。

而且，这种功能对于一个命令来说也是很容易实现的，比起之前在背景上面显示剩余内存来说，还是用命令来查询比较像个操作系统的样子。既然如此，那我们干脆顺便把按键编码、鼠标坐标的显示也一起去掉吧。

■■■■■

既然方针已定，那就开工吧。首先从去掉多余的显示开始，这个非常容易，我们给这次去掉的行加上了"//"注释标记。

本次的bootpack.c节选

```
void HariMain(void)
{
    （中略）
//  sprintf(s, "(%3d, %3d)", mx, my);
//  putfonts8_asc_sht(sht_back, 0, 0, COL8_FFFFFF, COL8_008484, s, 10);
//  sprintf(s, "memory %dMB    free : %dKB",
//          memtotal / (1024 * 1024), memman_total(memman) / 1024);
//  putfonts8_asc_sht(sht_back, 0, 32, COL8_FFFFFF, COL8_008484, s, 40);

    （中略）
```

```
    for (;;) {
        (中略)
        if (fifo32_status(&fifo) == 0) {
            (中略)
        } else {
            (中略)
            if (256 <= i && i <= 511) { /*键盘数据  */
//              sprintf(s, "%02X", i - 256);
//              putfonts8_asc_sht(sht_back, 0, 16, COL8_FFFFFF, COL8_008484, s, 2);
                (中略)
            } else if (512 <= i && i <= 767) { /*鼠标数据*/
                if (mouse_decode(&mdec, i - 512) != 0) {
//                  /*数据已达到3个字节，显示*/
//                  sprintf(s, "[lcr %4d %4d]", mdec.x, mdec.y);
//                  if ((mdec.btn & 0x01) != 0) {
//                      s[1] = 'L';
//                  }
//                  if ((mdec.btn & 0x02) != 0) {
//                      s[3] = 'R';
//                  }
//                  if ((mdec.btn & 0x04) != 0) {
//                      s[2] = 'C';
//                  }
//                  putfonts8_asc_sht(sht_back, 32, 16, COL8_FFFFFF, COL8_008484, s, 15);
                    (中略)
//                  sprintf(s, "(%3d, %3d)", mx, my);
//                  putfonts8_asc_sht(sht_back, 0, 0, COL8_FFFFFF, COL8_008484, s, 10);
                    (中略)
                }
            } else if (i <= 1) { /*光标用定时器*/
                (中略)
            }
        }
    }
}
```

噢噢，代码居然减少了21行，真不错呢。不过接下来我们要实现mem命令，行数又会变多啦。

■■■■■

增加了mem命令的部分后，就变成了这样。

本次的bootpack.c节选

```
void console_task(struct SHEET *sheet, unsigned int memtotal)
{
    (中略)
    char s[30], cmdline[30];    /*这里! */
    struct MEMMAN *memman = (struct MEMMAN *) MEMMAN_ADDR;  /*这里!  */

    (中略)

    for (;;) {
        io_cli();
```

```
        if (fifo32_status(&task->fifo) == 0) {
            (中略)
        } else {
            (中略)
            if (256 <= i && i <= 511) { /*键盘数据（通过任务A）*/
                if (i == 8 + 256) {
                    /*退格键*/
                    (中略)
                } else if (i == 10 + 256) {
                    /*回车键*/
                    /*将光标用空格擦除后换行*/
                    putfonts8_asc_sht(sheet, cursor_x, cursor_y, COL8_FFFFFF, COL8_000000, " ", 1);
/*从此开始 */       cmdline[cursor_x / 8 - 2] = 0;
                    cursor_y = cons_newline(cursor_y, sheet);
                    /*执行命令*/
                    if (cmdline[0] == 'm' && cmdline[1] == 'e' && cmdline[2] == 'm' && cmdline[3]
                        == 0) {
                        /* mem命令*/
                        sprintf(s, "total   %dMB", memtotal / (1024 * 1024));
                        putfonts8_asc_sht(sheet, 8, cursor_y, COL8_FFFFFF, COL8_000000, s, 30);
                        cursor_y = cons_newline(cursor_y, sheet);
                        sprintf(s, "free %dKB", memman_total(memman) / 1024);
                        putfonts8_asc_sht(sheet, 8, cursor_y, COL8_FFFFFF, COL8_000000, s, 30);
                        cursor_y = cons_newline(cursor_y, sheet);
                        cursor_y = cons_newline(cursor_y, sheet);
                    } else if (cmdline[0] != 0) {
                        /*不是命令，也不是空行 */
                        putfonts8_asc_sht(sheet, 8, cursor_y, COL8_FFFFFF, COL8_000000, "Bad
                            command.", 12);
                        cursor_y = cons_newline(cursor_y, sheet);
                        cursor_y = cons_newline(cursor_y, sheet);
/*到此结束*/      }
                    /*显示提示符*/
                    putfonts8_asc_sht(sheet, 8, cursor_y, COL8_FFFFFF, COL8_000000, ">", 1);
                    cursor_x = 16;
                } else {
                    /*一般字符*/
                    if (cursor_x < 240) {
                        /*显示一个字符之后将光标后移一位 */
                        s[0] = i - 256;
                        s[1] = 0;
/*这里! */               cmdline[cursor_x / 8 - 2] = i - 256;
                        putfonts8_asc_sht(sheet, cursor_x, cursor_y, COL8_FFFFFF, COL8_000000, s,
                            1);
                        cursor_x += 8;
                    }
                }
            }
            (中略)
        }
    }
}
```

介绍一下重点。首先我们添加了memtotal和memman两个变量，它们是执行mem命令所必需的。关于memtotal，我们采用和sheet相同的方法从HariMain传递过来，因此我们还需要改写一下HariMain。

本次的bootpack.c节选

```
void HariMain(void)
{
    （中略）

    /* sht_cons */
    sht_cons = sheet_alloc(shtctl);
    （中略）
    task_cons->tss.esp = memman_alloc_4k(memman, 64 * 1024) + 64 * 1024 - 12;   /*这里! */
    （中略）
    *((int *) (task_cons->tss.esp + 4)) = (int) sht_cons;
    *((int *) (task_cons->tss.esp + 8)) = memtotal; /*这里! */
    （中略）
}
```

回来继续讲解console_task，我们还添加了一个cmdline变量，也就是"命令行"（command line）的缩写。这个变量用来记录通过键盘输入的内容，在"键盘数据"处理的"一般字符"部分，将输入的内容顺次累积起来。

然后，处理回车键输入的部分我们已经完全改写了。在这里出现的cons_newline是一个用来换行的函数，当到达最后一行的时候还会自动滚动。如果把换行处理直接写在程序中会导致代码非常难读，因此我们把它做成了一个单独的函数，函数的内容如下。

本次的bootpack.c节选

```
int cons_newline(int cursor_y, struct SHEET *sheet)
{
    int x, y;
    if (cursor_y < 28 + 112) {
        cursor_y += 16; /*换行*/
    } else {
        /*滚动*/
        for (y = 28; y < 28 + 112; y++) {
            for (x = 8; x < 8 + 240; x++) {
                sheet->buf[x + y * sheet->bxsize] = sheet->buf[x + (y + 16) * sheet->bxsize];
            }
        }
        for (y = 28 + 112; y < 28 + 128; y++) {
            for (x = 8; x < 8 + 240; x++) {
                sheet->buf[x + y * sheet->bxsize] = COL8_000000;
            }
        }
        sheet_refresh(sheet, 8, 28, 8 + 240, 28 + 128);
    }
    return cursor_y;
}
```

这里应该没有什么难点，我们继续回到console_task。

当按下回车键时，换行后程序会读取cmdline的值，分析所输入的内容。如果输入的内容为"mem"，则执行mem命令，显示内存的相关信息；如不为"mem"，程序无法理解这个命令，则显示"Bad command"错误信息。不过，在什么都不输入的情况下按回车键不会显示错误信息，也不会执行什么操作。

我们的系统能够出现错误信息了，看上去是不是超有操作系统范儿呢？笔者认为错误信息特别有操作系统的感觉，于是就给加上去啦（笑）。

讲解到此结束。

■■■■■

我们来运行一下，"make run"，然后输入一些东西试试看。结果如下。

哇，好酷！

天啊，这实在是酷毙了！操作系统的感觉大幅上升，真是越来越有干劲了！

6　cls 命令（harib15f）

上来先问个问题，大家知道cls命令吗？啥？不知道？那真是太遗憾啦。好吧，大家可以在Windows的命令行窗口中执行cls命令试试看。明白了？没错，这个命令的作用是清除屏幕上的内容，也就是"clear screen"（清屏）的缩写。顺便补充个小知识，在Linux中清屏命令是"clear"。

下面我们就要给"纸娃娃系统"也增加cls这个命令。可能有人会说，这种无聊的命令做了有啥用？别说那么让人伤心的话嘛，好歹这也是笔者的个人喜好啦（笑）。

于是，只要像mem命令一样，把cls命令也加进去就好了，不过在这里我们要介绍一个新的小技巧。

■■■■■

在harib15e中，为了读取输入的命令内容，我们是这样写的：

```
if (cmdline[0] == 'm' && cmdline[1] == 'e' && cmdline[2] == 'm' && cmdline[3] == 0) {
```

这种写法相当差劲，而且代码也很难读。如果我们把cmdline这么长的变量名简化成c试试看呢？

```
if (c[0] == 'm' && c[1] == 'e' && c[2] == 'm' && c[3] == 0) {
```

这个好像不错，代码变短了点。

其实我们还可以写成这样，看下面的代码。

```
if (strcmp(cmdline, "mem") == 0) {
```

怎么样，是不是特别棒？如果还不明白这样写的好处，可以想象一下如果要做一个像"haribote"这样8个字符的命令的话要怎么写呢？就知道有人懒得想象，笔者帮你写出来吧。

```
if (c[0] == 'h' && c[1] == 'a' && c[2] == 'r' && c[3] == 'i' && c[4] == 'b' &&
    c[5] == 'o' && c[6] == 't' && c[7] == 'e' && c[8] == 0) {
```

这样的代码，不觉得很糟糕吗？这样写的话，万一不小心颠倒了"b"和"i"的位置，命令从"haribote"变成了"harbiote"，可能你都完全发现不了，简直是难读到了极点。不过，只要使用strcmp，即便变量名还是cmdline那么长，也可以写成这样：

```
if (strcmp(cmdline, "haribote") == 0) {
```

这么短的代码就搞定了，你看，好处显而易见吧？

strcmp这个函数，只要声明#include <string.h>即可使用，因此在bootpack.c中我们也要用它。

■■■■■

于是，在添加了cls命令之后，bootpack.c就变成了下面这样。

本次的bootpack.c节选

```
void console_task(struct SHEET *sheet, unsigned int memtotal)
{
    (中略)

    for (;;) {
        io_cli();
```

```
            if (fifo32_status(&task->fifo) == 0) {
                (中略)
            } else {
                (中略)
                if (256 <= i && i <= 511) { /*键盘数据 (通过任务A)  */
                    if (i == 8 + 256) {
                        /*退格键*/
                        (中略)
                    } else if (i == 10 + 256) {
                        /*回车键*/
                        (中略)
/*这里! */          if (strcmp(cmdline, "mem") == 0) {
                        /* mem命令*/
                        (中略)
/*从此开始  */      } else if (strcmp(cmdline, "cls") == 0) {
                        /* cls命令*/
                        for (y = 28; y < 28 + 128; y++) {
                            for (x = 8; x < 8 + 240; x++) {
                                sheet->buf[x + y * sheet->bxsize] = COL8_000000;
                            }
                        }
                        sheet_refresh(sheet, 8, 28, 8 + 240, 28 + 128);
/*到此结束*/        cursor_y = 28;
                    } else if (cmdline[0] != 0) {
                        /*不是命令, 也不是空行  */
                        (中略)
                    }
                    (中略)
                } else {
                    (中略)
                }
            }
            (中略)
        }
    }
}
```

顺利写完了，我们来 "make run"，然后执行cls命令试试看。哇，真的清除掉了！

可能有人没看明白，这是执行了cls命令之后的样子哦

照这样下去，我们已经可以随意增加更多的命令了呢。你要是特别中意哪个命令，一定要添加进去玩玩看哦。如果成功的话，干劲会更足呢。

7 dir 命令（harib15g）

好了，现在我们已经可以自己来尽情添加命令了，不过作为一个操作系统，我们的目标还是制作可执行文件（比如.exe）来让它运行。笔者很想马上进入这个话题，不过在此之前，我们先来制作一个显示磁盘内文件名称的命令吧。通过这个命令的制作，我们可以学习对磁盘中文件信息的操作方法，为明天制作可执行文件打好基础。

那么dir命令到底是干什么用的呢？大家在Windows的命令行窗口中输入"dir"执行一下就明白了，除了会显示文件名，还会显示文件的日期和大小。在Linux中与dir对应的命令是ls。接下来我们就来实现这个命令的功能。

■■■■■

怎样才能让系统执行dir命令呢？要显示文件名等信息，我们需要读取磁盘的内容，这得借助BIOS的帮助。当然，不通过BIOS来读写磁盘的方法也是有的，但是较难实现，所以这里就不介绍了。

不过，现在"纸娃娃系统"正处于32位模式，想使用BIOS也不行。BIOS不能用，不用BIOS读取磁盘的方法又不讲，这样的话你要让我怎么来读磁盘啊！其实大家不用担心。没错，其实在进入32位模式之前，我们不是已经从磁盘读了很多内容了吗？有10个柱面那么多呢！实在想不起来的话，请再翻到3.4节看一看吧。

> 说句题外话，笔者也重新读了读3.4节，哇，真的好怀念呢。仅仅过了15天，差异竟然如此之大！不，应该说是进步如此之快吧～（做感慨状）。

那么已经读出来的这些数据，存放在内存中的什么地方呢？在8.5节中写得很清楚，是0x00100000 ~ 0x00267fff。其中存放文件名的地方又在哪里呢？其实我们也已经说过了，不过大家可能都不记得了吧，参考3.5节从0柱面、0磁头、1扇区开始的0x002600之后，也就是内存地址的0x00102600开始写入。

■■■■■

这些数据的具体内容，在这里需要详细讲解一下。作为试验，我们在磁盘映像中加入了haribote.sys、ipl10.nas和make.bat这3个文件（加入其他文件也可以，这里暂以这3个文件为例）我们对Makefile稍作修改。

本次的Makefile节选

```
haribote.img : ipl10.bin haribote.sys Makefile
    $(EDIMG)    imgin:../z_tools/fdimg0at.tek \
        wbinimg src:ipl10.bin len:512 from:0 to:0 \
        copy from:haribote.sys to:@: \
        copy from:ipl10.nas to:@: \
        copy from:make.bat to:@: \
        imgout:haribote.img
```

然后我们make一下，查看磁盘映像中0x002600字节以后的部分，内容如下。

磁盘映像的内容

```
        +0 +1 +2 +3 +4 +5 +6 +7 +8 +9 +A +B +C +D +E +F  0123456789ABCDEF
--------------------------------------------------------------------------
002600  48 41 52 49 42 4F 54 45 53 59 53 20 00 00 00 00   HARIBOTESYS ....
002610  00 00 00 00 00 00 18 74 FF 32 02 00 68 6B 00 00   .......t.2..hk..
002620  49 50 4C 31 30 20 20 20 4E 41 53 20 00 00 00 00   IPL10   NAS ....
002630  00 00 00 00 00 00 59 7A 42 41 38 00 95 0B 00 00   ......YzB58.....
002640  4D 41 4B 45 20 20 20 20 42 41 54 20 00 00 00 00   MAKE    BAT ....
002650  00 00 00 00 00 00 F6 10 81 30 3E 00 2E 00 00 00   .........0>.....
002660  00 00 00 00 00 00 00 00 00 00 00 00 00 00 00 00   ................
```

看起来这里的内容是以32个字节为单位循环的，这32个字节的结构如下。

```
struct FILEINFO {
    unsigned char name[8], ext[3], type;
    char reserve[10];
    unsigned short time, date, clustno;
    unsigned int size;
};
```

开始的8个字节是文件名。文件名不足8个字节时，后面用空格补足。文件名超过8个字节的情况比较复杂，我们在这里先只考虑不超过8个字节的情况吧，一上来就挑战高难度的话，很容易产生挫败感呢。再仔细观察一下，我们发现所有的文件名都是大写的。

如果文件名的第一个字节为0xe5，代表这个文件已经被删除了；文件名第一个字节为0x00，代表这一段不包含任何文件名信息。从磁盘映像的0x004200就开始存放文件haribote.sys了，因此文件信息最多可以存放224个。

接下来3个字节是扩展名，和文件名一样，不足3个字节时用空格补足，如果文件没有扩展名，则这3个字节都用空格补足。扩展名和文件名一样，也全部使用了大写字母。

后面1个字节存放文件的属性信息。我们这3个文件的属性都是0x20。一般的文件不是0x20就是0x00，至于其他的值，我们来看下面的说明。

0x01······只读文件（不可写入）

```
0x02······隐藏文件
0x04······系统文件
0x08······非文件信息（比如磁盘名称等）
0x10······目录
```

当一个文件既是只读文件又是隐藏文件时，将上面的对应值加算即可，即0x03。

到此为止的总计12个字节，基本上存放的都是字符编码信息，不会出现负数，因此在数据结构声明中使用unsigned类型。

接下来的10个字节为保留，也就是说，是为了将来可能会保存更多的文件信息而预留的，在我们的磁盘映像中都是0x00。话说，这个磁盘格式是由Windows的开发商微软公司定义的，因此，这段保留区域以后要如何使用，也是由微软公司来决定的。其他人要自行定义的话也可以，只不过将来可能会和Windows产生不兼容的问题。

下面2个字节为WORD整数，存放文件的时间。因此即便文件的内容都一样，这里大家看到的数值也可能是因人而异的。再下面2个字节存放文件的日期。这些数值虽然怎么看都不像是时间和日期，但只要用微软公司的公式计算一下，就可以转换为时、分、秒等信息了。

接下来的2个字节也是WORD整数，代表这个文件的内容从磁盘上的哪个扇区开始存放。变量名clustno本来是"簇号"（cluster number）的缩写，"簇"这个词是微软的专有名词，在这里我们先暂且理解为和"扇区"是一码事就好了。

最后的4个字节为DWORD整数，存放文件的大小。

∎∎∎∎∎

有了上面这些信息，感觉dir命令应该可以实现了，我们来做做看吧。

本次的bootpack.h节选

```
/* asmhead.nas */
struct BOOTINFO { /* 0x0ff0-0x0fff */
    (中略)
};
#define ADR_BOOTINFO    0x00000ff0
#define ADR_DISKIMG     0x00100000   /*这里!  */
```

本次的bootpack.c节选

```
struct FILEINFO {
    unsigned char name[8], ext[3], type;
    char reserve[10];
    unsigned short time, date, clustno;
    unsigned int size;
};

void console_task(struct SHEET *sheet, unsigned int memtotal)
```

```
{
    （中略）
    struct FILEINFO *finfo = (struct FILEINFO *) (ADR_DISKIMG + 0x002600);   /*这里! */

    （中略）

    for (;;) {
        io_cli();
        if (fifo32_status(&task->fifo) == 0) {
            （中略）
        } else {
            （中略）
            if (256 <= i && i <= 511) { /*键盘数据（通过任务A）*/
                if (i == 8 + 256) {
                    /*退格键*/
                    （中略）
                } else if (i == 10 + 256) {
                    /*回车键*/
                    （中略）
                    /*执行命令*/
                    if (strcmp(cmdline, "mem") == 0) {
                        /* mem命令*/
                        （中略）
                    } else if (strcmp(cmdline, "cls") == 0) {
                        /* cls命令*/
                        （中略）
/*从此开始*/       } else if (strcmp(cmdline, "dir") == 0) {
                        /* dir命令   */
                        for (x = 0; x < 224; x++) {
                            if (finfo[x].name[0] == 0x00) {
                                break;
                            }
                            if (finfo[x].name[0] != 0xe5) {
                                if ((finfo[x].type & 0x18) == 0) {
                                    sprintf(s, "filename.ext    %7d", finfo[x].size);
                                    for (y = 0; y < 8; y++) {
                                        s[y] = finfo[x].name[y];
                                    }
                                    s[ 9] = finfo[x].ext[0];
                                    s[10] = finfo[x].ext[1];
                                    s[11] = finfo[x].ext[2];
                                    putfonts8_asc_sht(sheet, 8, cursor_y, COL8_FFFFFF,
                                        COL8_000000, s, 30);
                                    cursor_y = cons_newline(cursor_y, sheet);
                                }
                            }
                        }
/*到此结束*/           cursor_y = cons_newline(cursor_y, sheet);
                    } else if (cmdline[0] != 0) {
                        /*不是命令，也不是空行*/
                        （中略）
                    }
                    （中略）
```

```
            } else {
                /*一般字符*/
                (中略)
            }
        }
        (中略)
    }
}
```

先大概写成这个样子，可以显示文件名、扩展名和文件大小。到底能不能成功呢？我们来"make run"，然后"dir"。

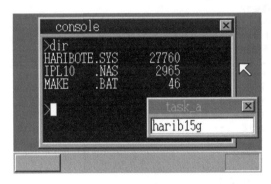

哇，出来啦！

哇，显示出来了哦！话说回来，不显示出来的话才让人抓狂，运行成功了真的很开心呢。

对了，如果你不喜欢Windows风格的dir命令，觉得Linux风格的ls命令更好的话，没问题，当然可以把这个命令给改成ls哦。至于应该修改哪里嘛，对于已经读到这里的人，应该不用再解释了吧？

好了，今天就到这里，明天再见啦。

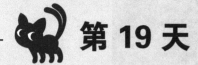

第 19 天

应用程序

1 type 命令（harib16a）

大家好。笔者觉得"纸娃娃系统"最近越来越有操作系统的样子了，不知道大家是不是也有同感呢？今天我们的系统即将可以运行应用程序了哦，很激动人心吧！

昨天经过我们的努力，终于可以显示磁盘中的文件名和文件大小信息了，不过，这离运行应用程序还差得远。因此，接下来我们要讲解一下如何读取文件本身的内容。

在Windows的命令行中，有一个叫做type的命令，输入"type 文件名"就会显示出文件的内容。在Linux中有一个cat命令，功能基本上是一样的。

可能有人还不知道type命令，我们来演示一下。

也就是说，我们要在"纸娃娃系统"上也实现这样的功能。

■■■■■

那么到底应该如何读取文件呢？我们还是从观察磁盘映像入手寻找线索吧。

首先，我们再回头看看昨天讲过的文件信息的部分。这是harib15g的磁盘映像，和昨天看到的只有少许不同，没关系，我们就当是复习了。

运行type Makefile的结果

磁盘映像的内容

```
        +0 +1 +2 +3 +4 +5 +6 +7 +8 +9 +A +B +C +D +E +F   0123456789ABCDEF
--------------------------------------------------------------------------------
002600  48 41 52 49 42 4F 54 45 53 59 53 20 00 00 00 00   HARIBOTESYS ....
002610  00 00 00 00 00 00 18 74 FF 32 02 00 70 6C 00 00   .......t.2..pl..
002620  49 50 4C 31 30 20 20 20 4E 41 53 20 00 00 00 00   IPL10   NAS ....
002630  00 00 00 00 00 00 59 7A 42 35 39 00 95 0B 00 00   ......YzB59.....
002640  4D 41 4B 45 20 20 20 20 42 41 54 20 00 00 00 00   MAKE    BAT ....
002650  00 00 00 00 00 00 F6 10 81 30 3F 00 2E 00 00 00   .........0?.....
002660  00 00 00 00 00 00 00 00 00 00 00 00 00 00 00 00   ................
```

这里面有一个32个字节的数据结构：

```c
struct FILEINFO {
    unsigned char name[8], ext[3], type;
    char reserve[10];
    unsigned short time, date, clustno;
    unsigned int size;
};
```

其中clustno这个成员，代表文件从磁盘上的哪个扇区开始存放，我们只把这个部分写出来看看。

```
HARIBOTE.SYS    02 00 → clustno = 0x0002

IPL10.NAS       39 00 → clustno = 0x0039

MAKE.BAT        3F 00 → clustno = 0x003f
```

原来如此……说啥呢，其实完全没看懂吧（苦笑）。好吧，接下来我们就来找一找文件的内容到底存放在磁盘上的哪个扇区。首先来看第一个文件HARIBOTE.SYS的位置，这个很简单，在0x004200。咦，你怎么知道的？其实看一下3.4节就明白了，这可不是超能力哟。

也就是说，貌似clustno = 0x0002就代表0x004200的意思，嗯嗯，我们再来看看其他的文件。

IPL10.NAS在哪里呢？我们在磁盘映像中找找看。HARIBOTE.SYS的大小差不多27KB，估摸着也就是在它27KB之后的位置附近吧。你看，找到了！在0x00b000这个位置。

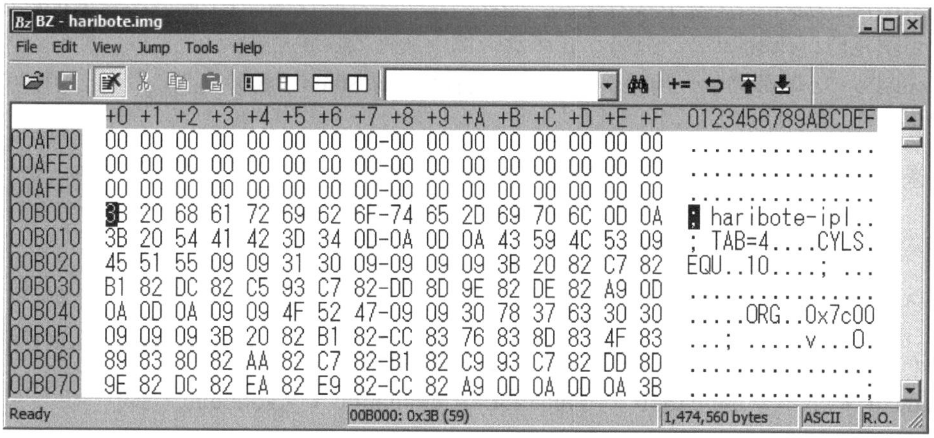

0x00b000附近的样子

MAKE.BAT我们也找到了，在0x00bc00这个位置。

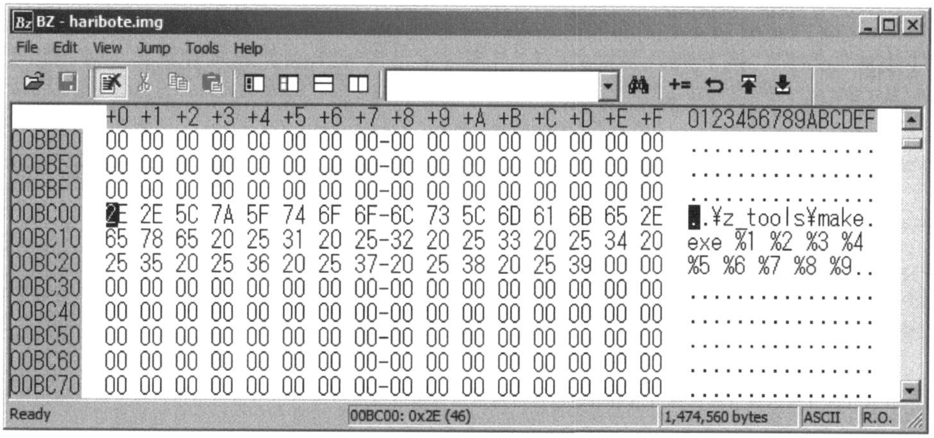

0x00bc00附近的样子

于是，我们把上面搜集到的线索总结一下。

```
clustno = 0x0002 → 0x004200
clustno = 0x0039 → 0x00b000
clustno = 0x003f → 0x00bc00
```

唔，这个里面有什么规律呢？首先，我们从0x0039和0x003f开始看，把它们相减，0x3f−0x39＝6，也就是说，culstno每增加6，磁盘映像中的位置就增加0xc00个字节，将0xc00除以6得到0x200，即512个字节。

如果能马上想到512个字节代表什么，那你真是个天才！没错，1个扇区的容量正好是512个字节。也就是说，clustno的值相差1，在磁盘映像中文件的位置就相差1个扇区，即512个字节。如果以clustno＝0x0002为起点出发倒推的话，笔者认为clustno＝0x0000应该就相当于0x003e00这个位置。

如果当真如此，那我们就可以总结出下面这个公式。

磁盘映像中的地址 = clustno * 512 + 0x003e00

那么这个公式是否正确呢？我们来试算一下。

```
0x0002 * 512 + 0x003e00 = 0x000400 + 0x003e00 = 0x004200 (正确)
0x0039 * 512 + 0x003e00 = 0x007200 + 0x003e00 = 0x00b000 (正确)
0x003f * 512 + 0x003e00 = 0x007e00 + 0x003e00 = 0x00bc00 (正确)
```

哇，成功了！看来这个公式可行。

▅▅▅▅▅

有了上面的知识，接下来只要将文件的内容逐字节读取出来并显示在屏幕上就可以了。好，我们来写代码了哦。

本次的bootpack.c节选

```
void console_task(struct SHEET *sheet, unsigned int memtotal)
{
    (中略)
    char s[30], cmdline[30], *p; /*这里！ */
    (中略)

    for (;;) {
        io_cli();
        if (fifo32_status(&task->fifo) == 0) {
            (中略)
        } else {
            (中略)
            if (256 <= i && i <= 511) { /*键盘数据（通过任务A） */
```

```
                if (i == 8 + 256) {
                    （中略）
                } else if (i == 10 + 256) {
                    /* Enter */
                    （中略）
                    if (strcmp(cmdline, "mem") == 0) {
                        （中略）
                    } else if (strcmp(cmdline, "cls") == 0) {
                        （中略）
                    } else if (strcmp(cmdline, "dir") == 0) {
                        （中略）
/*从此开始*/        } else if (cmdline[0] == 't' && cmdline[1] == 'y' && cmdline[2] == 'p' &&
                            cmdline[3] == 'e' && cmdline[4] == ' ') {
                        /* type命令*/
                        /*准备文件名*/

                        for (y = 0; y < 11; y++) {
                            s[y] = ' ';
                        }
                        y = 0;
                        for (x = 5; y < 11 && cmdline[x] != 0; x++) {
                            if (cmdline[x] == '.' && y <= 8) {
                                y = 8;
                            } else {
                                s[y] = cmdline[x];
                                if ('a' <= s[y] && s[y] <= 'z') {
                                    /*将小写字母转换成大写字母 */
                                    s[y] -= 0x20;
                                }
                                y++;
                            }
                        }
                        /*寻找文件*/
                        for (x = 0; x < 224; ) {
                            if (finfo[x].name[0] == 0x00) {
                                break;
                            }
                            if ((finfo[x].type & 0x18) == 0) {
                                for (y = 0; y < 11; y++) {
                                    if (finfo[x].name[y] != s[y]) {
                                        goto type_next_file;
                                    }
                                }
                                break; /*找到文件*/
                            }
type_next_file:
                            x++;
                        }
                        if (x < 224 && finfo[x].name[0] != 0x00) {
                            /*找到文件的情况*/
                            y = finfo[x].size;
```

```
                    p = (char *) (finfo[x].clustno * 512 + 0x003e00 + ADR_DISKIMG);
                    cursor_x = 8;
                    for (x = 0; x < y; x++) {
                        /*逐字输出*/
                        s[0] = p[x];
                        s[1] = 0;
                        putfonts8_asc_sht(sheet, cursor_x, cursor_y, COL8_FFFFFF,
                            COL8_000000, s, 1);
                        cursor_x += 8;
                        if (cursor_x == 8 + 240) { /*到达最右端后换行*/
                            cursor_x = 8;
                            cursor_y = cons_newline(cursor_y, sheet);
                        }
                    }
                } else {
                    /*没有找到文件的情况*/
                    putfonts8_asc_sht(sheet, 8, cursor_y, COL8_FFFFFF, COL8_000000, "File
                        not found.", 15);
                    cursor_y = cons_newline(cursor_y, sheet);
                }
/*到此结束*/    cursor_y = cons_newline(cursor_y, sheet);
            } else if (cmdline[0] != 0) {
                (中略)
            }
            (中略)
        } else {
            (中略)
        }
    }
    (中略)
}
```

━━━━━

这次的代码比较长，我们还是来稍微讲解一下。

首先看type命令那一段开头的地方，我们这次没有使用strcmp（cmdline，"type"），而是用了之前那种很难读的写法。其实笔者也想用strcmp来着，不过在这里用strcmp的话，当输入"type make.bat"时，就会输出"Bad command."了，这可不行啊。这是由于strcmp会比较字符串的长度，因此仅开头5个字符一致是不会被判定相等的。

接下来的程序中（"准备文件名"的地方），首先将s[0～10]这11个字节用空格的字符编码填充，然后读取cmdline[5～]并复制到s[0～]，在复制的同时，将其中的小写字母转换为大写字母。随后，当遇到句点时，则可以断定接下来的部分为扩展名，于是将复制的目标改为s[8～]。经过这样的转换，我们就得到了和磁盘内格式相同的文件名。

"寻找文件"这一段中，我们在磁盘中寻找与所输入的文件名相符的文件。如果成功找到指定文件，则用break跳出for循环；如果找不到，则会在x到达224或者finfo[x].name[0]为0x00时结束循环。

因此，当for循环结束后，我们就可以判断出到底是找到文件跳出for循环的，还是没有找到文件而结束for循环的，从而决定是显示指定的文件内容，还是显示"File not found."的错误信息。

■■■■■

我们来"make run"，然后"type make.bat"。

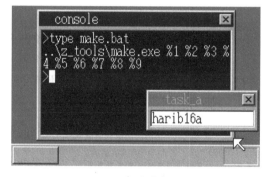

type make.bat

哇，运行成功，撒花。显示出来的内容是不是正确呢？我们可以用文本编辑器打开make.bat来确认一下，果然是一模一样呢。

如果我们输入"type haribote.sys"会怎么样呢？程序会将机器语言的文件强行用文本方式显示出来，于是就变成下面这样的乱码。

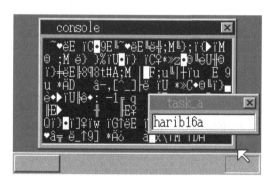

type haribote.sys的话……

玩得一时兴起，我们再来试试看"type ipl10.nas"，笔者认为一定会显示出ipl10的程序源代码，但结果却显示出下面这样乱七八糟的字符。

type ipl10.nas

为⋯⋯为啥会这样？不过我们仔细看看的话，其中还是有"load error"、RESB、DB之类正确显示的部分嘛。

哦，对了！我们忘记处理换行和制表符的字符编码了，怪不得会变成这个样子呢。好，接下来我们就来搞定它。

2 type 命令改良（harib16b）

下面我们就来实现对换行的支持吧。这次需要支持的特殊字符编码如下。

0x09⋯⋯制表符：显示空格直到 x 被 4 整除为止
0x0a⋯⋯换行符：换行
0x0d⋯⋯回车符：忽略

针对上面几个特殊字符，我们来详细讲解一下。

制表符原本是用来对齐字符显示位置的，因此"遇到制表符就显示4个空格"这种做法是不对的，制表符的功能应该是在当前位置到下一个制表位之间填充空格。这里我们将制表位设定在第0、4、8、12⋯⋯个字符这样4的倍数的位置（这是笔者的偏好），而在Windows等环境中，制表位则是8的倍数。

再介绍个小知识，我们这里所说的制表符也称为水平制表符（horizonal tab），因为对齐字符位置是在水平方向上移动。相对的，还有一种垂直制表符（vertical tab），不过因为这次我们遇不到（其实在一般的文本文件中也不会出现），所以大家可以先不用理会它了。

换行符其实也有一段有趣的身世。在Windows中换行的字符编码为"0x0d 0x0a"两个字节，而Linux中只有"0x0a"一个字节。也就是说，同样一篇文章，在Windows中保存下来文件尺寸会比Linux中要大。那么为什么Windows要用两个字节的换行符呢？我们来追本溯源一下吧。

字符编码0x0a原本代表折行（line feed）的意思，即只是移动到下一行。因此，如果只用0x0a

作为换行符的，以前有些打印机就会印成这个样子：

```
one
    two
        three
            four
```

而另一方面，0x0d，也就是回车符的文字编码，代表"让打印头（或者打字机的辊筒）回到行首"的意思，因此才被称为"回车"（carriage return）。回车符其实不会换行，而只是让文字显示的位置回到最左端。

因此，如果使用"0x0d 0x0a"两个字节作为换行符的话，即便是最古老的打印机，也会正确打印成下面这样。

```
one
two
three
four
```

正是因为如此，Windows中的换行符编码才会被规定为"0x0d 0x0a"吧。

另外，如果反过来利用0x0d的这一性质，在以前的打印机上可以实现文字的叠加打印，不过现在的打印机上会如何，那就不得而知了。

那么我们的"纸娃娃系统"该怎么办呢？我们就先将0x0a作为换行加回车，将0x0d忽略掉吧。因为这样一来，无论是在Windows中还是Linux中所保存的文件，都可以正确显示出来。

■■■■■

所以我们仅将type命令的字符显示部分进行一些改写。

本次的bootpack.c节选

```
void console_task(struct SHEET *sheet, unsigned int memtotal)
{
    (中略)

    for (;;) {
        io_cli();
        if (fifo32_status(&task->fifo) == 0) {
            (中略)
        } else {
            (中略)
            if (256 <= i && i <= 511) { /*键盘数据（通过任务A）  */
                if (i == 8 + 256) {
```

```
                (中略)
        } else if (i == 10 + 256) {
            /*回车键*/
            (中略)
            /*执行命令*/
            if (strcmp(cmdline, "mem") == 0) {
                (中略)
            } else if (strcmp(cmdline, "cls") == 0) {
                (中略)
            } else if (strcmp(cmdline, "dir") == 0) {
                (中略)
/*这里！*/    } else if (strncmp(cmdline, "type ", 5) == 0) {
                /* type命令*/
                (中略)
                if (x < 224 && finfo[x].name[0] != 0x00) {
                    /*找到文件的情况*/
                    (中略)
                    for (x = 0; x < y; x++) {

                        /*逐字输出*/
                        s[0] = p[x];
                        s[1] = 0;
/*从此开始*/         if (s[0] == 0x09) { /*制表符*/
                            for (;;) {
                                putfonts8_asc_sht(sheet, cursor_x, cursor_y, COL8_FFFFFF,
                                    COL8_000000, " ", 1);
                                cursor_x += 8;
                                if (cursor_x == 8 + 240) {
                                    cursor_x = 8;
                                    cursor_y = cons_newline(cursor_y, sheet);
                                }
                                if (((cursor_x - 8) & 0x1f) == 0) {
                                    break;    /*被32整除则break */
                                }
                            }
                        } else if (s[0] == 0x0a) {   /*换行*/
                            cursor_x = 8;
                            cursor_y = cons_newline(cursor_y, sheet);
                        } else if (s[0] == 0x0d) {   /*回车*/
                            /*这里暂且不进行任何操作*/
                        } else {     /*一般字符*/
                            putfonts8_asc_sht(sheet, cursor_x, cursor_y, COL8_FFFFFF,
                                COL8_000000, s, 1);
                            cursor_x += 8;
                            if (cursor_x == 8 + 240) {
                                cursor_x = 8;
                                cursor_y = cons_newline(cursor_y, sheet);
                            }
                        }
/*到此结束*/         }
                }
            } else {
```

```
                             /*没有找到文件的情况*/
                             （中略）
                    }
                    cursor_y = cons_newline(cursor_y, sheet);
            } else if (cmdline[0] != 0) {
                    （中略）
            }
            （中略）
        } else {
            （中略）
        }
    }
    （中略）
    }
}
}
```

我们来讲解一下吧。首先是这里：

```
} else if (strncmp(cmdline, "type ", 5) == 0) {
```

这个部分我们前面因为不能用strcmp，而只好写成了很难看的if语句，这次我们使用strncmp这个函数，又把代码给改整洁了。最后的5这个参数，代表"只比较前面5个字符，后面的部分即便不一致，也要判定为一致"的意思。这样一来，这里的代码就干净多了！

接下来是制表符的处理，这个貌似有点难懂。

```
if (((cursor_x - 8) & 0x1f) == 0) {
    break;  /* 被32整除则break */
}
```

首先，为什么要将cursor_x减8呢？因为命令行窗口的边框有8个像素，所以要把那部分给去掉。然后，1个字符的宽度是8个像素，每个制表位相隔4个字符，也就是说，cursor_x－8应该为0、32、64、96、128、160、192、224其中之一，即被32除后余数为0即可。

这里我们回想一下笔者在10.1节中所讲过的内容。32这个数字对于2进制来说是一个"很整的数"，因此用&就可以计算余数了——说起来我们还真是很走运嘛。

换行处理的部分没有什么难度，那我们的讲解就到这里吧。

■■■■■

好，来"make run"了哦，心情好紧张啊。按Tab键切换到命令行窗口，输入"type ipl10.nas"。

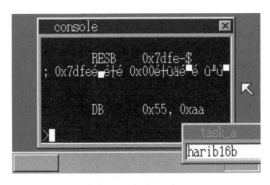

这次显示出来了哦！

虽然里面的日文部分还是乱码，不过剩下的字符都已经能够正常显示了。太好啦，成功了！

仔细看看程序，我们发现bootpack.c越来越长，console_task也很长了，不过整理起来太麻烦，所以我们就暂时让它再乱一会阵子吧，实在不好意思。

话说，观察像ipl10.nas这种比较长的文件，会发现全部显示出来需要花上一段时间（尤其在模拟器环境中感觉很明显），这时我们可以按Tab键切换到task_a的窗口中输入字符试试看。也就是说，在命令执行的过程中，系统还是可以进行其他的工作。看上去这应该是理所当然的，因为我们已经实现了多任务嘛。不过一个自制的操作系统能达到这样的程度，大家不觉得很开心吗？笔者心里已经乐开花了哟。

3　对 FAT 的支持（harib16c）

笔者在这里得先跟大家道个歉，其实这个type命令是有问题的，有时候会无法正确显示文件内容。现在的type命令，肯定可以正确显示文件开头的512个字节的内容，但是如果遇到大于512个字节的文件，中间可能就会突然显示出其他文件的内容。

因此，我们需要解决这个问题。

按照Windows管理磁盘的方法，保存大于512字节的文件时，有时候并不是存入连续的扇区中，虽然这种情况并不算多。怎么样，吓一跳吧？如果中了这一招的话，harib16b可就应付不了了。

其实，对于文件的下一段存放在哪里，在磁盘中是有记录的，我们只要分析这个记录，就可以正确读取文件内容了。这个记录在哪里呢？它位于从0柱面、0磁头、2扇区开始的9个扇区中，在磁盘映像中相当于0x000200～0x0013ff。这个记录被称为FAT，是"file allocation table"的缩写，翻译过来叫作"文件分配表"（即记录文件在磁盘中存放位置的表）。

补充一下，文件在磁盘中没有存放在连续的扇区，这种情况被称为"磁盘碎片"。Windows中的磁盘整理工具，就是用来将扇区内容重新排列，以减少磁盘碎片的程序。

■■■■■

再往后光靠文字已经很难讲明白了，我们还是先看看FAT的样子吧。

这就是FAT

```
        +0 +1 +2 +3 +4 +5 +6 +7 +8 +9 +A +B +C +D +E +F   0123456789ABCDEF
       ---------------------------------------------------------------------
000200  F0 FF FF 03 40 00 05 60 00 70 80 00 09 A0 00 0B   ....@..`........
000210  C0 00 0D E0 00 0F 00 01 11 20 01 13 40 01 15 60   ......... ..@..`
000220  01 17 80 01 19 A0 01 1B C0 01 1D E0 01 1F 00 02   ................
000230  21 20 02 23 40 02 25 60 02 27 80 02 29 A0 02 2B   ! ..#@.%`.'...).29+
000240  C0 02 2D E0 02 2F 00 03 31 20 03 33 40 03 35 60   ..-../..1 .3@5.`
000250  03 37 80 03 39 F0 FF 3B C0 03 3D E0 03 3F F0 FF   .7..9..;..=..?..
000260  FF 0F 00 00 00 00 00 00 00 00 00 00 00 00 00 00   ................
000270  00 00 00 00 00 00 00 00 00 00 00 00 00 00 00 00   ................
```

这就是harib16b磁盘映像中的FAT，不过这个FAT使用了微软公司设计的算法进行压缩，因此我们无法直接看懂里面的内容，需要先用下面的方法进行解压缩（看了下面的讲解，可能有人会想，这哪里算是压缩啊？关于这一点，我们会在后面的专栏中详细讨论）。

首先将数据以3个字节分为一组，并进行换位，我们用开头的"F0 FF FF"来举例。

F0 FF FF → FF0 FFF
ab cd ef　　dab efc

为了让大家看清楚具体是如何换位的，我们在下面标记了英文字母。换位之后，原来的3个字节变成了2个数字。同样地，"03 40 00"换位后结果如下。

03 40 00 → 003 004
ab cd ef　　dab efc

以此类推，我们对整个FAT解码之后的样子如下。

FAT数据

```
        +0   +1   +2   +3   +4   +5   +6   +7   +8   +9
      ----------------------------------------------------
   0   FF0  FFF  003  004  005  006  007  008  009  00A
  10   00B  00C  00D  00E  00F  010  011  012  013  014
  20   015  016  017  018  019  01A  01B  01C  01D  01E
  30   01F  020  021  022  023  024  025  026  027  028
  40   029  02A  02B  02C  02D  02E  02F  030  031  032
  50   033  034  035  036  037  038  039  FFF  03B  03C
  60   03D  03E  03F  FFF  FFF  000  000  000  000  000
```

■■■■■

虽然我们已经对数据进行了解压缩，不过这样还是看不懂啊。我们先来看看文件信息的部分。

harib16b的磁盘映像节选

```
        +0 +1 +2 +3 +4 +5 +6 +7 +8 +9 +A +B +C +D +E +F  0123456789ABCDEF
---------------------------------------------------------------------------
002600  48 41 52 49 42 4F 54 45 53 59 53 20 00 00 00 00  HARIBOTESYS ....
002610  00 00 00 00 00 00 00 18 74 FF 32 02 00 C8 6E 00 00  .......t.2...n..
002620  49 50 4C 31 30 20 20 20 4E 41 53 20 00 00 00 00  IPL10   NAS ....
002630  00 00 00 00 00 00 B9 34 63 34 3A 00 B0 0B 00 00  .......4c4:.....
002640  4D 41 4B 45 20 20 20 20 42 41 54 20 00 00 00 00  MAKE    BAT ....
002650  00 00 00 00 00 00 F6 10 81 30 40 00 2E 00 00 00  .........0@....
002660  00 00 00 00 00 00 00 00 00 00 00 00 00 00 00 00  ................
```

从上面的信息我们可以得到：

```
HARIBOTE.SYS   02 00    →    clustno = 0x0002

IPL10.NAS      3A 00    →    clustno = 0x003a

MAKE.BAT       40 00    →    clustno = 0x0040
```

我们以haribote.sys为例来分析一下。已知clustno = 2，因此我们读取0x004200 ~ 0x0043ff这512个字节。那么接下来应该读取哪里的数据呢？我们来看FAT的第2号记录，其值为003，也就是说下面的部分存放在clustno = 3这个位置，即读取0x004400 ~ 0x0045ff这512个字节。再接下来参照FAT的第3号记录，即可得到下一个地址clustno = 4。

以此类推，我们一直读取到clustno = 57（0x39）。57号扇区后面应该读哪里了呢？参照对应的FAT记录，居然是FFF。也就是说，57号之后已经没有数据了，即这里就是文件的末尾。一般来说，如果遇到FF8 ~ FFF的值，就代表文件数据到此结束。

正如上面所讲的，文件读取就是一个接力的过程，大家明白了吗？不明白也没关系，看了程序代码相信大家一定会理解的。

不过，这种接力的方式下，只要其中一个地方损坏，之后的部分就会全部混乱。因此，微软公司将FAT看作是最重要的磁盘信息，为此在磁盘中存放了2份FAT。第1份FAT位于0x000200 ~ 0x0013ff，第2份位于0x001400 ~ 0x0025ff。其中第2份是备份FAT，内容和第1份完全相同。

■■■■■

好了，我们来写程序吧，代码如下。

本次的bootpack.c节选

```c
void console_task(struct SHEET *sheet, unsigned int memtotal)
{
    (中略)
    int *fat = (int *) memman_alloc_4k(memman, 4 * 2880);
```

```
(中略)
file_readfat(fat, (unsigned char *) (ADR_DISKIMG + 0x000200));  /*这里! */

(中略)

for (;;) {
    io_cli();
    if (fifo32_status(&task->fifo) == 0) {
        (中略)
    } else {
        (中略)
        if (256 <= i && i <= 511) { /*键盘数据（通过任务A）*/
            if (i == 8 + 256) {

                (中略)

            } else if (i == 10 + 256) {
                (中略)
                if (strcmp(cmdline, "mem") == 0) {
                    (中略)
                } else if (strcmp(cmdline, "cls") == 0) {
                    (中略)
                } else if (strcmp(cmdline, "dir") == 0) {
                    (中略)
                } else if (strncmp(cmdline, "type ", 5) == 0) {
                    /* type命令*/
                        (中略)
                    if (x < 224 && finfo[x].name[0] != 0x00) {
                        /*找到文件的情况*/
/*这里! */               p = (char *) memman_alloc_4k(memman, finfo[x].size);
/*这里! */               file_loadfile(finfo[x].clustno, finfo[x].size, p, fat, (char *) (ADR_DISKIMG
                         + 0x003e00));
                         cursor_x = 8;
/*这里! */               for (y = 0; y < finfo[x].size; y++) {
                            /*逐字输出*/
/*这里! */                   s[0] = p[y];
                            s[1] = 0;
                            (中略)
                        }
/*这里! */               memman_free_4k(memman, (int) p, finfo[x].size);
                    } else {
                        /*没有找到文件的情况 */
                        (中略)
                    }
                    cursor_y = cons_newline(cursor_y, sheet);
                } else if (cmdline[0] != 0) {
                    (中略)
                }
                (中略)
            } else {
                /*一般字符*/
                (中略)
            }
        }
    }
    (中略)
    }
}
}
```

```
void file_readfat(int *fat, unsigned char *img)
/*将磁盘映像中的FAT解压缩 */
{
    int i, j = 0;
    for (i = 0; i < 2880; i += 2) {
        fat[i + 0] = (img[j + 0]      | img[j + 1] << 8) & 0xfff;
        fat[i + 1] = (img[j + 1] >> 4 | img[j + 2] << 4) & 0xfff;
        j += 3;
    }
    return;
}

void file_loadfile(int clustno, int size, char *buf, int *fat, char *img)
{
    int i;
    for (;;) {
        if (size <= 512) {
            for (i = 0; i < size; i++) {
                buf[i] = img[clustno * 512 + i];
            }
            break;
        }
        for (i = 0; i < 512; i++) {
            buf[i] = img[clustno * 512 + i];
        }

        size -= 512;
        buf += 512;
        clustno = fat[clustno];
    }
    return;
}
```

程序的结构很简单。首先，由于压缩状态的FAT很难使用，因此我们先用file_readfat将其展开到fat[]。

然后，在type命令中，我们先分配一块和文件大小相同的内存空间，用file_loadfile将文件的内容读入内存。这样一来内存中的文件内容已经排列为正确的顺序，使用之前的程序来显示文件内容即可。显示完成后，释放用于临时存放文件内容的内存空间。

■■■■■

好，我们来 "make run"。嗯嗯，貌似运行成功了。其实我们最好是特意准备一个不连续的文件，以便确认程序是否能够正常显示它，不过准备不连续的文件实在比较麻烦，我们就权且"相信"它可以正常显示吧（笑）。

COLUMN-11　FAT 的压缩

软盘中的 FAT 是经过压缩的，将 2 个扇区的信息挤到了 3 个字节中。正是因此，我们的程序必须先从 FAT 的解压缩开始。

　　如果不进行压缩，到底会浪费多少空间呢？我们来简单计算一下。磁盘中一共有 2880 个扇区，正常使用 WORD 保存扇区号的话，FAT 总共需要 2880×2=5760 个字节，也就是说，一个 FAT 要占用 12 个扇区。

　　经过压缩后，3 个字节可以保存 2 个扇区号，也就是说，存放 1 个扇区号所需要的空间变为了 1.5 个字节。因此，FAT 总共需要 2880×1.5=4320 个字节，这样的话，一个 FAT 只占用 9 个扇区。

　　一张软盘中一共有 2 份 FAT，因此经过压缩后，总共可以节省 6 个扇区的空间，但对于磁盘的总容量来说，也只相当于 0.2%（6 / 2880×100）。唔，仅仅为了节省这 0.2% 的空间，有必要搞这么麻烦的压缩吗？从笔者的感觉来说，这实在是够纠结的。

4　代码整理（harib16d）

　　唔，bootpack.c 有点太长了（已经达到 648 行了哦！），虽然笔者一向懒惰，但现在也觉得该整理整理了。

❑ 窗口相关函数 → window.c
❑ 命令行窗口相关函数 → console.c
❑ 文件相关函数 → file.c

这样一来就清爽多了，bootpack.c 也缩减为 282 行了，撒花。

　　不过，我们还是要确认一下整理后的程序是否可以顺利编译，是否可以像之前一样正常运行。"make run"，哇，运行成功，不错不错——虽说这是理所应当吧。

5　第一个应用程序（harib16e）

　　好，既然现在我们已经可以读取文件的内容，那么运行应用程序也就不难实现了。

　　作为头一次尝试，我们要挑战什么样的应用程序呢？当然还是从简单的开始啦。唔，最简单的应用程序是······到底哪个比较好呢？哦，有了，就选那个吧。

　　因此，请大家把书一口气翻回到 3.5 节，那里有一个非常简单的操作系统程序，只有 3 个字节。可能有些人连翻书都懒得翻，好吧，我们就再次来个那 3 个字节程序的大公开吧！（笑）

3个字节的应用程序

```
[BITS 32]
fin:
    HLT
    JMP fin
```

将上面这段代码保存为hlt.nas，然后用nask进行汇编，生成hlt.hrb。可能大家会问，这个扩展名.hrb是啥？这个嘛，其实是haribote的缩写。如果我们命名为.exe文件的话，就会和Windows的可执行文件产生混淆，因此这里我们用了个自定义的扩展名。

■■■■■

那么，要怎样才能运行文件的内容呢？像type命令一样，我们用file_loadfile将文件的内容读到内存中，问题是后面要怎么办？

应用程序不知道自己被读到哪个内存地址，这里暂且由ORG 0来生成。因此，为了应用程序能够顺利运行，我们需要为其创建一个内存段。

段创建好之后，接下来只要goto到该段中的程序，程序应该就会开始运行了。要goto到其他的内存段，在汇编语言中用farjmp指令。话说，这个指令我们在任务切换的时候已经用过了嘛。因此，这次我们不需要改动naskfunc.nas中的函数就可以运行hlt.hrb了，撒花。

■■■■■

写好的程序如下。

本次的console.c节选

```c
void console_task(struct SHEET *sheet, unsigned int memtotal)
{
    (中略)
    struct SEGMENT_DESCRIPTOR *gdt = (struct SEGMENT_DESCRIPTOR *) ADR_GDT;

    (中略)

    for (;;) {
        io_cli();
        if (fifo32_status(&task->fifo) == 0) {
            (中略)
        } else {
            (中略)
            if (256 <= i && i <= 511) { /*键盘数据（通过任务A）*/
                if (i == 8 + 256) {
                    (中略)
                } else if (i == 10 + 256) {
                    (中略)
                    if (strcmp(cmdline, "mem") == 0) {
                        (中略)
                    } else if (strcmp(cmdline, "cls") == 0) {
                        (中略)
                    } else if (strcmp(cmdline, "dir") == 0) {
                        (中略)
                    } else if (strncmp(cmdline, "type ", 5) == 0) {
                        (中略)
                    } else if (strcmp(cmdline, "hlt") == 0) {
```

```
/*从此开始*/        /*启动应用程序hlt.hrb */
                   for (y = 0; y < 11; y++) {
                       s[y] = ' ';
                   }
                   s[0] = 'H';
                   s[1] = 'L';
                   s[2] = 'T';
                   s[8] = 'H';
                   s[9] = 'R';
                   s[10] = 'B';
                   for (x = 0; x < 224; ) {
                       if (finfo[x].name[0] == 0x00) {

                           break;
                       }
                       if ((finfo[x].type & 0x18) == 0) {
                           for (y = 0; y < 11; y++) {
                               if (finfo[x].name[y] != s[y]) {
                                   goto hlt_next_file;
                               }
                           }
                           break; /*找到文件*/
                       }
hlt_next_file:
                       x++;
                   }
                   if (x < 224 && finfo[x].name[0] != 0x00) {
                       /*找到文件的情况*/
                       p = (char *) memman_alloc_4k(memman, finfo[x].size);
                       file_loadfile(finfo[x].clustno, finfo[x].size, p, fat, (char *)
                           (ADR_DISKIMG + 0x003e00));
                       set_segmdesc(gdt + 1003, finfo[x].size - 1, (int) p, AR_CODE32_ER);
                       farjmp(0, 1003 * 8);
                       memman_free_4k(memman, (int) p, finfo[x].size);
                   } else {
                       /*没有找到文件的情况*/
                       putfonts8_asc_sht(sheet, 8, cursor_y, COL8_FFFFFF, COL8_000000, "File
                           not found.", 15);
                       cursor_y = cons_newline(cursor_y, sheet);
                   }
/*到此结束*/        cursor_y = cons_newline(cursor_y, sheet);
               } else if (cmdline[0] != 0) {
                   （中略）
               }
               （中略）
           } else {
               （中略）
           }
       }
       （中略）
   }
}
}
```

　　这次添加的hlt命令，是用来启动hlt.hrb这个应用程序的，前半部分和type命令的代码非常类似。

　　hlt.hrb成功读入内存之后，将其注册为GDT的1003号。为什么要用1003号呢？100号或者12号不行吗？还真不行，因为1～2号由dsctbl.c使用，而3～1002号由mtask.c使用，所以我们用了1003号，因此如果把1003号换成1234号之类的还是没问题的哦。

　　随后，当内存段创建完成后，用farjmp跳转并运行。

■■■■■

　　我们来试试看吧，"make run"，然后在命令行窗口中运行hlt命令，这是"纸娃娃系统"历史上首次运行应用程序，我们的心情无比激动。咦？程序停止了。

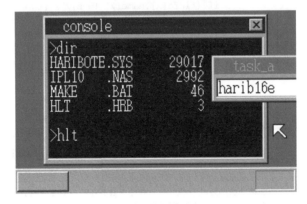

运行时的样子

　　糟糕，难道是bug？转念一想，这个程序本来就是执行HTL，这样才是正常的嘛。因为程序不会执行任何操作，因此看上去好像是停止了一样。对了，其实（看上去）停止了的只有命令行窗口而已，如果按下Tab键的话，还是可以切换回task_a的哦。

　　唔，不过这样一来，我们就没办法判断命令行窗口的停止到底是因为运行了hlt.hrb呢，还是由于另外一些原因不明的bug导致的。我们还是要再确认一下才行。

　　该怎么办呢？我们用个巧办法吧：

改造版的第一个应用程序

```
[BITS 32]
    CLI
fin:
    HLT
    JMP fin
```

　　我们在开头加上了一个CLI指令，这样整个程序变成了4个字节。如果应用程序正常运行的话，中断处理会被禁止，因此即便按下Tab键也无法切换回task_a，鼠标应该也停止不动了。

　　那么我们来试验一下。哇，真的停止了耶！太棒了，果然我们的应用程序成功运行了。话说回来，冷静下来一想，自己制作的操作系统明明死机了却还开心得不得了，真是个奇怪的家伙（笑）。总之，撒花。

　　好了，今天的内容就到这里。明天我们继续加油哦！

19

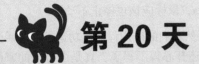

API

1　程序整理（harib17a）

大家早上好，今天我们继续努力哦。昨天我们已经实现了应用程序的运行，今天我们来实现由应用程序对操作系统功能的调用（即API，也叫系统调用）。

为什么这样的功能称为"系统调用"（system call）呢？因为它是由应用程序来调用（操作）系统中的功能来完成某种操作，这个名字很直白吧。

"API"这个名字就稍微复杂些，是"application program interface"的缩写，即"应用程序（与系统之间的）接口"的意思。

请大家把这两个名字记住哦，考试题目中会有的哦……开玩笑啦，这些其实用不着记啦。有记这些单词的工夫，还不如多享受一下制作操作系统的乐趣呢。

以后，在本书中会更多地使用"API"这个名字，理由很简单，因为它比较短嘛（笑）!

这值得纪念的第一次，我们就来做个在命令行窗口中显示字符的API吧。BIOS中也有这个功能哦，如果忘了的话请重新看看第二天的内容。怎么样，找到了吧？无论什么样的操作系统，都会有功能类似的API，这可以说是必需的。

■■■■■

下面来改造一下我们操作系统，让它可以使用API吧……等等，现在这程序是怎么回事！尤其是console_task，简直太不像样了。看着如此混乱的程序代码，真是提不起任何干劲来进行改造，我们还是先把程序整理一下吧。

　　由于只是改变了程序的写法，并没有改变程序处理的内容，因此这里就不讲解了。原本很长的console_task，从249行改到了85行，哦耶！不过由于创建了很多函数，整体的行数反而比原来多了，叹。

本次的console.c节选

```
struct CONSOLE {
    struct SHEET *sht;
    int cur_x, cur_y, cur_c;
};

void console_task(struct SHEET *sheet, unsigned int memtotal)
{
    struct TIMER *timer;
    struct TASK *task = task_now();
    struct MEMMAN *memman = (struct MEMMAN *) MEMMAN_ADDR;
    int i, fifobuf[128], *fat = (int *) memman_alloc_4k(memman, 4 * 2880);
    struct CONSOLE cons;
    char cmdline[30];
    cons.sht = sheet;
    cons.cur_x =  8;
    cons.cur_y = 28;
    cons.cur_c = -1;

    fifo32_init(&task->fifo, 128, fifobuf, task);
    timer = timer_alloc();
    timer_init(timer, &task->fifo, 1);
    timer_settime(timer, 50);
    file_readfat(fat, (unsigned char *) (ADR_DISKIMG + 0x000200));

    /*显示提示符*/
    cons_putchar(&cons, '>', 1);

    for (;;) {
        io_cli();
        if (fifo32_status(&task->fifo) == 0) {
            task_sleep(task);
            io_sti();
        } else {
            i = fifo32_get(&task->fifo);
            io_sti();
            if (i <= 1) { /*光标用定时器*/
                if (i != 0) {
                    timer_init(timer, &task->fifo, 0); /*下次置0 */
                    if (cons.cur_c >= 0) {
                        cons.cur_c = COL8_FFFFFF;
                    }
```

```
        } else {
            timer_init(timer, &task->fifo, 1); /*下次置1 */

            if (cons.cur_c >= 0) {
                cons.cur_c = COL8_000000;
            }
        }
        timer_settime(timer, 50);
    }
    if (i == 2) {    /*光标ON */
        cons.cur_c = COL8_FFFFFF;
    }
    if (i == 3) {    /*光标OFF */
        boxfill8(sheet->buf, sheet->bxsize, COL8_000000,
                cons.cur_x, cons.cur_y, cons.cur_x + 7, cons.cur_y + 15);
        cons.cur_c = -1;
    }
    if (256 <= i && i <= 511) { /*键盘数据（通过任务A）*/
        if (i == 8 + 256) {
            /*退格键*/
            if (cons.cur_x > 16) {
                /*用空格擦除光标后将光标前移一位*/
                cons_putchar(&cons, ' ', 0);
                cons.cur_x -= 8;
            }
        } else if (i == 10 + 256) {
            /*回车键*/
            /*将光标用空格擦除后换行 */
            cons_putchar(&cons, ' ', 0);
            cmdline[cons.cur_x / 8 - 2] = 0;
            cons_newline(&cons);
            cons_runcmd(cmdline, &cons, fat, memtotal); /*运行命令*/
            /*显示提示符*/
            cons_putchar(&cons, '>', 1);
        } else {
            /*一般字符*/
            if (cons.cur_x < 240) {
                /*显示一个字符之后将光标后移一位*/
                cmdline[cons.cur_x / 8 - 2] = i - 256;
                cons_putchar(&cons, i - 256, 1);
            }
        }
    }
    /*重新显示光标*/
    if (cons.cur_c >= 0) {
        boxfill8(sheet->buf, sheet->bxsize, cons.cur_c, cons.cur_x, cons.cur_y,
            cons.cur_x + 7, cons.cur_y + 15);
    }
    sheet_refresh(sheet, cons.cur_x, cons.cur_y, cons.cur_x + 8, cons.cur_y + 16);
        }
    }
}

void cons_putchar(struct CONSOLE *cons, int chr, char move)
```

20

```
{
    char s[2];
    s[0] = chr;
    s[1] = 0;
    if (s[0] == 0x09) { /*制表符*/
        for (;;) {
            putfonts8_asc_sht(cons->sht, cons->cur_x, cons->cur_y, COL8_FFFFFF, COL8_000000, " ", 1);
            cons->cur_x += 8;
            if (cons->cur_x == 8 + 240) {
                cons_newline(cons);
            }
            if (((cons->cur_x - 8) & 0x1f) == 0) {
                break;  /*被32整除则break*/
            }
        }
    } else if (s[0] == 0x0a) {  /*换行*/
        cons_newline(cons);
    } else if (s[0] == 0x0d) {  /*回车*/
        /*先不做任何操作*/
    } else {    /*一般字符*/
        putfonts8_asc_sht(cons->sht, cons->cur_x, cons->cur_y, COL8_FFFFFF, COL8_000000, s, 1);
        if (move != 0) {
            /* move为0时光标不后移*/
            cons->cur_x += 8;
            if (cons->cur_x == 8 + 240) {
                cons_newline(cons);
            }
        }
    }
    return;
}

void cons_newline(struct CONSOLE *cons)
{
    int x, y;
    struct SHEET *sheet = cons->sht;
    if (cons->cur_y < 28 + 112) {
        cons->cur_y += 16; /*到下一行*/
    } else {
        /*滚动*/
        for (y = 28; y < 28 + 112; y++) {
            for (x = 8; x < 8 + 240; x++) {
                sheet->buf[x + y * sheet->bxsize] = sheet->buf[x + (y + 16) * sheet->bxsize];
            }
        }
        for (y = 28 + 112; y < 28 + 128; y++) {
            for (x = 8; x < 8 + 240; x++) {
                sheet->buf[x + y * sheet->bxsize] = COL8_000000;
            }
        }
        sheet_refresh(sheet, 8, 28, 8 + 240, 28 + 128);
    }
    cons->cur_x = 8;
```

```
        return;
    }

void cons_runcmd(char *cmdline, struct CONSOLE *cons, int *fat, unsigned int memtotal)
{
    if (strcmp(cmdline, "mem") == 0) {
        cmd_mem(cons, memtotal);
    } else if (strcmp(cmdline, "cls") == 0) {
        cmd_cls(cons);
    } else if (strcmp(cmdline, "dir") == 0) {
        cmd_dir(cons);
    } else if (strncmp(cmdline, "type ", 5) == 0) {
        cmd_type(cons, fat, cmdline);
    } else if (strcmp(cmdline, "hlt") == 0) {
        cmd_hlt(cons, fat);
    } else if (cmdline[0] != 0) {
        /*不是命令，也不是空行*/
        putfonts8_asc_sht(cons->sht, 8, cons->cur_y, COL8_FFFFFF, COL8_000000, "Bad command.", 12);
        cons_newline(cons);
        cons_newline(cons);
    }
    return;
}

void cmd_mem(struct CONSOLE *cons, unsigned int memtotal)
{

    struct MEMMAN *memman = (struct MEMMAN *) MEMMAN_ADDR;
    char s[30];
    sprintf(s, "total   %dMB", memtotal / (1024 * 1024));
    putfonts8_asc_sht(cons->sht, 8, cons->cur_y, COL8_FFFFFF, COL8_000000, s, 30);
    cons_newline(cons);
    sprintf(s, "free %dKB", memman_total(memman) / 1024);
    putfonts8_asc_sht(cons->sht, 8, cons->cur_y, COL8_FFFFFF, COL8_000000, s, 30);
    cons_newline(cons);
    cons_newline(cons);
    return;
}

void cmd_cls(struct CONSOLE *cons)
{
    int x, y;
    struct SHEET *sheet = cons->sht;
    for (y = 28; y < 28 + 128; y++) {
        for (x = 8; x < 8 + 240; x++) {
            sheet->buf[x + y * sheet->bxsize] = COL8_000000;
        }
    }
    sheet_refresh(sheet, 8, 28, 8 + 240, 28 + 128);
    cons->cur_y = 28;
    return;
}

void cmd_dir(struct CONSOLE *cons)
```

```
{
    struct FILEINFO *finfo = (struct FILEINFO *) (ADR_DISKIMG + 0x002600);
    int i, j;
    char s[30];
    for (i = 0; i < 224; i++) {
        if (finfo[i].name[0] == 0x00) {
            break;
        }
        if (finfo[i].name[0] != 0xe5) {
            if ((finfo[i].type & 0x18) == 0) {
                sprintf(s, "filename.ext   %7d", finfo[i].size);
                for (j = 0; j < 8; j++) {
                    s[j] = finfo[i].name[j];
                }
                s[ 9] = finfo[i].ext[0];
                s[10] = finfo[i].ext[1];
                s[11] = finfo[i].ext[2];
                putfonts8_asc_sht(cons->sht, 8, cons->cur_y, COL8_FFFFFF, COL8_000000, s, 30);
                cons_newline(cons);
            }
        }
    }
    cons_newline(cons);
    return;
}

void cmd_type(struct CONSOLE *cons, int *fat, char *cmdline)
{
    struct MEMMAN *memman = (struct MEMMAN *) MEMMAN_ADDR;
    struct FILEINFO *finfo = file_search(cmdline + 5, (struct FILEINFO *) (ADR_DISKIMG + 0x002600),
        224);
    char *p;
    int i;
    if (finfo != 0) {
        /*找到文件的情况*/
        p = (char *) memman_alloc_4k(memman, finfo->size);
        file_loadfile(finfo->clustno, finfo->size, p, fat, (char *) (ADR_DISKIMG + 0x003e00));
        for (i = 0; i < finfo->size; i++) {
            cons_putchar(cons, p[i], 1);

        }
        memman_free_4k(memman, (int) p, finfo->size);
    } else {
        /*没有找到文件的情况*/
        putfonts8_asc_sht(cons->sht, 8, cons->cur_y, COL8_FFFFFF, COL8_000000, "File not found.",
            15);
        cons_newline(cons);
    }
    cons_newline(cons);
    return;
}

void cmd_hlt(struct CONSOLE *cons, int *fat)
{
```

```
struct MEMMAN *memman = (struct MEMMAN *) MEMMAN_ADDR;
struct FILEINFO *finfo = file_search("HLT.HRB", (struct FILEINFO *) (ADR_DISKIMG + 0x002600),
    224);
struct SEGMENT_DESCRIPTOR *gdt = (struct SEGMENT_DESCRIPTOR *) ADR_GDT;
char *p;
if (finfo != 0) {
    /*找到文件的情况*/
    p = (char *) memman_alloc_4k(memman, finfo->size);
    file_loadfile(finfo->clustno, finfo->size, p, fat, (char *) (ADR_DISKIMG + 0x003e00));
    set_segmdesc(gdt + 1003, finfo->size - 1, (int) p, AR_CODE32_ER);
    farjmp(0, 1003 * 8);
    memman_free_4k(memman, (int) p, finfo->size);
} else {
    /*没有找到文件的情况*/
    putfonts8_asc_sht(cons->sht, 8, cons->cur_y, COL8_FFFFFF, COL8_000000, "File not found.",
        15);
    cons_newline(cons);
}
cons_newline(cons);
return;
}
```

本次的file.c节选

```
struct FILEINFO *file_search(char *name, struct FILEINFO *finfo, int max)
{
    int i, j;
    char s[12];
    for (j = 0; j < 11; j++) {
        s[j] = ' ';
    }
    j = 0;
    for (i = 0; name[i] != 0; i++) {
        if (j >= 11) { return 0; /*没有找到*/ }
        if (name[i] == '.' && j <= 8) {
            j = 8;
        } else {
            s[j] = name[i];
            if ('a' <= s[j] && s[j] <= 'z') {
                /*将小写字母转换为大写字母*/
                s[j] -= 0x20;
            }
            j++;
        }
    }
    for (i = 0; i < max; ) {
        if (finfo[i].name[0] == 0x00) {
            break;
        }
        if ((finfo[i].type & 0x18) == 0) {
            for (j = 0; j < 11; j++) {
                if (finfo[i].name[j] != s[j]) {
                    goto next;
```

```
            }
        }
        return finfo + i; /*找到文件*/

    }
next:
    i++;
    }
    return 0; /*没有找到*/
}
```

■■■■■

嗯嗯，比之前的代码易读多了。你看，只要想把代码写得清爽些就一定能做到的，连笔者都做到了嘛（笑）。这个例子说明，如果持续增加新的功能，一个函数的代码就会变得很长，像这样定期整理一下还是很有帮助的。

好了，我们来"make run"，输入一些命令试试看。和之前运行的情况一样，很好。

2　显示单个字符的 API（1）（harib17b）

现在我们要开始做显示单个字符的API了哦。说起来其实也不是很难，只要应用程序能用某种方法调用cons_putchar就可以了。

首先我们做一个测试用的应用程序，将要显示的字符编码存入AL寄存器，然后调用操作系统的函数，字符就显示出来了。

本次的hlt.nas（初稿）

```
[BITS 32]
        MOV     AL,'A'
        CALL    (cons_putchar的地址)
fin:
        HLT
        JMP     fin
```

就是这个样子。CALL是一个用来调用函数的指令。在C语言中，goto和函数调用的处理方式完全不同，不过在汇编语言中，CALL指令和JMP指令其实差不多是一码事，它们的区别仅仅在于，当执行CALL指令时，为了能够在接下来执行RET指令时正确返回，会先将要返回的目标地址PUSH到栈中。

关于CALL指令这里想再讲一下。有人可能会想，直接写CALL cons_putchar不就好了吗？然而，hlt.nas这个应用程序在汇编时并不包含操作系统本身的代码，因此汇编器无法得知要调用的函数地址，汇编就会出错。要解决这个问题，必须人工查好地址后直接写到代码中。在对

haribote.sys进行make的时候，通过一定的方法我们可以查出cons_putchar的地址，没有问题，那么我们就来查一下地址……且慢！

■■■■■

这样做有个问题，因为cons_putchar是用C语言写的函数，即便我们将字符编码存入寄存器，函数也无法接收，因此我们必须在CALL之前将文字编码推入栈才行，但这样做也太麻烦了。

没办法，我们只好用汇编语言写一个用来将寄存器的值推入栈的函数了。这个函数不是应用程序的一部分，而是写在操作系统的代码中，因此我们要改写的是naskfunc.nas。另一方面，在应用程序中，我们CALL的地址不再是cons_putchar，而是变成了新写的_asm_cons_putchar。

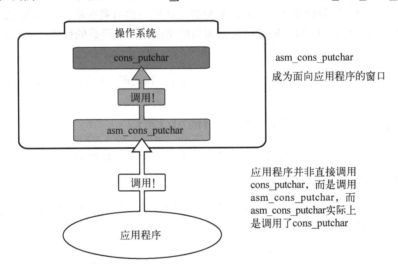

asm_cons_putchar
成为面向应用程序的窗口

应用程序并非直接调用
cons_putchar，而是调用
asm_cons_putchar，而
asm_cons_putchar实际上
是调用了cons_putchar

本次的naskfunc.nas节选（初稿）

```
_asm_cons_putchar:
      PUSH     1
      AND      EAX,0xff      ; 将AH和EAX的高位置0，将EAX置为已存入字符编码的状态
      PUSH     EAX
      PUSH     (cons的地址)
      CALL     _cons_putchar
      ADD      ESP,12        ; 将栈中的数据丢弃
      RET
```

PUSH的特点是后进先出，因此这个顺序没问题。

这段程序的问题在于"cons的地址"到底是多少。应用程序是不知道这个地址的，因此让应用程序来指定地址难以实现。唔，那么只能让操作系统把这个地址事先保存在内存中的某个地方了。哪里比较好呢？对了，就保存在BOOTINFO之前的0x0fec这个地址吧。

本次的naskfunc.nas节选（完成版）

```
_asm_cons_putchar:
        PUSH    1
        AND     EAX,0xff     ; 将AH和EAX的高位置0，将EAX置为已存入字符编码的状态
        PUSH    EAX
        PUSH    DWORD [0x0fec]   ; 读取内存并PUSH该值
        CALL    _cons_putchar
        ADD     ESP,12       ; 将栈中的数据丢弃
        RET
```

本次的console.c节选

```
void console_task(struct SHEET *sheet, unsigned int memtotal)
{
    (中略)
    cons.sht = sheet;
    cons.cur_x =  8;
    cons.cur_y = 28;
    cons.cur_c = -1;
    *((int *) 0x0fec) = (int) &cons;     /*这里! */
    (中略)
}
```

▪▪▪▪▪

现在操作系统这边的工作已经完成了，因此我们先来"make"一下，注意这里不是"make run"，和之前不太一样，因为应用程序还没有准备好呢，所以我们先只进行"make。"

make完成后，除了haribote.sys之外，还会生成一个叫bootpack.map的文件。之前我们一直忽略这个文件的，不过这次它要派上用场了。

这是一个文本文件，用文本编辑器打开即可，其中应该可以找到这样一行：

0x00000BE3 ：_asm_cons_putchar

这就是_asm_cons_putchar的地址了，因此，我们将地址填在应用程序中：

本次的hlt.nas（完成版）

```
[BITS 32]
        MOV     AL,'A'
        CALL    0xbe3
fin:
        HLT
        JMP     fin
```

然后再进行汇编就可以了，很简单吧。

说起来，我们写的这些代码里面，哪个部分是API呢？ "MOVE AL，'A'"和 "CALL 0xbe3"就是API了，因为API就是由应用程序来使用操作系统所提供的服务。当然，我们这个是否达到"服务"的程度就另当别论了。

现在我们的应用程序也已经完成了，可以 "make run"了。嘿！然后在命令行窗口里面运行 "hlt"。哈！

于是乎，咣叽！qemu.exe出错关闭了！看来笔者遭遇了一个不得了的大bug。在真机环境下无法预料会造成什么后果，因此请大家不要尝试。好吧，下面我们来解决这个bug。

3 显示单个字符的 API（2）（harib17c）

像这样会造成模拟器出错关闭的bug，果然只有在开发操作系统时才能碰到。如果不用模拟器进行开发的话，不经意间产生的bug有时可能会造成电脑损坏、硬盘被格式化等严重问题，也许好几天都无法恢复过来。开发操作系统就是这么刺激。如果通过这次的bug，大家能够瞥见这种刺激的冰山一角，那么笔者觉得这个bug也算是有点用的吧（苦笑）。

不过，光扯刺激啦什么的也无济于事，我们还得仔细寻找原因。哦，原来如此，找到了！

原因其实很简单。应用程序对API执行CALL的时候，千万不能忘记加上段号。应用程序所在的段为 "1003 * 8"，而操作系统所在的段为 "2 * 8"，因此我们不能使用普通的CALL，而应该使用far-CALL。

far-CALL实际上和far-JMP一样，只要同时指定段和偏移量即可。

本次的hlt.nas

```
[BITS 32]
        MOV     AL,'A'
        CALL    2*8:0xbe3
fin:
        HLT
        JMP     fin
```

好，完工了，这样bug应该就解决了，我们来试试看。"make run"，然后运行 "hlt"。咦？还是不行。这次虽然没有出错关闭，但qemu.exe停止响应了。

这个问题是由于_asm_cons_putchar的RET指令所造成的。普通的RET指令是用于普通的CALL的返回，而不能用于far-CALL的返回，既然我们用了far-CALL，就必须相应地使用far-RET，也就是RETF指令。因此我们将程序修改一下。

```
_asm_cons_putchar:
        （中略）
        RETF        ; 这里！
```

好啦，这次应该没问题了吧。"make run"，"hlt"，成功了！撒花！

字符显示出来了哦！！！

4　结束应用程序（harib17d）

照现在这个样子，应用程序结束之后会执行HLT，我们就无法在命令行窗口中继续输入命令了，这多无聊啊。如果应用程序结束后不执行HLT，而是能返回操作系统就好了。

怎样才能实现这样的设想呢？没错，只要将应用程序中的HLT改成RET，就可以返回了。相应地，操作系统这边也需要用CALL来代替JMP启动应用程序才对。虽说是CALL，不过因为要调用的程序位于不同的段，所以实际上应该使用far-CALL，因此应用程序那边也应该使用RETF。好，我们的方针已经明确了。

■■■■■

C语言中没有用来执行far-CALL的命令，我们只好来创建一个farcall函数，这个函数和farjmp大同小异。

本次的naskfunc.nas节选

```
_farcall:          ; void farcall(int eip, int cs);
      CALL     FAR [ESP+4]              ; eip, cs
      RET
```

然后，我们还要把hlt命令的处理改为调用farcall。

本次的console.c节选

```
void cmd_hlt(struct CONSOLE *cons, int *fat)
{
    (中略)
    if (finfo != 0) {
        /*找到文件的情况*/
        (中略)
        farcall(0, 1003 * 8);   /*这里! */
```

```
      (中略)
    } else {
        /*没有找到文件的情况*/
        (中略)
    }
    (中略)
}
```

最后我们还要改写一下应用程序hlt.nas，把HLT换成RETF就可以了。

本次的hlt.nas（第1部分）

```
[BITS 32]
        MOV     AL,'A'
        CALL    2*8:0xbe3
        RETF
```

■■■■■

好，完工了哦。我们来"make run"一下，然后运行"hlt"。

咦？qemu.exe又停止响应了，貌似是有bug（今天我们碰了好几个钉子了嘛）。

怎么回事呢？啊，明白了。由于我们改写了操作系统的代码，导致_asm_cons_putchar的地址发生了变化。重新查看bootpack.map，我们发现地址变成了这样：

0x0000BE8 : _asm_cons_putchar

因此，我们把应用程序修改一下。

本次的hlt.nas（第2部分）

```
[BITS 32]
        MOV     AL,'A'
        CALL    2*8:0xbe8
        RETF
```

好，改完了，再试试看。"make run"，"hlt"，怎么样？好了！成功了！

心情激动，于是运行了3次hlt

趁热打铁，我们再来个新的尝试：显示 "hello"。

本次的hlt.nas（第3部分）

```
[BITS 32]
        MOV     AL,'h'
        CALL    2*8:0xbe8
        MOV     AL,'e'
        CALL    2*8:0xbe8
        MOV     AL,'l'
        CALL    2*8:0xbe8
        MOV     AL,'l'
        CALL    2*8:0xbe8
        MOV     AL,'o'
        CALL    2*8:0xbe8
        RETF
```

貌似用循环比较好呢？算了，实在太麻烦（笑）。我们运行一下试试看，结果如下。

你好！

话说回来，现在这个应用程序已经和当初 "hlt" 这个名字完全对不上号了，看来我们得赶快给它改改名字了呢。

5　不随操作系统版本而改变的 API（harib17e）

所以说我们又要改写console.c了。等等，如果修改了操作系统的代码，岂不是 _asm_cons_putchar的地址也会像上次那样发生变化？难道说每次我们修改操作系统的代码，都得把应用程序的代码也改一遍？这也太麻烦了。

虽说确实有的操作系统版本一改变，应用程序也得重新编译，不过还有些系统即便版本改变，应用程序也照样可以运行，大家觉得哪种更好呢？

我们的 "纸娃娃系统" 也需要解决这个问题，把这个搞定之后，我们再考虑命名的事。

■■■■■

解决这个问题的方法其实有很多，这里先为大家介绍其中一种。

CPU中有个专门用来注册函数的地方，也许大家一下子想不起来，笔者说的其实是中断处理程序。在前面我们曾经做过"当发生IRQ-1的时候调用这个函数"这样的设置，大家还记得吗？这是在IDT中设置的。

反正IRQ只有0～15，而CPU用于通知异常状态的中断最多也只有32种，这些都在CPU规格说明书中有明确记载。不过，IDT中却最多可以设置256个函数，因此还剩下很多没有使用的项。

我们的操作系统从这些项里面借用一个的话，CPU应该也不会有什么意见的吧。所以我们就从IDT中找一个空闲的项来用一下。好，我们就选0x40号（其实0x30～0xff都是空闲的，只要在这个范围内任意一个都可以），并将_asm_cons_putchar注册在这里。

本次的dsctbl.c节选

```
void init_gdtidt(void)
{
    (中略)
    /* IDT的设置*/
    set_gatedesc(idt + 0x20, (int) asm_inthandler20, 2 * 8, AR_INTGATE32);
    set_gatedesc(idt + 0x21, (int) asm_inthandler21, 2 * 8, AR_INTGATE32);
    set_gatedesc(idt + 0x2c, (int) asm_inthandler2c, 2 * 8, AR_INTGATE32);
    set_gatedesc(idt + 0x40, (int) asm_cons_putchar, 2 * 8, AR_INTGATE32);  /*这里! */

    return;
}
```

这样一来，我们只要用INT 0x40来代替原来的CALL 2*8:0xbd1就可以调用_asm_cons_putchar了，很方便吧？我们来修改一下应用程序吧。

本次的hlt.nas

```
[BITS 32]
        MOV     AL,'h'
        INT     0x40
        MOV     AL,'e'
        INT     0x40
        MOV     AL,'l'
        INT     0x40
        MOV     AL,'l'
        INT     0x40
        MOV     AL,'o'
        INT     0x40
        RETF
```

于是程序变成了这个样子。看到这里，直觉敏锐的读者也许已经发现了"跟调用BIOS的时候差不多嘛……"。没错，虽然INT号不同，但通过INT方式调用这一点的确是非常类似。说起来，MS-DOS的API采用的也是这种INT方式。

另外，使用INT指令来调用的时候会被视作中断来处理，用RETF是无法返回的，需要使用IRETD指令。因此，我们还要改写_asm_cons_putchar。

本次的naskfunc.nas节选

```
_asm_cons_putchar:
        STI       ;这里!
        PUSH      1
        AND       EAX,0xff     ; 将AH和EAX的高位置0，将EAX置为已存入字符编码的状态
        PUSH      EAX
        PUSH      DWORD [0x0fec]  ; 读取内存并PUSH该值
        CALL      _cons_putchar
        ADD       ESP,12       ; 丢弃栈中的数据
        IRETD     ; 这里!
```

用INT调用时，对于CPU来说相当于执行了中断处理程序，因此在调用的同时CPU会自动执行CLI指令来禁止中断请求。但我们只是用它来代替CALL使用，这种做法就显得画蛇添足了。我们可不想看到"API处理时键盘无法输入"这样的情况，因此需要在开头添加一条STI指令。

其实，对于这种问题，一般来说可以通过在注册到IDT时修改设置来禁止CPU擅自执行CLI，不过这个有点麻烦，还是算了吧（笑）。话说，今天笔者貌似懒到家了，得反省一下。

■■■■■

好了，修改完成，我们来"make run"一下，结果如下。

正常显示"你好"

嗯，很顺利呢。而且应用程序还比之前小了。

harib17d 的 hlt.hrb：46 字节
harib17e 的 hlt.hrb：21 字节

你看，用这种方法能把应用程序缩小，厉害吧？这是因为far-CALL指令需要7个字节而INT指令只需要2个字节的缘故。这次修改还真是一箭双雕呢。

6　为应用程序自由命名（harib17f）

现在我们的应用程序只能用hlt这个名字，下面我们来让系统支持其他应用程序名，这次我们就用hello吧。将console.c中的"hlt"改成"hello"，好啦，这样我们就可以用hello这个应用程序了……哇！别生气别生气，开个玩笑而已（笑）。

好吧，我们先来改写cons_runcmd。

本次的console.c节选

```
void cons_runcmd(char *cmdline, struct CONSOLE *cons, int *fat, unsigned int memtotal)
{
    if (strcmp(cmdline, "mem") == 0) {
        cmd_mem(cons, memtotal);
    } else if (strcmp(cmdline, "cls") == 0) {
        cmd_cls(cons);
    } else if (strcmp(cmdline, "dir") == 0) {
        cmd_dir(cons);
    } else if (strncmp(cmdline, "type ", 5) == 0) {
        cmd_type(cons, fat, cmdline);
    } else if (cmdline[0] != 0) {        /*从此开始*/
        if (cmd_app(cons, fat, cmdline) == 0) {
            /*不是命令，不是应用程序，也不是空行*/
            putfonts8_asc_sht(cons->sht, 8, cons->cur_y, COL8_FFFFFF, COL8_000000, "Bad command.",
                12);
            cons_newline(cons);
            cons_newline(cons);
        }
    }                                    /*到此结束 */
    return;
}
```

总结一下修改的地方，首先是去掉了cmd_hlt，并创建了新的cmd_app。这个函数用来根据命令行的内容判断文件名，并运行相应的应用程序，如果找到文件则返回1，没有找到文件则返回0。

现在程序的工作过程是：当输入的命令不是mem、cls、dir、type其中之一时，则调用cmd_app，如果返回0则作为错误处理。这样应该能行。

我们在cmd_hlt的基础上稍作修改后得到cmd_app函数，具体内容如下。

本次的console.c节选

```
int cmd_app(struct CONSOLE *cons, int *fat, char *cmdline)
{
    struct MEMMAN *memman = (struct MEMMAN *) MEMMAN_ADDR;
    struct FILEINFO *finfo;
```

```
struct SEGMENT_DESCRIPTOR *gdt = (struct SEGMENT_DESCRIPTOR *) ADR_GDT;
char name[18], *p;
int i;

/*根据命令行生成文件名*/
for (i = 0; i < 13; i++) {
    if (cmdline[i] <= ' ') {
        break;
    }
    name[i] = cmdline[i];
}
name[i] = 0; /*暂且将文件名的后面置为0*/

/*寻找文件 */
finfo = file_search(name, (struct FILEINFO *) (ADR_DISKIMG + 0x002600), 224);
if (finfo == 0 && name[i -1]!= '.') {
    /*由于找不到文件，故在文件名后面加上".hrb"后重新寻找*/
    name[i     ] = '.';
    name[i + 1] = 'H';
    name[i + 2] = 'R';
    name[i + 3] = 'B';

    name[i + 4] = 0;
    finfo = file_search(name, (struct FILEINFO *) (ADR_DISKIMG + 0x002600), 224);
}

if (finfo != 0) {
    /*找到文件的情况*/
    p = (char *) memman_alloc_4k(memman, finfo->size);
    file_loadfile(finfo->clustno, finfo->size, p, fat, (char *) (ADR_DISKIMG + 0x003e00));
    set_segmdesc(gdt + 1003, finfo->size - 1, (int) p, AR_CODE32_ER);
    farcall(0, 1003 * 8);
    memman_free_4k(memman, (int) p, finfo->size);
    cons_newline(cons);
    return 1;
}
/*没有找到文件的情况*/
return 0;
}
```

　　我们在程序上动了一点脑筋，使得无论输入"hlt"还是"hlt.hrb"都可以启动"hlt.hrb"。因为在Windows命令行窗口中，不管加不加后面的".exe"都可以运行程序，所以我们就借鉴了这个设计。

■■■■■

　　差不多完工了，我们将hlt.nas改名为hello.nas，然后汇编生成hello.hrb。接下来"make run"，用dir命令确认一下磁盘中的内容，再输入"hello"。哦！出来了！成功了！

再来一次，你好！

嗯嗯，不错！我们再来输入 "hlt" 试一下，这个文件现在已经没有了，会不会报错呢？另外，如果输入 "hello.hrb" 能否正常运行呢？我们来试试看。

报错了哦

出现错误信息了，加上扩展名的情况也OK，太完美了。

7　当心寄存器（harib17g）

hello.hrb的大小现在是21个字节，能不能再让它变小点呢？我们做了如下修改，用了一个循环。

本次的hello.nas

```
[INSTRSET "i486p"]
[BITS 32]
        MOV     ECX,msg
putloop:
        MOV     AL,[CS:ECX]
        CMP     AL,0
        JE      fin
        INT     0x40
```

```
        ADD     ECX,1
        JMP     putloop
fin:
        RETF
msg:
        DB  "hello",0
```

改成这样后make一下，hello.hrb变成了26个字节，居然还大了5个字节，哎，好失望。不过，这样改也有好处，即便以后要显示很长的字符串，程序也不会变得太大。

马上运行一下看看。

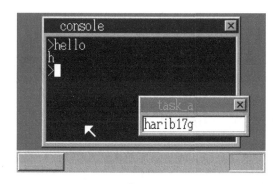

哎呀？

咦？为啥只显示出一个h呢？再把hello.nas仔细检查一遍，也没发现什么不对劲的地方啊……

▪▪▪▪▪

既然应用程序没问题，那问题肯定出在操作系统身上。不过，到底是哪里有问题呢？刚刚找到了点眉目，我们给_asm_cons_putchar添上2行代码，就是PUSHAD和POPAD。

本次的naskfunc.nas节选

```
_asm_cons_putchar:
        STI
        PUSHAD  ; 这里!
        PUSH    1
        AND     EAX,0xff     ; 将AH和EAX的高位置0，将EAX置为已存入字符编码的状态
        PUSH    EAX
        PUSH    DWORD [0x0fec]  ; 读取内存并PUSH该值
        CALL    _cons_putchar
        ADD     ESP,12       ; 将栈中的数据丢弃
        POPAD   ; 这里!
        IRETD
```

为什么要这么改我们待会儿再讲，先来试验一下哦。

哦，好了！

果然是这个问题呀。那为什么会想到加上PUSHAD和POPAD呢？因为笔者推测这有可能是INT 0x40之后ECX寄存器的值发生了变化所导致的，应该是_cons_putchar改动了ECX的值。因此，我们加上了PUSHAD和POPAD确保可以将全部寄存器的值还原，这样程序就能正常运行了。

8 用 API 显示字符串（harib17h）

从实际的应用程序开发角度来说，能显示字符串的API远比只能显示单个字符的API要来的方便，因为一次显示一串字符的情况比一次只显示一个字符的情况多得多。

从其他操作系统的显示字符串的API来看，一般有两种方式：一种是显示一串字符，遇到字符编码0则结束；另一种是先指定好要显示的字符串的长度再显示。我们到底要用哪一种呢？再三考虑之后，贪心的笔者决定在"纸娃娃系统"上同时实现两种方式（笑）。

本次的console.c节选

```
void cons_putstr0(struct CONSOLE *cons, char *s)
{
    for (; *s != 0; s++) {
        cons_putchar(cons, *s, 1);
    }
    return;
}

void cons_putstr1(struct CONSOLE *cons, char *s, int l)
{
    int i;
    for (i = 0; i < l; i++) {
        cons_putchar(cons, s[i], 1);
    }
    return;
}
```

　　哦，对了，有了这个函数，就可以简化mem、dir、type这几个命令的代码，趁着还没忘记，赶紧改良一下。

本次的console.c节选

```
void cons_runcmd(char *cmdline, struct CONSOLE *cons, int *fat, unsigned int memtotal)
{
    if (strcmp(cmdline, "mem") == 0) {
        cmd_mem(cons, memtotal);
    } else if (strcmp(cmdline, "cls") == 0) {
        cmd_cls(cons);
    } else if (strcmp(cmdline, "dir") == 0) {
        cmd_dir(cons);
    } else if (strncmp(cmdline, "type ", 5) == 0) {
        cmd_type(cons, fat, cmdline);
    } else if (cmdline[0] != 0) {
        if (cmd_app(cons, fat, cmdline) == 0) {
            /*不是命令，不是应用程序，也不是空行*/
            cons_putstr0(cons, "Bad command.\n\n");        /*这里! */
        }
    }
    return;
}

void cmd_mem(struct CONSOLE *cons, unsigned int memtotal)
{
    struct MEMMAN *memman = (struct MEMMAN *) MEMMAN_ADDR;
    char s[60];                    /*从此开始*/
    sprintf(s, "total   %dMB\nfree %dKB\n\n", memtotal / (1024 * 1024), memman_total(memman) /
        1024);
    cons_putstr0(cons, s);        /*到此结束*/
    return;
}

void cmd_dir(struct CONSOLE *cons)
{
    struct FILEINFO *finfo = (struct FILEINFO *) (ADR_DISKIMG + 0x002600);
    int i, j;
    char s[30];

    for (i = 0; i < 224; i++) {
        if (finfo[i].name[0] == 0x00) {
            break;
        }
        if (finfo[i].name[0] != 0xe5) {
            if ((finfo[i].type & 0x18) == 0) {
                sprintf(s, "filename.ext   %7d\n", finfo[i].size);
                for (j = 0; j < 8; j++) {
                    s[j] = finfo[i].name[j];
                }
                s[ 9] = finfo[i].ext[0];
                s[10] = finfo[i].ext[1];
                s[11] = finfo[i].ext[2];
```

```
                cons_putstr0(cons, s);   /*这里! */
            }
        }
    }
    cons_newline(cons);
    return;
}

void cmd_type(struct CONSOLE *cons, int *fat, char *cmdline)
{
    struct MEMMAN *memman = (struct MEMMAN *) MEMMAN_ADDR;
    struct FILEINFO *finfo = file_search(cmdline + 5, (struct FILEINFO *) (ADR_DISKIMG + 0x002600),
        224);
    char *p;
    if (finfo != 0) {
        /*找到文件的情况*/
        p = (char *) memman_alloc_4k(memman, finfo->size);
        file_loadfile(finfo->clustno, finfo->size, p, fat, (char *) (ADR_DISKIMG + 0x003e00));
        cons_putstr1(cons, p, finfo->size); /*这里! */
        memman_free_4k(memman, (int) p, finfo->size);
    } else {
        /*没有找到文件的情况*/
        cons_putstr0(cons, "File not found.\n"); /*这里! */
    }
    cons_newline(cons);
    return;
}
```

代码缩减了12行，什么嘛！一开始就这样写不就好了吗？不过不管怎么说也算是个值得高兴的事吧。

在上面字符串中我们使用了"\n"这个新的符号，这里来讲解一下。在C语言中，"\"这个字符有特殊的含义，用来表示一些特殊字符。这里出现的"\n"代表换行符，即0x0a，也就是说用2个字符来表示1个字节的信息，有点怪吧。此外还有"\t"，它代表制表符，即0x09。顺便说一下，换行符"\n"之所以用"n"，是因为它是"new line"的缩写。

▬▬▬▬▬

好，我们已经有了cons_putstr0和cons_putstr1，那么怎样把它们变成API呢？最简单的方法就是像显示单个字符的API那样，分配INT 0x41和INT 0x42来调用这两个函数。不过这样一来，只能设置256个项目的IDT很快就会被用光。

既然如此，我们就借鉴BIOS的调用方式，在寄存器中存入功能号，使得只用1个INT就可以选择调用不同的函数。在BIOS中，用来存放功能号的寄存器一般是AH，我们也可以照搬，但这样最多只能设置256个API函数。而如果我们改用EDX来存放功能号，就可以设置多达42亿个API函数，这样总不会不够用了吧。

功能号暂时按下面那样划分，寄存器的用法也是随意设定的，如果不喜欢的话尽管修改就好哦。

　　功能号 1……显示单个字符（AL = 字符编码）
　　功能号 2……显示字符串 0（EBX = 字符串地址）
　　功能号 3……显示字符串 1（EBX = 字符串地址，ECX = 字符串长度）

接下来我们将_asm_cons_putchar改写成一个新的函数。

本次的naskfunc.nas节选

```
_asm_hrb_api:
      STI
      PUSHAD    ; 用于保存寄存器值的PUSH

      PUSHAD    ; 用于向hrb_api传值的PUSH
      CALL      _hrb_api
      ADD       ESP,32
      POPAD
      IRETD
```

这个函数非常短，因为我们想尽量用C语言来编写API处理程序，而且这样各位读者也更容易理解。

用C语言编写的API处理程序如下。

本次的console.c节选

```c
void hrb_api(int edi, int esi, int ebp, int esp, int ebx, int edx, int ecx, int eax)
{
    struct CONSOLE *cons = (struct CONSOLE *) *((int *) 0x0fec);
    if (edx == 1) {
        cons_putchar(cons, eax & 0xff, 1);
    } else if (edx == 2) {
        cons_putstr0(cons, (char *) ebx);
    } else if (edx == 3) {
        cons_putstr1(cons, (char *) ebx, ecx);
    }
    return;
}
```

嗯，还是挺好理解的吧。开头的寄存器顺序是按照PUSHAD的顺序写的，如果在_asm_hrb_api中不用PUSHAD，而是一个一个分别去PUSH的话，那当然可以按照自己喜欢的顺序来。

啊，对了对了，我们还得改一下IDT的设置，将INT 0x40改为调用_asm_hrb_api。

```
void init_gdtidt(void)
{
    (中略)
```

```
/* IDT设定*/
set_gatedesc(idt + 0x20, (int) asm_inthandler20, 2 * 8, AR_INTGATE32);
set_gatedesc(idt + 0x21, (int) asm_inthandler21, 2 * 8, AR_INTGATE32);
set_gatedesc(idt + 0x2c, (int) asm_inthandler2c, 2 * 8, AR_INTGATE32);
set_gatedesc(idt + 0x40, (int) asm_hrb_api,      2 * 8, AR_INTGATE32); /*这里! */

    return;
}
```

▪▪▪▪▪

这样改写之后，现在的hello.nas就无法正常运行了，因为我们需要往EDX里面存入1才能调用相应的API。虽说我们加上一条向EDX中存入1的指令就可以，不过既然已经写好了cons_putstr0，那就干脆用这个新的API写一个hello2.nas吧。

本次的hello2.nas

```
[INSTRSET "i486p"]
[BITS 32]
        MOV     EDX,2
        MOV     EBX,msg
        INT     0x40
        RETF
msg:
        DB  "hello",0
```

哇，这样貌似短多了，make了一下，只有19个字节，创造了最小文件纪录哦。

好，完工了，赶紧"make run"，运行"hello2"试试看。

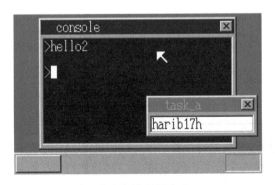

咦? 什么都没显示出来?

呃……貌似失败了，怎么回事呢……? 今天已经很累了，脑子都不转了，我们还是明天再来找原因吧。总之，我们先将这个放在一边，在以前的hello.nas中加一条EDX = 1；试试看吧。

本次的hello.nas

```
[INSTRSET "i486p"]
[BITS 32]
        MOV     ECX,msg
        MOV     EDX,1        ; 这里!
putloop:
        MOV     AL,[CS:ECX]
        CMP     AL,0
        JE      fin
        INT     0x40
        ADD     ECX,1
        JMP     putloop
fin:
        RETF
msg:
        DB  "hello",0
```

看看这次怎么样。"make run"试验一下。

嗯嗯，这次貌似成功了

成功了，总算稍稍松了口气。

今天我们在最后的最后碰了个大钉子（就是hello2），心情有点不爽，不过已经困得不行了，就先到这吧！大家明天见。

第 21 天

保护操作系统

1　攻克难题——字符串显示 API（harib18a）

早安，大家精神还好吗？笔者有点没睡够，不过今天我们要继续加油哦。

先总结一下昨天最后遇到的情况：hello.hrb运行正常，但hello2.hrb却出现异常。为什么会这样呢？想了一下，应该是内存段惹的祸。

显示单个字符时，我们用[CS:ECX]的方式特意指定了CS（代码段寄存器），因此可以成功读取msg的内容。但在显示字符串时，由于无法指定段地址，程序误以为是DS而从完全错误的内存地址中读取了内容，碰巧读出的内容是0，于是就什么都没有显示出来。

因此，我们需要在API中做个改动，使其能够将应用程序传递的地址解释为代码段内的地址。

■■■■■

hrb_api并不知道代码段的起始位置位于内存的哪个地址，但cmd_app应该知道，因为当初设置这个代码段的正是cmd_app。

由于我们没有办法从cmd_app向hrb_api直接传递数据，因此只好又在内存里找个地方存放一下了。0xfec这个位置之前已经用过了，这次我们放在它前面的0xfe8好了。

```
int cmd_app(struct CONSOLE *cons, int *fat, char *cmdline)
```

```
{
    （中略）

    if (finfo != 0) {
        /*找到文件的情况*/
        p = (char *) memman_alloc_4k(memman, finfo->size);
        *((int *) 0xfe8) = (int) p;        /*这里！*/
        file_loadfile(finfo->clustno, finfo->size, p, fat, (char *) (ADR_DISKIMG + 0x003e00));
        set_segmdesc(gdt + 1003, finfo->size - 1, (int) p, AR_CODE32_ER);
        farcall(0, 1003 * 8);
        memman_free_4k(memman, (int) p, finfo->size);
        cons_newline(cons);
        return 1;
    }
    /*没有找到文件的情况*/
    return 0;
}

void hrb_api(int edi, int esi, int ebp, int esp, int ebx, int edx, int ecx, int eax)
{
    int cs_base = *((int *) 0xfe8);        /*这里！*/
    struct CONSOLE *cons = (struct CONSOLE *) *((int *) 0x0fec);
    if (edx == 1) {
        cons_putchar(cons, eax & 0xff, 1);
    } else if (edx == 2) {
        cons_putstr0(cons, (char *) ebx + cs_base);            /*这里！*/
    } else if (edx == 3) {
        cons_putstr1(cons, (char *) ebx + cs_base, ecx);       /*这里！*/
    }
    return;
}
```

就是这个样子，应该没有什么难点，所以就不讲解了。

好了，赶紧试验一下，看看只有19个字节的hello2能不能成功显示出字符串。

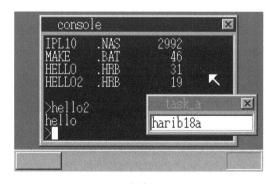

显示出来了！

成功了，看来果然是内存段搞的鬼，问题解决！

2 用 C 语言编写应用程序（harib18b）

在此之前，我们的应用程序都是用汇编语言编写的，因为用汇编语言没有使用不了的指令，而且还可以在寄存器层面上实现精确的操作。不过一直用汇编语言写应用程序实在太累，要是能用C语言就省事多了，比如像下面这样：

本次的a.c

```c
void api_putchar(int c);

void HariMain(void)
{
    api_putchar('A');
    return;
}
```

（注：这里的函数名HariMain可能会让大家联想到bootpack.c，但其实两者并没有任何关系。用C语言编写程序时，开始执行的入口函数就叫HariMain。这里的a.c和bootpack.c是完全独立编译的应用程序。）

■■■■■

好，让我们开始吧。要实现C语言编写应用程序，需要在应用程序方面创建一个api_putchar函数。注意，这个函数不是创建在操作系统中。api_putchar函数需要用C语言来调用，功能是向EDX和AL赋值，并调用INT 0x40。也许这样说大家还不太明白，看看下面的程序应该马上就能理解了。

本次的a_nask.nas

```nasm
[FORMAT "WCOFF"]              ; 生成对象文件的模式
[INSTRSET "i486p"]           ; 表示使用486兼容指令集
[BITS 32]                    ; 生成32位模式机器语言
[FILE "a_nask.nas"]          ; 源文件名信息

        GLOBAL  _api_putchar

[SECTION .text]

_api_putchar:   ; void api_putchar(int c);
        MOV     EDX,1
        MOV     AL,[ESP+4]    ; c
        INT     0x40
        RET
```

这里的api_putchar需要与a.c的编译结果进行连接，因此我们使用对象文件模式。

然后，Makefile也需要修改一下。

本次的Makefile节选

```
a.bim : a.obj a_nask.obj Makefile
    $(OBJ2BIM) @$(RULEFILE) out:a.bim map:a.map a.obj a_nask.obj

a.hrb : a.bim Makefile
    $(BIM2HRB) a.bim a.hrb 0
```

这里我们借鉴了生成bootpack.hrb时的方法。话说回来，当时我们并没有详细讲解为什么要用这样的方式生成bootpack.hrb，关于这一点稍后我们会讲到。

■■■■■

我们来"make run"，生成了一个72个字节的a.hrb。明明只显示1个字符，却比显示5个字符的hello.hrb还要大，真郁闷，不过因为是用C语言编写的，这也很正常。接着我们在命令行中输入"a"来运行一下，结果QEMU没反应了，貌似程序有bug。看来用C语言编写应用程序还是困难重重啊。

我们当然不能就这样放弃，在这里我们来变个神奇的小戏法。这个小戏法可是很有内涵的哟，不过暂时先卖个关子。

修改前的a.hrb

```
         +0 +1 +2 +3 +4 +5 +6 +7 +8 +9 +A +B +C +D +E +F  0123456789ABCDEF
------------------------------------------------------------------------
000000 : 00 00 01 00 48 61 72 69 00 00 00 00 00 00 01 00   ....Hari........
000010 : 00 00 00 00 48 00 00 00 00 00 00 E9 1C 00 00 00   ....H...........
000020 : 00 00 00 00 55 89 E5 6A 41 E8 02 00 00 00 C9 C3   ....U..jA.......
000030 : BA 01 00 00 00 8A 44 24 04 CD 40 C3 55 89 E5 5D   ......D$..@.U..]
000040 : E9 DF FF FF FF 00 00 00                           ........
```

我们将开头的6个字节替换成"E8 16 00 00 00 CB"，替换后就变成了这样：

修改后的a.hrb

```
         +0 +1 +2 +3 +4 +5 +6 +7 +8 +9 +A +B +C +D +E +F  0123456789ABCDEF
------------------------------------------------------------------------
000000 : E8 16 00 00 00 CB 72 69 00 00 00 00 00 00 01 00   ...... ri........
000010 : 00 00 00 00 48 00 00 00 00 00 00 E9 1C 00 00 00   ....H...........
000020 : 00 00 00 00 55 89 E5 6A 41 E8 02 00 00 00 C9 C3   ....U..jA.......
000030 : BA 01 00 00 00 8A 44 24 04 CD 40 C3 55 89 E5 5D   ......D$..@.U..]
000040 : E9 DF FF FF FF 00 00 00                           ........
```

大家还记得16进制编辑器的使用方法吗？如果用只读模式无法修改内容，隔的时间太久已经全忘了的同学，请好好回忆一下。

我们再来"make run"一下，a.hrb居然可以正常运行了。仅仅6个字节就解决了问题，二进制编辑器太厉害了！

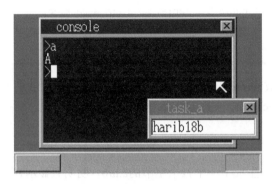

看，运行成功了

■■■■■

现在a.hrb已经可以正常运行了，那么我们就来讲讲这6个字节小戏法的原理吧。其实说起来也简单，这6个字节其实就相当于下面3行代码用nask汇编之后的结果。

```
[BITS 32]
    CALL    0x1b
    RETF
```

也就是先调用0x1b这个地址的函数，从函数返回后再执行far-RET，仅此而已。

这里的0x1b，其实就是.hrb文件中HariMain的地址（其实还是有点差别的，不过这里我们先照这样来讲）。如果我们回想一下很久之前的内容，在asmhead.nas中，最后调用bootpack.hrb的时候有这样一句：

JMP   DWORD 2*8:0x0000001b

你看，这里也是0x1b，一样的。

至于为什么还需要一个far-RET，大家知道吗？因为如果没有它的话，程序结束之后就无法返回到命令行了。

■■■■■

现在我们已经可以用C语言编写应用程序了，为了纪念这一进步，我们再来写一个。

本次的hello3.c

```
void api_putchar(int c);

void HariMain(void)
{
    api_putchar('h');
    api_putchar('e');
    api_putchar('l');
    api_putchar('l');
    api_putchar('o');
    return;
}
```

这个程序也使用了api_putchar，也需要a_nask.obj，因此Makefile要这样写。

```
hello3.bim : hello3.obj a_nask.obj Makefile
    $(OBJ2BIM) @$(RULEFILE) out:hello3.bim map:hello3.map hello3.obj a_nask.obj
```

```
hello3.hrb : hello3.bim Makefile
    $(BIM2HRB) hello3.bim hello3.hrb 0
```

"make"一下，生成了一个正好100个字节的hello3.hrb。但光这样还不行，我们得把那6个字节的小戏法写进去才能正常运行。

■■■■■

不过每次都替换那6个字节实在是太麻烦了，笔者还是希望"make run"一下就能一步到位，所以我们在操作系统上面做点手脚。

本次的console.c节选

```
int cmd_app(struct CONSOLE *cons, int *fat, char *cmdline)
{
    (中略)

    if (finfo != 0) {
        /*找到文件的情况*/
        p = (char *) memman_alloc_4k(memman, finfo->size);
        *((int *) 0xfe8) = (int) p;
        file_loadfile(finfo->clustno, finfo->size, p, fat, (char *) (ADR_DISKIMG + 0x003e00));
        set_segmdesc(gdt + 1003, finfo->size - 1, (int) p, AR_CODE32_ER);
        if (finfo->size >= 8 && strncmp(p + 4, "Hari", 4) == 0) {    /*从此开始*/
            p[0] = 0xe8;
            p[1] = 0x16;
            p[2] = 0x00;
            p[3] = 0x00;
```

```
        p[4] = 0x00;
        p[5] = 0xcb;
    }                                          /*到此结束*/
    farcall(0, 1003 * 8);
    memman_free_4k(memman, (int) p, finfo->size);
    cons_newline(cons);
    return 1;
    }
    /*没有找到文件的情况*/
    return 0;
}
```

凡是通过bim2hrb生成的hrb文件，其第4～7字节一定为"Hari"，因此程序通过判断第4～7字节的内容，将读取的数据先进行修改之后再运行。这样一来，不需要用二进制编辑器手工修改，程序应该也可以正常运行了。

我们来试试看，将之前修改过的hello3.hrb删除，然后重新"make run"一下。哇，成功啦！

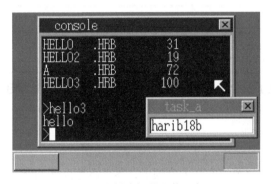

不用二进制编辑器也能运行

3 保护操作系统（1）（harib18c）

接下来我们先稍微偏离一下主线，谈一谈关于操作系统保护的话题。

操作系统需要运行各种应用程序，而这些应用程序有可能是操作系统开发者编写的，也有可能是用户、别的软件开发商或者是某个自由软件作者出于善意编写的。然而，也有些人会出于恶意编写一些捣乱的应用程序出来。

最近大家都下载并安装了很多自由软件吧，那些软件的作者是否值得信赖呢？大多数人往往并不关心这一点，但某些情况下，下载的软件中可能包含着电脑病毒（当然，大多数情况下作者并非有意为之，而是作者的电脑不小心感染了病毒，导致发布出来的软件也感染了病毒）。

即便没有恶意，应用程序中也可能存在bug，而且某些bug可能会对操作系统造成破坏。所谓对操作系统的破坏，严重程度也不同，比如擅自删除重要文件、使其他任务的运行产生异常，或者造成操作系统死机而不得不重新启动等等。无论如何，这些都给用户造成了麻烦。

既然操作系统需要为应用程序的运行提供支持，也就必须考虑如何应对这样的问题。如果应用程序出了问题就会破坏操作系统的话，那大家都不敢用下载下来的软件了（当然，这样说夸张了些）。即便是自己编写的程序，一旦有了bug也可能会使操作系统遭到破坏，这实在是太可怕了。因此，如果稍微花点工夫就可以让操作系统变得更加安全，那我们没有理由不这样做。

值得庆幸的是，我们所使用的x86架构CPU为我们提供了保护操作系统的功能，只要我们学会运用这些功能完善操作系统的安全性，就可以最大限度地保护操作系统。我们的目标是：没有漏洞！

■■■■■

首先，我们来做一个用来捣乱的应用程序。

本次的crack1.c

```c
void HariMain(void)
{
    *((char *) 0x00102600) = 0;
    return;
}
```

程序的功能很简单，向内存的0x102600地址写入一个0，虽说仅此而已，但破坏力却十分强大。这么说可能大家还不明白，我们来实际操作一下。

首先来"make run"，然后输入"crack1"……大家做好心理准备没？……按下回车。

破坏后的状态？

哎呀？貌似什么都没有发生嘛。其实系统已经彻底坏掉了，不信的话输入dir试试看。

重新启动一下系统就恢复了。真要不小心运行了这样的程序，除非重新启动，否则就什么都做不了了，这种程序我们必须在它产生破坏作用之前强行终止才行。

咚！命令错误！

4 保护操作系统（2）（harib18d）

到底怎样才能阻止crack1.hrb呢？它所干的坏事，其实就是擅自访问了本该由操作系统来管理的内存空间。我们需要为应用程序提供专用的内存空间，并且告诉它们"别的地方不许碰哦"。要做到这一点，我们可以创建应用程序专用的数据段，并在应用程序运行期间，将DS和SS指向该段地址。

操作系统用代码段······2 * 8
操作系统用数据段······1 * 8
应用程序用代码段······1003 * 8
应用程序用数据段······1004 * 8
（3 * 8～1002 * 8为TSS所使用的段）

至于应用程序专用的内存空间，好吧，就先分配64KB吧（反正我们还可以根据需要进行调节）。

本次的console.c节选

```
int cmd_app(struct CONSOLE *cons, int *fat, char *cmdline)
{
    (中略)
    char name[18], *p, *q;         /*这里! */

    (中略)

    if (finfo != 0) {
        /*找到文件的情况*/
        p = (char *) memman_alloc_4k(memman, finfo->size);
        q = (char *) memman_alloc_4k(memman, 64 * 1024);       /*这里! */
        *((int *) 0xfe8) = (int) p;
        file_loadfile(finfo->clustno, finfo->size, p, fat, (char *) (ADR_DISKIMG + 0x003e00));
        set_segmdesc(gdt + 1003, finfo->size - 1, (int) p, AR_CODE32_ER);
        set_segmdesc(gdt + 1004, 64 * 1024 - 1,   (int) q, AR_DATA32_RW);    /*这里! */
```

```
        （中略）
        start_app(0, 1003 * 8, 64 * 1024, 1004 * 8);        /*这里! */
        memman_free_4k(memman, (int) p, finfo->size);
        memman_free_4k(memman, (int) q, 64 * 1024);        /*这里! */
        cons_newline(cons);
        return 1;
    }
    /*没有找到文件的情况*/
    return 0;
}
```

这里出现的start_app是用来启动应用程序的函数。之前我们只是执行一个far-CALL，现在我们还要设置ESP和DS.SS。

本次的naskfunc.nas节选

```
_start_app:        ; void start_app(int eip, int cs, int esp, int ds);
            PUSHAD          ; 将32位寄存器的值全部保存起来
            MOV     EAX,[ESP+36]    ; 应用程序用EIP
            MOV     ECX,[ESP+40]    ; 应用程序用CS
            MOV     EDX,[ESP+44]    ; 应用程序用ESP
            MOV     EBX,[ESP+48]    ; 应用程序用DS/SS
            MOV     [0xfe4],ESP     ; 操作系统用ESP
            CLI             ; 在切换过程中禁止中断请求
            MOV     ES,BX
            MOV     SS,BX
            MOV     DS,BX
            MOV     FS,BX
            MOV     GS,BX
            MOV     ESP,EDX
            STI             ; 切换完成后恢复中断请求
            PUSH    ECX                 ; 用于far-CALL的PUSH(cs)
            PUSH    EAX                 ; 用于far-CALL的PUSH(eip)
            CALL    FAR [ESP]           ; 调用应用程序

;    应用程序结束后返回此处

            MOV     EAX,1*8         ; 操作系统用DS/SS
            CLI             ; 再次进行切换，禁止中断请求
            MOV     ES,AX
            MOV     SS,AX
            MOV     DS,AX
            MOV     FS,AX
            MOV     GS,AX
            MOV     ESP,[0xfe4]
            STI             ; 切换完成后恢复中断请求
            POPAD    ; 恢复之前保存的寄存器值
            RET
```

稍微有点复杂，大家看懂了吗？在向SS和DS赋值的时候，我们也同时向ES、FS和GS赋了值，这样做是为了以防万一。我们将操作系统栈的ESP保存在0xfe4这个地址，以便从应用程序返回操作系统时使用。

■■■■■

不过，光这样改还不够，当使用API时应用程序需要调用hrb_api，但hrb_api这个函数是用C语言编写的操作系统程序，因此如果不将段地址设回操作系统用的段就无法正常工作。于是我们还得修改_asm_hrb_api。

本次的naskfunc.nas节选

```
_asm_hrb_api:
        ; 为方便起见从开头就禁止中断请求
        PUSH      DS
        PUSH      ES
        PUSHAD          ; 用于保存的PUSH
        MOV       EAX,1*8
        MOV       DS,AX         ; 先仅将DS设定为操作系统用
        MOV       ECX,[0xfe4]   ; 操作系统的ESP
        ADD       ECX,-40
        MOV       [ECX+32],ESP  ; 保存应用程序的ESP
        MOV       [ECX+36],SS   ; 保存应用程序的SS

; 将PUSHAD后的值复制到系统栈

        MOV       EDX,[ESP    ]
        MOV       EBX,[ESP+ 4]
        MOV       [ECX    ],EDX    ; 复制传递给hrb_api
        MOV       [ECX+ 4],EBX    ; 复制传递给hrb_api
        MOV       EDX,[ESP+ 8]
        MOV       EBX,[ESP+12]
        MOV       [ECX+ 8],EDX    ; 复制传递给hrb_api
        MOV       [ECX+12],EBX    ; 复制传递给hrb_api
        MOV       EDX,[ESP+16]
        MOV       EBX,[ESP+20]
        MOV       [ECX+16],EDX    ; 复制传递给hrb_api
        MOV       [ECX+20],EBX    ; 复制传递给hrb_api
        MOV       EDX,[ESP+24]
        MOV       EBX,[ESP+28]
        MOV       [ECX+24],EDX    ; 复制传递给hrb_api
        MOV       [ECX+28],EBX    ; 复制传递给hrb_api

        MOV       ES,AX           ; 将剩余的段寄存器也设为操作系统用
        MOV       SS,AX
        MOV       ESP,ECX
        STI             ; 恢复中断请求

        CALL      _hrb_api

        MOV       ECX,[ESP+32]    ; 取出应用程序的ESP
        MOV       EAX,[ESP+36]    ; 取出应用程序的SS
        CLI
        MOV       SS,AX
        MOV       ESP,ECX
        POPAD
        POP       ES
        POP       DS
        IRETD           ; 这个命令会自动执行STI
```

这次估计大家是真的看不懂了吧。不过只要仔细读一遍，还是能看懂个大概的。开头的PUSHAD是将值存到应用程序的栈中，因此使用操作系统栈的hrb_api无法读取这些值，我们需要特地把它们复制过来。因为怕麻烦，这次我们把FS和GS的设置给省略了。

这回总该改好了吧？别急，还差一点。大家已经不耐烦了吧？下面我们来修改中断的部分。在应用程序运行中也会产生中断请求，中断产生后会调用_inthandler20等操作系统内部的C语言函数，因此，我们还得对DS和SS进行切换才行。

本次的naskfunc.nas节选

```
_asm_inthandler20:
        PUSH    ES
        PUSH    DS
        PUSHAD
        MOV     AX,SS
        CMP     AX,1*8
        JNE     .from_app
;       当操作系统活动时产生中断的情况和之前差不多
        MOV     EAX,ESP
        PUSH    SS                  ; 保存中断时的SS
        PUSH    EAX                 ; 保存中断时的ESP
        MOV     AX,SS
        MOV     DS,AX
        MOV     ES,AX
        CALL    _inthandler20

        ADD     ESP,8
        POPAD
        POP     DS
        POP     ES
        IRETD
.from_app:
;       当应用程序活动时发生中断
        MOV     EAX,1*8
        MOV     DS,AX               ; 先仅将DS设定为操作系统用
        MOV     ECX,[0xfe4]         ; 操作系统的ESP
        ADD     ECX,-8
        MOV     [ECX+4],SS          ; 保存中断时的SS
        MOV     [ECX   ],ESP        ; 保存中断时的ESP
        MOV     SS,AX
        MOV     ES,AX
        MOV     ESP,ECX
        CALL    _inthandler20
        POP     ECX
        POP     EAX
        MOV     SS,AX               ; 将SS设回应用程序用
        MOV     ESP,ECX             ; 将ESP设回应用程序用
        POPAD
        POP     DS
        POP     ES
        IRETD
```

这样总算可以运行了，asm_inthandler21和asm_inthandler2c也和上面大同小异。

如果你看不懂本节中这些汇编语言的程序也不要紧，忽略它们就是了。现在大家可能看得云里雾里的，但其实这个程序在今天之内就会消失不见的。为什么会这样呢？因为CPU实际上本身就有自动进行这种复杂段切换的功能，最终我们还是要用CPU本身的功能来实现。

有人可能会说，有那么方便的功能，为什么不一开始就用呢？笔者是想让大家先体验一下，如果不用CPU的功能实现起来有多么麻烦，先苦后甜嘛。话说回来，任务切换我们一开始就是用TSS来实现的，其实不用TSS也可以，差不多就像现在这样麻烦。由此看来，x86考虑到操作系统开发者的需求，提供了各种方便的功能，还真得感谢它呢。

这次我们还使用了以句点（.）开头的标签名，这是一种被称为本地标签的特殊标签。它基本上和普通的标签功能一样，区别在于即使标签名和其他函数中的标签重复，系统也能将它们区分开来。

■■■■■

好，现在我们应该可以运行hello.hrb这些应用程序了。虽说运行应用程序这种功能我们早就实现了，不过之前应用程序栈和系统栈是混在一起的，而现在我们将它们清晰地区分开了，虽然这种改变表面上看不出来，但却是相当了不起的。之所以这么说是因为只有写这么深奥的汇编语言代码才能把它们区分开，就冲这一点也相当了不起……你说是不是呢？（笑）

总之，我们先来"make run"试试。看，运行成功了。

成功运行了，不过表面上看不出什么区别

那么，我们在这里运行crack1.hrb会怎么样呢？大概电脑会出问题吧。因为我们虽然可以阻止这些有问题的程序，但还没有实现强制其终止的功能。不过"make run"试验一下，却发现电脑运行正常，输入dir也能正常列出文件，看起来防御是成功了。其实QEMU没有出错应该是QEMU本身的bug，因此大家千万别在真机上尝试哦。

bug导致crack1.hrb正常结束了　　　　　　　　不过dir还是正常的

5　对异常的支持（harib18e）

接下来我们要实现强制结束程序的功能，完成这个功能之后，我们就可以在真机环境下测试crack1.hrb了。

要想强制结束程序，只要在中断号0x0d中注册一个函数即可，这是因为在x86架构规范中，当应用程序试图破坏操作系统，或者试图违背操作系统的设置时，就会自动产生0x0d中断，因此该中断也被称为"异常"。

我们赶紧来写一个_asm_inthandler0d函数吧，代码和_asm_inthandler20大同小异。

本次的naskfunc.nas节选

```
_asm_inthandler0d:
        STI
        PUSH    ES
        PUSH    DS
        PUSHAD
        MOV     AX,SS
        CMP     AX,1*8
        JNE     .from_app
;    当操作系统活动时产生中断的情况和之前差不多
        MOV     EAX,ESP
        PUSH    SS              ; 保存中断时的SS
        PUSH    EAX             ; 保存中断时的ESP
        MOV     AX,SS
        MOV     DS,AX
        MOV     ES,AX
        CALL    _inthandler0d
        ADD     ESP,8
        POPAD
        POP     DS
        POP     ES
        ADD     ESP,4           ; 在INT 0x0d中需要这句
        IRETD
```

```
.from_app:
;    当应用程序活动时产生中断
        CLI
        MOV       EAX,1*8
        MOV       DS,AX             ; 先仅将DS设定为操作系统用
        MOV       ECX,[0xfe4]       ; 操作系统的ESP
        ADD       ECX,-8
        MOV       [ECX+4],SS        ; 保存产生中断时的SS
        MOV       [ECX  ],ESP       ; 保存产生中断时的ESP
        MOV       SS,AX
        MOV       ES,AX
        MOV       ESP,ECX
        STI
        CALL      _inthandler0d
        CLI
        CMP       EAX,0
        JNE       .kill
        POP       ECX
        POP       EAX
        MOV       SS,AX             ; 将SS恢复为应用程序用
        MOV       ESP,ECX           ; 将ESP恢复为应用程序用
        POPAD
        POP       DS
        POP       ES
        ADD       ESP,4             ; INT 0x0d需要这句
        IRETD
.kill:
;    将应用程序强制结束
        MOV       EAX,1*8           ; 操作系统用的DS/SS
        MOV       ES,AX
        MOV       SS,AX
        MOV       DS,AX
        MOV       FS,AX
        MOV       GS,AX
        MOV       ESP,[0xfe4]       ; 强制返回到start_app时的ESP
        STI             ; 切换完成后恢复中断请求
        POPAD           ; 恢复事先保存的寄存器值
        RET
```

这个函数与_asm_inthandler20的主要区别在于增加了STI/CLI这样控制中断请求禁止、恢复的指令和根据inthandler0d的结果来执行强制结束应用程序的操作。在强制结束时，尽管中断处理完成了但却没有使用IRETD指令，而且还把栈强制恢复到start_app时的状态，使程序返回到cmd_app。可能大家会问，这种奇怪的做法真的没问题吗？是的，完全没问题。

然后我们又写了inthandler0d这样一个函数。

本次的console.c节选

```c
int inthandler0d(int *esp)
{
    struct CONSOLE *cons = (struct CONSOLE *) *((int *) 0x0fec);
```

```
cons_putstr0(cons, "\nINT 0D :\n General Protected Exception.\n");
return 1; /*强制结束程序*/
}
```

这里显示的信息"General Protection Exception"，翻译成中文就是"一般保护异常"，这其实是INT 0x0d的名称。"一般"就是一般性的意思，"保护"就是指对操作系统进行保护。除了一般性的异常，还有一些特殊的异常，这些异常并不是由应用程序的bug和破坏行为所引发的，而是其他种类的异常情况，特殊的的异常会由INT 0x0d以外的中断来处理。

接下来，我们将_asm_inthandler0d注册到IDT中。

本次的dsctbl.c节选

```
void init_gdtidt(void)
{
    (中略)

    /* IDT的设置*/
    set_gatedesc(idt + 0x0d, (int) asm_inthandler0d, 2 * 8, AR_INTGATE32);  /* 这里! */
    set_gatedesc(idt + 0x20, (int) asm_inthandler20, 2 * 8, AR_INTGATE32);
    set_gatedesc(idt + 0x21, (int) asm_inthandler21, 2 * 8, AR_INTGATE32);
    set_gatedesc(idt + 0x27, (int) asm_inthandler27, 2 * 8, AR_INTGATE32);
    set_gatedesc(idt + 0x2c, (int) asm_inthandler2c, 2 * 8, AR_INTGATE32);
    set_gatedesc(idt + 0x40, (int) asm_hrb_api,      2 * 8, AR_INTGATE32);

    return;
}
```

好了，大功告成。

◼◼◼◼◼

我们来"make run"，并运行crack1.hrb。

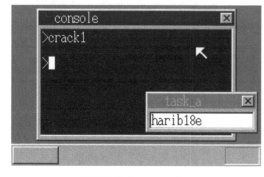

异常快出来！……咦?

好奇怪啊，居然没有发生异常，应该出来才对嘛……难道是程序哪里写错了吗？嗯……看上去也没什么问题啊。那我们在真机环境下试试看吧……啊，出来了！

看来，是QEMU对异常的模拟有点bug，而并不是"纸娃娃系统"的bug，大家可以放心了。

6 保护操作系统（3）（harib18f）

我们的"纸娃娃系统"终于可以成功防御crack1.hrb的攻击了，不过坏人们可不会就此善罢甘休哦，正所谓"道高一尺，魔高一丈"嘛。

站在坏人的角度，我们来想想有没有什么漏洞可以钻。操作系统会指定应用程序用的DS，因此破坏行为会发生异常，那么如果忽略操作系统指定的DS，而是用汇编语言直接将操作系统用的段地址存入DS的话，就又可以干坏事了。嘿嘿嘿。

本次的crack2.nas

```
[INSTRSET "i486p"]
[BITS 32]
        MOV     EAX,1*8          ; OS用的段号
        MOV     DS,AX            ; 将其存入DS
        MOV     BYTE [0x102600],0
        RETF
```

坏人：让你尝尝这招！

我们来"make run"，运行crack2.hrb试试看。PK开始了，结果呢……

没有出现异常！

没有出现异常……不过先别慌，估计又是QEMU的bug，只要没有出现异常，就应该是成功防御了攻击，可是……

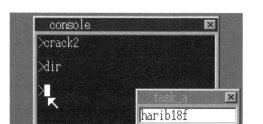

dir也不显示了！中招了！

dir也不显示了，看来我们的"纸娃娃系统"这次中招了……

21

7 保护操作系统（4）（harib18g）

这次之所以会中招，是因为应用程序擅自向DS存入了操作系统用的段地址。那么我们只要想个办法，让应用程序无法使用操作系统的段地址不就好了吗？

大家可能会想："说起来容易，但具体应该怎么做呢？"其实我们的x86架构正好有这样的功能。

在段定义的地方，如果将访问权限加上0x60的话，就可以将段设置为应用程序用。当CS中的段地址为应用程序用段地址时，CPU会认为"当前正在运行应用程序"，这时如果存入操作系统用的段地址就会产生异常。

本次的console.c节选

```
int cmd_app(struct CONSOLE *cons, int *fat, char *cmdline)
{
    (中略)
    char name[13], *p, *q;
    struct TASK *task = task_now();      /*这里! */
    (中略)

    if (finfo != 0) {
        /*找到文件的情况*/
        (中略)
        set_segmdesc(gdt + 1003, finfo->size - 1, (int) p, AR_CODE32_ER + 0x60);   /*从此开始*/
        set_segmdesc(gdt + 1004, 64 * 1024 - 1,  (int) q, AR_DATA32_RW + 0x60);
        (中略)
        start_app(0, 1003 * 8, 64 * 1024, 1004 * 8, &(task->tss.esp0));            /*到此结束*/
        (中略)
    }
    /*没有找到文件的情况*/
    return 0;
}
```

如果使用这次的方法，就必须在TSS中注册操作系统用的段地址和ESP，因此，我们在start_app中增加了用于传递注册地址的代码。

■■■■■

用上面的方法的话，在启动应用程序的时候我们需要让"操作系统向应用程序用的段执行far-CALL"，但根据x86的规则，是不允许操作系统CALL应用程序的（如果强行CALL的话会产生异常）。可能有人会想如果CALL不行的话JMP总可以吧，但在x86中"操作系统向应用程序用的段进行far-JMP"也是被禁止的。

那我们该怎么办呢？可以使用RETF。就像是被应用程序CALL过之后那样，事先将地址PUSH到栈中，然后执行RETF，这样就可以成功启动应用程序了。

> 可能有人会问："为什么不可以从操作系统CALL/JMP应用程序呢！"笔者也搞不明白，还是打电话问英特尔公司的大叔吧——难道说这样设计可以减轻CPU的负担吗？

> 不过，从应用程序CALL操作系统是可以的（只是需要通过一些设置才能实现），这应该是为API而设计的。

> 之前我们一直讲RETF是当far-CALL调用后进行返回的指令，其实即便没有被CALL调用，也可以进行RETF。说穿了，RETF的本质就是从栈中将地址POP出来，然后JMP到该地址而已。因此正如这次我们所做的一样，可以用RETF来代替far-JMP的功能。

本次的naskfunc.nas节选

```
_start_app:          ; void start_app(int eip, int cs, int esp, int ds, int *tss_esp0);
        PUSHAD          ; 将32位寄存器的值全部保存下来
        MOV     EAX,[ESP+36]    ; 应用程序用EIP
        MOV     ECX,[ESP+40]    ; 应用程序用CS
        MOV     EDX,[ESP+44]    ; 应用程序用ESP
        MOV     EBX,[ESP+48]    ; 应用程序用DS/SS
        MOV     EBP,[ESP+52]    ; tss.esp0的地址
        MOV     [EBP  ],ESP     ; 保存操作系统用ESP
        MOV     [EBP+4],SS      ; 保存操作系统用SS
        MOV     ES,BX
        MOV     DS,BX
        MOV     FS,BX
        MOV     GS,BX
;   下面调整栈，以免用RETF跳转到应用程序
        OR      ECX,3           ; 将应用程序用段号和3进行OR运算
        OR      EBX,3           ; 将应用程序用段号和3进行OR运算
        PUSH    EBX             ; 应用程序的SS
        PUSH    EDX             ; 应用程序的ESP
        PUSH    ECX             ; 应用程序的CS
        PUSH    EAX             ; 应用程序的EIP
        RETF
;   应用程序结束后不会回到这里
```

关于将应用程序的段号和3进行OR运算的部分，是为用RETF调用应用程序而使用的一个小技巧，这里就先不详细讲解了。

这次由于我们并不是通过far-CALL来调用应用程序，因此应用程序也无法用RETF的方式结束并返回，后面我们得想别的办法来替代。

■■■■■

接受API调用的_asm_hrb_api也需要进行修改，改完之后比之前的版本还短。

本次的naskfunc.nas节选

```
_asm_hrb_api:
        STI
        PUSH    DS
        PUSH    ES
        PUSHAD          ; 用于保存的PUSH
        PUSHAD          ; 用于向hrb_api传值的PUSH
        MOV     AX,SS
        MOV     DS,AX           ; 将操作系统用段地址存入DS和ES
        MOV     ES,AX
        CALL    _hrb_api
        CMP     EAX,0           ; 当EAX不为0时程序结束
        JNE     end_app
        ADD     ESP,32
        POPAD
        POP     ES
        POP     DS
        IRETD
end_app:
;   EAX为tss.esp0的地址
        MOV     ESP,[EAX]
        POPAD
        RET                     ; 返回cmd_app
```

怎么样，短了不少吧？现在的代码长度已经和我们尚未准备应用程序用的段之前差不多了，这多亏了CPU来帮我们自动执行那些麻烦的栈切换操作。

当hrb_api返回0时继续运行应用程序，当返回非0的值时则当作tss.esp0的地址来处理，强制结束应用程序。之所以需要这样的设计，是因为我们打算做一个结束程序用的API。这次我们不是用far-CALL来启动应用程序，自然也无法用RETF来结束，因此作为替代方案，我们需要做一个用于结束程序的API。

程序结束API分配到EDX = 4，修改后的hrb_api如下。

本次的console.c节选

```
int *hrb_api(int edi, int esi, int ebp, int esp, int ebx, int edx, int ecx, int eax)
{
```

```
int cs_base = *((int *) 0xfe8);
struct TASK *task = task_now();          /*这里! */
struct CONSOLE *cons = (struct CONSOLE *) *((int *) 0x0fec);
if (edx == 1) {
    cons_putchar(cons, eax & 0xff, 1);
} else if (edx == 2) {

    cons_putstr0(cons, (char *) ebx + cs_base);
} else if (edx == 3) {
    cons_putstr1(cons, (char *) ebx + cs_base, ecx);
} else if (edx == 4) {                   /*这里! */
    return &(task->tss.esp0);            /*这里! */
}
return 0;                                /*这里! */
}
```

没有什么特别的难点，接下来我们照这样把inthandler0d也修改一下。

本次的console.c节选

```
int *inthandler0d(int *esp)
{
    struct CONSOLE *cons = (struct CONSOLE *) *((int *) 0x0fec);
    struct TASK *task = task_now();          /*这里! */
    cons_putstr0(cons, "\nINT 0D :\n General Protected Exception.\n");
    return &(task->tss.esp0);    /*让程序强制结束*/          /*这里! */
}
```

■■■■■

中断处理的部分又要修改了，说是修改，其实也只不过是改回之前的版本而已。

本次的naskfunc.nas节选

```
_asm_inthandler20:
        PUSH     ES
        PUSH     DS
        PUSHAD
        MOV      EAX,ESP
        PUSH     EAX
        MOV      AX,SS
        MOV      DS,AX
        MOV      ES,AX
        CALL     _inthandler20
        POP      EAX
        POPAD
        POP      DS
        POP      ES
        IRETD
```

由于我们把麻烦的栈切换全部交给CPU来处理，因此程序又完全恢复到之前的样子了。我们把_asm_inthandler21和_asm_inthandler2c也改回去了。

中断处理的部分中，只有负责处理异常中断的_asm_inthandler0d没有完全改回之前的样子。

本次的naskfunc.nas节选

```
_asm_inthandler0d:
        STI
        PUSH    ES
        PUSH    DS
        PUSHAD
        MOV     EAX,ESP
        PUSH    EAX
        MOV     AX,SS
        MOV     DS,AX
        MOV     ES,AX
        CALL    _inthandler0d
        CMP     EAX,0           ; 只有这里不同
        JNE     end_app         ; 只有这里不同
        POP     EAX
        POPAD
        POP     DS
        POP     ES
        ADD     ESP,4                   ; 在INT 0x0d中需要这句
        IRETD
```

不同的地方只有两处，像API一样，我们添加了用于强制结束的代码。

接下来，还要修改一下IDT的设置。在我们已经清晰地区分操作系统段和应用程序段的情况下，当应用程序试图调用未经操作系统授权的中断时，CPU会认为"这家伙乱用奇怪的中断号，想把操作系统搞坏，是坏人"，并产生异常。因此，我们需要在IDT中将INT 0x40设置为"可供应用程序作为API来调用的中断"。

本次的dsctbl.c节选

```
void init_gdtidt(void)
{
    （中略）

    /* IDT设置*/
    set_gatedesc(idt + 0x0d, (int) asm_inthandler0d, 2 * 8, AR_INTGATE32);
    set_gatedesc(idt + 0x20, (int) asm_inthandler20, 2 * 8, AR_INTGATE32);
    set_gatedesc(idt + 0x21, (int) asm_inthandler21, 2 * 8, AR_INTGATE32);
    set_gatedesc(idt + 0x27, (int) asm_inthandler27, 2 * 8, AR_INTGATE32);
    set_gatedesc(idt + 0x2c, (int) asm_inthandler2c, 2 * 8, AR_INTGATE32);
    set_gatedesc(idt + 0x40, (int) asm_hrb_api,      2 * 8, AR_INTGATE32 + 0x60);   /*这里! */

    return;
}
```

我们所谓的设置，就是将访问权编码加上0x60而已。至于其他的中断，并不是用于应用程序对操作系统的调用，而是用于键盘、鼠标等外部设备的控制，以及异常处理用的中断，因此禁止

应用程序调用。

对了，应用程序也需要修改一下，因为已经不能通过RETF来结束程序了。

本次的hello.nas

```
[INSTRSET "i486p"]
[BITS 32]
        MOV     ECX,msg
        MOV     EDX,1
putloop:
        MOV     AL,[CS:ECX]
        CMP     AL,0
        JE      fin
        INT     0x40
        ADD     ECX,1
        JMP     putloop
fin:
        MOV     EDX,4          ; 这里!
        INT     0x40           ; 这里!
msg:
        DB      "hello",0
```

本次的hello2.nas

```
[INSTRSET "i486p"]
[BITS 32]
        MOV     EDX,2
        MOV     EBX,msg
        INT     0x40
        MOV     EDX,4          ; 这里!
        INT     0x40           ; 这里!
msg:
        DB      "hello",0
```

本次的a.c

```
void api_putchar(int c);
void api_end(void);          /*这里! */

void HariMain(void)
{
    api_putchar('A');
    api_end();               /*这里! */
}
```

本次的a_nask.nas

```
[FORMAT "WCOFF"]
[INSTRSET "i486p"]
[BITS 32]
```

```
[FILE "a_nask.nas"]

        GLOBAL  _api_putchar
        GLOBAL  _api_end        ; 这里!

[SECTION .text]

_api_putchar:   ; void api_putchar(int c);
        MOV     EDX,1
        MOV     AL,[ESP+4]      ; c
        INT     0x40
        RET

_api_end:   ; void api_end(void);     ; 从此开始
        MOV     EDX,4
        INT     0x40                    ; 到此结束
```

本次的hello3.c

```
void api_putchar(int c);
void api_end(void);             /*这里! */

void HariMain(void)
{
    api_putchar('h');
    api_putchar('e');
    api_putchar('l');
    api_putchar('l');
    api_putchar('o');
    api_end();                  /*这里! */
}
```

本次的crack1.c

```
void api_end(void);             /*这里! */

void HariMain(void)
{
    *((char *) 0x00102600) = 0;
    api_end();                  /*这里! */
}
```

本次的crack2.nas

```
[INSTRSET "i486p"]
[BITS 32]
        MOV     EAX,1*8         ; 操作系统用段号
        MOV     DS,AX           ; 将其存入DS
        MOV     BYTE [0x102600],0
        MOV     EDX,4       ; 这里!
        INT     0x40        ; 这里!
```

好，这样就大功告成了！

◼◼◼◼◼

我们来"make run"，先来看看以前能运行的程序现在还能不能正常运行。不错不错，貌似很顺利，太好了！

运行情况正常

下面运行一下做坏事的程序看看怎么样。哦哦，crack2.hrb貌似被强制结束了，我们的系统好厉害！

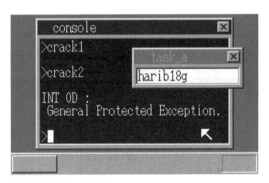

破坏行为被阻止了

话说，这次QEMU对异常的处理貌似又正常了，不错。

啊，不过crack1.hrb还是会正常结束，这是QEMU的bug，不过dir命令可以正常运行说明系统成功防御了攻击。那么我们用"make install"在真机环境下试验一下吧……很好很好，在真机环境下两个crack程序都产生了一般保护异常。

今天就到这里吧，大家晚上做个好梦，明天还要继续加油哦。

第 22 天

用C语言编写应用程序

- □ 保护操作系统（5）（harib19a）
- □ 帮助发现bug（harib19b）
- □ 强制结束应用程序（harib19c）
- □ 用C语言显示字符串（1）（harib19d）
- □ 用C语言显示字符串（2）（harib19e）
- □ 显示窗口（harib19f）
- □ 在窗口中描绘字符和方块（harib19g）

1 保护操作系统（5）（harib19a）

大家早上好。

在昨天的最后我们成功干掉了crack2.hrb，今天我们要尝试一下更厉害的攻击手段。所以说，从现在开始又要打开坏人模式了哟，嘿嘿嘿。

· · · · ·

虽然把操作系统的段地址存入DS这一招现在已经不能用了，不过我可不会善罢甘休的。我要想个更厉害的招数，把使用"纸娃娃系统"的人推进恐怖的深渊，哈哈哈哈！

在操作系统管理的内存空间里搞破坏是行不通了，这次算你厉害，不过我还可以在定时器上动动手脚。这样一来，光标闪烁就会变得异常缓慢，任务切换的速度也会变慢，一定很不爽吧。嗯，光想想就觉得很有趣啊，嘿嘿嘿。

本次的crack3.nas

```
[INSTRSET "i486p"]
[BITS 32]
        MOV     AL,0x34
        OUT     0x43,AL
        MOV     AL,0xff
```

```
        OUT     0x40,AL
        MOV     AL,0xff
        OUT     0x40,AL

;    上述代码的功能与下面代码相当
;    io_out8(PIT_CTRL, 0x34);
;    io_out8(PIT_CNT0, 0xff);
;    io_out8(PIT_CNT0, 0xff);

        MOV     EDX,4
        INT     0x40
```

好，完成了！赶紧"make run"，然后输入"crack3"，口中念念有词道："可恶的'纸娃娃系统'，吃我这招！"然后按下回车键。

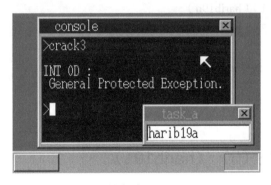

可是失败了……

哎呀，有两下子嘛！可恶！

　　当以应用程序模式运行时，执行IN指令和OUT指令都会产生一般保护异常。当然，通过修改CPU设置，可以允许应用程序使用IN指令和OUT指令，不过这样大家会担心留下bug而遭到恶意攻击。

■■■■■

　　我还没输呢，这点挫折我可不会善罢甘休！既然如此，我就给你执行CLI然后再HLT，这样一来电脑就死机了。由于不再产生定时器中断，任务切换也会停止，键盘和鼠标中断也停止响应，除了按下机箱上的Reset按钮以外没有别的办法了。我真是个天才，哈哈哈哈！

本次的crack4.nas

```
[INSTRSET "i486p"]
[BITS 32]
        CLI
fin:
```

```
HLT
JMP     fin
```

这次一定要成功，"make run"！

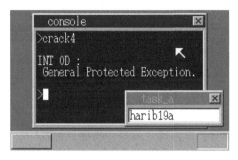

又失败了……

又产生了异常，为什么啊！

　　当以应用程序模式运行时，执行CLI、STI和HLT这些指令都会产生异常。因为中断应该是由操作系统来管理的，应用程序不可以随便进行控制。不能执行HLT的话，应用程序就没办法省电了，不过一般情况下，这应该通过调用任务休眠API来实现，而不能由应用程序自己来执行HLT。此外，在多任务下，调用休眠API还可以让系统将CPU时间分配给其他任务。

　　连CLI也不让我执行吗？怎么会有这种事！这样的话不就干不成坏事了吗？难道只能缴械投降了？

　　哦哦，想起来了！操作系统里面不是有一个用来CLI的函数嘛，far-CALL这个函数不就行了吗？这样一来"纸娃娃系统"应该就会死机了。应该CALL哪个地址呢？只要有map文件就可以轻松找到了。

　　嗯嗯，map文件中有这样一行：

0x00000AC1 : _io_cli

我就来far-CALL这个地址吧，哈哈！

本次的crack5.nas

```
[INSTRSET "i486p"]
[BITS 32]
        CALL    2*8:0xac1
        MOV     EDX,4
        INT     0x40
```

嘿嘿，准备接招吧，"make run"！

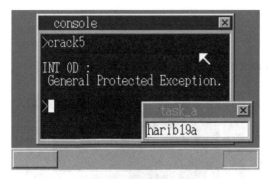

还是失败了……

又产生异常了！到底为啥呀！能不能让我赢一次啊！可恶！

如果应用程序可以CALL任意地址的话，像这样的恶作剧就可以成功了，因此CPU规定除了设置好的地址以外，禁止应用程序CALL其他的地址。因此，"纸娃娃系统"中应用程序要调用操作系统只能采用INT 0x40的方法。

■■■■■

于是坏人只好失望地洗洗睡了（笑）。3天后……

有了！这次应该能行，我怎么早没想到这个办法呢？哈哈，这次绝对可以成功！

既然应用程序只能调用API，那么把API修改一下不就行了吗？

本次的console.c节选

```
int *hrb_api(int edi, int esi, int ebp, int esp, int ebx, int edx, int ecx, int eax)
{
    int cs_base = *((int *) 0xfe8);
    struct TASK *task = task_now();
    struct CONSOLE *cons = (struct CONSOLE *) *((int *) 0x0fec);
    if (edx == 1) {
        cons_putchar(cons, eax & 0xff, 1);
    } else if (edx == 2) {
        cons_putstr0(cons, (char *) ebx + cs_base);
    } else if (edx == 3) {
        cons_putstr1(cons, (char *) ebx + cs_base, ecx);
    } else if (edx == 4) {
        return &(task->tss.esp0);
    } else if (edx == 123456789) {        /*这里! */
        *((char *) 0x00102600) = 0;        /*这里! */
    }
    return 0;
}
```

嘿嘿嘿，改好了，然后只要写这样一个应用程序就行了。

本次的crack6.nas

```
[INSTRSET "i486p"]
[BITS 32]
        MOV     EDX,123456789
        INT     0x40
        MOV     EDX,4
        INT     0x40
```

好啦！准备接招吧，"make run"！

没有异常⋯⋯

没有产生异常！不过到底成功了没有呢？dir一下看看⋯⋯成功了，消失了耶！这次我赢了，哈哈！

如果操作系统内部存在这种蠢到作茧自缚的API，那么再优秀的CPU也对此无能为力，操作系统只能束手就擒。即使操作系统原本没有这样的API，如果像这次一样被篡改的话，也有可能被植入后门。

要防止这种问题的发生，我们只能"不安装不可靠的操作系统"了。如果大家都能遵守这条原则，就不会因为随意下载应用程序而弄坏电脑了——当然，如果操作系统本身就破绽百出的话就另当别论了。

这次的crack6.hrb其实只能在使用"改版纸娃娃系统"的人身上发挥效果。如果对方不安装"改版纸娃娃系统"的话，即便运行了这个应用程序也不会发生任何问题。因此，就目前而言，这个应用程序的受害者就只有这个坏人自己而已，从这个角度来说，他"赢"得还真是空虚啊。

■■■■■

现在坏人已经走了，接下来我们继续做系统吧。

2 帮助发现 bug（harib19b）

CPU的异常处理功能，除了可以保护操作系统免遭应用程序的破坏，还可以帮助我们在编写应用程序时及早发现bug。

我们来举个例子。

本次的bug1.c

```
void api_putchar(int c);
void api_end(void);

void HariMain(void)
{
    char a[100];
    a[10] = 'A';        /*这句当然没有问题*/
    api_putchar(a[10]);
    a[102] = 'B';       /*这句就有问题了*/
    api_putchar(a[102]);
    a[123] = 'C';       /*这句也有问题了*/
    api_putchar(a[123]);
    api_end();
}
```

这明显是个有bug的程序，因为a是一个100字节的数组，"A"的赋值显然没有问题，肯定会显示出"A"这个字符，但"B"的赋值就不行，因为它已经超出数组范围了；"C"的赋值当然也是不行的。

把这个程序"make run"一下，结果如下······咦？

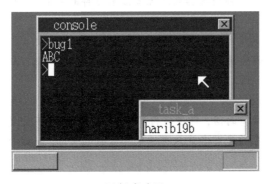

运行成功了

本来我们以为会产生异常，结果却没有出现。我们在真机环境下试试看。

在真机环境下运行了一下，结果电脑自动重启了。嗯，这可不妙啊，电脑自动重启应该是产生了没有设置过的异常所导致的。

哦对了，坏人刚刚擅自加上去的API已经删掉了哦，crack应用程序也已经玩腻了，所以一起都删除了。

━━━━━

由于a这个数组是保存在栈中的，因此这次可能产生了栈异常。我们需要一个函数来处理栈异常，栈异常的中断号为0x0c[①]。

本次的naskfunc.nas节选

```
_asm_inthandler0c:
        STI
        PUSH    ES
        PUSH    DS
        PUSHAD
        MOV     EAX,ESP
        PUSH    EAX
        MOV     AX,SS
        MOV     DS,AX
        MOV     ES,AX
        CALL    _inthandler0c
        CMP     EAX,0
        JNE     end_app
        POP     EAX
        POPAD
        POP     DS
        POP     ES
        ADD     ESP,4              ; 在INT 0x0c中也需要这句
        IRETD
```

然后，我们编写inthandler0c函数，只是将inthandler0d中的出错信息改了一下而已。

本次的console.c节选

```
int *inthandler0c(int *esp)
{
    struct CONSOLE *cons = (struct CONSOLE *) *((int *) 0x0fec);
    struct TASK *task = task_now();
    cons_putstr0(cons, "\nINT 0C :\n Stack Exception.\n");
    return &(task->tss.esp0);   /*强制结束程序*/
}
```

---

① 栈异常的中断号为0x0c：可能大家会问，除此之外还有什么异常呢？我们在这里补充讲解一下吧。根据CPU说明书，从0x00到0x1f都是异常所使用的中断，因此，IRQ的中断号都是从0x20之后开始的。其他一些比较有用的异常有0x00号除零异常（当试图除以0时产生）和0x06号非法指令异常（当试图执行CPU无法理解的机器语言指令，例如当试图执行一段数据时，有可能会产生）等。

当然，在IDT中也需要登记一下。

本次的dsctbl.c节选

```
void init_gdtidt(void)
{
    (中略)

    /* IDT的设置*/
    set_gatedesc(idt + 0x0c, (int) asm_inthandler0c, 2 * 8, AR_INTGATE32);  /*这里! */
    set_gatedesc(idt + 0x0d, (int) asm_inthandler0d, 2 * 8, AR_INTGATE32);

    set_gatedesc(idt + 0x20, (int) asm_inthandler20, 2 * 8, AR_INTGATE32);
    set_gatedesc(idt + 0x21, (int) asm_inthandler21, 2 * 8, AR_INTGATE32);
    set_gatedesc(idt + 0x27, (int) asm_inthandler27, 2 * 8, AR_INTGATE32);
    set_gatedesc(idt + 0x2c, (int) asm_inthandler2c, 2 * 8, AR_INTGATE32);
    set_gatedesc(idt + 0x40, (int) asm_hrb_api,      2 * 8, AR_INTGATE32 + 0x60);

    return;
}
```

我们来“make run”一下试试看。啊，果然QEMU对异常的模拟有问题，因此程序还是可以顺利运行的，看来只能在真机环境下测试了。真机环境下成功产生了异常。

在真机环境下，显示出“AB”之后才产生异常，也就是说，写入的“C”被判定为异常，而“B”却被放过去了。从这个例子可以看出，异常并不能发现所有的bug。不过，比起一个bug都发现不了来说，哪怕能发现一个bug也是非常有帮助的，请大家一定要好好利用哦。

可能有人会问，为什么“C”会被判定为异常而“B”就可以被放过去呢？下面我们就来简单讲一讲。

a[102]虽然超出了数组的边界，但却没有超出为应用程序分配的数据段的边界，因此虽然这是个bug，CPU也不会产生异常。另一方面，a[123]所在的地址已经超出了数据段的边界，因此CPU马上就发现并产生了异常。

其实，CPU产生异常的目的并不是去发现bug，而是为了保护操作系统，它的思路是：“这个程序试图访问自身所在数据段以外的内存地址，一定是想擅自改写操作系统或者其他应用程序所管理的内存空间，这种行为岂能放任不管？”因此，即便CPU不能帮我们发现所有的bug，也不可以责怪它哦。

■■■■■

要想让它帮忙发现bug的话，最好是能知道引发异常的指令的地址。这个功能很简单，我们来加上去。

本次的console.c节选

```
int *inthandler0c(int *esp)
{
    struct CONSOLE *cons = (struct CONSOLE *) *((int *) 0x0fec);
    struct TASK *task = task_now();
    char s[30];        /*这里! */
    cons_putstr0(cons, "\nINT 0C :\n Stack Exception.\n");
    sprintf(s, "EIP = %08X\n", esp[11]);    /*这里! */
    cons_putstr0(cons, s);                  /*这里! */
    return &(task->tss.esp0);   /*强制结束程序*/
}

int *inthandler0d(int *esp)
{

    struct CONSOLE *cons = (struct CONSOLE *) *((int *) 0x0fec);
    struct TASK *task = task_now();
    char s[30];        /*这里! */
    cons_putstr0(cons, "\nINT 0D :\n General Protected Exception.\n");
    sprintf(s, "EIP = %08X\n", esp[11]);    /*这里! */
    cons_putstr0(cons, s);                  /*这里! */
    return &(task->tss.esp0);   /*强制结束程序*/
}
```

22

上面代码的功能是，将esp（即栈）的11号元素（即EIP）显示出来。

另外，如果想要得到产生异常时其他寄存器的值，只要按照下表显示相应的元素即可。

esp[0] ：**EDI**

esp[1] ：**ESI**   esp[0~7]为_asm_inthandler中PUSHAD的结果

esp[2] ：**EBP**

esp[4] ：**EBX**

esp[5] ：**EDX**

esp[6] ：**ECX**

esp[7] ：**EAX**

esp[8] ：**DS**   esp[8~9]为_asm_inthandler中PUSH的结果

esp[9] ：**ES**

esp[10] ：错误编号（基本上是0，显示出来也没什么意思）

esp[11] ：**EIP**

esp[12] ：**CS**   esp[10~15]为异常产生时CPU自动PUSH的结果

esp[13] ：**EFLAGS**

esp[14] ：**ESP** （应用程序用ESP）

esp[15] ：**SS** （应用程序用SS）

■■■■■

赶紧在真机环境下测试一下，运行bug1.hrb显示"EIP = 00000042"，我们来看看bug1.map的
内容：

```
0x00000024 : _HariMain
0x00000052 : _api_putchar
```

看起来0x42这个地址是位于HariMain中。要查看得更详细的话，可以看一下bug1.lst文件：

```
11 00000000                                        _HariMain:
```

从这一行可以看出，在bug1.lst中，HariMain的地址暂且被当作是0（临时地址），而实际的地
址要等到连接之后才能决定，因此nask是不知道的，只好先用.obj文件中的临时地址来生成.lst文
件。连接后的HariMain实际地址记载于.map文件中，为0x24。

那么，0x42地址到底位于.lst文件的哪里呢？通过对比.map文件，我们发现.lst文件中的0x1e，
就相当于EIP=0x42所指向的地址（因为0x24+0x1e=0x42）。

```
22 0000001E C6 45 0B 43                  MOV BYTE [11+EBP],67
```

应该就是这里了，这正好就是将a[123]赋值为"C"的指令（"C"为0x43，即67）。

因此，我们可以确定，CPU真的是对这个bug做出了响应。

3 强制结束应用程序（harib19c）

现在我们的系统已经可以对付大部分恶意破坏和bug，变得越来越优秀了，不过，我们还需
要一些别的功能，比如强制结束应用程序。

本次的bug2.c
```
void HariMain(void)
{
    for (;;) { }
}
```

如果运行这样一个程序，将永远循环下去而无法结束。中断并没有被禁用，因此其他的任务
还可以照常工作，不过这个任务总归要消耗一定的CPU运行时间，系统整体的速度就会变慢，还
会白白浪费电。如果操作系统没有强制结束应用程序的功能，那么bug2.hrb也可以算是一个不错
的恶意破坏程序了。

■■■■■

怎样实现强制结束功能呢？将某一个按键设定为强制结束键，按一下就可以结束程序，这样看起来不错。笔者本来想在console.c的console_task中编写当按下强制结束键时结束应用程序的处理，但是命令行窗口任务在应用程序运行的时候不会去读取FIFO缓冲区，强制结束键也就不管用了，因此我们还是换个方式吧。

于是，我们只好把强制结束处理写在其他的任务中，而bootpack.c看起来很适合。

强制结束键我们就定义为"Shift+F1"吧，当然，用其他的组合键也完全没问题，大家请按照自己的喜好修改吧。

本次的bootpack.c节选

```
void HariMain(void)
{
    （中略）
    struct CONSOLE *cons;
    （中略）

    for (;;) {
        （中略）
        if (fifo32_status(&fifo) == 0) {
            （中略）
        } else {
            （中略）
            if (256 <= i && i <= 511) { /*键盘数据*/
                （中略）
                if (i == 256 + 0x3b && key_shift != 0 && task_cons->tss.ss0 != 0) { /* Shift+F1 */
                    cons = (struct CONSOLE *) *((int *) 0x0fec);
                    cons_putstr0(cons, "\nBreak(key):\n");
                    io_cli();      /*不能在改变寄存器值时切换到其他任务*/
                    task_cons->tss.eax = (int) &(task_cons->tss.esp0);
                    task_cons->tss.eip = (int) asm_end_app;
                    io_sti();
                }
                （中略）
            } else if (512 <= i && i <= 767) { /*鼠标数据*/
                （中略）
            } else if (i <= 1) { /*光标用定时器*/
                （中略）
            }
        }
    }
}
```

asm_app_end是将naskfunc.nas中的end_app改名之后得来的函数。

上述程序的工作原理是，当按下强制结束键时，改写命令行窗口任务的的寄存器值，并goto到asm_end_app，仅此而已。

这样一来程序会被强制结束，但也有个问题，那就是当应用程序没有在运行的时候，按下强制结束键会发生误操作。这样可不行，必须要确认task_cons –> tss.ss0不为0时才能继续进行处理。

为此，我们还得进行一些修改，使得当应用程序运行时，该值一定不为0；而当应用程序没有运行时，该值一定为0。

本次的naskfunc.nas节选

```
_asm_end_app:
;    EAX为tss.esp0的地址
        MOV        ESP,[EAX]
        MOV        DWORD [EAX+4],0        ; 这里!
        POPAD
        RET                              ; 返回cmd_app
```

本次的mtask.c节选

```c
struct TASK *task_alloc(void)
{
    int i;
    struct TASK *task;
    for (i = 0; i < MAX_TASKS; i++) {
        if (taskctl->tasks0[i].flags == 0) {
            task = &taskctl->tasks0[i];
            task->flags = 1; /*正在使用的标志*/
            task->tss.eflags = 0x00000202; /* IF = 1; */
            task->tss.eax = 0; /*将其置为0*/
            （中略）
            task->tss.iomap = 0x40000000;
            task->tss.ss0 = 0;  /*这里! */
            return task;
        }
    }
    return 0; /*已经全部正在使用*/
}
```

▬▬▬▬▬

我们来"make run"，结果如下，按下"Shift+F1"就可以轻松结束应用程序了。

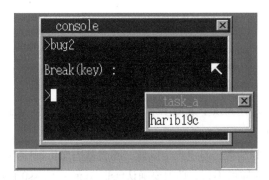

顺利结束了

我们再来创建一个bug3.hrb，该程序负责不断显示字符"a"。

本次的bug3.c

```
void api_putchar(int c);
void api_end(void);

void HariMain(void)
{
    for (;;) {
        api_putchar('a');
    }
}
```

"make run"的结果如下。按下强制结束键就可以顺利停止了。

停止了的样子

也许在这个阶段就准备强制结束和异常处理还有点为时过早，因为我们还有很多功能想尽快实现。不过早点做好这些基础工作，笔者在后面制作示例程序时就会轻松很多（更容易发现bug），所以我们就把这部分内容放在今天做了。

4 用 C 语言显示字符串（1）（harib19d）

我们已经做好了用来显示字符串的API，却没做可供C语言调用该API的函数。不过这个很容易，我们现在就来做做看。

本次的a_nask.nas节选

```
_api_putstr0:    ; void api_putstr0(char *s);
        PUSH    EBX
        MOV     EDX,2
        MOV     EBX,[ESP+8]    ; s
        INT     0x40
        POP     EBX
        RET
```

利用上面的函数我们来写一个hello4.hrb。

本次的hello4.c

```
void api_putstr0(char *s);
void api_end(void);

void HariMain(void)
{
    api_putstr0("hello, world\n");
    api_end();
}
```

好，我们来"make run"……咦？什么都没显示出来，太奇怪了。

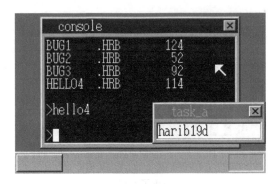

什么都没出来！

运行没成功感觉很不爽，不过在读程序排查原因思考对策的时候，想到了一件与此无关的事：既然已经不能用RETF指令来结束程序了，那么"Hari"那时候对开头6个字节的改写也用不到了吧。

去掉6个字节的改写之后，程序就不再JMP到0x1b了，因此start_app的地址也需要修改一下。

本次的console.c节选

```
int cmd_app(struct CONSOLE *cons, int *fat, char *cmdline)
{
    (中略)

    if (finfo != 0) {
        /*找到文件的情况*/
        (中略)
        if (finfo->size >= 8 && strncmp(p + 4, "Hari", 4) == 0) {
            start_app(0x1b, 1003 * 8, 64 * 1024, 1004 * 8, &(task->tss.esp0));
        } else {
            start_app(0, 1003 * 8, 64 * 1024, 1004 * 8, &(task->tss.esp0));
        }
        (中略)
```

```
    }
    （中略）
}
```

这样改过以后，hello3.hrb还能不能正常运行呢？我们来"make run"试验一下。哦哦，不错不错，运行正常，太完美了……不过hello4.hrb还是不行呢。

5 用 C 语言显示字符串（2）（harib19e）

为什么字符串显示API会失败呢？怎么想都不应该是a_nask.nas的问题，难道这次又是内存段的问题吗？于是我们对操作系统进行一点修改，使其在字符串显示API被调用的时候，显示EBX寄存器的值。

临时修改过的console.c节选

```
int *hrb_api(int edi, int esi, int ebp, int esp, int ebx, int edx, int ecx, int eax)
{
    （中略）
    char s[12];      /*这里! */
    if (edx == 1) {
        cons_putchar(cons, eax & 0xff, 1);
    } else if (edx == 2) {
/*  cons_putstr0(cons, (char *) ebx + cs_base); */  /*从此开始*/
        sprintf(s, "%08X\n", ebx);
        cons_putstr0(cons, s);                       /*到此结束*/
    } else if (edx == 3) {
        cons_putstr1(cons, (char *) ebx + cs_base, ecx);
    } else if (edx == 4) {
        return &(task->tss.esp0);
    }
    return 0;
}
```

将这个版本"make run"一下，然后运行hello4.hrb，屏幕上显示出00000400。这到底是怎么回事呢？hello4.hrb的文件大小只有114个字节，这样根本不可能显示出"hello, world"嘛。

■■■■■

为什么EBX里面会被写入这样一个匪夷所思的值呢？其实是因为连接了.obj文件的bim2hrb认为"hello, world"这个字符串就应该存放在0x400这个地址中。

由bim2hrb生成的.hrb文件其实是由两个部分构成的。

- ❑ 代码部分
- ❑ 数据部分

虽然有两个部分，不过之前我们一直都是不考虑数据部分的。当程序中没有使用字符串和外部变量（即在函数外面所定义的变量）时，就会生成不包含数据部分的.hrb文件，因此之前的程序都没有任何问题。

.hrb文件的数据部分会在应用程序启动时被传送到应用程序用的数据段中，而.hrb文件中数据部分的位置则存放在代码部分的开头一块区域中。现在是时候了，我们来详细讲解一下.hrb文件的结构吧。

由bim2hrb生成的.hrb文件，开头的36个字节不是程序，而是存放了下列这些信息（话说，bim2hrb就是笔者做出来的，如果对这个内容有意见的话，不用找英特尔或者微软，直接找笔者投诉就好了哦······笑）。

```
0x0000 (DWORD) ······请求操作系统为应用程序准备的数据段的大小
0x0004 (DWORD) ······"Hari"（.hrb文件的标记）
0x0008 (DWORD) ······数据段内预备空间的大小
0x000c (DWORD) ······ESP初始值&数据部分传送目的地址
0x0010 (DWORD) ······hrb文件内数据部分的大小
0x0014 (DWORD) ······hrb文件内数据部分从哪里开始
0x0018 (DWORD) ······0xe9000000
0x001c (DWORD) ······应用程序运行入口地址 - 0x20
0x0020 (DWORD) ······malloc空间的起始地址
```

我们来从上到下逐一讲解吧。

■■■■■

0x0000中存放的是数据段的大小。现在在"纸娃娃系统"中，应用程序用的数据段大小固定为64KB，但根据应用程序的内容，可能会需要更多的内存空间。那么把数据段都改成1MB不就好了吗？但这样一来，明明不需要那么多内存就可以运行的程序，也会被分配很大的内存空间，内存很快就会不够用了。因此，我们就在应用程序中先写好需要多大的内存空间。

0x0004中存放的是"Hari"这4个字节。这几个字符本来没什么用，只是操作系统用来判断这是不是一个应用程序文件的标记，在文件中写入这样的标记，说不定在某些情况下就会派上用场。也许在这个世界上，除了我们的"纸娃娃系统"以外，还会有其他的软件也使用.hrb这个扩展名，那样的话，光凭扩展名来判断文件的格式就有点危险了。因此，我们在文件中加上一个标记，并在操作系统中添加相应的判断功能，如果没有找到这个标记，则停止运行该文件。

如果我们不去确认"Hari"这个标记，而错误地运行了一个数据文件的话，这就和去运行一个JPEG文件差不多，会造成很严重的后果。不过现在我们使用了异常处理功能来保护操作系统，像磁盘数据被清除以及损坏电脑这种情况，已经完全可以避免了，而且操作系统也不会发生宕机。

能做到这些，都是异常处理的功劳。

0x0008中存放的内容为"数据段内预备空间的大小"，不过这个值目前还没什么用（说不定以后也不会有什么用），大家不用管它就是了。在hello4.hrb中，这个值并没有被设置，所以为0。

0x000c中存放的是应用程序启动时ESP寄存器的初始值，也就是说在这个地址之前的部分会被作为栈来使用，而这个地址将被用于存放字符串等数据。在hello4.hrb中，这个值为0x400……也就是说ESP寄存器的初始值为0x400，并且分配了1KB的栈空间。1KB这个数是从哪里来的呢？其实是在生成hello4.bim的时候，在Makefile中设置的（注意看"stack:1k"这里！）。

```
hello4.bim : hello4.obj a_nask.obj Makefile
    $(OBJ2BIM) @$(RULEFILE) out:hello4.bim stack:1k map:hello4.map \
        hello4.obj a_nask.obj
```

▪▪▪▪▪

0x0010中存放的是需要向数据段传送的部分的字节数。

0x0014中存放的是需要向数据段传送的部分在.hrb文件中的起始地址。

0x0018中存放的是0xe9000000这个数值，这个数在内存中存放的时候形式为"00 00 00 E9"。前面几个00的部分没什么用，后面的E9才是关键。其实E9是JMP指令的机器语言编码，和后面4个字节合起来的话，就表示JMP到应用程序运行的入口地址。

0x001c中存放的是应用程序运行入口地址减去0x20后的值。为什么不直接写上入口地址而是要减掉一个数呢？因为我们在0x0018（其实是0x001b）写了一个JMP指令，这样可以通过JMP指令跳转到应用程序的运行入口地址。通过这样的处理，只要先JMP到0x001b这个地址，程序就可以开始运行了。

0x0020中存放的是将来编写应用程序用malloc函数时要使用的地址，因此现在先不用管它。malloc这个函数和memman_alloc函数十分相似。

▪▪▪▪▪

根据上面的讲解，我们来修改console.c。

本次的console.c节选

```
int cmd_app(struct CONSOLE *cons, int *fat, char *cmdline)
{
    int segsiz, datsiz, esp, dathrb;
    (中略)

    if (finfo != 0) {
        /*找到文件的情况*/
        p = (char *) memman_alloc_4k(memman, finfo->size);
```

```
file_loadfile(finfo->clustno, finfo->size, p, fat, (char *) (ADR_DISKIMG + 0x003e00));
if (finfo->size >= 36 && strncmp(p + 4, "Hari", 4) == 0 && *p == 0x00) {
    segsiz = *((int *) (p + 0x0000));
    esp    = *((int *) (p + 0x000c));
    datsiz = *((int *) (p + 0x0010));
    dathrb = *((int *) (p + 0x0014));
    q = (char *) memman_alloc_4k(memman, segsiz);
    *((int *) 0xfe8) = (int) q;
    set_segmdesc(gdt + 1003, finfo->size - 1, (int) p, AR_CODE32_ER + 0x60);
    set_segmdesc(gdt + 1004, segsiz - 1,      (int) q, AR_DATA32_RW + 0x60);
    for (i = 0; i < datsiz; i++) {
        q[esp + i] = p[dathrb + i];
    }
    start_app(0x1b, 1003 * 8, esp, 1004 * 8, &(task->tss.esp0));
    memman_free_4k(memman, (int) q, segsiz);
} else {
    cons_putstr0(cons, ".hrb file format error.\n");
}
memman_free_4k(memman, (int) p, finfo->size);
cons_newline(cons);
return 1;
}
/*没有找到文件的情况*/
return 0;
}
```

本次修改的要点如下：

❏ 文件中找不到"Hari"标志则报错。

❏ 数据段的大小根据.hrb文件中指定的值进行分配。

❏ 将.hrb文件中的数据部分先复制到数据段后再启动程序。

我们来"make run"一下。hello4.hrb运行成功了，但不是由bim2hrb生成的hello.hrb等程序就会出错。在以后的内容中，即便使用汇编语言编写应用程序，我们也需要先生成.obj文件，然后再生成.bim并转换成.hrb。这样一来即便将文件扩展名误写为.hrb，也不会发生运行不该运行的文件的风险了。

终于运行了

下面我们用一个例子来看看只用汇编语言编写应用程序的情形，我们写一段和hello4.c功能相同的程序。

本次的hello5.nas

```
[FORMAT "WCOFF"]
[INSTRSET "i486p"]
[BITS 32]
[FILE "hello5.nas"]

        GLOBAL  _HariMain

[SECTION .text]

_HariMain:
        MOV     EDX,2
        MOV     EBX,msg
        INT     0x40
        MOV     EDX,4
        INT     0x40

[SECTION .data]

msg:
        DB      "hello, world", 0x0a, 0
```

将上面的程序make一下，得到78个字节的hello5.hrb，而同样内容的hello4.hrb却需要114个字节，果然还是汇编语言比较节省呢（笑）。

在WCOFF模式下的nask中必须要使用SECTION命令，这个命令是用来下达"将程序的这个部分放在代码段，将那个部分放在数据段"之类的指示（不过在.obj文件中不用"段"[segment]这个词，而是用"区"[section]，比如代码段在这里要被称为文本区[text section]。为什么呢？笔者也不知道，从一开始就是这样叫的，如果你有意见的话……笔者也不知道该去找谁投诉了，不好意思啦）。

■■■■■■

如果大家明白了.hrb文件中所包含的信息，那么对于asmhead.nas启动bootpack.hrb的部分，应该也会理解得更透彻了。

说段题外话。在一般操作系统的可执行文件中都会加入像"Hari"这样的标记，不过通常情况下这个标记会放在文件的开头。例如，Windows的.exe文件开头两个字节内容就是"MZ"。那么.hrb文件中的标记为什么不放在开头，而是从第4个字节开始呢？下面来讲解一下。

笔者的考虑是，如果将标记存放在文件开头，有些普通的文本文件在偶然的情况下也有可能带有与标记相同的字符，从而被误认为是可执行文件。当然，我们还会通过扩展名来进行区分，所以一般情况下也不太会弄错，但如果扩展名可靠的话，就没必要加什么标记了。正是因为通过扩展名判断有时候会出错，我们才特地加了 4 个字节的标记，而如果不将标记放在文件开头可以进一步减少和普通文本文件混淆的可能性的话，那为什么不这样做呢？

开头的 4 个字节我们用来存放数据段的大小，而 bim2hrb 会自动将数据段大小调整为 4KB 的倍数，因此低位的 8 个比特总是 0x00，也就是说，文件开头的第 1 个字节肯定是"00"。普通的文本文件不可能一上来就以"00"开头，因此就不大可能将文本文件误认为成可执行文件了。

将存放"Hari"的位置推后 4 个字节就可以如此显著地提高安全性，这应该算是个聪明的点子吧，至少笔者自己是这么认为的（笑）。

6　显示窗口（harib19f）

用应用程序显示字符已经玩腻了，这次我们来挑战让应用程序显示窗口吧。这要如何实现呢？我们只要编写一个用来显示窗口的 API 就可以了，听起来很简单吧。

这个 API 应该写成什么样呢？考虑了一番之后，我们决定这样设计。

EDX = 5
EBX = 窗口缓冲区
ESI = 窗口在 x 轴方向上的大小（即窗口宽度）
EDI = 窗口在 y 轴方向上的大小（即窗口高度）
EAX = 透明色
ECX = 窗口名称

调用后，返回值如下：

EAX = 用于操作窗口的句柄（用于刷新窗口等操作）

确定思路之后，新的问题又来了：我们没有考虑如何在调用 API 之后将值存入寄存器并返回给应用程序。

不过说起来，在 asm_hrb_api 中我们执行了两次 PUSHAD，第一次是为了保存寄存器的值，第二次是为了向 hrb_api 传递值。因此如果我们查出被传递的变量的地址，在那个地址的后面应该正好存放着相同的寄存器的值。然后只要修改那个值，就可以由 POPAD 获取修改后的值，实现将值返回给应用程序的功能。

我们来按这种思路编写程序。

本次的console.c节选

```
int *hrb_api(int edi, int esi, int ebp, int esp, int ebx, int edx, int ecx, int eax)
{
    int ds_base = *((int *) 0xfe8);
    struct TASK *task = task_now();
    struct CONSOLE *cons = (struct CONSOLE *) *((int *) 0x0fec);
    struct SHTCTL *shtctl = (struct SHTCTL *) *((int *) 0x0fe4);          /*从此开始*/
    struct SHEET *sht;
    int *reg = &eax + 1;      /* eax后面的地址*/
        /*强行改写通过PUSHAD保存的值*/
        /* reg[0] : EDI,    reg[1] : ESI,    reg[2] : EBP,    reg[3] : ESP */
        /* reg[4] : EBX,    reg[5] : EDX,    reg[6] : ECX,    reg[7] : EAX */   /*到此结束*/

    if (edx == 1) {
        cons_putchar(cons, eax & 0xff, 1);
    } else if (edx == 2) {
        cons_putstr0(cons, (char *) ebx + ds_base);
    } else if (edx == 3) {
        cons_putstr1(cons, (char *) ebx + ds_base, ecx);
    } else if (edx == 4) {
        return &(task->tss.esp0);
    } else if (edx == 5) {          /*从此开始*/
        sht = sheet_alloc(shtctl);
        sheet_setbuf(sht, (char *) ebx + ds_base, esi, edi, eax);
        make_window8((char *) ebx + ds_base, esi, edi, (char *) ecx + ds_base, 0);
        sheet_slide(sht, 100, 50);
        sheet_updown(sht, 3);     /*背景层高度3位于task_a之上*/
        reg[7] = (int) sht;          /*到此结束*/
    }
    return 0;
}
```

shtctl的值是bootpack.c的HariMain中的变量，因此我们可以从0x0fe4地址获得。reg就是我们为了向应用程序返回值所动的手脚。

窗口我们就暂且显示在（100, 50）这个位置上，背景层高度3。

bootpack.c中也添加了1行。

本次的bootpack.c节选

```
void HariMain(void)
{
    （中略）
    *((int *) 0x0fe4) = (int) shtctl;
    （中略）
}
```

■■■■■

我们编写这样一个应用程序来测试。

本次的a_nask.nas节选

```
_api_openwin:    ; int api_openwin(char *buf, int xsiz, int ysiz, int col_inv, char *title);
        PUSH    EDI
        PUSH    ESI
        PUSH    EBX
        MOV     EDX,5
        MOV     EBX,[ESP+16]    ; buf
        MOV     ESI,[ESP+20]    ; xsiz
        MOV     EDI,[ESP+24]    ; ysiz
        MOV     EAX,[ESP+28]    ; col_inv
        MOV     ECX,[ESP+32]    ; title
        INT     0x40
        POP     EBX
        POP     ESI
        POP     EDI
        RET
```

本次的winhelo.c

```c
int api_openwin(char *buf, int xsiz, int ysiz, int col_inv, char *title);
void api_end(void);

char buf[150 * 50];

void HariMain(void)
{
    int win;
    win = api_openwin(buf, 150, 50, -1, "hello");
    api_end();
}
```

这些程序应该不用解释了吧？

■■■■■

我们来"make run"，好，快出现吧，窗口！……出来了！

显示出来了哦！

7　在窗口中描绘字符和方块（harib19g）

虽然时间已经很晚了，大家也很困了，不过看到成功显示出窗口，我们的精神又振奋了起来，所以我们再来试一下在窗口上显示字符和方块吧。这两个功能都是现成的，只要加在API上面就可以了。

在窗口上显示字符的API如下：

EDX = 6
EBX = 窗口句柄
ESI = 显示位置的x坐标
EDI = 显示位置的y坐标
EAX = 色号
ECX = 字符串长度
EBP = 字符串

描绘方块的API如下：

EDX = 7
EBX = 窗口句柄
EAX = x0
ECX = y0
ESI = x1
EDI = y1
EBP = 色号

哎哟，真悬，如果再多一个参数寄存器就要不够用了。

■■■■■

接下来就是写程序了，这个简单。

本次的console.c节选

```
int *hrb_api(int edi, int esi, int ebp, int esp, int ebx, int edx, int ecx, int eax)
{
    (中略)

    if (edx == 1) {
        cons_putchar(cons, eax & 0xff, 1);
    } else if (edx == 2) {
        cons_putstr0(cons, (char *) ebx + ds_base);
    } else if (edx == 3) {
```

```
            cons_putstr1(cons, (char *) ebx + ds_base, ecx);

    } else if (edx == 4) {
        return &(task->tss.esp0);
    } else if (edx == 5) {
        (中略)
    } else if (edx == 6) {                              /*从此开始*/
        sht = (struct SHEET *) ebx;
        putfonts8_asc(sht->buf, sht->bxsize, esi, edi, eax, (char *) ebp + ds_base);
        sheet_refresh(sht, esi, edi, esi + ecx * 8, edi + 16);
    } else if (edx == 7) {
        sht = (struct SHEET *) ebx;
        boxfill8(sht->buf, sht->bxsize, ebp, eax, ecx, esi, edi);
        sheet_refresh(sht, eax, ecx, esi + 1, edi + 1);   /*到此结束*/
    }
    return 0;
}
```

操作系统的修改完成了，下面来修改应用程序。

本次的a_nask.nas节选

```
_api_putstrwin: ; void api_putstrwin(int win, int x, int y, int col, int len, char *str);
        PUSH    EDI
        PUSH    ESI
        PUSH    EBP
        PUSH    EBX
        MOV     EDX,6
        MOV     EBX,[ESP+20]    ; win
        MOV     ESI,[ESP+24]    ; x
        MOV     EDI,[ESP+28]    ; y
        MOV     EAX,[ESP+32]    ; col
        MOV     ECX,[ESP+36]    ; len
        MOV     EBP,[ESP+40]    ; str
        INT     0x40
        POP     EBX
        POP     EBP
        POP     ESI
        POP     EDI
        RET

_api_boxfilwin: ; void api_boxfilwin(int win, int x0, int y0, int x1, int y1, int col);
        PUSH    EDI
        PUSH    ESI
        PUSH    EBP
        PUSH    EBX
        MOV     EDX,7
        MOV     EBX,[ESP+20]    ; win
        MOV     EAX,[ESP+24]    ; x0
        MOV     ECX,[ESP+28]    ; y0
        MOV     ESI,[ESP+32]    ; x1
        MOV     EDI,[ESP+36]    ; y1
        MOV     EBP,[ESP+40]    ; col
```

```
INT     0x40
POP     EBX
POP     EBP
POP     ESI
POP     EDI
RET
```

本次的winhelo2.c节选

```c
int api_openwin(char *buf, int xsiz, int ysiz, int col_inv, char *title);
void api_putstrwin(int win, int x, int y, int col, int len, char *str);
void api_boxfilwin(int win, int x0, int y0, int x1, int y1, int col);
void api_end(void);

char buf[150 * 50];

void HariMain(void)
{
    int win;
    win = api_openwin(buf, 150, 50, -1, "hello");
    api_boxfilwin(win,  8, 36, 141, 43, 3 /*黄色*/);
    api_putstrwin(win, 28, 28, 0 /*黑色*/, 12, "hello, world");
    api_end();
}
```

■■■■■

　　大功告成，"make run"之后结果如下。对了，刚刚忘记说了，bug1.hrb已经没有用了，所以把它删掉了哦。

完成了！

　　运行得很顺利，心里相当满意呀。那么今天就到这里吧，大家晚安，明天见哦。

第 23 天

图形处理相关

- ❑ 编写malloc（harib20a）
- ❑ 画点（harib20b）
- ❑ 刷新窗口（harib20c）
- ❑ 画直线（harib20d）
- ❑ 关闭窗口（harib20e）
- ❑ 键盘输入API（harib20f）
- ❑ 用键盘输入来消遣一下（harib20g）
- ❑ 强制结束并关闭窗口（harib20h）

1　编写 malloc（harib20a）

大家早上好，今天心情真不错，让我们来继续努力吧!

昨天我们显示出了窗口并绘制了方块、显示了文字，今天我们要来绘制更多的东西。不过，一开始我们先来做点别的事情。

■■■■■

今天早上在玩"纸娃娃系统"的时候发现一个问题，winhelo2.hrb居然有7.6KB。实现了窗口显示功能之后，可执行文件就一下子变得那么大，这令笔者十分不爽（注：笔者就喜欢短小精悍的程序）。

为了找原因，笔者用二进制编辑器打开winhelo2.hrb看了看，里面居然有很多的"00"，这到底是怎么回事!

于是笔者又回去检查了一遍源代码，发现原因在于winhelo2.c的char buf[150 * 50]; 这一句，这相当于在可执行文件中插入了150 × 50 = 7500个字节的"00"，和汇编语言中的RESB 7500是等效的。

只要去掉这句，可执行文件就可以变小很多，问题是怎样才能实现呢？如果应用程序也有一个类似memman_alloc的函数用于分配内存空间就好了。在操作系统中，这样的功能一般被称为

malloc，因此我们就来编写一个api_malloc函数吧。

━━━━━

如果api_malloc只是调用操作系统中的memman_alloc，并将分配到的内存空间地址返回给应用程序的话，是行不通的，因为通过memman_alloc所获得的内存空间并不位于应用程序的数据段范围内，应用程序是无法进行读写操作的。如果应用程序在不知情的情况下执行了读写操作，将会产生异常并强制结束。

说到底，应用程序可以进行读写的只是最开始操作系统为它准备好的数据段中的内存空间而已，那么如果我们一开始就将应用程序用的数据段分配得大一点，当需要malloc的时候从多余的空间里面拿出一小部分来交给应用程序不就好了吗？

其实，市面上大多数操作系统中，当请求malloc的时候会根据需要调整应用程序的段大小。而这次我们在"纸娃娃系统"中所采用的事先多分配内存空间的方法，实在算不上是个聪明的办法。

不过由于我们今后还会对操作系统进行各种改良，因此现在就先用这个笨办法将就一下吧，一开始就选择最聪明的办法还是很有难度的。

━━━━━

虽说我们要"事先多分配一些内存空间"，但如果由操作系统单方面定一个值，比如100KB，可能某些情况下不够用，某些情况下又浪费了，因此还是像栈一样，在编写应用程序的时候指定出来比较好。这样一来，当应用程序需要使用很多malloc时可以设定为1MB之类的，而当应用程序完全不需要使用malloc时则可以设定为0。

在哪里指定这个值呢？我们在用bim2hrb的时候指定。之前我们都是像下面这样直接指定为0的。

```
$(BIM2HRB) winhelo2.bim winhelo2.hrb 0
```

但这里如果改成3k的话，系统就会为malloc准备3KB的内存空间。

当指定了malloc所需内存大小时，这个数值会和栈等的大小进行累加，并写入.hrb文件最开头的4个字节中。因此，操作系统不需要做任何改动，就可以确保在应用程序段中分配到包括malloc所需部分在内的全部内存空间。

同时，malloc用的内存空间在数据段中的开始位置，被保存在.hrb文件的0x0020处。

━━━━━

既然如此，我们就可以将API设计成如下式样：

memman初始化

EDX=8

EBX=memman的地址

EAX=memman所管理的内存空间的起始地址

ECX=memman所管理的内存空间的字节数

malloc

EDX=9

EBX=memman的地址

ECX=需要请求的字节数

EAX=分配到的内存空间地址

free

EDX=10

EBX=memman的地址

EAX=需要释放的内存空间地址

ECX=需要释放的字节数

根据上述式样，我们来修改console.c。

本次的console.c节选

```c
int *hrb_api(int edi, int esi, int ebp, int esp, int ebx, int edx, int ecx, int eax)
{
    (中略)
    } else if (edx == 8) {
        memman_init((struct MEMMAN *) (ebx + ds_base));
        ecx &= 0xfffffff0;  /*以16字节为单位*/
        memman_free((struct MEMMAN *) (ebx + ds_base), eax, ecx);
    } else if (edx == 9) {
        ecx = (ecx + 0x0f) & 0xfffffff0; /*以16字节为单位进位取整*/
        reg[7] = memman_alloc((struct MEMMAN *) (ebx + ds_base), ecx);
    } else if (edx == 10) {
        ecx = (ecx + 0x0f) & 0xfffffff0; /*以16字节为单位进位取整*/
        memman_free((struct MEMMAN *) (ebx + ds_base), eax, ecx);
    }
    return 0;
}
```

然后我们来编写应用程序。

本次的a_nask.nas节选

```
_api_initmalloc:    ; void api_initmalloc(void);
        PUSH    EBX
        MOV     EDX,8
        MOV     EBX,[CS:0x0020]     ; malloc内存空间的地址
        MOV     EAX,EBX
        ADD     EAX,32*1024         ; 加上32KB
        MOV     ECX,[CS:0x0000]     ; 数据段的大小
        SUB     ECX,EAX
        INT     0x40
        POP     EBX
        RET

_api_malloc:        ; char *api_malloc(int size);
        PUSH    EBX
        MOV     EDX,9
        MOV     EBX,[CS:0x0020]
        MOV     ECX,[ESP+8]         ; size
        INT     0x40
        POP     EBX
        RET

_api_free:          ; void api_free(char *addr, int size);
        PUSH    EBX
        MOV     EDX,10
        MOV     EBX,[CS:0x0020]
        MOV     EAX,[ESP+ 8]        ; addr
        MOV     ECX,[ESP+12]        ; size
        INT     0x40
        POP     EBX
        RET
```

本次的winhelo3.c

```
int api_openwin(char *buf, int xsiz, int ysiz, int col_inv, char *title);
void api_putstrwin(int win, int x, int y, int col, int len, char *str);
void api_boxfilwin(int win, int x0, int y0, int x1, int y1, int col);
void api_initmalloc(void);
char *api_malloc(int size);
void api_end(void);

void HariMain(void)
{
    char *buf;
    int win;

    api_initmalloc();
    buf = api_malloc(150 * 50);
    win = api_openwin(buf, 150, 50, -1, "hello");
    api_boxfilwin(win,  8, 36, 141, 43, 6 /*浅蓝色*/);
    api_putstrwin(win, 28, 28, 0 /*黑色*/, 12, "hello, world");
    api_end();
}
```

应该没有什么难点，不过，有一个地方需要注意：malloc用来管理内存的结构（struct MEMMAN）存放在malloc内存空间最开始的地方，因此要多申请出一些malloc所需的空间用于存放这个结构。那么，在winhelo3.hrb中总共申请了40k的空间（32+8=40）。

■■■■■

又到了"make run"的时间，在运行之前我们先用dir来看一下文件的大小。现在只有387个字节了，太好了！然后我们来运行程序……运行成功！

只有387个字节却运行成功了哦

当然，如果用nask来编写的话程序应该会更小，不过那实在能累死人，还是免了吧。

2 画点（harib20b）

终于进入今天的正题——图形处理了。虽然我们已经可以描绘字符和方块了，但现在却还不能画点呢。其实仔细想想，只要能画点就可以画出任何图形，画点简直是基本中的基本。然而就是这最基本的东西到现在都还没有实现，这是怎么搞的嘛！好了，我们马上来编写。

编写画点的API太麻烦了，笔者想要不就用画方块的API画一个1像素见方的小方块来代替好了……不过这样一来各位读者肯定会发飙的，还是不要小聪明了，认认真真来编写这个API吧（笑）。

在窗口中画点
EDX=11
EBX=窗口句柄
ESI =显示位置的x坐标
EDI =显示位置的y坐标
EAX=色号

嗯，看上去挺简单的，三两下就能写出来了。

本次的console.c节选

```
int *hrb_api(int edi, int esi, int ebp, int esp, int ebx, int edx, int ecx, int eax)
{
    （中略）
    } else if (edx == 11) {
        sht = (struct SHEET *) ebx;
        sht->buf[sht->bxsize * edi + esi] = eax;
        sheet_refresh(sht, esi, edi, esi + 1, edi + 1);
    }
    return 0;
}
```

好，完工啦。

■■■■■

我们写一个什么样的应用程序好呢？可以画点的确意味着可以画出任何图形，不过这样一来就更不知道该干啥了。要不就在黑色的背景上画一个黄色的点吧，题曰"最亮的星"。

本次的a_nask.nas节选

```
_api_point:      ; void api_point(int win, int x, int y, int col);
        PUSH    EDI
        PUSH    ESI
        PUSH    EBX
        MOV     EDX,11
        MOV     EBX,[ESP+16]    ; win
        MOV     ESI,[ESP+20]    ; x
        MOV     EDI,[ESP+24]    ; y
        MOV     EAX,[ESP+28]    ; col
        INT     0x40
        POP     EBX
        POP     ESI
        POP     EDI
        RET
```

本次的star1.c

```
int api_openwin(char *buf, int xsiz, int ysiz, int col_inv, char *title);
void api_boxfilwin(int win, int x0, int y0, int x1, int y1, int col);
void api_initmalloc(void);
char *api_malloc(int size);
void api_point(int win, int x, int y, int col);
void api_end(void);

void HariMain(void)
{
    char *buf;
    int win;
```

```
    api_initmalloc();
    buf = api_malloc(150 * 100);
    win = api_openwin(buf, 150, 100, -1, "star1");
    api_boxfilwin(win,  6, 26, 143, 93, 0 /*黑色*/);
    api_point(win, 75, 59, 3 /*黄色*/);
    api_end();
}
```

和之前一样，这个程序也相当简单，不过貌似光看名字就让人感觉这个程序很有料啊（笑）。

我们来 "make run"，运行成功，意料之中。不过说起来，要是这么简单的程序还出错的话也太对不起笔者的实力了。

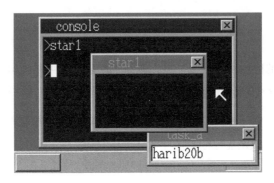

最亮的星星找到了!

■■■■■

做这种小程序当然会成功啦，所以没有以往的那种成就感啊，最好能再锦上添花一下。对了，我们就多画些星星吧，就画30个左右。

本次的stars.c

```
int api_openwin(char *buf, int xsiz, int ysiz, int col_inv, char *title);
void api_boxfilwin(int win, int x0, int y0, int x1, int y1, int col);
void api_initmalloc(void);
char *api_malloc(int size);
void api_point(int win, int x, int y, int col);
void api_end(void);

int rand(void);        /*产生0～32767之间的随机数*/

void HariMain(void)
{
    char *buf;
    int win, i, x, y;
    api_initmalloc();
    buf = api_malloc(150 * 100);
```

```
win = api_openwin(buf, 150, 100, -1, "stars");
api_boxfilwin(win,  6, 26, 143, 93, 0 /*黑色*/);
for (i = 0; i < 50; i++) {
    x = (rand() % 137) +  6;
    y = (rand() %  67) + 26;
    api_point(win, x, y, 3 /*黄色*/);
}
api_end();
}
```

我们来讲解一下这里出现的rand函数。这个函数和sprintf、strcmp一样，都是编译器自带的函数，它的功能是随机产生位于0～32767的一个数字，术语称为"随机数"，这个函数也可以称为"骰子函数"。

"%"这个运算符的功能是求除法运算的余数，在舍入取整的地方我们曾经讲到过，所以这里就一笔带过吧。将随机数的值除以123求余，结果一定落在0～122之间，也就是说，我们可以得到一个0～122的随机数。

其实所谓随机数也是通过计算得到的，电脑中不可能真有一个骰子，即便重新运行应用程序，得到的结果也总是一样的。因此大家"make run"之后所看到的星空，和笔者这里看到的应该是一样的。

于是我们来"make run"。出来了！

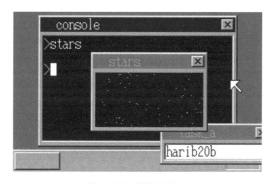

呼，星空真美丽呀！

可能有人会问，这些星座我怎么都没见过？要从哪个角度看星空才能看到这样的排列啊？咳咳，其实呢，这是从笔者的朋友所居住的外星球上所看到的星空哦。下次他还会不会乘坐UFO来地球玩呢……呵呵。

3　刷新窗口（harib20c）

在写stars.hrb的时候突然想到一个问题，现在每次调用api_point画点，窗口都会被刷新一次，这样感觉会非常慢，还不如把星星都画好之后，最后再刷新一次窗口，这样应该会快一些。

于是，我们需要在所有的窗口绘图命令中设置一个"不自动刷新"的选项，然后再编写一个仅用来刷新的API。

这个选项要如何指定呢？窗口句柄归根到底是struct SHEET的地址，这一定是一个偶数，那么我们可以让程序在指定一个奇数（即在原来的数值上加1）的情况下不进行自动刷新。

仅用来刷新的API式样如下。

<u>刷新窗口</u>
EDX = 12
EBX = 窗口句柄
EAX = x0
ECX = y0
ESI = x1
EDI = y1

■■■■■

修改操作系统，具体如下。

本次的console.c节选

```
int *hrb_api(int edi, int esi, int ebp, int esp, int ebx, int edx, int ecx, int eax)
{
    (中略)
    } else if (edx == 6) {
        sht = (struct SHEET *) (ebx & 0xfffffffe);
        putfonts8_asc(sht->buf, sht->bxsize, esi, edi, eax, (char *) ebp + ds_base);
        if ((ebx & 1) == 0) {
            sheet_refresh(sht, esi, edi, esi + ecx * 8, edi + 16);
        }
    } else if (edx == 7) {
        sht = (struct SHEET *) (ebx & 0xfffffffe);
        boxfill8(sht->buf, sht->bxsize, ebp, eax, ecx, esi, edi);
        if ((ebx & 1) == 0) {
            sheet_refresh(sht, eax, ecx, esi + 1, edi + 1);
        }
    } else if (edx == 8) {
        (中略)
    } else if (edx == 9) {
        (中略)
    } else if (edx == 10) {
        (中略)
    } else if (edx == 11) {
        sht = (struct SHEET *) (ebx & 0xfffffffe);
        sht->buf[sht->bxsize * edi + esi] = eax;
```

```
        if ((ebx & 1) == 0) {
            sheet_refresh(sht, esi, edi, esi + 1, edi + 1);
        }
    } else if (edx == 12) {
        sht = (struct SHEET *) ebx;
        sheet_refresh(sht, eax, ecx, esi, edi);
    }
    return 0;
}
```

在计算sht的地方，我们将ebx和0xfffffffe做了一个AND运算，即对其按2的倍数取整。然后在判断是否需要刷新的if语句中，我们将ebx最低的一个比特用AND取出，判断其是否为0，如为0则表示其除以2的余数为0，也就是偶数。

■■■■■

用上面的功能，我们来编写stars2.c。

本次的a_nask.nas节选

```
_api_refreshwin:        ; void api_refreshwin(int win, int x0, int y0, int x1, int y1);
        PUSH    EDI
        PUSH    ESI
        PUSH    EBX
        MOV     EDX,12
        MOV     EBX,[ESP+16]    ; win
        MOV     EAX,[ESP+20]    ; x0
        MOV     ECX,[ESP+24]    ; y0
        MOV     ESI,[ESP+28]    ; x1
        MOV     EDI,[ESP+32]    ; y1
        INT     0x40
        POP     EBX
        POP     ESI
        POP     EDI
        RET
```

本次的stars2.c

```
int api_openwin(char *buf, int xsiz, int ysiz, int col_inv, char *title);
void api_boxfilwin(int win, int x0, int y0, int x1, int y1, int col);
void api_initmalloc(void);
char *api_malloc(int size);
void api_point(int win, int x, int y, int col);
void api_refreshwin(int win, int x0, int y0, int x1, int y1);
void api_end(void);

int rand(void);        /*产生0~32767的随机数*/

void HariMain(void)
```

```
{
    char *buf;
    int win, i, x, y;
    api_initmalloc();
    buf = api_malloc(150 * 100);
    win = api_openwin(buf, 150, 100, -1, "stars2");
    api_boxfilwin(win + 1,  6, 26, 143, 93, 0 /*黑色*/);
    for (i = 0; i < 50; i++) {
        x = (rand() % 137) +  6;
        y = (rand() %  67) + 26;
        api_point(win + 1, x, y, 3 /*黄色*/);
    }
    api_refreshwin(win,  6, 26, 144, 94);
    api_end();
}
```

　　好了，这个也很简单吧。大功告成，我们来 "make run" 试试看。运行成功了，画面和stars.hrb没区别，那到底速度有没有变快呢？嗯，两个都很快所以看不出来，肯定是变快了吧。

4　画直线（harib20d）

　　现在我们已经可以显示文字、描绘方块，还能够画点，接下来我们应该实现画直线的功能了。

　　画直线的基本方法概括如下。

```
for (i = 0; i < len; i++) {
    api_point(win, x, y, col);
    x += dx;
    y += dy;
}
```

　　len表示直线的长度，x和y表示直线的起点坐标，dx和dy表示直线延伸的方向。不过这样用起来很麻烦，最好是只要指定直线两端的坐标，就可以自动计算出dx、dy和len并画出直线，那么我们就按这个思路来编写API吧。

　　dx和dy这两个值如果太大的话，点与点之间的间隔就会空得很大，看上去就变成虚线了；反过来说，如果dx和dy取值太小，画点的坐标就无法前进，会导致多次在同一个坐标上画点，浪费CPU的处理能力。

■■■■■

　　此外，x和y，以及dx和dy如果不支持小数的话，就画不出漂亮的直线（假如只支持整数，某些情况下画出来的就是虚线了）。不过现在我们还没有做好使用小数的准备，不能使用小数，因此我们将这4个整数预先扩大1000倍，即下面这样：

```
for (i = 0; i < len; i++) {
    api_point(win, x / 1000, y / 1000, col);
    x += dx;
    y += dy;
}
```

这样一来，如果x为100000，dx为123，就相当于用整数实现了将100每次累加0.123这样的运算。

实际上，除以1000的运算速度不怎么快，所以我们改成除以1024。再进一步说，其实我们使用的根本不是除法运算，而是右移10比特的方法，这等效于除以1024，而之所以使用移位运算，当然是因为它比除法运算速度要快。因为除数改成了1024，所以如果要表示0.5的话应该使用512而不是500了。

▪▪▪▪▪

关于 dx和dy等值详细的计算方法请看下面的程序。

本次的API式样如下。

在窗口上画直线

EDX = 13

EBX = 窗口句柄

EAX = x0

ECX = y0

ESI　= x1

EDI　= y1

EBP = 色号

本次的console.c节选

```
int *hrb_api(int edi, int esi, int ebp, int esp, int ebx, int edx, int ecx, int eax)
{
    (中略)
    } else if (edx == 13) {
        sht = (struct SHEET *) (ebx & 0xfffffffe);
        hrb_api_linewin(sht, eax, ecx, esi, edi, ebp);
        if ((ebx & 1) == 0) {
            sheet_refresh(sht, eax, ecx, esi + 1, edi + 1);
        }
    }
    return 0;
}

void hrb_api_linewin(struct SHEET *sht, int x0, int y0, int x1, int y1, int col)
{
```

```
int i, x, y, len, dx, dy;

dx = x1 - x0;
dy = y1 - y0;
x = x0 << 10;
y = y0 << 10;
if (dx < 0) {
    dx = - dx;
}
if (dy < 0) {
    dy = - dy;
}
if (dx >= dy) {
    len = dx + 1;
    if (x0 > x1) {
        dx = -1024;
    } else {
        dx =  1024;
    }

    if (y0 <= y1) {
        dy = ((y1 - y0 + 1) << 10) / len;
    } else {
        dy = ((y1 - y0 - 1) << 10) / len;
    }
} else {
    len = dy + 1;
    if (y0 > y1) {
        dy = -1024;
    } else {
        dy =  1024;
    }
    if (x0 <= x1) {
        dx = ((x1 - x0 + 1) << 10) / len;
    } else {
        dx = ((x1 - x0 - 1) << 10) / len;
    }
}

for (i = 0; i < len; i++) {
    sht->buf[(y >> 10) * sht->bxsize + (x >> 10)] = col;
    x += dx;
    y += dy;
}

return;
}
```

　　我们来讲解一下这段程序。程序首先要做的是计算len，通过比较直线起点和终点的坐标，将变化比较大的作为len（实际上还需要加上1）。为什么要加上1呢？因为如果不这样做的话，画到最后就会差1个像素。举个例子，当起点和终点完全相同时，应该在画面上画出1个点才对，但此时dx和dy都为0，如果不加1就什么都画不出来了。

len计算出来以后，接着计算dx和dy。将变化比较大的一方设为1024或者−1024（即1或−1），变化较小的一方用变化量去除以len。在做除法的时候我们还是会进行加1和减1的运算，这有点像烧菜用的秘方，是个很微妙的小技巧，下面我们来讲一讲这个秘方的效果吧。

如果不用这个小技巧的话，假设我们需要画一条从（100, 100）到（159, 102）的直线，则dy为2 / 60，约为0.0333。

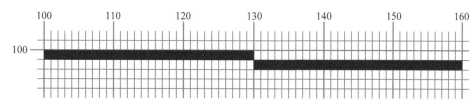

不用小技巧的情况（x = 100, y= 100, dx = 1, dy = 0.0333, len = 60）

这样不行，画这条直线的时候y明明需要增加2，但这里只增加了1。如果我们加上这个小技巧的话，dy的计算就变成了3 / 60，即0.05。

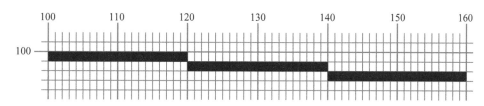

用了小技巧的情况（x = 100, y= 100, dx = 1, dy = 0.05, len = 60）

■■■■■

好，我们来编写测试用的应用程序吧。

本次的a_nask.nas节选

```
_api_linewin:              ; void api_linewin(int win, int x0, int y0, int x1, int y1, int col);
        PUSH    EDI
        PUSH    ESI
        PUSH    EBP
        PUSH    EBX
        MOV     EDX,13
        MOV     EBX,[ESP+20]    ; win
        MOV     EAX,[ESP+24]    ; x0
        MOV     ECX,[ESP+28]    ; y0
        MOV     ESI,[ESP+32]    ; x1
        MOV     EDI,[ESP+36]    ; y1
        MOV     EBP,[ESP+40]    ; col
        INT     0x40
```

```
POP     EBX
POP     EBP
POP     ESI
POP     EDI
RET
```

本次的lines.c

```c
int api_openwin(char *buf, int xsiz, int ysiz, int col_inv, char *title);
void api_initmalloc(void);
char *api_malloc(int size);
void api_refreshwin(int win, int x0, int y0, int x1, int y1);
void api_linewin(int win, int x0, int y0, int x1, int y1, int col);
void api_end(void);

void HariMain(void)
{
    char *buf;
    int win, i;
    api_initmalloc();
    buf = api_malloc(160 * 100);
    win = api_openwin(buf, 160, 100, -1, "lines");
    for (i = 0; i < 8; i++) {
        api_linewin(win + 1,  8, 26, 77, i * 9 + 26, i);
        api_linewin(win + 1, 88, 26, i * 9 + 88, 89, i);
    }
    api_refreshwin(win,  6, 26, 154, 90);
    api_end();
}
```

我们来"make run"，希望一切顺利。成功了！

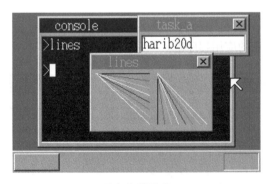

画出直线了哦

美丽的星空……哦不对，这不是星空，不过感觉比stars看上去要高级多了，难道是笔者自我感觉良好吗？

5 关闭窗口（harib20e）

现在我们终于可以在窗口上画线玩了，不过一个重大的问题出现了：在应用程序结束之后，窗口依然还留在画面上。

这是因为系统为留在画面上的这个窗口分配了应用程序的数据段作为存放窗口图层的内存空间，当应用程序活动时没有任何问题，但当应用程序运行结束后，其数据段的内存空间就被释放出来，供操作系统及其他应用程序来使用。所以这样不行。

因此在应用程序结束之前，我们需要先关闭窗口。

━━━━━

首先还是像之前一样，编写一个API。

关闭窗口
EDX=14
EBX=窗口句柄

本次的console.c节选

```
int *hrb_api(int edi, int esi, int ebp, int esp, int ebx, int edx, int ecx, int eax)
{
    （中略）
    } else if (edx == 14) {
        sheet_free((struct SHEET *) ebx);
    }
    return 0;
}
```

非常简单吧。

然后我们来编写应用程序。写一个新的应用程序太麻烦了，我们就用之前的lines.c修改一下。

本次的a_nask.nas节选

```
_api_closewin:          ; void api_closewin(int win);
        PUSH    EBX
        MOV     EDX,14
        MOV     EBX,[ESP+8] ; win
        INT     0x40
        POP     EBX
        RET
```

本次的lines.c

```
int api_openwin(char *buf, int xsiz, int ysiz, int col_inv, char *title);
void api_initmalloc(void);
char *api_malloc(int size);
void api_refreshwin(int win, int x0, int y0, int x1, int y1);
void api_linewin(int win, int x0, int y0, int x1, int y1, int col);
void api_closewin(int win);
void api_end(void);

void HariMain(void)
{
    char *buf;
    int win, i;
    api_initmalloc();
    buf = api_malloc(160 * 100);
    win = api_openwin(buf, 160, 100, -1, "lines");
    for (i = 0; i < 8; i++) {
        api_linewin(win + 1,  8, 26, 77, i * 9 + 26, i);
        api_linewin(win + 1, 88, 26, i * 9 + 88, 89, i);
    }
    api_refreshwin(win,  6, 26, 154, 90);
    api_closewin(win);       /*这里!  */
    api_end();
}
```

好了，大功告成，这个也挺简单的呢。

我们来 "make run" 试试看吧。哦哦，运行成功，窗口消失了。

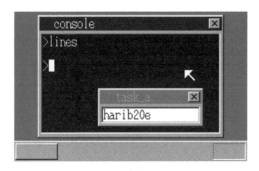

看，窗口消失了吧？

嗯，不过这样一来，窗口只显示了一下就瞬间消失了，我们连显示出来的内容都看不清。在程序结束之前关闭窗口固然很好，可是这样的话显示窗口就没有意义了嘛。

6 键盘输入 API（harib20f）

那么，我们就给这个应用程序增加接受键盘输入的功能，当按下回车键时再结束运行，这样就不会出现窗口显示时间过短的问题了。

要接受键盘输入，其实只要从和任务绑定的FIFO缓冲区中取出1个就可以了。哦对了，等待键盘输入的这段时间程序没有什么事情好做，因此我们还要加上休眠的功能。

<u>键盘输入</u>

EDX = 15

EAX = 0……没有键盘输入时返回–1，不休眠

　　　= 1……休眠直到发生键盘输入

EAX = 输入的字符编码

本次的console.c节选

```
int *hrb_api(int edi, int esi, int ebp, int esp, int ebx, int edx, int ecx, int eax)
{
    int ds_base = *((int *) 0xfe8);
    （中略）
    int i;
    （中略）
    } else if (edx == 15) {
        for (;;) {

            io_cli();
            if (fifo32_status(&task->fifo) == 0) {
                if (eax != 0) {
                    task_sleep(task);    /* FIFO为空，休眠并等待*/
                } else {
                    io_sti();
                    reg[7] = -1;
                    return 0;
                }
            }
            i = fifo32_get(&task->fifo);
            io_sti();
            if (i <= 1) { /*光标用定时器*/
                /*应用程序运行时不需要显示光标，因此总是将下次显示用的值置为1*/
                timer_init(cons->timer, &task->fifo, 1); /*下次置为1*/
                timer_settime(cons->timer, 50);
            }
            if (i == 2) {    /*光标ON */
                cons->cur_c = COL8_FFFFFF;
            }
            if (i == 3) {    /*光标OFF */
                cons->cur_c = -1;
            }
            if (256 <= i && i <= 511) { /*键盘数据（通过任务A）*/
                reg[7] = i - 256;
                return 0;
            }
        }
    }
    return 0;
}
```

23

这次的代码有点长。首先，从整体上看，我们通过一个for语句来进行循环。为什么要这样做呢？当FIFO为空或成功接收到键盘输入后循环结束，在这个过程里，FIFO中还会收到诸如计时器光标ON、OFF之类的数据，这时，我们需要简单地将它们处理掉，然后再重新循环轮询FIFO的状态。当确认接收到键盘输入的数据，或者FIFO缓冲区为空时，则通过return命令结束API的处理。这样一来，从结果上来说，就相当于跳出了for循环。

这段程序是仿照console_task的FIFO数据处理部分写的，将它们对比着看应该会更容易理解。

还有cons -> timer的地方需要讲一下。为了设置定时器我们需要timer的地址，不过这是console_task中的变量，hrb_api是无法获取的，虽然像ds_base的时候那样，随便找一个地址存放一下也可以解决，不过这次我们采用了不同的方法。

本次的bootpack.h节选

```
struct CONSOLE {
    struct SHEET *sht;
    int cur_x, cur_y, cur_c;
    struct TIMER *timer;
};
```

像这样，我们将定时器加入到struct CONSOLE中了。因为这个定时器是用来控制光标闪烁的，对于命令行窗口来说是必需的，所以放在CONSOLE结构中也没什么问题（笔者希望将相关的成员都封装到同一个结构中）。

因此我们还修改了console_task，去掉timer变量，以cons.timer取而代之。

■■■■■

操作系统的修改已经完成了，接下来轮到应用程序了。写一个新程序太麻烦，所以我们还是来改造lines.c吧。

本次的a_nask.nas节选

```
_api_getkey:              ; int api_getkey(int mode);
        MOV     EDX,15
        MOV     EAX,[ESP+4] ; mode
        INT     0x40
        RET
```

本次的lines.c节选

```
int api_openwin(char *buf, int xsiz, int ysiz, int col_inv, char *title);
void api_initmalloc(void);
char *api_malloc(int size);
void api_refreshwin(int win, int x0, int y0, int x1, int y1);
void api_linewin(int win, int x0, int y0, int x1, int y1, int col);
```

```
void api_closewin(int win);
int api_getkey(int mode);
void api_end(void);

void HariMain(void)
{
    （中略）
    api_refreshwin(win, 6, 26, 154, 90);
    for (;;) {
        if (api_getkey(1) == 0x0a) {
            break; /*按下回车键则break; */
        }
    }
    api_closewin(win);
    api_end();
}
```

写好啦。应用程序很简单，当然，编写API也不是什么很难的事情啦。

我们赶紧"make run"吧，不知道能不能成功呢。哦哦，这次没有马上消失！

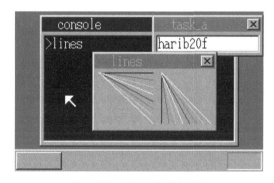

看，这次不会自动消失了哦

而且，按空格键或者其他字母键都没有反应，但按下回车键时窗口就关闭了，看来很成功呢。

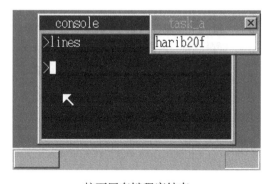

按下回车键程序结束

7 用键盘输入来消遣一下（harib20g）

既然我们已经实现了键盘输入，不如多用它来消遣消遣吧，边玩边做才有乐趣嘛。

于是我们编写了下面这个程序，只看代码的话，能猜出这是个怎样的程序吗?

本次的walk.c节选

```
void HariMain(void)
{
    char *buf;
    int win, i, x, y;
    api_initmalloc();
    buf = api_malloc(160 * 100);
    win = api_openwin(buf, 160, 100, -1, "walk");
    api_boxfilwin(win, 4, 24, 155, 95, 0 /*黑色*/);
    x = 76;
    y = 56;

    api_putstrwin(win, x, y, 3 /*黄色*/, 1, "*");
    for (;;) {
        i = api_getkey(1);
        api_putstrwin(win, x, y, 0 /*黑色*/, 1, "*"); /*用黑色擦除*/
        if (i == '4' && x >   4) { x -= 8; }
        if (i == '6' && x < 148) { x += 8; }
        if (i == '8' && y >  24) { y -= 8; }
        if (i == '2' && y <  80) { y += 8; }
        if (i == 0x0a) { break; } /*按回车键结束*/
        api_putstrwin(win, x, y, 3 /*黄色*/, 1, "*");
    }
    api_closewin(win);
    api_end();
}
```

简单来说，这个程序是让"*"在窗口中移动，按小键盘的"5"让它回到窗口中心，按"2"、"4"、"6"、"8"可以上下左右移动，玩累了按下回车键就可以退出程序啦。

那么我们来"make run"试试看，画面如下。

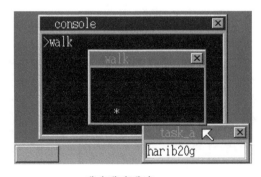

我走我走我走……

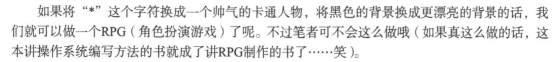

如果将"*"这个字符换成一个帅气的卡通人物，将黑色的背景换成更漂亮的背景的话，我们就可以做一个RPG（角色扮演游戏）了呢。不过笔者可不会这么做哦（如果真这么做的话，这本讲操作系统编写方法的书就成了讲RPG制作的书了······笑）。

在Linux中有一个很有名的游戏叫做nethack，如果喜欢那个游戏的话，把"*"改成"@"说不定会更好哦（笑）。

8 强制结束并关闭窗口（harib20h）

眼看天色已晚，本打算今天就到此结束的，却突然发现了一个问题。

在运行walk.hrb和lines.hrb时，如果不按回车键结束，而是按Shift+F1强制结束程序的话，窗口就会残留在画面上。话说回来，强制结束的时候还并没有执行api_closewin，窗口会留在画面上也是意料之中的事情，不过应用程序已经强制结束，内存空间也已经被回收，而窗口却还留在上面，这可不太好。

带着这样的问题肯定没办法睡个好觉，说不定还会做噩梦，所以我们还是在今晚把它搞定吧。

强制结束harib20g后就变成这样了！

■■■■■

到底该怎么办呢？首先，我们在struct SHEET中添加一个用来存放task的成员，当应用程序结束时，查询所有的图层，如果图层的task为将要结束的应用程序任务，则关闭该图层。

这个功能不仅是在强制结束的时候起作用，在正常结束时一样有效，因此，即便程序本身忘记加上关闭窗口的代码，系统也会自动将窗口关闭，进一步说，应用程序甚至可以完全依靠系统的这个功能，而不必特地调用api_closewin来关闭窗口了。

本次的bootpack.h节选

```
struct SHEET {
    unsigned char *buf;
```

```
    int bxsize, bysize, vx0, vy0, col_inv, height, flags;
    struct SHTCTL *ctl;
    struct TASK *task;        /*这里! */
};
```

本次的sheet.c节选

```
struct SHEET *sheet_alloc(struct SHTCTL *ctl)
{
    struct SHEET *sht;
    int i;
    for (i = 0; i < MAX_SHEETS; i++) {
        if (ctl->sheets0[i].flags == 0) {
            sht = &ctl->sheets0[i];
            sht->flags = SHEET_USE; /*正在使用的标记*/
            sht->height = -1; /*不显示*/
            sht->task = 0;   /*不使用自动关闭功能*/ /*这里! */
            return sht;
        }
    }
    return 0;    /*所有的图层都正在使用*/
}
```

本次的console.c节选

```
int *hrb_api(int edi, int esi, int ebp, int esp, int ebx, int edx, int ecx, int eax)
{
    (中略)
    } else if (edx == 5) {
        sht = sheet_alloc(shtctl);
        sht->task = task;              /*这里! */
        sheet_setbuf(sht, (char *) ebx + ds_base, esi, edi, eax);
        make_window8((char *) ebx + ds_base, esi, edi, (char *) ecx + ds_base, 0);
        sheet_slide(sht, 100, 50);
        sheet_updown(sht, 3);   /*图层高度为3，在task_a之上*/
        reg[7] = (int) sht;
    } else if (edx == 6) {
    (中略)
}
```

本次的console.c节选

```
int cmd_app(struct CONSOLE *cons, int *fat, char *cmdline)
{
    (中略)
    struct SHTCTL *shtctl;  /*从此开始*/
    struct SHEET *sht;      /*到此结束*/
    (中略)
    if (finfo != 0) {
        /*找到文件的情况*/
```

```
    p = (char *) memman_alloc_4k(memman, finfo->size);
    file_loadfile(finfo->clustno, finfo->size, p, fat, (char *) (ADR_DISKIMG + 0x003e00));
    if (finfo->size >= 36 && strncmp(p + 4, "Hari", 4) == 0 && *p == 0x00) {
        (中略)
        start_app(0x1b, 1003 * 8, esp, 1004 * 8, &(task->tss.esp0));
        shtctl = (struct SHTCTL *) *((int *) 0x0fe4);        /*从此开始*/
        for (i = 0; i < MAX_SHEETS; i++) {
            sht = &(shtctl->sheets0[i]);
            if (sht->flags != 0 && sht->task == task) {
                /*找到被应用程序遗留的窗口*/
                sheet_free(sht);       /*关闭*/
            }
        }                                            /*到此结束*/
        memman_free_4k(memman, (int) q, segsiz);
    } else {
        cons_putstr0(cons, ".hrb file format error.\n");
    }
    memman_free_4k(memman, (int) p, finfo->size);
    cons_newline(cons);
    return 1;
}
/*没有找到文件的情况*/
return 0;
}
```

这样就大功告成了。

∎∎∎∎∎

我们来试验一下，"make run"，然后运行lines.hrb，按Shift+F1强制结束。运行成功了！

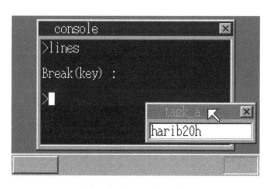

看，窗口不见了吧？

下面我们再用winhelo3.hrb试试看，这个程序中我们没有调用closewin，不知道窗口能不能自动关闭呢？哦哦，关闭了，虽说这样就完全看不清窗口显示的内容了（笑），但只要像lines和walk那样加上等待键盘输入再结束的功能就好了。

winhelo3.hrb在程序结束时窗口也会被关闭哦

好了，我们已经成功实现了强制结束时也能关闭窗口的功能，这下可以睡个好觉了，大家晚安······

第 24 天

窗口操作

1 窗口切换（1）（harib21a）

前天开始我们的应用程序可以显示自己的窗口了，现在画面上到处都是窗口，我们急需能够切换窗口顺序的功能，使得在需要的时候可以查看最下面的窗口的内容。这个功能看起来不难，我们马上来实现它。

不过，一上来就实现"点击鼠标切换窗口"的功能还有点难，所以我们先从用键盘切换的方法入手吧，即按下F11时，将最下面的那个窗口放到最上面。

_____

要实现这一功能我们首先需要知道F11的按键编码。根据下面网址中的资料：

http://community.osdev.info/?(AT)keyboard

F11的按键编码为0x57（F12为0x58）。知道了这些，接下来只要稍微修改一下bootpack.c即可，只需要添加3行代码。

本次的bootpack.c节选

```
void HariMain(void)
{
    (中略)
```

```
for (;;) {
    (中略)
    if (fifo32_status(&fifo) == 0) {
        (中略)
    } else {
        (中略)
        if (256 <= i && i <= 511) { /*键盘数据*/
            (中略)
/*从此开始*/    if (i == 256 + 0x57 && shtctl->top > 2) {    /* F11 */
                sheet_updown(shtctl->sheets[1], shtctl->top - 1);
/*到此结束*/    }
            (中略)
        } else if (512 <= i && i <= 767) { /*鼠标数据*/
            (中略)
        } else if (i <= 1) { /*光标用定时器*/
            (中略)
        }
    }
}
}
```

恐怕没几个人记得图层的操作方法了吧，我们还是稍微详细地讲解一下。

```
sheet_updown(shtctl->sheets[1], shtctl->top - 1);
```

这句代码的功能是将从下面数第2个图层（最下面一个图层shtctl –> sheets[0]是背景）的高度提升为shtctl –> top – 1。Shtctl –> top这个高度存放的是最上面一个图层的高度，这个图层永远是绘制鼠标指针用的，我们不能将窗口放在比鼠标还高的位置上（搞个恶作剧倒是挺有趣的），因此将窗口高度设置为鼠标图层的下面一层。

我们来试试看能不能成功，"make run"——虽然我们已经做了无数遍，但笔者还是乐在其中。撒花！运行成功了！

■■■■■

按一次F11，将命令行窗口提升到了上面

2　窗口切换（2）（harib21b）

这次我们来实现Windows那样的用鼠标点击来切换窗口的功能。这个功能会让task_a中窗口移动的功能失效，不过没关系，我们在下一节会重新编写窗口移动功能的，大家不必担心。

当鼠标点击画面的某个地方时，怎样才能知道鼠标所点击到的是哪个图层呢？我们需要按照从上到下的顺序，判断鼠标的位置落在哪个图层的范围内，并且还需要确保该位置不是透明色区域。

将上述思路用程序写出来就是下面这样。

本次的bootpack.c节选

```
void HariMain(void)
{
    （中略）
    int j, x, y;        /*这里! */
    struct SHEET *sht;  /*这里! */
    （中略）

    for (;;) {
        （中略）
        if (fifo32_status(&fifo) == 0) {
            （中略）
        } else {
            （中略）
            if (256 <= i && i <= 511) { /*键盘数据*/
                （中略）
            } else if (512 <= i && i <= 767) { /*鼠标数据*/
                if (mouse_decode(&mdec, i - 512) != 0) {
                    /*鼠标指针移动*/
                    （中略）
                    if ((mdec.btn & 0x01) != 0) {
                        /*按下左键*/
/*从此开始*/        /*按照从上到下的顺序寻找鼠标所指向的图层*/
                        for (j = shtctl->top - 1; j > 0; j--) {
                            sht = shtctl->sheets[j];
                            x = mx - sht->vx0;
                            y = my - sht->vy0;
                            if (0 <= x && x < sht->bxsize && 0 <= y && y < sht->bysize) {
                                if (sht->buf[y * sht->bxsize + x] != sht->col_inv) {
                                    sheet_updown(sht, shtctl->top - 1);
                                    break;
                                }
                            }
                        }
/*到此结束*/            }
                }
            } else if (i <= 1) { /*光标用定时器*/
                （中略）
            }
```

24

```
        }
    }
}
```

我们来"make run"，然后运行lines.hrb，点击一个窗口试试看。哦哦！成功了！

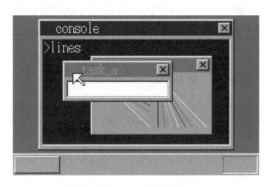

通过点击将task_a切换到最上面

如果点击命令行窗口将其切换到最上面的话，别的窗口就全都被遮住了，这样无法用鼠标点击切换了，还好我们可以按F11将被遮住的窗口切换出来，F11这个功能还真是挺方便的呢。

3 移动窗口（harib21c）

窗口切换的功能已经做的差不多了，这次我们来实现窗口的移动。之前我们只能移动task_a的窗口，这次的目标是实现像Windows一样的窗口移动功能。不过要如何才能实现呢……

当鼠标左键点击窗口时，如果点击位置位于窗口的标题栏区域，则进入"窗口移动模式"，使窗口的位置追随鼠标指针的移动，当放开鼠标左键时，退出"窗口移动模式"，返回通常模式。

要实现窗口的移动，我们需要记录鼠标指针所移动的距离，为此我们添加了两个变量：mmx和mmy，mm是"move mode"的缩写，这两个变量所记录的是移动之前的坐标。由于鼠标指针不会跑到画面以外，因此我们规定当mmx为负数时代表当前不处于窗口移动模式。

■■■■■

本次的bootpack.c节选

```
void HariMain(void)
{
    （中略）
    int j, x, y, mmx = -1, mmy = -1;      /*这里! */
    struct SHEET *sht = 0;                /*这里! */
    （中略）
```

```
for (;;) {
    (中略)
    if (fifo32_status(&fifo) == 0) {
        (中略)
    } else {
        (中略)
        if (256 <= i && i <= 511) { /*键盘数据*/
            (中略)
        } else if (512 <= i && i <= 767) { /*鼠标数据*/
            if (mouse_decode(&mdec, i - 512) != 0) {
                /*鼠标指针移动*/
                (中略)
                if ((mdec.btn & 0x01) != 0) {
                    /*按下左键*/
/*从此开始*/        if (mmx < 0) {
                        /*如果处于通常模式*/
                        /*按照从上到下的顺序寻找鼠标所指向的图层*/
                        for (j = shtctl->top - 1; j > 0; j--) {
                            sht = shtctl->sheets[j];
                            x = mx - sht->vx0;
                            y = my - sht->vy0;
                            if (0 <= x && x < sht->bxsize && 0 <= y && y < sht->bysize) {
                                if (sht->buf[y * sht->bxsize + x] != sht->col_inv) {
                                    sheet_updown(sht, shtctl->top - 1);
                                    if (3 <= x && x < sht->bxsize - 3 && 3 <= y && y < 21) {
                                        mmx = mx;    /*进入窗口移动模式*/
                                        mmy = my;
                                    }
                                    break;
                                }
                            }
                        }
                    } else {
                        /*如果处于窗口移动模式*/
                        x = mx - mmx;    /*计算鼠标的移动距离*/
                        y = my - mmy;
                        sheet_slide(sht, sht->vx0 + x, sht->vy0 + y);
                        mmx = mx;    /*更新为移动后的坐标*/
                        mmy = my;
                    }
                } else {
                    /*没有按下左键*/
/*到此结束*/        mmx = -1;    /*返回通常模式*/
                }
            }
        } else if (i <= 1) { /*光标用定时器*/
            (中略)
        }
    }
}
```

虽然代码有点长，不过静下心来仔细读一定能看懂的。

我们来"make run"试试看，能不能成功呢······哦哦，成功了！

可以像这样自由自在地移动哦

不过命令行窗口的移动速度太慢了！这大概是QEMU的原因，在真机环境下窗口的移动一定可以达到可接受的速度。还是有点不放心，于是在真机环境下测试了一下，不错，虽然还是有一点慢，不过这个速度也没什么问题。

4 用鼠标关闭窗口（harib21d）

现在我们已经实现了窗口的移动，这次就来实现关闭窗口的功能吧。我们的窗口上面已经有了一个"×"按钮，看到它大家都想按一下吧（笑）？

判断是否点击了"×"按钮的方法，和之前窗口移动时判断是否点击到标题栏的方法是一样的，而且点击后的程序结束处理，也可以参考强制结束部分的代码。嗯，这样看上去还挺容易的。

■■■■■

我们添加了11行代码，这样应该可以搞定了。

本次的bootpack.c节选

```
void HariMain(void)
{
    （中略）

    for (;;) {
        （中略）
        if (fifo32_status(&fifo) == 0) {
            （中略）
        } else {
            （中略）
            if (256 <= i && i <= 511) { /*键盘数据*/
                （中略）
            } else if (512 <= i && i <= 767) { /*鼠标数据*/
```

```
        if (mouse_decode(&mdec, i - 512) != 0) {
            /*鼠标指针移动*/
            (中略)
            if ((mdec.btn & 0x01) != 0) {

                /*按下左键*/
                if (mmx < 0) {
                    /*如果处于通常模式*/
                    /*按照从上到下的顺序寻找鼠标所指向的图层*/
                    for (j = shtctl->top - 1; j > 0; j--) {
                        (中略)
                        if (0 <= x && x < sht->bxsize && 0 <= y && y < sht->bysize) {
                            if (sht->buf[y * sht->bxsize + x] != sht->col_inv) {
                                sheet_updown(sht, shtctl->top - 1);
                                if (3 <= x && x < sht->bxsize - 3 && 3 <= y && y < 21) {
                                    (中略)
                                }
/*从此开始*/                     if (sht->bxsize - 21 <= x && x < sht->bxsize - 5 && 5 <=
                                y && y < 19) {
                                    /*点击"×"按钮*/
                                    if (sht->task != 0) {    /*该窗口是否为应用程序窗口? */
                                        cons = (struct CONSOLE *) *((int *) 0x0fec);
                                        cons_putstr0(cons, "\nBreak(mouse) :\n");
                                        io_cli();    /*强制结束处理中禁止切换任务*/
                                        task_cons->tss.eax = (int)
                                            &(task_cons->tss.esp0);
                                        task_cons->tss.eip = (int) asm_end_app;
                                        io_sti();
                                    }
/*到此结束*/                    }
                            break;
                            }
                        }
                    }
                } else {
                    /*如果处于窗口移动模式*/
                    (中略)
                }
            } else {
                /*没有按下左键*/
                (中略)
            }
        }
    } else if (i <= 1) { /*光标用定时器*/
        (中略)
    }
}
```

应该不难吧？那么程序的讲解就到此为止了哦。

将上面的程序"make run"一下，结果如下。看，成功了！

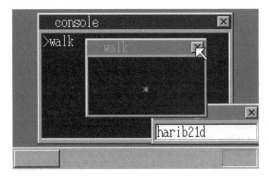 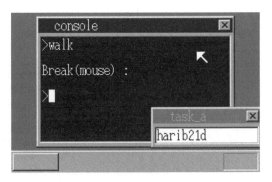

点击这里的话……　　　　　　　　　　　　　　　窗口就关掉了

5 将输入切换到应用程序窗口（harib21e）

虽然我们已经实现了像walk.hrb这样让应用程序接受键盘输入的功能，不过仔细看画面会发现，处于输入状态的其实是命令行窗口，而不是walk的窗口。

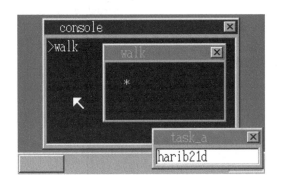

用harib21d移动"*"时的样子

这样看上去有点怪，应该先让应用程序窗口处于输入状态，然后再操作"*"进行移动。

之前我们所使用的Tab键切换很简单，只能在两个窗口之间交替进行，但这次我们已经显示出了3个以上的窗口，情况变得有点复杂，在按下Tab键时，我们需要判断切换到哪个窗口。我们先这样规定吧：按下Tab键时将键盘输入切换到当前输入窗口下面一层的窗口中，若当前窗口为最下层，则切换到最上层窗口。

■■■■■

对于键盘输入的控制我们之前用的是key_to这个变量，不过这已经是很久以前写的了（应该是在17.3节中写的，也就是差不多一个礼拜之前吧，但感觉好像已经过了很久了呢），这个方法现在已经不能用了，于是我们改成使用key_win这个变量存放当前处于输入模式的窗口地址。

　　另外，还有一个问题，如果当应用程序窗口处于输入模式时被关闭的话要怎样处理呢？这个时候我们可以让系统自动切换到最上层的窗口。

　　本次修改的内容较多。主要修改的地方是将HariMain中key_to的地方改为key_win，以及添加在输入窗口消失时（被关闭时）进行处理的代码。

　　有个细节需要讲一下，我们用SHEET结构中的task成员来判断数据发送对象的FIFO，因此在sht_cons->task中也加入了TASK结构的地址，这样的话我们就无法分辨窗口是不是由应用程序生成的，于是我们需要通过SHEET结构中的flags成员进行判断（以0x10比特位进行区分）。此外，只有命令行窗口需要控制光标的ON/OFF，应用程序窗口不需要，这一区别也是通过flags来进行判断的（以0x20比特位进行区分）。

本次的bootpack.c节选

```
void HariMain(void)
{
    （中略）
    struct SHEET *sht = 0, *key_win;     /*这里! */

    （中略）
    key_win = sht_win;                                    /*从此开始*/
    sht_cons->task = task_cons;
    sht_cons->flags |= 0x20;      /*有光标*/           /*到此结束*/

    （中略）

    for (;;) {
        （中略）
        if (fifo32_status(&fifo) == 0) {
            （中略）
        } else {
            i = fifo32_get(&fifo);
            io_sti();
            if (key_win->flags == 0) {   /*输入窗口被关闭*/              /*从此开始*/
                key_win = shtctl->sheets[shtctl->top - 1];
                cursor_c = keywin_on(key_win, sht_win, cursor_c);
            }                                                  /*到此结束*/
            if (256 <= i && i <= 511) { /*键盘数据*/
                （中略）
                if (s[0] != 0) { /*一般字符*/
/*从此开始*/        if (key_win == sht_win) {   /*发送至任务A */
                        if (cursor_x < 128) {
                            /*显示一个字符并将光标后移一位*/
                            s[1] = 0;
                            putfonts8_asc_sht(sht_win, cursor_x, 28, COL8_000000, COL8_FFFFFF, s, 1);
                            cursor_x += 8;
```

```
                    }
            } else {        /*发送至命令行窗口*/
                fifo32_put(&key_win->task->fifo, s[0] + 256);
            }
        }
        if (i == 256 + 0x0e) {   /*退格键*/
            if (key_win == sht_win) {     /*发送至任务A */
                if (cursor_x > 8) {
                    /*用空格擦除光标后将光标前移一位*/
                    putfonts8_asc_sht(sht_win, cursor_x, 28, COL8_000000, COL8_FFFFFF, "
                        ", 1);
                    cursor_x -= 8;
                }
            } else {        /*发送至命令行窗口*/
                fifo32_put(&key_win->task->fifo, 8 + 256);
            }
        }
        if (i == 256 + 0x1c) {   /*回车键*/
            if (key_win != sht_win) {     /*发送至命令行窗口*/
                fifo32_put(&key_win->task->fifo, 10 + 256);
            }
        }
        if (i == 256 + 0x0f) {   /* Tab键*/

            cursor_c = keywin_off(key_win, sht_win, cursor_c, cursor_x);
            j = key_win->height - 1;
            if (j == 0) {
                j = shtctl->top - 1;
            }
            key_win = shtctl->sheets[j];
```
/*到此结束*/ `            cursor_c = keywin_on(key_win, sht_win, cursor_c);`
```
        }
        （中略）
    } else if (512 <= i && i <= 767) { /*鼠标数据*/
        if (mouse_decode(&mdec, i - 512) != 0) {
            （中略）
            if ((mdec.btn & 0x01) != 0) {
                /*按下左键*/
                if (mmx < 0) {
                    /*如果处于通常模式*/
                    /*按照从上到下的顺序寻找鼠标所指向的图层*/
                    for (j = shtctl->top - 1; j > 0; j--) {
                        （中略）
                        if (0 <= x && x < sht->bxsize && 0 <= y && y < sht->bysize) {
                            if (sht->buf[y * sht->bxsize + x] != sht->col_inv) {
                                （中略）
                                if (sht->bxsize - 21 <= x && x < sht->bxsize - 5 && 5 <=
                                    y && y < 19) {
                                    /*点击"×"按钮*/
```
/*这里! */ `                                    if ((sht->flags & 0x10) != 0) {        `/*是由应用程序生成
的窗口吗? */
```
                                        （中略）
                                    }
```

```
                                }
                                break;
                            }
                        }
                    }
                } else {
                    （中略）
                }
            } else {
                （中略）
            }
        }
    } else if (i <= 1) {  /*光标用定时器*/
        （中略）
    }
        }
    }
}
```

　　上面的代码中调用了keywin_on和keywin_off两个函数，它们的功能是控制窗口标题栏的颜色和task_a窗口的光标，我们将它们写在bootpack.c中。

本次的bootpack.c节选

```
int keywin_off(struct SHEET *key_win, struct SHEET *sht_win, int cur_c, int cur_x)
{
    change_wtitle8(key_win, 0);
    if (key_win == sht_win) {
        cur_c = -1; /*删除光标*/
        boxfill8(sht_win->buf, sht_win->bxsize, COL8_FFFFFF, cur_x, 28, cur_x + 7, 43);
    } else {
        if ((key_win->flags & 0x20) != 0) {
            fifo32_put(&key_win->task->fifo, 3);  /*命令行窗口光标OFF */
        }
    }
    return cur_c;
}

int keywin_on(struct SHEET *key_win, struct SHEET *sht_win, int cur_c)
{
    change_wtitle8(key_win, 1);
    if (key_win == sht_win) {
        cur_c = COL8_000000; /*显示光标*/
    } else {
        if ((key_win->flags & 0x20) != 0) {
            fifo32_put(&key_win->task->fifo, 2);  /*命令行窗口光标ON */
        }
    }
    return cur_c;
}
```

24

上面的代码中我们调用了一个叫做change_wtitle8的函数,这个函数的功能是改变窗口标题栏的颜色,我们写在window.c中。其实make_wtitle8也可以实现相同的功能,但change_wtitle8的好处是,即便不知道窗口的名称也可以改变标题栏的颜色。除此之外,代码的其余部分应该不需要讲解了吧。

本次的window.c节选

```
void change_wtitle8(struct SHEET *sht, char act)
{
    int x, y, xsize = sht->bxsize;
    char c, tc_new, tbc_new, tc_old, tbc_old, *buf = sht->buf;
    if (act != 0) {
        tc_new  = COL8_FFFFFF;
        tbc_new = COL8_000084;
        tc_old  = COL8_C6C6C6;
        tbc_old = COL8_848484;
    } else {
        tc_new  = COL8_C6C6C6;
        tbc_new = COL8_848484;
        tc_old  = COL8_FFFFFF;
        tbc_old = COL8_000084;
    }
    for (y = 3; y <= 20; y++) {
        for (x = 3; x <= xsize - 4; x++) {
            c = buf[y * xsize + x];
            if (c == tc_old && x <= xsize - 22) {
                c = tc_new;
            } else if (c == tbc_old) {
                c = tbc_new;
            }
            buf[y * xsize + x] = c;
        }
    }
    sheet_refresh(sht, 3, 3, xsize, 21);
    return;
}
```

我们对cmd_app也进行了修改,主要修改了应用程序结束时自动关闭窗口的部分。因为没有运行应用程序的命令行窗口,其task也不为0,所以需要通过flags的0x10比特位来判断是否自动关闭。

本次的console.c节选

```
int cmd_app(struct CONSOLE *cons, int *fat, char *cmdline)
{
    (中略)
    if (finfo != 0) {
        (中略)
        if (finfo->size >= 36 && strncmp(p + 4, "Hari", 4) == 0 && *p == 0x00) {
            (中略)
```

```
        for (i = 0; i < MAX_SHEETS; i++) {
            sht = &(shtctl->sheets0[i]);
            if ((sht->flags & 0x11) == 0x11 && sht->task == task) {      /*这里! */
                /*找到应用程序残留的窗口*/
                sheet_free(sht);      /*关闭*/
            }
        }
        memman_free_4k(memman, (int) q, segsiz);
    } else {
        cons_putstr0(cons, ".hrb file format error.\n");
    }
    （中略）
    }
    （中略）
}
```

我们还修改了hrb_api，为了在打开窗口的地方启用自动关闭窗口的功能，我们将flags和0x10进行OR运算。

本次的console.c节选

```
int *hrb_api(int edi, int esi, int ebp, int esp, int ebx, int edx, int ecx, int eax)
{
    （中略）
    } else if (edx == 5) {
        sht = sheet_alloc(shtctl);
        sht->task = task;
        sht->flags |= 0x10;      /*这里! */
        sheet_setbuf(sht, (char *) ebx + ds_base, esi, edi, eax);
        make_window8((char *) ebx + ds_base, esi, edi, (char *) ecx + ds_base, 0);
        sheet_slide(sht, 100, 50);
        sheet_updown(sht, 3);    /*图层高度3位于task_a之上*/
        reg[7] = (int) sht;
    } else if (edx == 6) {
        （中略）
}
```

下面轮到例行的"make run"了。成功了!

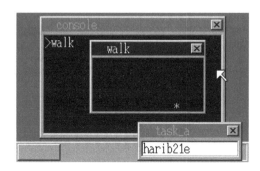

选择了应用程序窗口

6　用鼠标切换输入窗口（harib21f）

我们已经实现了输入窗口的切换，着实进步不小，只是用Tab键来进行切换的操作和Windows
还不一样。在Windows中，只要用鼠标在窗口上点击一下，那个窗口就会被切换到画面的最上方，
而且键盘输入也会自动切换到该窗口。因此，我们要让"纸娃娃系统"也可以通过简单的点击就
能完成输入切换。

刚才为了实现用Tab键切换，我们修改了大量的代码，而这次我们只需要添加一点点代码就
好了，因为只需要通过鼠标操作实现和键盘操作相同的功能而已。

本次的bootpack.c节选

```
void HariMain(void)
{
    （中略）
    for (;;) {
        （中略）
        if (fifo32_status(&fifo) == 0) {
            （中略）
        } else {
            （中略）
            if (256 <= i && i <= 511) { /*键盘数据*/
                （中略）
            } else if (512 <= i && i <= 767) { /*鼠标数据*/
                if (mouse_decode(&mdec, i - 512) != 0) {
                    （中略）
                    if ((mdec.btn & 0x01) != 0) {
                        /*按下左键*/
                        if (mmx < 0) {
                            /*如果处于通常模式*/
                            /*按照从上到下的顺序寻找鼠标所指向的图层*/
                            for (j = shtctl->top - 1; j > 0; j--) {
                                （中略）
                                if (0 <= x && x < sht->bxsize && 0 <= y && y < sht->bysize) {
                                    if (sht->buf[y * sht->bxsize + x] != sht->col_inv) {
                                        sheet_updown(sht, shtctl->top - 1);
/*从此开始*/                             if (sht != key_win) {
                                            cursor_c = keywin_off(key_win, sht_win, cursor_c,
                                                cursor_x);
                                            key_win = sht;
                                            cursor_c = keywin_on(key_win, sht_win, cursor_c);
/*到此结束*/                             }
                                        if (3 <= x && x < sht->bxsize - 3 && 3 <= y && y < 21) {
                                            mmx = mx;      /*进入窗口移动模式*/
                                            mmy = my;
                                        }
                                        if (sht->bxsize - 21 <= x && x < sht->bxsize - 5 && 5 <=
                                            y && y < 19) {
                                            /*点击"×"按钮*/
                                            （中略）
                                        }
                                        break;
                                    }
```

```
                    }
                }
            } else {
                （中略）
            }
        } else {
            （中略）
        }
    }
} else if (i <= 1) { /*光标用定时器*/
    （中略）
}
        }
    }
}
```

好了，我们来"make run"，点击一下应用程序窗口试试看吧。

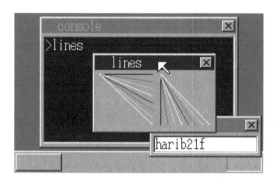

只需要点击一下就可以完成切换啦

7 定时器 API（harib21g）

到现在为止，计划今天要讲的关于窗口操作功能的部分已经全部完成了，不过现在时间还早，我们来做点好玩的吧。今天我们还没有写过新的API，那现在我们就来做个新的API吧，比如说，定时器的API。

记得在12.2节中我们实现了用定时器来计时的功能，当时我们高兴了半天，因为我们的操作系统可以用来泡面了。不过现在我们的操作系统又回到了派不上什么用场的状态，即便可以显示窗口、画点、画直线，但它却不能帮我们解决实际问题呀。

因此，接下来我们打算让应用程序也可以使用定时器，然后就可以去吃碗泡面了。大家先把想吃的泡面还有开水准备好，趁这段时间笔者先来写程序了哦！

■■■■■

这次要编写的API如下。

<u>获取定时器</u>（<u>alloc</u>）
EDX=16
EAX=定时器句柄（由操作系统返回）

<u>设置定时器的发送数据</u>（<u>init</u>）
EDX=17
EBX=定时器句柄
EAX=数据

<u>定时器时间设定</u>（<u>set</u>）
EDX=18
EBX=定时器句柄
EAX=时间

<u>释放定时器</u>（<u>free</u>）
EDX=19
EBX=定时器句柄

思路确定了，接下来就是写程序了。

本次的console.c节选

```
int *hrb_api(int edi, int esi, int ebp, int esp, int ebx, int edx, int ecx, int eax)
{
    (中略)
    } else if (edx == 15) {
        for (;;) {
            (中略)
            if (i >= 256) { /*键盘数据（通过任务A）等*/            /*这里! */
                reg[7] = i - 256;
                return 0;
            }
        }
    } else if (edx == 16) {                                        /*从此开始*/
        reg[7] = (int) timer_alloc();
    } else if (edx == 17) {
        timer_init((struct TIMER *) ebx, &task->fifo, eax + 256);
    } else if (edx == 18) {
        timer_settime((struct TIMER *) ebx, eax);
    } else if (edx == 19) {
        timer_free((struct TIMER *) ebx);                          /*到此结束*/
    }
    return 0;
}
```

edx的取值为16～19，这个很简单，应该不用讲了。哦对了，edx＝17的情况需要稍微说一下，这里数据的编号加上了256，是因为在向应用程序传递FIFO数据时，需要先减去256。

此外，api_getkey，也就是edx＝15的部分也稍微修改了一下。之前我们写的是if（256 <= I && I <= 511），而现在修改成了if（i>=256），就是说，512以上的值也可以通过api_getkey来获取了。之所以要这样改，是因为现在应用程序不仅需要接收键盘的数据，还需要接收应用程序所设置的定时器发生超时时所传递的数据。

■■■■■

下面我们来编写应用程序。

本次的a_nask.nas节选

```
_api_alloctimer:      ; int api_alloctimer(void);
        MOV     EDX,16
        INT     0x40
        RET

_api_inittimer:       ; void api_inittimer(int timer, int data);
        PUSH    EBX
        MOV     EDX,17
        MOV     EBX,[ESP+ 8]        ; timer
        MOV     EAX,[ESP+12]        ; data
        INT     0x40
        POP     EBX
        RET

_api_settimer:        ; void api_settimer(int timer, int time);
        PUSH    EBX
        MOV     EDX,18
        MOV     EBX,[ESP+ 8]        ; timer
        MOV     EAX,[ESP+12]        ; time
        INT     0x40
        POP     EBX
        RET

_api_freetimer:       ; void api_freetimer(int timer);
        PUSH    EBX
        MOV     EDX,19
        MOV     EBX,[ESP+ 8]        ; timer
        INT     0x40
        POP     EBX
        RET
```

本次的noodle.c节选

```
#include <stdio.h>

int api_openwin(char *buf, int xsiz, int ysiz, int col_inv, char *title);
```

```
void api_putstrwin(int win, int x, int y, int col, int len, char *str);
void api_boxfilwin(int win, int x0, int y0, int x1, int y1, int col);
void api_initmalloc(void);
char *api_malloc(int size);
int api_getkey(int mode);
int api_alloctimer(void);
void api_inittimer(int timer, int data);
void api_settimer(int timer, int time);
void api_end(void);

void HariMain(void)
{
    char *buf, s[12];
    int win, timer, sec = 0, min = 0, hou = 0;
    api_initmalloc();
    buf = api_malloc(150 * 50);
    win = api_openwin(buf, 150, 50, -1, "noodle");
    timer = api_alloctimer();
    api_inittimer(timer, 128);
    for (;;) {
        sprintf(s, "%5d:%02d:%02d", hou, min, sec);
        api_boxfilwin(win, 28, 27, 115, 41, 7 /*白色*/);
        api_putstrwin(win, 28, 27, 0 /*黑色*/, 11, s);

        api_settimer(timer, 100);    /* 1秒*/
        if (api_getkey(1) != 128) {
            break;
        }
        sec++;
        if (sec == 60) {
            sec = 0;
            min++;
            if (min == 60) {
                min = 0;
                hou++;
            }
        }
    }
    api_end();
}
```

关于noodle.c这里稍微讲解一下，之前操作系统显示的是秒，而现在我们需要显示时、分、秒，这样一来时间看起来会更直观，我们就不需要用泡面的3分钟再乘以60换算成秒了。

当定时器超时时，会产生128这样一个值，这个值不是由键盘的编码所使用的，因此除了定时器，别的事件不可能产生这个值。如果产生的数据是128以外的值，那一定是用户按了回车键或者其他什么键，这时应用程序结束退出。

▬▬▬▬▬

要开始运行了哦，开水准备好了吗？ "make run"，先往泡面里面倒好开水，然后运行noodle.hrb。好，3分钟到了，可以吃喽！

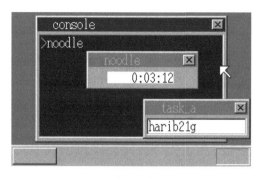

可以吃喽

现在我们的操作系统又可以派上用场了，不错不错。

8　取消定时器（harib21h）

上一节我们所实现的定时器功能，其实有个问题，接下来我们来解决它。

这个问题是在应用程序结束之后发生的，请大家想象一下noodle.hrb结束之后的情形。应用程序设置了一个1秒的定时器，当定时器到达指定时间时会产生超时，并向任务发送事先设置的数据。问题是，如果这时应用程序已经结束了，定时器的数据就会被发送到命令行窗口，而命令行窗口肯定是一头雾水。

为了确认这个问题，我们在harib21g中运行noodle.hrb，按回车键或者其他任意键结束程序看看。大约1秒钟之后，命令行窗口中会自动出现一个神秘的字符。用鼠标按"×"关闭窗口之后，也会出现同样的现象。

24

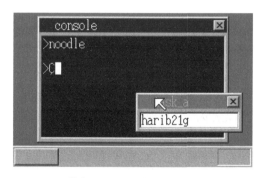

noodle.hrb结束后出现的神秘字符（不是C哦）

要解决这个问题，我们需要取消待机中的定时器，这样一来，就可以在应用程序结束的同时取消定时器，问题也就迎刃而解了。

首先我们来编写用于取消指定定时器的函数。

本次的timer.c节选

```
int timer_cancel(struct TIMER *timer)
{
    int e;
    struct TIMER *t;
    e = io_load_eflags();
    io_cli();    /*在设置过程中禁止改变定时器状态*/
    if (timer->flags == TIMER_FLAGS_USING) {    /*是否需要取消？*/
        if (timer == timerctl.t0) {
            /*第一个定时器的取消处理*/
            t = timer->next;

            timerctl.t0 = t;
            timerctl.next = t->timeout;
        } else {
            /*非第一个定时器的取消处理*/
            /*找到timer前一个定时器*/
            t = timerctl.t0;
            for (;;) {
                if (t->next == timer) {
                    break;
                }
                t = t->next;
            }
            t->next = timer->next; /*将之前"timer的下一个"指向"timer的下一个"*/
        }
        timer->flags = TIMER_FLAGS_ALLOC;
        io_store_eflags(e);
        return 1;    /*取消处理成功*/
    }
    io_store_eflags(e);
    return 0; /*不需要取消处理*/
}
```

详细的解说已经写在程序的注释中了，请大家自行阅读。

接下来，我们来编写在应用程序结束时取消全部定时器的函数。在此之前，我们需要在定时器上增加一个标记，用来区分该定时器是否需要在应用程序结束时自动取消。如果没有这个标记的话，命令行窗口中用来控制光标闪烁的定时器也会被取消掉了。

本次的bootpack.h节选

```
struct TIMER {
    struct TIMER *next;
    unsigned int timeout;
    char flags, flags2;        /*这里！*/
    struct FIFO32 *fifo;
    int data;
};
```

通常情况下，这里的flags2为0，为了避免忘记置0，我们来修改一下timer.alloc。

本次的timer.c节选

```
struct TIMER *timer_alloc(void)
{
    int i;
    for (i = 0; i < MAX_TIMER; i++) {
        if (timerctl.timers0[i].flags == 0) {
            timerctl.timers0[i].flags = TIMER_FLAGS_ALLOC;
            timerctl.timers0[i].flags2 = 0;      /*这里! */
            return &timerctl.timers0[i];
        }
    }
    return 0; /*没有找到*/
}
```

接下来，我们将应用程序所申请的定时器的flags2设为1。

本次的console.c节选

```
int *hrb_api(int edi, int esi, int ebp, int esp, int ebx, int edx, int ecx, int eax)
{
    (中略)
    } else if (edx == 16) {
        reg[7] = (int) timer_alloc();
        ((struct TIMER *) reg[7])->flags2 = 1;  /*允许自动取消*/    /*这里! */
    } else if (edx == 17) {
    (中略)
}
```

准备完成了，下面我们就编写一个函数，来取消应用程序结束时所不需要的定时器。

本次的console.c节选

```
int cmd_app(struct CONSOLE *cons, int *fat, char *cmdline)
{
    (中略)
    if (finfo != 0) {
        (中略)
        if (finfo->size >= 36 && strncmp(p + 4, "Hari", 4) == 0 && *p == 0x00) {
            (中略)
            start_app(0x1b, 1003 * 8, esp, 1004 * 8, &(task->tss.esp0));
            shtctl = (struct SHTCTL *) *((int *) 0x0fe4);
            for (i = 0; i < MAX_SHEETS; i++) {
                sht = &(shtctl->sheets0[i]);
                if ((sht->flags & 0x11) == 0x11 && sht->task == task) {
                    /*找到应用程序残留的窗口*/
                    sheet_free(sht);    /*关闭*/
                }
            }
```

24

```
                timer_cancelall(&task->fifo);           /*这里! */
                memman_free_4k(memman, (int) q, segsiz);
        } else {
            (中略)
        }
        (中略)
    }
    (中略)
}
```

本次的timer.c节选

```
void timer_cancelall(struct FIFO32 *fifo)
{
    int e, i;
    struct TIMER *t;
    e = io_load_eflags();
    io_cli();    /*在设置过程中禁止改变定时器状态*/
    for (i = 0; i < MAX_TIMER; i++) {
        t = &timerctl.timers0[i];
        if (t->flags != 0 && t->flags2 != 0 && t->fifo == fifo) {
            timer_cancel(t);
            timer_free(t);
        }
    }
    io_store_eflags(e);
    return;
}
```

大功告成了！

我们来 “make run”，运行noodle.hrb，然后让程序结束。哦哦成功了，神秘字符再也不出现了，太好了。

神秘字符消失了

好了，今天的内容就到这里吧，明天见哦！

第 25 天

增加命令行窗口

1 蜂鸣器发声（harib22a）

大家早上好，今天我们还要继续努力哦。

之前我们为系统添加了很多API，但那些只不过是将以前操作系统就有的功能开放给应用程序来调用而已，没什么让人眼前一亮的东西。现在看来，我们之前给操作系统编写的功能已经用光了，以后如果要为API添加新的功能，就需要同时为操作系统本身编写新的代码了。

因此我们这次来做一个"蜂鸣器发声"的功能吧。蜂鸣器发出的声音，英语叫"BEEP"，是个象声词，也就是那种哔哔哔的声音。一提到电脑上的声音，可能大家首先会想到"声卡"，不过声卡的调用实在过于复杂，新手上路难度太大，因此我们还是先来实现蜂鸣器发声吧，这个功能是所有型号的电脑都有的（如果是自己组装的电脑，只要你没忘记接上蜂鸣器的线就好）。

■■■■■

关于发声的方法，笔者从这里查阅了一下资料。

http://community.osdev.info/?(PIT) 8254

没错，其实蜂鸣器发声和定时器一样，都是由PIT来控制的，而PIT位于芯片组中，因此所有型号的电脑都能使用它。

跟以前一样，我们还是直接来看原文中"懒人专用指南"一节的内容吧。

□ 蜂鸣器发声的控制

■ 音高操作

◆ AL = 0xb6; OUT(0x43, AL);

◆ AL = 设定值的低位 8bit; OUT(0x42, AL);

◆ AL = 设定值的高位 8bit; OUT(0x42, AL);

◆ 设定值为 0 时当作 65536 来处理。

◆ 发声的音高为时钟除以设定值，也就是说设定值为 1000 时相当于发出 1.19318KHz 的声音；设定值为 10000 时相当于 119.318Hz。因此设定 2712 即可发出约 440Hz 的声音[①]。

□ 蜂鸣器ON/OFF

◆ 使用 I/O 端口 0x61 控制。

◆ ON：IN(AL, 0x61); AL |= 0x03; AL &= 0x0f; OUT(0x61, AL);

◆ OFF：IN(AL, 0x61); AL &= 0xd; OUT(0x61, AL);

嗯，差不多看懂了，我们来编写API吧（这里所提到的时钟不是CPU时钟，而是PIT时钟。在电脑中PIT时钟与CPU无关，频率恒定为1.19318MHz）。

蜂鸣器发声
EDX=20
EAX=声音频率（单位是mHz，即毫赫兹）
例如当EAX=4400000时，则发出440Hz的声音
频率设为0则表示停止发声

本次的console.c节选

```
int *hrb_api(int edi, int esi, int ebp, int esp, int ebx, int edx, int ecx, int eax)
{
    (中略)
} else if (edx == 20) {
    if (eax == 0) {
        i = io_in8(0x61);
        io_out8(0x61, i & 0x0d);
    } else {
        i = 1193180000 / eax;
        io_out8(0x43, 0xb6);

        io_out8(0x42, i & 0xff);
```

① 440Hz为中央C之上的A音，即国际标准音。

```
                io_out8(0x42, i >> 8);
                i = io_in8(0x61);
                io_out8(0x61, (i | 0x03) & 0x0f);
            }
        }
    return 0;
}
```

接着我们编写用来测试的应用程序。

本次的a_nask.nas节选

```
_api_beep:              ; void api_beep(int tone);
        MOV     EDX,20
        MOV     EAX,[ESP+4]         ; tone
        INT     0x40
        RET
```

本次的beepdown.c

```
void api_end(void);
int api_getkey(int mode);
int api_alloctimer(void);
void api_inittimer(int timer, int data);
void api_settimer(int timer, int time);
void api_beep(int tone);

void HariMain(void)
{
    int i, timer;
    timer = api_alloctimer();
    api_inittimer(timer, 128);
    for (i = 20000000; i >= 20000; i -= i / 100) {
        /* 20KHz~20Hz，即人类可以听到的声音范围*/
        /* i以1%的速度递减*/
        api_beep(i);
        api_settimer(timer, 1);      /* 0.01秒*/
        if (api_getkey(1) != 128) {
            break;
        }
    }
    api_beep(0);
    api_end();
}
```

这个应用程序每0.01秒便降低一次发出的声音频率，当声音频率降至20Hz或者用户按下任意键时结束。

▪▪▪▪▪

笔者刚要"make run"的时候突然想到，QEMU并没有模拟蜂鸣器发声的功能，因此即便运行这个程序也发不出声音。没办法，我们只好用"make install"在真机环境下测试了，只要主板和蜂鸣器正确连接就会发出声音哦。

咻——

如果你听了这个声音觉得"哇！掉下去啦"，心情也跟着一起跌落到低谷的话，不妨编写下面这个beepup.c听听看。只是将i由递减改为递增，就能发出让人"充满能量"的声音啦（笑）。

beepup.c

```c
void HariMain(void)
{
    int i, timer;
    timer = api_alloctimer();
    api_inittimer(timer, 128);
    for (i = 20000; i <= 20000000; i += i / 100) {
        api_beep(i);
        api_settimer(timer, 1);     /* 0.01秒*/
        if (api_getkey(1) != 128) {
            break;
        }
    }
    api_beep(0);
    api_end();
}
```

2　增加更多的颜色（1）（harib22b）

到目前为止我们的操作系统只用了16种颜色，话说既然现在我们已经用上了256色的显示模式，那实际上还有240种颜色可以用，不用的话实在太浪费了。因此我们准备修改一下操作系统，以便可以显示更多的颜色。

到底要增加哪些颜色呢？我们可以为光的三原色red、green、blue（红、绿、蓝）中每种颜色赋予6个色阶[①]，这样一来，我们就可以定义出$6 \times 6 \times 6 = 216$种颜色，没定义的就只剩下24种颜色了。

对于操作系统，我们需要修改graphic.c，好久没碰这个文件了，真怀念啊！

本次的graphic.c节选

```
void init_palette(void)
{
    static unsigned char table_rgb[16 * 3] = {
        （中略）
    };
    unsigned char table2[216 * 3];
    int r, g, b;
    set_palette(0, 15, table_rgb);
    for (b = 0; b < 6; b++) {
        for (g = 0; g < 6; g++) {
            for (r = 0; r < 6; r++) {
                table2[(r + g * 6 + b * 36) * 3 + 0] = r * 51;
                table2[(r + g * 6 + b * 36) * 3 + 1] = g * 51;
                table2[(r + g * 6 + b * 36) * 3 + 2] = b * 51;
            }
        }
    }
    set_palette(16, 231, table2);
    return;
}
```

这样一来，当我们需要指定RGB=[51, 102, 153]这个颜色时，只要使用色号137就可以了。137这个数字的计算方法为：$16 + 1 + 2 \times 6 + 3 \times 36$。

按照这样的划分方式，色号0和16所代表的颜色都是#000000，浪费了一个色号，不过我们就偷个懒先这样吧。除此之外，#ff0000等颜色也会发生重复（重复的颜色一共有8种）。

接下来我们还需要编写应用程序，不过这次不用编写新的API，所以任务很轻松。

本次的color.c

```
int api_openwin(char *buf, int xsiz, int ysiz, int col_inv, char *title);
void api_initmalloc(void);
char *api_malloc(int size);
void api_refreshwin(int win, int x0, int y0, int x1, int y1);
void api_linewin(int win, int x0, int y0, int x1, int y1, int col);
int api_getkey(int mode);
void api_end(void);
```

[①] 6个色阶：也就是6个级别的浓度的意思。在这里，定义为"6个级别的亮度"应该更加准确。

```
void HariMain(void)
{
    char *buf;
    int win, x, y, r, g, b;
    api_initmalloc();
    buf = api_malloc(144 * 164);
    win = api_openwin(buf, 144, 164, -1, "color");
    for (y = 0; y < 128; y++) {
        for (x = 0; x < 128; x++) {
            r = x * 2;
            g = y * 2;
            b = 0;

            buf[(x + 8) + (y + 28) * 144] = 16 + (r / 43) + (g / 43) * 6 + (b / 43) * 36;
        }
    }
    api_refreshwin(win, 8, 28, 136, 156);
    api_getkey(1); /*等待按下任意键*/
    api_end();
}
```

赶紧 "make run" 一下，嗯，好漂亮！

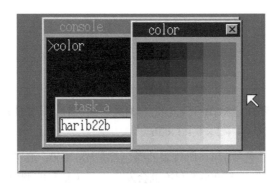

五彩斑斓

3 增加更多的颜色（2）（harib22c）

color.hrb很漂亮，不过其实还有一种技巧能够让颜色更加丰富，下面我们就来试试看吧。

实际上，如果我们不用256色模式，而使用VESA的全彩色模式的话，可以轻而易举地显示出更多的颜色，不过在不兼容VESA标准的电脑上（偶尔会有）是完全无法使用全彩色模式和65536色模式的。而且，要在"纸娃娃系统"上实现对全彩色模式的支持，得花上差不多整整一天时间。眼看剩下的日子不多了，笔者也该开始考虑30天到底能做到什么程度了（笑），所以就不在全彩色模式上花费时间了。

可能有人会说"反正我以后是要用全彩色的，这个技巧对我就没什么用了吧"，这个想法也没错。不过笔者认为，即便如此，也还是对这种技巧有点了解比较好，因为有时候需要显示一幅全彩色的图片，但很有可能遇到不支持全彩色模式的电脑，如果了解了这个技巧，在这种情况下也可以让图片看上去相对好看一些。

"谁让他们不能用全彩色的，才不管他们呢"，大家千万不要说这种绝情的话哦。如果大家编写的操作系统能够做到"用全彩色模式的时候很漂亮，不能用的时候也不难看"，笔者也就感到很欣慰了。

怎样才能让颜色看起来更多呢？我们可以用两种颜色交替排列，看上去就像这两种颜色混合在一起一样，这就是要点。颜色的混合方式我们考虑了下面3种（算上完全不混合的情况，一共有5种）。

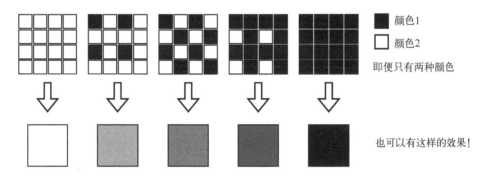

颜色1

颜色2

即便只有两种颜色

也可以有这样的效果！

这样一来，虽然我们只有6级色阶，但却可以显示出21级色阶（在纯色中间可以产生3个中间色，因此是6 + 5 × 3 = 21）。

■■■■■

这次我们只需要修改应用程序即可。

本次的color2.hrb

```
int api_openwin(char *buf, int xsiz, int ysiz, int col_inv, char *title);
void api_initmalloc(void);
char *api_malloc(int size);
void api_refreshwin(int win, int x0, int y0, int x1, int y1);
void api_linewin(int win, int x0, int y0, int x1, int y1, int col);
int api_getkey(int mode);
void api_end(void);

unsigned char rgb2pal(int r, int g, int b, int x, int y);

void HariMain(void)
{
    char *buf;
    int win, x, y;
```

25

```
    api_initmalloc();
    buf = api_malloc(144 * 164);
    win = api_openwin(buf, 144, 164, -1, "color2");
    for (y = 0; y < 128; y++) {
        for (x = 0; x < 128; x++) {
            buf[(x + 8) + (y + 28) * 144] = rgb2pal(x * 2, y * 2, 0, x, y);
        }
    }
    api_refreshwin(win, 8, 28, 136, 156);
    api_getkey(1); /*等待按下任意键*/
    api_end();
}

unsigned char rgb2pal(int r, int g, int b, int x, int y)

{
    static int table[4] = { 3, 1, 0, 2 };
    int i;
    x &= 1; /*判断是偶数还是奇数*/
    y &= 1;
    i = table[x + y * 2];    /*用来生成中间色的常量*/
    r = (r * 21) / 256; /* r为0~20*/
    g = (g * 21) / 256;
    b = (b * 21) / 256;
    r = (r + i) / 4;    /* r为0~5*/
    g = (g + i) / 4;
    b = (b + i) / 4;
    return 16 + r + g * 6 + b * 36;
}
```

rgb2pal是本次增加颜色的核心部分，里面的算法看上去非常神秘，估计很多人都不明白为什么如此简短的代码却能实现我们所需的功能。其实用很多个if语句也可以实现一样的功能，但相比之下显然我们的算法速度更快，因此我们还是采用这个算法吧。

如果对解谜感兴趣的话，可以花点时间仔细思考一下。话说这个算法也不是笔者想出来的，而是一位编程达人传授的（笔者一开始也是写了很多if语句，后来被这位达人给改成这样了）。

好了，我们来"make run"吧。哦哦，看起来平滑多了。

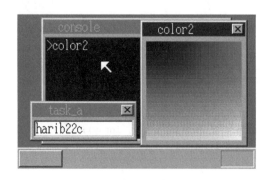

看起来平滑多了

4 窗口初始位置（harib22d）

在编写color.hrb的时候笔者注意到一个小问题，color的窗口一开始出现的位置好像有点别扭（注：使用VESA的人画面尺寸非常大，可能并不觉得有什么别扭的）。

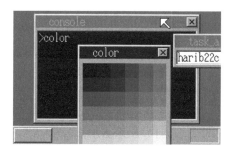

harib22c运行的时候窗口跑到画面外面去了

因此我们希望让窗口总是显示在画面的中央，而且显示窗口时的图层高度也不能总是固定为3，而是要判断当前画面中窗口的数量并自动显示在最上面。虽说现在窗口也是显示在最上面，不过如果再多打开几个的话，情况就不一样了。

本次的console.c节选

```
int *hrb_api(int edi, int esi, int ebp, int esp, int ebx, int edx, int ecx, int eax)
{
    （中略）
    } else if (edx == 5) {
        （中略）
        sheet_slide(sht, (shtctl->xsize - esi) / 2, (shtctl->ysize - edi) / 2);
        sheet_updown(sht, shtctl->top); /*将窗口图层高度指定为当前鼠标所在图层的高度，鼠标移到上层*/
    } else if (edx == 6) {
    （中略）
}
```

好，完工了，这下窗口应该显示在画面中央了，我们来试试看吧。"make run"，成功了！

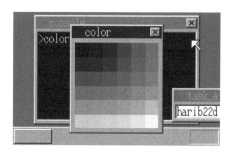

这次显示在画面中央了

25

5 增加命令行窗口（1）（harib22e）

我们在25.2节和25.3节中分别编写了color.hrb和color2.hrb，如果要仔细对比一下这两个程序显示出来的画面有什么区别，就要把两个程序的窗口并排起来看才行，可是我们不能同时启动两个应用程序啊。这实在是太郁闷了，我们辛辛苦苦实现的多任务到底是为了什么呢？

要解决这个问题，我们可以考虑修改一下命令行窗口，使其在应用程序运行中就可以输入下一条命令，不过这样的修改量实在太大，讲解起来也会很麻烦，因此我们还是改用同时启动两个命令行窗口的方法吧。如果可以启动两个命令行窗口，就可以在每个窗口中各自启动一个应用程序，这就相当于同时运行了两个应用程序。而命令行窗口我们一开始就是作为任务来编写的，所以要同时启动两个也很容易。

不过我们的程序中还有一部分是以只有一个命令行窗口为前提设计的，所以如果只是启动两个命令行窗口任务的话肯定是行不通的。不过我们不妨先启动两个命令行窗口试试看，如果有什么不对的地方再去一点一点地修改（一上来就想做得完美，反而会遇到麻烦的问题呢）。

▪▪▪▪▪

于是，我们这次只修改bootpack.c，将命令行窗口的相关变量（buf_cons、sht_cons、task_cons和cons）各准备2个，分别分给命令行1和命令行2。

例如：task_cons → task_cons1和task_cons2

不过这样一来，如果要将命令行窗口增加到10个，岂不是要写10组这样的变量吗？虽说可以复制粘贴，但还是太麻烦了，因此我们稍微动点脑筋改成下面这样就好了。

task_cons → task_cons[0]和task_cons[1]

这样的话我们就可以用一个循环来进行相同的处理，管它10个还是100个都没问题！

本次的bootpack.c节选

```
void HariMain(void)
{
    （中略）
    unsigned char *buf_back, buf_mouse[256], *buf_win, *buf_cons[2];    /*从此开始*/
    struct SHEET *sht_back, *sht_mouse, *sht_win, *sht_cons[2];
    struct TASK *task_a, *task_cons[2];                                 /*到此结束*/
    （中略）


    /* sht_cons */
    for (i = 0; i < 2; i++) {                               /*从此开始*/
        sht_cons[i] = sheet_alloc(shtctl);
        buf_cons[i] = (unsigned char *) memman_alloc_4k(memman, 256 * 165);
        sheet_setbuf(sht_cons[i], buf_cons[i], 256, 165, -1); /*没有透明色*/
```

```
            make_window8(buf_cons[i], 256, 165, "console", 0);
            make_textbox8(sht_cons[i], 8, 28, 240, 128, COL8_000000);
            task_cons[i] = task_alloc();
            task_cons[i]->tss.esp = memman_alloc_4k(memman, 64 * 1024) + 64 * 1024 - 12;
            task_cons[i]->tss.eip = (int) &console_task;
            task_cons[i]->tss.es = 1 * 8;
            task_cons[i]->tss.cs = 2 * 8;
            task_cons[i]->tss.ss = 1 * 8;
            task_cons[i]->tss.ds = 1 * 8;
            task_cons[i]->tss.fs = 1 * 8;
            task_cons[i]->tss.gs = 1 * 8;
            *((int *) (task_cons[i]->tss.esp + 4)) = (int) sht_cons[i];
            *((int *) (task_cons[i]->tss.esp + 8)) = memtotal;
            task_run(task_cons[i], 2, 2); /* level=2, priority=2 */
            sht_cons[i]->task = task_cons[i];
            sht_cons[i]->flags |= 0x20; /*有光标*/
    }                                                        /*到此结束*/

    （中略）

    sheet_slide(sht_back,    0,  0);
    sheet_slide(sht_cons[1], 56,  6);           /*这里!  */
    sheet_slide(sht_cons[0],  8,  2);           /*这里!  */
    sheet_slide(sht_win,    64, 56);
    sheet_slide(sht_mouse,  mx, my);
    sheet_updown(sht_back,      0);
    sheet_updown(sht_cons[1],   1);             /*从此开始*/
    sheet_updown(sht_cons[0],   2);
    sheet_updown(sht_win,       3);
    sheet_updown(sht_mouse,     4);             /*到此结束*/
    key_win = sht_win;

    （中略）

    for (;;) {
        （中略）
        io_cli();
        if (fifo32_status(&fifo) == 0) {
            （中略）
        } else {
            （中略）
            if (256 <= i && i <= 511) { /*键盘数据*/
                （中略）
/*从此开始*/    if (i == 256 + 0x3b && key_shift != 0 && task_cons[0]->tss.ss0 != 0) {  /* Shift+F1 */
                    cons = (struct CONSOLE *) *((int *) 0x0fec);
                    cons_putstr0(cons, "\nBreak(key) :\n");
                    io_cli();    /*强制结束处理时禁止任务切换*/
                    task_cons[0]->tss.eax = (int) &(task_cons[0]->tss.esp0);
/*到此结束*/        task_cons[0]->tss.eip = (int) asm_end_app;
                    io_sti();
                }
                （中略）
            } else if (512 <= i && i <= 767) { /*鼠标数据*/
                if (mouse_decode(&mdec, i - 512) != 0) {
```

```
            （中略）
        if ((mdec.btn & 0x01) != 0) {
            /*按下左键时*/
            if (mmx < 0) {
                （中略）
                for (j = shtctl->top - 1; j > 0; j--) {

                    （中略）
                    if (0 <= x && x < sht->bxsize && 0 <= y && y < sht->bysize) {
                        if (sht->buf[y * sht->bxsize + x] != sht->col_inv) {
                            （中略）
                            if (sht->bxsize - 21 <= x && x < sht->bxsize - 5 && 5 <=
                                y && y < 19) {
                                /*点击 "×" 按钮*/
                                if ((sht->flags & 0x10) != 0) {          /*是否为应用程序
                                                                            窗口*/
                                    cons = (struct CONSOLE *) *((int *) 0x0fec);
                                    cons_putstr0(cons, "\nBreak(mouse) :\n");
                                    io_cli();     /*强制结束处理时禁止任务切换*/
/*从此开始*/                      task_cons[0]->tss.eax = (int) &(task_cons[0]->tss.esp0);
/*到此结束*/                          task_cons[0]->tss.eip = (int) asm_end_app;
                                    io_sti();
                                }
                            }
                            break;
                        }
                    }
                }
            } else {
                （中略）
            }
        } else {
            （中略）
        }
    } else if (i <= 1) { /*光标用定时器*/
        （中略）
    }
    }
    }
}
```

前半部分代码应该还很容易看懂，不过后半部分Shift+F1以及 "×" 按钮的处理是不是觉得有些蹊跷？为什么不判断就直接写cons[0]呢？其实呢，这里纯粹是偷懒了（笑）。如果我们不加上[0]或者[1]的话编译器通不过，因此就先写了[0]，关于这一块，我们会在25.8节中进行修复。

因此，在运行harib22e和harib22f的时候，大家记得千万别按Shift+F1或者 "×" 按钮哦。

好了，我们来 "make run"，目前打开两个命令行窗口应该没问题吧。好，出来了！

出现了两个命令行窗口

　　在两个窗口之间切换一下，貌似都能够执行命令。之所以说"貌似"，是因为笔者知道剩下的问题还有很多，至于后面到底能不能顺利运行，说实话笔者真没什么自信。

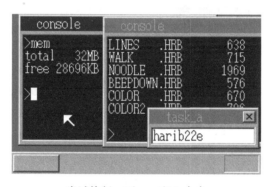

尝试执行一下mem和dir命令

　　那么现在到底能不能同时启动两个应用程序呢？虽然很想用color.hrb和color2.hrb来试一下，不过大抵是不会成功的，所以我们还是从基本中的基本——a.hrb开始测试吧。咦？什么都没显示出来？？？……晕！在这儿呢！居然显示到没运行这个程序的命令行窗口中去了。

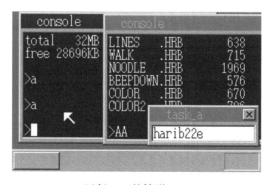

运行a.hrb的情形……

这样可不行啊，我们得解决这个问题。

6 增加命令行窗口（2）（harib22f）

到底应该改哪里呢？其实笔者已经心里有数了，函数hrb_api()中的这句：

```
struct CONSOLE *cons = (struct CONSOLE *) *((int *) 0x0fec);
```

应该就是问题所在了，这里的cons变量是用来判断"要向哪个命令行窗口输出字符"的关键。该变量的值是从内存地址0x0fec读取出来的，而无论从哪个任务读取这个内存地址中的值，得到的肯定都是同一个值，因此不管在哪个窗口中运行a.hrb，都只能在固定的其中一个窗口中显示字符。

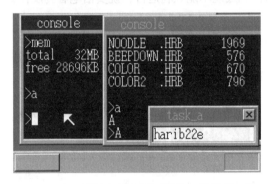

harib22e中，无论在哪个窗口运行，结果都一样

那么该如何解决这个问题呢？嗯，看看这种方法怎么样。

本次的bootpack.h节选

```
struct TASK {
    int sel, flags; /* sel代表GDT编号*/
    int level, priority;
    struct FIFO32 fifo;
    struct TSS32 tss;
    struct CONSOLE *cons;    /*从此开始*/
    int ds_base;             /*到此结束*/
};
```

每个任务都拥有各自的TASK结构，只要我们将cons保存在TASK结构中，就可以由不同的任务读取出不同的值了。此外，我们将ds_base也放到了TASK结构中，理由和上面的cons是相同的。ds_base之前是从内存地址0x0fe8处读取的，但很明显，cons[0]的应用程序数据段地址和cons[1]的地址肯定是不同的，如果不在这里区分开的话，字符串的显示就会出问题。

■■■■■

接下来我们只要将代码中的*((int *) 0x0fec)和*((int *) 0x0fe8)全部改为使用TASK结构中的cons和ds_base成员就可以了，需要修改的只有console.c一个文件。

本次的console.c节选

```
void console_task(struct SHEET *sheet, int memtotal)
{
    （中略）
    task->cons = &cons;       /*修改前: *((int *) 0x0fec) = (int) &cons;*/
    （中略）

}

int cmd_app(struct CONSOLE *cons, int *fat, char *cmdline)
{
    （中略）
    if (finfo != 0) {
        （中略）
        if (finfo->size >= 36 && strncmp(p + 4, "Hari", 4) == 0 && *p == 0x00) {
            （中略）
            task->ds_base = (int) q;    /*修改前: *((int *) 0x0fe8) = (int) &q;*/
        } else {
            （中略）
        }
        （中略）
    }
    （中略）
}

int *hrb_api(int edi, int esi, int ebp, int esp, int ebx, int edx, int ecx, int eax)
{
    （中略）
    int ds_base = task->ds_base;      /*这里! */
    struct CONSOLE *cons = task->cons;  /*这里! */
    （中略）
}

int *inthandler0c(int *esp)
{
    （中略）
    struct CONSOLE *cons = task->cons;   /*这里! */
    （中略）
}

int *inthandler0d(int *esp)
{
    （中略）
    struct CONSOLE *cons = task->cons;   /*这里! */
    （中略）
}
```

25

好，完工啦。现在无论在哪个窗口运行a.hrb，应该会在相应的窗口中显示出字符……了吧……

▪▪▪▪▪

我们来试验一下吧。"make run"，在两边的窗口分别运行a.hrb！哦哦，成功了，太棒了！（要是这样还不行的话，笔者真的不知道该怎么办了，小捏了一把汗）

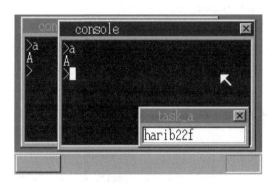

a.hrb运行成功！

趁热打铁，我们来运行color.hrb和color2.hrb试试看。哇！成功了！现在我们可以把两个窗口并排对比了，终于实现了当初的夙愿。

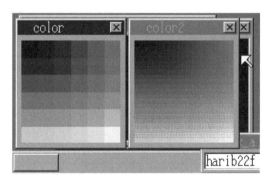

color.hrb vs color2.hrb

接下来我们来做点别的试验吧，比如说把color.hrb和color2.hrb的窗口关闭（注：Shift+F1和"×"按钮点击的处理我们还没有改好，记得按回车键退出程序哦）……咦？咂叽，QEMU出错退出了[①]！

---

① 这是由于color.hrb和color2.hrb的启动顺序、各从哪个命令行窗口运行的、以及先关闭的哪一个窗口等不同情况导致的，出错的方式貌似也不一样。应用程序没有bug，也没有故意捣乱，这是由于"纸娃娃系统"本身所引发的异常。

因此，在两个color程序PK之后，我们的下一个目标就是要使窗口能够正常关闭。

7　增加命令行窗口（3）（harib22g）

为什么程序会无法正常关闭呢？一开始笔者以为问题出在关闭窗口的函数，或者是处理程序结束的部分，但事实并非如此，这个失误比想象中更加严重。问题的原因在于应用程序的内存段消失了，突然间竟然发生这种事情，QEMU肯定也被整糊涂了。

也许大家不明白应用程序的内存段消失是怎么一回事，总之，问题出在cmd_app身上。

harib22f的cmd_app节选

```
    set_segmdesc(gdt + 1003, finfo->size - 1, (int) p, AR_CODE32_ER + 0x60);
    set_segmdesc(gdt + 1004, segsiz - 1,      (int) q, AR_DATA32_RW + 0x60);
    （中略）
    start_app(0x1b, 1003 * 8, esp, 1004 * 8, &(task->tss.esp0));
```

上面这段代码是用来创建应用程序段并启动应用程序的，大家仔细思考一下这段代码。

首先，color.hrb在某个窗口中被运行，启动程序一切顺利，然后显示窗口并绘图，接下来等待键盘输入并进入休眠状态。到这里为止没有任何问题。

然后我们在另外一个窗口中运行color.hrb，程序也顺利启动了，显示窗口并绘图，随后进入休眠状态。然而在这个时候，问题其实已经发生了。这是怎么回事呢？因为我们为color.hrb准备的1003号代码段和1004号数据段，被color2.hrb所用的段给覆盖掉了。

因此，当按下回车键唤醒color.hrb时，就会发生异常情况——明明应该去运行color.hrb的，结果却错误地运行了color2.hrb，这样当然会出错。

■■■■■

既然问题的原因想明白了，要干掉这个bug也就不难了，只要为color.hrb和color2.hrb分配编号不同的段就可以了。

本次的console.c节选

```
int cmd_app(struct CONSOLE *cons, int *fat, char *cmdline)
{
    （中略）
    if (finfo != 0) {
        （中略）
        if (finfo->size >= 36 && strncmp(p + 4, "Hari", 4) == 0 && *p == 0x00) {
            （中略）
            set_segmdesc(gdt + task->sel / 8 + 1000, finfo->size - 1, (int) p, AR_CODE32_ER + 0x60);
            set_segmdesc(gdt + task->sel / 8 + 2000, segsiz - 1,      (int) q, AR_DATA32_RW + 0x60);
```

```
    （中略）
        start_app(0x1b, task->sel + 1000 * 8, esp, task->sel + 2000 * 8, &(task->tss.esp0));
    （中略）
    } else {
        （中略）
    }
    （中略）
  }
  （中略）
}
```

在task->sel中填入TSS的段号 * 8（请参照mtask.c的task_init），将这个值除以8，结果一定落在3～1002。将其加上1000，就得到1003～2002的值，我们把它用作应用程序用的代码段编号；将其加上2000，即得到2003～3002的值，我们把它用作应用程序用的数据段编号。这样一来，就不会发生段被覆盖的问题了。

▬▬▬▬▬

我们来试试看能不能成功，"make run"，运行color.hrb和color2.hrb，并排对比一下，然后按下回车键结束程序。啊，这次终于成功了，撒花！

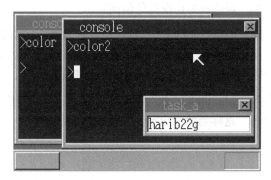

成功结束了应用程序

8 增加命令行窗口（4）（harib22h）

增加命令行窗口这个系列终于到了最后一节，之前我们已经知道Shift+F1和"×"按钮的部分是有问题的，但一直放着没管，现在终于到了解决它的时候了。

本次的bootpack.c节选

```
void HariMain(void)
{
    （中略）
    struct TASK *task_a, *task_cons[2], *task;
```

```
        (中略)
    for (;;) {
        (中略)
        if (fifo32_status(&fifo) == 0) {
            (中略)
        } else {
            (中略)
            if (256 <= i && i <= 511) { /*键盘数据*/
                (中略)
/*从此开始*/     if (i == 256 + 0x3b && key_shift != 0) {
                    task = key_win->task;
                    if (task != 0 && task->tss.ss0 != 0) {  /* Shift+F1 */
                        cons_putstr0(task->cons, "\nBreak(key) :\n");
                        io_cli();    /*强制结束处理时禁止任务切换*/
                        task->tss.eax = (int) &(task->tss.esp0);
                        task->tss.eip = (int) asm_end_app;
                        io_sti();
/*到此结束*/         }
                }
                (中略)
            } else if (512 <= i && i <= 767) { /*鼠标数据*/
                if (mouse_decode(&mdec, i - 512) != 0) {
                    (中略)
                    if ((mdec.btn & 0x01) != 0) {
                        /*按下左键*/
                        if (mmx < 0) {

                            (中略)
                            for (j = shtctl->top - 1; j > 0; j--) {
                                (中略)
                                if (0 <= x && x < sht->bxsize && 0 <= y && y < sht->bysize) {
                                    if (sht->buf[y * sht->bxsize + x] != sht->col_inv) {
                                        (中略)
                                        if (sht->bxsize - 21 <= x && x < sht->bxsize - 5 && 5 <=
                                            y && y < 19) { /*点击“×”按钮*/
/*从此开始*/                             if ((sht->flags & 0x10) != 0) {/*是否为应用程序窗口? */
                                            task = sht->task;
                                            cons_putstr0(task->cons, "\nBreak(mouse) :\n");
                                            io_cli();   /*强制结束处理时禁止任务切换*/
                                            task->tss.eax = (int) &(task->tss.esp0);
/*到此结束*/                             task->tss.eip = (int) asm_end_app;
                                            io_sti();
                                        }
                                    }
                                    break;
                                }
                            }
                        }
                    } else {
                        (中略)
                    }
                } else {
                    (中略)
```

```
            }
        }
    } else if (i <= 1) { /*光标用定时器*/
        (中略)
    }
  }
 }
}
```

这次的修改也很简单，首先将原来task_cons[0]的地方改为key_win->task和sht->task，这样一来，用键盘强制结束时会以当前输入窗口为对象，而用鼠标点击"×"按钮时会以被点击的窗口为对象。然后，我们将从内存地址0xfec读出cons的部分改为使用task->cons，这样就改好了。

■■■■■

我们来"make run"，将color.hrb和color2.hrb的窗口并排显示之后，用键盘或者鼠标强制结束试试……看，成功了！

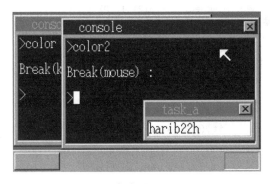

成功了！

9　变得更像真正的操作系统（1）（harib22i）

做到这里，我们的系统看上去已经非常像那么回事了。不过，大家回忆一下一般操作系统的样子，再看看我们的画面，是不是有什么奇怪的东西混进去了？一般的操作系统中哪有这玩意儿啊？笔者所说的，就是taks_a的窗口。

一般的操作系统不会一上来就弹出这么一个窗口来吧？话说回来，这个窗口貌似是14.6节中我们为了让画面看上去更酷更有操作系统范儿而做出来的，也就是说，它只是个花瓶，摆着好看罢了（14.6节已经是差不多两周之前讲的了呢）。之后，我们在练习多任务等部分时这个窗口也还派上过用场，不过现在它看起来确实有点碍手碍脚了——它不是应用程序而是操作系统的一部分，所以连关都关不掉。

因此，我们还是把它从操作系统中删掉吧，如果哪天我们又想念它了，只要再写一个应用程序出来就好了。而且应用程序的话，不需要的时候就可以关掉，（如果需要）还可以同时运行多个副本呢。

其实，在bootpack.c中，只有这个task_a的窗口是搞特殊化的，如果删掉task_a的部分程序就变得清爽多了。对了，task_a的处理全部是在bootpack.c中完成的，因此不需要修改其他的程序。

■■■■■

本次的bootpack.c节选

```
void HariMain(void)
{
    （中略）
    int mx, my, i;  /*删掉了cursor_x和cursor_c */
    unsigned int memtotal;
    struct MOUSE_DEC mdec;
    struct MEMMAN *memman = (struct MEMMAN *) MEMMAN_ADDR;
    unsigned char *buf_back, buf_mouse[256], *buf_cons[2];  /*删掉了buf_win */
    struct SHEET *sht_back, *sht_mouse, *sht_cons[2];
    struct TASK *task_a, *task_cons[2], *task;
    /*删掉了用于光标闪烁的timer */
    static char keytable0[0x80] = { /*向keytable0、keytable1中追加退格键和回车键的编码*/
        0,   0,   '1', '2', '3', '4', '5', '6', '7', '8', '9', '0', '-', '^', 0x08, 0,
        'Q', 'W', 'E', 'R', 'T', 'Y', 'U', 'I', 'O', 'P', '@', '[', 0x0a, 0, 'A', 'S',
        （中略）
    };
    static char keytable1[0x80] = {
        0,   0,   '!', 0x22, '#', '$', '%', '&', 0x27, '(', ')', '~', '=', '~', 0x08, 0,
        'Q', 'W', 'E', 'R', 'T', 'Y', 'U', 'I', 'O', 'P', '`', '{', 0x0a, 0, 'A', 'S',
        （中略）
    };
    （中略）

    /* sht_back */
    （中略）

    /* sht_cons */
    （中略）

    /*删掉了关于sht_win的部分*/

    /* sht_mouse */
    （中略）

    sheet_slide(sht_back, 0, 0);
    sheet_slide(sht_cons[1], 56, 6);
    sheet_slide(sht_cons[0], 8, 2);
    /*删掉了sht_win */
    sheet_slide(sht_mouse, mx, my);
    sheet_updown(sht_back,    0);
```

25

```
        sheet_updown(sht_cons[1],  1);
        sheet_updown(sht_cons[0],  2);
        sheet_updown(sht_mouse,    3);    /*从此开始*/
        key_win = sht_cons[0];
        keywin_on(key_win);               /*到此结束*/

    (中略)


    for (;;) {
        (中略)
        if (fifo32_status(&fifo) == 0) {
            (中略)
        } else {
            (中略)
            if (256 <= i && i <= 511) { /*键盘数据*/
                (中略)
/*从此开始*/     if (s[0] != 0) { /*一般字符、退格键、回车键*/
                    fifo32_put(&key_win->task->fifo, s[0] + 256);
                }
                if (i == 256 + 0x0f) {  /* Tab键*/
                    keywin_off(key_win);
                    j = key_win->height - 1;
                    if (j == 0) {
                        j = shtctl->top - 1;
                    }
                    key_win = shtctl->sheets[j];
/*到此结束*/         keywin_on(key_win);
                }
                (中略)
                /*删掉了"重新显示光标"的部分*/
            } else if (512 <= i && i <= 767) { /*鼠标数据*/
                if (mouse_decode(&mdec, i - 512) != 0) {
                    (中略)
                    if ((mdec.btn & 0x01) != 0) {
                        /*按下左键*/
                        if (mmx < 0) {
                            (中略)
                            for (j = shtctl->top - 1; j > 0; j--) {
                                (中略)
                                if (0 <= x && x < sht->bxsize && 0 <= y && y < sht->bysize) {
                                    if (sht->buf[y * sht->bxsize + x] != sht->col_inv) {
                                        sheet_updown(sht, shtctl->top - 1);
                                        if (sht != key_win) {
                                            keywin_off(key_win);    /*这里! */
                                            key_win = sht;
                                            keywin_on(key_win);     /*这里! */
                                        }
                                        (中略)
                                    }
                                }
                            }
                        } else {
                            (中略)
                        }
```

```
        } else {
            (中略)
        }
    }
}

        /*删掉了"光标用定时器"的部分*/
    }
  }
}

void keywin_off(struct SHEET *key_win)                              /*从此开始*/
{
    change_wtitle8(key_win, 0);
    if ((key_win->flags & 0x20) != 0) {
        fifo32_put(&key_win->task->fifo, 3); /*命令行窗口光标OFF */
    }
    return;                                                        /*到此结束*/
}

void keywin_on(struct SHEET *key_win)                              /*从此开始*/
{
    change_wtitle8(key_win, 1);
    if ((key_win->flags & 0x20) != 0) {
        fifo32_put(&key_win->task->fifo, 2); /*命令行窗口光标ON */
    }
    return;                                                        /*到此结束*/
}
```

大功告成，看上去清爽多了。修改前的bootpack.c一共有374行代码，修改后只剩下304行，居然减掉了70行呢。

我们还是来"make run"吧，不知道能不能成功呢。哎呀？

一直重复这个画面

貌似系统在不断重启，当然，任何操作都没有反应，看来是失败了……

10 变得更像真正的操作系统（2）（harib22j）

当然不能就这样放弃，我们来找找失败的原因。在对有可能出问题的地方排查一遍之后，我们发现只要将bootpack.c的第117行keywin_on(key_win);这一句删掉[1]，重启的毛病就没了。不过这样一来，启动之后光标没有显示出来，必须要按Tab键或者点击窗口将窗口手工切换一下才行。

---

harib22i的bootpack.c节选

```
void HariMain(void)
{
    （中略）

    sheet_slide(sht_back,  0,  0);
    sheet_slide(sht_cons[1], 56,  6);
    sheet_slide(sht_cons[0],  8,  2);
    sheet_slide(sht_mouse, mx, my);
    sheet_updown(sht_back,     0);
    sheet_updown(sht_cons[1],  1);
    sheet_updown(sht_cons[0],  2);
    sheet_updown(sht_mouse,    3);
    key_win = sht_cons[0];
    keywin_on(key_win);        ←将这一行删掉的话，重启的毛病就没了

    （中略）
}
```

看来，只要检查一下keywin_on函数就能找到自动重启的原因了。

---

harib22i的bootpack.c节选

```
void keywin_on(struct SHEET *key_win)
{
    change_wtitle8(key_win, 1);
    if ((key_win->flags & 0x20) != 0) {
        fifo32_put(&key_win->task->fifo, 2); /*命令行窗口光标ON */
    }
    return;
}
```

---

keywin_on这个函数的功能很简单，先是改变窗口的颜色，然后向命令行窗口任务的FIFO发送2这个值用来显示光标。我们将刚才出问题的keywin_on(key_win);这一句改成change_wtitle8(key_win, 1);试了一下，没有发生重启的问题，看来问题的原因就在fifo32_put这里了。

---

[1] 可能有人会问，你是怎样发现这一句有问题的呢？其实笔者寻找bug的基本思路是搞清楚"为什么之前还运行得好好的程序，现在就无法运行了呢"。因此，导致程序无法正常运行的原因肯定在于我们添加的或者删除的那部分代码里，我们可以采取逐个还原的方式来排查。

■■■■■

不过，fifo32_put这个函数我们已经用了很久了，从来没有出过问题，应该不会是程序的bug，因此我们来检查一下发送数据的目的地key_win –> task –> fifo。

这个FIFO缓冲区是否处于正常状态呢？想到这里，我们来找找看对这个FIFO缓冲区进行初始化的代码在哪里，啊，找到了，位于console_task最开头的地方。

这样肯定不行，因为命令行窗口任务的优先级比较低，只有当bootpack.c的HariMain休眠之后才会运行命令行窗口任务，而如果不运行这个任务的话，FIFO缓冲区就不会被初始化，这就相当于我们在向一个还没初始化的FIFO强行发送数据，于是造成fifo32_put混乱而导致重启。

搞清楚原因，改起来就简单了。我们只要将console_task中对FIFO进行初始化的代码移动到HariMain中就可以了。

本次的bootpack.c节选

```
void HariMain(void)
{
    （中略）
    int fifobuf[128], keycmd_buf[32], *cons_fifo[2];    /*这里! */
    （中略）

    /* sht_cons */
    for (i = 0; i < 2; i++) {
        （中略）
        sht_cons[i]->task = task_cons[i];
        sht_cons[i]->flags |= 0x20; /*有光标*/
        cons_fifo[i] = (int *) memman_alloc_4k(memman, 128 * 4);        /*从此开始*/
        fifo32_init(&task_cons[i]->fifo, 128, cons_fifo[i], task_cons[i]); /*到此结束*/
    }

    （中略）
}
```

本次的console.c节选

```
void console_task(struct SHEET *sheet, int memtotal)
{
    struct TASK *task = task_now();
    struct MEMMAN *memman = (struct MEMMAN *) MEMMAN_ADDR;
    int i, *fat = (int *) memman_alloc_4k(memman, 4 * 2880);        /*这里! (删掉了fifobuf[128]) */
    struct CONSOLE cons;
    char cmdline[30];
    cons.sht = sheet;
    cons.cur_x =  8;
    cons.cur_y = 28;
    cons.cur_c = -1;
    task->cons = &cons;
```

25

```
    /*删掉了这里的fifo32_init(&task->fifo, 128, fifobuf, task); */
    cons.timer = timer_alloc();
    timer_init(cons.timer, &task->fifo, 1);
    （中略）
}
```

虽然我们只修改了5行代码，但是完全可以解决我们的问题，话说，要是还解决不了可真该头大了，因为笔者的上眼皮和下眼皮已经开始打架了（笑）。总之，我们来"make run"试试看吧。

貌似成功了，那个碍事的task_a已经不见了，系统运行也没有问题，太好了。

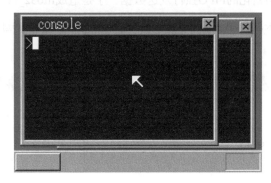

启动后的画面

好了，我们今天就到这里吧！

第 26 天

为窗口移动提速

1　提高窗口移动速度（1）（harib23a）

昨天我们增加了可同时启动的应用程序的数量，窗口也跟着变多了，整个画面变得热闹起来。

话说，在对比color.hrb和color2.hrb的时候我们需要移动窗口，那个时候笔者感到窗口移动的速度很慢。在真机环境下的速度还算可以接受，但在QEMU下就慢得离谱，让人心烦。虽说在真机环境下速度不慢就可以了，但如果速度能再快点总归是件好事。因此，提高窗口移动的速度就成了我们今天的第一个课题。

■■■■■

导致窗口移动速度慢的原因有很多，其中之一就是sheet_refreshmap的速度太慢。这个函数在sheet_slide中被调用了两次，如果能提高它的速度效果应该会很明显。

这个函数是很久之前写的，因此在修改之前我们再来看一下它的代码。

修改前的sheet.c节选

```
void sheet_refreshmap(struct SHTCTL *ctl, int vx0, int vy0, int vx1, int vy1, int h0)
{
    （中略）
    for (h = h0; h <= ctl->top; h++) {
        （中略）
```

```
        for (by = by0; by < by1; by++) {
            vy = sht->vy0 + by;
            for (bx = bx0; bx < bx1; bx++) {
                vx = sht->vx0 + bx;
                if (buf[by * sht->bxsize + bx] != sht->col_inv) {
                    map[vy * ctl->xsize + vx] = sid;
                }
            }
        }
    }
    return;
}
```

怎样才能提高这个函数的速度呢？我们可以尝试将里面的if语句去掉。这个if语句位于三层
for循环之中，要被执行成千上万次，因此如果能去掉这个if语句的话，速度应该会有不小的提高。

要去掉这个if语句，我们得先思考一下它的含义。这个if语句的功能是判断图层是否为透明
部分，如果强行去掉它的话图层的透明部分就没有了，鼠标指针就会变成一个方块，这样可不行。
但换个角度想想，窗口基本上都是矩形的，没有透明部分，如果仅去掉窗口部分的if判断是没有
影响的。

因此，我们在进入bx和by的for循环之前先判断这个图层是否有透明部分，如果有透明部分的
话还按现有程序执行，否则执行一个没有if语句的两层循环。

本次的sheet.c节选

```
void sheet_refreshmap(struct SHTCTL *ctl, int vx0, int vy0, int vx1, int vy1, int h0)
{
    (中略)
    for (h = h0; h <= ctl->top; h++) {
        (中略)
        if (sht->col_inv == -1) {                    /*从此开始*/
            /*无透明色图层专用的高速版*/
            for (by = by0; by < by1; by++) {
                vy = sht->vy0 + by;
                for (bx = bx0; bx < bx1; bx++) {
                    vx = sht->vx0 + bx;
                    map[vy * ctl->xsize + vx] = sid;
                }
            }
        } else {
            /*有透明色图层用的普通版*/
            for (by = by0; by < by1; by++) {
                vy = sht->vy0 + by;
                for (bx = bx0; bx < bx1; bx++) {

                    vx = sht->vx0 + bx;
                    if (buf[by * sht->bxsize + bx] != sht->col_inv) {
                        map[vy * ctl->xsize + vx] = sid;
                    }
```

```
            }
        }
    }                              /*到此结束*/
}
    return;
}
```

■■■■■

完工啦！我们赶紧来运行一下看看，"make run"……嗯嗯，总之运行起来没有什么问题。窗口移动的速度呢……唔，也看不太出来，不过感觉好像快了那么一点，就当是成功了吧（笑）。

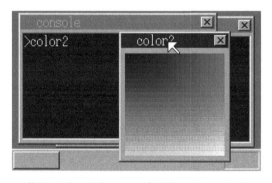

截图上看不出来，不过感觉快了那么一点点

2　提高窗口移动速度（2）（harib23b）

这点改善还不够，我们得想办法让速度变得更快才行。其实要想变快，方法还是很多的。

比如sheet_refreshmap中有这样一句：

```
map[vy * ctl->xsize + vx] = sid;
```

我们来琢磨一下这行代码。这个命令的功能是向内存中某个地址写入sid的值，它也位于for循环中，会被反复执行，而且这个地址的后面以及再后面的地址也要写入sid的值。

且慢，这样的话不是有个更好的方法吗？在汇编语言中，如果我们用16位寄存器代替8位寄存器来执行MOV指令的话，相邻的地址中也会同时写入数据，而如果用32位寄存器，仅1条指令就可以同时向相邻的4个地址写入值了。

更重要的是，即便是同时写入4个字节的值，只要指定地址是4的整数倍，指令的执行速度就和1个字节的MOV是相同的。也就是说，速度说不定能提高到原来的4倍！这简直是太强大了，我们一定得试试看。

26

修改后的代码如下。

本次的sheet.c节选

```
void sheet_refreshmap(struct SHTCTL *ctl, int vx0, int vy0, int vx1, int vy1, int h0)
{
    int h, bx, by, vx, vy, bx0, by0, bx1, by1, sid4, *p;       /*这里! */
    (中略)
    for (h = h0; h <= ctl->top; h++) {
        (中略)
        if (sht->col_inv == -1) {
            if ((sht->vx0 & 3) == 0 && (bx0 & 3) == 0 && (bx1 & 3) == 0) {   /*从此开始*/
                /*无透明色图层专用的高速版 (4字节型) */
                bx1 = (bx1 - bx0) / 4; /* MOV次数*/
                sid4 = sid | sid << 8 | sid << 16 | sid << 24;
                for (by = by0; by < by1; by++) {
                    vy = sht->vy0 + by;
                    vx = sht->vx0 + bx0;
                    p = (int *) &map[vy * ctl->xsize + vx];
                    for (bx = 0; bx < bx1; bx++) {
                        p[bx] = sid4;
                    }
                }
            } else {
                /*无透明色图层专用的高速版 (1字节型) */
                for (by = by0; by < by1; by++) {
                    vy = sht->vy0 + by;
                    for (bx = bx0; bx < bx1; bx++) {
                        vx = sht->vx0 + bx;
                        map[vy * ctl->xsize + vx] = sid;
                    }
                }
            }                                                    /*到此结束*/
        } else {
            /*有透明色图层用的普通版*/
            (中略)
        }
    }
    return;
}
```

其实有透明色的情况我们也可以改成4字节型，不过这次我们先不改了。因为修改这里必须考虑透明色的处理，算法会比较复杂，而且现在用透明色的只有鼠标指针，鼠标的图层尺寸很小，两种方式的速度差异不大。

为了让这次的修改发挥最大的效果，我们需要使窗口在x方向上的大小为4的倍数，而且窗口的x坐标也要为4的倍数。目前所有的窗口大小都是4的倍数，所以不需要修改了，而对于窗口坐标，我们需要做AND运算来取整，使打开窗口时的显示位置为4的倍数。

```
int *hrb_api(int edi, int esi, int ebp, int esp, int ebx, int edx, int ecx, int eax)
{
    (中略)
    } else if (edx == 5) {
        sht = sheet_alloc(shtctl);
        sht->task = task;
        sht->flags |= 0x10;
        sheet_setbuf(sht, (char *) ebx + ds_base, esi, edi, eax);
        make_window8((char *) ebx + ds_base, esi, edi, (char *) ecx + ds_base, 0);
        sheet_slide(sht, ((shtctl->xsize - esi) / 2) & ~3, (shtctl->ysize - edi) / 2);/*这里! */
        sheet_updown(sht, shtctl->top); /*将窗口图层高度指定为当前鼠标所在图层的高度，鼠标移到上层*/
        reg[7] = (int) sht;
    } else if (edx == 6) {
    (中略)
}
```

　　其中~3的意思是将3这个数的每个比特位进行取反，也就是等于0xfffffffc，之所以写成~3是因为这样写起来比较短，而且也不会由于f的个数太多而不小心写错。

　　还有一点，当用鼠标拖动窗口时如果目的地坐标不是4的倍数，我们这次的修改也就没有效果了，为了避免这种情况，我们必须保证目的地坐标为4的倍数才行。

```
void HariMain(void)
{
    (中略)
    int j, x, y, mmx = -1, mmy = -1, mmx2 = 0;  /*这里! (添加mmx2) */
    (中略)
    for (;;) {
        (中略)
        if (fifo32_status(&fifo) == 0) {
            (中略)
        } else {
            (中略)
            if (256 <= i && i <= 511) { /*键盘数据*/
                (中略)
            } else if (512 <= i && i <= 767) { /*鼠标数据*/
                if (mouse_decode(&mdec, i - 512) != 0) {
                    (中略)
                    if ((mdec.btn & 0x01) != 0) {
                        /*按下左键*/
                        if (mmx < 0) {
                            (中略)
                            for (j = shtctl->top - 1; j > 0; j--) {
                                (中略)
                                if (0 <= x && x < sht->bxsize && 0 <= y && y < sht->bysize) {
                                    if (sht->buf[y * sht->bxsize + x] != sht->col_inv) {
                                        (中略)

                                        if (3 <= x && x < sht->bxsize - 3 && 3 <= y && y < 21) {
```

26

```
                                    mmx = mx;      /*切换到窗口移动模式*/
                                    mmy = my;
                                    mmx2 = sht->vx0;      /*这里! */
                                }
                                    (中略)
                            }
                        }
                    }
                } else {
                    /*如果处于窗口移动模式*/
                    x = mx - mmx;      /*计算鼠标指针移动量*/
                    y = my - mmy;
                    sheet_slide(sht, (mmx2 + x + 2) & ~3, sht->vy0 + y);      /*这里! */
                    mmy = my;      /*更新到移动后的坐标*/
                }
            } else {
                (中略)
            }
        }
    }
}
```

变量mmx2的功能是保存移动前的sht->vx0的值。

sheet_slide的地方我们做了AND运算，之所以要先加2再做AND，是因为只做AND的话就像直接舍去小数一样，容易造成窗口往左移，而如果先加上2就相当于做了四舍五入，使往左和往右移的几率对等。

▬▬▬▬▬

好了，我们来"make run"。哇哦！好快！如果说之前移动窗口是"喇喇喇"的感觉的话，现在比之前变得更加流畅了，差不多是"嗖嗖嗖"这样吧。大家可以在CPU特别慢的电脑上用QEMU来对比一下，一定能明显感觉到差距的。

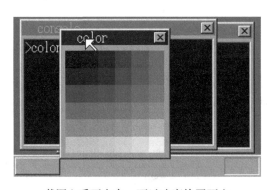

截图上看不出来，不过速度快了不少

3 提高窗口移动速度（3）（harib23c）

我们发现一次性写入4个字节这个办法可以有效地提高速度，既然如此，这个办法是不是也能用在sheet_refreshmap以外的函数中呢？于是我们首先想到了sheet_refreshsub，窗口移动的时候也调用了这个函数，因此通过修改它可以提高窗口移动的速度，此外其他一些地方也会调用这个函数，如果顺利的话，系统整体的绘图速度都会有所提升，真是令人兴奋呀。

本次的sheet.c节选

```
void sheet_refreshsub(struct SHTCTL *ctl, int vx0, int vy0, int vx1, int vy1, int h0, int h1)
{
    int h, bx, by, vx, vy, bx0, by0, bx1, by1, bx2, sid4, i, i1, *p, *q, *r;    /*这里! */
    （中略）
    for (h = h0; h <= h1; h++) {
        （中略）
        if ((sht->vx0 & 3) == 0) {                                        /*从此开始*/
            /* 4字节型*/
            i  = (bx0 + 3) / 4; /* bx0除以4（小数进位）*/
            i1 =  bx1       / 4; /* bx1除以4（小数舍去）*/
            i1 = i1 - i;
            sid4 = sid | sid << 8 | sid << 16 | sid << 24;
            for (by = by0; by < by1; by++) {
                vy = sht->vy0 + by;
                for (bx = bx0; bx < bx1 && (bx & 3) != 0; bx++) {    /*前面被4除多余的部分逐个字节写入*/
                    vx = sht->vx0 + bx;
                    if (map[vy * ctl->xsize + vx] == sid) {
                        vram[vy * ctl->xsize + vx] = buf[by * sht->bxsize + bx];
                    }
                }
                vx = sht->vx0 + bx;
                p = (int *) &map[vy * ctl->xsize + vx];
                q = (int *) &vram[vy * ctl->xsize + vx];
                r = (int *) &buf[by * sht->bxsize + bx];
                for (i = 0; i < i1; i++) {                              /* 4的倍数部分*/
                    if (p[i] == sid4) {    /*估计大多数会是这种情况，因此速度会变快*/
                        q[i] = r[i];
                    } else {
                        bx2 = bx + i * 4;
                        vx = sht->vx0 + bx2;
                        if (map[vy * ctl->xsize + vx + 0] == sid) {
                            vram[vy * ctl->xsize + vx + 0] = buf[by * sht->bxsize + bx2 + 0];
                        }
                        if (map[vy * ctl->xsize + vx + 1] == sid) {
                            vram[vy * ctl->xsize + vx + 1] = buf[by * sht->bxsize + bx2 + 1];
                        }
                        if (map[vy * ctl->xsize + vx + 2] == sid) {
                            vram[vy * ctl->xsize + vx + 2] = buf[by * sht->bxsize + bx2 + 2];
                        }
                        if (map[vy * ctl->xsize + vx + 3] == sid) {
                            vram[vy * ctl->xsize + vx + 3] = buf[by * sht->bxsize + bx2 + 3];
                        }
                    }
                }
```

26

```
            }
        for (bx += i1 * 4; bx < bx1; bx++) {              /*后面被4除多余的部分逐个字节写入*/
            vx = sht->vx0 + bx;
            if (map[vy * ctl->xsize + vx] == sid) {
                vram[vy * ctl->xsize + vx] = buf[by * sht->bxsize + bx];
            }
        }
    }

} else {
    /* 1字节型*/
    for (by = by0; by < by1; by++) {
        vy = sht->vy0 + by;
        for (bx = bx0; bx < bx1; bx++) {
            vx = sht->vx0 + bx;
            if (map[vy * ctl->xsize + vx] == sid) {
                vram[vy * ctl->xsize + vx] = buf[by * sht->bxsize + bx];
            }
        }
    }
}                                                          /*到此结束*/
    }
    return;
}
```

这样一来，当窗口显示位置为4的倍数时速度就会变快。重绘画面时，重绘范围不一定为4的倍数，因此我们也考虑了这种情况的处理方法：当前面有余数时将余数部分逐个字节处理，后面有余数时也一样。不过，即便窗口本身没有透明色，当它和别的窗口或者鼠标重叠时我们也不能直接往相邻的内存地址中写入数据，因此for循环中用来判断map的值是否等于sid的if语句还是不能去掉的。

■■■■■

我们来 "make run" 吧。哦哦，好快！移动起来嗖嗖的，昨天我们还在忍受着龟速呢，现在想想就跟做梦似的，耶！

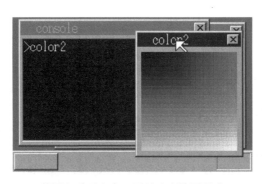

截图上看不出来，不过速度快了很多

4　提高窗口移动速度（4）（harib23d）

　　虽说窗口移动的速度已经快了很多，但还是无法完全跟上鼠标指针那矫健的身影（啊，在真机环境下当然还是跟得上的，这里是说在QEMU中运行的情形，大家别误会哦）。更进一步的提速我们现在还做不到，不过我们可以动点脑筋，在真正的速度不变的情况下，给用户带来好像变快了的错觉（笑）。

　　说起来，用"纸娃娃系统"之所以会感到速度慢，是因为移动窗口的时候，窗口移动的速度赶不上鼠标的速度，在放开鼠标键之后窗口还在那里挪动，因此我们只要针对这个现象想想办法就可以了。

　　为什么明明已经放开了鼠标键，窗口却还在挪动呢？这是因为伴随图层移动所进行的绘图操作非常消耗时间，导致系统来不及处理FIFO中的鼠标移动数据。那么我们可以在接收到鼠标移动数据后不立即进行绘图操作，但如果一直不绘图的话鼠标和窗口就静止不动了，那不就没意义了吗？我们可以等FIFO为空时再进行绘图操作嘛。

本次的bootpack.c节选

```
void HariMain(void)
{
    （中略）
    int mx, my, i, new_mx = -1, new_my = 0, new_wx = 0x7fffffff, new_wy = 0;      /*这里！*/
    （中略）

    for (;;) {
        （中略）
        if (fifo32_status(&fifo) == 0) {
            /* FIFO为空，当存在搁置的绘图操作时立即执行*/                        /*从此开始*/
            if (new_mx >= 0) {
                io_sti();
                sheet_slide(sht_mouse, new_mx, new_my);
                new_mx = -1;
            } else if (new_wx != 0x7fffffff) {
                io_sti();
                sheet_slide(sht, new_wx, new_wy);
                new_wx = 0x7fffffff;
            } else {
                task_sleep(task_a);
                io_sti();
            }                                                               /*到此结束*/
        } else {
            （中略）
            } else if (512 <= i && i <= 767) { /*到此结束*/
                if (mouse_decode(&mdec, i - 512) != 0) {
                    （中略）
                    new_mx = mx;                                            /*这里！*/
                    new_my = my;                                            /*这里！*/
                    if ((mdec.btn & 0x01) != 0) {
```

26

```
                /*按下鼠标左键*/
                if (mmx < 0) {
                    (中略)
                    for (j = shtctl->top - 1; j > 0; j--) {

                        (中略)
                        if (0 <= x && x < sht->bxsize && 0 <= y && y < sht->bysize) {
                            if (sht->buf[y * sht->bxsize + x] != sht->col_inv) {
                                (中略)
                                if (3 <= x && x < sht->bxsize - 3 && 3 <= y && y < 21) {
                                    mmx = mx;      /*切换到窗口移动模式*/
                                    mmy = my;
                                    mmx2 = sht->vx0;
                                    new_wy = sht->vy0;                          /*这里! */
                                }
                                (中略)
                            }
                        }
                    }
                } else {
                    /*如果处于窗口移动模式*/
                    x = mx - mmx;   /*计算鼠标指针移动量*/
                    y = my - mmy;
                    new_wx = (mmx2 + x + 2) & ~3;                        /*这里! */
                    new_wy = new_wy + y;                                 /*这里! */
                    mmy = my;    /*更新到移动后的坐标*/
                }
            } else {
                /*没有按下鼠标左键*/
                mmx = -1;    /*切换到一般模式*/
                if (new_wx != 0x7fffffff) {                              /*从此开始*/
                    sheet_slide(sht, new_wx, new_wy);    /*固定图层位置*/
                    new_wx = 0x7fffffff;
                }                                                        /*到此结束*/
            }
        }
    }
}
```

这次我们增加了new_mx和new_wy两个变量，并将原来的sheet_slide（sht_mouse, mx, my）；改成了new_mx = mx; new_my = my;，也就是说，我们并不真的移动鼠标图层的位置，而是将移动后的坐标暂且保存起来，当FIFO为空时，再执行sheet_slide（sht_mouse, new_mx, new_my）；。

窗口移动我们也采用相同的方法，只不过有一点小小的区别，代表FIFO为空时不需要执行sheet_slide的值从–1变成了0x7fffffff，这是因为鼠标的坐标不可能为负数，但窗口的坐标却有可能为负数，因此用–1会造成歧义，我们只好改用另外一个不可能会出现的值，即0x7fffffff。

当放开鼠标左键退出窗口移动模式时，即便FIFO不为空也需要立即更新窗口的位置，这是因为用户可能马上会去移动别的窗口，那样的话sht变量的值就会发生变化，因此我们必须在sht变量的值改变之前将当前窗口移动到指定的位置。

━━━━━

好了，我们来"make run"……哇！即便在CPU很慢的电脑上用QEMU运行我们的系统，窗口也能跟鼠标同步快速移动，太好了！

截图上看不出来，不过跟鼠标完全同步

5　启动时只打开一个命令行窗口（harib23e）

昨天我们将命令行窗口的数量增加到了两个，还把碍眼的task_a窗口给去掉了，今天我们要让它看上去更像一个普通的操作系统。

说到这里，首先想到的是系统启动时所打开的命令行窗口数量，普通的操作系统没有一启动就打开两个命令行窗口的吧？一般都是先打开一个命令行窗口，然后根据需要增加。下面我们就将启动时显示的命令行窗口数量改为一个，并且实现可以随意启动新命令行窗口的功能吧。

━━━━━

这里我们需要考虑一下，如果启动一个新窗口需要让用户如何操作呢？比如说，在Windows2000的命令行窗口中输入"start cmd.exe"，就会出现一个新的命令行窗口。那么我们就来模仿一下这个方法，先编写一个用来启动新窗口的命令吧。

不过，实际使用操作系统的用户一般是在运行某个程序的同时突然想做另外一件事情，才需要开新窗口的。这时，如果只能通过命令来启动新窗口，就必须先强制关闭现在正在运行的应用程序，再往命令行窗口中输入命令才行——这也太麻烦了。

在Windows中，即便不在命令行中输入命令，只通过鼠标的操作也可以打开新的命令行窗口（比如可以通过开始菜单），我们的"纸娃娃系统"也可以借鉴一下这种方法。不过鼠标点击开始

26

菜单这种方式实现起来太难，我们还是做快捷键吧，可以规定按下Shift+F2就打开一个新的命令行窗口。之所以用这个组合键，是因为程序改起来方便，如果不喜欢这个组合键的话，完全可以根据下面的范例自行修改哦。

　　修改后的程序如下：

本次的bootpack.c节选

```
void HariMain(void)
{
    (中略)

    /* sht_cons */
    sht_cons[0] = open_console(shtctl, memtotal);    /*从此开始*/
    sht_cons[1] = 0; /*未打开状态*/                     /*到此结束*/

    (中略)

    sheet_slide(sht_back,   0,  0);
    sheet_slide(sht_cons[0], 32, 4);        /*这里! */
    sheet_slide(sht_mouse, mx, my);
    sheet_updown(sht_back,       0);
    sheet_updown(sht_cons[0],    1);         /*从此开始*/
    sheet_updown(sht_mouse,      2);         /*到此结束*/
    key_win = sht_cons[0];
    keywin_on(key_win);

    (中略)

    for (;;) {
        (中略)
        if (fifo32_status(&fifo) == 0) {
            (中略)
        } else {
            (中略)
            if (256 <= i && i <= 511) { /*键盘数据*/
                (中略)
                if (i == 256 + 0x3c && key_shift != 0 && sht_cons[1] == 0) {      /* Shift+F2 */
                    sht_cons[1] = open_console(shtctl, memtotal);
                    sheet_slide(sht_cons[1], 32, 4);
                    sheet_updown(sht_cons[1], shtctl->top);
                    /*自动将输入焦点切换到新打开的命令行窗口（这样比较方便吧？）  */
                    keywin_off(key_win);
                    key_win = sht_cons[1];
                    keywin_on(key_win);
                }
                (中略)
            } else if (512 <= i && i <= 767) { /*鼠标数据*/
                (中略)
            }
        }
    }
}
```

```
struct SHEET *open_console(struct SHTCTL *shtctl, unsigned int memtotal)

{
    struct MEMMAN *memman = (struct MEMMAN *) MEMMAN_ADDR;
    struct SHEET *sht = sheet_alloc(shtctl);
    unsigned char *buf = (unsigned char *) memman_alloc_4k(memman, 256 * 165);
    struct TASK *task = task_alloc();
    int *cons_fifo = (int *) memman_alloc_4k(memman, 128 * 4);
    sheet_setbuf(sht, buf, 256, 165, -1); /*无透明色*/
    make_window8(buf, 256, 165, "console", 0);
    make_textbox8(sht, 8, 28, 240, 128, COL8_000000);
    task->tss.esp = memman_alloc_4k(memman, 64 * 1024) + 64 * 1024 - 12;
    task->tss.eip = (int) &console_task;
    task->tss.es = 1 * 8;
    task->tss.cs = 2 * 8;
    task->tss.ss = 1 * 8;
    task->tss.ds = 1 * 8;
    task->tss.fs = 1 * 8;
    task->tss.gs = 1 * 8;
    *((int *) (task->tss.esp + 4)) = (int) sht;
    *((int *) (task->tss.esp + 8)) = memtotal;
    task_run(task, 2, 2); /* level=2, priority=2 */
    sht->task = task;
    sht->flags |= 0x20; /*有光标*/
    fifo32_init(&task->fifo, 128, cons_fifo, task);
    return sht;
}
```

首先，我们将打开命令行窗口的程序封装成了一个单独的函数（open_console），然后将没有打开的窗口的sht_cons[]置为0以示区别。当按下Shift+F2且第2个命令行窗口处于未打开状态时将其打开。

■■■■■

那么我们来"make run"吧，先来运行我们特别喜欢的color2.hrb，然后按下Shift+F2打开新的命令行窗口，再运行lines.hrb。成功了，好开心呀！

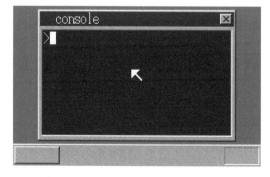

刚刚启动完毕的画面（只有一个命令行窗口）

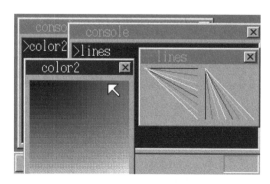

成功启动了另一个命令行窗口

6 增加更多的命令行窗口（harib23f）

命令行窗口最多只能打开两个，这太不方便了，要是能打开更多的窗口就好了。那我们写一个sht_cons[100]之类的不就行了吗？不过仔细想想看，这个sht_cons[]到底是用来干什么的呢？怎么想也想不通啊，特地定义这个变量保存了一个值，实际上却根本没有用到！

因此，我们干脆不用sht_cons[]了，如果顺利的话，命令行窗口将不再有数量的限制，只要内存空间足够，就可以想开多少开多少。

本次的bootpack.c节选

```
void HariMain(void)
{
    (中略)
    struct SHEET *sht_back, *sht_mouse;        /*删掉了sht_cons[2]*/
    (中略)

    /* sht_cons */
    key_win = open_console(shtctl, memtotal);

    (中略)

    sheet_slide(sht_back,  0,  0);
    sheet_slide(key_win,   32, 4);              /*这里! */
    sheet_slide(sht_mouse, mx, my);
    sheet_updown(sht_back,  0);
    sheet_updown(key_win,   1);                 /*这里! */
    sheet_updown(sht_mouse, 2);
    keywin_on(key_win);

    (中略)

    for (;;) {
        (中略)
        if (fifo32_status(&fifo) == 0) {
            (中略)
        } else {
            (中略)
            if (256 <= i && i <= 511) { /*键盘数据*/
                (中略)
                if (i == 256 + 0x3c && key_shift != 0) {     /* Shift+F2 */
                    /*自动将输入焦点切换到新打开的命令行窗口（这样比较方便吧？）*/
/*从此开始*/        keywin_off(key_win);
                    key_win = open_console(shtctl, memtotal);
                    sheet_slide(key_win, 32, 4);
/*到此结束*/        sheet_updown(key_win, shtctl->top);
                    keywin_on(key_win);
                }
                (中略)
            } else if (512 <= i && i <= 767) { /*鼠标数据*/
                (中略)
```

```
            }
        }
    }
}
```

程序写好了，之前的程序中我们是先向sht_cons[]赋值，然后再由sht_cons[]赋值给key_win，现在我们改成直接向key_win赋值了。

这样能不能行呢？改得太彻底了，笔者有点担心呢。不过这样也无济于事，还是"make run"一下试试看吧⋯⋯哦哦，成功了！我们可以打开好多个命令行窗口了，运行多个应用程序也没问题哦，太棒了！

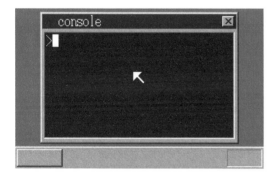

启动成功

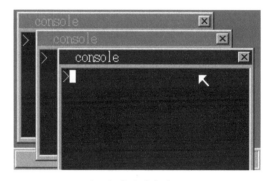

打开3个命令行窗口

运行3个应用程序

7 关闭命令行窗口（1）（harib23g）

现在，我们对新开命令行窗口这个功能已经很满意了，不过如果一高兴刹不住车打开太多命令行窗口的话，画面就会变得拥挤不堪，同时也会浪费内存，所以我们得想个办法来关闭命令行窗口才行。

在Windows的命令行窗口中，输入"exit"命令就可以关闭当前窗口，我们也来照猫画虎，给"纸娃娃系统"增加一个exit命令吧。

在关闭一个命令行窗口时系统需要做些什么事呢？首先需要将创建该窗口时所占用的内存空间全部释放出来，然后还需要释放窗口的图层和任务结构。咦，问题来了，在创建任务时我们为命令行窗口准备了专用的栈，却没有将这个栈的地址保存起来，这样的话就无法执行释放操作了。怎么办呢？我们可以在TASK结构中添加一个cons_stack成员，用来保存栈的地址。

■■■■■

好，我们先进行以下修改。

本次的bootpack.h节选

```
struct TASK {
    int sel, flags; /* sel为GDT编号*/
    int level, priority;
    struct FIFO32 fifo;
    struct TSS32 tss;
    struct CONSOLE *cons;
    int ds_base, cons_stack;      /*这里! */
};
```

本次的bootpack.c节选

```
struct SHEET *open_console(struct SHTCTL *shtctl, unsigned int memtotal)
{
    （中略）
    task->cons_stack = memman_alloc_4k(memman, 64 * 1024);   /*从此开始*/
    task->tss.esp = task->cons_stack + 64 * 1024 - 12;          /*到此结束*/
    （中略）
}

void close_constask(struct TASK *task)
{
    struct MEMMAN *memman = (struct MEMMAN *) MEMMAN_ADDR;
    task_sleep(task);
    memman_free_4k(memman, task->cons_stack, 64 * 1024);
    memman_free_4k(memman, (int) task->fifo.buf, 128 * 4);
    task->flags = 0; /*用来替代task_free(task); */
    return;
}

void close_console(struct SHEET *sht)
{
    struct MEMMAN *memman = (struct MEMMAN *) MEMMAN_ADDR;
    struct TASK *task = sht->task;
    memman_free_4k(memman, (int) sht->buf, 256 * 165);
    sheet_free(sht);
    close_constask(task);
    return;
}
```

一上来笔者只写了一个用来结束命令行窗口任务的close_constask函数，不过关闭命令行窗口还需要关闭图层，于是就又写了一个close_console函数，在关闭图层之后调用close_constask。其实，将这个两个功能都整合到close_console里面也可以，不过我们后面还需要只关闭任务不关闭图层的功能，因此在这里我们先分成两个函数来写。

在close_constask中，一开始我们先让任务进入休眠状态，这是为了将任务从等待切换列表中安全地剥离出来，因为这样一来就绝对不会切换到该任务，我们就可以安全地释放栈和FIFO缓冲区了。当全部内存空间都释放完毕之后，为了task_alloc下次能够重新利用这些内存空间，我们还需要将flags置为0。

到这里bootpack.c的准备就完成了，下面我们来编写exit命令。

＊＊＊＊＊

本次的console.c节选

```
void cons_runcmd(char *cmdline, struct CONSOLE *cons, int *fat, int memtotal)
{
    (中略)
    } else if (strcmp(cmdline, "exit") == 0) {
        cmd_exit(cons, fat);
    } else if (cmdline[0] != 0) {
    (中略)
}

void cmd_exit(struct CONSOLE *cons, int *fat)
{
    struct MEMMAN *memman = (struct MEMMAN *) MEMMAN_ADDR;
    struct TASK *task = task_now();
    struct SHTCTL *shtctl = (struct SHTCTL *) *((int *) 0x0fe4);
    struct FIFO32 *fifo = (struct FIFO32 *) *((int *) 0x0fec);
    timer_cancel(cons->timer);
    memman_free_4k(memman, (int) fat, 4 * 2880);
    io_cli();
    fifo32_put(fifo, cons->sht - shtctl->sheets0 + 768);    /* 768-1023 */
    io_sti();
    for (;;) {
        task_sleep(task);
    }
}
```

exit命令的执行部分中，首先我们需要取消控制光标闪烁的定时器，然后将FAT用的内存空间释放，最后调用close_console关闭命令行窗口和自身的任务……咦？这里看出问题了吗？

如果在cmd_exit中调用close_console的话，就相当于close_constask中的task_sleep对自己这个任务本身执行休眠，那么之后的程序就都无法继续执行下去了。因此，我们需要让task_a来替我们执行这个操作（注：虽然现在已经没有task_a这个窗口了，但是task_a这个任务依然存在，它负责处理鼠标指针的移动、将键盘输入的数据分配给各命令行窗口等工作）。

那么我们可以从命令行窗口任务向task_a任务发送一个数据，请task_a帮忙关闭命令行窗口任务。task_a的FIFO地址保存在0x0fec这个地址（等一下我们会修改bootpack.c让它将地址写入这里），只要读取出来并发送数据就可以了。为了防止发送数据期间产生中断请求导致发送失败，我们将发送数据的程序两边加上cli和sti。

发送完成之后，既然结束任务的处理已经交给task_a，那么命令行窗口任务本身也没有什么可做的了，接下来直接休眠就可以了。

■■■■■

我们还需要修改HariMain使其能够处理来自命令行窗口的768～1023的数据，另外，从现在开始可能会出现画面上一个窗口都没有的情况（如果关闭了所有的命令行窗口的话），因此我们必须对这样的情况做出应对。

本次的bootpack.c节选

```
void HariMain(void)
{
    (省略)
    *((int *) 0x0fec) = (int) &fifo;          /*这里！*/

    for (;;) {
        (中略)
        if (fifo32_status(&fifo) == 0) {
            (中略)
        } else {
            (中略)
            if (key_win != 0 && key_win->flags == 0) {   /*窗口被关闭*/          /*从此开始*/
                if (shtctl->top == 1) { /*当画面上只剩鼠标和背景时*/
                    key_win = 0;
                } else {
                    key_win = shtctl->sheets[shtctl->top - 1];
                    keywin_on(key_win);                                           /*到此结束*/
                }
            }
            if (256 <= i && i <= 511) { /*键盘数据*/
                (中略)
                if (s[0] != 0 && key_win != 0) { /*一般字符、退格键和回车键*/        /*这里！*/
                    fifo32_put(&key_win->task->fifo, s[0] + 256);
                }
                if (i == 256 + 0x0f && key_win != 0) {   /* Tab键*/                /*这里！*/
                    (中略)
                }
                (中略)
                if (i == 256 + 0x3b && key_shift != 0 && key_win != 0) { /* Shift+F1 */ /*这里！*/
                    (中略)
```

```
        }
        if (i == 256 + 0x3c && key_shift != 0) {      /* Shift+F2 */
            /*自动将输入焦点切换到新打开的命令行窗口（这样比较方便吧？）*/
            if (key_win != 0) {                                        /*从此开始*/
                keywin_off(key_win);
            }                                                          /*到此结束*/
            key_win = open_console(shtctl, memtotal);
            sheet_slide(key_win, 32, 4);
            sheet_updown(key_win, shtctl->top);
            keywin_on(key_win);
        }
        （中略）
    } else if (512 <= i && i <= 767) { /*鼠标数据*/
        （中略）
    } else if (768 <= i && i <= 1023) { /*命令行窗口关闭处理*/               /*这里！*/
        close_console(shtctl->sheets0 + (i - 768));                    /*这里！*/
    }
    }
    }
}
```

我们先来看最后关于"命令行窗口关闭处理"那一段。这段程序比较简单，只是完成命令行窗口所委托的操作而已。至于要关闭的图层句柄，是通过将命令行窗口发送过来的数据减去768计算出来的。

除此之外，我们还修改了关于key_win的部分，当画面上一个窗口都没有的情况下，自然也没有窗口处于输入模式，这时我们将key_win置为0，而通常情况下key_win是不可能为0的，这样就可以清楚地区别开来。当key_win为0时，字符输入和Shift+F1没有任何作用，因此我们对于这两种键盘输入不进行任何处理。

■■■■■

现在到了欢乐的"make run"时间，首先是刚刚启动完毕的画面。

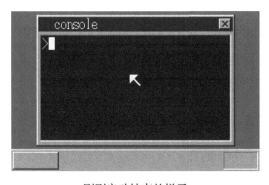

刚刚启动结束的样子

然后，我们按Shift+F2新开几个窗口，并在窗口中输入exit命令。

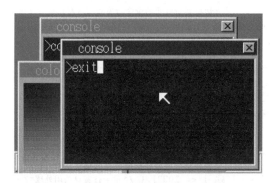

要执行exit命令了哦

命令行窗口成功关闭了，成功了！

看，命令行窗口关闭了哦

如果把所有的窗口都关闭的话就是下面这个样子。当然，即便窗口都没有了，我们还可以按Shift+F2重新打开窗口，没有问题。

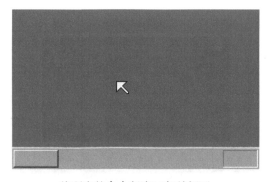

将所有的命令行窗口都关闭了

8　关闭命令行窗口（2）（harib23h）

做到这一步，接下来我们就来实现用鼠标关闭命令行窗口的功能。当鼠标点击窗口上的"×"按钮时，向命令行窗口任务发送4这个数据，命令行窗口接收到这个数据后则开始执行exit命令的程序。

话说，鼠标的点击是在task_a中处理的，为什么不直接在task_a中调用close_console，而要绕这么个弯子呢？因为如果直接在task_a中关闭命令行窗口的话，由窗口自身所管理的释放定时器及FAT内存空间的部分就难以实现了，因此我们还是选择向命令行窗口发送通知数据这种方式。

由于这次我们只需要将已经实现的功能通过鼠标来进行操作，所以修改起来比较简单。

本次bootpack.c节选

```
void HariMain(void)
{
    （中略）
    for (;;) {
        （中略）
        if (fifo32_status(&fifo) == 0) {
            （中略）
        } else {
            （中略）
            if (256 <= i && i <= 511) { /*键盘数据*/
                （中略）
            } else if (512 <= i && i <= 767) { /*鼠标数据*/
                if (mouse_decode(&mdec, i - 512) != 0) {
                    （中略）
                    if ((mdec.btn & 0x01) != 0) {

                        /*按下左键的情形*/
                        if (mmx < 0) {
                            （中略）
                            for (j = shtctl->top - 1; j > 0; j--) {
                                （中略）
                                if (0 <= x && x < sht->bxsize && 0 <= y && y < sht->bysize) {
                                    if (sht->buf[y * sht->bxsize + x] != sht->col_inv) {
                                        （中略）
                                        if (sht->bxsize - 21 <= x && x < sht->bxsize - 5 && 5 <=
                                            y && y < 19) {
                                            /*点击"×"按钮*/
                                            if ((sht->flags & 0x10) != 0) {        /*是否为应用程序
                                                                                     窗口? */
                                                task = sht->task;
                                                cons_putstr0(task->cons, "\nBreak(mouse) :\n");
                                                io_cli();    /*禁止在强制结束处理时切换任务*/
                                                task->tss.eax = (int) &(task->tss.esp0);
                                                task->tss.eip = (int) asm_end_app;
                                                io_sti();
```

```
    /*从此开始*/                    } else {     /*命令行窗口*/
                                         task = sht->task;
                                         io_cli();
                                         fifo32_put(&task->fifo, 4);
    /*到此结束*/                        io_sti();
                                     }
                                 }
                                 break;
                         }
                     }
                 }
             } else {
                 （中略）
             }
         } else {
             （中略）
         }
     }
 } else if (768 <= i && i <= 1023) { /*命令行窗口关闭处理*/
     （中略）
 }
        }
    }
}
```

我们在bootpack.c中仅仅增加了5行代码。

接下来是console.c，这里其实仅仅增加了3行代码。

本次console.c节选

```
void console_task(struct SHEET *sheet, int memtotal)
{
    （中略）
    for (;;) {
        （中略）
        if (fifo32_status(&task->fifo) == 0) {
            （中略）
        } else {
            （中略）
            if (i == 4) {    /*点击命令行窗口的"×"按钮*/           /*从此开始*/
                cmd_exit(&cons, fat);
            }                                                    /*到此结束*/
            （中略）
        }
    }
}
```

好，完工了，简单就是好啊，如果一直都这么简单的话，笔者也能轻松多了……哦，对了，我们还是先"make run"吧。哇，按"×"按钮可以顺利关闭命令行窗口了，成功了！

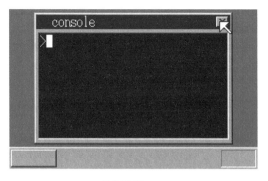
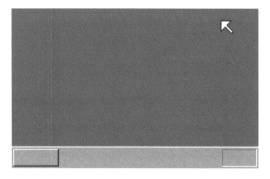

点击这里……　　　　　　　　　　　　　　　　　　　窗口就关闭了

　　顺便说一句，在应用程序运行的时候，点击命令行窗口的"×"按钮是不会关闭命令行窗口的。因为如果应用程序运行中关闭了命令行窗口，万一程序调用了显示字符的API，就不知道会造成什么后果了。

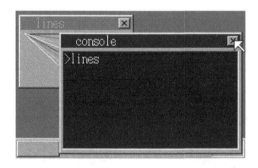

应用程序运行时点击"×"按钮命令行窗口也不会关闭

26

9　start 命令（harib23i）

　　今天时间也不早了，差不多该结束了，不过30天大限将至，我们还剩好多东西没有做呢，因此今天大家就辛苦一下，再努把力吧。

　　我们在26.5节中提起过，Windows的命令行窗口里有一个start命令，它的功能是可以打开一个新的命令行窗口并运行指定的应用程序。讲这么多不如自己实践一下，在Windows中输入"start make run"试试看吧。

　　如果"纸娃娃系统"也有这个功能该多方便啊，那我们就来编写一个start命令吧。

本次的console.c节选

```
void cons_runcmd(char *cmdline, struct CONSOLE *cons, int *fat, int memtotal)
{
```

```
(省略)
    } else if (strncmp(cmdline, "start ", 6) == 0) {
        cmd_start(cons, cmdline, memtotal);
    } else if (cmdline[0] != 0) {
    (省略)
}

void cmd_start(struct CONSOLE *cons, char *cmdline, int memtotal)
{
    struct SHTCTL *shtctl = (struct SHTCTL *) *((int *) 0x0fe4);
    struct SHEET *sht = open_console(shtctl, memtotal);
    struct FIFO32 *fifo = &sht->task->fifo;
    int i;
    sheet_slide(sht, 32, 4);
    sheet_updown(sht, shtctl->top);
    /*将命令行输入的字符串逐字复制到新的命令行窗口中*/
    for (i = 6; cmdline[i] != 0; i++) {
        fifo32_put(fifo, cmdline[i] + 256);
    }
    fifo32_put(fifo, 10 + 256); /*回车键*/
    cons_newline(cons);
    return;
}
```

好，完工了，很简单吧。我们来"make run"，输入"start color2"……哦，成功了！

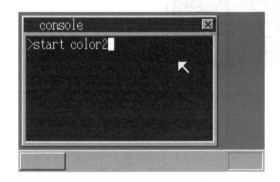

执行start命令

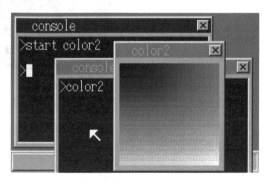

执行后的样子

10 ncst 命令（harib23j）

本节要进行今天的最后一项修改。

用start命令启动应用程序看起来很不错，但如果运行color这样的程序的话，我们并不希望真的新开一个命令行窗口出来，反倒是没有这个多余的窗口比较好。那么下面我们就来做一个不打开新命令行窗口的start命令吧，给它起个名字，叫做"no console start"，简称ncst命令。

这样，我们可以根据需要来选择用哪个命令：当希望运行程序的同时打开新的命令行窗口时，用start命令；而当不需要打开新的命令行窗口时，就用ncst命令。

不过，不打开命令行窗口而直接运行应用程序到底应该怎样实现呢？想来想去，总觉得要改的地方实在太多了，我们还是一步一步慢慢来吧。其实我们可以换个思路，不要一味去想"没有命令行窗口该怎样处理"，而可以"想办法禁止向命令行显示内容"（换句话说，用ncst命令启动的应用程序会忽略字符串显示API的调用）。

■■■■■

好了，我们先从添加ncst命令开始做起吧。

我们将没有窗口的命令行任务的cons->sht规定为0。在没有窗口的情况下，执行mem命令和cls命令也没有用，因此我们将这些命令全部忽略。

本次的console.c节选

```
void cons_runcmd(char *cmdline, struct CONSOLE *cons, int *fat, int memtotal)
{
    if (strcmp(cmdline, "mem") == 0 && cons->sht != 0) {           /*从此开始*/
        cmd_mem(cons, memtotal);
    } else if (strcmp(cmdline, "cls") == 0 && cons->sht != 0) {
        cmd_cls(cons);
    } else if (strcmp(cmdline, "dir") == 0 && cons->sht != 0) {
        cmd_dir(cons);
    } else if (strncmp(cmdline, "type ", 5) == 0 && cons->sht != 0) {   /*到此结束*/
        cmd_type(cons, fat, cmdline);
    } else if (strcmp(cmdline, "exit") == 0) {
        cmd_exit(cons, fat);
    } else if (strncmp(cmdline, "start ", 6) == 0) {
        cmd_start(cons, cmdline, memtotal);
    } else if (strncmp(cmdline, "ncst ", 5) == 0) {               /*这里! */
        cmd_ncst(cons, cmdline, memtotal);                        /*这里! */
    } else if (cmdline[0] != 0) {
    (中略)
}

void cmd_ncst(struct CONSOLE *cons, char *cmdline, int memtotal)
{
    struct TASK *task = open_constask(0, memtotal);
    struct FIFO32 *fifo = &task->fifo;
    int i;
    /*将命令行输入的字符串逐字复制到新的命令行窗口中*/
    for (i = 5; cmdline[i] != 0; i++) {
        fifo32_put(fifo, cmdline[i] + 256);
    }
    fifo32_put(fifo, 10 + 256); /*回车键*/
    cons_newline(cons);
    return;
}
```

26

cmd_ncst是照着cmd_start的样子写的，其中open_constask这个函数我们接下来会写在bootpack.c中。

▬▬▬▬▬

当cons->sht为0时，要禁用命令行窗口的字符显示等所有操作，因此我们需要修改与其相关的函数。

本次的console.c节选

```
void cons_putchar(struct CONSOLE *cons, int chr, char move)
{
    (中略)
    if (s[0] == 0x09) { /*制表符*/
        for (;;) {
            if (cons->sht != 0) {                       /*从此开始*/
                putfouts8_asc_sht(cons->sht, cons->cur_x, cons->cur_y, COL8_FFFFFF, COL8_000000,
                    " ", 1);
            }                                           /*到此结束*/
            cons->cur_x += 8;
            (中略)
        }
    } else if (s[0] == 0x0a) {  /*换行*/
        cons_newline(cons);
    } else if (s[0] == 0x0d) {  /*回车*/
        /*不执行任何操作*/
    } else {    /*一般字符*/
        if (cons->sht != 0) {                           /*从此开始*/
            putfouts8_asc_sht(cons->sht, cons->cur_x, cons->cur_y, COL8_FFFFFF, COL8_000000, s,
                1);
        }                                               /*到此结束*/
        if (move != 0) {
            (中略)
        }
    }
    return;
}

void cons_newline(struct CONSOLE *cons)
{
    int x, y;
    struct SHEET *sheet = cons->sht;
    if (cons->cur_y < 28 + 112) {
        cons->cur_y += 16; /*到下一行*/
    } else {
        /*滚动*/
        if (sheet != 0) {                               /*这里! */

            for (y = 28; y < 28 + 112; y++) {
                (中略)
            }
```

```
        for (y = 28 + 112; y < 28 + 128; y++) {
            （中略）
        }
        sheet_refresh(sheet, 8, 28, 8 + 240, 28 + 128);
    }                                              /*这里! */
}
    cons->cur_x = 8;
    return;
}
```

本以为相关的函数很多，所以要改动的地方也会很多，不过这么一看其实也没多少嘛。

▬▬▬▬▬

接下来我们来修改console_task。修改的要点是，当不显示命令行窗口时，禁用一些不必要的处理，并且当命令执行完毕时，立即结束命令行窗口任务（应用程序运行完毕后，这个命令行窗口任务就派不上什么用场了。因为画面上不显示命令行窗口，也就无法输入其他命令，也不能执行关闭操作，所以我们需要使其在命令执行完毕时自动终止任务）。

本次的console.c节选

```
void console_task(struct SHEET *sheet, int memtotal)
{
    （中略）
    if (sheet != 0) {                              /*从此开始*/
        cons.timer = timer_alloc();
        timer_init(cons.timer, &task->fifo, 1);
        timer_settime(cons.timer, 50);
    }                                              /*到此结束*/
    （中略）
    for (;;) {
        io_cli();
        if (fifo32_status(&task->fifo) == 0) {
            task_sleep(task);
            io_sti();
        } else {
            （中略）
            if (256 <= i && i <= 511) { /*键盘数据（通过任务A）*/
                （中略）
                if (i == 8 + 256) {
                    （中略）
                } else if (i == 10 + 256) {
                    /*回车键*/
                    /*用空白擦除光标后换行*/
                    cons_putchar(&cons, ' ', 0);
                    cmdline[cons.cur_x / 8 - 2] = 0;
                    cons_newline(&cons);
                    cons_runcmd(cmdline, &cons, fat, memtotal); /*执行命令*/
                    if (sheet == 0) {              /*从此开始*/
                        cmd_exit(&cons, fat);
```

26

```
        }                                    /*到此结束*/
        /*显示提示符*/

            cons_putchar(&cons, '>', 1);
        } else {
            (中略)
        }
    }
    /*重新显示光标*/
    if (sheet != 0) {                                  /*从此开始*/
        if (cons.cur_c >= 0) {
            boxfill8(sheet->buf, sheet->bxsize, cons.cur_c,
                cons.cur_x, cons.cur_y, cons.cur_x + 7, cons.cur_y + 15);
        }
        sheet_refresh(sheet, cons.cur_x, cons.cur_y, cons.cur_x + 8, cons.cur_y + 16);
    }                                                  /*到此结束*/
    }
    }
}
```

■■■■■

cmd_exit也需要修改一下，添加用于无命令行窗口情况下的任务结束处理。

本次的console.c节选

```
void cmd_exit(struct CONSOLE *cons, int *fat)
{
    struct MEMMAN *memman = (struct MEMMAN *) MEMMAN_ADDR;
    struct TASK *task = task_now();
    struct SHTCTL *shtctl = (struct SHTCTL *) *((int *) 0x0fe4);
    struct FIFO32 *fifo = (struct FIFO32 *) *((int *) 0x0fec);
    if (cons->sht != 0) {
        timer_cancel(cons->timer);
    }
    memman_free_4k(memman, (int) fat, 4 * 2880);
    io_cli();
    if (cons->sht != 0) {               /*从此开始*/
        fifo32_put(fifo, cons->sht - shtctl->sheets0 + 768);     /* 768~1023 */
    } else {
        fifo32_put(fifo, task - taskctl->tasks0 + 1024);    /*1024~2023*/
    }                                   /*到此结束*/
    io_sti();
    for (;;) {
        task_sleep(task);
    }
}
```

有命令行窗口时，我们可以通过图层的地址告诉task_a需要结束哪个任务，而无命令行窗口的情况下，这种方法就用不了了，因此在这里我们将TASK结构的地址告诉task_a。

━━━━━

接下来轮到bootpack.c了，首先来编写与open_constask相关的部分。

本次的bootpack.c节选

```
struct TASK *open_constask(struct SHEET *sht, unsigned int memtotal)
{
    struct MEMMAN *memman = (struct MEMMAN *) MEMMAN_ADDR;
    struct TASK *task = task_alloc();
    int *cons_fifo = (int *) memman_alloc_4k(memman, 128 * 4);
    task->cons_stack = memman_alloc_4k(memman, 64 * 1024);
    task->tss.esp = task->cons_stack + 64 * 1024 - 12;
    task->tss.eip = (int) &console_task;
    task->tss.es = 1 * 8;
    task->tss.cs = 2 * 8;
    task->tss.ss = 1 * 8;
    task->tss.ds = 1 * 8;
    task->tss.fs = 1 * 8;
    task->tss.gs = 1 * 8;
    *((int *) (task->tss.esp + 4)) = (int) sht;
    *((int *) (task->tss.esp + 8)) = memtotal;
    task_run(task, 2, 2); /* level=2, priority=2 */
    fifo32_init(&task->fifo, 128, cons_fifo, task);
    return task;
}

struct SHEET *open_console(struct SHTCTL *shtctl, unsigned int memtotal)
{
    struct MEMMAN *memman = (struct MEMMAN *) MEMMAN_ADDR;
    struct SHEET *sht = sheet_alloc(shtctl);
    unsigned char *buf = (unsigned char *) memman_alloc_4k(memman, 256 * 165);
    sheet_setbuf(sht, buf, 256, 165, -1); /*无透明色*/
    make_window8(buf, 256, 165, "console", 0);
    make_textbox8(sht, 8, 28, 240, 128, COL8_000000);
    sht->task = open_constask(sht, memtotal);
    sht->flags |= 0x20; /*有光标*/
    return sht;
}
```

到底修改了哪里呢？其实我们把之前open_console的一部分内容拿出来放到open_constask中了，正如把关闭命令行窗口的函数close_console中的一部分分离到close_constask中一样。

━━━━━

最后我们来修改HariMain，只要在结束命令行窗口任务的部分添加一些代码即可。

本次的bootpack.c节选

```
void HariMain(void)
```

26

```
{
    (中略)
    for (;;) {
        (中略)
    . if (fifo32_status(&fifo) == 0) {
            (中略)
        } else {
            (中略)
            if (256 <= i && i <= 511) { /*键盘数据*/
                (中略)
            } else if (512 <= i && i <= 767) { /*鼠标数据*/
                (中略)

            } else if (768 <= i && i <= 1023) { /*命令行窗口关闭处理*/
                close_console(shtctl->sheets0 + (i - 768));
            } else if (1024 <= i && i <= 2023) {                    /*从此开始*/
                close_constask(taskctl->tasks0 + (i - 1024));       /*到此结束*/
            }
        }
    }
}
```

呼，修改全部完成了，好累。

■■■■■

好了，我们来"make run"吧。首先试一下"ncst color"……撒花！成功了耶！碍眼的命令行窗口没有弹出来，画面上只有应用程序的窗口。开心之余，我们又运行了color2.hrb，当然，命令行窗口还是只有一个。

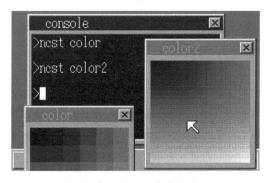

应用程序运行画面清清爽爽！

咦？用鼠标点击应用程序窗口的"×"按钮无法关闭窗口！用Shift+F1强制关闭也不行。这是怎么回事！不过，按回车键总算可以正常退出了，今晚就先这样将就一下吧。

话说，都已经半夜了，再不早点睡觉就要感冒了。大家晚安，这个bug我们留到明天解决吧。

第 27 天

LDT与库

1　先来修复 bug（harib24a）

大家早上好，我们今天的第一个任务就是修复昨天晚上的那个bug。是个什么bug来着？就是用nsct命令运行的应用程序，无论是按Shift+F1还是点击窗口的"×"按钮都没有反应的那个bug啦。

我们得先来找到出问题的原因，然后才能采取对策。从昨天晚上到今天早上笔者一直在思考这个问题，想来想去暂时能得到的结论是，昨天编写的内容貌似没有什么问题，因此这个bug可能之前就已经存在了，只是我们没有发现而已。

所以说，今天早上我们不能局限在昨天修改过的范围中，而是要扩大一下思路。哦，终于找到了！其实只要修改两行代码就可以了。

本次的bootpack.c节选

```
void HariMain(void)
{
    （中略）
    for (;;) {
        （中略）
        if (fifo32_status(&fifo) == 0) {
            （中略）
        } else {
```

```
        (中略)
        if (256 <= i && i <= 511) { /*键盘数据*/
            (中略)
            if (i == 256 + 0x3b && key_shift != 0 && key_win != 0) {      /* Shift+F1 */
                task = key_win->task;
                if (task != 0 && task->tss.ss0 != 0) {
                    cons_putstr0(task->cons, "/\Break(key) :/\");
                    io_cli();    /*强制结束处理时禁止切换任务*/
                    task->tss.eax = (int) &(task->tss.esp0);
                    task->tss.eip = (int) asm_end_app;
                    io_sti();
/*这里! */       task_run(task, -1, 0);   /*为了确实执行结束处理，如果处于休眠状态则唤醒*/
                }
            }
            (中略)
        } else if (512 <= i && i <= 767) { /*鼠标数据*/
            (中略)
            if (mouse_decode(&mdec, i - 512) != 0) {
                (中略)
                if ((mdec.btn & 0x01) != 0) {
                    /*按下左键的情形*/
                    if (mmx < 0) {
                        (中略)
                        for (j = shtctl->top - 1; j > 0; j--) {
                            (中略)
                            if (0 <= x && x < sht->bxsize && 0 <= y && y < sht->bysize) {
                                if (sht->buf[y * sht->bxsize + x] != sht->col_inv) {
                                    (中略)
                                    if (sht->bxsize - 21 <= x && x < sht->bxsize - 5 && 5 <=
                                        y && y < 19) {
                                        /*点击 "×" 按钮*/
                                        if ((sht->flags & 0x10) != 0) {      /*是否为应用程序
                                                                                窗口*/
                                            task = sht->task;
                                            cons_putstr0(task->cons, "/\Break(mouse) :/ \");
                                            io_cli();    /*强制结束处理时禁止切换任务*/
                                            task->tss.eax = (int) &(task->tss.esp0);
                                            task->tss.eip = (int) asm_end_app;
                                            io_sti();
/*这里! */                                  task_run(task, -1, 0);
                                        } else {    /*命令行窗口*/
                                            (中略)
                                        }
                                    }
                                }
                                break;
                            }
                        }
                    } else {
                        (中略)
                    }
                } else {
                    (中略)
                }
            }
        } else if (768 <= i && i <= 1023) { /*命令行窗口结束处理*/
            close_console(shtctl->sheets0 + (i - 768));
```

```
        } else if (1024 <= i && i <= 2023) {
            close_constask(taskctl->tasks0 + (i - 1024));
        }
    }
  }
}
```

我们添加的两行语句都是task_run(task, -1, 0);，它的功能当然是将休眠的任务唤醒，不过为什么加上这两句问题就解决了呢？下面我们来一起探讨一下。

到底为什么需要唤醒任务呢？尽管我们特地在TSS中改写了EIP和EAX以便执行结束任务的处理，可如果任务一直处于休眠状态的话结束任务的处理就永远不会开始执行，因此我们需要唤醒它，使得结束处理确实能够被执行。

可是之前一直没有这个语句，强制结束功能也没出过问题，这是怎么回事呢？因为命令行窗口会触发用来控制光标闪烁的定时器中断（在命令行窗口中，不显示光标时也会每0.5秒触发一次定时器中断），当产生定时器中断时，定时器超时时会向FIFO写入数据，于是任务就被自动唤醒了。

在之前没有这个语句的情况下，（不使用ncst的时候）即便看上去可以正常执行强制结束，但其实距离应用程序真正结束还是会产生最大0.5秒的延迟。因此通过这次的修改，Shift+F1和"×"按钮的反应速度应该也会有所改善。

好，我们来"make run"，试试看用ncst运行的应用程序是否也可以通过点击"×"按钮关闭。哦哦，成功了！嗯嗯，感觉从点击按钮到程序关闭所经过的时间也确实比之前要短了。

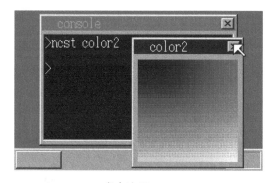

点击这里……

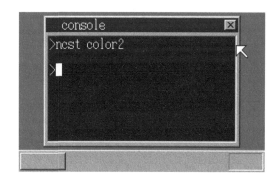

成功除掉bug了！

2　应用程序运行时关闭命令行窗口（harib24b）

终于除掉了bug，神清气爽。命令行窗口的功能已经实现得差不多了，不过还有一个地方不太满意，就是在应用程序运行的时候无法关闭所对应的命令行窗口。

我们先不考虑ncst命令，用普通的方法运行应用程序的时候，在应用程序退出之前，我们是无法关闭用来启动这个程序的命令行窗口的。直到程序运行之后才觉得命令行窗口太碍事了，但事已至此也不想再重新启动应用程序（比如说，热水已经倒好了，总不能这个时候重新启动noodle.hrb吧！），于是就只好将就了。

因此还是想办法解决这个问题比较好。

■■■■■

首先我们来修改bootpack.c。

本次的bootpack.c节选

```
void HariMain(void)
{
    (中略)
    struct SHEET *sht = 0, *key_win, *sht2;        /*添加sht2 */
    (中略)
    for (;;) {
        (中略)
        if (fifo32_status(&fifo) == 0) {
            (中略)
        } else {
            (中略)
            if (256 <= i && i <= 511) { /*键盘数据*/
                (中略)
            } else if (512 <= i && i <= 767) { /*鼠标数据*/
                (中略)
                if (mouse_decode(&mdec, i - 512) != 0) {
                    (中略)
                    if ((mdec.btn & 0x01) != 0) {
                        /*按下左键的情形*/
                        if (mmx < 0) {
                            (中略)
                            for (j = shtctl->top - 1; j > 0; j--) {
                                (中略)
                                if (0 <= x && x < sht->bxsize && 0 <= y && y < sht->bysize) {
                                    if (sht->buf[y * sht->bxsize + x] != sht->col_inv) {
                                        (中略)
                                        if (sht->bxsize - 21 <= x && x < sht->bxsize - 5 && 5 <=
                                            y && y < 19) {
                                            /* 点击“×”按钮*/
                                            if ((sht->flags & 0x10) != 0) {         /*是否为应用程序
                                                                                       窗口 */
                                            (中略)
                                            } else {     /*命令行窗口*/
                                                task = sht->task;
        /*从此开始*/                            sheet_updown(sht, -1); /*暂且隐藏该图层*/
                                                keywin_off(key_win);
                                                key_win = shtctl->sheets[shtctl->top - 1];
        /*到此结束*/                            keywin_on(key_win);
                                                io_cli();
                                                fifo32_put(&task->fifo, 4);
```

```
                                        io_sti();
                                    }
                                }
                                break;
                            }
                        }
                    }
                } else {
                    (中略)
                }
            } else {

                (中略)
            }
        } else if (768 <= i && i <= 1023) { /*命令行结束处理*/
            close_console(shtctl->sheets0 + (i - 768));
        } else if (1024 <= i && i <= 2023) {
            close_constask(taskctl->tasks0 + (i - 1024));
        } else if (2024 <= i && i <= 2279) {    /*只关闭命令行窗口*/         /*从此开始*/
            sht2 = shtctl->sheets0 + (i - 2024);
            memman_free_4k(memman, (int) sht2->buf, 256 * 165);
            sheet_free(sht2);                                        /*到此结束*/
        }
    }
  }
}
```

我们修改了bootpack.c中的两个地方。前面一个地方的修改是让系统在按下"×"按钮时暂且将命令行窗口从画面上隐藏起来。为什么要要这样一个小聪明呢？这是因为关闭有的应用程序的命令行窗口时需要消耗一定的时间，如果点了按钮还不关闭用户会觉得很烦躁，先隐藏窗口就可以避免这样的问题。总之这只是一个小技巧而已，并不是本次修改的重点。

后面一处修改是当FIFO接收到从console.c发送的"关闭窗口"请求数据时所进行的处理，主要是释放指定的图层。关于这一处修改的内容，看了对console.c进行修改的部分之后会更容易理解。

■■■■■

27

下面就是对console.c的修改。

本次的console.c节选

```
void console_task(struct SHEET *sheet, int memtotal)
{
    (中略)
    if (cons.sht != 0) {    /*这里! */
        (中略)
    }
    (中略)
    for (;;) {
```

```
        io_cli();
        if (fifo32_status(&task->fifo) == 0) {
            (中略)
        } else {
            (中略)
            if (i <= 1 && cons.sht != 0) { /*光标用定时器*/                        /*这里! */
                (中略)
            }
            (中略)
            if (i == 3) {    /*光标OFF */
                if (cons.sht != 0) {                                           /*这里! */
                    boxfill8(cons.sht->buf, cons.sht->bxsize, COL8_000000,  /*这里! */
                        cons.cur_x, cons.cur_y, cons.cur_x + 7, cons.cur_y + 15);
                }
                cons.cur_c = -1;
            }
            (中略)
            if (256 <= i && i <= 511) { /*键盘数据（通过任务A）*/

                if (i == 8 + 256) {
                    (中略)
                } else if (i == 10 + 256) {
                    (中略)
                    if (cons.sht == 0) {                                       /*这里! */
                        cmd_exit(&cons, fat);
                    }
                    (中略)
                } else {
                    (中略)
                }
            }
            /*重新显示光标*/
            if (cons.sht != 0) {                                              /*这里! */
                if (cons.cur_c >= 0) {
                    boxfill8(cons.sht->buf, cons.sht->bxsize, cons.cur_c,   /*这里! */
                        cons.cur_x, cons.cur_y, cons.cur_x + 7, cons.cur_y + 15);
                }
/*这里! */      sheet_refresh(cons.sht, cons.cur_x, cons.cur_y, cons.cur_x + 8, cons.cur_y + 16);
            }
        }
    }
}
```

    修改的要点是将变量sheet的部分改用变量cons.sht代替。虽然两个变量的值基本上是一致的，但cons.sht在命令行窗口关闭后会被置为0，而sheet则不变，因此在这里我们需要使用前者。

    接下来我们来修改API中键盘输入的部分。

本次的console.c节选

```
int *hrb_api(int edi, int esi, int ebp, int esp, int ebx, int edx, int ecx, int eax)
{
    (中略)
    struct FIFO32 *sys_fifo = (struct FIFO32 *) *((int *) 0x0fec);            /*这里! */
```

```
    （中略）
} else if (edx == 15) {
    for (;;) {
        （中略）
        if (i == 4) {    /*只关闭命令行窗口*/                        /*从此开始*/
            timer_cancel(cons->timer);
            io_cli();
            fifo32_put(sys_fifo, cons->sht - shtctl->sheets0 + 2024);    /*2024~2279*/
            cons->sht = 0;
            io_sti();
        }                                                          /*到此结束*/
        （中略）
    }
} else if (edx == 16) {
    （中略）
}
```

在等待键盘输入期间，如果FIFO中接收到4这个数据，则表示收到了关闭命令行窗口的信号，此时取消定时器，并发出清理图层的消息，然后将cons->sht置为0。

■■■■■

好，大功告成了，我们来"make run"吧。

我们故意不使用ncst命令，而是用一般的方法运行笔者最喜欢的color2.hrb，程序启动后尝试关闭命令行窗口……耶！

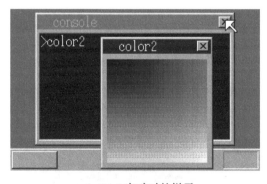

color2.hrb启动时的样子

关闭命令行窗口后的样子

3　保护应用程序（1）（harib24c）

嘿嘿嘿，没想到吧，我胡汉三又回来了！最近"纸娃娃系统"进步很快嘛，命令行窗口也增加了呢，这样一来我搞起破坏来也更有成就感啦，嘿嘿。

这次我可是想出了新的攻击方法哦，一定要给大家露一手。现在有了异常保护功能，大家已经对安全很放心了吧？我就是要彻底粉碎你们的心理防线，嘿嘿嘿。啊，当然，我是不会用篡改操作系统那种低级手段的，只需要用一个应用程序就可以搞破坏了哦。

　　详细的原理我们后面再说，先来看下面这个应用程序吧，嘿嘿。

本次的crack7.nas

```
[FORMAT "WCOFF"]
[INSTRSET "i486p"]
[BITS 32]
[FILE "crack7.nas"]

        GLOBAL  _HariMain

[SECTION .text]

_HariMain:
        MOV     AX,1005*8
        MOV     DS,AX
        CMP     DWORD [DS:0x0004],'Hari'

        JNE     fin                 ; 不是应用程序，因此不执行任何操作

        MOV     ECX,[DS:0x0000]     ; 读取该应用程序数据段的大小
        MOV     AX,2005*8
        MOV     DS,AX

crackloop:                          ; 整个用123填充
        ADD     ECX,-1
        MOV     BYTE [DS:ECX],123
        CMP     ECX,0
        JNE     crackloop

fin:                                ; 结束
        MOV     EDX,4
        INT     0x40
```

　　这个要怎么用呢？首先"make run"并启动lines.hrb（不使用ncst），然后打开一个新的命令行窗口，在新窗口中运行crack7.hrb。这样一来，会发生很了不得的事情哟！哈哈哈！

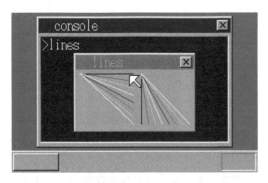

运行lines.hrb后的样子

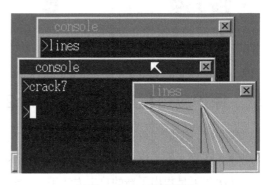

运行crack7.hrb后的样子

唉？你说什么都没发生？你太天真了哦，不信你把鼠标移动到lines的窗口上试试看？怎么样，这次我赢了吧！

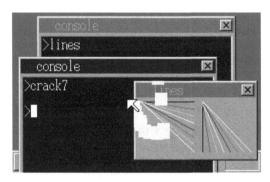

移动鼠标之后……

这次我们只攻击了lines.hrb，但对于其他的应用程序，用同样的手段也可以破坏它们哦。当然，对于不同的应用程序，其出现运行混乱的现象也不一样罢了。嘿嘿嘿。

好啦，我先闪了，你们努力研究研究找找原因吧！

哎呀，那个坏人又来了，而且还成功地攻击了我们的系统，真不甘心！

这次破坏行动的特征是，由于无法破坏操作系统本身，转而破坏运行中的应用程序，也就是找软柿子捏嘛。运行中的应用程序存在被破坏的风险，如果我们不拿出对策的话，用户可能就不敢同时运行多个应用程序了——如果因为一个程序的bug，而导致别的程序也受到牵连，甚至出错退出的话，那就不好了。

这个捣乱的程序到底做了什么坏事呢？首先它从1005号段的第4字节读取数据，判断其是否为"Hari"。这个1005其实是代表第一个打开的命令行窗口所运行的应用程序的代码段编号。

1003：task_a用（没有应用程序，不使用）

1004：idle用（没有应用程序，不使用）

1005：第一个命令行窗口的应用程序代码段

1006：第二个命令行窗口的应用程序代码段

如果从那个段读出"Hari"这个字符串，说明应用程序正在运行的可能性很高，接下来就读取段开头的4个字节，即应用程序用数据段的大小。

随后我们切换到2005号段，并将其中的内容全部用123这个数值填充。当然，123这个值并没有什么特别的意义，用234、255或者其他什么的都可以，目的只是覆盖应用程序数据段原有的内容，使其无法正常运行。这招好狠啊！

27

对于CPU来说，应用程序访问应用程序用的段是理所当然的事情，所以不会产生异常。

我们当然不能就这么败下阵来，得好好想想办法才行。要防御这样的攻击，我们只要禁止应用程序随意访问其他任务所拥有的内存段就可以了。这样一来，捣乱的程序就只能攻击自己了，结果只能是自取灭亡啦。

4 保护应用程序（2）（harib24d）

到底该怎样阻止应用程序攻击别的应用程序呢？我们倒是有一个办法，就是通过改写GDT的设置，只将正在运行的那个程序的段设置为应用程序用，其他的应用程序段都暂时设置为操作系统用。不过，用这个方法的话，需要在每次任务切换时都改写GDT的设置，话说我们现在每个任务也就只有两个应用程序段，这样看来这个方法也并不是不可行。

不过其实CPU已经为我们准备好了这个问题的解决方案，那就是LDT。难得有这么好的功能，我们当然要充分利用啦。

GDT是"global（segment）descriptor table"的缩写，LDT则是"local（segment）descriptor table"的缩写。相对于global代表"全局"，local则代表"局部"的意思，即GDT中的段设置是供所有任务通用的，而LDT中的段设置则只对某个应用程序有效。

如果将应用程序段设置在LDT中，其他的任务由于无法使用该LDT，也就不用担心它们来搞破坏了。

■■■■■

和GDT一样，LDT的容量也是64KB（可容纳设置8,192个段），不过在"纸娃娃系统"中我们现在只需要设置两个段，所以只使用了其中的16个字节，我们把这16个字节的信息放在struct TASK中。

我们可以通过GDTR这个寄存器将GDT的内存地址告知CPU，而LDT的内存地址则是通过在GDT中创建LDT段来告知CPU的。也就是说，在GDT中我们可以设置多个LDT（当然，不能同时使用两个以上的LDT），这和TSS非常相似。

下面我们在bootpack.h中添加用于设置LDT的段属性编号。

本次的bootpack.h节选

```
/* dsctbl.c */
(中略)
#define ADR_IDT       0x0026f800
#define LIMIT_IDT     0x000007ff
#define ADR_GDT       0x00270000
#define LIMIT_GDT     0x0000ffff
#define ADR_BOTPAK    0x00280000
```

```
#define LIMIT_BOTPAK     0x0007ffff
#define AR_DATA32_RW     0x4092
#define AR_CODE32_ER     0x409a
#define AR_LDT           0x0082                    /*这里! */
#define AR_TSS32         0x0089
#define AR_INTGATE32     0x008e

/* mtask.c */
（中略）
struct TASK {
    int sel, flags; /* sel代表GDT编号*/
    int level, priority;
    struct FIFO32 fifo;
    struct TSS32 tss;
    struct SEGMENT_DESCRIPTOR ldt[2];             /*这里! */
    struct CONSOLE *cons;
    int ds_base, cons_stack;
};
```

接下来我们修改mtask.c以便设置LDT。我们可以将LDT编号写入tss.ldtr，这样在创建TSS时就顺便在GDT中设置了LDT，CPU也就知道这个任务应该使用哪个LDT了。

本次的mtask.c节选

```
struct TASK *task_init(struct MEMMAN *memman)
{
    （中略）
    for (i = 0; i < MAX_TASKS; i++) {
        taskctl->tasks0[i].flags = 0;
        taskctl->tasks0[i].sel = (TASK_GDT0 + i) * 8;
        taskctl->tasks0[i].tss.ldtr = (TASK_GDT0 + MAX_TASKS + i) * 8;              /*这里! */
        set_segmdesc(gdt + TASK_GDT0 + i, 103, (int) &taskctl->tasks0[i].tss, AR_TSS32);
        set_segmdesc(gdt + TASK_GDT0 + MAX_TASKS + i, 15, (int) taskctl->tasks0[i].ldt, AR_LDT);
            /*这里! */
    }
    （中略）
}

struct TASK *task_alloc(void)
{
    （中略）
    for (i = 0; i < MAX_TASKS; i++) {
        if (taskctl->tasks0[i].flags == 0) {
            （中略）
            task->tss.fs = 0;
            task->tss.gs = 0;
                            /*删掉原来的task->tss.ldtr = 0;*/
            task->tss.iomap = 0x40000000;
            task->tss.ss0 = 0;
            return task;
        }
```

27

```
    }
    return 0; /*已经全部正在使用*/
}
```

最后我们来修改console.c，使得应用程序段创建在LDT中。

本次的console.c节选

```
int cmd_app(struct CONSOLE *cons, int *fat, char *cmdline)
{
    (中略)
    if (finfo != 0) {
        /*找到文件的情况*/
        (中略)
        if (finfo->size >= 36 && strncmp(p + 4, "Hari", 4) == 0 && *p == 0x00) {
            (中略)
            set_segmdesc(task->ldt + 0, finfo->size - 1, (int) p, AR_CODE32_ER + 0x60); /*这里! */
            set_segmdesc(task->ldt + 1, segsiz - 1,      (int) q, AR_DATA32_RW + 0x60);  /*这里! */
            for (i = 0; i < datsiz; i++) {
                q[esp + i] = p[dathrb + i];
            }
            start_app(0x1b, 0 * 8 + 4, esp, 1 * 8 + 4, &(task->tss.esp0));            /*这里! */
            (中略)
        } else {
            cons_putstr0(cons, ".hrb file format error.\n");
        }
        (中略)
    }
    (中略)
}
```

在start_app的地方，我们指定的段号是4（＝0×8＋4）和12（＝1×8＋4），这里乘以8的部分和GDT是一样的，但不一样的是还加上了4，这是代表"该段号不是GDT中的段号，而是LDT内的段号"的意思。

不过如果用这样的写法，在多个应用程序同时运行时，应用程序用的代码段号就都为4，数据段号都为12，这不就跟我们之前遇到的一个bug差不多了嘛（参阅25.7节）。其实不然，由于这里我们使用的是LDT的段号，而每个任务都有自己专用的LDT，因此这样写完全没有问题。耶！

于是我们总共只修改了8行代码就完成了对LDT的支持，赶紧来测试一下吧。

■■■■■

我们来"make run"，当然，之前能实现的功能现在也完全没问题。

然后我们运行lines.hrb，再运行crack7.hrb。哦哦，crack7产生异常了，这是因为1005和2005号段现在并不是应用程序用的代码段和数据段了。

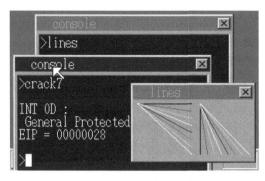

crack7.hrb产生异常了哦

那么如果我们将crack7.nas中的段号从1005*8和2005*8改为4和12会怎么样呢？

修改的crack7.nas节选

```
_HariMain:
        MOV     AX,4                    ; 这里！
        MOV     DS,AX
        CMP     DWORD [DS:0x0004],'Hari'
        JNE     fin                     ; 不是应用程序，因此不执行任何操作

        MOV     ECX,[DS:0x0000]         ; 读取该应用程序数据段的大小
        MOV     AX,12                   ; 这里！
        MOV     DS,AX
```

这样的话就变成自己攻击自己了，对lines.hrb没有任何影响，所以坏人被我们打败了。

不过对于坏人来说还有一个漏洞可以利用，那就是CPU中的LLDT指令，用这个指令可以改变LDTR寄存器（用于保存当前正在运行的应用程序所使用的LDT的寄存器）的值，这样的话就可以切换到其他应用程序的LDT，从而引发问题。但是大家别担心，因为这个指令是系统专用指令，位于应用程序段内的程序是无法执行的，即时要强行执行这个指令，也会像执行CLI指令那样产生异常（参阅22.1节），捣乱的程序就会被强制结束。

于是我们终于成功地保卫了"世界和平"，可喜可贺呀。

5 优化应用程序的大小（harib24e）

话说，我们的"纸娃娃系统"开发计划已经差不多接近尾声了，第29天和第30天我们主要是来编写一些应用程序的，对于操作系统本身的开发也就只剩下今明两天的时间了。正琢磨着这1天半里还能做点什么的时候，笔者忽然想起操作系统的大小来了。截止到harib24d时的haribote.sys大小为33 331字节，也就是32.5KB。麻雀虽小，五脏俱全，这么小的文件也已经具备了操作系统的基本功能了。

而另一方面，应用程序的大小又如何呢？不看不知道，一看吓一跳，hello3.hrb居然有520字节那么大了，在21.2节的时候明明才只有100字节来着！后来我们也只是将结束应用程序的方式改为了API方式而已，居然会增大到520字节，这也太不可思议了。

究其原因，主要是因为创建hello3.hrb时所引用的a_nask.nas变大了。也就是说，在hello3.hrb中，除了包含像_api_putchar和_api_end这样真正需要用到的函数之外，还包含了像_api_openwin和_api_linewin这些在这个应用程序中根本用不到的函数。

这实在是对空间的浪费，我们得想个办法才行。如果能够只将需要用到的部分包含在可执行文件中，就可以解决这个问题了。

■■■■■

那么我们该怎么办呢？我们可以将这些函数做成不同的.obj文件，将_api_putchar等需要用到的函数和_api_openwin等不需要用到的函数分离开。连接器（Linker，即obj2bim）的功能只是决定是否将.obj文件连接上去，而不会在一个包含多个函数的.obj文件中挑出需要使用的部分，并舍弃不需要使用的部分（这并不是因为obj2bim的功能不够强大，一般的连接器都是这样设计的）。

因此，我们将函数都拆开吧。

本次的api001.nas

```
[FORMAT "WCOFF"]
[INSTRSET "i486p"]
[BITS 32]
[FILE "api001.nas"]

        GLOBAL  _api_putchar

[SECTION .text]

_api_putchar:    ; void api_putchar(int c);
        MOV     EDX,1
        MOV     AL,[ESP+4]      ; c
        INT     0x40
        RET
```

本次的api002.nas

```
[FORMAT "WCOFF"]
[INSTRSET "i486p"]
[BITS 32]
[FILE "api002.nas"]

        GLOBAL  _api_putstr0

[SECTION .text]
```

```
_api_putstr0:    ; void api_putstr0(char *s);
        PUSH     EBX
        MOV      EDX,2
        MOV      EBX,[ESP+8]     ; s
        INT      0x40
        POP      EBX
        RET
```

本次的api003.nas

```
[FORMAT "WCOFF"]
[INSTRSET "i486p"]
[BITS 32]
[FILE "api003.nas"]

        GLOBAL  _api_putstr1

[SECTION .text]

_api_putstr1:    ; void api_putstr1(char *s, int 1);
        PUSH     EBX
        MOV      EDX,3
        MOV      EBX,[ESP+ 8]    ; s
        MOV      ECX,[ESP+12]    ; 1
        INT      0x40
        POP      EBX
        RET
```

　　照这样全都写出来的话太浪费纸张了，后面的就省略了哦（全部是从a_nask.nas中原封不动拆出来的）。依此类推，我们将这些函数拆分成api001.nas ~ api020.nas。

⬛⬛⬛⬛⬛

　　由于hello3.hrb所需要的.obj文件只有api001.obj和api004.obj，因此我们来修改一下Makefile。

修改后的Makefile节选

```
hello3.bim : hello3.obj api001.obj api004.obj Makefile
    $(OBJ2BIM) @$(RULEFILE) out:hello3.bim map:hello3.map hello3.obj api001.obj api004.obj
```

　　这样一make，hello3.hrb就只有112字节了，减少了408字节，撒花！

　　我们索性将其他的应用程序也全部重新修改一下吧。首先是a.hrb，它所需的.obj文件也是api001和api004，所以像上面一样修改就可以了。

修改后的Makefile节选

```
a.bim : a.obj api001.obj api004.obj Makefile
    $(OBJ2BIM) @$(RULEFILE) out:a.bim map:a.map a.obj api001.obj api004.obj
```

27

然后是beepdown.hrb，它用到了api004、api015、api016、api017、api018和api020。

修改后的Makefile节选

```
beepdown.bim : beepdown.obj api004.obj api015.obj api016.obj api017.obj\
    api018.obj api020.obj Makefile
  $(OBJ2BIM) @$(RULEFILE) out:beepdown.bim stack:1k map:beepdown.map \
    beepdown.obj api004.obj api015.obj api016.obj api017.obj api018.obj \
    api020.obj
```

■■■■■

剩下也像这样一个一个修改好就可以了，不过笔者还是觉得好麻烦啊。在此之前我们什么都不用想，只要将a_nask.obj连接上去就好了，而现在还要根据程序来确认所使用的API。于是，笔者想了一个偷懒的办法。

其实obj2bim这个连接器有一个功能，如果所指定的.obj文件中的函数并没有被程序所使用，那么这个.obj文件是不会被连接的，所以我们把用不到的.obj文件写进去也没有问题。其实市面上大多数连接器都没有这个功能，只要指定好的.obj文件就都会连接进去，而笔者编写的这个obj2bim则会先判断一下。

利用这一特性我们就可以偷懒了，也就是说，我们可以不管三七二十一，把api001到api020全都写上去。比如说，a.hrb的话可以这样写：

修改后的Makefile节选

```
a.bim : a.obj api001.obj api002.obj （中略） api019.obj api020.obj Makefile
  $(OBJ2BIM) @$(RULEFILE) out:a.bim map:a.map a.obj api001.obj api002.obj \
    （中略） api019.obj api020.obj
```

虽然这样写很长，不过连接起来并没有什么问题（而且a.hrb也不会因此变大）。长是长了点，不过用文本编辑器的复制粘贴功能还是很快就能搞定的。

在将这一修改应用到所有的程序之前，笔者还是觉得Makefile太长的话不易于理解，因此我们还是想个办法改短一点吧。

本次的Makefile节选

```
OBJS_API = api001.obj api002.obj （中略） api019.obj api020.obj

a.bim : a.obj $(OBJS_API) Makefile
  $(OBJ2BIM) @$(RULEFILE) out:a.bim map:a.map a.obj $(OBJS_API)
```

这样一来，今后如果追加了api021.obj，我们也只要在Makefile里修改一行代码就可以了。

我们将Makefile中的a_nask.obj全部替换为$(OBJS_API)之后，应用程序果然变小了很多，而且运行起来毫无问题，撒花！

应用程序名	大　　小	备　　注
hello.hrb	37→37	没有引用a_nask.obj，因此文件大小不变
hello2.hrb	25→25	没有引用a_nask.obj，因此文件大小不变
a.hrb	488→84	
hello3.hrb	520→112	
hello4.hrb	506→102	
hello5.hrb	78→78	没有引用a_nask.obj，因此文件大小不变
winhelo.hrb	8024→7640	
winhelo2.hrb	8088→7784	
winhelo3.hrb	587→335	
star1.hrb	566→306	
stars.hrb	652→392	
stars2.hrb	676→452	
lines.hrb	638→406	
walk.hrb	715→487	
noodle.hrb	1969→1773	
beepdowm.hrb	576→224	
color.hrb	670→386	
color2.hrb	796→512	
crack7.hrb	96→96	没有引用a_nask.obj，因此文件大小不变

在做上表的时候发现，有几个应用程序是无法正常工作的。比如hello.hrb和hello2.hrb并不是用bim2hrb生成的，因此运行时会报hrb文件格式错误。此外，我们现在已经支持了LDT，crack7.hrb也就没什么用了。因此，上面3个文件我们会在harib24f中删除。

6　库（harib24f）

如果像上一节那样，把函数拆分开来，并用连接器来进行连接的话，我们需要创建很多很多个.obj文件。当然，如果不拆分函数，而是做成一个大的.obj文件也可以（如同a_nask.obj），但这样的话应用程序没有引用的函数也会被包含进去，生成的应用程序文件就会像之前那样无端增大很多。

作为一个操作系统来说，现在我们的"纸娃娃系统"规模还不算大，但如果我们要实现Windows和Linux这样的操作系统中的全部API函数，最终需要多少个.obj文件呢？大概得有几千个吧，只是想想头就大了。

要解决这个问题，我们可以使用"库"。库的英文名称是"library"，原本是图书馆的意思，在这里它的用途是将很多个.obj文件打包成一个文件（这种管理方式的确有点像图书馆吧），这样一来文件的数量就变少了，整个系统的结构也精简了。

要创建一个库，我们首先需要.obj文件作为原材料，除此之外，我们还需要一个叫做库管理器的程序。库管理器英文是"librarian"，原本是图书馆管理员的意思。其实，tolset中已经包含笔者编写的库管理器了，大家不用担心。

好了，我们马上来创建一个库吧。在Makefile中加上下面的代码。

本次的Makefile节选

```
GOLIB      = $(TOOLPATH)golib00.exe

apilib.lib : Makefile $(OBJS_API)
    $(GOLIB) $(OBJS_API) out:apilib.lib
```

完工了，通过短短几行代码我们就得到了apilib.lib这样一个文件。

我们可以在obj2bim中指定刚刚生成的这个apilib.lib来代替那一串.obj文件。仅从Makefile来看的话好像也没有太大的好处，不过只用一个.lib文件就能代替那么多.obj文件，怎么说都是很酷的哦。

本次的Makefile节选

```
a.bim : a.obj apilib.lib Makefile
    $(OBJ2BIM) @$(RULEFILE) out:a.bim map:a.map a.obj apilib.lib
```

借此机会，我们顺便写一个apilib.h。

本次的apilib.h

```
void api_putchar(int c);
void api_putstr0(char *s);
void api_putstr1(char *s, int l);
void api_end(void);
int api_openwin(char *buf, int xsiz, int ysiz, int col_inv, char *title);
void api_putstrwin(int win, int x, int y, int col, int len, char *str);
void api_boxfilwin(int win, int x0, int y0, int x1, int y1, int col);
void api_initmalloc(void);
char *api_malloc(int size);
void api_free(char *addr, int size);
void api_point(int win, int x, int y, int col);
void api_refreshwin(int win, int x0, int y0, int x1, int y1);
```

```
void api_linewin(int win, int x0, int y0, int x1, int y1, int col);
void api_closewin(int win);
int api_getkey(int mode);
int api_alloctimer(void);
void api_inittimer(int timer, int data);
void api_settimer(int timer, int time);
void api_freetimer(int timer);
void api_beep(int tone);
```

有了它，我们用一句话就可以搞定应用程序开头的API函数声明了。

```
#include "apilib.h"
```

例如，beepdown.c就可以简化成下面这样了。

本次的beepdown.c节选

```
#include "apilib.h"        /*这里! */

void HariMain(void)
{
    (中略)
}
```

这样的代码非常易读，因此我们把其他应用程序也改成这样了，看起来多清爽，耶！

■■■■■

下面我们来详细讲解一下库的知识。

在很久很久以前，程序都是一个整块，也就是说，编程的时候必须完整地从头写到尾，这种编程的方法自然是十分麻烦的。

后来，有人提出了一种新的编程方法：将程序的功能拆分为小的部件（函数），然后再组合起来构成一个完整的程序。这样，编写好的部件还可以保存起来，下次可以用在其他程序上面。这种编程方法被称为"结构化编程"。"纸娃娃系统"的核心以及各个应用程序就是由无数个函数组合而成的，这便是结构化编程理念的体现。

依据结构化编程的思想，把将来可以用于其他程序的部件组织起来就构成了库。结构化编程中库是一个很宽泛的概念，除了.lib文件，.obj文件本身也可以被称为库（总之凡是能作为部件使用的都是库）。

我们不仅在a.c中使用过用来调用API的函数，在其他程序的开发中也使用过。之前我们也没有特别提过，大家可能认为前面编写过的部分后面可以直接拿过来用是理所当然的，但其实这就是结构化编程的技术之一。

不断扩充的库就像自己所拥有的财产一样，手上拥有的部件种类越多，后面的各种开发工作就会越轻松、迅速。而且库不一定要自己来编写，我们也可以使用别人编写的库。例如，在"纸娃娃系统"中，我们所用到的sprintf和rand等函数就属于这一类。我们并没有在本书中特地编写这些函数，但依然能够正常地使用它们。因此，库也可以说是人类的公共财产（就像公共图书馆一样）。

在结构化编程的思想中，库越容易使用越好。如果文件数量太多，一不小心丢掉了其中一个又没有发现就非常麻烦了。此外，在将库分享给别人时，自然也是文件数量越少越好，与人方便，自己方便，因此像这种.lib形式的库是十分常用的。

■■■■■

对了，sprintf和rand其实包含在tolset的z_tool/haribote目录下的golibc.lib中。

顺便说一句，随着结构化编程的普及，人类的程序开发能力大幅提升，众多的开发者编写出了无数的库。但随着时代进步，函数的数量实在太多了，无法对每个函数的使用方法进行有效的管理。为了解决这个问题，"面向对象编程"的新思想应运而生（当然，这其实是结构化编程的扩展版，是在结构化编程思想的基础上发展而来的）。关于面向对象编程的具体内容，在这里就不详细讲解了（因为本书中并没有用面向对象编程的方法所开发的程序）。

7　整理 make 环境（harib24g）

也许是笔者的电脑性能比较差，最近感觉"make run"需要的时间很长。另外，操作系统、应用程序和库的源文件都混在一起，看起来非常混乱。因此，我们来把它们各归各位吧。

■■■■■

我们先从操作系统的部分开始吧。在harib24g中创建一个名为"haribote"的目录，将操作系统核心的源代码以及Makefile移动到这里。哦，清爽多了。这样一来目录结构就多了一层，我们也得对Makefile进行相应的修改。这个Makefile只是将原来的文件稍作修改而已，具体的代码我们就省略了哦。

现在如果我们要只make操作系统的话，只要双击haribote目录中的!cons.bat文件，并输入"make"就可以了。

由于这个目录中只包含操作系统核心部分，可以使用的命令只有"make"、"make clean"以及"make src_only"。如果要执行相当于"make run"的操作的话，则需要在harib24g中输入"make run"来执行（稍后我们会详细讲解）。

■■■■■

接下来是库，我们创建一个名为"apilib"的目录，将库相关的源代码以及Makefile移动进去。唔，看上去也很清爽，真不错。这里的Makefile也是将原来的文件稍作修改而已，具体代码省略。

apilib中的命令也只有"make"、"make clean"以及"make src_only"，当然，对于库我们也不需要执行"make run"吧（笑）。

■■■■■

接下来轮到应用程序了。应用程序的Makefile比较短而且很有意思，我们还是写出来吧。下面这个是a.hrb的Makefile。

a.hrb用的Makefile

```
APP     = a
STACK   = 1k
MALLOC  = 0k

include ../app_make.txt
```

怎么样？算上空行也才只有5行。不过话说回来，其实app_make.txt还是很长的，实际上也没有变短，只是"看上去变短了"而已。之所以要用include，是因为所有的应用程序的Makefile都大同小异，如果将其中相同的部分改为include方式来引用就可以缩短Makefile，而且如果以后要对Makefile进行修改的话，只需要修改app_make.txt就可以应用到所有的应用程序，修改起来会非常省事。

app_make.txt的内容如下，这个稍微有点长。

本次的app_make.txt

```
TOOLPATH = ../../z_tools/
INCPATH  = ../../z_tools/haribote/
APILIBPATH  = ../apilib/
HARIBOTEPATH = ../haribote/
```

27

```
MAKE     = $(TOOLPATH)make.exe -r
NASK     = $(TOOLPATH)nask.exe
CC1      = $(TOOLPATH)cc1.exe -I$(INCPATH) -I../ -Os -Wall -quiet
GAS2NASK = $(TOOLPATH)gas2nask.exe -a
OBJ2BIM  = $(TOOLPATH)obj2bim.exe
MAKEFONT = $(TOOLPATH)makefont.exe
BIN2OBJ  = $(TOOLPATH)bin2obj.exe
BIM2HRB  = $(TOOLPATH)bim2hrb.exe
RULEFILE = ../haribote.rul
EDIMG    = $(TOOLPATH)edimg.exe
IMGTOL   = $(TOOLPATH)imgtol.com
GOLIB    = $(TOOLPATH)golib00.exe
COPY     = copy
DEL      = del
```

#默认动作

```
default :
    $(MAKE) $(APP).hrb
```

#文件生成规则

```
$(APP).bim : $(APP).obj $(APILIBPATH)apilib.lib Makefile ../app_make.txt
    $(OBJ2BIM) @$(RULEFILE) out:$(APP).bim map:$(APP).map stack:$(STACK) \
        $(APP).obj $(APILIBPATH)apilib.lib

$(APP).hrb : $(APP).bim Makefile ../app_make.txt
    $(BIM2HRB) $(APP).bim $(APP).hrb $(MALLOC)

haribote.img : ../haribote/ipl10.bin ../haribote/haribote.sys $(APP).hrb \
        Makefile ../app_make.txt
    $(EDIMG)   imgin:../../z_tools/fdimg0at.tek \
        wbinimg src:../haribote/ipl10.bin len:512 from:0 to:0 \
        copy from:../haribote/haribote.sys to:@: \
        copy from:$(APP).hrb to:@: \
        imgout:haribote.img
```

#一般规则

```
%.gas : %.c ../apilib.h Makefile ../app_make.txt
    $(CC1) -o $*.gas $*.c

%.nas : %.gas Makefile ../app_make.txt
    $(GAS2NASK) $*.gas $*.nas

%.obj : %.nas Makefile ../app_make.txt
    $(NASK) $*.nas $*.obj $*.lst
```

#命令

```
run :
    $(MAKE) haribote.img
    $(COPY) haribote.img .. \.. \z_tools\qemu\fdimage0.bin
    $(MAKE) -C ../../z_tools/qemu
```

```
full :
    $(MAKE) -C $(APILIBPATH)
    $(MAKE) $(APP).hrb

run_full :
    $(MAKE) -C $(APILIBPATH)
    $(MAKE) -C ../haribote
    $(MAKE) run

clean :
    -$(DEL) *.lst
    -$(DEL) *.obj
    -$(DEL) *.map
    -$(DEL) *.bim
    -$(DEL) haribote.img

src_only :
    $(MAKE) clean
    -$(DEL) $(APP).hrb
```

这里的重点是，可以使用的命令增加了。一般的"make"命令会生成a.hrb，这是理所当然的啦。如果执行"make run"的话，则会生成一个包含haribote.sys和a.hrb的精简版磁盘映像，然后调用QEMU来运行。

而这次我们又在此基础上新增了"make full"和"make run_full"两个命令。生成a.hrb时需要引用apilib.lib，但也可能出现在"make"a.hrb时apilib.lib还未完成的情况，这时我们应该用"make full"。在"make full"中，有"$(MAKE) –C $(APILIBPATH)"这样一条语句，表示"先执行apilib的make"的意思，而如果已经存在apilib.lib的话，这条语句将不执行任何操作。因此如果不放心的话，一直用"make full"来代替"make"也是可以的。而"make run_full"则是"make run"的full版，即将apilib和系统核心都make之后，再执行原本的"make run"操作。

最后来介绍一下harib24g的Makefile。

harib24g的Makefile

```
TOOLPATH = ../z_tools/
INCPATH  = ../z_tools/haribote/

MAKE    = $(TOOLPATH)make.exe -r
EDIMG   = $(TOOLPATH)edimg.exe
IMGTOL  = $(TOOLPATH)imgtol.com
COPY    = copy
DEL     = del

#默认动作

default :
```

27

```
        $(MAKE) haribote.img

#文件生成规则

haribote.img : haribote/ipl10.bin haribote/haribote.sys Makefile\
        a/a.hrb hello3/hello3.hrb hello4/hello4.hrb hello5/hello5.hrb \
        winhelo/winhelo.hrb winhelo2/winhelo2.hrb winhelo3/winhelo3.hrb \
        star1/star1.hrb stars/stars.hrb stars2/stars2.hrb \
        lines/lines.hrb walk/walk.hrb noodle/noodle.hrb \
        beepdown/beepdown.hrb color/color.hrb color2/color2.hrb
    $(EDIMG)    imgin:../z_tools/fdimg0at.tek \
        wbinimg src:haribote/ipl10.bin len:512 from:0 to:0 \
        copy from:haribote/haribote.sys to:@: \
        copy from:haribote/ipl10.nas to:@: \
        copy from:make.bat to:@: \
        copy from:a/a.hrb to:@: \
        copy from:hello3/hello3.hrb to:@: \
        copy from:hello4/hello4.hrb to:@: \
        copy from:hello5/hello5.hrb to:@: \
        copy from:winhelo/winhelo.hrb to:@: \
        copy from:winhelo2/winhelo2.hrb to:@: \
        copy from:winhelo3/winhelo3.hrb to:@: \
        copy from:star1/star1.hrb to:@: \
        copy from:stars/stars.hrb to:@: \
        copy from:stars2/stars2.hrb to:@: \
        copy from:lines/lines.hrb to:@: \
        copy from:walk/walk.hrb to:@: \
        copy from:noodle/noodle.hrb to:@: \
        copy from:beepdown/beepdown.hrb to:@: \
        copy from:color/color.hrb to:@: \
        copy from:color2/color2.hrb to:@: \
        imgout:haribote.img

#命令

run :
    $(MAKE) haribote.img
    $(COPY) haribote.img ..\ z_tools\qemu \ fdimage0.bin
    $(MAKE) -C ../z_tools/qemu

install :
    $(MAKE) haribote.img
    $(IMGTOL) w a: haribote.img

full :
    $(MAKE) -C haribote
    $(MAKE) -C apilib
    $(MAKE) -C a

    $(MAKE) -C hello3
    $(MAKE) -C hello4
    $(MAKE) -C hello5
    $(MAKE) -C winhelo
    $(MAKE) -C winhelo2
    $(MAKE) -C winhelo3
```

```
        $(MAKE) -C star1
        $(MAKE) -C stars
        $(MAKE) -C stars2
        $(MAKE) -C lines
        $(MAKE) -C walk
        $(MAKE) -C noodle
        $(MAKE) -C beepdown
        $(MAKE) -C color
        $(MAKE) -C color2
        $(MAKE) haribote.img

run_full :
        $(MAKE) full
        $(COPY) haribote.img ../z_tools\qemu\fdimage0.bin
        $(MAKE) -C ../z_tools/qemu

install_full :
        $(MAKE) full
        $(IMGTOL) w a: haribote.img

run_os :
        $(MAKE) -C haribote
        $(MAKE) run

clean :
#不执行任何操作

src_only :
        $(MAKE) clean
        -$(DEL) haribote.img

clean_full :
        $(MAKE) -C haribote     clean
        $(MAKE) -C apilib       clean
        $(MAKE) -C a            clean
        $(MAKE) -C hello3       clean
        $(MAKE) -C hello4       clean
        $(MAKE) -C hello5       clean
        $(MAKE) -C winhelo      clean
        $(MAKE) -C winhelo2     clean
        $(MAKE) -C winhelo3     clean
        $(MAKE) -C star1        clean
        $(MAKE) -C stars        clean
        $(MAKE) -C stars2       clean
        $(MAKE) -C lines        clean
        $(MAKE) -C walk         clean
        $(MAKE) -C noodle       clean
        $(MAKE) -C beepdown     clean
        $(MAKE) -C color        clean
        $(MAKE) -C color2       clean

src_only_full :
        $(MAKE) -C haribote     src_only
        $(MAKE) -C apilib       src_only
        $(MAKE) -C a            src_only
```

27

```
    $(MAKE) -C hello3      src_only
    $(MAKE) -C hello4      src_only
    $(MAKE) -C hello5      src_only

    $(MAKE) -C winhelo     src_only
    $(MAKE) -C winhelo2    src_only
    $(MAKE) -C winhelo3    src_only
    $(MAKE) -C star1       src_only
    $(MAKE) -C stars       src_only
    $(MAKE) -C stars2      src_only
    $(MAKE) -C lines       src_only
    $(MAKE) -C walk        src_only
    $(MAKE) -C noodle      src_only
    $(MAKE) -C beepdown    src_only
    $(MAKE) -C color       src_only
    $(MAKE) -C color2      src_only
    -$(DEL) haribote.img

refresh :
    $(MAKE) full
    $(MAKE) clean_full
    -$(DEL) haribote.img
```

在这里我们可以使用很多命令。

make	像之前一样，生成一个包含操作系统内核及全部应用程序的磁盘映像
make run	"make"后启动QEMU
make install	"make"后将磁盘映像安装到软盘中
make full	将操作系统核心、apilib和应用程序全部make后生成磁盘映像
make run_full	"make full"后"make run"
make install_full	"make full"后"make install"
make run_os	将操作系统核心make后执行"make run"，当只对操作系统核心进行修改时可使用这个命令
make clean	本来clean命令是用于清除临时文件的，但由于在这个Makefile中并不生成临时文件，因此这个命令不执行任何操作
make src_only	将生成的磁盘映像删除以释放磁盘空间
make clean_full	对操作系统核心、apilib和应用程序全部执行"make clean"，这样将清除所有的临时文件
make src_only_full	对操作系统核心、apilib和应用程序全部执行"make src_only"，这样将清除所有的临时文件和最终生成物。不过执行这个命令后，"make"和"make run"就无法使用了（用带full版本的命令代替即可），make时会消耗更多的时间
make refresh	"make full"后"make clean_full"。从执行过"make src_only_full"的状态执行这个命令的话，就会恢复到可以直接"make"和"make run"的状态

■■■■■

像这样划分好不同的目录后，程序看起来更加清爽了，make所用时间也缩短了。例如，当编写了一个新的应用程序时，harib24f的话需要全部重新生成一遍（因为修改了Makefile），但现在由于操作系统核心和应用程序的Makefile是分开的，因此不需要每次新增应用程序都重新生成一遍，make的速度也就变快了，耶！

嗯，在整理的时候发现有几个应用程序有点问题，比如说winhelo.hrb这个程序，窗口弹出之后马上就结束了，看不清窗口上面的内容，因此我们按照lines.c的方式将winhelo.c修改一下。

本次的winhelo/winhelo.c

```c
#include "apilib.h"

char buf[150 * 50];

void HariMain(void)
{
    int win;
    win = api_openwin(buf, 150, 50, -1, "hello");
    for (;;) {                                    /*从此开始*/
        if (api_getkey(1) == 0x0a) {
            break; /*按下回车键则break; */
        }
    }                                             /*到此结束*/
    api_end();
}
```

winhelo2、winhelo3、star1、stars和stars2也有同样的问题，顺便全都改了一下。

好了，我们来"make run_full"吧。哦哦，运行正常，撒花！为了庆祝成功，我们把修改过的stars.hrb和winhelo3.hrb也运行一下，摆出来装点门面。

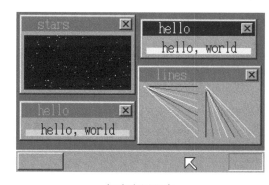

好多应用程序

本书光盘中的harib24g是执行过"make refresh"的状态，因此大家可以直接执行"make run"，而不用执行比较耗时的"make fun_full"。

好啦，今天我们已经很努力了，就到这里吧。明天继续，晚安喽！

27

第28天

文件操作与文字显示

1 alloca（1）（harib25a）

今天我们准备来实现读取文件的功能和显示文字的功能，不过在做这些看上去很酷的事情之前，我们先来解决一些基本的问题，就当是热身吧。

首先，我们来编写一个简单的应用程序。

sosu.c

```c
#include <stdio.h>
#include "apilib.h"

#define MAX        1000

void HariMain(void)
{
    char flag[MAX], s[8];
    int i, j;
    for (i = 0; i < MAX; i++) {
        flag[i] = 0;
    }
    for (i = 2; i < MAX; i++) {
        if (flag[i] == 0) {
            /*没有标记的为质数*/
```

```
        sprintf(s, "%d ", i);
        api_putstr0(s);
        for (j = i * 2; j < MAX; j += i) {
            flag[j] = 1;      /*给它的倍数做上标记*/
        }
    }
}
api_end();
}
```

这个程序的功能是显示1000以内的质数，所谓质数，就是"只能被1及其本身整除的大于1的自然数"，例如2、3、5、7都是质数[1]，而4可以被2整除，6可以被2和3整除，因此它们不是质数。

将这个程序"make run"一下，当然会顺利运行啦。

运行结果　　　　　　　　　　　　　　为了看清数列的开头，我们强制结束一下

嗯，看上去不错呢。这样一来，"纸娃娃系统"不但能用来给泡面计时，还能用来求质数了，太好了。

■■■■■

下面我们稍微修改一下这个程序，让它显示1万以内的质数。程序的修改很简单，只要把开头一句改成"#define MAX 10000"就行了，然后另存为sosu2.c。哦对了，这个程序需要在栈中保存很多变量（光flag[10000]就需要大概10KB的空间），因此在Makefile中指定的栈大小改为11k了。

28

---

① 质数又称素数。为什么这样的数会被称为素数呢？因为凡是2以上的整数都可以写成两个素数的乘积，也就是说，素数相当于构成整数世界的"元素"的意思吧。话说，如果不用乘法而是用加法分解整数的话，那么素数就只有1一个了，不过这样没什么研究价值，因此数学上就不研究它了。

然后我们来 "make run" 一下。咦？出现了一条神秘的警告："Warning: can't link __alloca"。我们不管它，继续执行，可运行后显示出奇怪的内容，然后就停止不动了。没办法，我们用Shift+F1强制结束。

显示1000以内的质数运行很正常，为什么sosu2.hrb就不行了呢？其实我们刚刚忽略的那条警告信息中暗含玄机，它其实是在提醒我们缺少一个叫__alloca的函数。

电脑上所使用的C语言编译器规定，如果栈中的变量超过4KB，则需要调用__alloca这个函数。这个函数的主要功能是根据操作系统的规格来获取栈中的空间。在Windows和Linux中，如果不调用这个函数，而是仅对ESP进行减法运算的话，貌似无法成功获取内存空间（小于4KB时只要对ESP进行减法运算即可）。

不过，在 "纸娃娃系统" 中，对于栈的管理并没有什么特殊的设计，因此也用不着去调用__alloca函数，可C语言的编译器又不是 "纸娃娃系统" 专用的，于是就会擅自去调用那个函数了。唉，C语言还是不让人省心啊。

为了解决这个问题，我们需要编写一个__alloca函数，只对ESP进行减法运算，而不做其他任何多余的操作。

■■■■■

好了，那我们就来编写__alloca吧……慢着，在编写这个函数之前，我们可以先想个办法在程序中获取这10KB的内存空间。其实，笔者曾经写不出成功的__alloca，当时就是用下面的方法将就的（笑）。

sosu3.c

```c
#include <stdio.h>
#include "apilib.h"

#define MAX        10000

void HariMain(void)
{
    char *flag, s[8];          /*这里！*/
    int i, j;
    api_initmalloc();          /*从此开始*/
    flag = api_malloc(MAX);    /*到此结束*/
    for (i = 0; i < MAX; i++) {
        flag[i] = 0;
    }
    for (i = 2; i < MAX; i++) {
        if (flag[i] == 0) {
            /*没有标记的为质数*/
            sprintf(s, "%d ", i);
            api_putstr0(s);
```

```
        for (j = i * 2; j < MAX; j += i) {
            flag[j] = 1;    /*给它的倍数做上标记*/
        }
    }
}
api_end();
}
```

这样的程序应该就可以成功运行了，我们来试试看，"make run"。

1万以内的质数

果然成功了！这样看来，问题果然出在alloca上（而并不是算法的局限所导致的）。

2　alloca（2）（harib25b）

即便没有__alloca，只要用malloc就可以搞定了，我们就到这里结束吧……等等，我可没有这么说哦（笑）。栈中使用的变量一多，程序就无法正常运行了，这可说不过去呀。

alloca.nas

```
[FORMAT "WCOFF"]
[INSTRSET "i486p"]
[BITS 32]
[FILE "alloca.nas"]

        GLOBAL  __alloca

[SECTION .text]

__alloca:
        ADD     EAX,-4
        SUB     ESP,EAX
        JMP     DWORD [ESP+EAX]      ; 代替RET
```

于是我们编写了包含上述内容的alloca.nas，并将它放在了apilib中。虽然它并不能称为API，但是另外归类实在太麻烦了，我们就先放在apilib中好了。

■■■■■

这个程序实际上只有3行内容，却颇有内涵，下面我们来讲解一下。

__alloca会在下述情况下被C语言的程序调用（采用near-CALL的方式）。

❑ 要执行的操作从栈中分配EAX个字节的内存空间（ESP -= EAX;）
❑ 要遵守的规则不能改变ECX、EDX、EBX、EBP、ESI、EDI的值（可以临时改变它们的值，但要使用PUSH/POP来复原）

看到这里大家可能会想"什么嘛？这么简单"，于是就编写出下面这样的程序：

错误的alloca示例(1)

```
    SUB       ESP,EAX
    RET
```

但这个程序是无法运行的，因为RET返回的地址保存在了ESP中，而ESP的值在这里被改变了，于是读取了错误的返回地址（注意："RET"指令实际上相当于"POP EIP"）。

■■■■■

既然这个不行，我们又想到了别的办法。

错误的alloca示例(2)

```
    SUB       ESP,EAX
    JMP       DWORD [ESP+EAX]      ; 代替RET
```

这个貌似不错，JMP的目标地址从[ESP]变成了[ESP+EAX]，而ESP+EAX的值正好是减法运算之前的ESP值，也就是正确的地址。

不过这样还是有个问题，"RET"指令相当于"POP EIP"，而"POP EIP"实际上又相当于下面两条指令：

```
    MOV       EIP,[ESP]         ; 没有这个指令，用JMP [ESP]代替
    ADD       ESP,4
```

也就是说，刚刚我们忘记给ESP加上4，因此ESP的值就有了误差。

那么我们再来改良一下，程序就变成了下面这样。

错误的alloca示例(3)

```
    SUB     ESP,EAX
    JMP     DWORD [ESP+EAX]     ; 代替RET
    ADD     ESP,4
```

这个程序的问题在于ADD指令的位置，将ADD指令放在了JMP指令的后面，所以是不可能被执行的，因此也失败了。

▪▪▪▪▪

这次我们一定得解决这个问题，于是我们将程序改成了下面这样。

基本正确的alloca示例

```
    SUB     ESP,EAX
    ADD     ESP,4
    JMP     DWORD [ESP+EAX-4]     ; 代替RET
```

这个程序可以成功运行，太好了！因此将这个程序直接作为alloca.nas也没问题。这里的要点是：先加上4，然后在JMP指令的地址计算中再减掉4.

讲到这里，再回头看看前面实际的__alloca，怎么样，更加简短吧？不错不错。

▪▪▪▪▪

这样一来sosu2.hrb应该就可以正常运行了，我们来试试看，"make run"。

看，成功了！

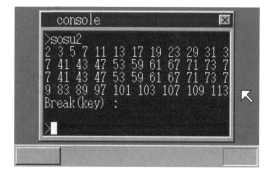

为了防止你们说我用sosu3滥竽充数，来看一下开头

运行成功，耶！

话说，sosu2.hrb和sosu3.hrb在运行结果上就没有什么区别了，那么程序的大小如何呢？

sosu2.hrb：1484字节

sosu3.hrb：1524字节

虽然差距不大，但还是sosu2.hrb更胜一筹。

既然如此，我们让winhelo也从栈中分配buf的空间吧。HariMain函数中声明的变量在程序结束前是不会被释放的，因此完全可以代替。

本次的winhelo.c

```
#include "apilib.h"

void HariMain(void)
{
    int win;
    char buf[150 * 50];                         /*这里! */
    win = api_openwin(buf, 150, 50, -1, "hello");
    for (;;) {
        if (api_getkey(1) == 0x0a) {
            break; /*按下回车键则break;*/
        }
    }
    api_end();
}
```

在Makefile中设定 "STACK = 8k"，然后 "make run" 一下（buf大约需要7.5KB的空间）。哦哦，运行成功了，而且程序大小变为174字节了，要知道修改前的大小有7664字节呢（因为有"RESB 7500"），真是个重大改进。由于担心磁盘空间不够（考虑到后面我们还要加入字库），因此应用程序当然是越小越好。

174字节的程序就可以实现这样的功能！

说实话，本来winhelo.hrb一开始就是从栈中为buf分配空间的，不过buf差不多要占用7.5KB，超过4KB了，没有alloca的话是不会成功运行的。如果在22.5节那个阶段就引入alloca

的话，整体的条理就会被打乱，因此笔者才不得已将buf的声明放到函数外面，勉强算是挺过了那一关（C语言中，在函数外部声明的变量和带static的变量一样，都会被解释为DB和RESB；在函数内部不带static声明的变量则会从栈中分配空间）。

随后，在23.1节中由于我们引入了malloc，所以即便没有alloca也可以尽量缩小应用程序的大小，于是就没有机会讲解alloca了。在这里笔者想说的是，现在我们终于让winhelo.hrb恢复到它本来的样子了，可喜可贺呀。

下面，我们顺便将winhelo2.hrb也修改一下。

本次的winhelo2.hrb

```
#include "apilib.h"

void HariMain(void)
{
    int win;
    char buf[150 * 50];                              /*这里! */
    win = api_openwin(buf, 150, 50, -1, "hello");
    api_boxfilwin(win,  8, 36, 141, 43, 3 /*黄色*/);
    api_putstrwin(win, 28, 28, 0 /*黑色*/, 12, "hello, world");
    for (;;) {
        if (api_getkey(1) == 0x0a) {
            break; /*按下回车键则break;*/
        }
    }
    api_end();
}
```

大功告成。说是修改，其实也就是移动了1行代码而已。我们来"make run"一下……咦，一般保护异常？哎呀不好，忘记将STACK设定为8k了。

设定为8k之后就可以正常运行了，程序只有315字节，撒花！

改良前的winhelo2.hrb：7808字节
改良后的winhelo2.hrb：315字节
winhelo3.hrb（用malloc方式）：359字节

28

3　文件操作 API（harib25c）

好了，让我们进入今天的第一个主题——文件操作API吧。所谓文件操作API，就是可以指定文件，并能自由读写文件内容的API。现在我们的"纸娃娃系统"还不能对磁盘进行写入操作，因此只要能读取文件内容就可以了。

一般的操作系统中，输入输出文件的API基本上都有下面这些功能（当然，还有其他一些次要的功能）。

- ❑ 打开⋯⋯open
- ❑ 定位⋯⋯seek
- ❑ 读取⋯⋯read
- ❑ 写入⋯⋯write
- ❑ 关闭⋯⋯close

打开和关闭API用来对要读写的文件进行打开和关闭的操作。一个文件必须先打开才能进行读写操作，因为在打开时，操作系统需要对读写文件进行准备工作，关闭时也要进行一些善后处理。

打开文件时需要指定文件名，如果打开成功，操作系统将返回文件句柄。在随后的操作中，只要提供这个文件句柄就可以进行读写操作了，操作结束后将文件关闭。

定位API的功能是指定下次读取、写入命令需要操作的目标位于文件中的哪个位置。说句题外话，表示定位API的英文单词seek原本是"检索"的意思，在文件中定位就和在磁盘中检索文件差不多，不过实际上的感觉更像是检索指定文件位置所在的扇区。

读取和写入API基本上需要指定需要读取（写入）的数据长度以及内存地址，文件的内容会被传送至内存（写入操作时是由内存传送至文件）。

■■■■■

根据以上内容，我们将API设计成下面这样。

打开文件

EDX=21
EBX=文件名
EAX=文件句柄（为0时表示打开失败）（由操作系统返回）

关闭文件

EDX=22
EAX=文件句柄

文件定位

EDX=23
EAX=文件句柄
ECX=定位模式

=0：定位的起点为文件开头

=1：定位的起点为当前的访问位置

=2：定位的起点为文件末尾

EBX=定位偏移量

<u>获取文件大小</u>

EDX=24

EAX=文件句柄

ECX=文件大小获取模式

=0：普通文件大小

=1：当前读取位置从文件开头起算的偏移量

=2：当前读取位置从文件末尾起算的偏移量

EAX=文件大小（由操作系统返回）

<u>文件读取</u>

EDX=25

EAX=文件句柄

EBX=缓冲区地址

ECX=最大读取字节数

EAX=本次读取到的字节数（由操作系统返回）

■■■■■

我们修改一下bootpack.h和console.c来添加这些API。

本次的bootpack.h节选

```
struct TASK {
    int sel, flags; /* sel为GDT编号*/
    int level, priority;
    struct FIFO32 fifo;
    struct TSS32 tss;
    struct SEGMENT_DESCRIPTOR ldt[2];
    struct CONSOLE *cons;
    int ds_base, cons_stack;
    struct FILEHANDLE *fhandle;    /*从此开始*/
    int *fat;                      /*到此结束*/
};

struct FILEHANDLE {                /*从此开始*/
    char *buf;
    int size;
```

28

```
    int pos;
};                                        /*到此结束*/
```

本次的console.c节选

```
void console_task(struct SHEET *sheet, int memtotal)
{
    (中略)
    struct FILEHANDLE fhandle[8];

    (中略)
    for (i = 0; i < 8; i++) {
        fhandle[i].buf = 0; /*未使用标记*/
    }
    task->fhandle = fhandle;
    task->fat = fat;
    (中略)
}


int cmd_app(struct CONSOLE *cons, int *fat, char *cmdline)
{
    (中略)
    if (finfo != 0) {
        /*找到文件的情况*/
        (中略)
        if (finfo->size >= 36 && strncmp(p + 4, "Hari", 4) == 0 && *p == 0x00) {
            (中略)
            start_app(0x1b, 0 * 8 + 4, esp, 1 * 8 + 4, &(task->tss.esp0));
            (中略)
            for (i = 0; i < 8; i++) {    /*将未关闭的文件关闭*/                    /*从此开始*/
                if (task->fhandle[i].buf != 0) {
                    memman_free_4k(memman, (int) task->fhandle[i].buf, task->fhandle[i].size);
                    task->fhandle[i].buf = 0;
                }
            }                                                                /*到此结束*/
            (中略)
        } else {
            (中略)
        }
        (中略)
    }
    (中略)
}


int *hrb_api(int edi, int esi, int ebp, int esp, int ebx, int edx, int ecx, int eax)
{
    (中略)
    struct FILEINFO *finfo;
    struct FILEHANDLE *fh;
    struct MEMMAN *memman = (struct MEMMAN *) MEMMAN_ADDR;
```

（中略）
```
} else if (edx == 21) {
    for (i = 0; i < 8; i++) {
        if (task->fhandle[i].buf == 0) {
            break;
        }
    }
    fh = &task->fhandle[i];
    reg[7] = 0;
    if (i < 8) {
        finfo = file_search((char *) ebx + ds_base,
                (struct FILEINFO *) (ADR_DISKIMG + 0x002600), 224);
        if (finfo != 0) {
            reg[7] = (int) fh;
            fh->buf = (char *) memman_alloc_4k(memman, finfo->size);
            fh->size = finfo->size;
            fh->pos = 0;
            file_loadfile(finfo->clustno, finfo->size, fh->buf, task->fat, (char *)
                (ADR_DISKIMG + 0x003e00));
        }
    }
} else if (edx == 22) {
    fh = (struct FILEHANDLE *) eax;
    memman_free_4k(memman, (int) fh->buf, fh->size);
    fh->buf = 0;
} else if (edx == 23) {
    fh = (struct FILEHANDLE *) eax;
    if (ecx == 0) {
        fh->pos = ebx;
    } else if (ecx == 1) {
        fh->pos += ebx;
    } else if (ecx == 2) {
        fh->pos = fh->size + ebx;
    }
    if (fh->pos < 0) {

        fh->pos = 0;
    }
    if (fh->pos > fh->size) {
        fh->pos = fh->size;
    }
} else if (edx == 24) {
    fh = (struct FILEHANDLE *) eax;
    if (ecx == 0) {
        reg[7] = fh->size;
    } else if (ecx == 1) {
        reg[7] = fh->pos;
    } else if (ecx == 2) {
        reg[7] = fh->pos - fh->size;
    }
} else if (edx == 25) {
```

28

```
        fh = (struct FILEHANDLE *) eax;
        for (i = 0; i < ecx; i++) {
            if (fh->pos == fh->size) {
                break;
            }
            *((char *) ebx + ds_base + i) = fh->buf[fh->pos];
            fh->pos++;
        }
        reg[7] = i;
    }
    return 0;
}
```

我们在struct TASK中添加了fhandle和fat两个元素，这是为了让hrb_api也能够使用console_task中声明的变量（cmd_app也可以使用）。fhandle用来存放应用程序所打开文件的信息。在cmd_app中新添加的代码，是为了自动关闭应用程序没有关闭的文件句柄。

▪▪▪▪▪

接下来我们来添加apilib的函数，以便C语言可以使用新的API。

api021.nas节选

```
_api_fopen:         ; int api_fopen(char *fname);
        PUSH    EBX
        MOV     EDX,21
        MOV     EBX,[ESP+8]         ; fname
        INT     0x40
        POP     EBX
        RET
```

api022.nas节选

```
_api_fclose:        ; void api_fclose(int fhandle);
        MOV     EDX,22
        MOV     EAX,[ESP+4]         ; fhandle
        INT     0x40
        RET
```

api023.nas节选

```
_api_fseek:         ; void api_fseek(int fhandle, int offset, int mode);
        PUSH    EBX
        MOV     EDX,23
        MOV     EAX,[ESP+8]         ; fhandle
        MOV     ECX,[ESP+16]        ; mode
        MOV     EBX,[ESP+12]        ; offset
```

```
        INT     0x40
        POP     EBX
        RET
```

api024.nas节选

```
_api_fsize:             ; int api_fsize(int fhandle, int mode);
        MOV     EDX,24
        MOV     EAX,[ESP+4]         ; fhandle
        MOV     ECX,[ESP+8]         ; mode
        INT     0x40
        RET
```

api025.nas节选

```
_api_fread:             ; int api_fread(char *buf, int maxsize, int fhandle);
        PUSH    EBX
        MOV     EDX,25
        MOV     EAX,[ESP+16]        ; fhandle
        MOV     ECX,[ESP+12]        ; maxsize
        MOV     EBX,[ESP+8]         ; buf
        INT     0x40
        POP     EBX
        RET
```

这几个都很简单，就不详细讲解了。

━━━━━

最后我们编写一个测试用的应用程序，这个程序的功能是将ipl10.nas的内容type出来。

typeipl.c

```c
#include "apilib.h"

void HariMain(void)
{
    int fh;
    char c;
    fh = api_fopen("ipl10.nas");
    if (fh != 0) {
        for (;;) {
            if (api_fread(&c, 1, fh) == 0) {
                break;
            }
            api_putchar(c);
        }
    }
```

28

```
    api_end();
}
```

正如大家所看到的，这是个非常简单的程序。

我们来"make run"试试看吧。哦哦，运行很成功，真不错。

显示出文件内容了哦

typeipl.hrb是程序，所以可以通过Shift+F1来强制结束，从这一点来看它比命令行窗口内置的type命令要好用一些。

4 命令行 API（harib25d）

typeipl.hrb看起来相当不错（尤其是可以强制结束这一点很好），我们不妨就用这个程序来替代type命令吧。首先，我们需要从命令行窗口中删除type命令。从console.c中删掉cmd_type，然后将函数cons_runcmd中用于调用cmd_type的部分也删掉。嗯，看着舒服多了（这里只是删掉几个语句，就不将代码列出来了）。

现在typeipl.hrb还只能显示ipl10.nas这个文件，而我们需要实现能任意指定文件名的功能，否则它就无法完全替代type命令。为此，我们需要在用户输入"type ipl10.nas"这样的命令时获取后面的文件名，这个功能被称为获取命令行。因此我们就要编写一个API来获取命令行。

不同的操作系统下获取命令行的形式也不尽相同，Windows的API在获取命令行时并非只返回后面的文件名部分，而是返回包含应用程序名（也就是这里的type）在内的完整命令行内容，我们就来模仿这种方式吧……其实这只是一个借口啦（笑），归根结底还是因为返回完整命令行内容的API编写起来比较简单。

获取命令行
EDX=26
EBX=存放命令行内容的地址

ECX=最多可存放多少字节

EAX=实际存放了多少字节（由操作系统返回）

对程序进行的修改不多。

本次的bootpack.h节选

```
struct TASK {
    (中略)
    char *cmdline;
};
```

本次的console.c节选

```
void console_task(struct SHEET *sheet, int memtotal)
{
    (中略)
    task->cons = &cons;
    task->cmdline = cmdline;     /*这里! */

    (中略)
}

int *hrb_api(int edi, int esi, int ebp, int esp, int ebx, int edx, int ecx, int eax)
{
    (中略)
    } else if (edx == 26) {
        i = 0;
        for (;;) {
            *((char *) ebx + ds_base + i) = task->cmdline[i];
            if (task->cmdline[i] == 0) {
                break;
            }
            if (i >= ecx) {
                break;
            }
            i++;
        }
        reg[7] = i;
    }
    return 0;
}
```

好，完工了，很简单吧？将cmdline添加到struct TASK中是为了把console_task的cmdline传递给hrb_api。

■■■■■

下面我们来添加apilib的函数。

api026.nas节选

```
_api_cmdline:          ; int api_cmdline(char *buf, int maxsize);
        PUSH    EBX
        MOV     EDX,26
        MOV     ECX,[ESP+12]        ; maxsize
        MOV     EBX,[ESP+8]         ; buf
        INT     0x40
        POP     EBX
        RET
```

然后我们来编写应用程序，就叫type.c。

type.c

```c
#include "apilib.h"

void HariMain(void)
{
    int fh;
    char c, cmdline[30], *p;

    api_cmdline(cmdline, 30);
    for (p = cmdline; *p > ' '; p++) { }     /*跳过之前的内容，直到遇到空格*/
    for (; *p == ' '; p++) { }   /*跳过空格*/
    fh = api_fopen(p);
    if (fh != 0) {
        for (;;) {
            if (api_fread(&c, 1, fh) == 0) {
                break;
            }
            api_putchar(c);
        }
    } else {
        api_putstr0("File not found.\n");
    }
    api_end();
}
```

获取命令行内容之后进行的p的计算可能不容易看明白，所以我们稍微讲解一下。

之前在命令行窗口中，我们直接指定了p = cmdline + 5;，这是为了跳过"type"直接取出用户所指定的文件名。而这次我们是通过应用程序来实现的，用户完全可能通过"type.hrb 文件名"这种形式来运行，这样一来我们就不是跳过5个字符，而是要跳过9个字符了。此外，用户也是可以改变应用程序名称的，例如可以改成像Linux那样的cat.hrb。

为了在任何情况下都能顺利运行程序，我们要逐字读取cmdline的内容，遇到比空格的字符编码大的字符连续出现时，将它们全部跳过，这样一来无论是"type"、"type.hrb"还是"cat"都可以跳过去了。

跳过应用程序名之后，还要跳过空格，然后我们就可以将文件名的部分剥离出来了。

■■■■■

我们来"make run"试试看。type.hrb的大小为256字节，还是相当小的，不错（如果用汇编语言编写的话，应该还能更小吧）。运行也很成功，而且由于这是一个应用程序，还可以在中途强制结束，撒花！

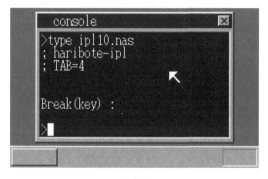

type ipl10.nas

运行"type ipll0.nas"时的情形

另外，由于去掉了type命令的功能，操作系统核心的haribote.sys也从原来的33871字节减少到了33716字节。由于添加了新的API，所以只减少了155字节，不过整体上还是稍微变小了一点，也不错啦！

5 日文文字显示（1）（harib25e）[①]

我们终于等到了这个时刻，那就是对日文显示的支持，估计很多人早就摩拳擦掌盼着实现这个功能吧，其实笔者也很期待呢。日文显示，其实说到底只要准备好相应的字库就好了。

如果将字库内置到操作系统核心中的话，操作系统会变得很大，而且要更换新字体时还必须重新make一遍。因此我们不将日文字库内置到haribote.sys中，而是单独生成一个名叫nihongo.fnt的文件，在"纸娃娃系统"启动时先检查是否存在该文件，如果存在则自动将其读入内存。

28

---

① 本章中作者为大家讲解了如何实现对日文显示的支持，由于本书涉及大量操作系统底层功能的实现，可谓牵一发而动全身，因此在翻译过程中我们原原本本地呈现了关于日文显示的内容。和中文一样，在日文中也有大量的汉字，因此日文显示和中文显示实现起来有很多相似的地方，而且中文显示比日文显示在实现上还相对简单一些。我们在相关章节中补充了一些关于中文显示的内容供大家参考，希望大家本着求同存异的原则，能够对相关知识有一个更加深入的了解。

■■■■■

那么这样一个字库文件到底有多大呢？我们不妨来计算一下。日文的字符基本上都是用全角来显示的，相对于8 × 16点阵的半角字符来说，1个全角字符的大小为16 × 16点阵。如果1个半角字符的字库数据需要16字节的话，那么1个全角字符就需要32字节。

日文汉字编码表按照使用频率分类，常用的汉字为第一水准，偶尔使用的汉字为第二水准，基本上不会用到的汉字为第三水准，用得更少的为第四水准（这样的分类是以总体使用情况为基准的，如果你的名字或者住址里面用到了第四水准汉字，那对于你来说可能就会出现"第四水准汉字更加常用"的情况哦）。

在JIS制定的汉字编码表中，非汉字加上第一水准汉字～第三水准汉字一共有$94 × 94 = 8836$个字符（再加上第四水准汉字的话就更多了）。如果我们要用上所有的这8836个字符的话，就需要$32 × 8836 = 282752$字节的容量，也就是276KB！[①]

276KB实在是太大了，虽然这个大小还能够装进软盘，但差不多消耗了软盘总容量的20%。这么大的文件，用type ipl10.nas是不行了，必须要在启动时读取更多的扇区，可这样一来在真机环境下的启动速度又要变慢了，看来我们必须要给字库文件瘦瘦身。

■■■■■

根据JIS规格，全角字符的编码以"点、区、面"为单位来进行定义，点和区的关系类似于几号楼几单元，比如说"3号楼4单元"可以类比成"3区4点"，而面则是比它们更大的一个单位。

❑ 1个点就对应1个全角字符
❑ 1个区中包含94个点
❑ 1个面中包含94个区
❑ 第一水准～第三水准全部位于1面，第四水准全部位于2面[②]

字符编码大致可分为下面几类。

---

① 在中文汉字编码标准GB2312中，也按照汉字的常用度划分了一级汉字和二级汉字，其中一级汉字3755个，二级汉字3008个，再加上非汉字（拉丁字母、希腊字母等）字符682个，一共有7445个字符，基本上与上述JIS编码中非汉字加第一～第三水准汉字的容量相当。——译者注
② 这一段是不是有点看不懂呢？其实以前的编码表示方法更加简单一些。例如，"あ"（注：日文平假名，读作"啊"）这个字符的编码为0x2422，"川"的编码为0x406e，这种方法比较简单吧，因为每一个字符都有它对应的一个编号。但现在我们所使用的表示方法和以前不同，按照现在的方法，"あ"的字符编码为1面04区02点，"川"的字符编码为1面32区78点。

其实将以前的编码转换为现在的编码也不难，只要将二进制的4位数字编码中前两位和后两位拆开，再各自减掉0x20就可以了。例如"あ"是0x2422，转换后得到0x04、0x02，将这两个数字转换为10进制就分别对应了区号和点号。"川"也一样，将0x406e拆开并各自减掉0x20，得到0x20和0x4e，因此是32区78点。

01区～13区：非汉字
14区～15区：第三水准汉字
16区～47区：第一水准汉字
48区～84区：第二水准汉字
84区～94区：第三水准汉字[①]

这次我们为了节省容量，准备只将01区～47区装入nihongo.fnt中，这样的话就只需要47 × 94 × 32 = 141376字节，也就是之前的差不多一半大小，启动时间也应该不会很长了。如果大家觉得这样不好，想要把第二、第三水准汉字也全部显示出来的话，不要客气，欢迎大胆改造哦。[②]

在GB2312中，字符编码的分类如下：

01区～09区：非汉字
10区～15区：空白
16区～55区：一级汉字
56区～87区：二级汉字
88区～94区：空白

如果为了节省容量，我们可以只使用非汉字和一级汉字的部分，即01区～55区的部分，一共需要55 × 94 × 32 = 165440字节。

■■■■■

接下来我们需要考虑的就是字库的字模数据。即便我们只选用01区～47区，其中也包括了47 × 94 = 4418个字符。如果要一个一个字符去设计字模的话，那比编写一个操作系统还要花时间。因此这次我们还是和当初的半角字库一样，直接从笔者正在开发的OSASK中借用字模吧（OSASK的日文字库版权属于泊何水和圣人[Kiyoto]）。

SASK中的字库文件为jpn16v00.fnt，大小为304KB。不过OSASK和"纸娃娃系统"一样，都是以安装在软盘上使用为前提而设计的，304KB对于软盘来说负担重了些，因此在OSASK中将这

28

[①] 有人可能会问，84区不是已经包含在第二水准汉字中了吗？这里再补充说明一下，根据定义，84区前面为第二水准汉字，后面为第三水准汉字。——译者注

[②] 在GB2312汉字标准中，字符的定位也是采用类似日文"点区面"的方式，不过GB2312中没有面的概念（或者可以说，GB2312的字符集只有1个面），而区和点我们称为"区位"，和日文一样，每个区包含94个位（即94个字符），例如"啊"字位于16区1位。GB2312中的字符也可以采用二进制编码的方式来表示，相对于日文JIS标准中将区和点的编号加上0x20的做法，GB2312中是将区和位的编号加上0xa0，例如"啊"字区位编码加上0xa0后为：0x10（16）+ 0xa0 = 0xb0，0x01（1）+ 0xa0 = 0xa1，因此"啊"字的二进制字符编码为0xb0a1。——译者注

个文件进行了压缩，大小变成了56.7KB[①]。于是我们首先需要对字库文件进行解压缩（否则我们无法拿到里面的数据）。

笔者编写的大多数工具程序中都内置了解压缩的功能，随便使用任何一个工具都可以完成解压缩的操作，这次我们以edimg为例。

提示符> edimg copy nocmp: from:jpn16v00.fnt to:jpn16v00.bin

（这里没有考虑文件路径，请大家根据需要自行加上路径）

好，这样我们就得到了304KB的jpn16v00.bin文件。

下面我们将01区～47区的字模数据提取出来，只要将jpn16v00.bin从开头算起的前141376字节提取出来就可以了，用二进制编辑器可以轻松搞定。

说起日文显示，我们还需要半角片假名的字库。可能有人会说，我从来不用半角片假名。不过，能显示总比不能显示要好吧，所以我们还需要提取半角片假名的字模数据。在jpn16v00.bin中已经包含了显示日文用的半角片假名字模，总共256个字符，位于04A000～04AFFF，共4096字节。

最终nihongo.fnt的内容如下。

```
000000～000FFF：显示日文用半角字模，共256个字符（4096字节）
001000～02383F：显示日文用全角字模，共4418个字符（141376字节）
```

至于提取数据的方法嘛，其实笔者就是用二进制编辑器复制粘贴的（笑）。虽然可能有更棒的工具来做这件事，不过笔者认为没必要在这种事情上面花太多心思。

（5分钟之后）完工啦，不错不错。[②]

━━━━━

接下来，我们需要修改bootpack.c，使操作系统可以自动装载字库。

[①] jpn16v00.fnt分为两个版本，一个只包含第一水准汉字，另一个包含从第一到第三水准的全部汉字，56.7KB的是只包含第一水准汉字的版本，48区～94区的内容是空白的。

[②] 由于作者开发的OSASK系统中并不包含中文库，各位读者如果需要改造源代码以实现中文显示的支持，则需要获取一个符合GB2312标准的中文点阵字库文件（例如UCDOS中包含的HZK16），并提取前165440字节制作成一个仅包含一级汉字的子集。由于汉字显示不需要涉及半角片假名的问题，因此最终在"纸娃娃系统"中所使用的.fnt文件中000000～000FFF的256个半角字符部分，我们可以直接使用5.5节中生成的字模数据（即"纸娃娃系统"的内置英文字库）。综上所述，要实现中文显示，所需的.fnt文件结构可以是下面这样：
000000～000FFF：英文半角字模，共256个字符（4096字节），来自系统内置字库数据
001000～02963F：中文全角字模，共5170个字符（165440字节），来自HZK16或其他符合GB2312标准的汉字点阵字库

本次的bootpack.c节选

```
void HariMain(void)
{
    （中略）
    int *fat;
    unsigned char *nihongo;
    struct FILEINFO *finfo;
    extern char hankaku[4096];

    （中略）

    /*载入nihongo.fnt */
    nihongo = (unsigned char *) memman_alloc_4k(memman, 16 * 256 + 32 * 94 * 47);
    fat = (int *) memman_alloc_4k(memman, 4 * 2880);
    file_readfat(fat, (unsigned char *) (ADR_DISKIMG + 0x000200));
    finfo = file_search("nihongo.fnt", (struct FILEINFO *) (ADR_DISKIMG + 0x002600), 224);
    if (finfo != 0) {
        file_loadfile(finfo->clustno, finfo->size, nihongo, fat, (char *) (ADR_DISKIMG +
0x003e00));
    } else {
        for (i = 0; i < 16 * 256; i++) {
            nihongo[i] = hankaku[i]; /*没有字库，半角部分直接复制英文字库*/
        }
        for (i = 16 * 256; i < 16 * 256 + 32 * 94 * 47; i++) {
            nihongo[i] = 0xff; /*没有字库，全角部分以0xff填充*/
        }
    }
    *((int *) 0x0fe8) = (int) nihongo;
    memman_free_4k(memman, (int) fat, 4 * 2880);

    （中略）
}
```

首先分配出用于存放nihongo.fnt内容的内存空间，然后寻找文件，如果找到的话则载入内存。如果没有找到字库文件，则只好用内置的半角字库代替日文半角字库，并用方块填充全角字库的部分。最后，将用于存放nihongo.fnt内容的内存地址写入0x0fe8作为记录。

■■■■■

下面我们该实现用日文字库来显示字符了。字符显示是由graphic.c中的putfonts8_asc来负责的，所以我们就先修改这里吧。

本次的bootpack.h节选

```
struct TASK {
    （中略）
    char langmode;
};
```

本次的graphic.c节选

```
void putfonts8_asc(char *vram, int xsize, int x, int y, char c, unsigned char *s)
{
    extern char hankaku[4096];                              /*这里没有修改*/
    struct TASK *task = task_now();
    char *nihongo = (char *) *((int *) 0x0fe8);

    if (task->langmode == 0) {
        for (; *s != 0x00; s++) {                          /*从这里起没有修改*/
            putfont8(vram, xsize, x, y, c, hankaku + *s * 16);
            x += 8;
        }                                                  /*到这里为止没有修改*/
    }
    if (task->langmode == 1) {
        for (; *s != 0x00; s++) {
            putfont8(vram, xsize, x, y, c, nihongo + *s * 16);
            x += 8;
        }
    }
    return;                                                /*这里没有修改*/
}
```

　　我们在struct TASK里添加了一个langmode（即language mode，语言模式）变量，用于指定一个任务是使用内置的英文字库还是使用nihongo.fnt的日文字库。通过在struct TASK中添加这个变量，我们可以对每个任务单独设置语言模式，例如为某个应用程序设置日文模式，而为另一个应用程序设置英文模式。

▬▬▬▬▬

　　既然我们设计了这个语言模式的变量，那么就需要一个命令来对模式进行设定。

本次的console.c节选

```
void cons_runcmd(char *cmdline, struct CONSOLE *cons, int *fat, int memtotal)
{
    (中略)
    } else if (strncmp(cmdline, "langmode ", 9) == 0) {
        cmd_langmode(cons, cmdline);
    } else if (cmdline[0] != 0) {
    (中略)
}

void cmd_langmode(struct CONSOLE *cons, char *cmdline)
{
    struct TASK *task = task_now();
```

```
unsigned char mode = cmdline[9] - '0';
if (mode <= 1) {
    task->langmode = mode;
} else {
    cons_putstr0(cons, "mode number error.\n");
}
cons_newline(cons);
return;
}
```

　　完工了，现在只要输入"langmode 0"就代表设定为英文模式，输入"langmode 1"就代表设定为日文模式。

■■■■■

　　不过，在命令行窗口启动时没有设定langmode，这有点不方便，我们来设定一个默认值。

本次的console.c节选

```
void console_task(struct SHEET *sheet, int memtotal)
{
    （中略）
    unsigned char *nihongo = (char *) *((int *) 0x0fe8);

    （中略）
    if (nihongo[4096] != 0xff) {     /*是否载入了日文字库? */
        task->langmode = 1;
    } else {
        task->langmode = 0;
    }

    （中略）
}
```

　　这样一来，当成功载入日文字库时，默认值为日文模式，否则默认为英文模式。要想知道是否成功载入了日文字库，只要判断01区01点的内容就可以了。如果没有载入字库，这里应该是填充了0xff，如果载入了字库，那么由于01区01点所对应的字符是全角空格，因此这里应该是0x00。

　　到这，我们就差不多大功告成了，不过task_a的langmode还没设定，因此我们再稍微修改一下HariMain。

本次的bootpack.c节选

```
void HariMain(void)
{
    （中略）
```

28

```
    init_palette();
    shtctl = shtctl_init(memman, binfo->vram, binfo->scrnx, binfo->scrny);

    task_a = task_init(memman);
    fifo.task = task_a;
    task_run(task_a, 1, 2);
    *((int *) 0x0fe4) = (int) shtctl;
    task_a->langmode = 0;                          /*这里! */

    (中略)
}
```

这样task_a就设定为英文模式了。

■■■■■

下面我们可以开始编写用来测试的应用程序了，只是现在我们还无法显示全角字符，只能显示半角字符。不过即便如此，我们也可以测试出是否能成功载入nihongo.fnt（全角字符的显示在下一节实现）。

由于只能显示半角字符，因此我们来显示几个半角片假名"イロハニホヘト"（注：读作I RO HA HI HO HE TO，是日本平安时代诗歌《伊吕波歌》的第一句）吧。

iroha.c

```
#include "apilib.h"

void HariMain(void)
{
    static char s[9] = { 0xb2, 0xdb, 0xca, 0xc6, 0xce, 0xcd, 0xc4, 0x0a, 0x00 };
        /*半角片假名イロハニホヘト的字符编码+换行+0 */
    api_putstr0(s);
    api_end();
}
```

在这个程序中我们特地声明了一个s[]用来保存要显示字符串，有人可能会说，那为啥不直接写成下面这样呢？

```
api_putstr0("イロハニホヘト\n");
```

这样写的话在Windows中可能没问题，但在Linux中可能就不行了。准确地说，其实这并不是操作系统的问题，而是字符编码方式的问题。

说到底，字符串就是一串按顺序排列的字符编码，而对于半角片假名应该赋予怎样的编码，有着不同的标准。在Windows常用的"Shift-JIS"①编码中，半角的"イロハニホヘト"的字符编码和s[]中的值一模一样，但在Linux常用的"日文EUC"编码中，则变成了形如0x8e, 0xb2, 0x8e, 0xdb, 0x8e, 0xca, 0x8e, 0xc6, …这样的排列，即在每个半角片假名前都加上了一个0x8e。

最近出现了一些功能强大的文本编辑器，可以选择字符编码方式，也就是说，在Windows中也可以按EUC编码保存，而在Linux中也可以按Shift-JIS编码保存了，所以刚刚我们也说了，这并不完全是操作系统的问题。

因此，如果直接写成"MS Mincho\n"的话，根据字符编码方式的不同，最终形成的字符串（数值的排列）也会不同，所以我们需要用二进制数字逐个来写出字符的编码，这样一来，即便在Linux下make这个程序，也应该可以得到完全相同的可执行文件。

■■■■■

好了，我们来"make run"试试看。能不能成功呢？我们已经修改了Makefile，将nihongo.fnt加入到磁盘映像中了，因此默认的语言模式应该是日文模式。哦哦，显示出来了！

如果我们先执行"langmode 0"然后再运行iroha.hrb的话，就会显示出下面这样的乱码，这也验证了我们编写的程序成功运行了，撒花！

成功显示出了半角片假名！

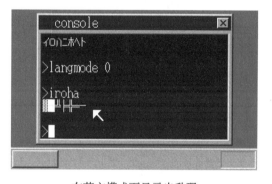
在英文模式下显示出乱码

由于中文不存在像日文半角片假名这样的特殊字符，所以我们不需要考虑这个问题。不过，本节中提到的由于文字编码方式不同导致实际生成的字符编码数据不同的问题，在中文中也是存在的。例如简体中文的GB2312和繁体中文的BIG5就是两种不同的编码方式，相互之间不能兼容。本节中提到的"EUC"实际上是"Extended Unix Code"的缩写，是一种为了让中日韩文字能够兼容ASCII编码而提出的一种兼容编码方式，GB2312（以及后来的

---

① 其实"Shift-JIS"这个名称是不正确的，准确名称应该是"MS汉字编码"，不过反倒是"Shift-JIS"的使用最广泛。

GB18030）都属于EUC方式，而Shift-JIS则不属于EUC方式。

6 日文文字显示（2）（harib25f）

好啦，接下来我们该挑战全角字符的显示了。在全角字符显示方面，Shift-JIS和日文EUC的处理方法是不同的，我们先从Shift-JIS开始。

各种半角字符，包括字母、数字、符号、片假名等，加起来总的字符数也不是很多，用1个字节完全可以容纳，不过汉字就不行了，汉字需要使用2个字节来表示（在某些编码方式中，甚至会使用3个甚至更多的字节来表示）。

例如"あ"在Shift-JIS中的编码为0x82、0xa0两个字节。只要用文本编辑器输入一个"あ"并保存，再用二进制编辑器打开就能看到这个编码了（注：在中文系统下，需要用支持选择编码方式的文本编辑器，并选择用Shift-JIS编码保存）。下面我们来讲解一下如何将0x82、0xa0这两个字节的编码转换为区点的编号。

▪▪▪▪▪

我们先来看第一个字节。如果这个字节为0x81，则代表01区或02区；0x82则代表03区或04区；0x83则代表05区或06区……我们把规则整理成下面这张表，顺便将0x00 ～ 0x7f也加进去了。

Shift-JIS的第一个字节

0x00	控制字符		（中略）	
0x01	控制字符	0xdd	半角片假名（"ｿ"）	
0x02	控制字符	0xde	半角片假名（"ﾟ"）	
	（中略）	0xdf	半角片假名（"ﾞ"）	
0x1d	控制字符	0xe0	全角字符（1面63区～64区）	
0x1e	控制字符	0xe1	全角字符（1面65区～66区）	
0x1f	控制字符	0xe2	全角字符（1面67区～68区）	
0x20	半角字符（空格）		（中略）	
0x21	半角字符（"!"）	0xed	全角字符（1面89区～90区）	
0x22	半角字符（"""）	0xee	全角字符（1面91区～92区）	
	（中略）	0xef	全角字符（1面93区～94区）	
0x7c	半角字符（"|"）	0xf0	全角字符（2面01区或08区）	
0x7d	半角字符（"}"）	0xf1	全角字符（2面03区～04区）	
0x7e	半角字符（"~"）	0xf2	全角字符（2面05区或12区）	
0x7f	控制字符	0xf3	全角字符（2面13区～14区）	
0x80	不使用	0xf4	全角字符（2面15区或78区）	
0x81	全角字符（1面01区～02区）	0xf5	全角字符（2面79区～80区）	

（续）

0x82	全角字符（1面03区~04区）	0xf6	全角字符（2面81区~82区）
0x83	全角字符（1面05区~06区）	0xf7	全角字符（2面83区~84区）
（中略）		（中略）	
0x9d	全角字符（1面57区~58区）	0xfa	全角字符（2面89区~90区）
0x9e	全角字符（1面59区~60区）	0xfb	全角字符（2面91区~92区）
0x9f	全角字符（1面61区~62区）	0xfc	全角字符（2面93区~94区）
0xa0	不使用	0xfd	不使用
0xa1	半角片假名（"。"）	0xfe	不使用
0xa2	半角片假名（"「"）	0xff	不使用

接下来是第二个字节，如下表。

Shift-JIS的第二个字节

0x00	不使用	0x81	全角字符（较小的区的65点）
0x01	不使用	0x82	全角字符（较小的区的66点）
0x02	不使用	（中略）	
（中略）		0x9c	全角字符（较小的区92点）
0x3d	不使用	0x9d	全角字符（较小的区93点）
0x3e	不使用	0x9e	全角字符（较小的区94点）
0x3f	不使用	0x9f	全角字符（较大的区01点）
0x40	全角字符（较小的区01点）	0xa0	全角字符（较大的区02点）
0x41	全角字符（较小的区02点）	0xa1	全角字符（较大的区03点）
0x42	全角字符（较小的区03点）	（中略）	
（中略）		0xfa	全角字符（较大的区92点）
0x7c	全角字符（较小的区61点）	0xfb	全角字符（较大的区93点）
0x7d	全角字符（较小的区62点）	0xfc	全角字符（较大的区94点）
0x7e	全角字符（较小的区63点）	0xfd	不使用
0x7f	不使用	0xfe	不使用
0x80	全角字符（较小的区64点）	0xff	不使用

参照上面的两张表，我们就可以得到"あ"的编码0x82、0xa0对应04区02点。

知道了区点编号我们就可以计算出字模的内存地址，再显示出来也就很容易了。

■■■■■

我们来修改一下操作系统吧。

28

本次的graphic.c节选

```
void putfonts8_asc(char *vram, int xsize, int x, int y, char c, unsigned char *s)
{
    extern char hankaku[4096];
    struct TASK *task = task_now();
    char *nihongo = (char *) *((int *) 0x0fe8), *font;      /*从此开始*/
    int k, t;                                               /*到此结束*/

    if (task->langmode == 0) {
        for (; *s != 0x00; s++) {
            putfont8(vram, xsize, x, y, c, hankaku + *s * 16);
            x += 8;
        }
    }
    if (task->langmode == 1) {
        for (; *s != 0x00; s++) {
            if (task->langbyte1 == 0) {                                         /*从此开始*/
                if ((0x81 <= *s && *s <= 0x9f) || (0xe0 <= *s && *s <= 0xfc)) {
                    task->langbyte1 = *s;
                } else {
                    putfont8(vram, xsize, x, y, c, nihongo + *s * 16);
                }
            } else {
                if (0x81 <= task->langbyte1 && task->langbyte1 <= 0x9f) {
                    k = (task->langbyte1 - 0x81) * 2;
                } else {
                    k = (task->langbyte1 - 0xe0) * 2 + 62;

                }
                if (0x40 <= *s && *s <= 0x7e) {
                    t = *s - 0x40;
                } else if (0x80 <= *s && *s <= 0x9e) {
                    t = *s - 0x80 + 63;
                } else {
                    t = *s - 0x9f;
                    k++;
                }
                task->langbyte1 = 0;
                font = nihongo + 256 * 16 + (k * 94 + t) * 32;
                putfont8(vram, xsize, x - 8, y, c, font      );  /*左半部分*/
                putfont8(vram, xsize, x    , y, c, font + 16);  /*右半部分*/
            }                                                               /*到此结束*/
            x += 8;
        }
    }
    return;
}
```

本次的bootpack.h节选

```
struct TASK {
    (中略)
    unsigned char langmode, langbyte1;
};
```

　　这里的变量k用来存放区号，变量t用来存放点号，为了方便计算，我们存放的是减1之后的值。由于我们没有考虑第2面的字符，因此如果以后要支持第四水准汉字会比较麻烦，不过要支持第二和第三水准汉字还是比较容易的，只要修改载入nihongo.fnt的部分就可以了。

　　struct TASK中的langbyte1是当接收到全角字符时用来存放第1个字节内容的变量。当接收到半角字符，或者全角字符显示完成之后，该变量被置为0。

　　putfonts8_asc中每接收到1个字节就会执行x += 8;，当显示全角字符时，需要在接收到第2个字节之后，再往左回移8个像素并绘制字模的左半部分。

　　采用这种方式时，如果一开始langbyte1不置为0，显示就会出问题，因此我们还需要再修改一下console.c。

本次的console.c节选

```
void console_task(struct SHEET *sheet, int memtotal)
{
    （中略）
    if (nihongo[4096] != 0xff) {        /*是否载入了日文字库? */
        task->langmode = 1;
    } else {
        task->langmode = 0;
    }
    task->langbyte1 = 0;                                 /*这里! */
    （中略）
}


int cmd_app(struct CONSOLE *cons, int *fat, char *cmdline)

{
    （中略）

    if (finfo != 0) {
        /*找到文件的情况*/
        （中略）
        if (finfo->size >= 36 && strncmp(p + 4, "Hari", 4) == 0 && *p == 0x00) {
            （中略）
            start_app(0x1b, 0 * 8 + 4, esp, 1 * 8 + 4, &(task->tss.esp0));
            （中略）
            timer_cancelall(&task->fifo);
            memman_free_4k(memman, (int) q, segsiz);
            task->langbyte1 = 0;                             /*这里! */
        } else {
            cons_putstr0(cons, ".hrb file format error.\n");
        }
        （中略）
    }
    （中略）
}
```

28

对console_task所做的修改只是在决定langmode默认值时顺便将langbyte1置为0而已。

当程序出现bug或者强制结束时可能出现在显示全角字符第1个字节时停止的情况，而对cmd_app所做的修改就是为了应对这种情况。

不过换行还有一点问题，当字符串很长时，可能在全角字符的第1个字节处就遇到自动换行了，这样一来当收到第2个字节时，字模的左半部分就会画到命令行窗口外面去。所以我们在遇到第1个字节换行时，可以特意将cur_x再右移8个像素。

本次的console.c节选

```
void cons_newline(struct CONSOLE *cons)
{
    int x, y;
    struct SHEET *sheet = cons->sht;
    struct TASK *task = task_now();                    /*这里! */
    if (cons->cur_y < 28 + 112) {
        cons->cur_y += 16; /*到下一行*/
    } else {
        /*屏幕滚动*/
        (中略)
    }
    cons->cur_x = 8;
    if (task->langmode == 1 && task->langbyte1 != 0) {  /*从此开始*/
        cons->cur_x += 8;
    }                                                  /*到此结束*/
    return;
}
```

完工了，我们来"make run"试试看。虽然没有编写用于测试的应用程序，不过我们可以执行"type ipl10.nas"，如果显示出日文就算成功啦。……出来啦！

终于显示出日文了哦

不过现在高兴还太早了，仔细看看画面就发现有什么地方不对，为什么"埋"这个汉字没有显示出来呢？k和t的计算应该没有问题啊，嗯……

哦对了，一定是nihongo.fnt文件太大，用ipl10.nas无法全部载入。嗯，一定是这样！

7　日文文字显示（3）（harib25g）

为了解决这个问题，我们先来写一个ipl20.nas替换原来的ipl10.nas，只要将最开头的地方修改一下就好了。

---

ipl20.nas节选

CYLS	EQU	20	; 要载入多少数据

我们只修改了这一行。哦，当然，要将Makefile中的"ipl10"也替换成"ipl20"哦。

我们再来"make run"一下，输入"type ipl20.nas"。哦，出来了，现在正常了！

汉字也显示出来了！

好，下面我们来为Linux用户实现对日文EUC的支持吧。咦，已经到这个时间了？算了，不管了，人逢喜事精神爽，要做咱就做到底。

如果不考虑对半角片假名的支持，日文EUC比Shift-JIS要简单。EUC中半角片假名占用2个字节，但却是一个半角字符，字节数与字符宽度不匹配，而我们目前还没有考虑这种情况，所以要支持半角片假名就得做很多改动才行，太麻烦了，这次就算了吧，反正在EUC中也不怎么用半角片假名，应该没什么问题。

日文EUC中k和t的计算公式很简单。

```
k = langbyte1 - 0xa1;
t = *s - 0xa1;
```

怎么样，简单吧！第1个字节和第2个字节的范围都在0xa1～0xfe，虽然笔者现在已经开始犯困了，不过对付这么简单的问题还不是小菜一碟？看，三下五除二就搞定了。

28

本次的graphic.c节选

```
void putfonts8_asc(char *vram, int xsize, int x, int y, char c, unsigned char *s)
{
    (中略)
    if (task->langmode == 0) {
        (中略)
    }
    if (task->langmode == 1) {
        (中略)
    }
    if (task->langmode == 2) {                                    /*从此开始*/
        for (; *s != 0x00; s++) {
            if (task->langbyte1 == 0) {
                if (0x81 <= *s && *s <= 0xfe) {
                    task->langbyte1 = *s;
                } else {
                    putfont8(vram, xsize, x, y, c, nihongo + *s * 16);
                }
            } else {
                k = task->langbyte1 - 0xa1;
                t = *s - 0xa1;
                task->langbyte1 = 0;
                font = nihongo + 256 * 16 + (k * 94 + t) * 32;
                putfont8(vram, xsize, x - 8, y, c, font     );   /*左半部分*/
                putfont8(vram, xsize, x    , y, c, font + 16);   /*右半部分*/
            }
            x += 8;
        }
    }                                                             /*到此结束*/
    return;
}
```

嗯，话说，putfonts8_asc这个函数名现在看来已经不合适了，因为它不仅支持ASCII，还能支持Shift-JIS和日文EUC。不过给函数改名实在太麻烦了，所以就先这样吧。

另外，langmode命令也需要修改一下，以便可以用它指定模式2，也就是说"langmode 2"代表日文EUC模式。

本次的console.c节选

```
void cmd_langmode(struct CONSOLE *cons, char *cmdline)
{
    struct TASK *task = task_now();
    unsigned char mode = cmdline[9] - '0';
    if (mode <= 2) {                                /*这里! */
        task->langmode = mode;
    } else {
        cons_putstr0(cons, "mode number error.\n");
    }
    cons_newline(cons);
    return;
}
```

■■■■■

好，我们来"make run"……先等等，在此之前，为了测试日文EUC我们需要一个用EUC编码保存的文本文件。嗯，那我们就先来做一个EUC编码的文本文件吧。

打开二进制编辑器BZ，选择"查看"→"字符编码"→"EUC"，然后在我们平常不怎么注意的，右边写着"0123456789ABCDEF"的地方点击一下，将光标移动过去，输入"日本語EUCで書いてみたよー"（这是用日文EUC写的哦）。虽然这样直接结束也可以，不过我们还是再加一个换行符上去吧。点击左侧区域最后的地方（000010行的+9列），将光标移动过去，然后输入0A。

将这些内容保存为euc.txt。这个文件是用EUC编码保存的，所以如果用Windows自带的记事本程序打开会显示出乱码，不过用Internet Explorer或者Firefox等程序打开的话（前提是选择了正确的字符编码方式）就可以正常显示。

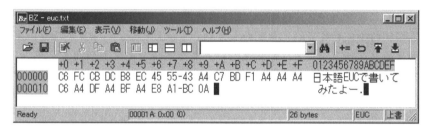

保存为euc.txt的样子

接下来我们修改Makefile，来将euc.txt装入磁盘映像……好，完工了！我们来"make run"吧！

我们先在没有设定langmode的情况下type一下euc.txt看看。嗯，完全看不懂呢（笑）。因为在不设定langmode的情况下默认的语言模式是Shift-JIS。

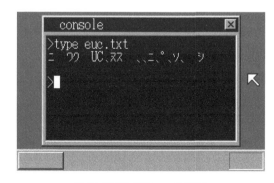

Shift-JIS模式下type的结果

这次我们先来执行"langmode 2"，然后再type试试看……哦哦，正常显示了！撒花！

日文EUC模式下type的结果

如果各位读者当中有人经常使用日文EUC的话，不妨在console_task中将设定语言模式默认值的部分修改一下，默认使用EUC就可以了。

我们前面已经提到过，中文GB2312编码采用的是EUC方式，因此中文字符二进制编码转换为区位码的公式和日文EUC是完全相同的，再加上中文里不需要涉及类似半角片假名的问题，因此通过这一节的内容，就应该可以完美地实现对中文显示的支持了。

要测试中文显示，我们可以用记事本或者其他文本编辑器编写一个包含中文的文本文件，然后用GB2312编码方式保存，再参照本节中的讲解将文本文件装入磁盘映像，用type命令就可以显示出来了。

■■■■■

虽然已经又困又累了，不过我们还剩下一个日文显示方面的问题没有修改，我们需要一个可以查询当前所使用的langmode的API。这个API要怎么用呢？比如可以这样：让画面上的文字提示信息可以在英文模式时显示成英文，在日文模式下显示成日文。

获取langmode
EDX=27
EAX=langmode（由操作系统返回）

我们来修改一下console.c，很简单。

本次的console.c节选

```
int *hrb_api(int edi, int esi, int ebp, int esp, int ebx, int edx, int ecx, int eax)
{
    (中略)
    } else if (edx == 27) {
        reg[7] = task->langmode;
    }
    return 0;
}
```

我们还得编写apilib（其实不写也可以，但不写的话就无法从C语言调用了）。

api027.nas节选

```
_api_getlang:          ; int api_getlang(void);
        MOV     EDX,27
        INT     0x40
        RET
```

既然我们新增了API，最好还是写一个用来测试的应用程序，否则出了bug就麻烦了。

chklang.c

```c
#include "apilib.h"

void HariMain(void)
{
    int langmode = api_getlang();
    static char s1[23] = {  /*日本語シフトJISモード（日文Shift-JIS模式）*/
        0x93, 0xfa, 0x96, 0x7b, 0x8c, 0xea, 0x83, 0x56, 0x83, 0x74, 0x83, 0x67,
        0x4a, 0x49, 0x53, 0x83, 0x82, 0x81, 0x5b, 0x83, 0x68, 0x0a, 0x00
    };
    static char s2[17] = {  /*日本語EUCモード（日文EUC模式）*/
        0xc6, 0xfc, 0xcb, 0xdc, 0xb8, 0xec, 0x45, 0x55, 0x43, 0xa5, 0xe2, 0xa1,
        0xbc, 0xa5, 0xc9, 0x0a, 0x00
    };
    if (langmode == 0) {
        api_putstr0("English ASCII mode\n");
    }
    if (langmode == 1) {
        api_putstr0(s1);
    }
    if (langmode == 2) {
        api_putstr0(s2);
    }
    api_end();
}
```

应该不用特地解释了吧，这里s1和s2没有直接写成字符串是为了在make时避免受到源代码字符编码方式的影响。

好，完工了，"make run"！咦？全角字符的显示有点不对劲啊！

嗯，这是怎么回事？不过移动一下窗口貌似就恢复正常了。

28

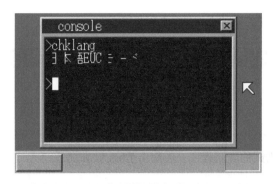

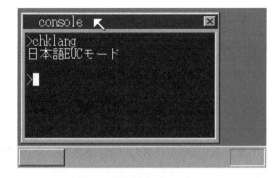

只显示出右半部分 移动一下窗口就恢复正常了？

　实在是太困了，今天就到此为止吧。本来我们预计今天能完成操作系统核心部分的开发，不过现在遇到了个bug，所以明天还得在操作系统核心的编写上再花点时间。

第 29 天

压缩与简单的应用程序

1　修复 bug（harib26a）

大家早上好。今天我们打算编写一些应用程序来玩玩，不过在此之前，我们得修复昨天剩下的那个关于日文显示的bug。

仔细观察这个bug后我们发现，只有全角字符的显示有问题，半角字符是正常的，而且移动窗口之后就可以恢复正常，这说明图层缓冲区中的数据是正确的，问题一定出在refresh上面。

带着这个思路再去看程序，果然如此，显示全角字符的时候只refresh了半角部分，难怪只能显示出右半部分呢。我们马上来改一改。

本次的window.c节选

```
void putfouts8_asc_sht(struct SHEET *sht, int x, int y, int c, int b, char *s, int l)
{
    struct TASK *task = task_now();                          /*这里！*/
    boxfill8(sht->buf, sht->bxsize, b, x, y, x + l * 8 - 1, y + 15);
    if (task->langmode != 0 && task->langbyte1 != 0) {       /*从此开始*/
        putfonts8_asc(sht->buf, sht->bxsize, x, y, c, s);
        sheet_refresh(sht, x - 8, y, x + l * 8, y + 16);

    } else {
        putfonts8_asc(sht->buf, sht->bxsize, x, y, c, s);
        sheet_refresh(sht, x, y, x + l * 8, y + 16);
    }                                                        /*到此结束*/
```

```
    return;
}
```

这次修改中我们进行如下设定：当在日文界面下开始显示全角字符的第2个字节时， refresh 的范围会从x − 8开始，其他的部分保持不变。

我们来看看是不是解决了这个bug，"make run"一下试试看，和昨天一样运行chklang命令……哦哦，出来了！

修好了

于是这个bug顺利解决了，可喜可贺。

2 文件压缩（harib26b）

到上一节为止，我们已经修复了所有的bug，"纸娃娃系统"也可以宣告完成了，撒花！不过为了锦上添花，我们还要再做个小小的修改。

在此之前，我们先来确认一下目前操作系统核心部分程序的大小（好像已经很久没有确认了呢）。haribote.sys的大小为34782字节，即34.0KB，真小啊，不错不错。源代码的大小又如何呢？我们来看一下haribote目录下的所有文件，一共是99230字节（不包括hankaku.txt），即96.9KB，相当小呀。

那么下面我们还想要增加一个什么样的功能呢？答案是"支持文件压缩"的功能。这里所说的文件压缩，就是像zip文件一样将文件变小保存起来的功能。不过其实这次我们所要实现的并不是文件的"压缩"，而是将压缩好的文件"解压缩"的功能。

这样一来，压缩过的文件可以在操作系统内部自动解压缩，不需要使用压缩软件来进行解压缩的操作。对于压缩过的文件，可以像未经压缩的文件一样直接使用。

之所以要增加这样的功能，是为了尽量让日文字库文件变小。现在nihongo.fnt有142KB，但OSASK用的jpn16v00.fnt却只有56.7KB，这都是拜压缩所赐。因此如果我们在"纸娃娃系统"中也使用压缩，估计能节省大约85KB的磁盘空间，这样一来即便我们编写很多应用程序，也用不着使用ipl30.bin了，也就是说，可以不需要再额外延长启动时间了。

＝＝＝＝＝

世界上有许多种压缩格式（比如.zip、.cab、.lzh、.bz2等），那么我们选用哪一种格式呢？有些格式的压缩率不错，但解压缩需要花费很长的时间；有些格式压缩率不是很理想，但解压缩速度却很快。哎呀，如果有一种格式压缩率又好，同时解压缩速度又快就太好了；反之，如果压缩率不行，解压缩又慢的话，那就太差劲了。

此外，解压程序的大小也是个问题。即便压缩率再好，可以将142KB的nihongo.fnt压缩到1KB，但解压缩程序却要150KB，那结果只能是适得其反。

其实笔者在这个问题上考虑了半年的时间，为了给自己开发的软件加上对压缩文件的支持，在选用哪一种压缩格式上面做了一些研究，结果自己编写了一个平衡性还不错的新格式——tek，之后就一直使用这种格式了。之前我们介绍的jpn16v00.fnt就是用tek压缩的（OSASK中已经实现了对压缩文件的支持）。

在这里很想跟大家介绍一下tek的优点，不过真讲起来的话太浪费篇幅了，总之在这里我们也使用tek格式了，请大家接受这个设定吧。如果有人不赞同的话，也可以对程序进行修改，使用其他的格式，你一定会发现tek在平衡性方面的优势（当然，如果你发现有比tek更好的选择，请尽管用哦）。

＝＝＝＝＝

好，下面我们将tek的解压缩程序整合到"纸娃娃系统"中，不过如果要在这里讲解tek的算法，然后再编写相关的函数，不知道要讲到猴年马月了，而且本书是讲编写操作系统的，不是学习压缩算法的，所以我们就偷个懒，从edimg.exe的源代码中直接将tek相关的部分拿出来用吧（对不住了！）。

edimg.exe的源代码是公开的，tek相关的程序位于autodec_.c这个文件中，将这个文件直接复制到harib26b目录的tek/uatodec_.c就可以了。

然而，这个程序并无法轻易地汇整作为程序库来使用，这一点上笔者确实偷懒了（借口：与其说是偷懒，不如说是忙到没有时间来整理吧……比如说忙着写这本书之类的）。

于是，我们删除了对于"纸娃娃系统"来说不太好用的autodecomp函数，并增加了必要的函数tek_getsize和tek_decomp，同时将加工过的程序保存为tek.c（在tek/和haribote/中同时放入同样的文件）。

29

tek.c节选

```
int tek_getsize(unsigned char *p)
```

```
{
    static char header[15] = {
        0xff, 0xff, 0xff, 0x01, 0x00, 0x00, 0x00, 0x4f, 0x53, 0x41, 0x53, 0x4b, 0x43, 0x4d, 0x50
    };
    int size = -1;
    if (memcmp(p + 1, header, 15) == 0 && (*p == 0x83 || *p == 0x85 || *p == 0x89)) {
        p += 16;
        size = tek_getnum_s7s(&p);
    }
    return size;
}                   /* （注）memcmp和strncmp差不多，这个函数忽略字符串中的0并一直比较到指定的15个字符为止*/

int tek_decomp(unsigned char *p, char *q, int size)
{
    int err = -1;
    if (*p == 0x83) {
        err = tek_decode1(size, p, q);
    } else if (*p == 0x85) {
        err = tek_decode2(size, p, q);
    } else if (*p == 0x89) {
        err = tek_decode5(size, p, q);
    }
    if (err != 0) {
        return -1;   /*失败*/
    }
    return 0;    /*成功*/
}
```

话说回来，即便给大家看上面的代码，估计大家也看不明白tek_getnum_s7s和tek_decode1之类的到底是怎么一回事。不过基本上，tek_getsize函数用来判断文件是否符合tek格式，如果是合法的tek格式则取得解压缩后的文件大小（如果不是合法的tek格式则返回–1），然后tek_decomp函数用来完成解压缩操作。

还有，我们将autodec_.c中的malloc和free分别改成了memman_alloc_4k和memman_free_4k，以上就是本次修改的全部内容。

利用上面两个函数，我们编写了一个叫file_loadfile2的函数。

本次的file.c节选

```
char *file_loadfile2(int clustno, int *psize, int *fat)
{
    int size = *psize, size2;
    struct MEMMAN *memman = (struct MEMMAN *) MEMMAN_ADDR;
    char *buf, *buf2;
    buf = (char *) memman_alloc_4k(memman, size);
    file_loadfile(clustno, size, buf, fat, (char *) (ADR_DISKIMG + 0x003e00));
    if (size >= 17) {
        size2 = tek_getsize(buf);
        if (size2 > 0) {    /*使用tek格式压缩的文件*/
            buf2 = (char *) memman_alloc_4k(memman, size2);
```

```
            tek_decomp(buf, buf2, size2);
            memman_free_4k(memman, (int) buf, size);
            buf = buf2;
            *psize = size2;
        }
    }
    return buf;
}
```

这个函数的功能是，首先用memman_alloc_4k申请必要的内存空间，然后用file_loadfile函数将文件内容载入内存。如果文件大小超过17字节则表示其有可能为tek格式的文件[①]，调用tek_getsize进行判断，如果判断该文件确实为tek格式，则为解压缩后的文件申请分配内存空间，并执行解压缩操作，然后舍弃解压缩前的文件内容。本函数将返回载入并存放文件内容的内存地址。

这里需要说明的是psize这个变量，之前我们一直是这样写的：

```
    char *file_loadfile2(int clustno, int size, int *fat)
```

而这次我们将size改成了int *psize，因为我们不是要向函数传递size的值，而是要传递存放size变量的内存地址。

之所以要这样做，是因为在判断文件为tek格式之后，我们需要将size变量的值修改为解压缩后的文件大小，要修改变量的值就需要知道该变量的内存地址。

■■■■■

接下来我们用file_loadfile2函数来修改一下载入nihongo.fnt的部分。

本次的bootpack.c节选

```
void HariMain(void)
{
    (中略)

    /*载入nihongo.fnt */
    fat = (int *) memman_alloc_4k(memman, 4 * 2880);
    file_readfat(fat, (unsigned char *) (ADR_DISKIMG + 0x000200));

    finfo = file_search("nihongo.fnt", (struct FILEINFO *) (ADR_DISKIMG + 0x002600), 224);
    if (finfo != 0) {
        i = finfo->size;                                            /*这里! */
        nihongo = file_loadfile2(finfo->clustno, &i, fat);          /*这里! */
```

29

[①] tek格式的文件必须带有一个用于识别格式的文件头，这个文件头的部分至少有17字节，因此只对大于17字节的文件判断其是否为tek格式。

```
    } else {
        nihongo = (unsigned char *) memman_alloc_4k(memman, 16 * 256 + 32 * 94 * 47); /*这里! */
        for (i = 0; i < 16 * 256; i++) {
            nihongo[i] = hankaku[i]; /*没有字库，半角部分直接复制英文字库*/
        }
        for (i = 16 * 256; i < 16 * 256 + 32 * 94 * 47; i++) {
            nihongo[i] = 0xff; /* 没有字库，全角部分以0xff填充 */
        }
    }
    *((int *) 0x0fe8) = (int) nihongo;
    memman_free_4k(memman, (int) fat, 4 * 2880);

    (中略)
}
```

在载入nihongo.fnt的代码中，我们没有直接写file_loadfile2（finfo –> clustno, &finfo –> size, fat）；而是用了一个变量i作为中转，这是为了防止finfo –> size的值被修改，因为finfo –> size位于磁盘缓冲区中，如果被改掉的话就会出问题。

■■■■■

下面我们来压缩nihongo.fnt……话说，通过上面的程序大家应该能看出来，即便nihongo.fnt不进行压缩，程序照样可以正常工作，不过既然我们已经实现了对压缩文件的支持，那为什么不压缩一下呢？

要对文件进行压缩，可以使用z_tools中的bim2bin.exe。bim2bin.exe这个工具，本来是用于创建OSASK可执行文件的程序，所以才叫这个名字（OSASK的可执行文件扩展名为.bin）。其实tek压缩原本只是OSASK可执行文件附带的功能，因此从那以后就一直用bimzbin.exe来进行tek压缩了。输入下面的命令：

提示符>bim2bin –osacmp in:nihongo.org out:nihongo.fnt

即可完成文件的压缩，其中nihongo.org是在压缩前将nihongo.fnt改了一下名字而已。tek压缩还有一些选项，比如用下面的命令：

提示符> bim2bin –osacmp in:nihongo.org out:nihongo.fnt –tek2

表示压缩为tek2格式。如果指定–tek5，或者不指定任何选项的话，则是压缩为tek5格式。tek2格式的压缩率比较低，但解压缩速度比较快，在真机环境下测试表明，tek5格式的解压缩速度已经够快了，当然，如果对解压缩速度不满意的话，可以试试tek2。

用tek5格式压缩后，142KB的nihongo.org被压缩为56.6KB的nihongo.fnt，撒花！

准备完成，"make run"试试看，能不能顺利显示出汉字呢？显示出来了！

使用压缩过的字库也能显示出汉字了

再加把劲，这次我们要让应用程序经过tek压缩后也可以直接运行。

本次的console.c节选

```
int cmd_app(struct CONSOLE *cons, int *fat, char *cmdline)
{
    (中略)
    int i, segsiz, datsiz, esp, dathrb, appsiz;        /*这里！*/
    (中略)

    if (finfo != 0) {
        /*如果找到文件*/
        appsiz = finfo->size;                                      /*从此开始*/
        p = file_loadfile2(finfo->clustno, &appsiz, fat);
        if (appsiz >= 36 && strncmp(p + 4, "Hari", 4) == 0 && *p == 0x00) {    /*到此结束*/
            (中略)
        } else {
            (中略)
        }
        memman_free_4k(memman, (int) p, appsiz);                   /*这里！*/
        cons_newline(cons);
        return 1;
    }
    /*如果没有找到文件*/
    return 0;
}
```

修改的部分只是将应用程序的大小从finfo->size改成appsiz，并使用file_loadfile2函数来载入。

除此之外，虽然我们已使用了file_loadfile，但还剩下一个地方，那就是文件API的部分，我们也顺便将其修改成file_loadfile2吧。

29

本次的console.c节选

```
int *hrb_api(int edi, int esi, int ebp, int esp, int ebx, int edx, int ecx, int eax)
{
    (中略)
```

```
    } else if (edx == 21) {
        (中略)
        if (i < 8) {
            finfo = file_search((char *) ebx + ds_base,
                    (struct FILEINFO *) (ADR_DISKIMG + 0x002600), 224);
            if (finfo != 0) {
                reg[7] = (int) fh;
                fh->size = finfo->size;
                fh->pos = 0;
                fh->buf = file_loadfile2(finfo->clustno, &fh->size, task->fat);      /*这里！*/
            }
        }
    } else if (edx == 22) {
        (中略)
}
```

　　这里不用讲解应该也能明白了吧。这样一来，我们就对字库、应用程序，以及应用程序所打开的数据文件等等所有涉及文件操作的部分，都实现了对tek压缩的支持，如果觉得哪些文件比较大的话，压缩一下就可以了。

▪▪▪▪▪

　　作为测试，我们将应用程序压缩一下看看。

本次的app_make.txt节选

```
%.org : %.bim Makefile ../app_make.txt
    $(BIM2HRB) $*.bim $*.org $(MALLOC)

%.hrb : %.org Makefile ../app_make.txt
    $(BIM2BIN) -osacmp in:$*.org out:$*.hrb
```

　　我们运行一下"make full"，结果如下图所示。

应用程序名	压　缩　前	压　缩　后	差　　异
a.hrb	84字节	84字节	0字节
hello3.hrb	112字节	101字节	−11字节
hello4.hrb	102字节	105字节	+3字节
hello5.hrb	78字节	86字节	+8字节
winhelo.hrb	174字节	175字节	+1字节
winhelo2.hrb	315字节	249字节	−66字节
winhelo3.hrb	359字节	268字节	−91字节
star1.hrb	330字节	257字节	−73字节
stars.hrb	416字节	322字节	−94字节
stars2.hrb	476字节	352字节	−124字节
lines.hrb	406字节	310字节	−96字节

（续）

应用程序名	压缩前	压缩后	差异
walk.hrb	487字节	354字节	−133字节
noodle.hrb	1773字节	1250字节	−523字节
Beepdown.hrb	224字节	184字节	−40字节
color.hrb	386字节	312字节	−74字节
color2.hrb	512字节	399字节	−113字节
sosu.hrb	1472字节	1082	−390字节
sosu2.hrb	1484字节	1095字节	−389字节
Sosu3.hrb	1524字节	1103字节	−421字节
typeipl.hrb	174字节	165字节	−9字节
type.hrb	265字节	226字节	−39字节
iroha.hrb	97字节	101字节	+4字节
chklang.hrb	208字节	199字节	−9字节

于是应用程序也变得更小了。当然，变小之后应用程序还是可以正常运行的。真不错，noodle.hrb这种程序居然小到只有523字节了呢。

不过我们也发现，有一些原本就很小的应用程序，压缩了之后反倒稍微变大了一点[1]。虽然这点差异我们完全可以忽略，不过文件总归还是越小越好，我们就不对这些文件进行压缩了（这样还能节省解压缩的时间，虽然也只有一点点而已）。

本次的hello4.hrb的Makefile

```
APP     = hello4
STACK   = 1k
MALLOC  = 0k

include ../app_make.txt

$(APP).hrb : $(APP).org Makefile
    $(COPY) $(APP).org $(APP).hrb
```

这样一来，文件本身的生成规则会优先于一般规则，于是.hrb文件变成copy.org文件。

hello5.hrb和winhelo.hrb也进行了同样的修改。

■■■■■

29

---

[1] 可能大家会觉得压缩之后居然比原来还大这一点很奇怪，其实这也很正常。压缩说白了就是对数据的一种转换，大多数情况下这种转换会让文件变得更小，但偶然的情况下转换之后反而变大也是有可能的。这一性质并非是tek压缩所独有的，而是所有压缩方法所共有的。

通过这次的修改，毫无疑问，操作系统本身肯定变大了，不过到底大了多少呢？haribote.sys 的大小由34782字节变为40000字节，增加了5218字节，也就是5.10KB。而字库文件通过压缩减小了85.4KB，减去操作系统增大的部分，我们还赚了80多KB，而且应用程序也变小了，效果还是相当显著的。

到这里为止，我们的"纸娃娃系统"总算是正式完工了。撒花！放鞭炮！这29天一路走来，现在好想庆祝一番。笔者实在是太开心了，要不出去吃顿大餐吧！

忽然想起typeipl.hrb，这个程序相当于一个只能显示"ipl10.nas"的type命令，而且现在"ipl10.nas"这个文件已经不存在了（被替换成了"ipl20.nas"），这个程序也就没有任何意义了，从下一节开始我们就将它删掉。

3　标准函数

在C语言中，有一些函数被称为"标准函数"，这些函数对于C语言来说是非常常用的函数，大多数情况下，C语言编译器的作者或者是操作系统的作者都会提供这样的库。

其中有代表性的函数包括printf、putchar、strcmp以及malloc等。如果一个程序只调用了标准函数，那么无论在Windows中还是在Linux中都可以生成相同的应用程序（这里的相同指的是源代码可以完全通用，而并不是说完全相同的可执行文件能同时在不同的系统上运行）。

如果"纸娃娃系统"中也包含这些标准函数的话，那么上述这样的应用程序就同样可以用于"纸娃娃系统"了。听起来很不错，我们来试试看吧。

要凑齐所有的标准函数，笔者实在是吃不消，于是我们只挑其中一部分来做。如果有必要的话，剩下的可以由大家来完成。如果不清楚有哪些标准函数，可以参考一些C语言的教材，或者到"纸娃娃系统"的支持页面来提问。

▪▪▪▪▪

我们先来做putchar吧。这个函数的功能是在屏幕上显示一个指定的字符，只要include了<stdio.h>就可以使用。用api_putchar可以很容易地实现这个函数的功能。

putchar.c
```c
#include "apilib.h"

int putchar(int c)
{
    api_putchar(c);
    return c;
}
```

代码很简单，用不着讲解了吧。最后的return命令指定了c，这是putchar的参考手册①上面规定的。

■■■■■

接下来是strcmp，不过这个已经由编译器附带了，因此不需要我们再特地编写了。

那么我们就来做exit吧。exit是用来结束应用程序的函数，只要include的<stdlib.h>就可以使用②。本来exit函数有很多功能，比如实现用atexit函数对一些函数进行注册，在程序结束时可以自动调用这些注册过的函数。要实现这些功能代码就会变得很长，我们在这里就只调用api_end，做一个简单的exit函数吧。

```
exit.c
#include "apilib.h"

void exit(int status)
{
    api_end();
}
```

这个也用不着讲解了吧。status参数是用来向操作系统报告程序结束状态的，由于在现在的"纸娃娃系统"中完全没有用到，因此这里就直接忽略了。

■■■■■

下面我们来做printf，这个函数连C语言的初学者都应该很熟悉了。它的功能很简单，就是将sprintf的结果输出到画面上，只要include了<stdio.h>就可以使用了③。

不过printf还真是一个比较难写的函数，因为它的调用方式不是固定的，例如：

```
printf("hello, world\n");
printf("a = %d (%x) ", a, a);
```

像上面这样，通过使用%d和%x之类的转义符，会导致参数的数量发生变化。这样的函数到底应当如何声明呢？

只要完成了函数的声明，接下来只要调用sprintf，然后再调用api_putstr0就搞定了。可问题是

① 由于时间久远，原链接已失效，各位读者请参考这里：http://www.linux.com/learn/docs/man/3838-putchar3。

——译者注

② 由于时间久远，原链接已失效，各位读者请参考这里：http://www.linux.com/learn/docs/man/2912-exit3。

——译者注

③ 由于时间久远，原链接已失效，各位读者请参考这里：http://www.linux.com/learn/docs/man/4138-sprintf3。

——译者注

sprintf应该怎样调用呢？参数的数量是不固定的呀······

说那么多好像有点吓唬大家了，实际上程序并不长哦。

```
printf.c
#include <stdio.h>
#include <stdarg.h>
#include "apilib.h"

int printf(char *format, ...)
{
    va_list ap;
    char s[1000];
    int i;

    va_start(ap, format);
    i = vsprintf(s, format, ap);
    api_putstr0(s);
    va_end(ap);
    return i;
}
```

先来看声明部分，直接写了一个省略号 "..."，看上去很奇怪吧，其实这是C语言的语法，并不是笔者的错哦（笑）。

这个 "..." 的部分中传递的参数，可以使用va_list来获取，只要include了<stdarg.h>就可以使用了。使用时先通过va_start进行初始化，最后再用va_end来扫尾。

同时，有一个版本的sprintf是可以接受va_list作为参数的，名字叫vsprintf，使用这个函数就可以完成处理了。vsprintf也是编译器附带的，可以直接使用。

虽然上面对 "..." 形式的参数做了讲解，不过这种形式并不常用，大家随便看看就可以了。

▄▄▄▄▄

最后我们来做malloc和free，这两个函数只要include了<stdlib.h>就可以使用了[①]。

可能大家会觉得，用api_malloc和api_free不就可以轻松实现了吗？事实上可没有那么简单。标准函数的free无需指定size，因此我们需要将malloc时指定的size找个地方存放起来。

```
malloc.c
void *malloc(int size)
{
    char *p = api_malloc(size + 16);
```

_____

① 由于时间久远，原链接已失效，各位读者请参考这里：http://www.linux.com/learn/docs/ man/2634-calloc3。

——译者注

```
        if (p != 0) {
            *((int *) p) = size;
            p += 16;
        }
        return p;
    }
```

free.c

```
void free(void *p)
{
    char *q = p;
    int size;
    if (q != 0) {
        q -= 16;
        size = *((int *) q);
        api_free(q, size + 16);
    }
    return;
}
```

size的值到底应该存放在哪里呢？我们在api_malloc的时候特地多分配了16字节的空间出来，然后将size存放在那里，在free的时候则执行相反的操作。size是int型，其实只需要占用4字节的内存空间，不过内存地址为16字节的倍数时，CPU的处理速度有时候可以更快，因此在这里就用了16字节（这样从api_malloc返回的内存地址就一定是16字节的倍数）。

∎∎∎∎∎

到这里，标准函数就编写完成了。由于这部分内容只是顺带提及，因此上述程序代码并未包含在本书附送的光盘中，有需要的读者请自己输入代码吧。像printf这样的函数，如果可以使用的话应该还是很方便的呢。

4　非矩形窗口（harib26c）

好啦，现在开始我们可以编写应用程序玩玩了！

这里"非矩形"表示"非方块形状"，也就是说我们现在要让窗口的形状为方形以外的其他形状，这通过使用透明色就可以实现。这个例子说明"纸娃娃系统"也能实现这种高级功能哟。

29

notrec.c

```
#include "apilib.h"

void HariMain(void)
{
    int win;
```

```
char buf[150 * 70];
win = api_openwin(buf, 150, 70, 255, "notrec");
api_boxfilwin(win,   0, 50,  34, 69, 255);
api_boxfilwin(win, 115, 50, 149, 69, 255);
api_boxfilwin(win,  50, 30,  99, 49, 255);
for (;;) {
    if (api_getkey(1) == 0x0a) {
        break; /*按下回车键则break; */

    }
}
api_end();
}
```

我们将透明色指定为255号，然后用这个透明色在窗口中绘制3个方块。于是我们绘制方块的部分就变成了透明的，从结果上说也就画出非矩形的窗口了。

应用程序名称"notrec"是"not rectangle"（非矩形）的缩写。

"make run"的结果如图①，是不是很有意思呢？

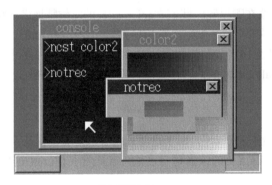

非矩形的窗口？

虽然现在这样还不行，但只要对操作系统方面进行一些修改并支持隐藏窗口标题栏的话，我们就可以绘制出桔子形的窗口，甚至是人形的窗口等各种窗口啦。这多亏了我们前面设计好的图层管理机制呢。

5 bball（harib26d）

"bball"是笔者很喜欢的一个OSASK上的应用程序，这个名字是"beautiful ball"的缩写，通

---

① "make run"的结果如图：某些情况下可能不会显示出图上的结果，出现这种情况时只要移动一下窗口就可以了。这是由于没有考虑到窗口形状变化（增加了透明色）而出现的问题，只要编写一个窗口形状变化时专用的refresh API就可以解决。本书中对于非矩形窗口并没有实现真正意义上的支持，因此没有增加相应的API。

过绘制很多条直线，组成一个美丽的球形。程序本身很短也很简单，不过画出来的图形非常漂亮。我们把这个程序也移植到"纸娃娃系统"上来吧。

其实，笔者之所以在"纸娃娃系统"中编写了用来画直线的API，也正是为了在这里移植这个程序呢（笑）。

bball.c

```
#include "apilib.h"

void HariMain(void)
{
    int win, i, j, dis;
    char buf[216 * 237];
    struct POINT {
        int x, y;
    };
    static struct POINT table[16] = {
        { 204, 129 }, { 195,  90 }, { 172,  58 }, { 137,  38 }, {  98,  34 },
        {  61,  46 }, {  31,  73 }, {  15, 110 }, {  15, 148 }, {  31, 185 },
        {  61, 212 }, {  98, 224 }, { 137, 220 }, { 172, 200 }, { 195, 168 },
        { 204, 129 }
    };

    win = api_openwin(buf, 216, 237, -1, "bball");
    api_boxfilwin(win, 8, 29, 207, 228, 0);
    for (i = 0; i <= 14; i++) {
        for (j = i + 1; j <= 15; j++) {
            dis = j - i; /*两点间的距离*/
            if (dis >= 8) {
                dis = 15 - dis; /*逆向计数*/
            }
            if (dis != 0) {
                api_linewin(win, table[i].x, table[i].y, table[j].x, table[j].y, 8 - dis);
            }
        }
    }

    for (;;) {
        if (api_getkey(1) == 0x0a) {
            break; /*按下回车键则break; */
        }
    }
    api_end();
}
```

29

这种写法在结构数组声明部分直接赋予初始值，可能大家还是第一次见到。没关系，只要知道"嘿，原来还可以这样写啊"就可以啦。

■■■■■

好，我们来"make run"。啊，图形超出画面边界了，不过用VESA的人应该可以完全显示出来的哦。咦？显示的图形有问题啊……

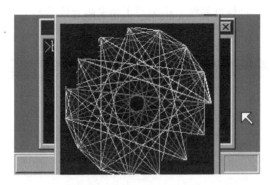

有些线没有显示出来

唔，这貌似是操作系统的bug呢，因为画线的程序并没有什么问题。我们把窗口移动一下看看。哦，果然好了。也就是说，这是refresh失败导致的。

于是我们来修正一下操作系统的bug。

本次的console.c节选

```
int *hrb_api(int edi, int esi, int ebp, int esp, int ebx, int edx, int ecx, int eax)
{
    （中略）
    } else if (edx == 13) {
        sht = (struct SHEET *) (ebx & 0xfffffffe);
        hrb_api_linewin(sht, eax, ecx, esi, edi, ebp);
        if ((ebx & 1) == 0) {          /*从此开始*/
            if (eax > esi) {
                i = eax;
                eax = esi;
                esi = i;
            }
            if (ecx > edi) {
                i = ecx;
                ecx = edi;
                edi = i;
            }                          /*到此结束*/
            sheet_refresh(sht, eax, ecx, esi + 1, edi + 1);
        }
    } else if (edx == 14) {
    （中略）
}
```

为了保证refresh范围指定正确的左上角和右下角坐标，我们将变量进行比较后做了替换。

再来"make run"一次看看……成功了！怎么样，很漂亮吧？这样一个应用程序只需要350

字节哦，"纸娃娃系统"真是相当给力不是吗？

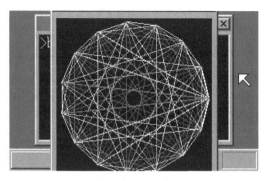

bball完成

不过图形超出画面范围看上去很不爽，我们用VESA模式再重新截一张图片下来。

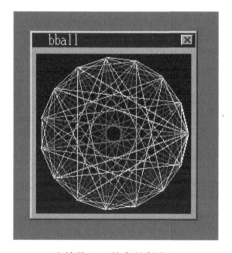

这就是bball的完整版啦！

6　外星人游戏（harib26e）

接下来，我们打算做一个跟OSASK上面的外星人游戏差不多的游戏。在看这本书的各位读者估计也不知道OSASK的外星人游戏到底是何方神圣，那么我们先从背景故事开始讲起吧（笑）。顺便说一句，这个故事不是之前就设定好的，而是笔者在这里现编的。

20XX年，从遥远的宇宙另一端飞来一群外星侵略者，它们不用穿太空服就能在宇宙中生存。它们也没有发达的文明，一直就这样在宇宙中四处漂泊。

虽然并没有恶意，但它们身上感染了一种凶恶的病毒，人类目前的科学水平还无法应付（它们自己虽然感染了病毒，但这种病毒对它们的健康无害），如果它们来到地球，包括人类在内的大多数地球生命都会遭到毁灭性的打击。

人类曾经尝试说服这些外星人，但是他们的语言能力不佳，根本就无法沟通。科学家们经过讨论，认为只好将它们击退。虽然做法有些残酷，但如果它看到同伴受到攻击全都牺牲了，它们似乎就会做出"看来这里不适合我们居住"的判断。

时间紧迫，只争朝夕。就在人类商讨对策之时，它们已经来到地球了。没办法，只好抄起手边的等离子炮，将它们连同病毒一起消灭掉。

游戏的操作方法是这样的，按小键盘上的"4"和"6"键移动自机的位置，按空格键发射等离子炮。等离子炮每发射一次，必须进行一段时间的充电（或者是加热?）才能重新发射（其实这个时间也不是很长），因此不能连续发射。笔者也没见过真的等离子炮是什么样的（笑），不过我们的等离子炮炮弹飞行的速度慢到可以用肉眼看见，反正不是像光线那样飞快就是了，发射的时候还是要瞄准好哟。

消灭外星人会得到奖金（得分），命中率越高（打空的次数少）的话得到的奖金越多。因为这个等离子炮需要消费大量的电力，如果老是打不中而白白浪费的话，咱们国家的电力就会不够用啦。为了鼓励炮击手节约弹药，我们才设定了这样一个奖励的规定。

为了地球的和平，希望大家英勇奋战！

补充：当初估计它们只有30只来到了地球，但现在看来还有后续部队。另有不确定的情报表示，后续部队的移动速度很快……消灭它们吧！

我们来编写程序吧，这次比较长哦。

invader.c

```
#include <stdio.h>        /* sprintf */
#include <string.h>       /* strlen */
#include "apilib.h"

void putstr(int win, char *winbuf, int x, int y, int col, unsigned char *s);
void wait(int i, int timer, char *keyflag);

static unsigned char charset[16 * 8] = {

    /* invader(0) */
    0x00, 0x00, 0x00, 0x43, 0x5f, 0x5f, 0x5f, 0x7f,
    0x1f, 0x1f, 0x1f, 0x1f, 0x00, 0x20, 0x3f, 0x00,

    /* invader(1) */
    0x00, 0x0f, 0x7f, 0xff, 0xcf, 0xcf, 0xcf, 0xff,
    0xff, 0xe0, 0xff, 0xff, 0xc0, 0xc0, 0xc0, 0x00,

    /* invader(2) */
    0x00, 0xf0, 0xfe, 0xff, 0xf3, 0xf3, 0xf3, 0xff,
```

```
    0xff, 0x07, 0xff, 0xff, 0x03, 0x03, 0x03, 0x00,

    /* invader(3) */
    0x00, 0x00, 0x00, 0xc2, 0xfa, 0xfa, 0xfa, 0xfe,
    0xf8, 0xf8, 0xf8, 0xf8, 0x00, 0x04, 0xfc, 0x00,

    /* fighter(0) */
    0x00, 0x00, 0x01, 0x01, 0x01, 0x01, 0x01, 0x01,
    0x01, 0x43, 0x47, 0x4f, 0x5f, 0x7f, 0x7f, 0x00,

    /* fighter(1) */
    0x18, 0x7e, 0xff, 0xc3, 0xc3, 0xc3, 0xc3, 0xff,
    0xff, 0xff, 0xe7, 0xe7, 0xe7, 0xe7, 0xff, 0x00,

    /* fighter(2) */
    0x00, 0x00, 0x80, 0x80, 0x80, 0x80, 0x80, 0x80,
    0x80, 0xc2, 0xe2, 0xf2, 0xfa, 0xfe, 0xfe, 0x00,

    /* laser */
    0x00, 0x18, 0x18, 0x18, 0x18, 0x18, 0x18, 0x18,
    0x18, 0x18, 0x18, 0x18, 0x18, 0x18, 0x18, 0x00
};
/* invader:"abcd", fighter:"efg", laser:"h" */

void HariMain(void)
{
    int win, timer, i, j, fx, laserwait, lx = 0, ly;
    int ix, iy, movewait0, movewait, idir;
    int invline, score, high, point;
    char winbuf[336 * 261], invstr[32 * 6], s[12], keyflag[4], *p;
    static char invstr0[32] = " abcd abcd abcd abcd abcd ";

    win = api_openwin(winbuf, 336, 261, -1, "invader");
    api_boxfilwin(win, 6, 27, 329, 254, 0);
    timer = api_alloctimer();
    api_inittimer(timer, 128);

    high = 0;
    putstr(win, winbuf, 22, 0, 7, "HIGH:00000000");

restart:
    score = 0;
    point = 1;
    putstr(win, winbuf,  4, 0, 7, "SCORE:00000000");
    movewait0 = 20;
    fx = 18;
    putstr(win, winbuf, fx, 13, 6, "efg");
    wait(100, timer, keyflag);

next_group:
    wait(100, timer, keyflag);
    ix = 7;
    iy = 1;
    invline = 6;
```

```
for (i = 0; i < 6; i++) {
    for (j = 0; j < 27; j++) {
        invstr[i * 32 + j] = invstr0[j];
    }
    putstr(win, winbuf, ix, iy + i, 2, invstr + i * 32);
}
keyflag[0] = 0;
keyflag[1] = 0;
keyflag[2] = 0;

ly = 0; /*不显示*/
laserwait = 0;
movewait = movewait0;
idir = +1;
wait(100, timer, keyflag);

for (;;) {
    if (laserwait != 0) {
        laserwait--;
        keyflag[2 /* space */] = 0;
    }

    wait(4, timer, keyflag);

    /*自机的处理*/
    if (keyflag[0 /* left */]  != 0 && fx > 0) {
        fx--;
        putstr(win, winbuf, fx, 13, 6, "efg ");
        keyflag[0 /* left */]  = 0;
    }
    if (keyflag[1 /* right */] != 0 && fx < 37) {
        putstr(win, winbuf, fx, 13, 6, " efg");
        fx++;
        keyflag[1 /* right */] = 0;
    }
    if (keyflag[2 /* space */] != 0 && laserwait == 0) {

        laserwait = 15;
        lx = fx + 1;
        ly = 13;
    }

    /*外星人移动*/
    if (movewait != 0) {
        movewait--;
    } else {
        movewait = movewait0;
        if (ix + idir > 14 || ix + idir < 0) {
            if (iy + invline == 13) {
                break; /* GAME OVER */
            }
            idir = - idir;
            putstr(win, winbuf, ix + 1, iy, 0, "                        ");
            iy++;
```

```
        } else {
            ix += idir;
        }
        for (i = 0; i < invline; i++) {
            putstr(win, winbuf, ix, iy + i, 2, invstr + i * 32);
        }
    }

    /*炮弹处理*/
    if (ly > 0) {
        if (ly < 13) {
            if (ix < lx && lx < ix + 25 && iy <= ly && ly < iy + invline) {
                putstr(win, winbuf, ix, ly, 2, invstr + (ly - iy) * 32);
            } else {
                putstr(win, winbuf, lx, ly, 0, " ");
            }
        }
        ly--;
        if (ly > 0) {
            putstr(win, winbuf, lx, ly, 3, "h");
        } else {
            point -= 10;
            if (point <= 0) {
                point = 1;
            }
        }
        if (ix < lx && lx < ix + 25 && iy <= ly && ly < iy + invline) {
            p = invstr + (ly - iy) * 32 + (lx - ix);
            if (*p != ' ') {
                /* hit ! */
                score += point;
                point++;
                sprintf(s, "%08d", score);
                putstr(win, winbuf, 10, 0, 7, s);
                if (high < score) {
                    high = score;
                    putstr(win, winbuf, 27, 0, 7, s);
                }
                for (p--; *p != ' '; p--) { }
                for (i = 1; i < 5; i++) {
                    p[i] = ' ';
                }
                putstr(win, winbuf, ix, ly, 2, invstr + (ly - iy) * 32);
                for (; invline > 0; invline--) {
                    for (p = invstr + (invline - 1) * 32; *p != 0; p++) {
                        if (*p != ' ') {
                            goto alive;
                        }
                    }
                }
                /*全部消灭*/
                movewait0 -= movewait0 / 3;
                goto next_group;
alive:
```

```
                        ly = 0;
                    }
                }
            }
        }

        /* GAME OVER */
        putstr(win, winbuf, 15, 6, 1, "GAME OVER");
        wait(0, timer, keyflag);
        for (i = 1; i < 14; i++) {
            putstr(win, winbuf, 0, i, 0, "                                    ");
        }
        goto restart;
}

void putstr(int win, char *winbuf, int x, int y, int col, unsigned char *s)
{
    int c, x0, i;
    char *p, *q, t[2];
    x = x * 8 + 8;
    y = y * 16 + 29;
    x0 = x;
    i = strlen(s);   /*计算s的字符数*/
    api_boxfilwin(win + 1, x, y, x + i * 8 - 1, y + 15, 0);
    q = winbuf + y * 336;
    t[1] = 0;
    for (;;) {
        c = *s;
        if (c == 0) {
            break;
        }
        if (c != ' ') {
            if ('a' <= c && c <= 'h') {
                p = charset + 16 * (c - 'a');
                q += x;
                for (i = 0; i < 16; i++) {
                    if ((p[i] & 0x80) != 0) { q[0] = col; }
                    if ((p[i] & 0x40) != 0) { q[1] = col; }
                    if ((p[i] & 0x20) != 0) { q[2] = col; }
                    if ((p[i] & 0x10) != 0) { q[3] = col; }
                    if ((p[i] & 0x08) != 0) { q[4] = col; }
                    if ((p[i] & 0x04) != 0) { q[5] = col; }
                    if ((p[i] & 0x02) != 0) { q[6] = col; }
                    if ((p[i] & 0x01) != 0) { q[7] = col; }
                    q += 336;
                }
                q -= 336 * 16 + x;
            } else {
                t[0] = *s;
                api_putstrwin(win + 1, x, y, col, 1, t);
            }
        }
        s++;
```

```
        x += 8;
    }
    api_refreshwin(win, x0, y, x, y + 16);
    return;
}

void wait(int i, int timer, char *keyflag)
{
    int j;
    if (i > 0) {
        /*等待一段时间*/
        api_settimer(timer, i);
        i = 128;
    } else {
        i = 0x0a; /* Enter */
    }
    for (;;) {
        j = api_getkey(1);
        if (i == j) {
            break;

        }
        if (j == '4') {
            keyflag[0 /* left */]  = 1;
        }
        if (j == '6') {
            keyflag[1 /* right */] = 1;
        }
        if (j == ' ') {
            keyflag[2 /* space */] = 1;
        }
    }
    return;
}
```

由于这不是操作系统，而只是一个应用程序。这本书也不是讲如何编写外星人游戏的，而是讲如何编写操作系统的（笑），因此对于程序的讲解我们就速战速决吧。

putstr函数用来显示字符串，不过a～h的字符不是直接显示，而是用charset的字库来显示的，为提高显示速度，使用了api_refreshwin。

wait函数用来延时并等待按键输入。当i指定为0时等待回车键的输入，否则按照"指定的时间×0.01秒"为基准进行延时等待，在等待期间如果有按键输入则反映到keyflag[0～2]中。

HariMain则是处理游戏的主体，里面有很多变量，这里介绍一些比较难懂的。

fx：自机的x坐标（fighter_x）
lx，ly：等离子炮弹的坐标（laser_x, laser_y）[1]

29

---

① 一开始本来管自机发射的炮弹叫"激光"，不过激光居然飞得这么慢实在太诡异了（笑），于是在编故事的时候改成等离子炮弹了。

ix, iy：外星人群的坐标（invaders_x, invaders_y）
idir：外星人群的移动方向（invaders_direction）
laserwait：等离子炮弹的剩余充电时间
movewait：当这个变量变为0时外星人群前进一步
movewait0：movewait的初始值（消灭30只敌人后减少）
invline：外星人群的行数（invaders_line）
score：当前得分
high：最高得分
point：得分的增加量（奖金的单价？）
invstr：将外星人群的状态显示为字符串的变量

对了，在这个游戏中，当外星人到达最底下一行时就Game Over了，这时按下回车键可以重新开始。对于这个程序我们没有设定正常的结束方法，大家可以按Shift+F1或者点击"×"按钮强制结束。

■■■■■

好了，我们来"make run"。静下心来，为了保卫地球的明天，加油！

 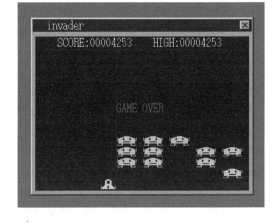

战斗开始 呜哇！

漫长的战斗之后（话说也就是几分钟吧）……终于挂了！

地球完蛋了！……这样可不行，要是人生能重新来过就好了（太夸张了）。其实按下回车键就可以了哦，胜败乃兵家常事，大侠请重新来过（笑）。

我们再来重新看看程序吧。make之后生成的invader.hrb大小为2335字节，也就是说，"纸娃娃系统"所具备的API使得这样一个游戏仅用2.28KB就可以写出来。和其他操作系统相比，这并不能算是非常好，不过笔者还是感到挺自豪的。

今天就到这里吧，明天我们继续来编写应用程序哦！

第30天

高级的应用程序

- ❑ 命令行计算器（harib27a）
- ❑ 文本阅览器（harib27b）
- ❑ MML播放器（harib27c）
- ❑ 图片阅览器（harib27d）
- ❑ IPL的改良（harib27e）
- ❑ 光盘启动（harib27f）

1 命令行计算器（harib27a）

这一章我们要编写一些"高级的应用程序"，不过其实也没那么高级，说不定还是昨天那个invader.hrb比较高级呢，因此大家可别抱太大的期望哦（笑）。

那到底做点什么样的应用程序好呢？现在我们的系统中已经有noodle.hrb可以帮我们做泡面，还有invader.hrb可以用来玩游戏，应该再找一些其他能派上用场的功能……于是笔者想到了计算器。

Windows中附带了一个计算器软件，不过做那样一个好看的计算器太麻烦了，我们就做一个在命令行中输入算式来进行计算的应用程序吧。

▪▪▪▪▪

我们来看程序。

calc.c
```
#include "apilib.h"
#include <stdio.h>        /* sprintf */

#define INVALID     -0x7fffffff

int strtol(char *s, char **endp, int base); /*标准函数(stdlib.h) */
```

```
char *skipspace(char *p);
int getnum(char **pp, int priority);

void HariMain(void)
{
    int i;
    char s[30], *p;

    api_cmdline(s, 30);
    for (p = s; *p > ' '; p++) { }   /*一直读到空格为止*/
    i = getnum(&p, 9);
    if (i == INVALID) {
        api_putstr0("error!\n");
    } else {
        sprintf(s, "= %d = 0x%x\n", i, i);
        api_putstr0(s);
    }
    api_end();
}

char *skipspace(char *p)
{
    for (; *p == ' '; p++) { }   /*将空格跳过去*/
    return p;
}

int getnum(char **pp, int priority)
{
    char *p = *pp;
    int i = INVALID, j;
    p = skipspace(p);

    /*单项运算符*/
    if (*p == '+') {
        p = skipspace(p + 1);
        i = getnum(&p, 0);
    } else if (*p == '-') {
        p = skipspace(p + 1);
        i = getnum(&p, 0);
        if (i != INVALID) {
            i = - i;
        }
    } else if (*p == '~') {
        p = skipspace(p + 1);
        i = getnum(&p, 0);
        if (i != INVALID) {
            i = ~i;
        }
    } else if (*p == '(') { /*括号*/
        p = skipspace(p + 1);
        i = getnum(&p, 9);
        if (*p == ')') {
            p = skipspace(p + 1);
        } else {
            i = INVALID;
```

```
            }
    } else if ('0' <= *p && *p <= '9') { /*数值*/
            i = strtol(p, &p, 0);
        } else { /*错误 */
            i = INVALID;
        }

        /*二项运算符*/
        for (;;) {
            if (i == INVALID) {
                break;
            }
            p = skipspace(p);
            if (*p == '+' && priority > 2) {
                p = skipspace(p + 1);
                j = getnum(&p, 2);
                if (j != INVALID) {
                    i += j;
                } else {
                    i = INVALID;
                }
            } else if (*p == '-' && priority > 2) {
                p = skipspace(p + 1);
                j = getnum(&p, 2);
                if (j != INVALID) {
                    i -= j;
                } else {
                    i = INVALID;
                }
            } else if (*p == '*' && priority > 1) {
                p = skipspace(p + 1);
                j = getnum(&p, 1);
                if (j != INVALID) {
                    i *= j;
                } else {
                    i = INVALID;
                }
            } else if (*p == '/' && priority > 1) {
                p = skipspace(p + 1);
                j = getnum(&p, 1);
                if (j != INVALID && j != 0) {
                    i /= j;
                } else {
                    i = INVALID;
                }
            } else if (*p == '%' && priority > 1) {
                p = skipspace(p + 1);
                j = getnum(&p, 1);
                if (j != INVALID && j != 0) {
                    i %= j;
                } else {
                    i = INVALID;
                }
            } else if (*p == '<' && p[1] == '<' && priority > 3) {
                p = skipspace(p + 2);
                j = getnum(&p, 3);
```

```
        if (j != INVALID && j != 0) {
            i <<= j;
        } else {
            i = INVALID;
        }
    } else if (*p == '>' && p[1] == '>' && priority > 3) {
        p = skipspace(p + 2);
        j = getnum(&p, 3);
        if (j != INVALID && j != 0) {
            i >>= j;

        } else {
            i = INVALID;
        }
    } else if (*p == '&' && priority > 4) {
        p = skipspace(p + 1);
        j = getnum(&p, 4);
        if (j != INVALID) {
            i &= j;
        } else {
            i = INVALID;
        }
    } else if (*p == '^' && priority > 5) {
        p = skipspace(p + 1);
        j = getnum(&p, 5);
        if (j != INVALID) {
            i ^= j;
        } else {
            i = INVALID;
        }
    } else if (*p == '|' && priority > 6) {
        p = skipspace(p + 1);
        j = getnum(&p, 6);
        if (j != INVALID) {
            i |= j;
        } else {
            i = INVALID;
        }
    } else {
        break;
    }
}
p = skipspace(p);
*pp = p;
return i;
}
```

如果以前没有编写过类似的计算器程序的话，估计不太容易看懂上面这段程序。这段程序本来就已经偏离了"编写操作系统"这个主题，因此笔者也没打算逼着大家看懂，不过如果你对这段程序很感兴趣，不妨先运行一下玩玩看，然后再仔细阅读下面的讲解，一定能慢慢看明白的。

在这段程序中使用了strtol(s, endp, base)这样一个函数，这个函数的功能基本上和sprintf是相反的，它可以将字符串形式的数值转换为整数。字符串的地址由s指定，base表示进制，例如10代表十进制，16代表十六进制，0则代表自动识别（以0x开头则识别为十六进制）。

endp一般可以指定为0，也可以指定一个变量的地址，如果指定了地址，则函数会返回在转换字符串时所读取到的字符串末尾地址。字符串末尾地址是一个char *型的变量，这个变量的地址由endp指定，地址的地址，也就是一个char **型的变量。

strtol是一个只要include了<stdlib.h>就可以使用的标准函数，不过笔者在"纸娃娃系统"用的tolset中没有包含<stdlib.h>，因此在程序中直接进行了声明。

getnum中也使用了char **型的参数，和strtol一样，也是为了将当前解析到算式中的位置返回给相应的变量。

函数getnum的功能是将字符串形式的算式进行解释，并获取一个数值。除了进入字符串开始地址的变量地址外，还需要指定计算到哪个等级的运算符（"+"、"/"等用于表示各种运算的符号）。在HariMain中我们指定了9，这代表"无论多么低优先级的运算符，全部需要计算出来"的意思。

用作运算符的字符包括+ - * / % & | ^ ~ << >> ( )，结果同时显示十进制和十六进制。不过计算都是以整数进行，比如：10 / 3 = 3，可以使用负数。计算的优先级和C语言的规定相同，因此1 + 2 * 3 + 4 = 11，如果单纯从左往右按顺序计算的话结果应该是13，但我们的计算器不会这样计算，当然，如果输入（1 + 2）* 3 + 4的话就可以计算出13了哦。

由于使用了和C语言相同的语法规则，因此^是代表XOR运算的运算符，2^3可不是"2的3次方"的意思，而是"2 XOR 3"的意思哦。另外，和C语言一样，我们可以直接输入十六进制的数字进行计算，只要在数字前面加上0x就可以了。

■■■■■

我们来"make run"看看吧，关于使用方法，可以输入如 "calc 1+2"。

尝试进行了各种计算

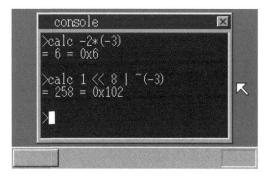

又尝试了更多种类的计算

怎么样，还挺有意思的吧？这样一来，一些比较简单的计算用"纸娃娃系统"就可以胜任了哦，可喜可贺。对了，calc.hrb只有1688字节哦，短小精悍吧！

2 文本阅览器（harib27b）

"纸娃娃系统"中已经有了type.hrb，可以显示出文本文件的内容。不过由于屏幕滚动的速度太快，而且没有办法往回滚动，用起来挺不方便的，而且命令行窗口也太小了。

于是，我们来做一个用来查看文本文件内容的文本阅览器吧。

首先来看程序……话说每次都一上来就先拿一大段程序出来好像挺无聊的，从现在起就先给大家展示一下完成后的运行画面好了。如果事先知道要做出来的程序是什么样，再去看程序的话应该会更容易理解吧。

输入"tview ipl20.nas –w100 –h30"，运行结果如下图。

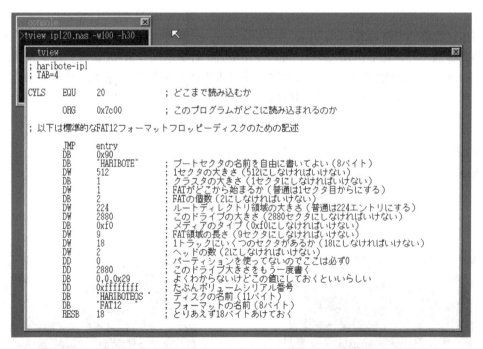

咚！显示出来了

用光标键可以上下左右进行滚动，在QEMU中可能速度不是很快，这是由于模拟器性能不佳造成的，在真机环境下速度还是相当快的哦。

滚动的速度也是可以调节的。按"b"可以将纵向滚动的速度设为每次2行，"c"则每次4行，

"d"则每次8行。以此类推，可以一直用到"f"，按"a"则恢复为初始状态，每次滚动1行。同样地，用"A"～"F"可以改变横向滚动的速度。

关于启动时的命令行选项，-w和-h代表窗口的大小。-w表示打开一个宽度为100个半角字符的窗口，最大可以指定为126。-h表示行数，最大可以指定为45。如果不指定-w和-h，则默认为-w30、-h10。

此外，用-t选项可以指定制表符的大小，省略的话则按照笔者的习惯默认为-t4。制表符的大小在程序启动后也可以通过"<"和">"键来进行调节。

按"q"或者"Q"可以退出程序。其实这个键倒没那么重要。即便忘记了，点击"×"按钮或者按Shift+F1强制结束也没什么问题。

■■■■■

下面我们来看程序吧。

tview.c

```c
#include "apilib.h"

#include <stdio.h>

int strtol(char *s, char **endp, int base); /*标准函数(stdlib.h) */

char *skipspace(char *p);
void textview(int win, int w, int h, int xskip, char *p, int tab, int lang);
char *lineview(int win, int w, int y, int xskip, unsigned char *p, int tab, int lang);
int puttab(int x, int w, int xskip, char *s, int tab);

void HariMain(void)
{
    char winbuf[1024 * 757], txtbuf[240 * 1024];
    int w = 30, h = 10, t = 4, spd_x = 1, spd_y = 1;
    int win, i, j, lang = api_getlang(), xskip = 0;
    char s[30], *p, *q = 0, *r = 0;

    /*命令行解析*/
    api_cmdline(s, 30);
    for (p = s; *p > ' '; p++) { }   /*一直读到空格为止*/
    for (; *p != 0; ) {
        p = skipspace(p);
        if (*p == '-') {
            if (p[1] == 'w') {
                w = strtol(p + 2, &p, 0);
                if (w < 20) {
                    w = 20;
                }
                if (w > 126) {
                    w = 126;
```

```
            }
        } else if (p[1] == 'h') {
            h = strtol(p + 2, &p, 0);
            if (h < 1) {
                h = 1;
            }
            if (h > 45) {
                h = 45;
            }
        } else if (p[1] == 't') {
            t = strtol(p + 2, &p, 0);
            if (t < 1) {
                t = 4;
            }
        } else {
err:

            api_putstr0(" >tview file [-w30 -h10 -t4]\n");
            api_end();
        }
    } else {        /*找到文件名*/
        if (q != 0) {
            goto err;
        }
        q = p;
        for (; *p > ' '; p++) { }    /*一直读到空格为止*/
        r = p;
    }
}
if (q == 0) {
    goto err;
}

/*准备窗口*/
win = api_openwin(winbuf, w * 8 + 16, h * 16 + 37, -1, "tview");
api_boxfilwin(win, 6, 27, w * 8 + 9, h * 16 + 30, 7);

/*载入文件*/
*r = 0;
i = api_fopen(q);
if (i == 0) {
    api_putstr0("file open error.\n");
    api_end();
}
j = api_fsize(i, 0);
if (j >= 240 * 1024 - 1) {
    j = 240 * 1024 - 2;
}
txtbuf[0] = 0x0a; /*卫兵用的换行代码*/
api_fread(txtbuf + 1, j, i);
api_fclose(i);
txtbuf[j + 1] = 0;
q = txtbuf + 1;
for (p = txtbuf + 1; *p != 0; p++) {        /*为了让处理变得简单，删掉0x0d的代码*/
```

```
        if (*p != 0x0d) {
            *q = *p;
            q++;
        }
    }
    *q = 0;

    /*主体*/
    p = txtbuf + 1;
    for (;;) {
        textview(win, w, h, xskip, p, t, lang);
        i = api_getkey(1);
        if (i == 'Q' || i == 'q') {
            api_end();
        }
        if ('A' <= i && i <= 'F') {
            spd_x = 1 << (i - 'A'); /* 1, 2, 4, 8, 16, 32 */
        }
        if ('a' <= i && i <= 'f') {
            spd_y = 1 << (i - 'a'); /* 1, 2, 4, 8, 16, 32 */
        }
        if (i == '<' && t > 1) {
            t /= 2;
        }
        if (i == '>' && t < 256) {
            t *= 2;
        }
        if (i == '4') {

            for (;;) {
                xskip -= spd_x;
                if (xskip < 0) {
                    xskip = 0;
                }
                if (api_getkey(0) != '4') { /*如果没有按下"4"则处理结束*/
                    break;
                }
            }
        }
        if (i == '6') {
            for (;;) {
                xskip += spd_x;
                if (api_getkey(0) != '6') {
                    break;
                }
            }
        }
        if (i == '8') {
            for (;;) {
                for (j = 0; j < spd_y; j++) {
                    if (p == txtbuf + 1) {
                        break;
                    }
                    for (p--; p[-1] != 0x0a; p--) { } /*回溯到上一个字符为0x0a为止*/
```

30

```
            }
            if (api_getkey(0) != '8') {
                break;
            }
        }
    }
    if (i == '2') {
        for (;;) {
            for (j = 0; j < spd_y; j++) {
                for (q = p; *q != 0 && *q != 0x0a; q++) { }
                if (*q == 0) {
                    break;
                }
                p = q + 1;
            }
            if (api_getkey(0) != '2') {
                break;
            }
        }
    }
}

char *skipspace(char *p)
{
    for (; *p == ' '; p++) { }   /*跳过空格*/
    return p;
}


void textview(int win, int w, int h, int xskip, char *p, int tab, int lang)
{
    int i;
    api_boxfilwin(win + 1, 8, 29, w * 8 + 7, h * 16 + 28, 7);
    for (i = 0; i < h; i++) {
        p = lineview(win, w, i * 16 + 29, xskip, p, tab, lang);
    }
    api_refreshwin(win, 8, 29, w * 8 + 8, h * 16 + 29);
    return;
}


char *lineview(int win, int w, int y, int xskip, unsigned char *p, int tab, int lang)
{
    int x = - xskip;
    char s[130];
    for (;;) {
        if (*p == 0) {
            break;
        }
        if (*p == 0x0a) {
            p++;
            break;
        }
        if (lang == 0) {     /* ASCII */
            if (*p == 0x09) {
```

```
            x = puttab(x, w, xskip, s, tab);
        } else {
            if (0 <= x && x < w) {
                s[x] = *p;
            }
            x++;
        }
        p++;
    }
    if (lang == 1) {      /* SJIS */
        if (*p == 0x09) {
            x = puttab(x, w, xskip, s, tab);
            p++;
        } else if ((0x81 <= *p && *p <= 0x9f) || (0xe0 <= *p && *p <= 0xfc)) {
            /*全角字符*/
            if (x == -1) {
                s[0] = ' ';
            }
            if (0 <= x && x < w - 1) {
                s[x]     = *p;
                s[x + 1] = p[1];
            }
            if (x == w - 1) {
                s[x] = ' ';
            }
            x += 2;
            p += 2;
        } else {
            if (0 <= x && x < w) {
                s[x] = *p;
            }
            x++;
            p++;
        }
    }
    if (lang == 2) {      /* EUC */
        if (*p == 0x09) {
            x = puttab(x, w, xskip, s, tab);
            p++;
        } else if (0xa1 <= *p && *p <= 0xfe) {
            /*全角字符*/
            if (x == -1) {
                s[0] = ' ';
            }
            if (0 <= x && x < w - 1) {
                s[x]     = *p;
                s[x + 1] = p[1];
            }
            if (x == w - 1) {
                s[x] = ' ';
            }

            x += 2;
            p += 2;
```

```
                } else {
                    if (0 <= x && x < w) {
                        s[x] = *p;
                    }
                    x++;
                    p++;
                }
            }
        }
    if (x > w) {
        x = w;
    }
    if (x > 0) {
        s[x] = 0;
        api_putstrwin(win + 1, 8, y, 0, x, s);
    }
    return p;
}

int puttab(int x, int w, int xskip, char *s, int tab)
{
    for (;;) {
        if (0 <= x && x < w) {
            s[x] = ' ';
        }
        x++;
        if ((x + xskip) % tab == 0) {
            break;
        }
    }
    return x;
}
```

程序基本上没有什么难点（虽然看上去很长），只要慢慢读应该能看懂。和calc.hrb一样，即便看不懂也问题不大。

在屏幕滚动的处理上用了api_getkey(0)，这是为了在QEMU上运行时可以尽量减少延迟。当同一个键被连续按下时，程序会将按键数据全部读取之后，再计算出总的移动量，然后再进行显示。

这个tview.hrb只有1753字节，跟calc.hrb大小差不多。嗯，也是短小精悍的。这么小的应用程序可以拥有如此不错的功能，我们的"纸娃娃系统"还真是挺强大的系统呢。

有人可能会说，既然都做到这一步了，还不如干脆做成文本编辑器呢。其实笔者也是这么想的，只不过现在的"纸娃娃系统"中还没有用于写入文件的API，即便做了文本编辑器也无法保存，感觉没有什么意义。看来"纸娃娃系统"还不太给力啊（笑）。

3　MML 播放器（harib27c）

　　我们来想想看，用现存的API，还能做出什么有趣的应用程序呢？想起来了，做个演奏音乐的程序吧，这样一来我们就可以边听音乐边看电子书了，好不惬意。不过说是音乐，其实只是用音质很烂的蜂鸣器来演奏啦。

　　先来看看实际运行的画面。输入"mmlplay daigo.mml"后如下图。

正在演奏daigo.mml[①]

■■■■■■

　　在命令行中指定的文件名，是一个用MML（music macro language）编写的文本文件。这个文件中包含的内容是乐谱数据，如"哆来咪发唆啦西哆"分别对应"CDEFGABC"（在C大调中）。在音符的后面加上"+"或者"#"表示升高半音，加上"-"表示降低半音。再后面还可以加上数字，"4"表示四分音符，"8"表示八分音符，"1"表示全音符，如果是"2."的话则表示符点二分音符。

　　"O"命令用来设定八度音区，例如可以设为"O4"。"L"命令用来设定音长，表示音符或者休止符（R）在不指定音长时的默认音长。"T"命令用来设定乐曲速度，">"用来升高一个八度，"<"用来降低一个八度，"&"表示连音线。"Q"用来指定音符演奏是短促还是连贯，如"Q4"标出断奏，"Q8"表示一直使用连音奏法。

　　"$"开头的是扩展命令，是笔者自己对MML语法扩展出来的。"$K"是卡拉OK命令，后面指定的字符串会显示在卡拉OK栏中。"$E"表示卡拉OK歌词数据的字符编码，不过这个信息在mmlplay.hrb中是被忽略的。

　　MML数据中是不区分大小写的，演奏到最后会自动回到开头重新演奏，按下"Q"可以退出。

　　在演奏过程中有一条蓝色的竖线在不停地动，它是根据音阶来移动的，笔者觉得这个看上去

30

---

　　① 乐曲名称为《c小调第五交响曲"命运"op.67》。——译者注

挺好玩的。

乐曲数据我们先准备了4个[①]，选曲按照笔者的喜好（笑）。乐曲数据文件貌似都比较大，因此全部用tek5进行了压缩。

■■■■■

kirakira.mml

```
/* 《小星星》[②] 法国民歌  */

$E"SJIS";                            T120L4O4

$K"一闪一闪亮晶晶，满天都是小星星";        CCGGAAG2 FFEEDDC2
$K"挂在天上放光明，好像许多小眼睛";        GGFFEED2 GGFFEED2
$K"一闪一闪亮晶晶，满天都是小星星";        CCGGAAG2 FFEEDDC2
$K"";                                R1

$K"一闪一闪亮晶晶，满天都是小星星";        CCGGAAG2 FFEEDDC2
$K"挂在天上放光明，好像许多小眼睛";        GGFFEED2 GGFFEED2
$K"一闪一闪亮晶晶，满天都是小星星";        CCGGAAG2 FFEEDDC2
$K"";                                R1 R1
```

fujisan.mml

```
/* 《富士山》[③]日本文部省民歌*/

$E"SJIS";                 T120L4O4

$K"冲破云霄";             G.G8AGEC8D8E2         D.G8GF8E8D2.R
$K"傲视群山";             G.G8ECA.B8>C<A        G.A8G8F8E8D8C2.R
$K"问鼎惊雷";             D.D8DDC8D8E8F8G2      A.B8>C<AG2.R
$K"富士，日本第一山";       >C2<AGE.E8AG          FED.C8C2.R

$K"高耸蓝天";             G.G8AGEC8D8E2         D.G8GF8E8D2.R
$K"银装素裹";             G.G8ECA.B8>C<A        G.A8G8F8E8D8C2.R
$K"身披彩霞";             D.D8DDC8D8E8F8G2      A.B8>C<AG2.R
$K"富士，日本第一山";       >C2<AGE.E8AG          FED.C8C2.R

$K"";                   R1R1
```

---

① 这里的几首歌曲给出的是日文版的歌词，如果大家没有对日文显示支持的部分进行改造，而是沿用作者编写的日文显示程序和日文字库，那么在这里只有用日文的歌词才能正常显示。如果大家对日文显示的部分进行了改造，并使用了中文字库，那么就需要将歌词替换为中文。为了方便大家使用，我们在原文下面给出了相应的中文歌词。
——译者注

② 这首歌中文版歌词只有一段，第二段重复第一段歌词即可。——译者注

③ 这首歌是日本的歌谣，没有相应的中文版歌词，这里给出翻译的歌词大意。——译者注

daigo.mml

```
/* "第五交响曲  c小调 "命运" op. 67"选段 路德维希·范·贝多芬*/

$E"SJIS"; $K"第五交响曲 c小调 "命运" op.67";

T155Q7L8O4
RGGGE-2.RFFFD4&D1
RGGGQ8E-Q7A-A-A-Q8GQ7>E-E-E-C8&C2<GGG
Q8DQ7A-A-A-Q8GQ7>FFFD8&D2GGF
Q8E-Q7<E-E-FQ8G>Q7GGFQ8E-Q7<E-E-F
Q8GQ7>GGFL4E-RCRG2.L8R<A-A-A-F4&F1
RA-A-A-Q8FQ7DDDQ8<BQ7A-A-A-Q8GQ7<GGG
>>E-A-A-A-Q8FQ7DDDQ8<BQ7A-A-A-Q8GQ7<GGG
>>E-G>CCQ8C2Q7<BBB>DQ8D2Q7CCCE-Q8E-Q7DQ4DF
Q8FQ7EQ4EGQ7GQ7FQ4FA-Q8A-Q7GQ4GB-Q8B-Q7A-Q4A->C
Q8CQ7<BQ4B>DQ7CE-E-E-C<GGGE-C<GGE-CCC<B>>>FDD


<BGFFD<BGFD<B>CCC>>E-E-E-
C<AAAG-E-E-E-C<AAAA4R2R4B-4R4
RB-B-B-E-2F2Q8<B-2>L4B->E-DE-FQ7CQ8CQ7<B-
Q8B->E-DE-FQ7CQ8CQ7<B-Q8>B->E-DE-FQ7CQ8C<B-
Q8<B->CD-Q7CQ8<B->C<B-Q7A-Q8>D-E-FQ7E-
Q8D-E-D-Q7CQ8E-FG-FE-Q7FQ8G-FE-Q7FQ8G-F
E-Q7FQ8G-FE-FG-FG-Q7AL8B-&B-2Q4>C<B-A-
Q8A-Q7GQ4FE-Q8E-Q7DQ4CDQ8FQ7E-Q4<B-G
Q8>DQ7CQ4<A-FQ8>CQ7<B-Q4GE-Q7<B-Q8>>AB-A-
B-AB-Q7AQ4B->C<B-A-Q8A-Q7GQ4FE-Q8E-Q7DQ4CD
Q8FQ7E-Q4<B-GQ8>DQ7CQ4<A-FQ8>CQ7<B-Q4GE-
Q7<B->B->B-B-E-GGGE-<B-B-B-GE-E-E-
Q8<B-Q7DDDQ8E-Q7>GGGE-<B-B-B-GE-E-E-
Q8<B-Q7>B-B-B-B-4R4.B-B-B-B-4R4.>DDDE-4
R1R4
```

daiku.mml

```
/* "第九交响曲  d小调 "合唱" op.125"选段 路德维希·范·贝多芬① */

$E"SJIS";                          T110L4


                        O4
$K"欢乐女神, 圣洁美丽, 灿烂光芒照大地";   F+F+GA AGF+E DDEF+ F+.E8E2
$K"我们心中充满热情, 来到你的圣殿里";     F+F+GA AGF+E DDEF+ E.D8D2
$K"你的力量能使人们消除一切分歧";       EEF+D EF+8G8F+D EF+8G8F+E DE<A>
$K"在你光辉照耀下面, 人们团结成兄弟";     F+& F+F+GA AGF+E DDEF+ E.D8D2


                        O5
$K"在这美丽大地上, 普世众生共欢乐";     F+F+GA AGF+E DDEF+ F+.E8E2
$K"一切人们不论善恶, 都蒙自然赐恩泽";    F+F+GA AGF+E DDEF+ E.D8D2
$K"它给我们爱情美酒, 同生共死好朋友";    EEF+D EF+8G8F+D EF+8G8F+E DE<A>
```

---

① 《欢乐颂》中文歌词共有4段, 这里选了有代表性的第1段和第3段。——译者注

$K"它让众生共享欢乐，天使也高声同唱歌";   F+& F+F+GA AGF+E DDEF+ E.D8D2

$K"";   R1

━━━━━

然后我们来看程序。

mmlplay.c

```c
#include "apilib.h"

#include <string.h> /* strlen */

int strtol(char *s, char **endp, int base); /*标准函数(stdlib.h) */

void waittimer(int timer, int time);
void end(char *s);

void HariMain(void)
{
    char winbuf[256 * 112], txtbuf[100 * 1024];
    char s[32], *p, *r;
    int win, timer, i, j, t = 120, l = 192 / 4, o = 4, q = 7, note_old = 0;

    /*音号与频率 (mHz) 的对照表*/
    /*例如，04A为440Hz，即440000 */
    /*第16八度的A为1802240Hz，即1802240000 */
    /*以下为第16八度的列表 (C~B)  */

    static int tonetable[12] = {
        1071618315, 1135340056, 1202850889, 1274376125, 1350154473, 1430438836,
        1515497155, 1605613306, 1701088041, 1802240000, 1909406767, 2022946002
    };
    static int notetable[7] = { +9, +11, +0 /* C */, +2, +4, +5, +7 };

    /*命令行解析*/
    api_cmdline(s, 30);
    for (p = s; *p > ' '; p++) { }  /*一直读到空格为止*/
    for (; *p == ' '; p++) { }  /*跳过空格*/
    i = strlen(p);
    if (i > 12) {
file_error:
        end("file open error.\n");
    }
    if (i == 0) {
        end(0);
    }

    /*准备窗口*/
    win = api_openwin(winbuf, 256, 112, -1, "mmlplay");
    api_putstrwin(win, 128, 32, 0, i, p);
```

```
api_boxfilwin(win, 8, 60, 247,  76, 7);
api_boxfilwin(win, 6, 86, 249, 105, 7);

/*载入文件*/
i = api_fopen(p);
if (i == 0) {
    goto file_error;
}
j = api_fsize(i, 0);
if (j >= 100 * 1024) {
    j = 100 * 1024 - 1;
}
api_fread(txtbuf, j, i);
api_fclose(i);
txtbuf[j] = 0;
r = txtbuf;
i = 0; /*通常模式*/
for (p = txtbuf; *p != 0; p++) {       /*为了方便处理，将注释和空白删去*/
    if (i == 0 && *p > ' ') {    /*不是空格或换行符*/
        if (*p == '/') {
            if (p[1] == '*') {
                i = 1;
            } else if (p[1] == '/') {
                i = 2;
            } else {
                *r = *p;
                if ('a' <= *p && *p <= 'z') {
                    *r += 'A' - 'a';       /*将小写字母转换为大写字母*/
                }
                r++;
            }
        } else if (*p == 0x22) {
            *r = *p;
            r++;
            i = 3;
        } else {
            *r = *p;
            r++;
        }
    } else if (i == 1 && *p == '*' && p[1] == '/') {       /*段注释*/
        p++;
        i = 0;

    } else if (i == 2 && *p == 0x0a) {  /*行注释*/
        i = 0;
    } else if (i == 3) {     /*字符串*/
        *r = *p;
        r++;
        if (*p == 0x22) {
            i = 0;
        } else if (*p == '%') {
            p++;
            *r = *p;
            r++;
```

```
            }
        }
    }
    *r = 0;

    /*定时器准备*/
    timer = api_alloctimer();
    api_inittimer(timer, 128);

    /*主体*/
    p = txtbuf;
    for (;;) {
        if (('A' <= *p && *p <= 'G') || *p == 'R') {        /*音符、休止符*/
            /*计算频率*/
            if (*p == 'R') {
                i = 0;
                s[0] = 0;
            } else {
                i = o * 12 + notetable[*p - 'A'] + 12;
                s[0] = 'O';
                s[1] = '0' + o;
                s[2] = *p;
                s[3] = ' ';
                s[4] = 0;
            }
            p++;
            if (*p == '+' || *p == '-' || *p == '#') {
                s[3] = *p;
                if (*p == '-') {
                    i--;
                } else {
                    i++;
                }
                p++;
            }
            if (i != note_old) {
                api_boxfilwin(win + 1, 32, 36, 63, 51, 8);
                if (s[0] != 0) {
                    api_putstrwin(win + 1, 32, 36, 10, 4, s);
                }
                api_refreshwin(win, 32, 36, 64, 52);
                if (28 <= note_old && note_old <= 107) {
                    api_boxfilwin(win, (note_old - 28) * 3 + 8, 60, (note_old - 28) * 3 + 10, 76, 7);
                }
                if (28 <= i && i <= 107) {
                    api_boxfilwin(win, (i - 28) * 3 + 8, 60, (i - 28) * 3 + 10, 76, 4);
                }
                if (s[0] != 0) {
                    api_beep(tonetable[i % 12] >> (17 - i / 12));
                } else {
                    api_beep(0);
                }
            }
```

```
            note_old = i;

        }
        /*音长计算*/
        if ('0' <= *p && *p <= '9') {
            i = 192 / strtol(p, &p, 10);
        } else {
            i = l;
        }
        for (; *p == '.'; ) {
            p++;
            i += i / 2;
        }
        i *= (60 * 100 / 48);
        i /= t;
        if (s[0] != 0 && q < 8 && *p != '&') {
            j = i * q / 8;
            waittimer(timer, j);
            api_boxfilwin(win, 32, 36, 63, 51, 8);
            if (28 <= note_old && note_old <= 107) {
                api_boxfilwin(win, (note_old - 28) * 3 + 8, 60, (note_old - 28) * 3 + 10, 76, 7);
            }
            note_old = 0;
            api_beep(0);
        } else {
            j = 0;
            if (*p == '&') {
                p++;
            }
        }
        waittimer(timer, i - j);
    } else if (*p == '<') { /*八度-- */
        p++;
        o--;
    } else if (*p == '>') { /*八度++ */
        p++;
        o++;
    } else if (*p == 'O') { /*八度指定*/
        o = strtol(p + 1, &p, 10);
    } else if (*p == 'Q') { /* Q参数指定*/
        q = strtol(p + 1, &p, 10);
    } else if (*p == 'L') { /*默认音长指定*/
        l = strtol(p + 1, &p, 10);
        if (l == 0) {
            goto syntax_error;
        }
        l = 192 / l;
        for (; *p == '.'; ) {
            p++;
            l += l / 2;
        }
    } else if (*p == 'T') { /*速度指定*/
```

30

```
        t = strtol(p + 1, &p, 10);
    } else if (*p == '$') { /*扩展命令*/
        if (p[1] == 'K') {   /*卡拉OK命令*/
            p += 2;
            for (; *p != 0x22; p++) {
                if (*p == 0) {
                    goto syntax_error;
                }
            }
            p++;
            for (i = 0; i < 32; i++) {
                if (*p == 0) {
                    goto syntax_error;
                }

                if (*p == 0x22) {
                    break;
                }
                if (*p == '%') {
                    s[i] = p[1];
                    p += 2;
                } else {
                    s[i] = *p;
                    p++;
                }
            }
            if (i > 30) {
                end("karaoke too long.\n");
            }
            api_boxfilwin(win + 1, 8, 88, 247, 103, 7);
            s[i] = 0;
            if (i != 0) {
                api_putstrwin(win + 1, 128 - i * 4, 88, 0, i, s);
            }
            api_refreshwin(win, 8, 88, 248, 104);
        }
        for (; *p != ';'; p++) {
            if (*p == 0) {
                goto syntax_error;
            }
        }
        p++;
    } else if (*p == 0) {
        p = txtbuf;
    } else {
syntax_error:
        end("mml syntax error.\n");
    }
    }
}

void waittimer(int timer, int time)
```

```
{
    int i;
    api_settimer(timer, time);
    for (;;) {
        i = api_getkey(1);
        if (i == 'Q' || i == 'q') {
            api_beep(0);
            api_end();
        }
        if (i == 128) {
            return;
        }
    }
}

void end(char *s)
{
    if (s != 0) {
        api_putstr0(s);
    }
    api_beep(0);
    api_end();
}
```

只要读过之前的程序，这段程序应该不会难懂吧。由音符数据计算频率，以及由音符的长度计算定时器应该设定为几秒这些地方可能不太容易理解，其实只要有相应的音乐知识（例如一个音升高半音后，频率是原来的约1.059463倍）就很容易看懂了。

总之（老生常谈了），本书的目的是编写操作系统，而不是编写MML播放器，关于相关音乐理论的讲解就省略了，不好意思。当然，笔者也是想给大家仔细讲讲的，只不过要讲清楚的话，又得增加1章的篇幅了。

将这个程序make一下，得到的mmlplay.hrb大小为1975字节，还是非常小的，真不错！

4　图片阅览器（harib27d）

话说，到现在为止的几个应用程序，都比昨天的invader.hrb要小，感觉非常对不起今天这一章的标题（高级的应用程序）。不过，体积大也未必说明它比较高级。虽说如此，我们还是来做一个规模大一点的应用程序吧。

　　其实invader.hrb之所以比较大，并不是因为内容比较高级，而是因为使用了sprintf函数。sprintf是一个很大的函数，如果可以避免使用这个函数的话，大约又可以缩小500多字节。

于是我们来做一个图片阅览器吧。用这一个程序，就可以查看BMP和JPEG两种格式的图片。我们先来看看实际运行的画面。

30

"gview night.bmp"   "gview fujisan.jpg"

怎么样，显示效果不错吧？呵呵，小菜一碟（笑）。

关于程序，如果要给大家讲解BMP和JPEG的文件格式的话，篇幅又要变得很~长了，于是我们只好又省略了。而且用来解释BMP和JPEG文件格式的程序我们也不重新编写了，而是直接使用OSASK中的应用程序所引用的代码。

OSASK中有一个叫做PICTURE0.BIN的应用程序，这就是一个用来查看BMP和JPEG格式图片的图片阅览器。从这个程序的源代码中，我们提取了bmp.nasm和jpeg.c（这剧情怎么跟tek那时候差不多啊）。

这两个源程序看起来无需修改就可以直接使用，其中bmp.nasm的作者是I.Tak.，jpeg.c的作者是nikq、笔者、I.Tak.和Kumin。在这里要向I.Tak.、nikq和Kumin表示感谢，这个应用程序能很快编写出来都是你们的功劳。

于是，剩下的只需要载入文件并显示出来而已，这些程序刷刷刷就写出来了，放在这里了哦（关于bmp.nasm和jpeg.c的源代码，请大家查阅附送的光盘）。

gview.c

```c
#include "apilib.h"

struct DLL_STRPICENV {   /* 64KB */
    int work[64 * 1024 / 4];
};

struct RGB {
    unsigned char b, g, r, t;
};

/* bmp.nasm */
int info_BMP(struct DLL_STRPICENV *env, int *info, int size, char *fp);
int decode0_BMP(struct DLL_STRPICENV *env, int size, char *fp, int b_type, char *buf, int skip);

/* jpeg.c */
int info_JPEG(struct DLL_STRPICENV *env, int *info, int size, char *fp);
int decode0_JPEG(struct DLL_STRPICENV *env, int size, char *fp, int b_type, char *buf, int skip);
```

```
unsigned char rgb2pal(int r, int g, int b, int x, int y);
void error(char *s);

void HariMain(void)
{
    struct DLL_STRPICENV env;
    char filebuf[512 * 1024], winbuf[1040 * 805];
    char s[32], *p;
    int win, i, j, fsize, xsize, info[8];
    struct RGB picbuf[1024 * 768], *q;

    /*命令行解析*/
    api_cmdline(s, 30);
    for (p = s; *p > ' '; p++) { }   /*一直读到空格为止*/
    for (; *p == ' '; p++) { }   /*跳过空格*/

    /*文件载入*/
    i = api_fopen(p); if (i == 0) { error("file not found.\n"); }
    fsize = api_fsize(i, 0);
    if (fsize > 512 * 1024) {
        error("file too large.\n");

    }
    api_fread(filebuf, fsize, i);
    api_fclose(i);

    /*检查文件类型*/
    if (info_BMP(&env, info, fsize, filebuf) == 0) {
        /*不是BMP */
        if (info_JPEG(&env, info, fsize, filebuf) == 0) {
            /*也不是JPEG */
            api_putstr0("file type unknown.\n");
            api_end();
        }
    }
    /*上面其中一个info函数调用成功的话，info中包含以下信息 */
    /*info[0]: 文件类型 (1:BMP、2:JPEG) */
    /*info[1]: 颜色数信息*/
    /*info[2]: xsize */
    /*info[3]: ysize */

    if (info[2] > 1024 || info[3] > 768) {
        error("picture too large.\n");
    }

    /*窗口准备*/
    xsize = info[2] + 16;
    if (xsize < 136) {
        xsize = 136;
    }
    win = api_openwin(winbuf, xsize, info[3] + 37, -1, "gview");

    /*将文件内容转换为图像数据*/
    if (info[0] == 1) {
        i = decode0_BMP (&env, fsize, filebuf, 4, (char *) picbuf, 0);
```

```
    } else {
        i = decode0_JPEG(&env, fsize, filebuf, 4, (char *) picbuf, 0);
    }
    /*b_type = 4表示struct RGB格式*/
    /*skip设为0即可*/
    if (i != 0) {
        error("decode error.\n");
    }

    /*显示*/
    for (i = 0; i < info[3]; i++) {
        p = winbuf + (i + 29) * xsize + (xsize - info[2]) / 2;
        q = picbuf + i * info[2];
        for (j = 0; j < info[2]; j++) {
            p[j] = rgb2pal(q[j].r, q[j].g, q[j].b, j, i);
        }
    }
    api_refreshwin(win, (xsize - info[2]) / 2, 29, (xsize - info[2]) / 2 + info[2], 29 + info[3]);

    /*等待结束*/
    for (;;) {
        i = api_getkey(1);
        if (i == 'Q' || i == 'q') {
            api_end();
        }
    }
}

unsigned char rgb2pal(int r, int g, int b, int x, int y)
{
    static int table[4] = { 3, 1, 0, 2 };
    int i;

    x &= 1; /*判断是偶数还是奇数*/
    y &= 1;
    i = table[x + y * 2];    /*用于生成中间色的常量*/
    r = (r * 21) / 256; /*结果为0~20*/
    g = (g * 21) / 256;
    b = (b * 21) / 256;
    r = (r + i) / 4;    /*结果为0~5*/
    g = (g + i) / 4;
    b = (b + i) / 4;
    return 16 + r + g * 6 + b * 36;
}

void error(char *s)
{
    api_putstr0(s);
    api_end();
}
```

比较难懂的地方……大概就是info_BMP这里了吧。info_BMP是用来解释BMP文件格式，并获取图片分辨率等信息的函数。其中env是info_BMP工作用的内存空间（必须确保有64KB的空间）。另外，decode0_BMP函数用来读取BMP文件，并转换为统一的容易显示的形式。info_JPEG 等函数就是对JPEG文件执行上述操作的版本，功能和上述函数都是相同的。

关于变量info，gview.c中只使用到了info[3]，看起来貌似声明到info[4]就足够了，不过 info_BMP等函数需要任意使用info[4～7]的内存空间，如果不声明的话可能不会正常工作，因此 我们还是声明为info[8]。

rgb2pal就是直接用了color2.hrb中的代码，有了这一算法fujisan.jpg也可以显示得很漂亮了。

■■■■■

关于bmp.nasm这里要稍微说明一下。这个程序是针对NASM这个汇编器编写的，用笔者准备 的工具是无法进行汇编的。没办法，笔者向该程序的作者I.Tak.索取了汇编后生成的bmp.obj[①]，只 要有了.obj文件就可以进行连接，这样就OK了。

另外，在编译jpeg.c的时候，不知为何会出现很多警告信息，非常抱歉。不过jpeg.c即便忽略 这些警告信息也没有什么问题，请大家不要在意就是了。

night.bmp和fujisan.jpg这两个文件都使用了tek进行压缩。如果想要边看night.bmp边听音乐的 话，笔者推荐kirakira.mml。至于fujisan.jpg的音乐······用不着笔者告诉大家了吧（笑）。

最终生成的gview.hrb，大小为3865字节，即3.77KB，我们终于做出了比昨天的invader.hrb更 大的应用程序了呢（笑）。不过即便如此，这样一个图片阅览器只要3.75KB，"纸娃娃系统"真是 个不错的系统呢。

5　IPL 的改良（harib27e）

进入本章以后（尤其是在测试mmlplay.hrb的时候），笔者在真机环境下运行了几次"纸娃娃 系统"，发现启动时读取磁盘的时间还是有点长。现在我们是读取20个柱面，如果能减少到14或 者18个这样勉强够用的柱面数的话，启动速度就可以加快了（不过代价是，以后新增文件的时候 又要重新调整）。

于是我们先用二进制编辑器查看一下harib27d的haribote.img文件，发现数据占用的部分是到 028C98为止。额，这是多少个柱面呢？一个柱面是512×18×2 = 18432字节（当然，这是用calc.hrb 计算的哟！······笑），因此0x28c99 / 18432 = 9个柱面。

什么！只要9个柱面就够了吗？！真奇怪，当初明明是因为10个柱面不够用我们才特地抛弃 了ipl10.nas改用ipl20.nas的呀？哦，对了，我们用tek对nihongo.fnt进行了压缩，因此大幅度减少了

---

① 索取了bmp.obj：由于觉得NASM写的源代码各位读者可能比较难懂，笔者本来准备将这段程序整个用C语言改写 一遍，不过由于本书面临截稿，便没能实现这一设想，十分抱歉。至少能将格式比较简单的BMP改写成比较易懂 的形式也好啊······

容量，真开心呀。那我们将ipl10.nas还原回去就好了呢，这样启动时间就只有现在的一半了。

不过且慢，0x28c99 % 18432 = 1193字节（求余数运算用calc.hrb也可以轻松搞定，真方便），也就是说，如果我们能再将文件容量缩减1KB左右，就可以将读取的范围缩小到9个柱面了，这样一来启动时间又可以缩短一成。好，我们加油试试看，有什么好办法呢？啊，有了，我们将ipl20.nas也用tek压缩一下就好了呢！如果可以减小3个扇区的话，ipl09.nas就足够了。

■■■■■■

嗯，既然要做ipl09.nas的话，不如顺便对磁盘读取做个优化。这里所说的优化，是将AL = 1这样逐个扇区读取的方法，改为同时读取多个扇区（参见3.1节和3.3节）。至于这种优化是否会带来速度上的提升则是因人而异的。在大部分内置软驱的电脑上，逐个扇区读取的速度可能已经相当快了，优化之后速度也不会有什么提升。不过像笔者这样使用USB1.1外置软驱来启动的话，优化之后大约可以比原来的速度提高10倍左右。

ipl09.nas节选

```
; haribote-ipl
; TAB=4

CYLS    EQU     9               ; 要读取多少内容

;   （中略）

; 读取磁盘

        MOV     AX,0x0820
        MOV     ES,AX
        MOV     CH,0            ; 0柱面
        MOV     DH,0            ; 0磁头
        MOV     CL,2            ; 2扇区
        MOV     BX,18*2*CYLS-1  ; 要读取的合计扇区数            从此开始
        CALL    readfast        ; 告诉读取

; 读取结束，运行haribote.sys!

        MOV     BYTE [0x0ff0],CYLS  ; 记录IPL实际读取了多少内容   到此结束
        JMP     0xc200

error:
        MOV     AX,0
        MOV     ES,AX
        MOV     SI,msg
putloop:
        MOV     AL,[SI]
        ADD     SI,1            ; 将SI加1
        CMP     AL,0
        JE      fin
        MOV     AH,0x0e         ; 显示一个字符的函数
```

```
        MOV     BX,15              ; 颜色代码
        INT     0x10               ; 调用显示BIOS
        JMP     putloop
fin:
        HLT                        ; 暂时让CPU停止运行
        JMP     fin                ; 无限循环
msg:
        DB      0x0a, 0x0a         ; 两个换行
        DB      "load error"
        DB      0x0a               ; 换行
        DB      0

readfast:    ; 使用AL尽量一次性读取数据    从此开始
;    ES:读取地址, CH:柱面, DH:磁头, CL:扇区, BX:读取扇区数

        MOV     AX,ES              ; < 通过ES计算AL的最大值 >
        SHL     AX,3               ; 将AX除以32, 将结果存入AH (SHL是左移位指令)
        AND     AH,0x7f            ; AH是AH除以128所得的余数 (512*128=64K)
        MOV     AL,128             ; AL = 128 - AH; AH是AH除以128所得的余数 (512*128=64K)
        SUB     AL,AH

        MOV     AH,BL              ; < 通过BX计算AL的最大值并存入AH >
        CMP     BH,0               ; if (BH != 0) { AH = 18; }
        JE      .skip1
        MOV     AH,18
.skip1:
        CMP     AL,AH              ; if (AL > AH) { AL = AH; }
        JBE     .skip2
        MOV     AL,AH
.skip2:


        MOV     AH,19              ; < 通过CL计算AL的最大值并存入AH >
        SUB     AH,CL              ; AH = 19 - CL;
        CMP     AL,AH              ; if (AL > AH) { AL = AH; }
        JBE     .skip3
        MOV     AL,AH

.skip3:

        PUSH    BX
        MOV     SI,0               ; 计算失败次数的寄存器
retry:
        MOV     AH,0x02            ; AH=0x02 ：读取磁盘
        MOV     BX,0
        MOV     DL,0x00            ; A盘
        PUSH    ES
        PUSH    DX
        PUSH    CX
        PUSH    AX
        INT     0x13               ; 调用磁盘BIOS
        JNC     next               ; 没有出错的话则跳转至next
        ADD     SI,1               ; 将SI加1
        CMP     SI,5               ; 将SI与5比较
```

```
          JAE       error             ; SI >= 5则跳转至error
          MOV       AH,0x00
          MOV       DL,0x00           ; A盘
          INT       0x13              ; 驱动器重置
          POP       AX
          POP       CX
          POP       DX
          POP       ES
          JMP       retry
next:
          POP       AX
          POP       CX
          POP       DX
          POP       BX                ; 将ES的内容存入BX
          SHR       BX,5              ; 将BX由16字节为单位转换为512字节为单位
          MOV       AH,0
          ADD       BX,AX             ; BX += AL;
          SHL       BX,5              ; 将BX由512字节为单位转换为16字节为单位
          MOV       ES,BX             ; 相当于EX += AL * 0x20;
          POP       BX
          SUB       BX,AX
          JZ        .ret
          ADD       CL,AL             ; 将CL加上AL
          CMP       CL,18             ; 将CL与18比较
          JBE       readfast          ; CL <= 18则跳转至readfast
          MOV       CL,1
          ADD       DH,1
          CMP       DH,2
          JB        readfast          ; DH < 2则跳转至readfast
          MOV       DH,0
          ADD       CH,1
          JMP       readfast
.ret:
          RET                         ;                                  到此结束

          RESB      0x7dfe-$          ; 到0x7dfe为止用0x00填充的指令

          DB        0x55, 0xaa
```

完工，代码中加入了很多注释，应该没有什么特别难懂的地方了。

哎呀呀，糟糕！我们修改了ipl09.nas之后，为了实现对磁盘读取的优化，结果代码却变长了。和ipl20.nas相比，从2992字节增加到了4081字节。不过大家也不用担心，我们还有tek5压缩呢，压缩之后就变成了1778字节。你看，变小了很多吧。

我们修改一下Makefile，将这个新文件装入磁盘映像，然后"make"，再用二进制编辑器打开生成好的磁盘映像确认一下。唔，貌似数据占用的部分到028898。0x28899 / 18432＝9个柱面，

0x28899 % 18432 = 153字节……什么！居然超出了153字节？！不是吧！

如果在这里乖乖就范，换回ipl10.nas的话也太憋屈了，于是我们可以抛弃其中一个应用程序，比如sosu或者hello之类的。能抛弃的应用程序实在是太多了（苦笑），反而不知道该抛弃哪个比较好了[①]。呜呜呜！

既然如此，我们就下定决心，一定要在一个都不能少的前提下，解决这个问题。唔，到底怎么办才好呢……有了！我们将invader.hrb修改一下，如果不用sprintf函数的话，程序就可以变小了！

━━━━━

invader.c中只有一处调用了sprintf，因此修改起来也很简单，首先替换下面一句：

```
sprintf(s, "%08d", score);  →  setdec8(s, score);
```

然后再添加下面这个函数：

本次的invader.c节选
```
void setdec8(char *s, int i)
/*将i用十进制表示并存入s*/
{
    int j;
    for (j = 7; j >= 0; j--) {
        s[j] = '0' + i % 10;
        i /= 10;
    }
    s[8] = 0;
    return;
}
```

这样就完工了，仅通过这一点修改，invader.hrb就从2335字节变成了1509字节，大幅度瘦身了，大获全胜！反过来说，sprintf这个函数是如此之大，真是减肥瘦身的大敌呢（笑）。

当然，修改了之后的invader.hrb运行起来不会有任何变化，不信的话可以"make run"试试看哦。

━━━━━

修改完成之后，我们再重新"make"一下磁盘映像，并用二进制编辑器打开看看，数据占用的部分到028498。0x28499 / 18432 = 8个柱面，0x28499 % 18432 = 17561字节，正好缩减到9个柱

30

———————

[①] 大家可千万别说"这种程序全部丢掉算了"这种话，虽然这个主意挺正确的，但实在是太"残忍"了。这些应用程序中可满载着这些日子我们开发工作中所留下的回忆啊！

面的范围内，撒花！

到此为止，我们的应用程序编写活动也该告一段落了，我们来总结一下本章的成果吧。

invader.hrb······ 1509字节：外星人游戏
calc.hrb······1668字节：命令行计算器
tview.hrb······1753字节：文本阅读器
mmlplay.hrb······1975字节：MML播放器
gview.hrb······3865字节：图片阅读器

看起来从上到下文件的大小是在不断递增的呢。虽然很有趣，不过这只是个巧合啦。

最后我们来一张纪念截图吧。

大家来拍个全家福

6　光盘启动（harib27f）

到现在，我们的"纸娃娃系统"就已经正式完工了。可能有人觉得软盘读取速度太慢，如果能从光盘启动就好了。为此，笔者在这里给大家一些建议。

http://www.geocities.co.jp/SiliconValley-Cupertino/3686/fdtoiso.html

从上面的网址下载fdtoiso_gui.lzh，解压缩之后运行里面的fdtoiso.exe，会弹出一个窗口，将haribote.img拖进窗口中，点击"进入ISO映像生成画面"，就可以很容易地生成光盘用的映像文件了。接下来只要将这个ISO映像刻录到CD-R或者CD-RW上面就可以了。

当然，你的电脑也必须支持从光盘启动才可以哦。

在这里，十分感谢这个软件的作者（虽然不知道他的名字）为我们提供了如此方便的软件。

■■■■■

如果你觉得光做个能启动的光盘还不过瘾，希望这张光盘在Windows或者Linux中读取的时候还能显示里面的文件内容的话，笔者推荐下面这个工具。

http://cdrtfe. sourceforge .net/

在此对本软件的作者kerberos002表示感谢。

将cdrtfe软件安装好之后，启动该软件，从菜单中选择"Extra - Language – Chinese（simplified）"即可将软件界面切换成简体中文。

点击"文件系统"按钮，将"引导光盘"中的"制作引导光盘"选项打勾，点击"引导镜像"旁边的"浏览"按钮，选择haribote.img文件并确定，然后将准备好放进光盘的其他一些文件和文件夹拖到软件的窗口中，点击"开始"按钮就可以开始刻录了。如果不想刻录光盘，只生成ISO映像文件的话，可以点击"光盘选项"按钮，点击"使用镜像"旁边的"浏览"按钮，选择要保存ISO映像文件的位置和文件名，勾选下面的"只生成镜像，不刻录"选项，确定，然后再点击软件主界面中的"开始"按钮，就可以生成指定的ISO映像文件了。

这个软件的选项非常丰富，功能也很强大，大家在掌握了基本方法之后可以自己多做一些尝试。此外，还有一些光盘刻录软件也具备类似的功能，大家如果有已经非常熟悉的软件，也可以使用它们来创建可用来启动电脑的光盘。

好，今天的内容就到这里啦，大家晚安。

第31天

写在开发完成之后

1 继续开发要靠大家的努力

到昨天为止，我们为期30天的操作系统开发工作终于落下帷幕了。30天的时间说短不短，说长也不长，大家是过得开心呢，还是已经累到不行了呢？笔者觉得，一个菜鸟只用30天的时间，就能取得出相当不错的成果，还是非常值得高兴的一件事。对于那些觉得30天太长太累的读者来说，是不是也能感到"操作系统开发其实没有想象中的那么难"呢？没错，确实没有那么难哦。

如果觉得这些内容还不过瘾，请一定要继续开发下去。之前都是笔者一个人在唱独角戏，从现在开始，各位读者就是舞台上的主角。笔者非常期待看到并认真学习大家的作品呢（笑）。说到继续开发，也不一定要从"纸娃娃系统"最后的harib27e开始，把之前的基础全部推翻重来也可以，用Linux或FreeBSD等开源操作系统为基础进行改造也完全没有问题。

■■■■■

如果可以再多给笔者一点时间的话，在harib27e之后还要做些什么呢？笔者想首先开发一个关于鼠标点击的API，有了这个，我们就可以编写出类似扫雷、纸牌这样的游戏了。鼠标API有半天的时间就可以编写出来了。

接下来，可以实现对非矩形窗口的完全支持，增加有透明色时专用的refresh，然后再增加一个不自动绘制窗口标题栏的模式。只需这样，我们就可以绘制出各种有趣形状的窗口。要实现这个功能，只考虑API的话仅半天就够了。

壁纸功能也比较简单。不过要实现壁纸功能，需要先实现读取图片文件的功能。这就需要将相当于gview.hrb的内容移植到操作系统中去。在画面下方的任务栏中显示窗口的信息，并用鼠标切换，也会相当有趣。这两个功能加在一起，大概用一天的时间可以完成。

再接下来要开发的，还有向磁盘进行写入的功能。如果实现了不依赖BIOS的磁盘写入功能，再稍加改造就可以顺便实现磁盘读取功能，这样一来就不需要在系统启动时将所有文件装入内存，启动时间也可以变得更短，也不需要每次特地去调整IPL了，真是一箭三雕呢。这项改造如果依照本书的格式来撰写的话，大约需要3天的时间。

一旦实现了对文件写入的支持，那么后面可以做的东西就相当丰富了，比如可以编写文本编辑器，还有类似"画图"的图片编辑软件等。有了文本编辑器，我们就可以直接在"纸娃娃系统"中编写MML文件并立即播放了。假如移植了C语言编译器、nask以及连接器，就可以在"纸娃娃系统"中编写应用程序并立即运行了。如果真能做到这一步，那么连在"纸娃娃系统"中对"纸娃娃系统"本身进行make也不再是痴人说梦了，真是想想就觉得心潮澎湃呢。

再更进一步说，如果可以支持硬盘和存储卡的读写并支持网络，能做的事情就会更多了。还可以增加对虚拟内存的支持，使操作系统可以使用比实际的物理内存更多的内存空间。命令行窗口也可以扩展一下，比如增加重定向功能（即不将信息输出到画面上，而是写入文件中）等，或者实现像Windows资源管理器那样用鼠标来管理文件的功能也不错呢。

■■■■■

除了表面上的改造之外，还可以做一些操作系统内部的完善工作。目前的"纸娃娃系统"中没有考虑到进行大量处理时内存会不足的情况，如果我们启动很多个gview.hrb将内存消耗光，肯定会出问题的。我们需要采取一些措施，比如在内存空间不足时不允许启动更多的应用程序等。

此外，在mmlplay.hrb演奏的时候，如果移动一个很大的窗口（如"tview −w100 −h30"这么大的窗口），演奏就会变得混乱。这是由于负责窗口移动的task_a的优先级高于mmlplay.hrb所导致的，而思考一下如何解决这个问题应该也挺有意思的（例如将音乐播放的应用程序作为特例提高其优先级，或者创建一个专门移动窗口的任务再对其优先级进行微调等）。

这次我们在编写"纸娃娃系统"的过程中，讲解了使用32位模式的方法、内存段的使用方法、中断的处理方法、内存的管理方法、窗口和鼠标的处理、定时器的管理方法、命令行窗口的原理、API的方式、访问文件的方法，等等。但这些内容并不都是正确答案，其实在编写操作系统的方法上，并没有所谓的正确答案。本书中所讲解的内容，只能算是一个实例而已，大家千万不要被这些条条框框所束缚，请自由发挥自己的想象力，去编写出更优秀的操作系统吧。例如笔者开发的OSASK就很大程度上使用了和"纸娃娃系统"不同的算法，而Linux和Windows所使用的算法又和"纸娃娃系统"以及OSASK不同。

■■■■■

笔者打算在本书的支持网页上征集各位读者所编写的操作系统以及为"纸娃娃系统"编写的应用程序。说是征集，不过也没有什么奖品啦，请大家不要过分期待啦（笑）。对于想让自己的操作系统被大家所知道和了解的人来说，这里提供了一个展示的场所。可以加上几张运行时的截图，还可以加上大家各自主页的链接。

2 关于操作系统的大小

在0.1节中笔者曾经介绍了OSASK的大小只有不到80KB，不过目前完成的"纸娃娃系统"居然只有39.1KB这么小，连笔者都感到很震惊，而且这还是没有经过压缩的大小。在OSASK和Linux中，为了缩短系统的启动时间，操作系统的核心部分都是经过压缩的。我们来简单计算一下，如果"纸娃娃系统"也用同样的方法进行压缩的话，包括解压缩的程序在内，也只要大约20KB左右，差不多是现在的一半。

笔者并没有刻意去将操作系统做得很小，因此这个结果是出乎意料的（当然，应用程序倒是有几次刻意缩减大小的行为，比如创建apilib.lib，将应用程序进行压缩，以及对invader.hrb所进行的修改）。

笔者一直坚持这样一个观点：现在的操作系统都过于臃肿了，如果真要推翻重写的话，肯定能一下子变小很多。也许有人会说，"纸娃娃系统"之所以这么小，是因为它的功能少呀。当然，笔者也不认为像Windows和Linux这样的系统可以用20KB编写出来，不过如果20KB可以实现这样的功能，那100KB应该能实现5倍的功能，1MB的话应该能实现50倍的功能才对。

而且，我们的"纸娃娃系统"是将便于初学者理解这个目的放在首位的，因此并没有使用一些一般开发者会用到的手法。从让编写的程序变得更小这个观点来看，这是一个非常不利的条件。此外们我们还进行了一些优化系统速度方面的改造，这也会增加系统的大小（如定时器、窗口移动速度的提高等）。但即便如此，我们的系统还是只有20KB那么小。

笔者的OSASK大约有80KB，它的小巧曾引起了不少的关注。笔者曾经说过，OSASK就是对现在OS都过于臃肿的最好证明。大部分普通人都可以理解笔者的这一观点，但有一些对编程比较精通的人反驳道："你是用了很多超出常识的高级技巧，为了让尺寸变小而牺牲了很多东西，并且用汇编语言大量代替C语言[①]，才让OSASK变得这么小的。"

这次我们的"纸娃娃系统"可基本上都是用C语言编写的（只有C语言无法实现的部分才用汇编语言来编写）。当然，也没有使用什么高级技巧（其实笔者根本就不会什么高级的技巧，如果真有那种像魔法一样的技巧，笔者还真想学学呢）。相信读过本书的各位读者都是有目共睹的。

---

① 相比C语言，笔者更喜欢汇编语言，因此OSASK的一半都是用汇编语言编写的。

通过本书，笔者认为自己的观点更加有说服力了。

■■■■■

操作系统变得更小到底有什么好处呢？启动可以变快些，安装所需容量能变小些，而且可以在硬盘、光盘以外的记录媒体上进行安装（比如软盘和存储卡等）。其实，也没什么特别的好处，不过至少应该也没有什么坏处，比起臃肿的系统来说，应该还是精简的系统用起来要爽一些吧？如果花钱购买的操作系统，或者是花很长时间下载的操作系统，其中一半以上都是没用的，笔者觉得这实在是太可悲了。

同样的观点对于应用程序也适用。笔者认为"纸娃娃系统"的应用程序比Windows和Linux的应用程序都要小[1]。这是操作系统的功劳呢，还是我们为将应用程序变小所做的努力的功劳呢，好像也说不清楚了。不过，应用程序如果内容相同，那自然是小一些的比较好，既能节约磁盘空间，还能缩短应用程序启动时的读取时间。

■■■■■

话说，如果编写一个轻巧的操作系统也算是一种比较优秀的特殊技能的话，那么大家通过这30天应该已经可以体验到了。也就是说，大家已经比普通的初学者（甚至是比普通的程序员？）更加优秀了也说不定哦（笑）。如果这是真的，那这本书说不定能成为名著而大卖特卖呢……（笑）

如果你曾经不知不觉地编写了一些比较臃肿的程序，（从喜欢短小精悍程序的笔者的角度来看的话）若能基于本书的体验加以改善那就太好了。不过这一点和本书的目的（编写自己的操作系统）是没关系的，即便是很大的操作系统或者很大的应用程序，也欢迎推荐到我们的支持网页上来。

3　操作系统开发的诀窍

在这里想跟大家介绍一些操作系统开发的诀窍。在0.3节中也提到了，不要从一开始就想着去做一个操作系统，这一点是非常重要的。还有，遇到不满意的地方，可以过后再来改，甚至是过后全部推翻重来也没问题。从一开始就想做得完美的话，真的可能会寸步难行。

也不要指望能够一次就搞定，推翻重做几次也是很正常的。反正有30天的时间就可以做到现在这样（如果习惯了的话，有两周的时间就足够做到现在这样了，因为我们总不会每次都从helloos开始吧）。在这个过程中，你的能力也在一点点提升。

---

[1] 其实OSASK的应用程序更小，这是因为为了让应用程序变得更小，在API上面下了工夫，这个结果也是理所当然的。比如OSASK的invader.bin为1108字节（invader.hrb为1590字节）。

■■■■■

为你的操作系统设定一个明确而又容易理解的目标也很重要。比如说，"纸娃娃系统"是作为教材编写的，目标就是让初学者能看懂。为了实现"易懂"这个目的，我们可以牺牲一些性能和功能，实用性稍微差一点也没有关系。虽然有些部分若改用汇编语言就可以大幅度提升速度，不过笔者还是放弃了这个念头。如果明确了"什么是最优先的，什么又是可以放弃的"，操作系统的开发就会变得更加顺利。

如果什么都没想清楚就开始开发的话，最后做出来的操作系统就会让人搞不懂开发者的目的。只是做着玩的话，这样也未尝不可，或者说也可以将"做着玩"设定成一个目标吧。这样一来只要享受开发的过程就可以了，用起来有点慢也没关系。当别人抱怨"这个不好用啊"的时候，你就可以堂堂正正地回答说："嗯，是啊。不过这样也挺好了。"

以提高自己的编程技巧为目的来开发操作系统也不错。如果以此为目标，就尽量不要从其他的操作系统中挪用代码，而是要自己来编写。

上面这些可能有点难懂，其实刚上手也不必太在意目标啦。或者说，在开发的过程中你自然而然地就会发现各种目标。重新做过几次之后（从大约第三次开始）就应该仔细考虑目标了。

4 分享给他人使用

好不容易编写了一个操作系统，想要使用这个操作系统是理所当然的。这个想法很不错，一定要用用看。实际的使用会激发你改良的欲望，你对系统的理解也会相应加深。

更进一步，可能你会想分享给别人使用。不过要做到这一点，有一个障碍是不得不去逾越的，那就是"找到你的系统比其他系统出色的地方"。无论多么小，如果找不到一个比其他系统更好的地方，那别人肯定会想，还不如用Windows或者Linux呢。

笔者开发的OSASK因为运行速度非常快，因此将"在很老很慢的电脑上也可以流畅运行，启动时间很短"作为宣传重点，并找到了一些愿意使用它的人（不过笔者觉得OSASK也不一定要让别人来使用，因此即便找不到愿意使用的人也不会觉得遗憾）。

即便操作系统本身没什么亮点，如果能开发出好玩的应用程序（比如游戏）也不错，"如果要用这个应用程序就只能用我的操作系统哦！"想想看这方法似乎有点不太厚道，不过从操作系统的的历史来看，这可以算是最常用的一种推销手段了（笑）。

只要逾越了这个障碍，找到愿意使用你的操作系统的人，那么你的用户一定会发邮件来鼓励你的。如果是商业销售的话，收益也会跟着水涨船高吧。

5 关于光盘中的软件

　　光盘中project/目录中的文件是教材用的操作系统，按照0.7节中的声明，大家是可以随意使用的。这种使用方法对与tolset/目录中的大多数文件也是适用的。在这里我们将不适用于KL-01许可协议的软件列出来，也就是说，没有在这里列出的软件都适用KL-01协议。

文 件 名	许可协议	
cc1.exe	GPL	(go_0020)
cpp0.exe	GPL	(go_0020)
ld.exe	GPL	(2.13)
make.exe	GPL	(3.79.1)
upx.exe	GPL	(1.25w)
t5lzma.exe	LGPL	
qemu/qemu.exe	LGPL	(0.6.1)
qemu/bios.bin	LGPL	(0.6.1)
qemu/SDL.dll	LGPL	(0.6.1)

　　GPL是 "The GNU General Public License"（GNU通用公共许可协议）[1]的缩写。

　　如果对以GPL协议发布的软件进行了修改，那么修改之后的产物也必须以GPL协议来进行发布（但这并不是说只能免费发布），而且源代码也必须公开。如果未经修改而只是单纯地转载发布的话，必须要明示其原始发布地址。如果将以GPL协议发布的软件的一部分或者全部用于自己开发的程序中，该程序也必须以GPL协议进行发布（当然源代码也需要公开）。不过修改和引用完全是私人行为，如果不公开其可执行文件的话，源代码也不必公开。以GPL协议发布的软件是无保障的，因使用该软件所造成的损失，不能向软件作者索取赔偿。

　　LGPL是 "The GNU Lesser General Public License"（GNU较宽松通用公共许可协议）[2]的缩写。

　　LGPL相较于GPL只有一点不同：将以LGPL协议发布的软件的一部分或者全部用于自己开发的程序中时，不伴随协议的强制性和公开的义务。LGPL协议主要是为库而准备的，只是引用了

---

① GNU官方协议文本请参见：http://www.gnu.org/licenses/gpl.html。——译者注
② GNU官方协议文本请参见：http://www.gnu.org/copyleft/lesser.html。——译者注

一个库没有必要强制发布协议。不过，如果对库本身进行了修改，则修改后的库必须以LGPL或者GPL协议进行发布。

■■■■■

至于以KL-01协议发布的文件，无论怎么修改都是OK的，也没有必须将修改产物的源代码公开或者必须以KL-01协议进行发布之类的规定，大家可以随意使用。当然，它们同样是无保障。

■■■■■

本书附送的光盘里面还有很多剩余空间，因此笔者在omake/目录中塞了很多东西（其实是现在才打算要塞进去）。在写书稿的时候，还没有想好到底要放点什么东西进去，笔者会在omake/omake.txt中做出说明。不过剩余空间实在是太多了，肯定没办法全部填满，不好意思。

6 关于开源的建议

在这里想说说顺利完成操作系统和应用程序开发之后应该做什么。在软件的发布上，大概有三种方法。

第一种方法是做成软件包，或者以共享软件的方式出售。这样做如果顺利的话会怎么样呢？你也许会变得很有钱，可能靠这份收入可以维持生计，也可能雇佣开发人员，使事业得到进一步的发展。一般来说，开发操作系统花不了多少钱，比如这个"纸娃娃系统"的成本，除了笔者的生活费以外，再就是电脑的电费之类。所以说操作系统也许还是能维持稳定的经营。话说，这种情况好像也不必多费口舌，大家自己应该可以想象出来。

第二种方法是作为自由软件来发布。可以做一个网站，把软件放在上面供大家下载，也可以发布到专门的软件下载门户网站上面。有人会说，"这样不就挣不到钱了吗？"基本上就是挣不到钱的，因为这样做的目的本来就不是为了挣钱。这样的软件只要想用的人就可以免费下载使用。

最后一种方法就是以开源方式发布。所谓开源并不仅仅是公开了源代码就可以了，而是必须认可对源代码进行修改并作为自己的作品进行发布的行为。只能看我的源代码，但是不准模仿，或者可以拿来修改但必须经过作者的允许才能发布等等之类的，都不能算作是开源。

开源还有一个条件，那就是必须认可再次发布的自由。也就是说，你不能因为人家复制了你的软件放在其他网页上供人下载而生气。比如"只能从我自己的主页才能下载哦"，"由于想要正确统计下载数量而禁止再次发布哦"之类的话是不能说的。KL-01以及GPL、LGPL都是为开源软件而制定的许可协议。

■■■■■

无论是自由软件也好还是开源软件也好，并不是说就完全不能用来盈利。你可以宣布"下个月开始停止免费下载，改成在商店里面出售"之类的。不过如果是开源软件的话，因为拥有再次发布的自由，已经下载过软件的人在自己的主页上发布出来，半价销售跟你竞争的话，你也无话可说。如果不希望变成这样，那最好从一开始就不要选择开源。如果是自由软件，那只要在文档中写明禁止再次发布，将来想改成收费软件的时候就可以放心了。

如果想要半路出家改成收费软件，为了吸引之前下载过免费版的用户来购买，可以使用增加一些功能、发布升级版的方法，而之前的免费版可以作为试用版继续提供免费下载。用这种方法可以不用过于担心再次发布的问题，也同样适用于开源软件。不过话说回来，开源软件由于公开了源代码，那实际上是保证了修改的自由，可能会有人做出比你的商品版更好的软件，然后用来出售或者免费发布。

因此，如果选择以开源方式发布软件的话，将来想要转为付费方式就比较困难了。

■■■■■

看上去弊端很多的开源方式，其实也有好的一面。如果用户跟你抱怨"请加上一个○○的功能吧"、"××功能没什么用啊，去掉吧"、"bug太多了，帮帮忙"之类的话，你可以说：

"这个是开源软件，请自己修改好了（笑）。"

这就是开源软件最大的好处。

如果作为商品出售的话，用户可能会抱怨说，"有○○这样的功能是理所当然的啊，你这个软件居然没有，太过分了，退钱！"如果是自由软件虽说不会被要求"退钱"，但用户可能会说："我已经请求了很久了，为什么还没加上这个功能呢？什么，你说有意见的话自己从头开发一个类似的软件好了？这也太过分了吧，你是作者，只要改几行代码再重新make一下就好了啊……"。但开源的话就不会有这样的问题啦。

尤其是当你只是凭兴趣编写了一个小软件，发布之后即便引来一大堆抱怨也不希望会过于占用自己的时间，这个时候开源是很适合你的。即便很久之后服务器不能继续工作了，也会有人帮你再次发布出来，你也不会因此而受到过多的指责。甚至也许在不经意间，你的软件已经渐渐流传开来，并有人进行了各种改良，然后你意外地发现已经有很多人在使用它了。

■■■■■

而且，开源的话，会有很多人"误以为""这个作者好大方"，于是你会多出许多朋友，搞不好还会被人尊敬。朋友和尊敬可是用钱买不到的。当然，如果你是高帅富也可能会有很多朋友，也可能会赢得尊敬，但万一你遭灾变得贫穷时，朋友和尊敬可能也会随之烟消云散。啊，真正的朋友屈指可数，真是人生无常啊。但是，由开源而赢得的朋友和尊敬，如果你真破产了，他们反而会变得更加支持你。啊，那个家伙已经身无分文了，居然还将自己的软件开源呢！（笑）

而且，这种事是会上瘾的。因一次开源而成名之后，以后就会只想用开源方式发布软件了。这样可不行，真的会破产的。因此，好孩子可千万不要玩开源哦。喂，那啥，这哪里是在推荐大家开源啊！（笑）

■■■■■

话说，如果你一直努力做开源软件，在你的朋友中间可能会有人帮你介绍一份好工作，请你到大学里面演讲，或者明明实力一般却意外地出了名，获得自己写书出版的机会。其实这只是笔者的情况而已，不知道是不是所有人都能走这条路。笔者觉得只是自己运气比较好罢了，可不敢打包票哦。

如果大家选择用开源方式发布自己的软件，以后有机会一定要和笔者一起出席"开源大会"哦。笔者会出席OSASK的展位，如果各位读者能在旁边的展位一起展示你的开源软件，那真是再好不过的事了。

开源大会是日本开源软件界的盛会，每年在东京举办两次，在北海道和冲绳举办一次，详细请参考相关资料。

关于开源就介绍到这里。对于自己所开发的软件，如果是有偿销售或者是作为自由软件发布，可能大家比较容易想象，而开源的发布方式可能大家不是很熟悉，因此才在这里专门详细介绍了一下。

开源有开源的好处，也有其独有的乐趣，但开源也不是万能的，如果你选择自由软件或者有偿销售的话都是完全OK的。请大家深思熟虑，找一个最贴近目标的方式来发布自己的软件吧（当然，不想发布的话也是OK的啦）。无论如何，笔者都会支持大家的。

7 后记

后记，或者叫涂鸦吧，反正凡是关于这本书的话题，都可以随便写写。

从哪里开始写呢？就从这本书的封面开始写吧。书的封面是很漂亮的绿色，这个绿色是笔者提议的，代表鲜嫩的叶子。初学者就像是嫩叶一样，而且笔者很喜欢森林浴，感觉这种看上去很环保的颜色，和非常强调HLT重要性的本书也挺搭调的。

封面中间还有只猫，其实那不是猫，而是有两条尾巴的一种日本传说中的妖怪——猫又，在本书的漫画中也经常登场。它是OSASK的吉祥物，也是"纸娃娃系统"的吉祥物，名字叫做"卡奥斯"，昵称叫"小卡"，大家请多关照……喂，话说怎么到了后记才介绍人家啊！

■■■■■

　　笔者努力将这本书写成一本初中生也能看懂的书。笔者自己也是从初中的时候开始萌发要编写一个操作系统的念头的，因此在这本书的内容安排上是以当时的自己也能看懂为基准的（话说，其实笔者当时并没有能够编写出操作系统）。

　　在本书中，笔者尽量避免使用晦涩难懂的语言，对英语单词也进行了适度的解释。其实编写操作系统本来也不需要什么高深的知识。即便你不会解数学方程式，不会用英语对话，不知道历史上的重要人物，不知道如何使用敬语①，不知道原子的名称，你都可以毫无障碍地编写出操作系统。因此，笔者没有刻意去圈定对象读者，而是以让所有想要编写操作系统的人都能够看懂作为写这本书的目的。

　　另一方面，笔者也努力让大学生和成人读者不至于觉得这本书太幼稚。笔者觉得自己应该是找到了这么一个平衡点，如果各位读者也有同感那就再好不过了。

■■■■■

　　笔者觉得编程相关的书都卖得比较贵，当然，考虑到读者的数量，这个价格也无可厚非，请大家不要埋怨出版社（如果出版社亏损倒闭的话那情况会更糟糕）。不过，笔者想让这本书能让初中生也买得起，因此拜托了一些有关的朋友，让他们把价格定得低一些。我不知道对现在的初中生来说，如果不等到过年发压岁钱的话，这个价格他们是否能够承受，如果不行的话可以让图书馆购买，学生只要到图书馆去借就可以了。如果这个价格让你觉得还可以承受，那么请对出版社和那些有关人士的努力表示感谢吧。

　　如果笔者是一个很有名的作者，出版社对书的销量有信心的话，可能会定一个比较有挑战性的价格，但其实这本书是笔者写的第一本书，出版社也基本上是赌了一把。这么想的话觉得自己的要求确实有点任性，在这里说声抱歉了。

　　可能有的读者觉得这本书页数太多，太重了。其实当初也考虑过分成上下册，甚至是分成1～4册，但结果发现合并成一册最便宜，于是就这样愉快地决定了。这本书的内容属于先苦后甜的类型，如果分成上下册，有些读者只看了上册觉得未来一片黑暗，可能会失去继续阅读的兴趣，这也是合并成一册出版的理由之一。如果一定要分成几册的话，那只能麻烦大家自己用切割机把书给切开了。

　　这本书从开始到读完差不多真的需要30天左右，因此把这本书的价格除以30的话，说不定就会觉得"平均每天只要花3.3元啊，真划算"。虽然不如RPG（角色扮演游戏）那样好玩，不过你可以想象一下屏幕后面不是你的分身，而就是你自己，在不停地升级。这么说感觉好像在跟大家推销似的（笑）。那就再说说相反的情况，一本不便宜的书，买了之后觉得后悔的话那真是太伤心了，因此请大家听听读过这本书的人的感想，或者先试读一部分，仔细考虑之后再购买。也可以跟同样的价钱能买到的别的东西（比如可以买几根巧克力棒之类的）对比一下，考虑考虑买了

---

　　① 日语中有严格的敬语体系。当对方为长辈、上级、合作伙伴时须使用敬语。——译者注

对你是不是有价值。不过这种话写在最后好像没什么意义了嘛，如果看到这里的应该是已经买了吧……

作为笔者来说，已经在内容的充实方面做了很多努力。既然定价的调整是有限度的，那么如果能让内容的质量提高到原来的两倍，就相当于价格降到了一半。虽说这本书还远远没达到两倍的标准，但笔者确实已经尽了自己最大的努力。

■■■■■

讲解的长短以及整体的节奏也是经过仔细调整的，如果加快节奏，以笔者的能力恐怕会讲不清楚。如果把本书这些内容两天并作一天来写的话，用15章的篇幅就可以搞定了，但各位读者当中一定会有人消化不良的。

光看本书的书名"30天自制操作系统"，对于毫无操作系统相关知识的人来说，可能会觉得"什么嘛，居然要30天那么长啊"，笔者也知道30天有点长，但以现在的节奏，到第20天就结束的话，感觉实在是很可惜（不信的话可以看看第20天时的样子……我们刚刚开始编写API呢），想想看仅仅多了10天的内容，我们的系统就变得好玩多了。如果在第10天或者第15天收尾就更无法接受了，完全体现不出编写操作系统的乐趣。

反过来说，如果我们将开发周期延长到40天或者50天，那一定能做出更有意思的系统。不过笔者的体力实在是支撑不了，好想休息一下呀。况且如果书名变成《50天自制操作系统》，估计各位读者更要敬而远之了吧。

对于操作系统，笔者有很多自己的观点，其中之一就是操作系统应自带文件压缩功能。但这个观点并未成为操作系统界的常识，因此笔者也就没有过多地讨论，而是在29.2节中，仅以缩小字库文件大小为目的加入了压缩功能，关于压缩对操作系统的重要性也只字未提。

若操作系统自带压缩功能是常识，笔者就会在29.2节中，从构思基本算法开始，对tek压缩进行详细的介绍，或者说是十分想向大家介绍。很遗憾，我们的篇幅有限，无论如何也无法在这本书中展开这个话题。

笔者对于操作系统的这些观点，大部分都在OSASK中有所体现，但在本书的撰写过程中，却尽量避免将这些观点流露出来，也没有将OSASK搬出来，跟大家吹嘘"怎么样，这个功能也有哦，很厉害吧"之类的，因为这样做一点意思都没有。笔者不想给大家强加先入为主的观念，而将大家好不容易冒出来的好点子给扼杀掉。

因此，笔者只向大家介绍编写操作系统的技术，并希望各位读者能自由发挥想象力，开发出各种各样不同的操作系统。如果大家开发出来的操作系统都像OSASK的克隆一样，那自制操作系统的世界也就没有进步，变得相当无聊了。

■■■■■

临近收尾，预定的截稿日一拖再拖，实在是给编辑添了不少麻烦，笔者能力有限，实在抱歉。另外，对于出版社能够听取笔者的建议，也表示衷心的感谢。

在这里，还要向临近考试还参与本书校对的初中生读者代表DAsoran同学、高中生代表uchan同学，以及对本书做出很多客观诚恳指摘的成人读者代表若生启表示感谢。

还有为本书绘制插图以及制作各种示意图的hideyosi，真是帮了大忙，在此表示感谢。

还要感谢OSASK社区的各位成员。在这一年多的时间里，为了撰写这本书，而中断了OSASK的开发，在此期间，虽然有些抱怨，但大家还是坚持了下来。归根结底，也是承蒙社区各位成员的厚爱，使OSASK一举成名，笔者才能有机会出版本书。

当然，最要感谢的是现在正在读这本书的你，谢谢。

▪▪▪▪▪

哎呀，再多说几句。如果各位想给笔者发邮件，请发送到下面的邮箱[1]：

Hidemi KAWAI <kawai@osask.jp>

不过，笔者不能保证对收到的来信一一回复。如果是提问或者感想的话，请尽量到支持网页的论坛中发帖，这样的话，笔者之外的人也可以看到以及回帖，应该可以更快地得到有用的回答。

如果想给笔者发私人邮件，回复慢了或者收不到回复也无所谓的话，那么请发到上面的邮箱吧。

| COLUMN-12 | 这也能叫自制操作系统？太坑爹了！（以下内容不是面向初学者的） |

　　　　说到编写操作系统，难道不该先从应该编写一个怎样的操作系统开始讨论吗？要编写多任务操作系统，如何解决访问冲突难道不是最重要的吗？连文件系统都没有设计怎么能算是自制操作系统啊！根本没有考虑设备驱动程序的问题嘛！内存不足时的处理实在是不够完善啊！窗口系统也太粗糙了点吧？中断处理的少许优化、窗口移动的加速、加入压缩功能之类的，都不算是操作系统中本质的部分，难道不该减少这部分内容的篇幅，将重点更多地放在操作系统的本质上吗？如果操作系统都照这样来做，那世上的操作系统得有多不靠谱啊！

---

① 请发送到下面的邮箱：在某些文档中，笔者的邮箱可能写的是这个：kawai@imasy.org，这个地址现在已经不用了，因此请不要发到这里。

　　且先不论自制操作系统这个主题，想要找点这本书的好处难啊。作为汇编语言的入门吧，对于指令的讲解也太少了；作为C语言的入门吧，对语法的讲解又不充分；作为算法的入门吧，还需要介绍很多其他的东西才行。无论哪个都是只有半瓶醋，没什么用处。这种对操作系统大小的过度追求，对编程初学者来说难道不是有害的吗？

　　像上面这种质疑的声音是肯定会有的，没错没错，你说得对，这本书的确有上面这些不足之处。不过，笔者在写这本书的时候，可并不是对这些不足一无所知的哦（关于操作系统大小的那一点，笔者认为是有益而不是有害的）。

■■■■■

　　"从失败中学习"是贯穿本书的一个理念。当然，一开始在什么都不知道的情况下，也谈不上失败，因此笔者就先单方面地进行一些讲解，而随着内容的进行，我们一般是先随便做一个版本，然后发现这个版本的缺陷之后再进行改良。因此，可能你看到"纸娃娃系统"在访问冲突方面考虑不周，其实笔者是故意这样做的。有更多篇幅的话，就可以利用访问冲突让"纸娃娃系统"崩溃一次，然后再引出改良的话题。

　　或者说，笔者正是因为清楚这些不足才希望各位指教。如果你能指出其中的不足，而且可以提出对策的话，那笔者就可以直接将这些对策告诉各位读者了。也就是说，你可以为这本书来撰写续篇了。所以别客气，请多多指教吧。

■■■■■

　　当然，这个"从失败中学习"的理念恐怕也会遭到一些质疑吧。如果不经过这些失败的例子，从一开始就条理清楚地讲解各个功能的必要性，整个篇幅就可以缩短，最终的操作系统完成度也会提高，大概有15天左右就可以达到现在的完成度了吧。可是那样的讲解到底效果如何呢？是不是能通俗易懂呢？用算术来举例，我们不要一上来就介绍乘法运算，而是先用反复的加法运算先凑合一段时间，等实在觉得太麻烦受不了的时候，再介绍乘法运算，这样一下子就可以感受到乘法运算的便利，也就更有动力去背九九乘法表了。

　　对这本书的标题感兴趣的读者，一定都曾经萌发过编写操作系统的念头吧。因此凡是可能会对读者的兴趣产生不利影响的东西，笔者都尽量避免。在使用汇编语言时，尽量减少所使用指令的种类；对C语言的语法并非完全讲解，而是仅限于其中容易理解的部分（或者说是不用的话反而会变得更难懂的部分）。

　　对于笔者来说，这的确是颇具挑战性的。"纸娃娃系统"到底能用多简单的语法实现丰富的功能，这是个挑战；到底能用多简单的知识就能完成一个操作系统，也是一个挑战。大家可能也不止一次会想，在某些地方使用更高级的命令会更好。笔者也想过在某些地方使用一些高级的算法，也想过为了本书的读者将来能读懂其他程序而对C语言一些其他的语法进行讲解，但是这些笔者都没有做，因为一旦开始这样的话题，可能就没完没了了。

■■■■■

本书的主旨就是要让本来很难的东西看上去变得很容易。只要看上去很容易，读者就会在基本理解的基础上有动力继续读下去（有些无法实际感受到的东西也不是很重要，只要基本上理解了就没有问题），读到后面发现前面的东西其实并没有完全理解，这时只要再翻回前面看看就可以了。如果本来就很难的东西，还要用很难的方式去讲解，那读者马上就会厌倦的，因此笔者尽量避免出现这种情况。

当然，把本来简单的东西搞得很复杂，那就更不应该了。

在内容的先后上笔者也花了心思。从操作系统的重要功能开始做，这种观点对于本书来说是不成立的。本书是从简单的、好看的、效果容易理解的、有成就感的、而且是对操作系统有必要的部分开始，逐步进行开发的。因此，可能会出现一些不太寻常的东西。例如为了介绍操作系统的核心，从一开始就引入了bim2hrb.exe，其实这个工具是应用程序用的连接器。也就是说，本来应该在编写应用程序的时候才引入bim2hrb.exe的，但我们却在一开始几乎不加说明地引入了bim2hrb.exe。另外，在本书中根本没有操作系统用的连接器，这也是在内容上花了心思的结果。

在编写"纸娃娃系统"的过程中，有很多涉及对速度进行优化的内容，现在想想看，其中有一些内容感觉不是非常有必要。不过，在撰写那些章节的时候，考虑到这个算法在以后还可以派上别的用场，因此附带提一提。另一方面，其实优化速度本身在某些情况下还是相当重要的。如果因为没有优化而造成速度很慢，读者可能会误以为"果然初学者做出的系统，速度没办法达到像Windows和Linux那样实用的程度"，从而影响了开发的斗志。

■■■■■

嗯，就说这么多吧，如果无法接受这些观点也没关系，但希望大家在批判前能理解笔者的想法。

8　毕业典礼

/* 《友谊天长地久》苏格兰民谣[①] */

```
$E"SJIS";                          T100L4O4
$K"ほたるのひかり　まどのゆき";     CF.F8FAG.F8GAFFA>CD2&D8R8
```

① 这里和30.3节的情况相同，如果大家没有将日文显示改造成中文显示，则还是要使用日文歌词才能在应用程序中正常显示出来。这首歌是苏格兰民谣，在日本的中小学毕业典礼上经常会演唱，中文版就是大家所熟悉的《友谊地久天长》。——译者注

```
$K"書(ふみ)よむつき日　かさねつつ";    DC.<A8AFG.F8GAF.D8DCF2&F8R8>
$K"いつしか年も　すぎのとを";         DC.<A8AFG.F8G>DC.<A8A>CD2&D8R8
$K"あけてぞ　けさは　わかれゆく";      DC.<A8AFG.F8GAF.D8DCF2&F8R8
$K"";                              R
```

9　附录

这本书如果按顺序读下来的话应该还是一本不错的书，不过在读过一遍之后，忽然想知道关于某个知识点是在哪里讲解的，找起来可就麻烦了。此外，如果对于某个函数的写法不太理解，想找到这个写法是在哪个章节提到的，就更加麻烦了。

因此，我们在这里提供了一个简单的函数索引。它是在bootpack.h和apilib.h的代码中加上注释所构成的，通过这个索引，就可以追溯到某个函数是在哪个章节进行过修改了。

bootpack.h

```c
/* asmhead.nas */
struct BOOTINFO { /* 0x0ff0.0x0fff */    /* 5.2, 6.3, 18.7 */
    char cyls; /* 引导扇区读取到磁盘的哪个位置 */
    char leds; /* 引导时键盘的LED状态 */
    char vmode; /* 显卡的颜色位数 */
    char reserve;
    short scrnx, scrny; /* 画面分辨率 */
    char *vram;
};
#define ADR_BOOTINFO    0x00000ff0
#define ADR_DISKIMG     0x00100000

/* naskfunc.nas */
void io_hlt(void);   /* 3.9, 4.6 */
void io_cli(void);   /* 4.6 */
void io_sti(void);   /* 4.6 */
void io_stihlt(void);  /* 4.6 */
int io_in8(int port);   /* 4.6 */
void io_out8(int port, int data);   /* 4.6 */
int io_load_eflags(void);   /* 4.6 */
void io_store_eflags(int eflags);   /* 4.6 */
void load_gdtr(int limit, int addr);    /* 6.4 */
void load_idtr(int limit, int addr);
int load_cr0(void); /* 9.2 */
void store_cr0(int cr0);    /* 9.2 */
void load_tr(int tr);   /* 15.1 */
void asm_inthandler0c(void);    /* 22.2 */
void asm_inthandler0d(void);    /* 21.5, 21.6 */
void asm_inthandler20(void);    /* 12.1, 21.4, 21.6 */
void asm_inthandler21(void);    /* 6.6 */
void asm_inthandler2c(void);
unsigned int memtest_sub(unsigned int start, unsigned int end); /* 9.2, 9.3 */
void farjmp(int eip, int cs);   /* 15.3 */
void farcall(int eip, int cs);  /* 20.4 */
```

```c
void asm_hrb_api(void); /* 20.8, 21.4, 21.6 */
void start_app(int eip, int cs, int esp, int ds, int *tss_esp0);    /* 21.4, 21.6 */
void asm_end_app(void); /* 22.3 */

/* fifo.c */
struct FIFO32 { /* 13.4, 16.2 */
    int *buf;
    int p, q, size, free, flags;
    struct TASK *task;
};
void fifo32_init(struct FIFO32 *fifo, int size, int *buf, struct TASK *task);    /* 13.4, 16.2 */
int fifo32_put(struct FIFO32 *fifo, int data);   /* 13.4, 16.2, 16.4, 16.5 */
int fifo32_get(struct FIFO32 *fifo);     /* 13.4 */
int fifo32_status(struct FIFO32 *fifo); /* 13.4 */

/* graphic.c */
void init_palette(void);    /* 4.6, 25.2 */
void set_palette(int start, int end, unsigned char *rgb);    /* 4.6 */
void boxfill8(unsigned char *vram, int xsize, unsigned char c, int x0, int y0, int x1, int y1);
/* 4.7 */
void init_screen8(char *vram, int x, int y);
void putfont8(char *vram, int xsize, int x, int y, char c, char *font); /* 5.4 */
void putfonts8_asc(char *vram, int xsize, int x, int y, char c, unsigned char *s);  /* 5.6, 28.5,
    28.6, 28.7 */
void init_mouse_cursor8(char *mouse, char bc);  /* 5.8 */
void putblock8_8(char *vram, int vxsize, int pxsize,    /* 5.8 */
    int pysize, int px0, int py0, char *buf, int bxsize);
#define COL8_000000     0
#define COL8_FF0000     1
#define COL8_00FF00     2
#define COL8_FFFF00     3
#define COL8_0000FF     4
#define COL8_FF00FF     5
#define COL8_00FFFF     6
#define COL8_FFFFFF     7
#define COL8_C6C6C6     8
#define COL8_840000     9
#define COL8_008400     10
#define COL8_848400     11
#define COL8_000084     12
#define COL8_840084     13
#define COL8_008484     14
#define COL8_848484     15

/* dsctbl.c */
struct SEGMENT_DESCRIPTOR { /* 5.9, 6.4 */
    short limit_low, base_low;
    char base_mid, access_right;
    char limit_high, base_high;
};
struct GATE_DESCRIPTOR {    /* 5.9 */
    short offset_low, selector;
    char dw_count, access_right;
    short offset_high;
```

31

```
};
void init_gdtidt(void); /* 5.9, 12.1, 20.5, 20.8, 21.5, 21.6, 22.2 */
void set_segmdesc(struct SEGMENT_DESCRIPTOR *sd, unsigned int limit, int base, int ar); /* 5.9,
    6.4 */
void set_gatedesc(struct GATE_DESCRIPTOR *gd, int offset, int selector, int ar);    /* 5.9 */
#define ADR_IDT          0x0026f800
#define LIMIT_IDT        0x000007ff
#define ADR_GDT          0x00270000
#define LIMIT_GDT        0x0000ffff
#define ADR_BOTPAK       0x00280000
#define LIMIT_BOTPAK     0x0007ffff
#define AR_DATA32_RW     0x4092
#define AR_CODE32_ER     0x409a
#define AR_LDT           0x0082
#define AR_TSS32         0x0089
#define AR_INTGATE32     0x008e

/* int.c */
void init_pic(void);     /* 6.5 */
#define PIC0_ICW1        0x0020
#define PIC0_OCW2        0x0020
#define PIC0_IMR         0x0021
#define PIC0_ICW2        0x0021
#define PIC0_ICW3        0x0021
#define PIC0_ICW4        0x0021
#define PIC1_ICW1        0x00a0
#define PIC1_OCW2        0x00a0
#define PIC1_IMR         0x00a1
#define PIC1_ICW2        0x00a1
#define PIC1_ICW3        0x00a1
#define PIC1_ICW4        0x00a1

/* keyboard.c */
void inthandler21(int *esp);    /* 6.6, 7.1, 7.2, 7.3, 7.4, 7.5, 13.4 */
void wait_KBC_sendready(void);  /* 7.6 */
void init_keyboard(struct FIFO32 *fifo, int data0); /* 7.6, 13.4 */
#define PORT_KEYDAT      0x0060
#define PORT_KEYCMD      0x0064

/* mouse.c */
struct MOUSE_DEC {  /* 8.2, 8.3 */
    unsigned char buf[3], phase;
    int x, y, btn;
};
void inthandler2c(int *esp);   /* 6.6, 7.7 */
void enable_mouse(struct FIFO32 *fifo, int data0, struct MOUSE_DEC *mdec); /* 7.6, 8.2, 13.4 */
int mouse_decode(struct MOUSE_DEC *mdec, unsigned char dat);   /* 8.2, 8.3 */

/* memory.c */
#define MEMMAN_FREES         4090    /* 约32KB */
#define MEMMAN_ADDR          0x003c0000
struct FREEINFO {   /* 剩余容量信息 */  /* 9.4 */
    unsigned int addr, size;
};
```

```
struct MEMMAN {        /*内存管理*/       /* 9.4 */
    int frees, maxfrees, lostsize, losts;
    struct FREEINFO free[MEMMAN_FREES];
};
unsigned int memtest(unsigned int start, unsigned int end); /* 9.2 */
void memman_init(struct MEMMAN *man);    /* 9.4 */
unsigned int memman_total(struct MEMMAN *man);   /* 9.4 */
unsigned int memman_alloc(struct MEMMAN *man, unsigned int size);   /* 9.4 */
int memman_free(struct MEMMAN *man, unsigned int addr, unsigned int size);   /* 9.4 */
unsigned int memman_alloc_4k(struct MEMMAN *man, unsigned int size);     /* 10.1 */
int memman_free_4k(struct MEMMAN *man, unsigned int addr, unsigned int size);     /* 10.1 */

/* sheet.c */
#define MAX_SHEETS       256
struct SHEET {  /* 10.2, 11.3, 23.8 */
    unsigned char *buf;
    int bxsize, bysize, vx0, vy0, col_inv, height, flags;
    struct SHTCTL *ctl;
    struct TASK *task;
};
struct SHTCTL { /* 10.2, 11.8 */
    unsigned char *vram, *map;
    int xsize, ysize, top;
    struct SHEET *sheets[MAX_SHEETS];
    struct SHEET sheets0[MAX_SHEETS];
};
struct SHTCTL *shtctl_init(struct MEMMAN *memman, unsigned char *vram, int xsize, int ysize);
    /* 10.2, 11.3, 11.8 */
struct SHEET *sheet_alloc(struct SHTCTL *ctl);  /* 10.2, 23.8 */
void sheet_setbuf(struct SHEET *sht, unsigned char *buf, int xsize, int ysize, int col_inv);
    /* 10.2 */
void sheet_updown(struct SHEET *sht, int height);   /* 10.2, 11.3, 11.7, 11.8 */
void sheet_refresh(struct SHEET *sht, int bx0, int by0, int bx1, int by1); /* 10.2, 10.3, 11.3,
    11.7, 11.8 */
void sheet_slide(struct SHEET *sht, int vx0, int vy0);  /* 10.2, 10.3, 11.3, 11.7, 11.8 */
void sheet_free(struct SHEET *sht); /* 10.2, 11.3 */

/* timer.c */
#define MAX_TIMER        500
struct TIMER {  /* 12.4, 13.4, 13.5, 24.8 */
    struct TIMER *next;
    unsigned int timeout;
    char flags, flags2;
    struct FIFO32 *fifo;
    int data;
};
struct TIMERCTL {   /* 12.2, 12.3, 12.4, 12.6, 12.7, 13.5 */
    unsigned int count, next;
    struct TIMER *t0;
    struct TIMER timers0[MAX_TIMER];
};
extern struct TIMERCTL timerctl;
void init_pit(void);    /* 12.1, 12.2, 12.3, 12.4, 12.6, 12.7, 13.6 */
struct TIMER *timer_alloc(void);    /* 12.4, 12.7, 24.8 */
```

31

```
void timer_free(struct TIMER *timer);    /* 12.4 */
void timer_init(struct TIMER *timer, struct FIFO32 *fifo, int data);    /* 12.4, 13.4 */
void timer_settime(struct TIMER *timer, unsigned int timeout);  /* 12.4, 12.5, 12.6, 12.7, 13.5,
    13.6 */
void inthandler20(int *esp);    /* 12.1, 12.2, 12.3, 12.4, 12.5, 12.6, 12.7, 13.4, 13.5, 13.6, 15.7 */
int timer_cancel(struct TIMER *timer);  /* 24.8 */
void timer_cancelall(struct FIFO32 *fifo);  /* 24.8 */


/* mtask.c */
#define MAX_TASKS       1000     /* 最大任务数量 */
#define TASK_GDT0       3          /* TSS从GDT的几号开始分配 */
#define MAX_TASKS_LV    100
#define MAX_TASKLEVELS  10
struct TSS32 {  /* 15.1, 16.1 */
    int backlink, esp0, ss0, esp1, ss1, esp2, ss2, cr3;
    int eip, eflags, eax, ecx, edx, ebx, esp, ebp, esi, edi;
    int es, cs, ss, ds, fs, gs;
    int ldtr, iomap;
};
struct TASK {    /* 16.1, 16.4, 16.5, 17.4, 25.6, 26.7, 27.4, 28.3, 28.4, 28.5, 28.6 */
    int sel, flags; /* sel代表GDT编号*/
    int level, priority;
    struct FIFO32 fifo;
    struct TSS32 tss;
    struct SEGMENT_DESCRIPTOR ldt[2];
    struct CONSOLE *cons;
    int ds_base, cons_stack;
    struct FILEHANDLE *fhandle;

    int *fat;
    char *cmdline;
    unsigned char langmode, langbyte1;
};
struct TASKLEVEL {  /* 16.5 */
    int running; /*活动的任务数量*/
    int now; /*保存当前活动任务的变量*/
    struct TASK *tasks[MAX_TASKS_LV];
};
struct TASKCTL {    /* 16.1, 16.5 */
    int now_lv; /*当前活动的层级 */
    char lv_change; /* 下次切换任务时是否需要改变层级 */
    struct TASKLEVEL level[MAX_TASKLEVELS];
    struct TASK tasks0[MAX_TASKS];
};
extern struct TASKCTL *taskctl;
extern struct TIMER *task_timer;
struct TASK *task_now(void);    /* 16.5 */
struct TASK *task_init(struct MEMMAN *memman);  /* 16.1, 16.4, 16.5, 17.1, 27.4 */
struct TASK *task_alloc(void);  /* 16.1, 22.3, 27.4 */
void task_run(struct TASK *task, int level, int priority);  /* 16.1, 16.4, 16.5 */
void task_switch(void); /* 16.1, 16.4, 16.5 */
void task_sleep(struct TASK *task); /* 16.2, 16.5 */


/* window.c */
```

```
void make_window8(unsigned char *buf, int xsize, int ysize, char *title, char act); /* 11.4, 16.3,
    17.3 */
void putfonts8_asc_sht(struct SHEET *sht, int x, int y, int c, int b, char *s, int l);  /* 13.1,
    29.1 */
void make_textbox8(struct SHEET *sht, int x0, int y0, int sx, int sy, int c);   /* 14.6 */
void make_wtitle8(unsigned char *buf, int xsize, char *title, char act);    /* 17.3 */
void change_wtitle8(struct SHEET *sht, char act);    /* 24.5 */

/* console.c */
struct CONSOLE {    /* 20.1, 23.6 */
    struct SHEET *sht;
    int cur_x, cur_y, cur_c;
    struct TIMER *timer;
};
struct FILEHANDLE { /* 28.3 */
    char *buf;
    int size;
    int pos;
};
void console_task(struct SHEET *sheet, int memtotal);
    /* 17.2, 17.4, 18.2, 18.3, 18.4, 18.5, 18.6, 18.7, 19.1, 19.2, 19.3,
        19.5, 20.1, 20.2, 25.6, 25.10, 26.8, 26.10, 27.2, 28.3, 28.4, 28.5, 28.6 */
void cons_putchar(struct CONSOLE *cons, int chr, char move);    /* 20.1, 26.10 */
void cons_newline(struct CONSOLE *cons);    /* 20.1, 26.10, 28.6 */
void cons_putstr0(struct CONSOLE *cons, char *s);    /* 20.8 */
void cons_putstr1(struct CONSOLE *cons, char *s, int l);    /* 20.8 */
void cons_runcmd(char *cmdline, struct CONSOLE *cons, int *fat, int memtotal);
    /* 20.1, 20.6, 20.8, 26.7, 26.9, 26.10, 28.5 */
void cmd_mem(struct CONSOLE *cons, int memtotal);    /* 20.1, 20.8 */
void cmd_cls(struct CONSOLE *cons); /* 20.1 */
void cmd_dir(struct CONSOLE *cons); /* 20.1, 20.8 */
void cmd_exit(struct CONSOLE *cons, int *fat);   /* 26.7, 26.10 */
void cmd_start(struct CONSOLE *cons, char *cmdline, int memtotal);   /* 26.9 */
void cmd_ncst(struct CONSOLE *cons, char *cmdline, int memtotal);   /* 26.10 */
void cmd_langmode(struct CONSOLE *cons, char *cmdline); /* 28.5, 28.7 */
int cmd_app(struct CONSOLE *cons, int *fat, char *cmdline);
    /* 20.6, 21.1, 21.2, 21.4, 21.6, 22.4, 23.8, 24.5, 24.8, 25.6, 25.7, 27.4, 28.3, 28.6, 29.2 */
int *hrb_api(int edi, int esi, int ebp, int esp, int ebx, int edx, int ecx, int eax);
    /* 21.6, 22.1, 22.4, 22.5, 22.6, 23.1, 23.2, 23.3, 23.4, 23.5, 23.6, 23.8,
        24.5, 24.7, 24.8, 25.1, 25.4, 25.6, 26.2, 27.2, 28.3, 28.4, 28.7, 29.2, 29.5 */
int *inthandler0d(int *esp);    /* 21.6, 22.2, 25.6 */
int *inthandler0c(int *esp);    /* 22.2, 25.6 */
void hrb_api_linewin(struct SHEET *sht, int x0, int y0, int x1, int y1, int col);    /* 23.4 */

/* file.c */
struct FILEINFO {    /* 18.7, 19.1 */
    unsigned char name[8], ext[3], type;
    char reserve[10];
    unsigned short time, date, clustno;
    unsigned int size;
};
void file_readfat(int *fat, unsigned char *img);    /* 19.3 */
void file_loadfile(int clustno, int size, char *buf, int *fat, char *img);  /* 19.3 */
struct FILEINFO *file_search(char *name, struct FILEINFO *finfo, int max);  /* 20.1 */
```

```
char *file_loadfile2(int clustno, int *psize, int *fat);     /* 29.2 */


/* tek.c */
int tek_getsize(unsigned char *p);  /* 29.2 */
int tek_decomp(unsigned char *p, char *q, int size);     /* 29.2 */


/* bootpack.c */
struct TASK *open_constask(struct SHEET *sht, unsigned int memtotal);    /* 26.10 */
struct SHEET *open_console(struct SHTCTL *shtctl, unsigned int memtotal);    /* 26.5, 26.7, 26.10 */
```

■■■■■

apilib.h

```
void api_putchar(int c);    /* 21.2, 21.6, 27.5 */
void api_putstr0(char *s);  /* 22.4, 27.5 */
void api_putstr1(char *s, int l);   /* 27.5 */
void api_end(void); /* 21.6 */
int api_openwin(char *buf, int xsiz, int ysiz, int col_inv, char *title);   /* 22.5 */
void api_putstrwin(int win, int x, int y, int col, int len, char *str); /* 22.6 */
void api_boxfilwin(int win, int x0, int y0, int x1, int y1, int col);   /* 22.6 */
void api_initmalloc(void);  /* 23.1 */
char *api_malloc(int size); /* 23.1 */
void api_free(char *addr, int size);    /* 23.1 */
void api_point(int win, int x, int y, int col); /* 23.2 */
void api_refreshwin(int win, int x0, int y0, int x1, int y1);   /* 23.3 */
void api_linewin(int win, int x0, int y0, int x1, int y1, int col); /* 23.4 */
void api_closewin(int win); /* 23.5 */
int api_getkey(int mode);   /* 23.6 */
int api_alloctimer(void);   /* 24.7 */
void api_inittimer(int timer, int data);    /* 24.7 */
void api_settimer(int timer, int time); /* 24.7 */
void api_freetimer(int timer);  /* 24.7 */
void api_beep(int tone);    /* 25.1 */
int api_fopen(char *fname); /* 28.3 */
void api_fclose(int fhandle);   /* 28.3 */
void api_fseek(int fhandle, int offset, int mode);  /* 28.3 */
int api_fsize(int fhandle, int mode);   /* 28.3 */
int api_fread(char *buf, int maxsize, int fhandle); /* 28.3 */
int api_cmdline(char *buf, int maxsize);    /* 28.4 */
int api_getlang(void); /* 28.7 */
```